中国石油测井职业技能等级认定试题集

测井工

（测井采集专业方向）

—— CEJINGGONG ——

中国石油集团测井有限公司 编

石油工业出版社
Petroleum Industry Press

内 容 提 要

本书以"石油石化职业技能培训教程"为基础,并结合中国石油集团测井有限公司实际编修而成,内容包括测井工(测井采集专业方向)初级工、中级工、高级工、技师、高级技师5个等级的理论知识试题和操作技能试题,针对性更强,可满足企业员工学习、训练、认定的需要。

本书既适用于测井工职业技能等级认定前的培训,也可用于岗位培训和自学提高。

图书在版编目(CIP)数据

测井工:测井采集专业方向/中国石油集团测井有限公司编. -- 北京:石油工业出版社,2025.2.
(中国石油测井职业技能等级认定试题集). -- ISBN 978-7-5183-7261-4

Ⅰ. TE151-44

中国国家版本馆 CIP 数据核字第 2025EG8987 号

出版发行:石油工业出版社
  (北京市朝阳区安华里二区1号楼 100011)
  网 址:www.petropub.com
  编辑部:(010)64269289
  图书营销中心:(010)64523633
经 销:全国新华书店
印 刷:北京中石油彩色印刷有限责任公司

2025年2月第1版 2025年5月第2次印刷
787毫米×1092毫米 开本:1/16 印张:44.5
字数:1053千字

定价:110.00元
(如出现印装质量问题,我社图书营销中心负责调换)
版权所有,翻印必究

《中国石油测井职业技能等级认定试题集》
编委会

主　　任：张　宪　　张荣新
副 主 任：高　超　　郑海波
委　　员：樊军强　　袁庆波　　郑春亮　　王　迪　　邱志勇
　　　　　杨　海　　葛　朋　　谭华灵　　王双泉　　刘丹丹
　　　　　宫继刚　　赵清艺　　李　胜　　王明才　　李立松
　　　　　陈康林　　于春光　　江　山　　徐凤婕　　沈卫国
　　　　　王中涛　　范　欣　　李　倩　　罗晓密

《测井工（测井采集专业方向）》
编写组

主　　编：张　彧
副 主 编：谢金波　　马宗杰　　宋　强
编审人员：谢金波　　马宗杰　　胡士伟　　宁智源　　郑海波
　　　　　王新建　　马　星　　林　峰　　赵小川　　杨　利
　　　　　周选隆　　陈　雄　　施锦心　　田　军　　夏光荣
　　　　　刘　磊

前言

随着企业的产业升级、装备技术更新迭代步伐不断加快，对从业人员的素质和技能提出了新的更高要求。为了满足员工技术等级认定和培训的需要，依据中国石油天然气集团有限公司最新颁布的《中国石油职业技能等级评价标准》及《中国石油工种目录》相关要求，本着"干什么、学什么、考什么"的原则，中国石油集团测井有限公司组织编写了"中国石油测井职业技能等级认定试题集"，覆盖测井主体和辅助职业工种（专业方向）。

本书的编修，以提升技能人才综合素质和操作技能水平为核心，结合测井生产实际和岗位需求，增加了新技术、新工艺、新设备、新材料等方面的知识点。本书内容包括理论知识试题和操作技能试题，理论知识试题包括单项选择题、多项选择题、判断题、简答题、计算题5种类型；操作技能试题以可考核、可量化、可操作为原则，注重生产现场应用，体现了行业特点。

本书由中国石油集团测井有限公司长庆分公司牵头主编，新疆分公司、天津分公司参与编写，在此表示衷心感谢。

由于编者水平有限，书中难免存在疏漏和不足，敬请广大读者提出宝贵意见。

编　者

2024年11月

CONTENTS 目录

理论知识试题

初级工理论知识试题及答案 ……………………………………………………… 3

中级工理论知识试题及答案 ……………………………………………………… 57

高级工理论知识试题及答案 ……………………………………………………… 97

技师理论知识试题及答案 ………………………………………………………… 161

高级技师理论知识试题及答案 …………………………………………………… 205

操作技能试题

初级工操作技能试题 ………………………………………………………………… 251

  试题一　安装与拆卸勘探测井井口滑轮 ……………………………………… 251

  试题二　安装与拆卸勘探测井井口设施 ……………………………………… 254

  试题三　检查测井电缆 ………………………………………………………… 257

  试题四　检查、保养电缆连接器 ……………………………………………… 259

  试题五　检查、保养马笼头电极系 …………………………………………… 262

  试题六　操作测井绞车起下电缆 ……………………………………………… 264

  试题七　检查、保养深度记号接收器 ………………………………………… 268

  试题八　操作采油树各阀门实现正、反注流程 ……………………………… 270

  试题九　连接与拆卸勘探测井仪器 …………………………………………… 272

  试题十　连接与拆卸生产测井仪器 …………………………………………… 275

  试题十一　检查与保养常规下井仪器 ………………………………………… 277

  试题十二　安放勘探测井井径刻度器 ………………………………………… 279

  试题十三　安放生产测井多臂井径刻度器 …………………………………… 282

  试题十四　安放自然伽马刻度器 ……………………………………………… 283

  试题十五　安放补偿中子现场刻度器 ………………………………………… 285

  试题十六　安放补偿密度现场刻度器 ………………………………………… 287

  试题十七　装卸补偿密度测井源 ……………………………………………… 289

  试题十八　装卸补偿中子测井源 ……………………………………………… 292

  试题十九　装卸中子伽马测井源 ……………………………………………… 295

  试题二十　装卸流体密度测井源 ……………………………………………… 298

  试题二十一　装卸同位素释放器 ……………………………………………… 301

  试题二十二题 检查、保养、使用 T 形电缆夹钳 ································ 303
  试题二十三题 操作测井绞车判断、处理测井遇阻 ································ 305
  试题二十四题 操作测井绞车判断、处理测井遇卡 ································ 307
  试题二十五题 检查、保养手提式干粉灭火器 ····································· 309
  试题二十六题 使用手提式干粉灭火器 ··· 310
  试题二十七题 检查、保养正压式空气呼吸器 ···································· 312
  试题二十八题 佩戴正压式空气呼吸器 ··· 314
  试题二十九题 检查、使用便携式有毒有害气体检测仪及放射性检测仪 ······ 316
  试题三十题 识别井口作业隐患风险及控制措施 ································ 318

中级工操作技能试题 ·· 321

  试题一 安装、拆卸生产测井井口装置 ·· 321
  试题二 安装、拆卸井口防喷装置 ·· 324
  试题三 安装、拆卸电缆悬挂器 ··· 327
  试题四 安装、拆卸钻具输送测井井口装置 ·· 329
  试题五 维修、保养测井井口滑轮 ·· 332
  试题六 维修、保养集流环 ··· 334
  试题七 检查、保养马丁代克 ··· 337
  试题八 维修马丁代克无深度故障 ·· 339
  试题九 防喷控制头与封井器的常规检查保养 ·· 341
  试题十 注脂泵与防落器的常规检查保养 ··· 343
  试题十一 标定电缆磁性记号的井口操作 ··· 345
  试题十二 识别电缆铠装层的损坏程度 ·· 347
  试题十三 制作自然电位测井地面电极 ·· 349
  试题十四 操作测井绞车进行钻具输送测井 ·· 352
  试题十五 测井液压绞车的常规保养 ·· 355
  试题十六 启动、关闭车载（奥南）发电机 ·· 357
  试题十七 检查、保养测井车载柴油发电机 ·· 359
  试题十八 检查、焊接航空插头 ··· 362
  试题十九 连接、拆卸常规测井仪器串 ·· 365
  试题二十 连接、拆卸无电缆存储式测井仪器串 ···································· 368
  试题二十一 安装补偿中子测井仪器偏心器和密度测井仪器姿态保持器 ······ 371
  试题二十二 检查、保养 MIT+MTT 仪器、滚轮扶正器 ···························· 373
  试题二十三 检查、连接注入剖面与产出剖面测井仪器 ···························· 376
  试题二十四 检查钻具输送测井专用工具 ·· 379
  试题二十五 安装连接钻具输送测井泵下枪总成 ······································ 381
  试题二十六 制作安装穿心解卡快速接头 ·· 384
  试题二十七 穿心解卡施工起下钻过程中的井口操作 ································ 387

试题二十八　处理电缆打扭事故	392
试题二十九　处理电缆打结事故	394
试题三十　现场处理电缆跳丝事故	396
试题三十一　单层铠装电缆	398
试题三十二　双层铠装电缆	400
试题三十三　设置、校准便携式气体检测仪	402
试题三十四　检查、使用全身式安全带	404
试题三十五　识别施工区域风险	407
试题三十六　排除测井工岗位属地隐患	408

高级工操作技能试题 411

试题一　摆放测井绞车与拖橇	411
试题二　安装、拆卸无电缆存储式测井传感器	412
试题三　安装、拆卸无电缆存储式测井下井工具	415
试题四　安装、拆卸欠平衡测井井口装置	418
试题五　检查、标定无电缆存储式测井深度系统	420
试题六　检查、刻度、标定张力系统	423
试题七　安装与调理电缆	425
试题八　确定电缆断芯位置	428
试题九　确定电缆绝缘破坏位置	430
试题十　巡回检查测井绞车	432
试题十一　维护保养测井绞车传动系统	435
试题十二　维护保养测井绞车液压系统	437
试题十三　检查、保养测井车载柴油发电机	439
试题十四　制作七芯电缆头	442
试题十五　制作单芯电缆头	445
试题十六　组装快速鱼雷马笼头	449
试题十七　维修、保养密度测井源	454
试题十八　维修、保养中子测井源	456
试题十九　维修、保养中子伽马测井源	458
试题二十　维修、保养同位素释放器（电极弹射式释放器）	460
试题二十一　刻度补偿密度仪器	462
试题二十二　刻度补偿中子仪器	465
试题二十三　标定自然伽马刻度器	467
试题二十四　使用、保养核测井仪器	469
试题二十五　装配井壁取心器	473
试题二十六　组装卡瓦打捞工具	476
试题二十七　组装三球打捞工具	477

试题二十八	处理电缆跳槽事故	479
试题二十九	处理钻具输送测井过程中的井喷事故	481
试题三十	环空测井电缆缠绕时转井口法解缠电缆	483
试题三十一	处理防喷管内电缆跳丝事故	485
试题三十二	处理带压测井电缆跳槽事故	487
试题三十三	徒手心肺复苏	489
试题三十四	救治中暑人员	492
试题三十五	编写安全经验分享材料	493
试题三十六	简述隐患治理的流程	495

技师操作技能试题 ... 497

试题一	复杂井场条件下摆放绞车	497
试题二	吊装安放测井拖橇	498
试题三	在海上钻采平台安装测井拖橇	500
试题四	检查、维修马丁代克深度测量轮及深度编码器	502
试题五	检查、维修、校正常规测井深度系统	504
试题六	检查、维修无电缆存储式测井深度系统	507
试题七	检查、维修测井设备的照明系统	510
试题八	模拟检测测井地面系统	512
试题九	验收新电缆	514
试题十	排除车载发电机电路系统故障	516
试题十一	绞车链条的检查保养与现场断裂的维修	518
试题十二	使用、保养阵列感应仪器	520
试题十三	使用、保养阵列侧向仪器	523
试题十四	使用、保养氧活化仪器	525
试题十五	检查常规下井仪器的电气性能	527
试题十六	检查电法类仪器的电气性能	530
试题十七	检查带推靠电法仪器的电气性能	532
试题十八	检查更换微球极板	534
试题十九	现场组装钻具输送测井工具	536
试题二十	确定钻具输送测井旁通安装位置和对接深度	539
试题二十一	确定欠平衡测井仪器串结构并判断仪器全部进入容纳管的方法	541
试题二十二	依据测井遇阻原因现场采取相应措施解决测井遇阻问题	543
试题二十三	计算测井遇卡时电缆的最大提升张力	545
试题二十四	依据电缆拉伸量计算卡点深度	546
试题二十五	处理测井遇卡问题	548
试题二十六	选配电缆打捞工具	550
试题二十七	选配仪器设备落井打捞工具	552

试题二十八	现场检查测井原始资料质量	554
试题二十九	解释连斜、井径、声波变密度工程测井资料	556
试题三十	依据测井资料确定油顶底界面	559
试题三十一	编制常规测井施工设计	561
试题三十二	编写相关技术论文	566
试题三十三	制作培训课件	568
试题三十四	编写井控应急处置方案	570
试题三十五	布置测井标准化作业现场	573
试题三十六	编制机械伤害处置预案	576
试题三十七	编制触电事故处置预案	579
试题三十八	编制车载发电机着火事故预案	581

高级技师操作技能试题 585

试题一	维修、保养绞车液压系统	585
试题二	使用、保养声电成像仪器	586
试题三	使用、保养核磁仪器	588
试题四	使用、保养多臂井径成像测井仪	590
试题五	使用、保养存储式测井仪器电源系统	592
试题六	使用、保养存储式测井仪器释放器	595
试题七	使用、保养多扇区水泥胶结测井仪	597
试题八	组织、协调、指挥钻具输送测井施工	599
试题九	组织、协调、指挥欠平衡测井施工	602
试题十	组织、协调、指挥存储式测井施工	606
试题十一	组织、协调、指挥穿心解卡施工	609
试题十二	组织、协调、指挥落井电缆打捞施工	612
试题十三	组织、协调、指挥落井仪器打捞施工	614
试题十四	核磁共振测井过程中的质量控制	616
试题十五	钻具输送测井深度控制	618
试题十六	定性解释砂泥岩地层测井资料	619
试题十七	编制××井钻具输送测井施工设计	621
试题十八	编制××井存储式测井施工设计	623
试题十九	编制 MRIL-P 型核磁共振测井测前设计	625
试题二十	编制××培训方案	627
试题二十一	编制××内容培训教案	628
试题二十二	编制注入剖面(欠平衡)测井施工设计	630
试题二十三	编制水平井产出剖面测井施工设计	633
试题二十四	编制测井找漏工艺施工设计	637
试题二十五	编写××科研项目技术论文	642

  试题二十六 编制受限空间作业方案 …………………………………… 645
  试题二十七 编制高处作业方案 ………………………………………… 648
  试题二十八 编制动火作业方案 ………………………………………… 650

附录

附录一 初级工理论知识认定要素细目表 ………………………………… 657
附录二 初级工操作技能认定要素细目表 ………………………………… 665
附录三 中级工理论知识认定要素细目表 ………………………………… 666
附录四 中级工操作技能认定要素细目表 ………………………………… 674
附录五 高级工理论知识认定要素细目表 ………………………………… 676
附录六 高级工操作技能认定要素细目表 ………………………………… 683
附录七 技师理论知识认定要素细目表 …………………………………… 685
附录八 技师操作技能认定要素细目表 …………………………………… 690
附录九 高级技师理论知识认定要素细目表 ……………………………… 692
附录十 高级技师操作技能认定要素细目表 ……………………………… 697
附录十一 操作技能考核内容层次结构表 ………………………………… 698

参考文献 ……………………………………………………………………………… 699

理论知识试题

初级工理论知识试题及答案

一、单项选择题(每题有4个选项,只有1个是正确的,将正确的选项号填入括号内)

1. AA001 从( )到井底之间的距离,称为井深。
   A. 井口水平面 B. 钻井转盘补心面
   C. 海拔水平面 D. 井口法兰盘

2. AA001 按照( )井可分为直井和定向井。
   A. 井眼轴线形状 B. 井底形状 C. 井底深度 D. 井口位移

3. AA001 目前油气井钻井普遍采用( )钻井法。
   A. 凿井 B. 顿钻 C. 旋转 D. 爆破

4. AA002 井中套管深度一般是指( )到套管下端面之间的长度。
   A. 井口水平面 B. 钻井转盘补心面
   C. 顶部套管上端面 D. 井口法兰盘

5. AA002 套管能够为控制( )提供条件。
   A. 钻具 B. 井斜 C. 井内压力 D. 放喷管线

6. AA002 井身结构的内容中应包括( )。
   A. 井底位移 B. 井斜与方位
   C. 油气层厚度 D. 钻头直径及相应的钻进深度

7. AA003 钻进是指使用钻头不断地破碎( ),加深井眼的过程。
   A. 井底岩石 B. 井壁岩石 C. 井壁滤饼 D. 井底沉砂

8. AA003 套管程序是指一口井下入的套管( )、类型、直径及深度等。
   A. 顺序 B. 重量 C. 层数 D. 方入

9. AA003 落鱼是指因事故留在井内的( )。
   A. 鱼头 B. 岩屑 C. 方入 D. 钻具或工具

10. AB001 组成钻机的八大系统包括提升系统、旋转系统、循环系统、传动系统、驱动系统、控制系统、钻机底座及( )。
    A. 井控设备 B. 随钻测量系统
    C. 发电系统 D. 供水系统

11. AB001 顶部驱动旋转钻机是( )加顶部驱动钻井装置所组成的钻机。
    A. 顶部旋转钻机 B. 转盘旋转钻机
    C. 电驱动钻机 D. 井底动力钻具

12. AB001 石油钻机应具备的主要能力包括起下钻能力、( )、循环洗井能力。
    A. 随钻测井能力 B. 录井气测能力
    C. 自动探伤能力 D. 旋转钻进能力

13. AB002　常规钻机的旋转系统由水龙头、（　　）、井下钻具等组成。
    A. 钻井泵　　　B. 柴油机　　　C. 钻盘　　　D. 滚筒

14. AB002　钻机起升系统的主要作用是（　　）、起下钻具、下套管以及辅助起升重物等。
    A. 控制钻压送钻　　　　　B. 循环钻井液
    C. 驱动钻盘　　　　　　　D. 控制防喷器

15. AB002　钻机起升系统在电缆测井时用于提升（　　）。
    A. 滑轮　　　B. 仪器　　　C. 绞车　　　D. 放射源

16. AB003　常见的钻井液净化设备是（　　）。
    A. 振动筛、分离器　　　　B. 钻井液罐
    C. 密度仪　　　　　　　　D. 钻井泵

17. AB003　钻机循环系统的作用主要是冲洗净化井底、（　　）、传送动力。
    A. 携带油气　　B. 携带岩屑　　C. 携带钻具　　D. 携带测井仪器

18. AB003　钻井液的循环流程是钻井液罐→钻井泵→地面管汇→立管→水龙带、水龙头→钻柱内→钻头→（　　）→井口钻井液槽→钻井液净化设备→钻井液罐。
    A. 钻具内环形空间　　　　B. 防喷器
    C. 压井管汇　　　　　　　D. 钻具外环形空间

19. AB004　钻机驱动系统的主要作用是为钻机和各项设备（　　）动力。
    A. 控制　　　B. 提供　　　C. 传递　　　D. 分配

20. AB004　钻机的传动系统由机械传动装置及（　　）传动装置组成。
    A. 动力　　　B. 发电机　　　C. 绞车　　　D. 电、液、气

21. AB004　钻机驱动系统的主要设备是（　　）或交、直流电动机。
    A. 钻井泵　　B. 柴油机　　C. 发电机　　D. 防喷器液控设备

22. AB005　钻机控制系统的主要作用是启、停、（　　）、倒车和并车等。
    A. 变速　　　B. 下钻　　　C. 发电　　　D. 封闭井口

23. AB005　钻机的控制系统由机械控制设备、（　　）控制设备和电控制设备组成。
    A. 高压　　　B. 气动、液动　　C. 防喷器液动　　D. 钻井液

24. AB005　钻机控制系统的机械控制设备主要有手柄、踏板、（　　）等。
    A. 操纵杆　　B. 闸刀　　　C. 继电器　　D. 液压钳

25. AB006　井控设备包括防喷器、阻流管汇、（　　）管汇、钻井液—气体分离器等。
    A. 高压　　　B. 低压　　　C. 液压　　　D. 压井

26. AB006　井控设备是油气钻井中保证（　　）钻进的重要设备。
    A. 高速　　　B. 高质量　　　C. 安全　　　D. 高压

27. AB006　钻柱内防喷器用于封闭（　　）内部空间。
    A. 套管　　　B. 井眼　　　C. 钻柱与套管　　D. 钻柱

28. AB007　钻具接头是用来连接、（　　）钻具的短节。
    A. 加长　　　B. 保护　　　C. 封闭　　　D. 配合

29. AB007　钻井时方钻杆与（　　）连接来传递动力。
    A. 钻机　　　B. 钻井泵　　　C. 钻铤　　　D. 钻杆

30. AB007　钻柱包括方钻杆、(　　)、钻铤、各种接头及稳定器等井下工具。
    A. 钻机　　　　　B. 钻杆　　　　　C. 钻井泵　　　　D. 游动滑车

31. AB008　PDC钻头适用于软到(　　)地层。
    A. 高压　　　　　B. 低压　　　　　C. 中硬　　　　　D. 极硬

32. AB008　衡量钻头的主要技术指标是(　　)和机械钻速。
    A. 钻头强度　　　B. 钻头硬度　　　C. 钻头重量　　　D. 钻头进尺

33. AB008　常规测井时,固定并吊起天滑轮的钻井工具是(　　)。
    A. 吊卡　　　　　B. 卡瓦　　　　　C. 安全卡瓦　　　D. 钢丝绳

34. AC001　裸眼测井的主要目的是发现和评价油气层的(　　)性质和生产能力。
    A. 储集　　　　　B. 化学　　　　　C. 工程　　　　　D. 井控

35. AC001　在油气井未下套管之前所进行的测井作业,通常称为(　　)。
    A. 裸眼测井　　　　　　　　　　　B. 生产测井
    C. 固井质量检测测井　　　　　　　D. 地震作业

36. AC001　测井就是对井下地层及(　　)进行测量。
    A. 钻具　　　　　B. 钻头　　　　　C. 防喷设备　　　D. 井的技术状况

37. AC002　测井所测量的岩石地球物理性质主要包括(　　)、声学性质和原子核特性。
    A. 化学性质　　　B. 电性　　　　　C. 重量　　　　　D. 体积

38. AC002　测井就是利用不同的下井仪器沿井身连续测量地质剖面上各种岩石的(　　)。
    A. 地球物理参数　B. 化学参数　　　C. 重量　　　　　D. 体积

39. AC002　目前,电缆测井仪器的测量信号是通过(　　)传输到地面测量系统的。
    A. 钻井液　　　　B. 光缆　　　　　C. 电磁波　　　　D. 电缆

40. AC003　下井仪器用来测量地层的(　　)。
    A. 深度　　　　　B. 速度　　　　　C. 储层体积　　　D. 物理参数

41. AC003　测井装备一般包括地面测量和记录系统、(　　)、装载电缆的绞车与井口装置等几部分。
    A. 下井仪器　　　B. 井口滑轮　　　C. 仪器检修设备　D. 运输车辆

42. AC003　测井供电系统的电源通常采用(　　)或外引电源。
    A. 电池　　　　　B. 电动机　　　　C. 发电机　　　　D. 动力

43. AD001　电化学测井是以岩石的(　　)性质为基础的测井方法。
    A. 物理　　　　　B. 生物　　　　　C. 电化学　　　　D. 核物理

44. AD001　普通视电阻率测井是以岩石的(　　)性质为基础的测井方法。
    A. 绝缘　　　　　B. 导电　　　　　C. 声学　　　　　D. 电化学

45. AD001　常见的核测井项目有自然伽马测井、中子测井、(　　)测井等。
    A. 激发极化电位　B. 微球形聚焦　　C. 声电成像　　　D. 密度

46. AD002　通过测井能够研究(　　)和地层沉积等地质问题。
    A. 矿物颜色　　　B. 构造产状　　　C. 冲积扇　　　　D. 地质年代

47. AD002　地球物理测井的研究对象是井下的各种(　　)及井内的技术状况。
    A. 钻井液　　　　B. 钻具　　　　　C. 地质体　　　　D. 储层

48. AD002　测井能够研究油气井的技术状况,如(　　)、井径、固井质量、套管技术状况等。
　　A. 钻井周期　　B. 井斜　　C. 井下压裂　　D. 套管重量

49. AD003　测井系列是针对不同的地层剖面和不同的(　　)而确定的一套测井方法。
　　A. 测井目的　　B. 地质　　C. 定向　　D. 岩性

50. AD003　测井系列的选择会随(　　)不同而有所不同。
　　A. 钻井架　　B. 钻井液　　C. 测井绞车　　D. 测井人员

51. AD003　根据不同的(　　)和工程目的,采用多种测井仪器组合起来形成一定的测井系列。
　　A. 钻井　　B. 采油　　C. 地质　　D. 定向

52. AD004　核测井系列仪器通常会包括自然伽马仪器、(　　)仪器、密度仪器。
　　A. 声波　　B. 感应　　C. 补偿中子　　D. 核磁

53. AD004　勘探测井系列通常是指(　　)测井的测井系列。
　　A. 裸眼井　　B. 套管井　　C. 采油井　　D. 生产井

54. AD004　侧向测井系列一般会包括自然伽马测井、(　　)测井、微侧向或微球测井。
　　A. 地层倾角　　　　　　B. 激发极化电位
　　C. 复电阻率　　　　　　D. 双侧向

55. AD005　地层倾角测井可以测量地层倾角和(　　)以及井径等资料。
　　A. 地层倾角方向　　B. 井眼压力　　C. 固井质量　　D. 压裂效果

56. AD005　常规核测井系列能提供自然伽马强度、(　　)、地层密度测井资料。
　　A. 声波孔隙度　　B. 核磁孔隙度　　C. 电阻率孔隙度　　D. 补偿中子孔隙度

57. AD005　地层测试器可以测量地层的(　　),并可对地层中所含流体进行取样。
　　A. 实际压力　　B. 密度　　C. 电阻　　D. 声波时差

58. AD006　应用生产测井方法解决地质问题的可能性,与整个油藏开采的地质和(　　)有关。
　　A. 射孔方式　　B. 测井时间　　C. 工艺条件　　D. 井控

59. AD006　生产测井一般可分为生产动态测井、产层剖面测井、(　　)三个系列。
　　A. 过套管电阻率测井　　　　B. 七参数测井
　　C. 地层倾角测井　　　　　　D. 工程测井

60. AD006　生产动态测井系列可以了解生产井的产出剖面及注入井的(　　)。
　　A. 地层电阻率剖面　　　　B. 产油量剖面
　　C. 注入剖面　　　　　　　D. 岩性剖面

61. AD007　生产测井的工程测井系列测量的主要对象是(　　)、套管的技术状况等。
　　A. 地质体　　B. 钻具　　C. 井身结构　　D. 采油速度

62. AD007　生产动态测井的测井方法包括流量测井、温度测井及(　　)测井等。
　　A. 声波速度　　B. 流体密度　　C. 感应　　D. 侧向

63. AD007　产层剖面测井系列的主要测井方法包括中子寿命、次生伽马能谱、(　　)测井等。
　　A. 持水率　　B. 连续测斜　　C. 核磁　　D. 水泥胶结质量

64. AD008 钻井液侵入地层后,将对( )测井结果产生较大影响。
   A. 电阻率   B. 井径   C. 井斜   D. 地层倾角

65. AD008 测井仪器的标准化是指对测井仪器的( )。
   A. 标准保养   B. 标准维修   C. 标准测量   D. 标准刻度

66. AD008 受测井仪器纵向分辨率的限制,( )而均匀的地层容易求准地层的物理参数。
   A. 厚   B. 薄   C. 高阻   D. 低温

67. AE001 井控技术从单纯的( )发展成为保护油气层、防止破坏资源、防止环境污染。
   A. 打井   B. 防喷   C. 加大钻井液比重 D. 控制

68. AE001 三级井控就是( )。
   A. 演习   B. 井喷抢险   C. 起钻   D. 循环

69. AE001 一般来说,在钻井过程中应力求使一口井经常处于( )井控状态。
   A. 二级   B. 一级   C. 三级   D. 任何

70. AE002 井下井喷是井喷地层的流体进入其他( )的现象。
   A. 钻井液池   B. 低压地层   C. 钻具水眼   D. 地面设备

71. AE002 当地层孔隙压力( )井内钻井液柱压力时,地层孔隙中的流体将侵入井筒内。
   A. 大于   B. 小于   C. 等于   D. 远小于

72. AE002 溢流是当井侵发生后,井口返出的钻井液量( )泵入的量,停泵后井口钻井液自动外溢现象。
   A. 等于   B. 小于   C. 大于   D. 略小于

73. AE003 起钻抽汲,会造成( )。
   A. 井底压力增大   B. 钻具遇卡   C. 诱喷   D. 压漏地层

74. AE003 钻井液中混油过量或混油不均匀,造成液柱压力( )地层压力。
   A. 高于   B. 低于   C. 等于   D. 破坏

75. AE003 井口不安装( )可能会导致井喷失控。
   A. 防喷器   B. 气动绞车   C. 鼠洞   D. 井口盖

76. AE004 发生井喷失控后将打乱正常的生产秩序,使油气资源受到严重破坏,造成( )。
   A. 环境污染   B. 产能增加   C. 压力紊乱   D. 井控设备老化

77. AE004 井控工作重点在基层、关键在班组、要害在( )。
   A. 领导   B. 岗位   C. 测井   D. 勘探

78. AE004 发现溢流立即( )。
   A. 停止循环   B. 起钻   C. 停工   D. 关井

79. AE005 压力是物体单位面积上所受到的( )。
   A. 水平力   B. 垂直力   C. 压力   D. 浮力

80. AE005 静液柱压力的大小取决于液柱( )和垂直高度。
   A. 表面积   B. 体积   C. 密度   D. 矿化度

81. AE005　压力英制单位 1psi 是 1in² 面积上受到（　　）的压力。
　　A. 1g　　　　　B. 1kg　　　　C. 1N　　　　D. 1lb

82. AE006　某井深处的压力等于井深和压力梯度（　　）。
　　A. 之和　　　　B. 之差　　　　C. 之积　　　　D. 之商

83. AE006　压力梯度是指每增加单位垂直深度（　　）的变化量。
　　A. 钻井液密度　B. 钻井液矿化度　C. 钻具重量　　D. 压力

84. AE006　钻井现场常用的压力系数是某点压力与该点（　　）静压力之比。
　　A. 钻井液液柱　B. 水柱　　　　C. 钻柱　　　　D. 地层

85. AE007　正常情况下,地下某一深度的地层压力等于（　　）作用于该处的静液压力。
　　A. 地层流体　　B. 地下岩石　　C. 井眼钻井液　　D. 井中钻具

86. AE007　异常高压地层是指其压力高于（　　）。
　　A. 上覆岩层压力　　　　　　　B. 地层破裂压力
　　C. 盐水柱压力　　　　　　　　D. 钻井液液柱压力

87. AE007　异常低压地层是指其压力低于（　　）。
　　A. 上覆岩层压力　　　　　　　B. 地层破裂压力
　　C. 盐水柱压力　　　　　　　　D. 钻井液液柱压力

88. AE008　当孔隙压力等于上覆岩层压力时,有效上覆岩层压力为（　　）。
　　A. 正值　　　　B. 负值　　　　C. 高值　　　　D. 零

89. AE008　上覆岩层压力是该点以上至地面岩石的重力和岩石孔隙内的流体的重力之（　　）施加于该深度所形成的压力。
　　A. 和　　　　　B. 差　　　　　C. 积　　　　　D. 商

90. AE008　有效上覆岩层压力是造成（　　）的动力。
　　A. 地层压力　　B. 地层孔隙　　C. 地层压实　　D. 地层温度

91. AE009　一般正常钻井时,钻井液液柱压力的（　　）值应保持与地层压力相平衡。
　　A. 限定　　　　B. 上限　　　　C. 中限　　　　D. 下限

92. AE009　破裂压力是确定最大（　　）的依据。
　　A. 井斜　　　　B. 关井压力　　C. 井眼　　　　D. 平衡压力

93. AE009　地层破裂时,作用在其上的压力必须（　　）地层压力。
　　A. 等于　　　　B. 大于　　　　C. 小于　　　　D. 适应

94. AE010　起钻完毕井筒处于静止状态时,井底压力等于（　　）。
　　A. 环空静液压力与激动压力之和　　B. 环空静液压力与激动压力之差
　　C. 环空静液压力与抽汲压力之和　　D. 环空静液压力

95. AE010　在充满钻井液的井眼中,井底具有以（　　）为主的井底压力。
　　A. 抽汲压力　　B. 激动压力　　C. 钻井液液柱压力　D. 地层压力

96. AE010　当地层压力大于井底压力时,井底压差为（　　）。
　　A. 负　　　　　B. 零　　　　　C. 正　　　　　D. 高

97. AE011　激动压力产生于（　　）过程中。
　　A. 起钻　　　　B. 循环钻井液　C. 测井　　　　D. 下钻

98. AE011 下钻时井底压力等于( )。
   A. 环空静液压力与激动压力之和   B. 环空静液压力与激动压力之差
   C. 环空静液压力与抽汲压力之和   D. 环空静液压力

99. AE011 抽汲压力产生于( )过程中。
   A. 起钻   B. 循环钻井液   C. 下放仪器测井   D. 下钻

100. AE012 泵出气侵钻井液时,一定的气侵控制压力会使泵压( )。
    A. 升高   B. 降低   C. 不变   D. 变化不定

101. AE012 泵压是指克服井内循环系统中( )所需的压力。
    A. 抽汲过程   B. 激动过程   C. 摩擦损失   D. 液压控制

102. AE012 液压驱动所使用的压力液一般为( )。
    A. 电解液   B. 轻质油   C. 重油   D. 液氮

103. AE013 岩石矿物在地质作用下的化学变化称为( )作用。
    A. 化学   B. 机械   C. 成岩   D. 围岩

104. AE013 可以形成异常高压地层的一个机理是( )。
    A. 钻井液密度变小   B. 井喷
    C. 风化作用   D. 地面剥蚀

105. AE013 产生地层异常压力的一个重要原因是( )。
    A. 压实作用   B. 扩散吸附作用
    C. 钻井液密度过高   D. 钻井液密度过低

106. AE014 任何反映地层( )变化的参数都可用来检测地层异常压力。
    A. 各向异性   B. 倾向   C. 渗透率   D. 孔隙度

107. AE014 检测地层异常压力是依据( )理论。
    A. 电磁感应   B. 地层压实   C. 扩散吸附   D. 核物理

108. AE014 dc 指数法是通过分析( )来检测地层压力的一种方法。
    A. 钻井液参数   B. 钻进动态数据
    C. 测井数据   D. 井下随钻测量数据

109. AE015 钻井起钻时不灌满钻井液会使静液压力( )。
    A. 变大   B. 变小   C. 不变   D. 变化不大

110. AE015 导致井涌最常见的原因是钻井液( )不够。
    A. 密度   B. 黏度   C. 矿化度   D. 切力

111. AE015 钻井液气侵有时会严重影响钻井液( ),导致井涌。
    A. 流速   B. 流量   C. 矿化度   D. 密度

112. AE016 井内静液压力减小是( )的警告信号。
    A. 井漏   B. 井涌   C. 卡钻   D. 测井仪器遇阻

113. AE016 在钻井泵停止后,钻井液仍从排出管线流出的现象显示( )正在发展。
    A. 井涌   B. 井喷   C. 井漏   D. 井斜

114. AE016 钻机机械钻速主要取决于井底压力(大部分是静液压力)与( )的差值。
    A. 地层压力   B. 破碎压力   C. 静液柱压力   D. 异常压力

115. AE017　一旦发现井涌,关井( ),井涌就越小。
　　　A. 越迅速　　　B. 越慢　　　C. 越提前　　　D. 越滞后

116. AE017　井控报警信号为( )。
　　　A. 三短鸣笛　　B. 一长鸣笛　　C. 两短鸣笛　　D. 敲击钻杆

117. AE017　关井是指发生溢流或井涌后( ),阻止地层流体继续侵入井筒的过程。
　　　A. 下钻通井　　B. 马上起钻　　C. 关闭井口　　D. 打开井口

118. AE018　关井套管压力不能超过最大允许( )。
　　　A. 泵压　　　　B. 液压　　　　C. 钻压　　　　D. 关井套管压力

119. AE018　溢流后立即关井,有助于最大限度地( )静液压力的损失。
　　　A. 增加　　　　B. 减少　　　　C. 发现　　　　D. 滞后

120. AE018　关井中必须考虑地面设备、套管和( )三方面的安全。
　　　A. 钻具　　　　B. 地层　　　　C. 测井仪器　　D. 钻井泵

121. AE019　监测和预报地层压力的仪器仪表是( )的重要组成部分。
　　　A. 测井仪器　　B. 压井设备　　C. 钻进设备　　D. 井控设备

122. AE019　在钻井作业中保持和控制地下压力的井控设备是( )。
　　　A. 封井器　　　B. 压力控制设备　C. 监视设备　　D. 防喷器

123. AE019　井控设备应具备保持钻井液液柱压力( )地层压力的功能,以防止井喷条件形成。
　　　A. 大于　　　　B. 小于　　　　C. 等于　　　　D. 控制

124. AE020　可用于长期封井的是( )封井器。
　　　A. 环形　　　　B. 万能　　　　C. 闸板　　　　D. 开关

125. AE020　在进行测井施工发生井涌时,能封闭电缆、井筒所形成的环形空间的是( )封井器。
　　　A. 闸板　　　　B. 全封闸板　　C. 剪切闸板　　D. 环形

126. AE020　适用于密封各种形状和不同尺寸的管柱,也可全封闭井口的是( )封井器。
　　　A. 闸板　　　　B. 环形　　　　C. 全封闸板　　D. 剪切闸板

127. AE021　节流管汇通过放喷阀的放喷作用,( )井口套管压力,保护井口。
　　　A. 改善　　　　B. 降低　　　　C. 增大　　　　D. 控制

128. AE021　当不能通过钻柱进行正常循环时,可通过( )向井中泵入加重钻井液达到控制油气井压力的目的。
　　　A. 压井管汇　　B. 防喷节流　　C. 钻井泵　　　D. 钻具

129. AE021　钻具内防喷工具主要由方钻杆上下旋塞、( )、钻具旁通阀等组成。
　　　A. 压井管汇　　B. 节流阀　　　C. 钻具止回阀　D. 压力表

130. AE022　测井防喷器型号选定应根据不同的( )。
　　　A. 井口通径　　B. 井型　　　　C. 测井项目　　D. 地层

131. AE022　测井井控装置主要包括防喷器、注脂泵、液控管线、( )、井控专用断线钳等。
　　　A. 井口滑轮　　B. 通话设备　　C. 湿接头　　　D. 电缆悬挂器

132. AE022 测井防喷器压力等级应是施工井井口预计压力的( )倍以上。
    A. 1   B. 1.5   C. 2   D. 5

133. AE023 测井过程中发生井喷事故,救援人员到达现场后,应立即安排将( )或火工品转移至安全位置。
    A. 测井仪器   B. 测井车   C. 放射源   D. 井控设备

134. AE023 测井过程中发生井喷,测井作业人员按要求安装好电缆悬挂器后,应( )。
    A. 撤离井口   B. 立即汇报   C. 剪断电缆   D. 上提电缆

135. AE023 生产测井时发生井喷事故,电缆被刺断、仪器落井,应立即关闭( )。
    A. 电源   B. 防喷器   C. 清蜡阀门   D. 车门

136. AF001 硫化氢能溶于水,但其溶解度随水温的升高而( )。
    A. 升高   B. 降低   C. 不变   D. 无规律地变化

137. AF001 硫化氢的相对密度为1.176,比空气的密度大,燃烧时带( )火焰。
    A. 黄色   B. 蓝色   C. 红色   D. 绿色

138. AF001 当硫化氢与空气混合,浓度达( )时,形成爆炸混合物。
    A. 43%~46%   B. 4.3%~46%   C. 4.3%~4.6%   D. 4%~6%

139. AF002 硫化氢的临界危险浓度为( )。
    A. 15mg/m³   B. 30mg/m³   C. 75mg/m³   D. 150mg/m³

140. AF002 工作人员在露天安全工作8h内可以接受的最高硫化氢浓度值为( )。
    A. 15mg/m³   B. 30mg/m³   C. 75mg/m³   D. 150mg/m³

141. AF002 硫化氢的死亡临界浓度是( )。
    A. 30mg/m³   B. 75mg/m³   C. 3000mg/m³   D. 7500mg/m³

142. AF003 硫化氢对人体的危害方式主要包括通过( )、黏膜接触以及通过呼吸道,经肺部由血液送到人体各个器官。
    A. 空气   B. 唾液   C. 人体   D. 皮肤

143. AF003 硫化氢气体进入人体,首先刺激( )。
    A. 呼吸道   B. 眼睛   C. 皮肤   D. 大脑

144. AF003 硫化氢对人体的危害有( )和腐蚀黏膜作用。
    A. 灼伤   B. 氢脆作用   C. 升高血压   D. 麻痹神经

145. AF004 只有( )才可以进入富含硫化氢的场所。
    A. 成年人   B. 本单位的人员
    C. 经过培训的人员   D. 经过专业培训,并佩戴合适防毒面具的人员

146. AF004 进入含硫化氢地区的每个工作人员,都需经过( )。
    A. 体检   B. 专业培训   C. 气味辨别培训   D. 高级工职业技能考核

147. AF004 在进入怀疑有硫化氢存在的地区前,应依靠( )来确定硫化氢是否存在。
    A. 硫化氢检测仪   B. 感觉   C. 现象   D. 气味

148. AF005 当空气中硫化氢含量超过安全临界浓度时,含硫油气井施工钻台上的硫化氢检测仪能( )。
    A. 自动报警   B. 自动净化   C. 自动流通   D. 自动防护

149. AF005　含硫油气井的钻台上方、下方和振动筛等硫化氢易积聚的地方,应安装（　　）。
　　A. 空调　　　　　　　　　　B. 排风扇
　　C. 正压式空气呼吸器　　　　D. 空气净化器

150. AF005　在井场硫化氢容易积聚的地方应安装硫化氢（　　）系统以及音响报警系统。
　　A. 防护　　　B. 报警　　　C. 净化　　　D. 流通

151. AF006　在处理硫化氢事故的应急反应中,无关人员应全部撤离到（　　）的集合地点。
　　A. 室内　　　B. 上风向　　　C. 队长指定　　　D. 空旷

152. AF006　当作业现场发生硫化氢等有毒气体泄漏事故时,在确保不会发生人员伤害的情况下,现场应急指挥组织人员将（　　）搬运至安全地带。
　　A. 测井仪器　　　B. 测井车辆　　　C. 危险品　　　D. 测井资料

153. AF006　在处理硫化氢事故中,涉及周围村庄居民的,要与当地部门取得联系,做好（　　）准备工作。
　　A. 密封门窗　　　B. 储备食物　　　C. 安抚稳定　　　D. 外迁

154. AF007　对病员实施心肺复苏术时正确的安放位置为（　　）。
　　A. 柔软舒适的表面　　　　　　B. 在硬表面上垫以缓冲物
　　C. 平整的硬表面　　　　　　　D. 床上

155. AF007　如果硫化氢中毒者已停止呼吸和心跳,现场抢救时应实施人工呼吸和（　　）。
　　A. 控压　　　B. 胸外心脏按压　　　C. 输液　　　D. 吃救心丹

156. AF007　抢险人员应迅速将硫化氢中毒者从毒气区抬到通风的（　　）区。
　　A. 下风　　　B. 封闭　　　C. 上风　　　D. 宿舍

157. AF008　如被硫化氢轻度损害眼睛,可用（　　）清洗或冷敷。
　　A. 干净水　　　B. 酒精　　　C. 高浓度硼酸　　　D. 热水

158. AF008　在处理硫化氢事故中,中毒者心跳和呼吸恢复后,可给中毒者饮些（　　）。
　　A. 冰水　　　B. 白酒　　　C. 啤酒　　　D. 浓茶、咖啡

159. AF008　被硫化氢伤害过的人,对硫化氢的抵抗力（　　）。
　　A. 变得更强　　　B. 没变化　　　C. 变得更弱　　　D. 变化没规律

160. AF009　硫化氢腐蚀破裂是由（　　）引起的。
　　A. 氧化　　　B. 氧　　　C. 铁　　　D. 氢

161. AF009　氢脆现象主要是化学腐蚀产生的（　　）,使钢材变脆。
　　A. 氢原子　　　B. 氧原子　　　C. 硫化氢　　　D. 二氧化硫

162. AF009　硫化氢溶于水后对金属的腐蚀形式有电化学腐蚀、（　　）和硫化物应力腐蚀开裂。
　　A. 物理腐蚀　　　B. 生化腐蚀　　　C. 氢脆　　　D. 氢保护

163. AF010　氢脆现象可以导致高强度钢产生（　　）,使钢材变脆。
　　A. 钢化　　　B. 物理反应　　　C. 化学反应　　　D. 裂纹

164. AF010　氢脆可使测井电缆及工具的抗拉强度明显降低,极易导致（　　）。
　　A. 测井遇阻　　　B. 测井遇卡　　　C. 测井成功　　　D. 工程事故

165. AF010　氢脆和硫化物应力腐蚀破裂多出现在设备、工具使用不久后,发生(　　)破裂。
　　A. 低应力　　　B. 高应力　　　C. 中应力　　　D. 硬力

166. AF011　会影响硫化氢对金属腐蚀破坏作用的是(　　)。
　　A. 氧气浓度　　B. 温度　　　C. 二氧化硫浓度　　D. 钻井液性质

167. AF011　硫化氢对金属的腐蚀破坏的重要影响因素是(　　)。
　　A. 硫化氢浓度　　　　　B. 金属的体积
　　C. 金属的面积　　　　　D. 金属的重量

168. AF011　硫化氢对金属的腐蚀,受(　　)影响。
　　A. 环境　　　B. 外界湿度　　C. 钻井液滤液　　D. pH 值

169. AF012　橡胶在硫化氢环境中使用,会产生鼓泡失去弹性,导致(　　)。
　　A. 密封件腐烂　B. 密封件变小　C. 密封件变大　D. 密封件失效

170. AF012　在含有硫化氢的井中施工过的所有测井仪器的密封圈必须(　　)。
　　A. 及时更换　　B. 严格使用　　C. 清洗后使用　　D. 继续使用

171. AF012　在硫化氢环境中使用浸油石墨密封件,其中的(　　)被溶解,导致密封件失效。
　　A. 组件　　　B. 纤维　　　C. 油　　　D. 石墨

172. AG001　原子由原子核和核外(　　)组成。
　　A. 中子　　　B. 质子　　　C. 电子　　　D. 正电荷

173. AG001　原子核的质量几乎等于(　　)的质量。
　　A. 分子　　　B. 电子　　　C. 质子　　　D. 原子

174. AG001　原子中原子核的质子数与核外(　　)数相等。
　　A. 中子　　　B. 电子　　　C. 核子　　　D. 分子

175. AG002　一种核素是指原子核的质子数和(　　)数都相等并处于同一能态的同一类原子。
　　A. 电子　　　B. 中子　　　C. 原子　　　D. 分子

176. AG002　放射线是指波长较短的(　　)和微小粒子的流动现象。
　　A. 光线　　　B. 原子　　　C. 电磁波　　　D. 电子

177. AG002　氢(H)有(　　)种同位素。
　　A. 1　　　B. 2　　　C. 3　　　D. 4

178. AG003　原子核能自发发生变化的核素称为(　　)。
　　A. 稳定核素　B. 放射性核素　C. 中子核素　D. 金属核素

179. AG003　同位素是指核中质子数相同而(　　)数不同的核素。
　　A. 原子　　　B. 中子　　　C. 电子　　　D. 分子

180. AG003　原子核自发发射各种射线的性质称为(　　)。
　　A. 发射性　　B. 一致性　　C. 放射性　　D. 不稳定性

181. AG004　目前在测井行业应用最多的放射性射线是(　　)射线。
　　A. β　　　B. 电子　　　C. 质子　　　D. γ

182. AG004　特定能态的放射性核素的原子核数目衰变掉原来的一半时所需要的时间,称为该放射性核素的(　　)。
　　A. 射线　　　　B. 半衰期　　　C. 衰变率　　　D. 衰减期
183. AG004　放射性核素发射的核射线有α射线、(　　)、γ射线。
　　A. β射线　　　B. 光子射线　　C. 电磁波射线　D. 紫外线
184. AG005　若放射源样品每秒钟发生(　　)次放射性衰变,称样品的放射性活度为1贝可。
　　A. 1　　　　　B. 10　　　　　C. 100　　　　 D. 10000
185. AG005　射线对人体的影响,除与吸收剂量大小有关外,还与射线的(　　)有关。
　　A. 大小　　　　B. 种类　　　　C. 质量　　　　D. 幅度
186. AG005　放射源是指用(　　)物质制成的能产生辐射照射的物质或实体。
　　A. 密封　　　　B. 金属　　　　C. 非金属　　　D. 放射性
187. AG006　密封源应定期进行活度检验、(　　)检验与表面放射性沾污检验。
　　A. 重量　　　　B. 泄漏　　　　C. 压力　　　　D. 温度
188. AG006　放射源按其密封状况可分为(　　)源和非密封源。
　　A. 密封　　　　B. 中子　　　　C. 密度　　　　D. 伽马
189. AG006　非密封源是指没有(　　)的放射性物质。
　　A. 放射性　　　B. 屏蔽　　　　C. 包壳　　　　D. 使用
190. AG007　在没有防护的情况下,接触二类放射源在(　　)就可致人死亡。
　　A. 几秒钟至几分钟　　　　　　B. 几分钟至几小时
　　C. 几小时至几天　　　　　　　D. 几天至几周
191. AG007　一类放射源属于(　　)危险源。
　　A. 极高　　　　B. 较高　　　　C. 较低　　　　D. 一般
192. AG007　不会对人体造成永久性损伤的低危险源是(　　)类放射源。
　　A. 一　　　　　B. 二　　　　　C. 三　　　　　D. 四
193. AG008　测井用放射源按所释放射线的类型可分为(　　)源和中子源。
　　A. 电子　　　　B. 伽马　　　　C. 质子　　　　D. X射线
194. AG008　油管输送射孔校深一般采用(　　)源。
　　A. α　　　　　B. β　　　　　C. γ　　　　　D. 中子
195. AG008　绝大多数测井项目所使用的放射源都是(　　)放射源。
　　A. 密封　　　　B. α射线　　　C. β射线　　　D. X射线
196. AG009　日常生活中人们时刻受到的辐射照射来自(　　)。
　　A. 测井放射源　　　　　　　　B. 工业源
　　C. 医疗器械　　　　　　　　　D. 本底
197. AG009　伽马射线对人体的伤害主要是杀伤(　　)和血小板。
　　A. 白细胞　　　B. 红细胞　　　C. 肌肉　　　　D. 皮肤
198. AG009　过量的核辐射首先会导致人体的(　　)障碍。
　　A. 运动　　　　B. 造血　　　　C. 热效应　　　D. 呼吸

199. AG010　阈值是发生某种效应所需要的(　　)剂量值。
　　　A. 最高　　　　B. 随机　　　　C. 随机　　　　D. 固定

200. AG010　人体内部的放射源对人体造成的照射称为(　　)。
　　　A. 前照射　　　B. 后照射　　　C. 内照射　　　D. 外照射

201. AG010　发生在被放射性射线照射个体本身的生物效应称为(　　)效应。
　　　A. 躯体　　　　B. 遗传　　　　C. 随机　　　　D. 确定性

202. AG011　放射性射线辐射防护的目的是防止发生对健康有害的(　　)效应。
　　　A. 随机性　　　B. 确定性　　　C. 生物　　　　D. 躯体

203. AG011　在考虑到各因素的条件下,所有的辐射照射都应保持在可以合理达到的尽可能(　　)的水平。
　　　A. 高　　　　　B. 固定　　　　C. 低　　　　　D. 中等

204. AG011　通过对放射性射线辐射的防护,应使(　　)的发生率降低到可以接受的水平。
　　　A. 确定性效应　B. 阈值效应　　C. 内照射效应　D. 随机效应

205. AG012　职业照射剂量限值常被称为(　　)限值。
　　　A. 基本　　　　B. 确定　　　　C. 随机　　　　D. 固定

206. AG012　职业照射基本限值规定任何一年中人体接收的放射性射线照射剂量不能超过(　　)。
　　　A. 20msv　　　B. 50msv　　　C. 150msv　　　D. 500msv

207. AG012　连续五年内放射性操作人员接收的年均放射性射线照射剂量不能超过(　　)。
　　　A. 20msv　　　B. 50msv　　　C. 100msv　　　D. 500msv

208. AG013　放射性外照射防护三要素是指(　　)防护、时间防护和屏蔽防护。
　　　A. 距离　　　　B. 空间　　　　C. 工具　　　　D. 防护用品

209. AG013　放射性射线的通量与距离的平方(　　)。
　　　A. 成正比　　　B. 成反比　　　C. 不成比例　　D. 没关系

210. AG013　正确使用装源工具的主要目的是(　　),尽量减少人体受照射的面积。
　　　A. 防止掉源　　　　　　　　　　B. 增大操作者与源的距离
　　　C. 保持源壳干净　　　　　　　　D. 避免源壳受损

211. AG014　放射源操作人员受到的外照射累计剂量与照射时间(　　)。
　　　A. 成正比　　　B. 成反比　　　C. 成对数关系　D. 没有关系

212. AG014　对于放射性剂量大,需要较长时间才能完成的工作项目,工作人员有可能达到或超过限制剂量时,应该(　　)。
　　　A. 精选一人完成并安排休息
　　　B. 尽量减少作业人员并安排休息
　　　C. 组织人员轮流限时或限剂量操作,以避免伤害
　　　D. 有领导在现场监督

213. AG014　从事放射性工作的人员,上岗前应进行安全技术培训,并且应用(　　)反复进行操作训练,达到熟练的程度。
　　　A. 放射源模型　B. 中子源　　　C. 伽马源　　　D. 刻度源

214. AG015　放射性射线与物质发生作用,可以被(　　)和散射,即物质对射线有屏蔽作用。
　　A. 稀释　　　　B. 释放　　　　C. 吸收　　　　D. 倍增

215. AG015　伽马射线的屏蔽防护材料应采用(　　)大的物质。
　　A. 密度　　　　B. 体积　　　　C. 面积　　　　D. 长度

216. AG015　中子射线的屏蔽防护材料应采用(　　)的物质。
　　A. 高密度　　　B. 中等密度　　C. 低含氢量　　D. 高含氢量

217. AG016　在开放型同位素工作场所,严禁吸烟、进食、(　　)和存放食物。
　　A. 说话　　　　B. 走动　　　　C. 喝水　　　　D. 站立

218. AG016　在进行开放型同位素操作时,应正确采用(　　)照射的防护原则和手段。
　　A. 内　　　　　B. 内外　　　　C. 外　　　　　D. 工业

219. AG016　应用开放型同位素测井,存在(　　)的危害。
　　A. 内照射　　　B. 外照射　　　C. 内外双重照射　　D. 电击

220. AG017　从事放射性作业的人员,每(　　)必须进行一次体检。
　　A. 月　　　　　B. 半年　　　　C. 一年　　　　D. 三年

221. AG017　从事放射性作业的人员,必须注意(　　)接触剂量,同时保证营养和休息。
　　A. 合理分散　　B. 集中　　　　C. 统一　　　　D. 正常

222. AG017　从事放射性作业的人员在作业时必须佩带(　　)。
　　A. 硫化氢检测仪　　　　　　　B. 个人放射性剂量计
　　C. 便携式放射性活度测量仪　　D. 救生衣

223. AG018　放射源的领用和送还必须办理相关手续,以保证其随时处于(　　)状态。
　　A. 使用　　　　B. 受控　　　　C. 失控　　　　D. 工作

224. AG018　操作使用大于200GBq(5Ci)的中子源和大于20GBq(0.5Ci)的γ源,操作工具长度不小于(　　)。
　　A. 20cm　　　　B. 50cm　　　　C. 100cm　　　　D. 200cm

225. AG018　井场装卸放射源时,应设立(　　)标识。
　　A. 小心电离辐射　　　　　　　B. 绞车后严禁站人
　　C. 当心泄漏　　　　　　　　　D. 必须消除静电

226. AH001　炸药具有相对稳定性和化学(　　)。
　　A. 一致性　　　B. 突变性　　　C. 爆炸性　　　D. 耐温性

227. AH001　炸药能够依靠自身的(　　)实现爆炸反应。
　　A. 碳　　　　　B. 氢　　　　　C. 氧　　　　　D. 氦

228. AH001　炸药在外界能量作用下,自身进行高速的(　　)反应。
　　A. 物理　　　　B. 化学　　　　C. 生化　　　　D. 工业

229. AH002　炸药化学变化的形式有分解、(　　)和爆炸三种不同形式。
　　A. 氧化　　　　B. 还原　　　　C. 燃烧　　　　D. 钝化

230. AH002　炸药爆炸特征的三要素是爆速快、产生(　　)、生成大量气体。
　　A. 原子能　　　B. 热能　　　　C. 机械能　　　D. 气体能

231. AH002 爆炸可以由不同的( )现象和化学现象所引起。
    A. 历史　　　B. 生物　　　C. 原子核　　　D. 物理

232. AH003 超高温炸药是指耐温大于( )的炸药。
    A. 120℃/48h　　　　B. 160℃/48h
    C. 175℃/48h　　　　D. 200℃/48h

233. AH003 高温炸药是指耐温大于( )小于160℃/48h的炸药。
    A. 80℃/48h　B. 100℃/48h　C. 120℃/48h　D. 150℃/48h

234. AH003 按炸药的应用特性可将其分为起爆药、( )、火药及烟火剂四类。
    A. 猛炸药　　B. 引爆药　　C. 缓冲药　　D. 敏感药

235. AH004 猛炸药典型的爆炸变化形式是( )。
    A. 发热　　　B. 燃烧　　　C. 爆炸　　　D. 爆轰

236. AH004 激发炸药( )的过程称为起爆。
    A. 燃烧　　　B. 爆炸　　　C. 冷却　　　D. 发热

237. AH004 起爆药的主要作用是引燃火药或引爆( )。
    A. 烟火剂　　B. 烟花　　　C. 猛炸药　　D. 取芯药包

238. AH005 烟火剂的典型爆炸变化形式是( )。
    A. 燃烧　　　B. 发热　　　C. 爆炸　　　D. 爆轰

239. AH005 火药常用作枪炮弹的( )药。
    A. 爆炸　　　B. 发射　　　C. 燃烧　　　D. 定位

240. AH005 火药是( )和易燃物的混合物。
    A. 爆炸药　　B. 照明剂　　C. 氧化剂　　D. 燃烧剂

241. AH006 爆轰波的传播速度称为( )。
    A. 爆时　　　B. 爆速　　　C. 爆距　　　D. 爆温

242. AH006 炸药的爆温是指炸药爆炸时生成物被加热的( )温度。
    A. 固定　　　B. 最低　　　C. 最高　　　D. 爆热

243. AH006 炸药在热能、冲击能和摩擦能的作用下发生爆炸的难易程度分别称为热感度、撞击感度和( )感度。
    A. 爆炸　　　B. 冲击　　　C. 动力　　　D. 摩擦

244. AH007 炸药对( )的作用十分敏感。
    A. 光　　　　B. 热　　　　C. 岩石　　　D. 放射性

245. AH007 许多炸药受到撞击、振动、( )等机械作用时都有着火、爆炸的危险。
    A. 辐射　　　B. 传导　　　C. 对流　　　D. 摩擦

246. AH007 火工品的一个重要危险特性是( )。
    A. 敏感易爆性　B. 自身发热性　C. 辐射性　　D. 可控性

247. AH008 火工品会在较高的环境温度下发生( )。
    A. 潮解　　　B. 质变　　　C. 爆炸　　　D. 热变

248. AH008 使用、运输、存储火工品时,应防火、防高温、防雷击、防( )。
    A. 光照　　　B. 阴冷　　　C. 风吹　　　D. 潮湿

249. AH008 储存和运输时炸药时,必须远离(   )。
    A. 火源   B. 车辆   C. 导体   D. 机械

250. AH009 测井用火药包括(   )、切割弹、导爆索等。
    A. 射孔弹   B. 电雷管   C. 取心药包   D. 传爆管

251. AH009 测井作业中,使用火工器材的项目有射孔、(   )、下桥塞等。
    A. 电阻率测井 B. 声波测井   C. 成像测井   D. 井壁取心

252. AH009 测井用二类炸药包括(   )、切割弹、导爆索等。
    A. 射孔弹   B. 取心药包   C. 电雷管   D. 传爆管

253. AH010 使用火工品的场所,严禁明火和(   )。
    A. 喝水   B. 进食   C. 说话   D. 吸烟

254. AH010 火工品使用者必须穿戴(   )工作服。
    A. 防干扰   B. 防辐射   C. 防静电   D. 劳保

255. AH010 检查电雷管电阻时要用(   )。
    A. 万用表   B. 专用雷管表 C. 兆欧表   D. 电流表

256. AH011 使用火工品进行施工时,遇有(   )天气应暂停作业。
    A. 高温   B. 阳光   C. 阴雨   D. 雷雨

257. AH011 火工器材在运输途中,必须装在(   )内。
    A. 工具箱   B. 防爆箱   C. 驾驶室   D. 仪器车

258. AH011 在运输火工器材时雷管不能与火药或(   )炸药混装在同一防爆箱内。
    A. 第一类   B. 第二类   C. 第三类   D. 第四类

259. AI001 在时间和空间上失去控制的(   )所造成的灾害是火灾。
    A. 爆炸   B. 燃烧   C. 闪燃   D. 闪电

260. AI001 D类火灾指(   )物质火灾
    A. 有机固体   B. 液体   C. 气体   D. 金属

261. AI001 C类火灾是指(   )物质火灾。
    A. 有机固体   B. 液体   C. 气体   D. 金属

262. AI002 能引起可燃物着火的能源称为(   )。
    A. 着火源   B. 电源   C. 助燃物   D. 氧化物

263. AI002 燃烧必须在(   )、助燃物和着火源三个基本条件的作用下才能发生。
    A. 空气   B. 氧气   C. 可燃物   D. 不可燃物

264. AI002 燃烧就是可燃物与氧或(   )作用发生的放热反应。
    A. 着火源   B. 氧化剂   C. 氢   D. 难燃物

265. AI003 热量从物体中温度较高的部分传递到温度较低的部分的过程,称为(   )。
    A. 传导   B. 对流   C. 辐射   D. 传递

266. AI003 依靠热微粒的流动而传播的现象称为(   )。
    A. 热传导   B. 热对流   C. 热辐射   D. 热传递

267. AI003 热辐射是一种由(   )来传递热能的现象。
    A. 传导   B. 对流   C. 热   D. 电磁波

268. AI004　燃烧分为闪燃、着火、（　　）、爆炸四种类型。
   A. 辐射　　　　B. 熄灭　　　　C. 烟雾　　　　D. 自燃

269. AI004　闪燃是（　　）物质发生火灾的信号。
   A. 固体　　　　B. 液体　　　　C. 气体　　　　D. 所有状态

270. AI004　可燃物质在空气中开始持续燃烧所需要的（　　）温度称为燃点。
   A. 最高　　　　B. 自燃　　　　C. 最低　　　　D. 爆炸

271. AI005　对电动机械设备的外壳,应有良好的（　　）保护装置。
   A. 接地　　　　B. 控制　　　　C. 连接　　　　D. 屏蔽

272. AI005　漏电火花和产生的高温能成为火灾的（　　）。
   A. 可燃物　　　B. 着火源　　　C. 助燃物　　　D. 氧化剂

273. AI005　线路的电源涉及操作的地方应装设开关、（　　）。
   A. 接地线　　　B. 控制设备　　C. 漏电保护器　D. 报警装置

274. AI006　燃烧产物对人体的危害包括缺氧、高温、烟尘、（　　）。
   A. 辐射　　　　B. 灼烧　　　　C. 有毒气体　　D. 爆燃

275. AI006　火灾中可燃物产生的大量烟雾中含有（　　）、二氧化碳、氯化氢、硫化氢等有毒气体。
   A. 氧气　　　　B. 氮气　　　　C. 一氧化碳　　D. 臭氧

276. AI006　火场上的烟尘由燃烧中析出的（　　）、焦油状液滴以及房屋倒塌时扬起的灰尘组成。
   A. 氮化物　　　B. 氧粒子　　　C. 氢粒子　　　D. 碳粒子

277. AI007　穿过浓烟逃生时,要尽量使身体（　　）,并用湿毛巾捂住口鼻。
   A. 脱离地面　　B. 贴近地面　　C. 靠上　　　　D. 平直

278. AI007　火灾袭来时要迅速（　　）。
   A. 抢救财产　　B. 逃生　　　　C. 保护设备　　D. 保护现场

279. AI007　遇火灾（　　）离开火场。
   A. 立即乘电梯　　　　　　　　　B. 应紧贴电梯边缘
   C. 站在电梯角落　　　　　　　　D. 不可乘坐电梯

280. AI008　消除燃烧的助燃物,使燃烧停止的方法称为（　　）。
   A. 冷却灭火法　B. 隔离灭火法　C. 泡沫灭火法　D. 窒息灭火法

281. AI008　化学抑制法灭火对（　　）火灾效果好。
   A. 有焰燃烧　　B. 无焰燃烧　　C. 化学品燃烧　D. 物体内部燃烧

282. AI008　灭火的基本原理可归纳为冷却、窒息、（　　）和化学抑制四个方面。
   A. 降温　　　　B. 加温　　　　C. 降氧　　　　D. 隔离

283. AJ001　触电时电流对人身造成的伤害程度与电流流过人体的（　　）、持续的时间等多种因素有关。
   A. 电流强度　　B. 电流相位　　C. 电流初相角　D. 电流方向

284. AJ001　直接接触触电可分为单极接触和（　　）接触。
   A. 双极　　　　B. 多极　　　　C. 跨步　　　　D. 辐射

285. AJ001 双极触电是指人体两处同时触及同一电源的( )带电体。
   A. 单极   B. 多极   C. 火线   D. 两相

286. AJ002 在短时间内,危及人体生命的最小电流为( )。
   A. 0.05A   B. 0.5A   C. 1A   D. 2A

287. AJ002 为防止触电,人体接触的低压电源不应超过( )。
   A. 12V   B. 24V   C. 36V   D. 220V

288. AJ002 电流对人体的伤害可分为( )和电伤。
   A. 电弧烧伤   B. 电击   C. 电烙印   D. 皮肤金属化

289. AJ003 绝缘是使用( )物质将带电体隔离或包裹起来。
   A. 导电   B. 不导电   C. 金属   D. 化学

290. AJ003 为保证安全,电气设备必须具有足够的( )。
   A. 绝缘强度   B. 抗压强度   C. 导电能力   D. 电流强度

291. AJ003 绝缘通常可分为气体绝缘、液体绝缘和( )绝缘三类。
   A. 固体   B. 专用   C. 导体   D. 半导体

292. AJ004 漏电保护装置可以在设备及线路漏电时通过保护装置的检测机构转换取得( )信号,然后促使执行机构动作,自动切断电源,起到保护作用。
   A. 电源   B. 压力   C. 异常   D. 正常

293. AJ004 将电气设备经保护接地线与( )连接起来的做法称为保护接地。
   A. 电源   B. 电源接地线   C. 大地   D. 外壳

294. AJ004 按功能分,接地可分为( )接地和保护接地。
   A. 火线   B. 零线   C. 工程   D. 工作

295. AJ005 测井用电气设备电源前端,必须使用( )。
   A. 插头   B. 插座   C. 闸刀   D. 漏电保护器

296. AJ005 施工现场的用电设备必须在设备负荷线的( )处安装漏电保护器。
   A. 末端   B. 任意   C. 首端   D. 中端

297. AJ005 为保证安全,用电设备应能在漏电电流大于电击电流时自动( )。
   A. 断电   B. 减小漏电电流
   C. 增大漏电电流   D. 减小漏电电压

298. AJ006 触电者无知觉、无呼吸,有心跳时,在请医生的同时,应施行( )。
   A. 静养   B. 人工呼吸   C. 强制活动   D. 运动

299. AJ006 发生高压触电时应立即( )断电。
   A. 剪断高压线   B. 通知电力部门 C. 使用木棒   D. 合上开关

300. AJ006 发现高压触电事故后,应使用( ),使触电者解脱电源。
   A. 木棒   B. 树枝   C. 专用工具   D. 普通工具

301. AK001 事故隐患是指可导致事故发生的物的危险状态、( )及管理上的缺陷。
   A. 设备缺陷   B. 恶劣环境   C. 人的不安全行为 D. 复杂工程

302. AK001 风险是指有发生特定危害事件的( )以及事件结果的严重性。
   A. 危害性   B. 可能性   C. 安全性   D. 确定性

303. AK001　安全工程是指为保证生产过程中(　　)与设备安全的工程系列总称。
    A. 工程　　　　B. 人身　　　　C. 机械　　　　D. 环境

304. AK002　测井作业工作的主要风险包括物体打击、(　　)、危险品丢失、爆炸、交通事故、放射源误照射、触电事故等。
    A. 机械伤害　　B. 空气污染　　C. 钻井事故　　D. 测井等待

305. AK002　测井安全工作内容包括保障人身安全、井下施工安全、行车安全和(　　)。
    A. 质量安全　　B. 仪器安全　　C. 环保安全　　D. 工作安全

306. AK002　测井作业中的风险因素包括可能要使用火工器材,(　　),测井时可能突发井喷,井口溢出有毒气体,钻台上有可能发生落物等。
    A. 接触井队高压设备　　　　B. 接触放射源
    C. 进行高空作业　　　　　　D. 进行消防作业

307. AK003　测井施工中禁止(　　)运转中的设备设施。
    A. 触摸　　　　B. 控制　　　　C. 操作　　　　D. 停止

308. AK003　使用完放射源后要及时(　　),并进行确认。
    A. 维修　　　　B. 保养　　　　C. 清点装箱　　D. 运输

309. AK003　不同性质的火工品要(　　)。
    A. 共装　　　　B. 分装　　　　C. 一同固定　　D. 降温

310. AK004　测井施工现场使用危险品时应设置(　　)。
    A. 灭火器材　　B. 防爆隔离带　C. 安全标志　　D. 专职警卫

311. AK004　各测井生产单位的(　　)为本单位安全生产第一负责人。
    A. 安全副经理　B. 测井小队长　C. 安全监督　　D. 行政正职

312. AK004　各测井单位对所属施工队伍的施工要求都是"(　　)、优质、高效"。
    A. 完成　　　　B. 安全　　　　C. 低成本　　　D. 时效

313. AK005　测井现场作业人员必须严格遵守作业现场的纪律和(　　)。
    A. 采油制度　　　　　　　　B. 应急反应程序
    C. 防卡钻制度　　　　　　　D. 防漏程序

314. AK005　使用火工品的测井工作人员必须取得(　　)。
    A. 放射工作人员证　　　　　B. 平台消防培训证
    C. 爆破员作业证　　　　　　D. 起重机械作业人员作业证

315. AK005　测井作业人员必须掌握足够的(　　)才能上岗。
    A. 地质知识　　B. 钻井知识　　C. 采油知识　　D. HSE 常识

316. AK006　安全检查内容应包括各项制度管理、工艺设备管理、(　　)管理、安全设施管理、应急管理等。
    A. 技术培训　　B. 安全隐患　　C. 政治学习　　D. 安全宣传

317. AK006　安全检查分为专业检查、季节检查、综合检查和(　　)检查。
    A. 业余　　　　B. 年度　　　　C. 月度　　　　D. 领导

318. AK006　安全专业检查应(　　)进行一次。
    A. 每天　　　　B. 每周　　　　C. 每月　　　　D. 每季度

319. AK007 长途行车,每行驶(   )后,中途停车休息20min,并应对车辆进行检查。
   A. 2h   B. 4h   C. 6h   D. 8h

320. AK007 遇有冰雪路面、通过桥涵或涉水以及风雪、雨雾天气,应(   )行驶。
   A. 停止   B. 加速   C. 减速   D. 并车

321. AK007 测井出车前,(   )和安全员进行安全讲话,指定行驶路线。
   A. 经理   B. 队长   C. 操作工程师   D. 司机

322. AK008 装卸放射源时,非操作人员必须(   )。
   A. 靠近现场观察 B. 远离现场   C. 上车   D. 上钻台

323. AK008 测井施工进行非常规外接电源作业时,操作者必须戴绝缘手套,并请钻井队或作业队的(   )协助,严禁单人独自接电。
   A. 队长   B. 操作工   C. 值班人员   D. 电工

324. AK008 测井现场施工过程中,操作人员严禁接触(   )的滑轮。
   A. 静止   B. 故障   C. 运行   D. 老化

325. AK009 十字作业是指清洁、润滑、扭紧、(   )、防腐。
   A. 清洗   B. 拆卸   C. 连接   D. 调整

326. AK009 固定地滑轮尾链应完好无损,承受拉力不低于(   ),并定期检验。
   A. 60kN   B. 80kN   C. 120kN   D. 240kN

327. AK009 生产准备应确保测井车(   )良好,地面仪器、车辆仪表完好无损。
   A. 屏蔽   B. 隔离   C. 接地   D. 导电

328. AK010 测井作业前,钻井队应依照设计要求,循环井筒钻井液不少于(   )个周期。
   A. 1   B. 2   C. 3   D. 4

329. AK010 进行产出井、注入井测井时,(   )装置应齐全并符合测井要求。
   A. 钻机   B. 作业机   C. 柴油机   D. 井口

330. AK010 带压测井时,井口必须安装(   ),钻井队做好防喷准备。
   A. 滑轮   B. 吊卡   C. 防喷器   D. 工作台

331. AK011 测井仪器起下速度要均匀,不应超过(   )。
   A. 4000m/h   B. 6000m/h   C. 8000m/h   D. 10000m/h

332. AK011 气井施工,发动机的排气管应戴(   ),测井设备摆放应充分考虑风向。
   A. 排气筒   B. 加长管   C. 堵头   D. 阻火器

333. AK011 裸眼井段电缆静止不应超过(   )(特殊施工除外)。
   A. 1min   B. 3min   C. 5min   D. 8min

334. AK012 下井仪器遇阻,若在同一井段遇阻3次,应记录(   )。
   A. 遇阻时间   B. 遇阻速度   C. 遇阻曲线   D. 施工人员

335. AK012 测井遇卡后,测井队允许上提的最大净增拉力值不应超过拉力棒拉断力的(   )。
   A. 30%   B. 50%   C. 75%   D. 120%

336. AK012 复杂井测井作业,应事先编制(   )。
   A. 施工方案   B. 解释成果   C. 工作程序   D. 工程计划

337. AK013　测井小队安全员应负责危险品在领取、运输、使用、送还各环节的(　　)。
　　A. 操作　　　　　B. 工作　　　　　C. 联系　　　　　D. 监督检查
338. AK013　专用储源箱应符合国家标准规定,设有"(　　)"标志。
　　A. 危险　　　　　B. 安全　　　　　C. 当心电离辐射　　D. 高空作业
339. AK013　放射源领取、押运、使用、现场保管及交还工作应由(　　)负责。
　　A. 队长　　　　　B. 护源工　　　　C. 操作工程师　　　D. 测井监督
340. AK014　下深未超过(　　)时,不应检测井内的枪身或爆炸筒。
　　A. 70m　　　　　B. 100m　　　　C. 150m　　　　　D. 200m
341. AK014　装炮时应选择离开井口(　　)以外的工作区,圈闭相应的作业区域。
　　A. 1m　　　　　B. 3m　　　　　C. 10m　　　　　D. 25m
342. AK014　不应在大雾、雷雨、(　　)风以上天气及夜间进行射孔和爆炸作业。
　　A. 5级　　　　　B. 6级　　　　　C. 7级　　　　　D. 8级
343. AL001　心肺复苏体位应为(　　)位。
　　A. 俯卧　　　　　B. 支撑　　　　　C. 侧卧　　　　　D. 仰卧
344. AL001　对成人进行人工呼吸频率应为(　　)。
　　A. 5~8次/min　　　　　　　　　B. 14~16次/min
　　C. 30~40次/min　　　　　　　　D. 60~80次/min
345. AL001　心肺复苏现场抢救的黄金时间是(　　)。
　　A. 1~3min　　　B. 4~6min　　　C. 8~10min　　　D. 10~15min
346. AL002　现场急救呼吸、心跳全无的病人,应采用(　　)与口对口人工呼吸法配合抢救。
　　A. 胸外心脏按压　B. 大声唤醒　　　C. 按摩　　　　　D. 针灸
347. AL002　自主呼吸逐渐恢复,身体出现(　　)是胸外心脏按压的有效指征。
　　A. 僵硬　　　　　B. 冰冷　　　　　C. 无意识挣扎　　　D. 瞳孔放大
348. AL002　进行胸外心脏按压的抢救者应双臂伸直,双肩部在病人正上方,垂直下压病人的(　　)。
　　A. 肺部　　　　　B. 胃部　　　　　C. 关节　　　　　D. 胸骨
349. AL003　止血带最好使用(　　)。
　　A. 尼龙绳　　　　B. 橡胶管　　　　C. 铁丝　　　　　D. 麻绳
350. AL003　止血带止血法适用于(　　)大出血的急救。
　　A. 头部　　　　　B. 心脏　　　　　C. 四肢　　　　　D. 胸部
351. AL003　出血可分为动脉出血、(　　)出血和微血管出血。
　　A. 静脉　　　　　B. 手部　　　　　C. 血管　　　　　D. 内
352. AL004　包扎可以起到(　　)的作用。
　　A. 止痛　　　　　B. 伤口降温　　　C. 加速血液流动　　D. 限制骨折端移动
353. AL004　现场急救螺旋包扎法是指包扎时,做单纯螺旋上升,每一周压盖前一周的1/2,多用于肢体和(　　)等处。
　　A. 头部　　　　　B. 脚部　　　　　C. 躯干　　　　　D. 手指

354. AL004 当外伤止血、伤口破溃、骨折时均需进行(　　)。
 A. 止痛　　　　B. 包扎　　　　C. 注射　　　　D. 冰敷

355. AL005 车祸发生后,无论是司机还是乘客只要意识还清醒,就要先(　　)。
 A. 关闭车门　　B. 关闭发动机　　C. 打开大灯　　D. 打开车门

356. AL005 车祸即将发生的瞬间,(　　)可以有效地预防和减轻伤害。
 A. 打开警示灯　B. 打开车门　　C. 全身绷紧　　D. 全身放松

357. AL005 对于撞车后起火燃烧的车辆,要迅速(　　),以防油箱爆炸伤人。
 A. 救火　　　　B. 搬运物资　　C. 撤离　　　　D. 抢救

358. AL006 国际通用的山中求救信号——光照信号,闪照频率为(　　)。
 A. 2次/min　　B. 5次/min　　C. 6次/min　　D. 12次/min

359. AL006 野外点起一堆或几堆火,烧旺了加些(　　),使火堆升起大量浓烟,可作为求救信号。
 A. 干柴　　　　B. 火药　　　　C. 湿枝叶或青草　D. 柴油

360. AL006 野外需要求救时,可用树枝、石块或衣服等物在空地上砌出(　　)或其他求救字样。
 A. SOS　　　　B. LOVE　　　　C. RED　　　　D. 玩笑

361. BA001 钻台井口施工作业人员必须佩戴(　　)并穿好工服和工鞋。
 A. 正压式空气呼吸器　　　　B. 安全帽
 C. 安全带　　　　　　　　　D. 硫化氢报警仪

362. BA001 测井井口作业人员应有一人佩戴(　　),并且确保其完好,处于运行状态。
 A. 安全帽　　　　　　　　　B. 正压呼吸器
 C. 硫化氢报警仪　　　　　　D. 剂量牌

363. BA001 吊升井口设备时,应由(　　)负责指挥。
 A. 井队队长　B. 井队工程师　C. 操作工程师　D. 专人

364. BA002 井口滑轮由一个固定在钻台上的地滑轮和一个固定在游动滑车并提升到井架上部的(　　)组成。
 A. 定滑轮　　　B. 动滑轮　　　C. 天滑轮　　　D. 侧滑轮

365. BA002 井口滑轮在测井过程中,除了承担电缆及下井仪器的重量外,还起着(　　)的作用。
 A. 冲洗电缆　　B. 测量电缆　　C. 电缆导向　　D. 盘整电缆

366. BA002 测井地滑轮用链条固定,有利于(　　)。
 A. 装卸井口　　B. 盘整齐电缆　C. 绞车工观看井口　D. 钻工交叉作业

367. BA003 滑轮轮体的中心是两个(　　)和一个滑轮轴。
 A. 弹簧　　　　B. 轴承　　　　C. 滑轮　　　　D. 螺母

368. BA003 井口滑轮的槽底部分一般都由(　　)或不锈钢制造。
 A. 铝　　　　　B. 铜　　　　　C. 普通钢　　　D. 耐磨防磁钢

369. BA003 井口天地滑轮挡线架的作用是(　　)。
 A. 清除钻井液　B. 保护滑轮　　C. 防止电缆跳槽　D. 防止滑轮旷动

370. BA004 滑轮或轮槽应使用( )材料,槽宽应与电缆外径相匹配。
   A. 低密度　　　B. 带磁　　　C. 高温　　　D. 防磁

371. BA004 滑轮底直径应大于所使用电缆的( )直径。
   A. 最小弯曲　　B. 最大弯曲　　C. 10 倍　　　D. 40 倍

372. BA004 T形铁主要用于( )与游车吊卡的硬连接固定。
   A. 链条　　　B. 天滑轮　　　C. 地滑轮　　　D. 张力线

373. BA005 天滑轮及与其连接的张力计、T形棒以及连接销等受力部件,必须能承受( )以上的拉力。
   A. 5t　　　B. 8t　　　C. 12t　　　D. 18t

374. BA005 测井时天滑轮承受的拉力约是电缆拉力的( )。
   A. 0.5 倍　　B. 1 倍　　C. 1.4 倍　　D. 2 倍

375. BA005 在滑轮的性能指标中,除要求滑轮直径符合要求外,还要求它的抗拉强度至少大于( )的电缆拉断力。
   A. 0.5 倍　　B. 1 倍　　C. 2 倍　　D. 5 倍

376. BA006 地滑轮需用专用的( )固定在钻台大梁上。
   A. 链条　　　B. 粗钢丝绳　　C. U 形环　　D. 钢筋

377. BA006 在测卡点和打捞时,天滑轮要安装在正对井口的( )上。
   A. 游动滑车　　B. 钻具　　　C. 井架　　　D. 大绳

378. BA006 正常裸眼测井时,天滑轮应上提至( )附近。
   A. 井口　　　　　　　　B. 钻井架二层平台
   C. 井架顶部　　　　　　D. 任意位置

379. BA007 指挥司钻上提、下放游动滑车时,井口操作人员应拉住( )。
   A. 滑轮　　　B. 张力计　　C. 电缆　　　D. 刮泥器

380. BA007 安装井口装置前,应请司钻切断( ),锁好钻盘销子。
   A. 柴油机动力　B. 转盘动力　C. 电源　　　D. 卷扬机动力

381. BA007 地滑轮固定链条严禁拴在( )上。
   A. 井架　　　B. 地环　　　C. 大梁　　　D. 鼠洞

382. BA008 在测井过程中,张力计用于测量( )。
   A. 测井深度　B. 测井速度　C. 测井电缆的张力　D. 电缆的抗拉强度

383. BA008 测井施工中,用张力计测量电缆张力的目的是判断电缆和井下仪器的( )。
   A. 运行情况　　　　　　B. 承受压力的情况
   C. 绝缘情况　　　　　　D. 抗拉强度

384. BA008 发生遇阻或遇卡时( )会发生明显变化。
   A. 电缆记号　B. 滑轮轮体　C. 马丁代克深度　D. 电缆张力

385. BA009 目前常用的张力计通常使用( )作为供电电源。
   A. 直流电源　B. 交流电源　C. 光电池　　D. 太阳能

386. BA009 张力计中用的传感器件是( )。
   A. 力/电换能器　B. 光/电换能器　C. 热敏电阻器　D. 声控元件

387. BA009　张力计是利用半导体应变片或铂金丝的电阻随其受到的（　　）改变而变化的原理来进行测量的。

　　A. 温度　　　　B. 压力　　　　C. 拉力　　　　D. 音量

388. BA010　当张力计安装在地滑轮上，通过滑轮的电缆之间的夹角为（　　）时，张力计所受拉力等于电缆拉力。

　　A. 60°　　　　B. 120°　　　　C. 90°　　　　D. 150°

389. BA010　当地面系统所设置的张力校正角度为120°，而穿过安装张力计地滑轮的电缆所成的角度小于120°时，绞车显示张力会（　　）电缆实际受力。

　　A. 等于　　　　B. 小于　　　　C. 大于　　　　D. 不大于

390. BA010　张力计安装在（　　），其所受向下拉力是电缆所受拉力的2倍。

　　A. 地滑轮　　　B. 天滑轮　　　C. 测井仪器上　　D. 绞车某部位

391. BA011　安装张力计时，应将（　　）固定，防止其与电缆相缠绕。

　　A. 张力线　　　B. T形铁　　　C. 钢丝绳　　　D. 滚筒

392. BA011　连接张力计时，应检查各连接件无机械损伤，（　　）灵活可靠。

　　A. 张力计　　　B. 连接销　　　C. 张力线　　　D. T形铁

393. BA011　按测井工艺要求，张力计通过（　　）连接在天滑轮与T形铁之间。

　　A. 绳套　　　　B. 钢丝绳　　　C. 连接销　　　D. 铅丝

394. BA012　张力计引线绝缘电阻应大于（　　）。

　　A. 0.5MΩ　　　B. 5MΩ　　　C. 10MΩ　　　D. 50MΩ

395. BA012　刻度超期的张力计，不得（　　）。

　　A. 进行维修　　　　　　　　　B. 继续使用
　　C. 在本部门使用　　　　　　　D. 停用

396. BA012　对张力计进行保养时，可以用（　　）对插座进行清洁。

　　A. 蒸馏水　　　　　　　　　　B. 无水易挥发清洁剂
　　C. 盐水　　　　　　　　　　　D. 碱水

397. BA013　由汽车点火线圈改造而成的深度记号器，线圈阻值一般为（　　）。

　　A. 0.5Ω　　　B. 2~3kΩ　　　C. 4~7kΩ　　　D. 100kΩ以上

398. BA013　电缆上的磁性记号从记号器旁通过，记号器产生的（　　）传到地面系统和测井曲线一起记录下来。

　　A. 压力差　　　B. 感应电动势　　C. 磁场强度　　D. 磁记号

399. BA013　深度记号器的作用是（　　）。

　　A. 给电缆注磁　　　　　　　　B. 测量电缆上的磁记号
　　C. 测量电缆的磁场强度　　　　D. 测量电缆的张力

400. BA014　通常使用的深度记号接收器就是一个密封的（　　），它可直接由汽车点火线圈改造而成。

　　A. 电阻　　　　B. 电容　　　　C. 电感线圈　　D. 光电管

401. BA014　磁性记号接收器是依据（　　）原理设计的。

　　A. 光电转换　　B. 电磁感应　　C. 变压器　　　D. 压电效应

402. BA014 电缆磁性记号器引线对外壳绝缘应大于(   )。
    A. 0.1MΩ　　　　B. 0.5MΩ　　　　C. 1MΩ　　　　D. 10MΩ

403. BA015 由简单的电感线圈组成的深度记号器接收的信号幅度要受电缆移动速度的影响,电缆移动越快,磁记号幅度(   )。
    A. 越小　　　　B. 越大　　　　C. 不变　　　　D. 不定

404. BA015 电缆记号本身磁场强度变弱,接收的磁记号幅度(   )。
    A. 不变　　　　B. 不定　　　　C. 变大　　　　D. 变小

405. BA015 深度记号接收器受电缆记号本身磁场强度的影响,磁场越强,记号幅度(   )。
    A. 越大　　　　B. 越小　　　　C. 不变　　　　D. 不定

406. BA016 使用电缆刮泥器的目的主要是(   )。
    A. 固定记号器　　　　　　　　B. 让电缆在固定位置运行
    C. 清洁电缆上的钻井液　　　　D. 发现电缆跳丝

407. BA016 使用刮泥器会(   )。
    A. 使电缆变细　　　　　　　　B. 延长电缆使用期限
    C. 造成电缆外层钢丝磨损严重　D. 缩短电缆使用期限

408. BA016 测井时所用的气吹式刮泥器是利用(   )而清除电缆上钻井液的。
    A. 刮泥铜块与电缆的紧密接触　B. 铜块上向斜上方吹出的气流
    C. 铜块上向斜下方吹出的气流　D. 铜块上流出的水流

409. BA017 井口通话器主要用于井口与(   )的双向通信。
    A. 钻台　　　　B. 测井队长　　　　C. 井队　　　　D. 测井绞车

410. BA017 井口组装台的作用是利用其与仪器卡盘配合在井口进行(   )。
    A. 仪器的组合连接与拆卸　　　B. 穿心解卡
    C. 仪器打捞　　　　　　　　　D. 仪器测量

411. BA017 为保证测井施工的安全,使用气吹式刮泥器时,应注意铜块与固定架(   )。
    A. 应紧密接触　B. 接触不能太紧　C. 应焊死　　　D. 不能接触

412. BA018 测井信息不可或缺的有机组成部分是(   )。
    A. 测井仪器　　B. 测井深度　　　C. 测井工艺　　D. 测井原理

413. BA018 在测井过程中,测井采集的原始数据主要有两类:一类是与岩层的地球物理参数相关的信息;另一类就是与之对应的(   )。
    A. 自然电位信息　B. 自然伽马信息　C. 深度信息　　D. 速度信息

414. BA018 测井资料的质量不但取决于测量的岩层地球物理参数质量,而且与(   )紧密相关。
    A. 操作手水平的高低　　　　　B. 测井设备的复杂程度
    C. 测井深度系统的准确性、可靠性　D. 单位管理水平的高低

415. BA019 目前测井常见的深度测量系统一般由以下设备或电路组成:由测量轮带动的(   )构成的深度传送系统、深度处理单元及深度接口、绞车面板等。
    A. 驱动器　　　B. 光电编码器　　C. 深度记号器　D. 地滑轮

416. BA019　目前测井常见的深度传送系统除马丁代克之外,也包括(　　)。
　　　A. 前置放大器　　B. 磁性记号器　　C. 电缆　　　　　D. 天滑轮
417. BA019　属于深度测量系统组成部分的是(　　)。
　　　A. 滑环　　　　　B. 刮泥器　　　　C. 张力计　　　　D. 绞车面板
418. BA020　马丁代克的功能是随着电缆的运行产生出(　　),使地面系统能够依此计算显示和记录电缆及仪器的深度和速度。
　　　A. 深度磁记号　　B. 深度光电信号　C. 测井速度　　　D. 正弦交流信号
419. BA020　测井使用的马丁代克深度传送系统除了测量传送深度信息外,还与盘缆器一同起到(　　)的作用。
　　　A. 盘整电缆　　　B. 清洗电缆　　　C. 电缆整形　　　D. 防止电缆跳槽
420. BA020　光电编码器输出脉冲信号,用来计算测井深度和(　　)。
　　　A. 测井数据　　　B. 测井磁记号　　C. 测井速度　　　D. 测井遇卡地层
421. BA021　测井使用的马丁代克的主要结构包括(　　)、深度编码器及其他辅助机械装置。
　　　A. 记号器　　　　B. 张力传感器　　C. 同步马达　　　D. 深度测量轮
422. BA021　马丁代克导轮的作用是保证电缆能够在(　　)运行。
　　　A. 滑轮中间　　　B. 夹板中　　　　C. 测量轮中间　　D. 滚筒中间
423. BA021　测井使用的马丁代克深度传送系统安装在(　　)上。
　　　A. 盘缆器摇臂上　　　　　　　　　B. 绞车滚筒
　　　C. 井口滑轮　　　　　　　　　　　D. 绞车滚筒支架
424. BA022　深度编码器可以将光栅盘的(　　)转换成对应电脉冲。
　　　A. 角位移　　　　B. 角频率　　　　C. 直线运动　　　D. 静止状态
425. BA022　光电编码器通过测量角位移,间接用于测量(　　)的直线位移和直线速度。
　　　A. 测量轮　　　　B. 导轮　　　　　C. 滑轮　　　　　D. 电缆
426. BA022　测井使用的深度编码器的作用是将电缆在井中移动的长度转换为电路中所需要的(　　)形式。
　　　A. 直流电压　　　B. 正弦交流电压　C. 声波信号　　　D. 电脉冲信号
427. BA023　通过光电编码器输出的 A、B 两路脉冲的超前滞后状态就可以判断(　　)。
　　　A. 测井深度　　　B. 测井速度　　　C. 仪器状态　　　D. 电缆上提或下放
428. BA023　在计算机控制测井系统中,测井深度信号还被用来作为数据采样的控制信号,因此它也被称为(　　)。
　　　A. 测井信号　　　　　　　　　　　B. 张力信号
　　　C. 测井深度中断信号　　　　　　　D. 深度磁记号
429. BA023　测井深度测量系统使用的光电编码器通常由一个均匀刻度的(　　)、发电管、光电管及相应的放大电路组成。
　　　A. 光栅圆盘　　　B. 晶体管　　　　C. 电子管　　　　D. 光电换能器
430. BA024　测井过程中,若电缆未夹在两个测量轮中间,将会导致(　　)。
　　　A. 电缆损坏　　　B. 深度测量误差　C. 马丁代克损坏　D. 测井遇阻

431. BA024　马丁代克安装到盘缆器杆上,使用(　　)固定。
　　A. 钢丝绳　　　　B. 焊接　　　　C. 连接销　　　　D. 轴承

432. BA024　连接马丁代克信号线时,应将插头定位槽对准插座的(　　),插入并拧紧。
　　A. 插针　　　　B. 定位键　　　　C. 底座　　　　D. 连线

433. BA025　测井时使用的马丁代克深度编码器出现问题后,应(　　)。
　　A. 及时更换新编码器　　　　B. 及时打开维修
　　C. 及时更换计数轮　　　　D. 及时进行润滑

434. BA025　测井使用的马丁代克深度传送系统中的深度编码器属于精密器件,保养时(　　)将润滑油注入壳内。
　　A. 严禁　　　　B. 必须　　　　C. 需要　　　　D. 允许

435. BA025　测井完毕收电缆时,应防止将电缆连接器拉进(　　),以免造成马丁代克损坏事故。
　　A. 滑轮　　　　B. 滚筒　　　　C. 马丁代克　　　　D. 绞车后面

436. BA026　紫色吊带的额定载荷为(　　)。
　　A. 1000kg　　　　B. 2000kg　　　　C. 3000kg　　　　D. 4000kg

437. BA027　无线张力计在天滑轮上的安装位置是(　　)。
　　A. 天滑轮与T形铁之间　　　　B. 天滑轮下部
　　C. 安全绳与T形铁之间　　　　D. 安全绳与游车吊环之间

438. BA027　无线张力计通过调频信号传输电缆张力,安装前应确认张力计(　　)。
　　A. 外观良好　　　　B. 清洁无油污
　　C. 无线通信功能正常　　　　D. 连接销完好

439. BA028　采油树的主要作用是控制和调节油(气)井、水井(　　)。
　　A. 结蜡　　　　B. 温度　　　　C. 压力　　　　D. 生产

440. BA028　采油树的主要作用之一是悬挂(　　)。
　　A. 光杆　　　　B. 油管　　　　C. 套管　　　　D. 抽油杆

441. BB001　测井电缆的主要功能是承受拉力、系统供电、信号传输、(　　)。
　　A. 无线遥测　　　　B. 动力传输　　　　C. 水力输送　　　　D. 深度控制

442. BB001　测井电缆的信道作用是指为井下仪器供电并传送各种控制信号,同时将井下仪器输出的测量信号送至地面(　　)系统。
　　A. 张力　　　　B. 深度　　　　C. 测量　　　　D. 动力

443. BB001　井下测井仪器的工作指令是(　　)。
　　A. 无法从井下直接获得的　　　　B. 根据施工要求自发产生的
　　C. 通过电缆传输的　　　　D. 厂家固化在仪器上的

444. BB002　电缆铠装层要具有一定的耐磨性和(　　)。
　　A. 绝缘性　　　　B. 可焊性
　　C. 耐腐蚀性　　　　D. 规模性

445. BB002　测井电缆缆芯的绝缘材料必须具有耐(　　)性能和一定的耐寒能力。
　　A. 高频振荡　　　　B. 低频冲击　　　　C. 高温　　　　D. 低压

446. BB002 通常要求仪器到达井底后,绞车滚筒上应剩余( )的电缆,以保证测井施工安全。
　　　A. 半层　　　B. 1 层　　　C. 2 层　　　D. 3 层

447. BB003 测井电缆按照防腐等级可分为普通碳钢型和防( )型。
　　　A. 钻井液　　B. 硫化氢　　C. 油基　　　D. 水基

448. BB003 目前常用的测井电缆按缆芯数量可分为( )、三芯、六芯、七芯等。
　　　A. 单芯　　　B. 双芯　　　C. 12 芯　　　D. 24 芯

449. BB003 目前常用的测井电缆 7J46RX,其中"46"的含义为( )。
　　　A. 电缆外层钢丝为 24 根　　　B. 电缆内层钢丝为 24 根
　　　C. 电缆外径为 11.8mm　　　　D. 电缆外径为 12.7mm

450. BB004 电缆的铠装防护层是在编织层外绕包的不同方向的两层铠装钢丝。它主要决定了电缆的( )和耐腐蚀性能。
　　　A. 电容　　　B. 电感　　　C. 电阻　　　D. 抗拉强度

451. BB004 测井电缆的编织层一般由( )绕包而成。
　　　A. 塑料　　　B. 橡胶　　　C. 钢丝　　　D. 纤维材料或布带

452. BB004 测井电缆一般由导电缆芯、( )、充填物、编织层及铠装防护层组成。
　　　A. 镀锡层　　　　　　　　　B. 缆芯绝缘层
　　　C. 电缆承力层　　　　　　　D. 橡胶层

453. BB005 铠装电缆在终端固定情况下,其抗拉强度与铠装层的( )及绕包角的余弦成正比。
　　　A. 长度　　　B. 伸长　　　C. 截面积　　D. 耐压性

454. BB005 测井状态下电缆的受力情况类似于( )的受力状态。
　　　A. 电缆单端被固定能转动　　　B. 电缆单端被固定不能转动
　　　C. 电缆两端固定能转动　　　　D. 电缆两端固定不能转动

455. BB005 生产厂家提供的测井电缆的拉断力是指电缆( )的抗拉强度。
　　　A. 自由悬挂状态　　　　　　　B. 终端固定时水平方向
　　　C. 终端固定时向上方向　　　　D. 终端固定时向下方向

456. BB006 一般电缆缆芯的绝缘电阻可分为( )的绝缘电阻和缆芯对铠装层的绝缘电阻。
　　　A. 屏蔽层　　B. 铠装层　　C. 绝缘层　　D. 缆芯间

457. BB006 电缆的主要电气性能包括电缆的电阻、( )和电感。
　　　A. 电容　　　B. 电压　　　C. 电流　　　D. 功率

458. BB006 测井电缆的( )取决于绝缘材料的介电常数、绝缘层厚度、电缆芯数。
　　　A. 电容　　　B. 电感　　　C. 直流电阻　D. 有效电阻

459. BB007 新电缆从新启用到使用 3 井次内的运行速度应小于( )。
　　　A. 500m/h　　B. 1000m/h　C. 2000m/h　D. 4000m/h

460. BB007 带防喷装置测井时,天滑轮槽应正对防喷器( )。
　　　A. 注脂泵　　B. 法兰　　　C. 中心孔　　D. 固定螺栓

461. BB007　与电缆接触的盘缆器、马丁代克上的导轮、天地滑轮,应与电缆保持(　　)接触。
　　A. 转动　　　　B. 固定　　　　C. 滑动　　　　D. 悬空

462. BB008　测井时电缆出现断丝时可采取(　　)或进行铠装等方法来临时维修。
　　A. 焊接　　　　B. 压钢片　　　C. 电缆叉接　　D. 剪断钢丝

463. BB008　电缆盘缆器各活动部位应经常加注(　　)。
　　A. 润滑油　　　B. 硅油　　　　C. 煤油　　　　D. 清水

464. BB008　每次测井过程中及测井完成后都要对电缆进行清洁或喷(　　),以防电缆锈蚀。
　　A. 洗涤剂　　　B. 防锈漆　　　C. 防锈油　　　D. 柴油

465. BB009　当电缆外层钢丝磨损超过(　　)或有3根以上的断钢丝时,应考虑停止使用该电缆。
　　A. 3/4　　　　B. 1/2　　　　C. 1/3　　　　D. 1/10

466. BB009　检查电缆缆芯的绝缘要使用(　　)。
　　A. 兆欧表　　　B. 电压表　　　C. 电流表　　　D. 万用表

467. BB009　电缆下井前,缆芯对缆皮的绝缘电阻应大于(　　)。
　　A. 0.1MΩ　　　B. 10MΩ　　　C. 20MΩ　　　D. 50MΩ

468. BB010　用万用表可以检查电缆的(　　)。
　　A. 抗拉强度　　B. 电感量　　　C. 耐磨性　　　D. 通断

469. BB010　500型万用表测量机构的偏转角α与通过它的(　　)成正比。
　　A. 磁场强度　　B. 电场强度　　C. 电流　　　　D. 压力

470. BB010　500型万用表的磁路系统,由产生磁场的(　　)构成。
　　A. 永久磁铁　　B. 电路　　　　C. 连接线　　　D. 电源

471. BB011　测量电阻时,万用表量程开关应尽量选择(　　)的挡位,以使读数有较高的精度。
　　A. 较高　　　　B. 较低　　　　C. 最大　　　　D. 电压

472. BB011　测量电压时,应将数字万用表与被测电路(　　)。
　　A. 并联　　　　B. 串联　　　　C. 混联　　　　D. 断开

473. BB011　当数字万用表显示"LOW BAT"时,表示电池电压(　　)工作电压。
　　A. 适合　　　　B. 等于　　　　C. 高于　　　　D. 低于

474. BB012　兆欧表主要用来检查电气设备或电气线路对地及相间的(　　)。
　　A. 电流　　　　B. 电压　　　　C. 耐压　　　　D. 绝缘电阻

475. BB012　兆欧表是由电压较高的(　　)、磁电比率表及适当的测量电路组成的。
　　A. 手摇发电机　B. 电动机　　　C. 马达　　　　D. 定子

476. BB012　当使用兆欧表测量线路绝缘电阻时,测量线路的电流与测量线路的电阻成(　　)关系。
　　A. 正比　　　　B. 反比　　　　C. 指数　　　　D. 动态

477. BB013　使用兆欧表时,应将兆欧表(　　)放置。
　　A. 水平且平稳　B. 倾斜　　　　C. 倾向测量物　D. 倒立

478. BB013　检查兆欧表好坏时,应以约120r/min的转速摇动手柄,将两表笔(　　)。
　　A. 水平放置　　　　　　　　　B. 连接被测物体
　　C. 串联在电路中　　　　　　　D. 处于开路状态

479. BB013　测量电缆绝缘电阻时,兆欧表的"L"端表笔应接(　　)。
　　A. 电缆铠装层　　B. 电缆屏蔽层　　C. 缆芯　　　　D. 电缆绝缘层

480. BC001　在测井仪器遇卡时,为避免增加处理事故的难度,通常要求(　　)先断开。
　　A. 电缆　　　　B. 仪器底部　　C. 电缆端部　　D. 仪器中部

481. BC001　在测井仪器遇卡时,为保护电缆,通常要求(　　)。
　　A. 穿心解卡　　　　　　　　　B. 拉断马笼头拉力棒
　　C. 停止施工　　　　　　　　　D. 更换绞车

482. BC001　测井时测井电缆与下井仪器的连接必须满足两个要求:一个是保证供电和信号的正常传输;另一个就是满足对(　　)的要求。
　　A. 温度　　　　B. 拉力　　　　C. 耐压　　　　D. 防腐

483. BC002　马笼头的压花打捞帽要求具有标准的几何外径,以便于(　　)。
　　A. 与仪器连接　　B. 打捞工具打捞　　C. 选择加工材料　　D. 加工制作

484. BC002　与电缆鱼雷头相连的电极头部分是用(　　)把拉力线固定的。
　　A. 花篮锥筐和锥体　　　　　　B. 焊接方法
　　C. 铠装钢丝　　　　　　　　　D. 连接线

485. BC002　马笼头的上端与测井电缆相连接的部位是(　　)。
　　A. 电缆鱼雷　　B. 打捞帽　　　C. 拉力棒　　　D. 活接头

486. BC003　马笼头的主要作用就是(　　)。
　　A. 方便井下打捞　　　　　　　B. 便于仪器下井
　　C. 保护电缆　　　　　　　　　D. 连接电缆和下井仪器

487. BC003　马笼头的拉力弱点用来(　　)。
　　A. 保护仪器　　B. 保护电缆　　C. 保护井筒　　D. 保护绞车

488. BC003　电缆与鱼雷连接的上接头,承受拉力的部分为(　　)。
　　A. 电缆外皮　　B. 花篮锥筐　　C. 拉力棒　　　D. 打捞罩

489. BC004　电缆连接器各插头、接线柱应无损伤、无松动、无变形,且(　　)准确无误。
　　A. 排列顺序　　B. 长度　　　　C. 重量　　　　D. 镀层

490. BC004　电缆连接器各引线接触电阻应小于(　　)。
　　A. 0.2Ω　　　　B. 2Ω　　　　　C. 5Ω　　　　　D. 10Ω

491. BC004　电缆连接器拉力棒的选择应根据(　　)、井眼条件和电缆的强度等因素。
　　A. 井筒直径　　B. 井深　　　　C. 井温　　　　D. 井内压力

492. BC005　电缆连接器下井前需要(　　)。
　　A. 防腐　　　　B. 清洁　　　　C. 注满绝缘硅脂　　D. 注满黄油

493. BC005　电缆连接器内部的接线柱(　　)。
　　A. 必须是塑钢材质　　　　　　B. 必须耐高温
　　C. 必须是轻质材料　　　　　　D. 绝缘电阻值不得小于5Ω

494. BC005　电缆连接器做好后,要做(　　)。
　　A. 耐压试验　　B. 耐高温试验　　C. 拉力试验　　D. 耐腐蚀试验

495. BC006　新购拉力棒应进行产品质量抽检,抽检率不少于(　　)。
　　A. 5%　　　　B. 10%　　　　C. 15%　　　　D. 30%

496. BC006　对电缆连接器外观应进行(　　)检查。
　　A. 电气　　　B. 耐温　　　C. 耐压　　　D. 机械

497. BC006　在测量电缆连接器通断时,应使用(　　)清洗插头。
　　A. 气雾清洁剂　B. 清水　　　C. 柴油　　　D. 硅脂

498. BC007　电极系中用途相同的电极称为(　　)。
　　A. 供电电极　　B. 测量电极　　C. 地面电极　　D. 成对电极

499. BC007　电极系由一组电极构成,其中包括供电电极和(　　)电极。
　　A. 点　　　　B. 参考　　　C. 测量　　　D. 辐射

500. BC007　电极系是探测地层(　　)的装置。
　　A. 斜度　　　B. 电位　　　C. 电阻率　　　D. 放射性

501. BC008　根据电极间(　　)的不同,电极系分为梯度电极系和电位电极系。
　　A. 材质　　　B. 距离　　　C. 响应　　　D. 相对位置

502. BC008　测井曲线所对应的仪器位置称为仪器的(　　)。
　　A. 刻度点　　B. 曲线点　　C. 记录点　　D. 电极点

503. BC008　梯度电极系的记录点在(　　)。
　　A. 不成对电极的中点　　　B. 成对电极的中点
　　C. 供电电极的中点　　　　D. 主电极位置

504. BC009　电极系尾长是指最后一个电极环到(　　)的距离。
　　A. 快速接头　　　　　　　B. 第一个电极环
　　C. 中间电极环　　　　　　D. 马笼头与仪器头连接中点

505. BC009　马笼头电极系主要由电缆鱼雷快速接头、(　　)、马笼头等部分组成。
　　A. 测井电缆　　B. 电缆连接器　　C. 电极系　　D. 电子线路

506. BC009　马笼头电极系部分包括电极系头长、测量电极系、(　　)。
　　A. 电极系尾长　B. 电子线路　　C. 地面电极　　D. 拉力棒

507. BC010　马笼头电极系可作为侧向测井的(　　)。
　　A. 供电电极　　B. 测量电极　　C. 加长电极　　D. 地面电极

508. BC010　马笼头电极系可用于井壁取心的(　　)。
　　A. 发射　　　B. 岩心筒连接　C. 选发器控制　D. 实时深度跟踪

509. BC010　马笼头电极系可用于地层(　　)测量。
　　A. 自然电位　　B. 声波时差　　C. 自然伽马　　D. 放射性

510. BC011　马笼头电极系环线电阻应小于(　　)。
　　A. 0.5Ω　　　B. 2Ω　　　　C. 5Ω　　　　D. 10Ω

511. BC011　马笼头电极系穿心线电阻应小于(　　)。
　　A. 10Ω　　　B. 5Ω　　　　C. 1Ω　　　　D. 0.5Ω

512. BC011 马笼头电极系穿心线对马笼头外壳的绝缘电阻应大于( )。
 A. 0.1MΩ B. 0.5MΩ C. 5MΩ D. 200MΩ

513. BC012 保养马笼头电极时,活接头应涂抹( )。
 A. 柴油 B. 酒精 C. 气雾清洁剂 D. 螺纹脂

514. BC012 用于侧向测井的加长电极 10 芯对马笼头外壳绝缘应大于( )。
 A. 0.1MΩ B. 0.5MΩ C. 50MΩ D. 500MΩ

515. BC012 检查马笼头电极系时,应检查活接头的螺纹及( )程度。
 A. 润滑 B. 绝缘 C. 松旷 D. 连接

516. BC013 马笼头检查完毕后,护帽应上到底,以防( )渗入。
 A. 钻井液 B. 油料 C. 潮气 D. 硅脂

517. BC013 新购拉力棒应进行产品质量抽检,同批次不少于( )。
 A. 10 支 B. 8 支 C. 5 支 D. 2 支

518. BC013 马笼头电极系每隔 3 个月或下井一定次数,应重新制作( )。
 A. 电极环 B. 拉力棒 C. 承拉部位 D. 护帽

519. BC014 铜锥套在连接器中的主要作用是( )。
 A. 防止电缆受伤 B. 铆制电缆连接器弱点
 C. 为井下仪器接通电路 D. 加强连接器的强度

520. BC015 测试用钢丝连接器不适用于( )工艺技术。
 A. 存储式压力测试 B. 测试投捞堵塞器
 C. 直读试井 D. 气井节流器投放

521. BD001 液压传动是以( )为工作介质来传送能量的。
 A. 海水 B. 油液 C. 空气 D. 传动轴

522. BD001 液压系统中,利用( )将原动机的机械能转换为液体的压力能。
 A. 发电机 B. 发动机 C. 液压马达 D. 液压泵

523. BD001 液压传动是利用液体的( )变化来传递能量的。
 A. 动能 B. 势能 C. 压能 D. 电能

524. BD002 测井拖橇主要适用于( )作业。
 A. 钻井平台 B. 采油平台 C. 试验井 D. 海上平台

525. BD002 测井液压绞车的液压传动可分为有链条液压传动和( )传动两类。
 A. 无链条液压 B. 马达
 C. 滚筒 D. 滚筒轴

526. BD002 目前常见的测井液压绞车一般可分为车载式液压绞车和( )液压绞车两种。
 A. 滚筒式 B. 电缆 C. 拖橇 D. 防喷式

527. BD003 测井液压绞车的装载底盘主要用于装载绞车、电缆、( )及其他配套设备。
 A. 人员 B. 发动机 C. 测井仪器 D. 生活用品

528. BD003 测井液压绞车主要由装载底盘、滚筒、绞车控制系统以及( )等部分组成。
 A. 测井仪器 B. 测井电缆 C. 井口设备 D. 传动系统

529. BD003　属于测井液压绞车的重要组成部分的是(　　)。
　　A. 测井仪器　　　　　　B. 绞车滚筒
　　C. 测井地面系统　　　　D. 井口设备

530. BD004　关于液压无链条传动,参与传动的主要部件有取力器、传动轴、液压泵、(　　)、减速机等。
　　A. 链条　　　B. 滚筒　　　C. 液压马达　　D. 发电机

531. BD004　测井液压绞车传动系统的主要作用是将取力器输出的动力传递给(　　)。
　　A. 发电机　　B. 马达　　　C. 马丁代克　　D. 滚筒

532. BD004　绞车传动系统的主要部件包括取力器、传动轴、(　　)、液压马达、减速机、链条。
　　A. 排缆器　　B. 马丁代克　C. 液压泵　　　D. 滚筒

533. BD005　测井液压绞车滚筒的主要作用是承载(　　)。
　　A. 电缆　　　B. 井口设备　C. 工具　　　　D. 仪器

534. BD005　测井液压绞车滚筒包括滚筒、滚筒支架、(　　)及各种紧固螺栓。
　　A. 滚筒槽底　B. 滚筒轴承　C. 底盘　　　　D. 电缆

535. BD005　绞车控制系统需要完成对(　　)的控制。
　　A. 井口设备　B. 马丁代克　C. 地面系统　　D. 滚筒载荷

536. BD006　对电缆进行导向作用的绞车部件主要是(　　)。
　　A. 滑轮　　　B. 集流环　　C. 排缆器　　　D. 张力计

537. BD006　绞车面板还有深度预置、(　　)校正、张力报警等功能。
　　A. 张力角度　B. 速度　　　C. 磁记号　　　D. 时间

538. BD006　绞车面板主要用于完成深度、速度、(　　)的测量和显示。
　　A. 通信　　　B. 张力　　　C. 套管　　　　D. 地层

539. BD007　测井液压绞车发动机的动力通过(　　)、液压马达及控制元件组成的液压系统传递。
　　A. 滚筒　　　B. 液压泵　　C. 刹车装置　　D. 电源控制部件

540. BD007　测井液压绞车通过(　　)从底盘变速箱/分动箱取力。
　　A. 链条　　　B. 传动轴　　C. 取力器　　　D. 变速箱

541. BD007　测井液压绞车的液压马达带动(　　)驱动滚筒转动。
　　A. 集流环　　B. 滚筒轴　　C. 电缆　　　　D. 绞车减速机

542. BD008　测井液压绞车的最大提升负荷是指绞车所能提起的(　　)重量。
　　A. 最小　　　B. 最大　　　C. 一般　　　　D. 常规

543. BD008　测井液压绞车起下电缆的最低速度应能达到(　　)。
　　A. 1000m/h　B. 3000m/h　C. 6000m/h　　D. 8000m/h

544. BD008　测井液压绞车滚筒应采用(　　)材料制作。
　　A. 防磁　　　B. 磁性　　　C. 普通钢　　　D. 铁制品

545. BD009　测井液压绞车的制动通过(　　)和刹车系统控制。
　　A. 液压泵　　B. 取力器　　C. 液压马达　　D. 电源

546. BD009　测井液压绞车滚筒的运转控制主要是通过控制液压泵的（　　）来调整液压马达的转速。
　　A. 排量　　　　B. 开关　　　　C. 压力　　　　D. 温度

547. BD009　调节绞车提升负荷能力的是（　　）。
　　A. 取力器开关　B. 挡位控制开关　C. 速度调节开关　D. 调压控制阀

548. BD010　操作测井液压绞车时，应通过调节转速调节开关将主车发动机转速控制在（　　）左右。
　　A. 600r/min　　B. 1000r/min　　C. 1200r/min　　D. 2000r/min

549. BD010　测井作业中，如绞车主动散热系统不能使液压油温度保持在（　　）以下，应以其他手动方式对液压系统进行散热。
　　A. 30℃　　　　B. 60℃　　　　C. 100℃　　　　D. 120℃

550. BD010　操作测井液压绞车时，通过调整（　　）手柄，使电缆下放速度合适。
　　A. 制动　　　　B. 发电机转速　　C. 刹车　　　　D. 滚筒控制

551. BD011　绞车在扭矩阀没有完全打开情况下，不要长时间高速上提，这样容易使（　　）迅速变热。
　　A. 滚筒　　　　B. 电缆　　　　C. 刹车　　　　D. 液压油

552. BD011　测井液压绞车液压油温超过（　　）时应尽快停止作业。
　　A. 60℃　　　　B. 80℃　　　　C. 100℃　　　　D. 120℃

553. BD011　操作绞车更换变速箱挡位时，应将滚筒控制手柄置于（　　）后，把刹车放在ON上停止6s再换挡。
　　A. 低位　　　　B. 中位　　　　C. 高位　　　　D. 运转

554. BE001　固定测井仪器的气囊通过管线和开关与（　　）储气筒相连。
　　A. 刹车　　　　B. 专用　　　　C. 井队　　　　D. 气泵

555. BE001　为保证测井仪器施工作业时的可靠性，在运输途中必须对其进行（　　）。
　　A. 清洗　　　　B. 检查　　　　C. 使用　　　　D. 固定

556. BE001　测井液压绞车储气筒的气源来自仪器车的（　　）。
　　A. 气泵　　　　B. 刹车系统　　　C. 打气筒　　　D. 手压泵

557. BE002　对非专用仪器车，一般采用（　　）固定下井仪器。
　　A. 气囊固定法　B. 软纸包装法　C. 绳索固定法　D. 丝杠固定法

558. BE002　使用气囊固定的仪器时，应先打开（　　），然后拔下栓销，即可解除对仪器的固定。
　　A. 储气筒　　　B. 放气开关　　　C. 工作电源　　D. 固定螺栓

559. BE002　测井仪器在运输过程中，常采用丝杠固定法和（　　）。
　　A. 看守法　　　B. 软纸包装法　　C. 绳索固定法　D. 气囊固定法

560. BE003　密封按被密封的两个接合面是否做相对运动，可分为（　　）和动密封两类。
　　A. 软密封　　　B. 硬密封　　　C. 静密封　　　D. 垫密封

561. BE003　密封件是指阻止设备泄漏，起（　　）作用的部件。
　　A. 连接　　　　B. 绝缘　　　　C. 密封　　　　D. 隔温

562. BE003　动密封按相对运动方式的不同,又分为旋转式密封和( )式密封两种。
　　　A. 垫片　　　　B. 直接移动　　C. 滚动　　　　D. 标准

563. BE004　在密封件中,( )既可用于静密封又可用于动密封。
　　　A. 纸垫片　　　B. 石棉垫片　　C. 密封胶　　　D. O形密封圈

564. BE004　垫片密封依靠( )作用,消除间隙,从而达到密封的目的。
　　　A. 内应力　　　B. 外力　　　　C. 间隙配合　　D. 温度

565. BE004　高温环境下,需要用垫片密封时,应选用( )。
　　　A. 垫片　　　　B. 橡胶垫片　　C. 塑料垫片　　D. 金属垫片

566. BE005　O形密封圈密封是典型的( )型密封。
　　　A. 悬空　　　　B. 挤压　　　　C. 滚动　　　　D. 气压

567. BE005　测井仪器的O形密封圈一般安装在密封( )内起密封作用。
　　　A. 盘　　　　　B. 圈　　　　　C. 沟槽　　　　D. 环

568. BE005　测井使用的50mm×1.8mm O形密封圈的截面直径为( )。
　　　A. 50mm　　　B. 48.2mm　　C. 51.8mm　　D. 1.8mm

569. BE006　接触电阻的大小与( )有关。
　　　A. 电压　　　　B. 电流　　　　C. 信号频率　　D. 接触面

570. BE006　接触式部件,在接触部位由于接触面小、不洁净或不稳定等原因而产生的对电流的阻力称为( )。
　　　A. 接触电阻　　B. 固定电阻　　C. 可变电阻　　D. 线性电阻

571. BE006　接触部件,只要接触面足够大、紧密干净,而且( ),接触电阻就小。
　　　A. 没有被氧化　B. 已被氧化　　C. 形状美观　　D. 安装牢固

572. BE007　在测井过程中的接触电阻( )。
　　　A. 客观存在,不能克服　　　　　B. 通过清洁、密封、增大接触面可以减小
　　　C. 对设备没影响,置之不理　　　D. 不会影响测井

573. BE007　接触电阻( )测井信号的传输。
　　　A. 只影响模拟　B. 不影响数字　C. 不影响脉冲　D. 会影响任何形式的

574. BE007　在测井系统中,一般要求各连接处接触电阻应小于( )。
　　　A. 0.1Ω　　　　B. 0.2Ω　　　　C. 0.5Ω　　　　D. 5Ω

575. BE008　用指针式万用表检查接触电阻时,要用万用表的( )挡。
　　　A. ×1Ω　　　　B. ×10Ω　　　C. ×100Ω　　　D. ×1kΩ

576. BE008　有些插头需要镀金,主要目的是( )。
　　　A. 美观　　　　B. 减小接触电阻　C. 光滑　　　　D. 耐磨

577. BE008　每次测井前后,对于测井信号经过的外露接触部位,均应使用( )进行清洗,以去除油污及氧化物。
　　　A. 清水　　　　B. 柴油　　　　C. 汽油　　　　D. 气雾式清洗剂

578. BE009　进行高温井和深井测量时,必须使用( )。
　　　A. 密封垫　　　　　　　　　　　B. 高温O形密封圈
　　　C. 高温液压油　　　　　　　　　D. 高温插头

579. BE009　仪器螺纹上应涂抹(　　)。
　　A. 黄油　　　　B. 柴油　　　　C. 密封胶　　　　D. 螺纹脂

580. BE009　仪器连接时,应先将仪器定位销对准(　　),用钩头扳手拧好活接头。
　　A. 插座　　　　B. 密封面　　　　C. 定位键　　　　D. 插头

581. BE010　生产测井系列主要分为吸水剖面测井系列、(　　)测井系列、剩余油饱和度测井系列以及工程测井系列。
　　A. 地层测试　　B. 地层孔隙度　　C. 产出剖面　　D. 复杂井

582. BE010　生产测井可以评价油气井的(　　)。
　　A. 采油速度　　B. 生产效率　　C. 油气储量　　D. 构造产状

583. BE010　依据测量原理,属于生产测井仪器系列的是(　　)类。
　　A. 水动力传输　B. 井下存储　　C. 光纤　　　　D. 电磁

584. BE011　清洗下井仪器插头插座应使用(　　)。
　　A. 清水　　　　B. 柴油　　　　C. 硅脂　　　　D. 气雾清洗剂

585. BE011　仪器的常规检查包括仪器的外观是否有明显的损伤,仪器连接头及紧固螺栓是否松动,仪器上部连接头的(　　)是否有损伤。
　　A. 间隙　　　　B. O形密封圈　　C. 密封垫　　　　D. 温度计

586. BE011　带有机械推靠部分的仪器下井前应检查支撑臂是否弯曲、有损伤和活动关节是否活动自如,(　　)是否正常。
　　A. 间隙器
　　B. 推靠臂固定螺栓
　　C. 推靠焊接点
　　D. 连接销

587. BF001　测井仪器刻度是测井作业中(　　)的重要环节。
　　A. 安全管理　　B. 环境管理　　C. 质量控制　　D. 健康管理

588. BF001　测井地面系统所接收的井下仪器的测量信号(　　)反映地层的地球物理参数。
　　A. 直接　　　　B. 并不直接　　C. 不　　　　　D. 有时

589. BF001　目前测井仪器均采用(　　)来确定测量值与地层地球物理参数的转换关系。
　　A. 试验方法　　B. 估算方法　　C. 刻度方法　　D. 专家经验

590. BF002　测井前后一般下井仪器均要进行测前和测后刻度,且其刻度值都应在允许的误差范围内,以证明该仪器在测井过程中具有较好的(　　)。
　　A. 稳定性　　　B. 一致性　　　C. 标准化　　　D. 直线性

591. BF002　通过测井刻度,可以检验测井仪器的工作(　　)。
　　A. 效率　　　　B. 电压　　　　C. 原理　　　　D. 是否正常

592. BF002　测井仪器的刻度或校验一般分为主刻度、主校验、(　　)及测后校验。
　　A. 测井刻度　　B. 测前校验　　C. 测中校验　　D. 工作刻度

593. BF003　现场用轻便环境模拟刻度装置,主要用于测井仪器的(　　)。
　　A. 校验　　　　B. 维修　　　　C. 配接　　　　D. 机械检查

594. BF003　行业级环境模拟实验井,用来对整个行业测井刻度装置进行(　　)。
　　A. 维修　　　　B. 保养　　　　C. 刻度　　　　D. 量值传递

595. BF003　企业级环境模拟实验井,这是一种(　　)标准刻度装置。
　A. 一级　　　　B. 二级　　　　C. 三级　　　　D. 四级

596. BF004　通常所用的井径刻度器也称(　　)。
　A. 井径仪　　　B. 井径规　　　C. 井径筒　　　D. 井径架

597. BF004　安放井径刻度环,应保证所有井径测量臂(　　)。
　A. 收拢　　　　B. 偏心　　　　C. 同心　　　　D. 捆绑

598. BF004　井径刻度器的选取应与(　　)相匹配。
　A. 井型　　　　B. 钻头直径　　C. 钻杆尺寸　　D. 电缆

599. BF005　自然伽马仪器的刻度就是将自然伽马仪器测量的伽马射线脉冲数转换为相应的(　　)。
　A. 电源值　　　B. 电流值　　　C. 工程值　　　D. 偏移值

600. BF005　目前国内常用的自然伽马刻度器有(　　)、黄包布以及专用瓦片等。
　A. 刻度环　　　B. 刻度架　　　C. 刻度源　　　D. 刻度块

601. BF005　自然伽马刻度器的结构组成包括刻度器主体和(　　)源。
　A. 伽马射线　　B. 中子射线　　C. X射线　　　D. 感应射线

602. BF006　自然伽马仪器刻度时,(　　)范围内应无其他放射源的影响。
　A. 2m　　　　　B. 5m　　　　　C. 15m　　　　D. 30m

603. BF006　自然伽马仪器刻度时,应将刻度器安放在仪器刻度位置,使刻度器的刻度标志线与自然伽马仪器的(　　)对齐。
　A. 电路　　　　B. 探头　　　　C. 标志线　　　D. 护帽

604. BF006　自然伽马测井仪经(　　)处于正常工作状态后才能进行刻度工作。
　A. 泄压　　　　B. 预热　　　　C. 加压　　　　D. 降温

605. BF007　补偿中子现场刻度器是用来检查补偿中子测井仪器(　　)的模拟器。
　A. 直线性　　　B. 一致性　　　C. 稳定性　　　D. 温控性

606. BF007　补偿中子现场刻度器在现场称为(　　)。
　A. 冰块　　　　B. 刻度架　　　C. 铝块　　　　D. 刻度筒

607. BF007　补偿中子现场刻度器由有机玻璃制作的刻度器主体、(　　)、定位装置以及辅助固定装置组成。
　A. 电子射线源　B. X射线源　　C. 伽马射线源　D. 中子射线源

608. BF008　进行补偿中子仪器校验及刻度时,其他放射源应离开仪器(　　)以上。
　A. 2m　　　　　B. 5m　　　　　C. 10m　　　　D. 30m

609. BF008　现场进行补偿中子仪器校验时,应将补中现场刻度器的定位销插入仪器源室上部的(　　)中,扣好刻度器吊扣。
　A. 源室　　　　B. 螺纹　　　　C. 护帽　　　　D. 定位孔

610. BF008　补偿中子测井仪校验时,应防止仪器附近含(　　)物质的影响。
　A. 铁　　　　　B. 氢　　　　　C. 铜　　　　　D. 铅

611. BF009　子母源的结构组成包括由铅材料制作的刻度器主体及(　　)、辅助定位装置。
　A. 伽马源　　　B. 中子源　　　C. 脉冲源　　　D. 电子源

612. BF009 密度测井仪器所使用的子母源是一种便携式刻度器,这种刻度器带有( )。
    A. 电压源　　　B. 脉冲源　　　C. 伽马源　　　D. 中子源

613. BF009 密度现场刻度器是用来检查密度测井仪器( )的模拟器。
    A. 线性　　　　B. 一致性　　　C. 岩性　　　　D. 稳定性

614. BF010 进行密度测井仪器校验及刻度时,其他放射源应离开仪器( )以上。
    A. 2m　　　　　B. 5m　　　　　C. 8m　　　　　D. 10m

615. BF010 安放密度现场刻度器时,刻度器的( )要卡入仪器定位孔中。
    A. 定位销　　　B. 定位孔　　　C. 环扣　　　　D. 放射源

616. BF010 现场校验密度测井仪器时,刻度器与测井仪的( )要准确无误且贴合紧密。
    A. 尺寸　　　　B. 接触　　　　C. 连接　　　　D. 相对位置

617. BF011 以下不属于生产测井常用多臂井径测井仪的是( )。
    A. 24臂　　　　B. 40臂　　　　C. 50臂　　　　D. 60臂

618. BF011 40臂井经测井仪测井前,需在井场进行测前刻度,其对应刻度筒为( )点(挡)刻度。
    A. 三　　　　　B. 五　　　　　C. 七　　　　　D. 九

619. BG001 中子测井是以测量( )射线为基础的测井方法。
    A. 伽马　　　　B. 中子　　　　C. X　　　　　 D. 电子

620. BG001 在石油测井中,核测井可分为( )测井、中子测井、放射性核素示踪测井、核磁共振测井。
    A. 电法　　　　B. 伽马　　　　C. 岩性　　　　D. 介电

621. BG001 常见的伽马测井种类有自然伽马测井、自然伽马能谱测井、密度测井、( )测井等。
    A. 补偿中子　　B. 声电成像　　C. 中子寿命　　D. 岩性密度

622. BG002 密度装源杆一端为内六方头,另一端是( )。
    A. 提源套筒　　　　　　　　　B. 提源螺丝杆
    C. 提源外六方　　　　　　　　D. 提源螺帽

623. BG002 安装、拆卸密度源长、短固定螺栓的顺序是( )。
    A. 随意顺序　　B. 先长后短　　C. 先短后长　　D. 长短同时固定

624. BG002 密度装源工具的检查内容包括( )。
    A. 检查源室　　　　　　　　　B. 检查固源螺栓
    C. 检查提源螺丝杆螺纹是否正常　D. 检查密度源

625. BG003 目前,密度测井通常使用的是2居里的( )源。
    A. 脉冲　　　　B. 镅铍中子　　C. ^{137}铯伽马　D. ^{131}钡伽马

626. BG003 在装卸密度测井源的过程中,通过穿戴( )来屏蔽伽马射线。
    A. 工服　　　　　　　　　　　B. 含硼材料防护服
    C. 铅衣、铅眼镜　　　　　　　D. 钨镍铁

627. BG003 密度测井源的主要作用是测井时向地层发射( )能量的伽马射线。
    A. 低　　　　　B. 中等　　　　C. 高　　　　　D. 无

628. BG004　20居里锎—铍中子源的主要作用是在补偿中子测井时向地层发射（　　）射线。
　　　A. 伽马　　　　B. 热中子　　　　C. 电子流　　　　D. 快中子

629. BG004　锎—铍中子源是将 AmO_2 和金属（　　）均匀混合后经压制、包壳密封而成。
　　　A. 锎　　　　　B. 铍粉　　　　　C. 镁粉　　　　　D. 中子

630. BG004　补偿中子测井源采用（　　）做双层或三层外壳，用氩弧焊及等离子焊密封。
　　　A. 铅　　　　　B. 有机玻璃　　　C. 不锈钢　　　　D. 铝

631. BG005　补偿中子源室工具一端是（　　），另一端是拨叉。
　　　A. 提源螺栓　　B. 内六方头　　　C. 外六方头　　　D. 套筒

632. BG005　进行补偿中子装源杆的检查时，应注意检查（　　）。
　　　A. 提源螺栓　　　　　　　　　　B. 固源螺栓
　　　C. 外六方　　　　　　　　　　　D. 装源杆的定位销有无松动

633. BG005　补偿中子源室工具主要用于打开（　　）和安装、拆卸固源螺栓。
　　　A. 中子源　　　B. 密度源　　　　C. 源筒　　　　　D. 源室

634. BG006　安装密度源前，应检查、清洁仪器源室、螺栓孔以及（　　）。
　　　A. 密度刻度器　　　　　　　　　B. 密度仪器护帽
　　　C. 固源螺栓　　　　　　　　　　D. 地面系统

635. BG006　装卸密度仪器放射源时，应先确认仪器已（　　）。
　　　A. 清洗干净　　B. 完成测量　　　C. 供电　　　　　D. 断电

636. BG006　将密度源从源罐取出时，装源杆与（　　）要拧到位。
　　　A. 固源螺栓　　B. 源室　　　　　C. 密度源螺纹　　D. 滑板

637. BG007　装卸流体密度源之前，应先检查外装源工具内六方、内装源工具（　　）有无损坏、变形。
　　　A. 螺栓　　　　B. 螺母　　　　　C. 螺纹　　　　　D. 外六方

638. BG007　安装流体密度源后，应装上流体密度仪的（　　）并打紧。
　　　A. 固源螺栓　　B. 源室　　　　　C. 护帽　　　　　D. 底堵

639. BG007　放射性流体密度仪是用来探测生产井中（　　）的平均密度。
　　　A. 油气　　　　B. 混合相流体　　C. 地层水　　　　D. 天然气

640. BG008　安装完补偿中子测井源并上紧两个源螺栓后，应用（　　）提拉源室，确认源室与仪器固定牢靠。
　　　A. 套筒　　　　B. 提源杆　　　　C. 拨叉　　　　　D. 外六方头

641. BG008　装卸中子源时，应保证在源罐和（　　）之间道路通畅，人员移动无障碍。
　　　A. 滑板　　　　B. 仪器源室　　　C. 绞车　　　　　D. 钻具

642. BG008　将补偿中子测井源提出源罐后，应检查中子源的（　　），确认完好。
　　　A. 密封圈　　　B. 活接头　　　　C. 护帽　　　　　D. 固定螺栓

643. BG009　安装中子伽马测井源前，应检查中子伽马仪器尾端两个横销和两个（　　）的完好情况。
　　　A. 螺栓　　　　B. 套筒　　　　　C. 内六方　　　　D. 竖销

644. BG009 中子伽马装源工具又称装源( )。
　　A. 套筒　　　B. 源杆　　　C. 源叉　　　D. 源室工具

645. BG009 安装中子伽马测井源后,必须检查仪器尾端( )是否完全弹出。
　　A. 横销　　　B. 竖销　　　C. 固定螺栓　　D. 源室

646. BG010 装卸放射源必须( )操作。
　　A. 3人　　　B. 2人　　　C. 1人　　　D. 多人

647. BG010 装卸放射源前必须检查( )。
　　A. 井口滑轮　　　　　　　B. 刮泥器
　　C. 装源工具和仪器源室　　D. 马丁代克

648. BG010 井口装卸放射源时必须( )。
　　A. 将仪器放入井中　　　　B. 给仪器加电
　　C. 安装好刮泥器　　　　　D. 盖好井口及周围孔洞

649. BG011 井口安装电动释放器释放筒前,应检查源舱活塞是否处于( ),判断其活塞舱的完好性。
　　A. 关闭状态　　B. 打开状态　　C. 中间状态　　D. 任意状态

650. BG011 电动释放器地面供电方式为通( ),电压区间为( )。
　　A. 正电,200~220V　　　B. 负电,200~220V
　　C. 正电,45~55V　　　　D. 负电,45~55V

651. BG012 测井用碘131同位素半衰期为( )。
　　A. 53.3天　　B. 12.6天　　C. 8.03天　　D. 10.6年

652. BG012 应用开放型同位素测井,存在( )的危害。
　　A. 内照射　　B. 外照射　　C. 内外双重照射　　D. 电击

653. BH001 劳动防护用具的有效使用期是指到达有效防护( )的使用时间。
　　A. 最高指标　　B. 中等指标　　C. 最低指标　　D. 一般指标

654. BH001 劳动防护用具的配备应与作业场所存在的( )及防护效果相适应。
　　A. 工作　　　B. 施工　　　C. 井况　　　D. 危害

655. BH002 戴上安全帽后,应保证人的头顶和帽体内顶部的空间垂直距离为( )。
　　A. 0~10mm　　B. 10~25mm　　C. 25~50mm　　D. 50~100mm

656. BH002 打击物对安全帽的冲击和穿刺动能主要由( )承受。
　　A. 缓冲带　　B. 帽壳　　　C. 顶带　　　D. 后箍

657. BH002 安全帽的使用期从产品制造完成之日计算,塑料帽不超过( )月。
　　A. 5个　　　B. 10个　　　C. 30个　　　D. 50个

658. BH003 防静电工服主要用于使用( )的施工人员。
　　A. 放射源　　　　　　　B. 火工品
　　C. 正压式空气呼吸器　　D. 测井仪

659. BH003 防静电服是为了防止服装上的( )积聚,用防静电织物为面料,按规定的款式和结构而缝制的工作服。
　　A. 静电　　　B. 放射性射线　　C. 热量　　　D. 放射性物质

660. BH003　绝缘手套应每( )月校验一次。
    A. 1个　　　　　B. 2个　　　　　C. 3个　　　　　D. 6个

661. BH004　全身式安全带适用于( )作业。
    A. 高处　　　　B. 悬挂　　　　C. 吊物　　　　D. 捆扎

662. BI001　普通干粉灭火剂主要由( )组分、疏水成分、惰性填料组成。
    A. 活性灭火　　B. 抑制性　　　C. 燃气　　　　D. 碳

663. BI001　灭火剂干粉中无机盐挥发性分解物,与燃烧过程中燃料发生( )和负催化作用。
    A. 氧化　　　　B. 还原　　　　C. 助燃　　　　D. 化学抑制

664. BI001　干粉灭火器中,( )是干粉灭火剂的核心。
    A. 疏水组分　　B. 灭火组分　　C. 惰性填料　　D. 窒息组分

665. BI002　干粉灭火器不应在( )、潮湿、腐蚀严重的地方存放。
    A. 干燥　　　　B. 低温　　　　C. 高温　　　　D. 通风

666. BI002　手提式ABC型干粉灭火器的驱动气体为( )。
    A. 氧气　　　　B. 空气　　　　C. 二氧化碳　　D. 氢气

667. BI002　应定期检查灭火器压力表指针是否在正常的( )区域。
    A. 绿色　　　　B. 黄色　　　　C. 红色　　　　D. 黑色

668. BJ001　正压式空气呼吸器的重要组成部分包括面罩、气瓶、报警哨、压力表、气瓶阀、( )等。
    A. 保险销　　　B. 控制器　　　C. 减压器　　　D. 安全绳

669. BJ001　正压式空气呼吸器气瓶中的高压压缩空气被( )降为中压。
    A. 气瓶　　　　B. 压力表　　　C. 气瓶阀　　　D. 减压器

670. BJ001　正压式空气呼吸器是一种( )开放式空气呼吸器。
    A. 外供　　　　B. 自给　　　　C. 负压　　　　D. 高压

671. BJ002　正压式空气呼吸器严禁接触( )。
    A. 空气　　　　B. 氮气　　　　C. 油脂　　　　D. 氧气

672. BJ002　正压式空气呼吸器的气瓶应充气至( )。
    A. 0.5~0.9MPa　B. 10MPa　　　C. 30MPa　　　D. 50MPa

673. BJ002　正压式空气呼吸器的气瓶压力降至( )时,报警哨应报警。
    A. 2MPa　　　　　　　　　　　B. 5.5MPa±0.5MPa
    C. 8~10MPa　　　　　　　　　D. 20~30MPa

674. BJ003　佩戴正压式空气呼吸器时,应打开( ),连接好快速插头,然后做2~3次深呼吸。
    A. 气瓶阀　　　B. 压力表　　　C. 供气口　　　D. 报警哨

675. BJ003　检查正压式空气呼吸器的气密性,要求打开瓶阀2min后关闭瓶阀,压力表的示值2min内下降不超过( )。
    A. 1MPa　　　　B. 2MPa　　　　C. 5MPa　　　　D. 10MPa

676. BJ003　佩戴好正压式空气呼吸器的面罩后,( )不能在面罩内。
    A. 空气　　　　B. 眉毛　　　　C. 头发　　　　D. 鼻子

677. BK001　有毒有害气体检测仪是用于检测施工现场包括（　　）等有毒有害气体的一种仪表。
   A. 硫化氢　　　B. 氦气　　　C. 氢气　　　D. 氮气

678. BK001　X-γ辐射仪是探测（　　）并具有识别、计量等功能的仪表。
   A. 硫化氢　　　B. 电磁辐射　　　C. 电离辐射　　　D. 惰性气体

679. BK001　有毒有害气体检测仪的核心部件是（　　）。
   A. 显示器　　　B. 外壳　　　C. 电池　　　D. 传感器

680. BK002　有毒有害气体检测仪和辐射仪应轻拿轻放,避免（　　）。
   A. 通风　　　B. 光照　　　C. 寒冷天气　　　D. 剧烈振动

681. BK002　使用X-γ辐射仪时,应将（　　）对准被检测物。
   A. 气体传感器　　　B. 探头　　　C. 测井仪　　　D. 电缆

682. BK002　测井施工时,应将便携式有毒气体检测仪放于工衣外侧或固定在（　　）上。
   A. 工鞋　　　B. 钻具　　　C. 绞车　　　D. 地面系统

683. BL001　当电缆打扭打结无法通过天滑轮时,可将其起出井口后用（　　）固定。
   A. 钢丝绳　　　B. 大绳　　　C. 卷扬机　　　D. T形电缆夹钳

684. BL001　测井遇卡进行穿心解卡作业时,可通过（　　）将电缆在井口固定,然后制作电缆快速接头。
   A. T形电缆夹钳　　　B. 井口组装台　　　C. 钢丝绳　　　D. 井口滑轮

685. BL001　T形电缆夹钳是用来（　　）电缆的专用工具。
   A. 维护　　　B. 固定　　　C. 移动　　　D. 旋转

686. BL002　钻台使用T形电缆夹钳必须（　　）。
   A. 盖好井口　　　B. 下放游车　　　C. 放下滑轮　　　D. 佩戴辐射仪

687. BL002　使用T形电缆夹钳固定电缆,在拧紧螺栓前必须保证（　　）在夹钳铜衬的中心孔内。
   A. 固定螺栓　　　B. 扳手　　　C. 电缆　　　D. 组装台

688. BL002　T形电缆夹钳固定后,应先观察电缆在受力时（　　）后,才能进行下一步工作。
   A. 无张力　　　B. 无横向变形　　　C. 无纵向移动　　　D. 绝缘

689. BM001　造成测井遇卡的主要原因是（　　）因素。
   A. 绞车　　　B. 电缆　　　C. 滑轮　　　D. 井况

690. BM001　对于因井况因素无法解决的测井遇卡问题,可通过采用（　　）等特殊测井工艺来解决。
   A. 加重仪器　　　B. 加长仪器　　　C. 钻具输送　　　D. 增加绞车动力

691. BM001　测井遇阻是指测井仪器不能下至目标深度,从而无法（　　）测井资料。
   A. 测全　　　B. 测准　　　C. 测量　　　D. 解释

692. BM002　测井遇阻后,电缆张力会明显持续（　　）。
   A. 增大　　　B. 减小　　　C. 不变　　　D. 波动

693. BM002　测井遇卡后,电缆张力会明显持续（　　）。
   A. 增大　　　B. 减小　　　C. 不变　　　D. 漂移

694. BM002　测井遇阻时,电缆运行,测井曲线会显示为(　　)。
　　A. 变化曲线　　B. 深度曲线　　C. 直线　　　　D. 不同地层变化曲线

695. BM003　测井过程中发现遇卡,立即停车,防止(　　)。
　　A. 拉断电缆或卡掉仪器　　　B. 出现不合格资料
　　C. 拉坏绞车　　　　　　　　D. 拉掉天滑轮

696. BM003　测井遇卡后,应在电缆(　　)范围内活动,严禁拉断电缆。
　　A. 拉断力　　　　　　　　　B. 最大安全张力
　　C. 自重　　　　　　　　　　D. 伸长

697. BM003　测井遇阻后,需以不同的速度下放(　　),仍然下不去,起出仪器,通知井队通井。
　　A. 5次　　　　B. 4次　　　　C. 2次　　　　D. 3次

698. BN001　测井车辆使用电源前,必须连接(　　)设施。
　　A. 用电　　　　B. 接地　　　　C. 消防　　　　D. 井口

699. BN002　测井作业的主要风险包括物体打击、(　　)、危险品丢失、爆炸、交通事故、放射源误照射、触电事故。
　　A. 机械伤害　　B. 空气污染　　C. 钻井事故　　D. 测井等待

700. BN003　下列中暑处置方式错误的是(　　)。
　　A. 冷敷　　　　　　　　　　B. 及时到医院就诊
　　C. 多喝水　　　　　　　　　D. 将患者转移到阴凉通风处

701. BN004　测井施工作业中出现小腿肌肉抽筋,应立即(　　)。
　　A. 伸直膝关节,用力跖屈踝关节　　B. 用力屈伸,按摩小腿肌肉
　　C. 伸直膝关节,用力背屈踝关节　　D. 用力屈伸踝关节,按摩小腿肌肉

702. BN005　三级高处作业,作业高度在(　　)。
　　A. 2~5m(含2m)　　　　　　B. 5~15m(含5m)
　　C. 15~30m(含15m)　　　　D. 30m及以上

703. BN006　安全环保事故隐患问责方式包括通报批评、责令检查、(　　)、行政处分。
　　A. 一般警告　　B. 约谈　　　　C. 留厂察看　　D. 开除

二、判断题(对的画"√",错的画"×")

(　　)1. AA001　定向井是指沿着预先设计的井眼轨道,按既定的方向偏离井轴垂线一定距离的井。

(　　)2. AA002　钻井过程中,钻井液在冲刷钻头的同时,携带岩屑由钻具和井壁之间的环形空间返回地面。

(　　)3. AA003　卡钻是钻柱在井内不能上提、下放或转动的现象。

(　　)4. AB001　钻机按驱动转盘旋转的动力来源可分为转盘驱动旋转钻机、顶部驱动钻机、底部驱动钻机。

(　　)5. AB002　钻机旋转系统的主要作用是带动井下钻具旋转破岩。

(　　)6. AB003　钻井泵因配备有不同尺寸的缸套、活塞,所以有不同的排量和工作压力。

(   )7. AB004　钻机传动系统的主要作用是传递和控制动力。

(   )8. AB005　钻机底座包括钻台底座、发电机底座和主要辅助设备底座。

(   )9. AB006　防喷器安装在套管鞋处。

(   )10. AB007　钻柱是钻头以上、水龙头以下部分钢管柱的总称。

(   )11. AB008　安全卡瓦用来卡住并悬持没有台肩的钻铤及其他管柱。

(   )12. AC001　生产测井的主要目的测量地层的物理参数,以寻找油气藏。

(   )13. AC002　测井就是利用下井仪器沿井身测量地层的物理参数,并由地面仪器按相应的深度进行记录。

(   )14. AC003　测井电缆的主要作用是输送井下仪器下井。

(   )15. AD001　声成像测井是以岩石的声学性质为基础的测井方法。

(   )16. AD002　测井能提供井下各储层的动态资料。

(   )17. AD003　测井系列由不同的测井仪器组成。

(   )18. AD004　声感测井系列仪器可以测量自然伽马强度、声速纵波时差、深中浅三电阻率及自然电位测井资料。

(   )19. AD005　井壁取心用以分析地层压力和含油性。

(   )20. AD006　生产动态测井主要是套管井的作业。

(   )21. AD007　判断剩余油饱和度是生产测井的服务内容之一。

(   )22. AD008　受测井仪器的纵向分辨率的限制,非均质薄层的地层容易求准地层的物理参数。

(   )23. AE001　一级井控是利用钻井液的密度来控制地层的压力,使得没有地层流体进入井筒。

(   )24. AE002　地层流体无控制涌出井筒并喷出地面的现象是井喷。

(   )25. AE003　井筒内钻井液灌得过满会导致井喷。

(   )26. AE004　井喷不可以预防,失控有时难以避免。

(   )27. AE005　压力是指物体单位面积上所受的水平力。

(   )28. AE006　压力梯度是每米井深压力的变化值。

(   )29. AE007　地层压力是地下岩石孔隙内流体的压力。

(   )30. AE008　上覆岩层压力是某深度以下的岩石和流体对该深度所形成的压力。

(   )31. AE009　井内压力过大会使地层破裂。

(   )32. AE010　井底压力等于所有作用在井筒环形空间的压力总和。

(   )33. AE011　激动压力产生于起钻过程中。

(   )34. AE012　钻井现场所说的泵压是指克服井内循环系统中摩擦损失所需的压力。

(   )35. AE013　钻井时安全的压力控制是指使井眼压力处在地层孔隙压力和地层破裂压力以上。

(   )36. AE014　一般情况下,随着地层深度的增加,压实程度减小。

(   )37. AE015　在裸眼井内,只要钻井液静液压力小于地层压力,井涌就可能发生。

(   )38. AE016　井内地层压力增大或静液压力减小是井漏的警告信号。

(   )39. AE017　关井就是关闭井口,阻止地层流体继续侵入井筒的过程。

(   )40. AE018   发现井涌后及时关井,目的是尽量减少地层流体流入井内。
(   )41. AE019   当在环形空间发生井涌时,大多数情况下无须关井。
(   )42. AE020   井控装备是不能对油气井压力实施控制的设备。
(   )43. AE021   节流管汇通过节流阀的节流作用实施压井作业。
(   )44. AE022   测井井控应急救援的第一原则是保护测井设备的安全。
(   )45. AE023   井喷报警信号是15s以上的长笛。
(   )46. AF001   硫化氢是一种无色、剧毒、弱酸性气体。
(   )47. AF002   硫化氢的阈限值为15mg/m³。
(   )48. AF003   硫化氢是一种剧毒、窒息性气体,对人体的危害有麻痹神经和腐蚀黏膜作用。
(   )49. AF004   在施工现场依靠气味就可以确定硫化氢是否存在。
(   )50. AF005   在含硫化氢的井进行施工作业时,测井车应尽量远离井口,至少在5m以外。
(   )51. AF006   若有人员滞留在硫化氢泄漏现场,应由能正确使用硫化氢检测仪和佩戴正压式空气呼吸器的人员返回寻找。
(   )52. AF007   进入硫化氢地区抢险的人员,必须先戴上防毒面具。
(   )53. AF008   硫化氢中毒人员,如果眼睛轻度损害,可用干净水清洗或冷敷。
(   )54. AF009   氢脆造成低强度钢变成高强度钢。
(   )55. AF010   氢脆往往造成井下管柱的突然断裂,不会对地面设备造成损坏。
(   )56. AF011   硫化氢的腐蚀作用与温度无关。
(   )57. AF012   硫化氢对橡胶无腐蚀作用。
(   )58. AG001   原子由原子核和按一定轨道绕其运转的质子组成。
(   )59. AG002   同一核素原子核内质子数与电子数相同。
(   )60. AG003   原子核不能自发发生变化的核素称为放射性核素。
(   )61. AG004   γ射线的穿透能力很低。
(   )62. AG005   放射源就是指γ射线。
(   )63. AG006   密封源的包壳或覆盖层不能有足够的强度。
(   )64. AG007   根据放射源对人体可能的伤害程度,国家将放射源分为四类。
(   )65. AG008   放射性同位素通常用于示踪测井。
(   )66. AG009   放射源对人体内部的照射称为内照射。
(   )67. AG010   我们的日常生活环境中没有放射性射线存在。
(   )68. AG011   放射防护的目的在于保障放射工作人员、公众的健康与安全。
(   )69. AG012   在使用的放射源活度不变的情况下,工作人员所承受的照射剂量与距离远近有着直接的关系。
(   )70. AG013   缩短放射性射线照射时间就是最好的防护方法之一。
(   )71. AG014   伽马射线的防护屏蔽材料要选用密度小的物质。
(   )72. AG015   放射性射线职业照射剂量限值就是基本限值。
(   )73. AG016   放射性同位素的防护和伽马射线的防护方法完全一样。

(   )74. AG017   从事放射源操作的人员无须持证上岗。
(   )75. AG018   当带放射源的仪器在井内遇卡时,应强行拉断电缆弱点,以利打捞。
(   )76. AH001   使用火工器材的主要测井作业包括射孔、井壁取心等。
(   )77. AH002   炸药具有相对稳定性和化学爆炸性。
(   )78. AH003   按炸药的应用特性可将其分为爆炸药、猛炸药、火药及烟火剂四类。
(   )79. AH004   起爆药需要较大的外界能量作用才能激起爆炸变化。
(   )80. AH005   火药典型的爆炸变化形式是爆炸。
(   )81. AH006   爆轰波的传播速度称为爆速。
(   )82. AH007   火工品之所以属于受控危险品就在于它的爆炸性和可燃性。
(   )83. AH008   雷管类火工品在强烈的撞击、震动下可能被引爆。
(   )84. AH009   火药在测井行业主要用于射孔弹制造。
(   )85. AH010   使用火工品的作业人员必须持有爆炸品操作合格证才能上岗工作。
(   )86. AH011   火工品运输必须由专人押运。
(   )87. AI001   火灾是在时间和空间上失去控制的燃烧所造成的灾害。
(   )88. AI002   只要有可燃物和助燃物两个基本条件就可以发生燃烧。
(   )89. AI003   依靠热微粒的流动而传播的现象称为热对流。
(   )90. AI004   可燃物质在空气中开始持续燃烧所需要的最高温度称为燃点。
(   )91. AI005   漏电火花和产生的高温不能成为火灾的着火源。
(   )92. AI006   火灾中可燃物产生的烟雾可直接危及人的生命安全。
(   )93. AI007   遇火灾不可乘坐电梯,要向安全出口方向逃生。
(   )94. AI008   灭火就是破坏燃烧条件使燃烧反应终止的过程。
(   )95. AJ001   电流对人体的伤害可分为烧伤和烫伤。
(   )96. AJ002   潮湿条件下,安全工作电压为36V。
(   )97. AJ003   在任何强电作用下,绝缘物质都不可能丧失其绝缘性能。
(   )98. AJ004   用电安全的基本原则是防止电流经由身体的任何部位通过。
(   )99. AJ005   用电设备外壳绝对不可能带电。
(   )100. AJ006   当发生低压触电事故且电源开关又不在附近时,可用带绝缘套的电工钳切断电线。
(   )101. AK001   安全生产方针是安全第一,预防为主。
(   )102. AK002   触电和核辐射伤害都是测井作业的风险。
(   )103. AK003   中子发生器打靶时,设立半径不小于10m的危险区。
(   )104. AK004   在作业过程中若发生事故,测井作业小队不能擅自处理,应马上汇报等待处理方案。
(   )105. AK005   测井作业人员严禁酒后上岗。
(   )106. AK006   月度检查每月一次,由测井小队组织。
(   )107. AK007   驾驶员在驾驶长途汽车时,每行驶4h后,中途停车休息20min,并应对车辆进行检查。
(   )108. AK008   测井特种作业,没必要使用专用防护用品。

( )109. AK009　测井生产准备对保障施工安全有重要意义。
( )110. AK010　测井作业的井场应有适合摆放测井作业车辆的空间。
( )111. AK011　测井施工前,应放好绞车掩木,复杂井施工时应对绞车采取加固措施,防止绞车后滑。
( )112. AK012　下井仪器遇阻,若在同一井段遇阻5次,应记录遇阻曲线。
( )113. AK013　领源时,护源工可以到源库直接领取放射源。
( )114. AK014　护炮工领取雷管时,由保管员直接将雷管放入保险箱内。
( )115. AL001　心肺复苏体位为侧卧位。
( )116. AL002　危重病人有轻微呼吸和轻微心跳时,不用做人工呼吸。
( )117. AL003　小伤口止血法,在紧急情况下,任何清洁而合适的东西都可临时借用,做止血包扎。
( )118. AL004　外伤包扎时,常用于包扎的物品有绷带卷和三角绷带。
( )119. AL005　发生交通事故后,要在车后设置危险警告牌,防止后车追尾。
( )120. AL006　国际通用的山中求救信号是哨声或光照。
( )121. BA001　井口安装期间严禁相关方进行交叉作业。
( )122. BA002　天地滑轮的作用就是承担下井电缆和仪器的重量。
( )123. BA003　为防电缆磁化,与电缆接触的滑轮槽底部分一般由耐磨防磁钢带制造。
( )124. BA004　安全绳主要用于天滑轮固定后的保险。
( )125. BA005　当通过地滑轮的电缆角度为90°时,地滑轮承受的拉力是电缆所受拉力的1.414倍。
( )126. BA006　地滑轮需要用专用的链条固定在钻台大梁上。
( )127. BA007　井口安装时,各连接销应销好锁牢并进行复查。
( )128. BA008　测井施工中张力计用于测量电缆的抗拉强度。
( )129. BA009　张力计中,半导体应变片受力变形后其电阻值将发生变化。
( )130. BA010　张力计接收的是电缆上的电信号。
( )131. BA011　张力计拆除后应上好插座护帽。
( )132. BA012　使用井口张力计时,必须轻拿轻放,避免重摔。
( )133. BA013　电缆上的磁性记号是为了准确确定测井曲线深度。
( )134. BA014　用密封线圈制作而成的深度记号接收器在测井时,应由地面为其提供一个直流电源。
( )135. BA015　测井时,测量的深度磁记号的大小与电缆记号本身的磁场强度无关。
( )136. BA016　使用刮泥器不但为准确测量深度提供保障,同时能防止钻井液污染环境及腐蚀电缆。
( )137. BA017　使用气吹式刮泥器时,应注意使刮泥铜块与固定架紧密接触。
( )138. BA018　裸眼测井过程中,测井采集的原始数据主要有与岩层的地球物理性质相关的信息和与之相对应的深度信息两大类。
( )139. BA019　测井使用的马丁代克深度传送系统是安装在绞车滚筒上的。

（　　）140. BA020　测井使用的马丁代克深度传送系统除了测量传送深度信息外,还协同盘缆器起到盘整电缆的作用。

（　　）141. BA021　测井使用的马丁代克深度测量轮的作用就是带动光电编码器转动,从而将电缆的移动深度转化为光电编码器的光电脉冲输出。

（　　）142. BA022　不同厂家生产的测井用的马丁代克,深度传送系统的深度测量轮均可以互换。

（　　）143. BA023　单位时间内测井深度编码器输出的深度光电脉冲数反映了测井深度值。

（　　）144. BA024　测井使用的马丁代克上的各个黄油嘴,必须经常打黄油以保证转动灵活。

（　　）145. BA025　测井过程中,测井深度编码器可以打开外壳在现场维修。

（　　）146. BA026　井口吊带用于井口设备的吊装,也可用于其他重物的吊装。

（　　）147. BA028　注水井采油树可通过控制各功能阀门实现正注、反注和合注三种注水流程。

（　　）148. BB001　测井探测的是井下的各种物理参数,电缆起输送和信道的作用。

（　　）149. BB002　缆芯的绝缘材料必须具有耐高温性能和一定的耐寒能力。

（　　）150. BB003　电缆型号中均已标明缆芯数目、钢丝铠装情况等指标。

（　　）151. BB004　测井电缆的铠装防护层决定了电缆的电气性能。

（　　）152. BB005　测井电缆的机械性能是电缆的重要性能,它决定了电缆自身的质量指标。

（　　）153. BB006　测井电缆电容的大小主要取决于充填物的性质。

（　　）154. BB007　带防喷装置测井时,天滑轮距井口防喷器顶部的距离不小于5m。

（　　）155. BB008　拖电缆后,应检查电缆的通断和绝缘。

（　　）156. BB009　当电缆发生轻微打扭,对电缆施加一定拉力时,用整形钳对其进行整形的效果会更好些。

（　　）157. BB010　万用表可以用来测量电压、电流、电阻和检查电路通断,判断半导体器件的极性等。

（　　）158. BB011　使用万用表测量电压或电流时,应先拨至最高量程挡测量一次,再视情况逐渐把量程减小到合适位置。

（　　）159. BB012　兆欧表测量实际上是给绝缘体加上一个直流电压,然后测量泄漏电流,经过比率换算在表盘上显示为绝缘电阻。

（　　）160. BB013　使用兆欧表测量电缆绝缘电阻时,"E"表笔端接缆芯,"L"端接缆铠。

（　　）161. BC001　测井时选用马笼头的类型是依据电缆的电气性能而定的。

（　　）162. BC002　制作马笼头的胶皮电极电缆通常为单芯或七芯电缆。

（　　）163. BC003　马笼头中拉力棒的作用是:在井下仪器遇卡后,处理事故时能被拉断,从而保护仪器。

（　　）164. BC004　电缆连接器内部必须注满液压油。

（　　）165. BC005　每隔3个月或下井一定次数,应重新制作电缆鱼雷及马笼头连接头。

（　　）166. BC006　电缆连接器需要定期进行维护保养。

(　)167. BC007　电极系是一种由供电电极和测量电极所组成的井下探测地层孔隙度的装置。

(　)168. BC008　理想梯度电极系是成对电极之间的距离为∞的梯度电极系。

(　)169. BC009　电极系尾长则是指最后一个电极环到电缆快速接头的距离。

(　)170. BC010　马笼头电极系可用于射孔跟踪曲线的测量。

(　)171. BC011　检查马笼头电极系时,应检查穿心线及环线的接触电阻。

(　)172. BC012　用于侧向测井的加长电极,10芯对外壳绝缘应大于50MΩ。

(　)173. BC013　在测量电缆连接器通断时,应使用气雾清洁剂清洗插头,以减小接触电阻的影响。

(　)174. BC014　铜锥套连接器只适用于单芯电缆,其结构不能满足铆制多芯电缆。

(　)175. BC015　测试用钢丝连接器(绳帽)将地面电信号传输给井下仪,确保井下仪器与测井地面信号传输无阻碍。

(　)176. BD001　液压传动是以液体的势能变化来传递能量的。

(　)177. BD002　测井绞车是测井时下放、上提电缆和仪器的动力设备。

(　)178. BD003　测井绞车电路系统主要用于对传动系统的控制。

(　)179. BD004　液压绞车的传动分为无链条和有链条两种传动形式。

(　)180. BD005　绞车控制系统的主要作用是控制测井绞车的各个组成机构,使其按照要求进行工作。

(　)181. BD006　绞车面板能够完成深度、速度、张力的测量和显示。

(　)182. BD007　液压绞车通过传动轴从底盘变速箱/分动箱取力。

(　)183. BD008　测井绞车的最大提升负荷是指绞车所能提起的最大重量。

(　)184. BD009　操作测井绞车就是通过操纵动力和变速系统使电缆滚筒以不同的速度转动。

(　)185. BD010　操作测井绞车下放电缆时,应松开滚筒制动手柄,通过调整滚筒控制手柄,使电缆下放速度合适。

(　)186. BD011　操作绞车需要改变滚筒转动方向时,必须将液压泵流量控制手柄置于"中位",待滚筒停稳后再换向。

(　)187. BE001　生产测井仪器因重量较轻,体积较小,一般都需装箱固定。

(　)188. BE002　所有下井仪器均有坚硬的外壳,因此运输时无须固定。

(　)189. BE003　密封按被密封的两接合面之间相对运动的方向可分为静密封和动密封两类。

(　)190. BE004　动密封可选用密封胶。

(　)191. BE005　测井使用的50mm×1.8mm O形密封的截面直径为1.8mm。

(　)192. BE006　接触电阻的大小与接触面的大小、紧密程度、是否干净以及是否被氧化等因素有关。

(　)193. BE007　接触电阻对测井信号的传输及仪器的供电都有影响。

(　)194. BE008　在连接下井仪器前,要对其插头进行检查,发现松弛或变形,应设法恢复或及时更换。

（　　）195. BE009　进行高温井和深井测量时，必须使用高温 O 形密封圈，并且仪器每次拆卸后均应进行更换。

（　　）196. BE010　生产测井的内容包括油气井的注采井动态监测、工程测井及构造评价测井。

（　　）197. BE011　保养测井仪器时，应使用清水清洗下井仪器插头插座。

（　　）198. BE015　仪器密封面光滑平整、略有变形，下井后不会导致仪器压漏。

（　　）199. BF001　测井仪器使用前一般都需要对其刻度。

（　　）200. BF002　测井仪器进行测前测后刻度检查的目的就是检查其在测井过程中的稳定性。

（　　）201. BF003　自然伽马刻度架是现场使用的一种刻度装置。

（　　）202. BF004　井径刻度器是完成井径仪器刻度与校验工作的一套具有标准尺寸的专用器具。

（　　）203. BF005　自然伽马刻度器用于自然伽马仪器的校验。

（　　）204. BF006　安放自然伽马刻度器时，要将刻度器刻度标志线与自然伽马仪器的记录点对齐。

（　　）205. BF007　补偿中子现场刻度器主要由有机玻璃制作的刻度器主体、伽马射线源、定位以及辅助固定装置组成。

（　　）206. BF008　进行补偿中子仪器校验及刻度时，其他放射源应离开仪器 2m 以上。

（　　）207. BF009　子母源的结构组成包括由铅材料制作的刻度器主体及射线源、辅助定位装置。

（　　）208. BF010　进行密度仪器校验及刻度时，其他放射源应离开仪器 10m 以上。

（　　）209. BF011　多臂井径测前刻度必须在井场进行，井口刻度时，应将仪器水平放置于仪器架上，防止井径环和刻度筒刻度器放置位置不当，造成刻度误差。

（　　）210. BG001　核测井可分为伽马测井、中子测井、放射性核素示踪测井、核磁共振测井。

（　　）211. BG003　密度装源工具更换螺丝杆时必须加装弹簧垫。

（　　）212. BG004　在测井现场，操作人员通过穿戴铅衣和铅眼镜来屏蔽伽马射线。

（　　）213. BG004　密度测井源的主要作用是测井时向地层发射高能量的伽马射线。

（　　）214. BG005　补偿中子装源工具由补中装源杆和补中源室工具组成。

（　　）215. BG006　在整个装卸密度源过程中，裸源离身体(任何部位)的距离应不少于 0.5m。

（　　）216. BG007　装卸流体密度源之前，应检查外装源工具内六方、内装源工具螺纹有无损坏、变形，内装源工具放射源固定杆转动是否灵活。

（　　）217. BG008　将中子源从源罐取出时，装源杆与中子源螺纹要拧到位。

（　　）218. BG009　装卸中子伽马放射源时，必须采取防源落井措施，用防源落井专用挡板盖好井口。

（　　）219. BG010　为缩短装源时间，可以徒手装卸剂量相对较小的放射源。

（　　）220. BG011　电动同位素释放器包括两部分，分别为驱动短节和释放短节。

(　　)221. BG012　胶囊同位素在现场应用中不会泄漏和飘散,因而不存在危害,可以不穿戴防护用品操作。

(　　)222. BH001　由于屏蔽作用,防静电工服衣兜内可以携带易产生静电的物品或火种。

(　　)223. BH002　安全帽上如标有"D"标记,表示安全帽具有安全性。

(　　)224. BH003　辐射防护用铅眼镜由高放射性含量的光学玻璃加工而成。

(　　)225. BH004　全身式安全带应高挂低用,可以系挂在移动、不牢固的物件上或有尖锐棱角的部位。

(　　)226. BI001　干粉灭火剂中大于临界粒径的粒子全部起灭火作用。

(　　)227. BI002　正常情况下,灭火器压力表指针应在红色区域。

(　　)228. BJ001　正压式空气呼吸器是一种自给开放式空气呼吸器。

(　　)229. BJ002　开启正压呼吸器供气阀的进气阀门和气瓶阀,2min 后再关闭气瓶阀,压力表在气瓶阀关闭后 1min 内的下降值应不大于 2MPa。

(　　)230. BJ003　佩戴正压式空气呼吸器时,要用手堵住供气口测试面罩气密性。

(　　)231. BK001　X-γ 辐射仪是探测电离辐射并具有识别、计量等功能的仪表。

(　　)232. BK002　有毒有害气体检测仪必须保证在电量充足的条件下使用。

(　　)233. BL001　使用 T 形电缆夹钳时,应检查螺杆有无缺失、滑扣、锈蚀。

(　　)234. BL002　使用 T 形电缆夹钳固定电缆时,必须横杆朝下。

(　　)235. BM001　测井遇阻就是在下放电缆时,电缆张力异常增大,测井仪器受阻不能下到井底或目的层的现象。

(　　)236. BM002　测井遇阻时,电缆运行,测井曲线会显示为直线。

(　　)237. BM003　测井遇阻后,在测井仪器起离遇阻位置前,上提电缆速度不能大于 6m/min。

(　　)238. BN001　使用外引电源时,必须使用漏电保护器并按照相关规定操作。

(　　)239. BN002　测井井口设备安装期间可以与相关方进行交叉作业。

(　　)240. BN003　当发现有人中暑时,首先要将患者转移到阴凉通风处,避免继续暴露在高温环境中。同时,要保持患者平躺,头部稍微抬高,以保证血液循环畅通。

(　　)241. BN004　对于骨折伤员,固定伤处力求稳妥牢固,要固定骨折的两端和上下两个关节。

(　　)242. BN005　高处作业过程中,作业监护人应对高处作业实施全过程现场监护,严禁无监护人作业。

(　　)243. BN006　无操作、维护保养、检修相关规章制度和标准或规定不详细,应对制定、完善操作、维护保养及检修管理规定等相关责任人员进行问责。

答　　案

一、单项选择题

1. B	2. A	3. C	4. B	5. C	6. D	7. A	8. C	9. D	10. A
11. B	12. D	13. C	14. A	15. A	16. A	17. B	18. D	19. B	20. D
21. B	22. A	23. B	24. A	25. D	26. C	27. D	28. B	29. D	30. B
31. C	32. D	33. A	34. A	35. A	36. D	37. B	38. A	39. D	40. D
41. A	42. C	43. C	44. B	45. D	46. B	47. C	48. B	49. A	50. B
51. C	52. C	53. A	54. D	55. A	56. D	57. A	58. C	59. D	60. C
61. C	62. B	63. A	64. A	65. D	66. A	67. C	68. B	69. B	70. B
71. A	72. C	73. C	74. B	75. A	76. A	77. B	78. D	79. B	80. C
81. D	82. C	83. D	84. B	85. A	86. C	87. C	88. D	89. A	90. C
91. D	92. B	93. B	94. D	95. C	96. A	97. D	98. A	99. A	100. A
101. C	102. B	103. C	104. D	105. A	106. D	107. B	108. B	109. B	110. A
111. D	112. B	113. A	114. A	115. A	116. B	117. C	118. D	119. B	120. B
121. D	122. B	123. A	124. C	125. D	126. B	127. B	128. A	129. C	130. A
131. D	132. B	133. C	134. C	135. C	136. D	137. B	138. B	139. D	140. B
141. C	142. D	143. A	144. D	145. D	146. B	147. A	148. A	149. B	150. B
151. B	152. C	153. D	154. C	155. B	156. C	157. A	158. B	159. C	160. D
161. A	162. C	163. D	164. D	165. A	166. B	167. A	168. D	169. D	170. A
171. C	172. C	173. D	174. B	175. B	176. C	177. C	178. B	179. B	180. C
181. D	182. B	183. A	184. A	185. B	186. D	187. B	188. A	189. C	190. C
191. A	192. D	193. B	194. C	195. A	196. D	197. A	198. B	199. B	200. C
201. A	202. B	203. C	204. D	205. A	206. B	207. A	208. A	209. B	210. B
211. A	212. C	213. A	214. C	215. A	216. D	217. C	218. B	219. C	220. C
221. A	222. B	223. B	224. C	225. A	226. C	227. C	228. C	229. C	230. B
231. D	232. B	233. C	234. A	235. D	236. B	237. C	238. A	239. B	240. C
241. B	242. C	243. D	244. B	245. D	246. A	247. C	248. D	249. A	250. C
251. D	252. A	253. D	254. C	255. B	256. D	257. B	258. B	259. B	260. D
261. C	262. A	263. C	264. B	265. A	266. B	267. D	268. D	269. B	270. C
271. A	272. B	273. C	274. C	275. C	276. D	277. B	278. B	279. D	280. D
281. A	282. D	283. A	284. A	285. D	286. A	287. C	288. B	289. B	290. A
291. A	292. C	293. C	294. D	295. D	296. C	297. A	298. B	299. B	300. C
301. C	302. B	303. B	304. A	305. C	306. B	307. A	308. C	309. B	310. C

311. D	312. B	313. B	314. C	315. D	316. B	317. C	318. D	319. A	320. C
321. B	322. B	323. D	324. C	325. D	326. C	327. C	328. B	329. D	330. C
331. A	332. D	333. B	334. C	335. C	336. A	337. D	338. C	339. B	340. A
341. B	342. C	343. D	344. B	345. B	346. A	347. C	348. D	349. B	350. C
351. A	352. D	353. C	354. B	355. B	356. C	357. C	358. C	359. C	360. A
361. B	362. C	363. D	364. C	365. C	366. B	367. B	368. D	369. C	370. D
371. A	372. B	373. D	374. D	375. C	376. A	377. C	378. B	379. C	380. B
381. D	382. C	383. A	384. D	385. A	386. A	387. C	388. B	389. C	390. B
391. A	392. B	393. C	394. D	395. B	396. B	397. C	398. B	399. B	400. C
401. B	402. D	403. B	404. D	405. A	406. C	407. B	408. C	409. D	410. A
411. B	412. B	413. C	414. C	415. B	416. B	417. D	418. B	419. A	420. C
421. D	422. C	423. A	424. A	425. D	426. D	427. D	428. C	429. A	430. B
431. C	432. B	433. A	434. A	435. C	436. A	437. A	438. C	439. D	440. B
441. D	442. C	443. C	444. C	445. C	446. D	447. B	448. A	449. C	450. D
451. D	452. B	453. C	454. A	455. B	456. D	457. A	458. A	459. C	460. C
461. A	462. B	463. A	464. C	465. C	466. A	467. D	468. D	469. C	470. A
471. B	472. A	473. D	474. D	475. A	476. B	477. A	478. D	479. C	480. C
481. B	482. B	483. B	484. A	485. A	486. D	487. B	488. B	489. A	490. A
491. B	492. C	493. B	494. B	495. A	496. D	497. A	498. D	499. C	500. C
501. D	502. C	503. B	504. D	505. C	506. A	507. C	508. D	509. A	510. A
511. D	512. D	513. D	514. C	515. C	516. C	517. D	518. C	519. B	520. C
521. B	522. D	523. C	524. D	525. A	526. C	527. C	528. D	529. B	530. C
531. D	532. C	533. A	534. B	535. D	536. C	537. A	538. B	539. B	540. C
541. D	542. B	543. D	544. A	545. C	546. A	547. D	548. C	549. B	550. D
551. D	552. B	553. B	554. B	555. D	556. A	557. D	558. B	559. D	560. C
561. C	562. B	563. D	564. B	565. D	566. B	567. C	568. D	569. D	570. A
571. A	572. B	573. D	574. C	575. A	576. B	577. D	578. B	579. D	580. C
581. C	582. B	583. D	584. D	585. B	586. D	587. C	588. B	589. C	590. A
591. D	592. B	593. A	594. D	595. B	596. A	597. C	598. B	599. C	600. B
601. A	602. D	603. C	604. B	605. C	606. A	607. D	608. C	609. D	610. B
611. A	612. C	613. D	614. D	615. A	616. D	617. C	618. B	619. B	620. B
621. D	622. B	623. B	624. C	625. C	626. C	627. B	628. D	629. B	630. C
631. B	632. D	633. D	634. C	635. D	636. C	637. C	638. D	639. B	640. C
641. B	642. A	643. D	644. C	645. B	646. B	647. C	648. D	649. A	650. D
651. C	652. C	653. C	654. D	655. C	656. B	657. C	658. B	659. A	660. D
661. A	662. A	663. D	664. B	665. C	666. C	667. A	668. C	669. D	670. B
671. C	672. C	673. B	674. A	675. B	676. C	677. A	678. C	679. D	680. D
681. B	682. A	683. D	684. A	685. B	686. A	687. C	688. C	689. D	690. C

测井工（测井采集专业方向）

691. A 692. B 693. A 694. C 695. A 696. B 697. D 698. B 699. A 700. C
701. C 702. C 703. B

二、判断题

1. × 2. √ 3. √ 4. × 5. × 6. √ 7. √ 8. × 9. × 10. √
11. √ 12. × 13. √ 14. × 15. √ 16. √ 17. √ 18. √ 19. × 20. √
21. √ 22. × 23. √ 24. √ 25. × 26. × 27. × 28. √ 29. √ 30. ×
31. √ 32. √ 33. × 34. √ 35. × 36. × 37. √ 38. × 39. √ 40. √
41. × 42. × 43. √ 44. × 45. √ 46. √ 47. √ 48. √ 49. × 50. ×
51. √ 52. √ 53. √ 54. √ 55. √ 56. × 57. √ 58. √ 59. √ 60. √
61. × 62. × 63. × 64. × 65. √ 66. × 67. × 68. √ 69. √ 70. √
71. √ 72. √ 73. × 74. × 75. × 76. √ 77. √ 78. √ 79. √ 80. ×
81. √ 82. √ 83. √ 84. × 85. √ 86. √ 87. √ 88. × 89. √ 90. ×
91. × 92. √ 93. √ 94. √ 95. × 96. × 97. × 98. √ 99. × 100. √
101. √ 102. √ 103. × 104. × 105. √ 106. × 107. × 108. × 109. √ 110. √
111. √ 112. × 113. × 114. × 115. × 116. √ 117. √ 118. × 119. √ 120. √
121. √ 122. × 123. √ 124. √ 125. √ 126. √ 127. √ 128. √ 129. √ 130. ×
131. √ 132. √ 133. √ 134. × 135. √ 136. √ 137. × 138. √ 139. × 140. √
141. √ 142. × 143. × 144. √ 145. × 146. × 147. √ 148. √ 149. √ 150. √
151. × 152. √ 153. × 154. × 155. √ 156. √ 157. √ 158. √ 159. √ 160. ×
161. × 162. × 163. × 164. × 165. √ 166. √ 167. × 168. × 169. × 170. ×
171. √ 172. √ 173. √ 174. × 175. × 176. × 177. √ 178. × 179. √ 180. √
181. √ 182. √ 183. √ 184. √ 185. √ 186. √ 187. √ 188. × 189. × 190. √
191. √ 192. √ 193. √ 194. √ 195. √ 196. √ 197. × 198. × 199. √ 200. √
201. √ 202. √ 203. × 204. × 205. √ 206. × 207. √ 208. √ 209. √ 210. √
211. √ 212. √ 213. × 214. √ 215. √ 216. √ 217. √ 218. √ 219. × 220. √
221. × 222. × 223. × 224. √ 225. √ 226. × 227. × 228. √ 229. √ 230. √
231. √ 232. √ 233. √ 234. × 235. × 236. √ 237. √ 238. √ 239. × 240. ×
241. √ 242. √ 243. √

中级工理论知识试题及答案

一、单项选择题(每题有4个选项,只有1个是正确的,将正确的选项号填入括号内)

1. AA001　电路是(　　)的通路。
   A. 电流　　　　　B. 导线　　　　　C. 电阻　　　　　D. 开关

2. AA001　直流电路是(　　)的方向不变的电路。
   A. 频率　　　　　B. 电流　　　　　C. 电路　　　　　D. 电缆

3. AA002　最简单的电路一般由(　　)、连接导线、负载组成。
   A. 电源　　　　　B. 电容　　　　　C. 电感　　　　　D. 放大器

4. AA002　电流源的输出电流与外电路无关,内阻为(　　)。
   A. 零　　　　　　B. 变量　　　　　C. 无穷大　　　　D. 电流的函数

5. AA003　电路某处断开形不成回路,称为(　　)。
   A. 通路　　　　　B. 短路　　　　　C. 开路　　　　　D. 死路

6. AA003　电路短路是(　　)状态。
   A. 工作　　　　　B. 断路　　　　　C. 开路　　　　　D. 危险

7. AA004　电荷在电场内某一点上所具有的位能称为(　　)。
   A. 电压　　　　　B. 电位　　　　　C. 电功　　　　　D. 电流

8. AA004　电流的单位是安培,它的符号是(　　)。
   A. V　　　　　　B. R　　　　　　C. A　　　　　　D. J

9. AA005　电导是电阻的(　　)。
   A. 等数　　　　　B. 倒数　　　　　C. 平方数　　　　D. 指数

10. AA005　电阻的单位是欧姆,用符号表示为(　　)。
    A. A　　　　　　B. W　　　　　　C. Ω　　　　　　D. V

11. AA006　1kW=(　　)W。
    A. 10^3　　　　B. 10^4　　　　C. 10^5　　　　D. 10^6

12. AA006　瓦特是(　　)的单位。
    A. 电流　　　　　B. 电功　　　　　C. 电功率　　　　D. 电压

13. AA007　内阻为20Ω的1.5V电池与10Ω电阻负载相连,电路中的电流为(　　)。
    A. 150mA　　　　B. 66.7mA　　　C. 50mA　　　　D. 50A

14. AA007　全电路的欧姆定律是电路中电流、电源的电动势与(　　)及外电阻之间的关系。
    A. 电源内阻　　　B. 电源功率　　　C. 电源频率　　　D. 电源电压

15. AA008　电阻串联电路中,电路消耗的总功率等于各个电阻所消耗的功率之(　　)。
    A. 差　　　　　　B. 和　　　　　　C. 积　　　　　　D. 积分

16. AA008 串联电路中,总电压等于各处( )。
    A. 电压   B. 电压之差
    C. 电压之和   D. 电压的比值

17. AA009 加在各并联用电器两端的( )相等。
    A. 电功率   B. 电压   C. 电流   D. 电抗

18. AA009 并联电路中各用电器之间( )。
    A. 互不影响   B. 功率一致   C. 电流相同   D. 相互影响

19. AA010 求解复杂电路参数常使用( )。
    A. 部分电路欧姆定律   B. 全电路欧姆定律
    C. 串并联定律   D. 基尔霍夫定律

20. AA010 无法直接用串联和并联电路的规律求出整个电路的电阻时,称之为( )电路。
    A. 复杂   B. 非串联   C. 网络   D. 公共

21. AA011 基尔霍夫电流定律是确定电路中任意节点处各( )之间关系的定律。
    A. 网络   B. 支路电流   C. 支路电压   D. 回路电阻

22. AA011 基尔霍夫电流定律又称( )定律。
    A. 第二   B. 节点电压   C. 节点电流   D. 全电路电流

23. AA012 基尔霍夫电压定律说明在复杂电路中,在任一时刻,沿任一回路绕行一周,各元件的( )代数和为零。
    A. 电阻   B. 电流   C. 电压   D. 功率

24. AA012 基尔霍夫电压定律又称( )定律。
    A. 第一   B. 节点电压   C. 节点电流   D. 全电路电压

25. AA013 电桥平衡的条件是( )的乘积相等。
    A. 两组相邻臂电阻   B. 电源与两组相邻臂电阻比值
    C. 对称臂电阻   D. 各桥臂电流与电阻

26. AA013 基本的电桥电路是由( )桥臂组成的。
    A. 1个   B. 2个   C. 3个   D. 4个

27. AA014 基本的惠斯登电桥是一种直流( )电桥。
    A. 平衡   B. 不平衡   C. 不匹配   D. 零臂

28. AA014 利用直流单臂电桥能够精确测量( )。
    A. 电容值   B. 电感值   C. 电阻值   D. 电压值

29. AB001 我国工业交流电的电压是随时间按( )规律变化的。
    A. 正弦   B. 正切   C. 余切   D. 余弦

30. AB001 交流电在远距离传输时,通常采用升高电压、减小电流的方法,目的是( )。
    A. 保证供电安全   B. 减少线路损耗
    C. 降低对设备的绝缘要求   D. 防止乱接线

31. AB002 交流电的三要素是指交流电的( )、频率和初相角。
    A. 方向   B. 时间   C. 振幅   D. 速度

32. AB002　50Hz 的工频电,变化一周所用的时间为(　　)。
   A. 50min　　　　　B. 1s　　　　　　C. 50ms　　　　　D. 20ms

33. AB003　反相是指 2 个同频率交流电一个达到正最大,一个达到(　　)。
   A. 负最小　　　　B. 负最大　　　　C. 零　　　　　　D. 正最小

34. AB003　2 个同频率正弦量的相位角之差就是(　　)。
   A. 函数差　　　　B. 有效值　　　　C. 相位差　　　　D. 初相角

35. AB004　用万用表所测量的交流电电压值是(　　)。
   A. 最大值　　　　B. 最小值　　　　C. 平均值　　　　D. 有效值

36. AB004　工频电电压的有效值为 220V,其最大值约为(　　)。
   A. 220V　　　　　B. 380V　　　　　C. 311V　　　　　D. 156V

37. AB005　在求交变电流流过导体的过程中通过导体截面积的电量时,要用(　　)。
   A. 有效值　　　　B. 平均值　　　　C. 最大值　　　　D. 瞬时值

38. AB005　在研究电容器在交流电路中是否被击穿时,要用(　　)。
   A. 有效值　　　　B. 平均值　　　　C. 最大值　　　　D. 最小值

39. AB006　三相交流电是由 3 个频率相同、(　　)、相位差互差 120° 的交流电路组成的电力系统。
   A. 有效值不同　　　　　　　　　　B. 电势振幅相等
   C. 初相角不同　　　　　　　　　　D. 瞬时值相同

40. AB006　发电机的转子为一根磁铁,当它以匀角速度旋转时,3 个线圈产生的交变电动势的幅值和频率都相同,相位彼此差(　　)。
   A. 0°　　　　　　B. 90°　　　　　　C. 120°　　　　　D. 210°

41. AB007　三相四线制供电线路中,2 根相线之间的电压称为(　　)。
   A. 线电压　　　　B. 相电压　　　　C. 火电压　　　　D. 工业电压

42. AB007　三相四线制供电方式中,相线俗称(　　)。
   A. 中性线　　　　B. 零线　　　　　C. 地线　　　　　D. 火线

43. AB008　单相交流电路中,零线主要应用于(　　)。
   A. 火线保护　　　B. 接地保护　　　C. 接地　　　　　D. 工作回路

44. AB008　我国电力工业规定线电压为(　　),相电压为 220V。
   A. 380V　　　　　B. 220V　　　　　C. 110V　　　　　D. 36V

45. AB009　三相电路中的负载有(　　)和三角形 2 种连接方式。
   A. 线性　　　　　B. 非线性　　　　C. 方形　　　　　D. 星形

46. AB009　星形连接的三相电路中,有中线的低压电网称为三相四线制,无中线的称为(　　)。
   A. 单相四线制　　B. 单相三线制　　C. 三相三线制　　D. 三相星形制

47. AC001　电路中起限制电流通过作用的二端电子元件称为(　　)。
   A. 二极管　　　　B. 电感　　　　　C. 电容器　　　　D. 电阻器

48. AC001　导体的(　　)小,容易导电。
   A. 电阻　　　　　B. 电阻率　　　　C. 电流　　　　　D. 电压

49. AC002　在一段电路上,2个以上的电阻依次相连,组成一个无分支的电路,这种连接方式称为电阻的(　　)。
　　A. 串联　　　　　　B. 并联　　　　　　C. 混联　　　　　　D. 搭接

50. AC002　流过串联电路各个电阻上的电流(　　)。
　　A. 等于各个电阻上电流之和　　　　　B. 等于各个电阻上电流之积
　　C. 都相等　　　　　　　　　　　　　D. 都不同

51. AC003　2个等值电阻并联后的总电阻是3Ω,若将它们串联起来,总电阻是(　　)。
　　A. 3Ω　　　　　　　B. 6Ω　　　　　　　C. 9Ω　　　　　　　D. 12Ω

52. AC003　下列几组电阻并联后,等效阻值最小的一组是(　　)。
　　A. 30Ω 和 15Ω　　　　　　　　　　　B. 20Ω 和 25Ω
　　C. 10Ω 和 35Ω　　　　　　　　　　　D. 5Ω 和 40Ω

53. AC004　电容器容量的单位是(　　)。
　　A. 欧姆　　　　　　B. 亨利　　　　　　C. 安培　　　　　　D. 法拉

54. AC004　能够储存电能的元件是(　　)。
　　A. 电阻　　　　　　B. 电容　　　　　　C. 存储器　　　　　D. 变压器

55. AC005　电容器具有(　　)直流和分离各种频率交流的能力。
　　A. 通过　　　　　　B. 隔离　　　　　　C. 耦合　　　　　　D. 转换

56. AC005　电容器上的(　　)不能突变。
　　A. 电压　　　　　　B. 电流　　　　　　C. 电感　　　　　　D. 耦合量

57. AC006　电容器串联后容量(　　)。
　　A. 变大　　　　　　B. 变小　　　　　　C. 不变　　　　　　D. 不定

58. AC006　2个4μF的电容串联后的电容值为(　　)。
　　A. 8μF　　　　　　B. 4μF　　　　　　C. 2μF　　　　　　D. 1μF

59. AC007　在纯电容交流电路中,加在电容两端的电压滞后电流(　　)。
　　A. 0°　　　　　　　B. 90°　　　　　　C. 180°　　　　　　D. 270°

60. AC007　电容对交流的阻碍作用称为容抗。容抗的大小与交流频率成(　　)关系。
　　A. 反比　　　　　　B. 正比　　　　　　C. 对数　　　　　　D. 指数

61. AC008　电感器一般由骨架、(　　)、屏蔽罩、封装材料、磁芯或铁芯等组成。
　　A. 变压器　　　　　B. 导线　　　　　　C. 绕组　　　　　　D. 电容器

62. AC008　电感的单位是(　　),用字母H表示。
　　A. 法拉　　　　　　B. 欧姆　　　　　　C. 亨利　　　　　　D. 伏特

63. AC009　电感器在电路中可以起到滤波、(　　)及抑制电磁波干扰等作用。
　　A. 放大　　　　　　B. 隔直　　　　　　C. 控制　　　　　　D. 稳定电流

64. AC009　电感器与电阻器或电容器能组成(　　)。
　　A. 放大器　　　　　　　　　　　　　B. 变压器
　　C. 高通或低通滤波器　　　　　　　　D. 斩波器

65. AC010　在交流电路中,感抗和频率成(　　)关系。
　　A. 指数　　　　　　B. 反比　　　　　　C. 正比　　　　　　D. 非线性

66. AC010　在纯电感电路中,加在电感线圈两端的电压超前电流(　　)。
    A. 90°　　　　　　B. 180°　　　　　　C. 270°　　　　　　D. 360°

67. AC011　变压器铁芯由(　　)的硅钢片叠压而成。
    A. 加温　　　　　　B. 加压　　　　　　C. 抛光　　　　　　D. 涂漆

68. AC011　变压器由(　　)和线圈组成。
    A. 电容　　　　　　B. 铁芯　　　　　　C. 二极管　　　　　D. 放大器

69. AC012　变压器是依据(　　)制成的。
    A. 牛顿定律　　　　B. 电磁感应原理　　C. 欧姆定律　　　　D. 能量守恒定律

70. AC012　变压器初、次级电压之比与变压器初、次级绕组匝数之比(　　)。
    A. 相等　　　　　　B. 不相等　　　　　C. 成反比　　　　　D. 无关

71. AC013　变压器的效率是指次级功率 P_2 与初级功率 P_1(　　)。
    A. 之积　　　　　　B. 之和　　　　　　C. 之比的百分数　　D. 之差的百分数

72. AC013　变压器铁芯损耗与(　　)关系很大。
    A. 功率　　　　　　B. 频率　　　　　　C. 负载电压　　　　D. 电源相位

73. AC014　继电器的输入信号使其常开触点闭合后,继续加大输入信号,输出信号(　　)。
    A. 随之增大　　　　B. 不变　　　　　　C. 随之减小　　　　D. 无规律变化

74. AC014　继电器的控制作用是当其输入量达到(　　)时,输出量将发生跳跃性变化。
    A. 一定值　　　　　B. 最大值　　　　　C. 不可控值　　　　D. 极小值

75. AC015　电磁继电器是通过输入电路控制电磁铁铁芯与衔铁间产生的(　　)而工作的继电器。
    A. 电压　　　　　　B. 电流　　　　　　C. 吸力　　　　　　D. 弹力

76. AC015　非电量继电器通常是把非电量转换成电量的转换器与(　　)的组合。
    A. 电继电器　　　　B. 光继电器　　　　C. 声继电器　　　　D. 温度继电器

77. AC016　电磁继电器典型的结构包括铁芯、线圈、衔铁、返回弹簧、(　　)等器件。
    A. 马达　　　　　　B. 温度传感器　　　C. 变压器　　　　　D. 动静接点

78. AC016　电磁继电器的常闭触点是继电器断电时处于(　　)状态的静触点。
    A. 断开　　　　　　B. 接通　　　　　　C. 自由　　　　　　D. 接地

79. AC017　电磁继电器是依据(　　)现象制成的。
    A. 电磁感应　　　　B. 压电　　　　　　C. 弹性　　　　　　D. 排斥

80. AC017　热继电器根据电流的(　　)来切换保护电路。
    A. 电磁感应效应　　B. 热效应　　　　　C. 压电效应　　　　D. 保护效应

81. AC018　利用电磁继电器不能(　　)。
    A. 实现远距离控制　　　　　　　　　　B. 极大地提高操作频率
    C. 实现对多个对象的集中控制　　　　　D. 实现被控信号的放大

82. AC018　由于继电器可以采用多对(　　),所以它可以实现对多个对象的集中控制。
    A. 接点　　　　　　B. 线圈　　　　　　C. 电机　　　　　　D. 电源

83. AC019　继电器的(　　)决定了继电器所能控制电压的大小。
    A. 输入电压　　　　B. 额定电压　　　　C. 触点切换电压　　D. 电源电压

84. AC019　继电器吸合电流是指能够产生吸合动作的(　　)。
　　A. 最大线圈电流　　　　　　　　B. 最小线圈电流
　　C. 最大输入回路电流　　　　　　D. 最小输出回路电流
85. AC020　被控制电路(　　)的大小是选用继电器型号必须考虑的条件。
　　A. 输入阻抗　　B. 工作电压和电流　C. 形状　　　　D. 输出阻抗
86. AC020　动断型继电器的动静接点在继电器线圈通电时是处于(　　)的。
　　A. 随机位置　　　　　　　　　　B. 较小接触电阻位置
　　C. 接通位置　　　　　　　　　　D. 断开位置
87. AC021　应使用万用表的(　　)挡来测量继电器动静接点的接触电阻。
　　A. 电压　　　　B. 电流　　　　　C. 电阻　　　　D. 电容
88. AC021　继电器常闭触点与动触点之间的电阻应为(　　)。
　　A. 几兆欧姆　　B. 几千欧姆　　　C. 几十欧姆　　D. 接近于零
89. AC022　异步电机也称感应电机,主要用作(　　)。
　　A. 发电机　　　B. 工控机　　　　C. 异步感应机　D. 电动机
90. AC022　电机有发电机和(　　)两类。
　　A. 永动机　　　B. 驱动机　　　　C. 电动机　　　D. 工控机
91. AC023　在给电动机电枢绕组通以电流后,其因受到(　　)作用而运动,将电能转换为机械能。
　　A. 重力　　　　B. 机械力　　　　C. 电磁力　　　D. 弹力
92. AC023　发电机是依据(　　)原理制造的。
　　A. 热胀冷缩　　B. 电磁感应　　　C. 能量转换　　D. 导体导电性
93. AC024　直流电机的转子部分主要由电枢铁芯、电枢绕组、(　　)、轴和风扇组成。
　　A. 主磁极　　　B. 磁轭　　　　　C. 电刷　　　　D. 换向器
94. AC024　直流电机换向器的作用是对电流起整流和(　　)作用。
　　A. 滤波　　　　B. 换向　　　　　C. 产生磁场　　D. 产生感应电动势
95. AC025　传感器是一种(　　)装置。
　　A. 控制　　　　B. 感应　　　　　C. 输入　　　　D. 检测
96. AC025　传感器一般由(　　)元件、转换元件、变换电路和辅助电源4部分组成。
　　A. 控制　　　　B. 开关　　　　　C. 敏感　　　　D. 试验
97. AC026　按工作原理传感器可分为(　　)、化学型和生物型等几类。
　　A. 光电型　　　B. 物理型　　　　C. 机械型　　　D. 液压型
98. AC026　物理型传感器是检测(　　)的传感器。
　　A. 电量　　　　B. 化学量　　　　C. 物理量　　　D. 生物浓度
99. AC027　传感器的动态特性常用阶跃响应和(　　)响应来表示。
　　A. 功率　　　　B. 电压　　　　　C. 相位　　　　D. 频率
100. AC027　当传感器的输入值从零开始缓慢增加时,在达到某一值后输出发生可观测的变化,这个输入值称为传感器的(　　)。
　　A. 控制值　　　B. 初始值　　　　C. 阈值　　　　D. 变化值

101. AC028 电阻应变式传感器中的电阻应变片具有金属的应变效应,即在外力作用下产生(　　)。
 A. 电压变化　　　B. 电流变化　　　C. 机械形变　　　D. 化学变化
102. AC028 电阻应变式传感器中的电阻应变片主要有金属和(　　)2类。
 A. 贵金属　　　B. 等离子体　　　C. 绝缘体　　　D. 半导体
103. AC029 压阻式传感器的基片可直接作为测量传感元件,扩散电阻在基片内接成(　　)形式。
 A. 电源　　　B. 电桥　　　C. 并联　　　D. 串联
104. AC029 压阻效应是指当力作用于硅晶体时,使硅的(　　)发生变化。
 A. 光学性质　　　B. 化学性质　　　C. 磁导率　　　D. 电阻率
105. AC030 热电阻大都由(　　)材料制成。
 A. 半导体　　　B. 纯金属　　　C. 非金属　　　D. 混合材料
106. AC030 热电阻传感器适用于温度检测(　　)的场合。
 A. 不要求精度　　　B. 精度要求比较低　　　C. 精度要求比较高　　　D. 范围比较窄
107. AC031 温度传感器按照传感器材料及电子元件特性分为热电阻和(　　)2类。
 A. 冷电阻　　　B. 热材料　　　C. 热电偶　　　D. 热源
108. AC031 热电偶回路中,热电动势的大小,只与组成热电偶的导体材料和两接点的(　　)有关。
 A. 电压　　　B. 温度　　　C. 压力　　　D. 浓度
109. AC032 光敏传感器的敏感波长在可见光波长附近,包括红外线波长和(　　)波长。
 A. 不可见光　　　B. 伽马射线　　　C. 电磁波　　　D. 紫外线
110. AC032 光传感器可以作为探测元件组成其他传感器,对许多(　　)信号进行检测。
 A. 电量　　　B. 非电量　　　C. 压力　　　D. 温度
111. AC033 传感器能够感受被测信息并(　　)。
 A. 记录　　　B. 传输　　　C. 分析　　　D. 控制
112. AC033 传感器的输入量是某一被测量,可能是物理量,也可能是(　　)量、生物量等。
 A. 数学　　　B. 逻辑　　　C. 记录　　　D. 化学
113. BA001 生产测井的储层评价测井主要包括(　　)测井项目。
 A. 含油饱和度　　　B. 残余油饱和度　　　C. 工程　　　D. 孔隙度
114. BA001 生产测井的注采井动态监测测井包括注入剖面测井和(　　)剖面测井。
 A. 产气　　　B. 油气　　　C. 工作　　　D. 产出
115. BA002 生产测井安装井口设备时,吊起防喷设备和天滑轮,并使防喷管与井口(　　)。
 A. 垂直　　　B. 平行　　　C. 斜对　　　D. 偏离
116. BA002 生产测井带压作业时,将仪器拉入防喷管后应打开(　　)阀门。
 A. 注脂　　　B. 测试　　　C. 防掉器　　　D. 泄压
117. BA003 生产测井不带压作业安装天滑轮时,丁字铁应在通井机(　　)内卡牢。
 A. 吊臂　　　B. 游车　　　C. 吊卡　　　D. 法兰盘

118. BA003 生产测井作业时,应打开天滑轮( ),将电缆装入电缆槽内。
 A. 轴承　　　　B. 支架　　　　C. 固定螺母　　D. 防跳侧盖

119. BA004 安装生产测井井口后,仪器下井前绞车把井场的电缆起到绞车上,松开手压泵,打开采油树( )。
 A. 放喷阀门　　B. 注脂阀门　　C. 注入阀门　　D. 清脂阀门

120. BA004 安装生产测井井口时,接上手压泵管线,给手压泵打压,使防喷器内胶块抱紧( )。
 A. 容纳管　　　B. 防喷器　　　C. 电缆　　　　D. 井口

121. BA005 高压防喷装置的主要组成部分不包括( )。
 A. 密封胶块　　　　　　　　　B. 电缆动、静密封控制头
 C. 防喷管　　　　　　　　　　D. 电缆封井器

122. BA005 注脂密封控制头、捕捉器、( )是构成电缆防喷装置的重要组件。
 A. 井口滑轮　　B. 悬挂器　　　C. 吊卡　　　　D. 封井器

123. BA006 电缆防喷装置有( )密封。
 A. 1组　　　　B. 2组　　　　C. 3组　　　　D. 4组

124. BA006 电缆防喷装置中,由于密封脂的( )比水的大得多,所以能达到动密封的目的。
 A. 密度　　　　B. 黏度　　　　C. 矿化度　　　D. 失水量

125. BA007 测井防喷装置使用的注脂泵由气动泵、柱塞泵、密封脂罐及相应的( )等部件组成。
 A. 压缩机　　　B. 气路管汇　　C. 密封脂　　　D. 防喷管

126. BA007 注脂泵的工作原理是以( )为动力驱动气动泵做上下往复运动,从而带动柱塞泵上下往复运动,实现进油、排油并产生油压的作用。
 A. 压缩空气　　　　　　　　　B. 压缩氮气
 C. 液压油　　　　　　　　　　D. 柴油

127. BA008 安装电缆防喷装置前,应检查 BOP 双向阀门是否处于( )状态。
 A. 自由　　　　B. 打开　　　　C. 关闭　　　　D. 任意

128. BA008 安装电缆防喷装置前,关闭清蜡阀门后,应缓慢打开丝堵上压力表的( ),待压力回零后卸下丝堵。
 A. 回压阀　　　B. 放压阀　　　C. 减压阀　　　D. 表头

129. BA009 使用井口电缆悬挂器在提高测井期间发生井喷时关井可靠性的同时,也保障了井口( )的安全性。
 A. 安装滑轮　　B. 起下仪器　　C. 剪电缆　　　D. 检查电缆

130. BA009 电缆悬挂器用于处理井喷事故时( )电缆。
 A. 剪切　　　　B. 固定　　　　C. 检查　　　　D. 安装

131. BA010 测井过程中处理井喷事故时,若上提电缆过程中测井仪器遇卡,应将测井电缆下放5~8m,留作后续( )时用,再行剪断电缆。
 A. 压井　　　　B. 循环　　　　C. 穿心打捞　　D. 防止遇阻

132. BA010 处理测井时发生的井喷事故,下钻深度以测井仪器不超过遇阻点(　　)为宜。
    A. 2m B. 30m C. 100m D. 200m

133. BA011 钻具输送测井就是利用(　　)输送测井仪器进行的测井工作。
    A. 电缆 B. 钻杆或油管 C. 钻头 D. 钻铤

134. BA011 在常规测井中,仪器必须克服电缆及仪器与井壁间的摩擦力、(　　)、电缆与井壁的吸附力等多种阻力,才能到达井底。
    A. 钻具重量 B. 钻井液密度 C. 钻井液切力 D. 钻井液浮力

135. BA012 钻具输送测井时,电缆通过(　　)与井下快速接头在钻井液中完成对接连接到仪器串上。
    A. 鱼雷头 B. 泵下接头 C. 钻具 D. 穿心解卡快速接头

136. BA012 钻具输送测井时,电缆由(　　)进入钻杆水眼,下放到仪器串顶部。
    A. 旁通短节侧孔 B. 旁通短节水眼 C. 过渡短节 D. 钻杆开孔

137. BA013 钻具输送测井固定天滑轮的位置及固定锚链应能承受(　　)以上的拉力。
    A. 4t B. 8t C. 10t D. 18t

138. BA013 钻具输送测井时天滑轮应安装在井架(　　)不影响起下钻施工的位置。
    A. 顶部前侧最高处 B. 顶部后侧最高处 C. 游车最高处 D. 二层平台

139. BA014 穿心解卡时,应使电缆从钻杆(　　)穿过,打捞筒顺着电缆下放到卡点或仪器顶部。
    A. 侧面 B. 水眼 C. 侧孔 D. 横向

140. BA014 若电缆或仪器在井内遇卡,在电缆无(　　)的情况下,才能对井下仪器实施解卡打捞作业。
    A. 缆芯损坏 B. 叉接 C. 铠装 D. 打结

141. BA015 穿心解卡时,安装天滑轮的位置应选择在二层平台以上,不影响起下钻具,同时兼顾(　　)的位置。
    A. 测井仪器 B. 固定链条 C. 捞筒 D. 地滑轮

142. BA015 穿心解卡安装井口设备前,应使用绞车上提电缆,至电缆张力超过正常张力(　　)时停止。
    A. 500g B. 500kg C. 2t D. 4t

143. BB001 测井滑轮的承吊轴采用连接螺杆方式或(　　)方式进行连接。
    A. 连接销 B. 锁紧螺母 C. 焊接 D. 螺纹连接

144. BB001 井口滑轮两侧的齿轮用于带动(　　)。
    A. 马丁代克 B. 张力传感器 C. 井口马达 D. 滑轮轴

145. BB002 若滑轮轴承内打满润滑脂后转动仍不灵活,则需要将滑轮拆开,检查(　　)。
    A. 注油嘴 B. 润滑脂 C. 防跳块 D. 轴承和弹子

146. BB002 若紧固固定螺母后井口滑轮仍然松旷,则需拆开滑轮检查(　　)的磨损情况。
    A. 承吊轴 B. 侧夹板 C. 轴承和轴套 D. 注油嘴

147. BB003 集流环的轴在滑环壳内的部分镶有被尼龙绝缘材料隔开的(　　)铜环。
    A. 6个 B. 7个 C. 8个 D. 10个

148. BB003　集流环的前接头用螺栓和测井绞车(　　)牢固连接。
　　　A. 滚筒轴　　　　B. 滚筒壁　　　　C. 滚筒轴承　　　　D. 滚筒支架

149. BB004　集流环转动时,引线间接触电阻的变化不应超过(　　)。
　　　A. 10Ω　　　　　B. 1Ω　　　　　　C. 0.1Ω　　　　　　D. 0.01Ω

150. BB004　集流环引线间的通断电阻应小于(　　)。
　　　A. 1000Ω　　　　B. 10Ω　　　　　C. 1Ω　　　　　　　D. 0.5Ω

151. BB005　数控测井系统中的深度信号除了计算深度外,还用来作为(　　)的控制信号。
　　　A. 井下仪器推靠　B. 系统供电　　　C. 数据采样　　　　D. 绞车面板

152. BB005　测井系统的测井记录中,深度值是根据深度编码器的(　　)确定的。
　　　A. 脉冲计数　　　B. 输入值　　　　C. 结构　　　　　　D. 输出脉冲幅度

153. BB006　深度测量轮不能夹紧电缆就会造成(　　)。
　　　A. 深度测量误差　B. 电缆磨损　　　C. 导轮损坏　　　　D. 压紧弹簧故障

154. BB006　检查测井深度系统时,可使用万用表测量深度编码器的(　　)是否正常,若有问题检查电源系统。
　　　A. 输出脉冲　　　B. 光电管　　　　C. 电源电压　　　　D. 光栅

155. BB007　当张力计安装于天滑轮上时,其所受向下的拉力是电缆所受张力的(　　)。
　　　A. 1倍　　　　　B. 1.414倍　　　 C. 2倍　　　　　　 D. 3.14倍

156. BB007　当张力计安装于天滑轮上时,电缆张力校正角度应设置为(　　)。
　　　A. 270°　　　　 B. 120°　　　　　C. 110°　　　　　　D. 0°

157. BB008　绞车张力面板(　　)设置存在问题可导致张力指示错误。
　　　A. 深度校正系数　B. 张力校正角度　C. 编码器脉冲数　　D. 电缆伸长系数

158. BB008　张力计损坏及(　　)问题会导致无张力信号输出。
　　　A. 集流环　　　　B. 马丁代克　　　C. 张力计电源　　　D. 张力线长度

159. BB009　电缆防喷装置一般根据(　　)进行分级。
　　　A. 井温　　　　　B. 井深　　　　　C. 井口直径　　　　D. 工作压力

160. BB009　电缆防喷装置根据工作压力可分为10MPa、14MPa、21MPa、35MPa、70MPa、105MPa、(　　)7个等级。
　　　A. 170MPa　　　 B. 190MPa　　　　C. 204MPa　　　　　D. 210MPa

161. BB010　电缆防喷器一般将阻流管内径与电缆外径差控制在(　　)。
　　　A. 0.1~0.15mm　 B. 0.15~0.2mm　　C. 0.2~0.5mm　　　 D. 0.5~1mm

162. BB010　电缆防喷器中封井器的主要作用是(　　),防止井液溢出。
　　　A. 剪切电缆　　　B. 打开井口　　　C. 永久封井　　　　D. 临时封井

163. BB011　注脂装置由(　　)通过高压注脂管线向密封防喷控制头的阻流管与电缆之间或双闸板封井器内注入密封脂,可实现帮助封井的目的。
　　　A. 手压泵　　　　B. 注脂泵　　　　C. 封井器　　　　　D. 井口

164. BB011　注脂泵向阻流管中注入的高压高黏度密封脂,在填充阻流管与电缆的同时也填充了电缆(　　)之间的间隙。
　　　A. 外层钢丝铠层　B. 内层钢丝铠层　C. 缆芯　　　　　　D. 屏蔽层

165. BB012　注脂系统主要由注脂泵、车载气源、(　　)、减压阀、注脂压力表、气源压力表、注脂管线、气管线组成。
　　A. 注脂控制阀　　B. 清蜡阀门　　C. 放喷管线　　D. 高压管线

166. BB012　注脂泵理论上可输出压力为(　　)的密封脂。
　　A. 5MPa　　B. 7.5MPa　　C. 15MPa　　D. 70MPa

167. BB013　每测(　　)井,需更换防喷控制头胶块。
　　A. 2口　　B. 3口　　C. 4口　　D. 5口

168. BB013　防喷控制头铜块孔径大于电缆直径(　　)时需进行更换。
　　A. 1mm　　B. 2mm　　C. 3mm　　D. 5mm

169. BC001　新电缆工作拉力不应超过其额定拉断力的(　　)。
　　A. 30%　　B. 50%　　C. 75%　　D. 80%

170. BC001　新电缆第一次及以后几次下井,应保证电缆下放和上提时的张力比为(　　)。
　　A. 20∶100　　B. 50∶100　　C. 70∶100　　D. 80∶100

171. BC002　每次做电缆磁记号均需记录日期、磁记号长度、电缆零长、补做磁记号的(　　)等。
　　A. 大小　　B. 长度　　C. 幅度　　D. 速度

172. BC002　电缆运行记录内容包括电缆的节数、井号、运行公里数、(　　)以及重做电缆头记录等。
　　A. 抗拉强度　　B. 绞车运行情况　　C. 电气性能　　D. 集流环性能

173. BC003　电缆使用管理人员应根据电缆及其使用情况,定期测试电缆的(　　)。
　　A. 抗拉强度　　B. 通断绝缘　　C. 电气性能　　D. 屏蔽性能

174. BC003　每测10井次需测量和记录电缆磨损段的(　　)。
　　A. 通断　　B. 绝缘　　C. 直径　　D. 周长

175. BC004　标定电缆深度记号分为人工做磁记号和(　　)做磁记号2种方法。
　　A. 测量井　　B. 丈量　　C. 自动　　D. 手动

176. BC004　自动做磁记号就是使用专用设备在(　　)自动丈量深度,使用注磁器自动注磁的一套方法。
　　A. 地面上　　B. 工房内　　C. 测量井内　　D. 深度标准井内

177. BC005　自动丈量电缆的原理就是利用套管的(　　)作为标准,用其对编码器计量长度进行校正。
　　A. 内径　　B. 已知长度　　C. 接箍大小　　D. 质量

178. BC005　自动做电缆记号是由经深度校正后的(　　)作为注磁器的控制信号,由注磁器对电缆进行注磁。
　　A. 套管接箍　　B. 套管长度　　C. 编码器深度信号　　D. 标准地层测量信号

179. BC006　手工丈量电缆做记号主要发生在(　　)测井施工现场。
　　A. 深度标准井　　B. 电缆维修工房　　C. 超深井　　D. 浅井

180. BC006　在补做电缆磁记号前,需对电缆(　　)。
　　A. 清洁　　B. 铠装　　C. 检测　　D. 消磁

181. BC007　消磁器产生的交变电磁场可把磁记号原有的磁极排列（　　），而达到消磁目的。
    A. 从无序变成有序　　　　　　　　B. 从有序变成无序
    C. 从无序变得更加无序　　　　　　D. 从有序变得更加有序

182. BC007　消磁器主要由(　　)和外壳组成。
    A. 一个电感线圈　B. 一组电容　　C. 一组电阻　　D. 一块磁铁

183. BC008　铠装层和电缆缆芯的(　　)应尽量接近。
    A. 伸长系数　　　B. 电气性能　　C. 抗拉强度　　D. 耐温系数

184. BC008　测井电缆的机械性能取决于电缆的(　　)。
    A. 绝缘层　　　　B. 铠装层　　　C. 缆芯　　　　D. 屏蔽层

185. BC009　电缆通过井口滑轮时要被弯曲,铠装钢丝受到的弯曲应力的大小和电缆铠装层钢丝的直径成正比,和滑轮直径成(　　)。
    A. 指数关系　　　B. 对数关系　　C. 正比　　　　D. 反比

186. BC009　电缆在井内自由悬挂状态下的抗拉强度比它在终端固定时的强度要降低(　　)以上。
    A. 10%　　　　　B. 20%　　　　C. 30%　　　　D. 50%

187. BC010　电缆上存留的钻井液会促使外层钢丝表面铁元素与空气中的氧或其他物质发生反应,使电缆锈蚀,导致其(　　)降低。
    A. 电气性能　　　B. 抗拉强度　　C. 绝缘　　　　D. 重量

188. BC010　电缆受外伤、磨损、腐蚀、(　　)等原因均会造成电缆铠装层断钢丝。
    A. 检测　　　　　B. 锈蚀　　　　C. 盘绕　　　　D. 测量

189. BC011　当电缆外层钢丝有20%存在磨损或用砂纸打磨外层钢丝看不见光泽时,说明钢丝腐蚀严重,此情况下电缆应进行(　　)试验。
    A. 绝缘　　　　　B. 通断　　　　C. 拉力　　　　D. 屏蔽

190. BC011　对电缆进行拉力试验,若拉断力达不到其额定拉断力的(　　),则电缆不可继续使用。
    A. 50%　　　　　B. 75%　　　　C. 80%　　　　D. 90%

191. BC012　为了抗腐蚀,铠装层的钢丝一般采用(　　)高碳钢丝或防硫合金钢丝。
    A. 镀银　　　　　B. 镀锌　　　　C. 镀硫　　　　D. 镀金

192. BC012　钢丝铠装应紧密,钢丝之间间隙的总和不应超过(　　)钢丝的直径。
    A. 4根　　　　　B. 3根　　　　C. 2根　　　　D. 1根

193. BC013　处理电缆跳丝时,如果有很长的电缆和井下仪器串处在裸眼井段,应配合钻工下放天滑轮,使用游动滑车吊卡吊住(　　)进行缓慢起下,用以活动电缆。
    A. 电缆　　　　　B. 滑轮　　　　C. 电缆断钢丝　D. T形电缆卡子

194. BC013　处理电缆跳丝时,应在钢丝断头左右两侧各(　　)处的电缆上打好整形钳。
    A. 5cm　　　　　B. 10cm　　　　C. 50cm　　　　D. 100cm

195. BD001　测井所使用的外引电源线要按照测井系统及附属设备的用电功率来选择(　　)。
    A. 长度　　　　　B. 导电缆芯材料　C. 导电缆芯数目　D. 导电缆芯线径

196. BD001　为减小干扰信号的影响,通常张力线采用(　　)的电缆线。
    A. 屏蔽　　　　　B. 线径较大　　　C. 线径较小　　　D. 超导材料

197. BD002　目前用的焊锡丝为管形,其管芯内储有(　　)。
    A. 加热剂　　　　B. 防腐剂　　　　C. 干燥剂　　　　D. 松香焊剂

198. BD002　电烙铁本身的温度一般靠(　　)来调节。
    A. 电压　　　　　B. 电流　　　　　C. 电烙铁头　　　D. 环境

199. BD003　焊接前必须用刀片或砂纸刮除线头及接线柱槽表面的(　　)。
    A. 氧化物　　　　B. 氢化物　　　　C. 碳化物　　　　D. 氯化物

200. BD003　锡焊时,烙铁头要(　　)焊面,使焊区达到焊接温度。
    A. 靠近　　　　　B. 接触　　　　　C. 紧压　　　　　D. 远离

201. BD004　焊接井口用线的主要工作是把专用插头与线的缆芯一一对应(　　)在一起,并固定组装成一根完整的井口用线。
    A. 连接　　　　　B. 焊接　　　　　C. 叉接　　　　　D. 固定

202. BD004　焊接井口用线时,应将合适的(　　)套在每根将要焊接的线芯上。
    A. 铜丝　　　　　B. 焊剂　　　　　C. 焊料　　　　　D. 热缩管

203. BD005　地面电极用于电法测井和(　　)测井。
    A. 自然电位　　　B. 自然伽马　　　C. 补偿声波　　　D. 自然伽马能谱

204. BD005　地面电极是与(　　)和测井系统直接相连通的测井辅助电极。
    A. 井下探测器　　　　　　　　　　B. 测井地面系统地线
    C. 接地棒　　　　　　　　　　　　D. 大地

205. BD006　地面电极线的电极头与电极导线的焊接必须牢固,且接触电阻应小于(　　)。
    A. 0.1Ω　　　　　B. 0.5Ω　　　　　C. 5Ω　　　　　　D. 100Ω

206. BD006　地面电极的制作材料可选用铅皮或(　　)。
    A. 钢片　　　　　　　　　　　　　B. 铝片
    C. 铅锡合金的熔断丝　　　　　　　D. 铜线

207. BE001　对于测井绞车操作而言,复杂井况主要是指因井身结构复杂、井眼不规则、(　　)、滤饼厚等因素导致测井极易遇阻和遇卡的井况。
    A. 钻井液的密度及黏度小　　　　　B. 钻井液的密度及黏度大
    C. 钻井液的流变性能好　　　　　　D. 井身质量好

208. BE001　在井身结构复杂的井中进行测井施工时,电缆容易在井壁上拉出槽沟造成键槽卡,要尽量减少测井仪器的(　　)以及在井下静止停留的时间,避免下井仪器和电缆卡在井里。
    A. 供电时间　　　　　　　　　　　B. 重量
    C. 扶正器数量　　　　　　　　　　D. 下井次数

209. BE002　在作业过程中,测井绞车严禁使用(　　)下放电缆。
    A. 低速挡　　　　B. 高速挡　　　　C. 中速挡　　　　D. 空挡

210. BE002　下放电缆时要把扭矩阀调到(　　)。
    A. 最大位置　　　B. 最小位置　　　C. 中间位置　　　D. 任意位置

211. BE003　操作测井绞车前,滚筒制动手柄应拉至(　　)位置。
　　A. 打开　　　　　B. 最高　　　　　C. 中间　　　　　D. 最低

212. BE003　操作测井绞车前应检查确认滚筒支座轴承注满(　　)。
　　A. 液压油　　　　B. 润滑脂　　　　C. 密封脂　　　　D. 柴油

213. BE004　测井遇卡后不能解卡,则应将电缆拉至最大安全张力后,(　　),以求卡点地层长时间受力能疲劳破碎而解卡。
　　A. 高速下放电缆　B. 停车绷紧电缆　C. 低速上提电缆　D. 高速上提电缆

214. BE004　若发生遇卡,应立即停车,然后收拢仪器推靠部分,上提电缆张力到(　　)。
　　A. 电缆拉断力的75%　　　　　　　B. 电缆拉断力的50%
　　C. 最大安全拉力　　　　　　　　　D. 最小安全拉力

215. BE005　钻具输送测井前,应将发动机转速稳定在1400~1500r/min,绞车挡位置于高挡,微调开关旋至最大位置,液压系统补油压力应在(　　)。
　　A. 1~2MPa　　　B. 2.6~2.8MPa　　C. 3~3.5MPa　　D. 5MPa

216. BE005　钻具输送测井前,应将测井绞车扭矩阀或顺序阀调至完全打开位置,微调旋钮至最大位置,松开滚筒刹车,测井绞车电比例操作手柄置于上提最大位置,此时测井绞车滚筒应在(　　)状态。
　　A. 上提转动　　　B. 下放转动　　　C. 低速转动　　　D. 停止

217. BE006　测井绞车液压系统泄压或吸空会导致(　　)。
　　A. 深度测量故障　B. 张力指示不准　C. 刹车失灵　　　D. 滚筒转动冲击

218. BE006　在确认扭矩阀和刹车正常的情况下,造成测井绞车不能正常随钻起下的原因可能是(　　)、液压泵和马达的故障。
　　A. 液压操作系统　B. 电路系统　　　C. 气路系统　　　D. 井口张力系统

219. BE007　钻具输送测井对接完成后,应保证电缆遇阻在(　　)以上。
　　A. 20m　　　　　B. 50m　　　　　C. 80m　　　　　D. 100m

220. BE007　对于钻具输送测井,当需进行打压对接时,应在(　　)过程中,钻井队开启钻井泵,待电缆张力比静止状态有明显增加时,以100m/min的速度下放电缆。
　　A. 电缆停止　　　B. 电缆上提　　　C. 电缆慢下　　　D. 钻具活动

221. BE008　钻具输送测井下测过程中,应根据电缆深度的增加,及时调整扭矩以保持(　　)。
　　A. 钻具下放速度　B. 电缆下放速度　C. 测井速度　　　D. 电缆张力

222. BE008　钻具输送测井下放测量时,应将测井绞车操作手柄置于(　　)位置,然后调整扭矩阀至电缆与钻具同步运行。
　　A. 下放　　　　　B. 上提　　　　　C. 空挡　　　　　D. 任意

223. BE009　对于钻具输送测井上提测量,当钻具上提时滚筒随钻具动作延迟时间要求不超过(　　)。
　　A. 20s　　　　　B. 10s　　　　　C. 8s　　　　　　D. 5s

224. BE009　钻具输送测井上提测量前,应缓慢调整扭矩阀使电缆张力至(　　)左右。
　　A. 2kN　　　　　B. 5kN　　　　　C. 20kN　　　　　D. 50kN

225. BE010　钻具输送测井施工过程中,测井绞车操作人员应注意井口及井下张力的变化,发现异常立即采取措施,并下令停止(　　)。
　　A. 记录　　　　B. 起下钻　　　　C. 张力测量　　　D. 检查电缆

226. BE010　钻具输送测井下放测量过程中,电缆张力最大负荷不应超过(　　)。
　　A. 50kN　　　　B. 20kN　　　　C. 13kN　　　　D. 2kN

227. BF001　日常维护保养测井绞车滚筒时,应紧固固定螺栓,检查(　　)的润滑情况。
　　A. 支座轴承　　B. 滚筒刹车　　C. 滚筒座　　　D. 集流环

228. BF001　测井绞车日常维护保养内容包括(　　)系统、控制系统、辅助系统及滚筒的维护保养。
　　A. 照明　　　　B. 润滑　　　　C. 发电　　　　D. 传动

229. BF002　测井绞车液压油及滤清器每工作500h或(　　)月应进行更换,以先到者为准。
　　A. 12个　　　　B. 6个　　　　C. 3个　　　　D. 1个

230. BF002　每周应检查一次测井绞车(　　),注入润滑脂润滑,润滑脂应从接缝处溢出。
　　A. 取力器　　　B. 滤清器　　　C. 车身大梁　　D. 取力传动轴

231. BF003　测井绞车使用的液压油应具有良好的(　　)。
　　A. 可控性　　　B. 可燃性　　　C. 润滑性　　　D. 防爆性

232. BF003　液压油的黏温性能是指在使用范围内,黏度随温度的变化要(　　)。
　　A. 小　　　　　B. 大　　　　　C. 均匀　　　　D. 可控

233. BF004　润滑油主要起(　　)、辅助冷却、防锈、清洁、密封和缓冲等作用。
　　A. 润滑　　　　B. 动力传递　　C. 防尘　　　　D. 平衡

234. BF004　润滑油流到摩擦部位后,就会黏附在摩擦表面上形成一层油膜,油膜的(　　)和韧度是发挥其润滑作用的关键。
　　A. 厚度　　　　B. 强度　　　　C. 密度　　　　D. 质量

235. BF005　润滑脂大多是半固体状的物质,具有独特的(　　)。
　　A. 摩擦性　　　B. 可燃性　　　C. 流动性　　　D. 研磨性

236. BF005　润滑脂主要由(　　)和稠化剂调制而成。
　　A. 液压油　　　B. 矿物油　　　C. 食用油　　　D. 黄油

237. BF006　对测井绞车进行一级保养时,需要拧紧(　　)各螺栓及检查各部件是否有松动、锈蚀、渗漏。
　　A. 操作手柄　　　　　　　　　　B. 绞车面板
　　C. 照明系统　　　　　　　　　　D. 刹车装置

238. BF006　对测井绞车进行一级保养时,需要给(　　)、排绳器链条加机械润滑油。
　　A. 传动轴　　　B. 传动链条　　C. 集流环　　　D. 马丁代克

239. BG001　测井车载发电机的常用类型有(　　)发电机和柴油(或汽油)发电机。
　　A. 三相　　　　B. 相量　　　　C. 自控　　　　D. 液压

240. BG001　液压发电机是由(　　)系统提供动力驱动的发电机。
　　A. 燃油　　　　B. 滚筒　　　　C. 逆变　　　　D. 液压

241. BG002　测井柴油发电机的蓄电池充电器的直流电流表用于指示(　　)。
　　　A. 电池电压　　　B. 放电电流　　　C. 充电电流　　　D. 输出电流

242. BG002　测井柴油发电机激励场电路断路器的作用是当(　　)失控时,提供激励器和交流发电机的保护。
　　　A. 电压调节器　　B. 电流调节器　　C. 电压输出开关　　D. 柴油机

243. BG003　启动测井柴油发电机时,预热时间一般不超过(　　)。
　　　A. 5min　　　　　B. 4min　　　　　C. 2min　　　　　D. 1min

244. BG003　启动发电机时,当气温高于13℃时,一般预热(　　)即可。
　　　A. 20s　　　　　B. 30s　　　　　C. 60s　　　　　D. 5min

245. BG004　在给发电机加注燃油时,需将发电机(　　)。
　　　A. 启动　　　　　B. 加载　　　　　C. 减载　　　　　D. 熄火

246. BG004　在使用发电机时,必须使用(　　)。
　　　A. 接地线　　　　B. 外引电源　　　C. 照明开关　　　D. 空调器

247. BH001　柴油发电机中,柴油机通过(　　)把动力传递给发电机。
　　　A. 气缸　　　　　B. 活塞　　　　　C. 轴承　　　　　D. 曲轴

248. BH001　柴油发电机中柴油是在(　　)中被点燃的。
　　　A. 气缸　　　　　B. 排气门　　　　C. 曲轴　　　　　D. 转子

249. BH002　测井柴油发电机每工作(　　)需清洗燃油滤清器。
　　　A. 10h　　　　　B. 20h　　　　　C. 50h　　　　　D. 100h

250. BH002　测井柴油发电机每工作(　　)应检查空气滤清器。
　　　A. 10h　　　　　B. 30h　　　　　C. 50h　　　　　D. 200h

251. BH003　检查车载发电机的机油标尺应介于标记(　　)。
　　　A. L之下　　　　B. H之上　　　　C. L之上　　　　D. L、H之间

252. BH003　保养车载发电机时将风扇皮带用力下压,皮带应按下(　　)。
　　　A. 1cm　　　　　B. 5cm　　　　　C. 10cm　　　　　D. 20cm

253. BI001　在井口组合连接仪器时,需将六方卡具卡住仪器头部的(　　)处。
　　　A. 护帽　　　　　B. 六方　　　　　C. 接头　　　　　D. 护丝

254. BI001　组合测井仪器井口连接前,在地面应检查、配接、(　　)完毕。
　　　A. 刻度　　　　　B. 连接　　　　　C. 加电　　　　　D. 测量

255. BI002　井口组合连接仪器时,吊装的马笼头和下井仪器应使用(　　)。
　　　A. 仪器护帽　　　　　　　　　　　B. 专用吊装护帽
　　　C. 绳套　　　　　　　　　　　　　D. 吊卡

256. BI002　井口组合连接仪器时,应使用(　　)将马笼头和仪器护帽连接起来,吊上钻台。
　　　A. 螺纹连接　　　B. 绳套连接　　　C. 仪器连接　　　D. U形吊环连接

257. BI003　下列测井工艺中,测井效率最高的是(　　)。
　　　A. 钻杆输送泵出存储式　　　　　　B. 电缆输送泵出存储式
　　　C. 钻具输送湿接头测井　　　　　　D. 直推存储式

258. BI003 钻杆输送泵出存储式测井适用于( )的测井施工。
   A. 井壁不稳定井　　　　　　　　B. 高温井
   C. 复杂岩性剖面　　　　　　　　D. 超长水平段的水平井

259. BI004 电缆输送泵出存储式测井时,电缆与仪器串的脱离受( )控制。
   A. 地面系统　　B. 下井仪器　　C. 释放器　　D. 泵压

260. BI004 直推存储式测井仪器安装在( )。
   A. 钻杆末端　　B. 钻杆水眼内　　C. 保护套内　　D. 悬挂器上

261. BI005 吊挂释放器用于( )测井。
   A. 钻杆输送泵出存储式　　　　　B. 电缆输送泵出存储式
   C. 直推存储式　　　　　　　　　D. 电缆

262. BI005 直推存储式测井采集地层信息的核心设备是( )。
   A. 地面系统　　B. 下井仪器　　C. 下井工具　　D. 地面传感器

263. BI006 连接悬挂器上节与下节时,应先用链钳旋紧,再用液压大钳以( )的压力进行紧固。
   A. 1~2MPa　　B. 2~3MPa　　C. 3~4MPa　　D. 4.5~5MPa

264. BI006 在井口连接电缆输送泵出存储式测井仪器时,卡盘坐在( )上。
   A. 上悬挂　　B. 保护套　　C. 钻杆头　　D. 旁通

265. BI007 为防止测井仪器在测量过程中的转动,需在仪器串中加装( )。
   A. 旁通短节　　B. 防喷短节　　C. 遥测短节　　D. 旋转短节

266. BI007 常用的测井仪器辅助装置主要有仪器扶正器、间隙器、偏心器、姿态保持器、( )短节、旋转短节、导向胶锥等。
   A. 柔性　　B. 遥测　　C. 释放　　D. 旁通

267. BI008 姿态保持器通常加装在密度仪器上,在测井时有助于使密度仪器的探测器转到井筒的( )位置。
   A. 底侧　　B. 中间　　C. 上侧　　D. 弯曲

268. BI008 偏心器常用于( )测井。
   A. 声波　　B. 侧向　　C. 补偿中子　　D. 井径

269. BI009 测井时应依据( )来选择合适规格的扶正器。
   A. 井深　　B. 钻头直径　　C. 钻井液密度　　D. 仪器生产厂家

270. BI009 导向胶锥应连接在仪器串的( )。
   A. 上部　　B. 中间位置　　C. 任意位置　　D. 最下端

271. BI010 自然电位测井需用( )测量电极。
   A. 1个　　B. 2个　　C. 3个　　D. 4个

272. BI010 自然电位测井记录的是井下电极与参考电极之间随( )的自然电位曲线。
   A. 井深变化　　B. 井径变化　　C. 地层电阻率变化　　D. 井斜变化

273. BI011 形成氧化—还原电位的原因是( )。
   A. 钻井液液柱压力大于地层压力
   B. 钻井液与某些地层物质发生氧化—还原反应

73

C. 钻井液矿化度与地层水矿化度不同
D. 钻井液液柱压力小于地层压力

274. BI011　钻井液与地层水(　　)的差异是砂泥岩剖面产生自然电位的主要原因。
　　A. 矿化度　　　　B. 密度　　　　　C. 温度　　　　　D. 渗透性

275. BI012　马笼头电极系除了可以测量电极曲线外,还可以测量(　　)曲线。
　　A. 自然电位　　　B. 钻井液电阻率　C. 井温　　　　　D. 井下张力

276. BI012　侧向加长电极上带有(　　)测量环。
　　A. 钻井液电阻率　B. 井下压力　　　C. 井下温度　　　D. 自然电位

277. BI013　利用自然电位曲线不能确定(　　)。
　　A. 渗透层厚度　　B. 地层水电阻率　C. 砂层的泥质含量　D. 地层电阻率

278. BI013　自然电位曲线主要用于(　　)。
　　A. 确定孔隙度　　　　　　　　　　B. 确定渗透率
　　C. 划分渗透层　　　　　　　　　　D. 确定地层含油饱和度

279. BI014　电阻率的单位是(　　)。
　　A. Ω　　　　　B. m/Ω　　　C. $\Omega \cdot m$　　　D. Ω/m

280. BI014　各种岩石具有不同的导电性是(　　)测井的基础。
　　A. 电法　　　　　B. 声波　　　　　C. 中子　　　　　D. 密度

281. BI015　普通电阻率测井一般适用于(　　)。
　　A. 干井　　　　　B. 油基钻井液　　C. 盐水钻井液　　D. 淡水钻井液

282. BI015　普通电阻率测井测量的地层电阻率被称为(　　)。
　　A. 视电阻率　　　B. 真电阻率　　　C. 地层水电阻率　D. 冲洗带电阻率

283. BI016　电极测井的测量信号通过编码遥测方式传输到地面系统时,一次下井可以测量(　　)视电阻率曲线。
　　A. 多条　　　　　B. 1条　　　　　　C. 2条　　　　　　D. 复合

284. BI016　电极测井的井下仪器中,一般包括供电电路、(　　)、测量信号处理电路以及信号编码传输电路。
　　A. 反馈电路　　　B. 对比电路　　　C. 稳谱电路　　　D. 刻度电路

285. BI017　利用普通视电阻率曲线与(　　)等资料配合可定性判断油(气)水层。
　　A. 自然电位、微电极　　　　　　　B. 地层倾角
　　C. 自然伽马、磁定位　　　　　　　D. 声波变密度

286. BI017　国内很多油田常选用2.5m梯度曲线与(　　)曲线构成标准测井曲线。
　　A. 密度　　　　　B. 声波　　　　　C. 自然电位　　　D. 微电极

287. BI018　微电极极板的3个电极之间的距离均为(　　)。
　　A. 0.5m　　　　　B. 0.1m　　　　　C. 0.05m　　　　　D. 0.025m

288. BI018　微电极极板上A、M1、M2构成(　　)电极系。
　　A. 微电位　　　　B. 微梯度　　　　C. 0.5m电位　　　D. 0.5m梯度

289. BI019　利用微电极曲线不能确定地层的(　　)。
　　A. 岩性　　　　　B. 渗透性　　　　C. 界面　　　　　D. 孔隙度

290. BI019 微梯度和微电位曲线在渗透性砂岩段应该( )。
   A. 有正差异　　　B. 有负差异　　　C. 基本重合　　　D. 完全一样

291. BI020 感应测井仪输出信号的大小与地层电导率( )。
   A. 成正比　　　B. 成反比　　　C. 相等　　　D. 成对数关系

292. BI020 感应测井是利用( )研究地层导电性能的一种方法。
   A. 压电效应　　　B. 介电特性　　　C. 电化学特性　　　D. 电磁感应现象

293. BI021 双感应八侧向测井仪由双感应线圈系、八侧向电极系和电子线路组成,( )电极安装在双感应线圈系的玻璃钢外壳上。
   A. 深感应　　　B. 中感应　　　C. 自然电位　　　D. 八侧向

294. BI021 感应仪器的线圈系部分由发射线圈和( )组成,装于密封、绝缘的玻璃钢体内。
   A. 功放电路　　　B. 接收线圈　　　C. 电极系　　　D. 声波探头

295. BI022 双感应测井曲线可用于确定不同探测深度地层岩石的( )。
   A. 电导率　　　B. 渗透率　　　C. 介电常数　　　D. 孔隙度

296. BI022 感应测井曲线用于确定地层岩石的电阻率、划分岩性和确定( )。
   A. 地层水矿化度　　　　　　B. 地层孔隙度
   C. 地层所含流体的性质　　　D. 地层渗透率

297. BI023 双侧向测井的主要优点是克服了( )对测量结果的影响。
   A. 地层　　　B. 井眼钻井液　　　C. 地层孔隙度　　　D. 地层流体含量

298. BI023 双侧向测井是( )测井的一种。
   A. 非聚焦式电导率　　　　　　B. 非聚焦式电阻率
   C. 聚焦式电阻率　　　　　　　D. 聚焦式电导率

299. BI024 双侧向测井仪能同时进行深侧向和浅侧向测量,其原因是采用了( )。
   A. 恒流方式　　　B. 恒压方式　　　C. 2种工作频率　　　D. 时分方法

300. BI024 双侧向测井仪测量的是( )与参考电极之间的电位差。
   A. 主电极　　　B. 监督电极　　　C. 屏蔽电极　　　D. 地面电极

301. BI025 双侧向测井仪的电极系包括主电极、屏蔽电极和( )电极。
   A. 供电　　　B. 聚焦　　　C. 监督　　　D. 测量回路

302. BI025 脉码调制器或遥测能够传输多种信号,主要是采用了( )方式。
   A. 频分　　　　　　　　　　B. 时分
   C. 脉冲幅度调制　　　　　　D. 脉冲宽度调制

303. BI026 双侧向测井中,浅侧向测井曲线反映的是( )电阻率。
   A. 井眼　　　B. 冲洗带　　　C. 侵入带　　　D. 原状地层

304. BI026 双侧向测井曲线与自然电位、微侧向或微球资料一起可以快速、直观地判断( )。
   A. 地层电导率　　　B. 地层孔隙度　　　C. 含油饱和度　　　D. 油水层

305. BI027 微侧向/微电极测井是探测冲洗带( )的测井方法。
   A. 视电阻率　　　B. 介电常数　　　C. 孔隙度　　　D. 厚度

306. BI027　微侧向测量极板包括主电极、监督电极和(　　)。
　　　A. 供电极板　　　B. 测量电极　　　C. 回路电极　　　D. 屏蔽电极
307. BI028　微侧向测井曲线经滤饼影响校正后,可以确定(　　)。
　　　A. 地层真电阻率　B. 地层真电导率　C. 冲洗带电阻率　D. 钻井液电阻率
308. BI028　微侧向测井的(　　)较强,能较好地确定地层的有效厚度并较好地反映岩性变化。
　　　A. 探测深度　　　B. 分层能力　　　C. 电流　　　　　D. 电压
309. BI029　微球测井中,计算微球测井电阻率的电压值是电极(　　)之间的电位差。
　　　A. M1,M2　　　　B. A0,M1　　　　C. A1,M1　　　　D. M0,M1
310. BI029　微球测井得到的是(　　)电阻率。
　　　A. 钻井液　　　　B. 冲洗带　　　　C. 井壁　　　　　D. 原状地层
311. BI030　微球测井仪推靠部分包括2个成(　　)的推靠臂、与推靠臂连接的井径拉杆、井径电位器及推靠马达等。
　　　A. 120°　　　　　B. 90°　　　　　C. 60°　　　　　D. 180°
312. BI030　微球的电极包括矩形中心主电极A0和以A0为中心依次向外对称排列的矩形(　　)M0、屏蔽电极A1、监督电极M1和M2。
　　　A. 供电电极　　　B. 滤饼校正电极　C. 回路电极　　　D. 聚焦电极
313. BI031　微球测井曲线主要包括冲洗带电阻率曲线、(　　)曲线。
　　　A. 自然电位　　　B. 井温　　　　　C. 井径　　　　　D. 推靠力
314. BI031　微球测井曲线能够用于判断(　　)地层。
　　　A. 渗透性　　　　B. 含油气　　　　C. 含水　　　　　D. 含放射性物质
315. BI032　微柱仪器通过设计合理的放大倍数,使监督电极M和(　　)的电位差足够小。
　　　A. N　　　　　　B. B0　　　　　　C. A0　　　　　　D. B1
316. BI032　微柱形聚焦测井为(　　)聚焦微电阻率测井。
　　　A. 薄饼状　　　　B. 圆柱状　　　　C. 半圆柱状　　　D. 球状
317. BI033　微柱测井极板的3个纽扣测量电极B0、B1、B2位于(　　)中,并通过绝缘材料与其隔离。
　　　A. 参考电极N　　B. 聚焦电极A1　　C. 监督电极M　　 D. 主电极A0
318. BI033　微柱测井仪由电子处理单元和(　　)2部分组成。
　　　A. 极板　　　　　B. 探头　　　　　C. 线圈　　　　　D. 橡胶
319. BI034　微柱测井曲线主要包括(　　)电阻率、滤饼电阻率和滤饼厚度3个基本参数。
　　　A. 井壁　　　　　B. 钻井液　　　　C. 冲洗带　　　　D. 原状地层
320. BI034　微柱测井可用于判断(　　)地层。
　　　A. 原状　　　　　B. 含油气　　　　C. 新旧　　　　　D. 渗透性
321. BI035　通常测井使用的井径测量仪中,井径与测量电阻上电压的变化成(　　)。
　　　A. 线性关系　　　B. 指数关系　　　C. 对数关系　　　D. 非线性关系
322. BI035　井径测量传感器由井径测量臂、(　　)及一套机械传动装置组成。
　　　A. 测量电感　　　B. 测量电阻　　　C. 测量电容　　　D. 推靠马达

323. BI036 一般情况下泥岩地层因较易垮塌而使其井径数值(　　)钻头直径。
    A. 大于　　　　B. 等于　　　　C. 小于　　　　D. 远小于

324. BI036 井径资料在工程上主要用于计算(　　)。
    A. 地层孔隙度　　　　　　　　B. 地层倾向
    C. 固井所需水泥量　　　　　　D. 井身倾角

325. BI037 磁偏角是(　　)和地理北的夹角。
    A. 井轴　　　　B. 铅垂线　　　　C. 地磁北　　　　D. 水平线

326. BI037 方位角是井轴在水平面上的投影线与(　　)按顺时针方向的夹角。
    A. 磁北极　　　　B. 铅垂线　　　　C. 水平线　　　　D. 正南方向

327. BI038 连续测斜仪器的(　　)是由3个重力加速度计和3个磁通门构成的。
    A. 探测器　　　　B. 数据传输电路　　　　C. 辅助电路　　　　D. 供电电路

328. BI038 陀螺测斜仪的传感器主要包括陀螺和(　　)。
    A. 磁通门　　　　B. 光纤　　　　C. 磁力计　　　　D. 重力加速度计

329. BI039 陀螺测井技术的核心部件是(　　)测量组件。
    A. 惯性　　　　B. 磁性　　　　C. 重力　　　　D. 光敏

330. BI039 磁通门是一种(　　)元器件。
    A. 热敏　　　　B. 磁敏　　　　C. 光敏　　　　D. 重力场引力敏感

331. BI040 实施定向或水平钻进时,可根据连续测斜数据调整钻井工艺来控制钻头钻进的方位和(　　)。
    A. 速度　　　　B. 深度　　　　C. 斜度　　　　D. 进尺

332. BI040 连续测斜曲线可用于对(　　)进行校正。
    A. 钻井液相对密度　　　　　　B. 钻井液压力
    C. 地质数据　　　　　　　　　D. 井筒压力

333. BI041 微电极仪器下井前应检查推靠臂的(　　)是否满足测井要求。
    A. 长度　　　　B. 弹性及强度　　　　C. 厚度　　　　D. 通断绝缘

334. BI041 对微电极进行检查保养时,应分别检查(　　)和仪器贯通线的通断是否良好。
    A. 上下插头　　　　B. 信号地线　　　　C. 极板电极　　　　D. 极板橡胶

335. BI042 双感应八侧向仪器下井前应检查(　　)是否因刮碰而闭合,若有问题及时处理。
    A. 线圈　　　　B. 自然电位测量环　　　　C. 仪器外壳　　　　D. 信号线

336. BI042 双感应仪器下井前应检查玻璃钢外壳有无破裂,(　　)是否漏油、缺油。
    A. 推靠马达　　　　B. 保温瓶　　　　C. 电子线路　　　　D. 皮囊

337. BI043 侧向加长电极的长度不应小于(　　)。
    A. 5m　　　　B. 10m　　　　C. 15m　　　　D. 26m

338. BI043 侧向电极系的各电极对外壳的绝缘电阻应大于(　　)。
    A. 0.1MΩ　　　　B. 1MΩ　　　　C. 50MΩ　　　　D. 500MΩ

339. BI044 对微侧向或微球仪器的活动部位应(　　)。
    A. 固定　　　　B. 限位　　　　C. 紧固　　　　D. 涂抹润滑脂

340. BI044 微侧向或微球仪器各电极之间以及各电极与仪器外壳的绝缘电阻应大于（　　）。
    A. 15MΩ　　　　B. 5MΩ　　　　C. 1MΩ　　　　D. 0.1MΩ

341. BI045 井径仪器贯通线的阻值应小于（　　）。
    A. 0.1Ω　　　　B. 0.5Ω　　　　C. 5Ω　　　　D. 1kΩ

342. BI045 井径仪器连接前需用万用表和兆欧表分别检查（　　）的通断和绝缘是否良好。
    A. 信号线　　　B. 电源线　　　C. 贯通线　　　D. 马达

343. BI046 连续测斜仪器不可靠近（　　）。
    A. 带电体　　　B. 放射源　　　C. 强电场　　　D. 强磁场

344. BI046 连续测斜仪器串的长度必须保证大于（　　）。
    A. 0.5m　　　　B. 1.5m　　　　C. 2.5m　　　　D. 25m

345. BI047 电极刻度器由一组混联的（　　）、挡位开关、连接插孔及电极盒体组成。
    A. 电阻　　　　B. 电容　　　　C. 电感　　　　D. 电阻和电容

346. BI047 电极刻度盒的作用是对电极或微电极测井进行主刻度以及对电极或微电极测量系统进行（　　）检查。
    A. 测井过程　　B. 内刻度　　　C. 外刻度　　　D. 断电

347. BI048 八侧向刻度器的刻度卡板上有（　　）卡环。
    A. 1个　　　　B. 2个　　　　C. 3个　　　　D. 4个

348. BI048 感应刻度盘上的（　　）回路用于仪器电路的调节。
    A. 电阻　　　　B. 电感　　　　C. 电容　　　　D. 阻容耦合

349. BI049 双侧向刻度器是由一套（　　）网络和相应的连接器件组成的。
    A. 有源电子线路　　　　　　　B. 电感
    C. 电容电感复合　　　　　　　D. 标准电阻

350. BI049 进行双感应主刻度时，刻度现场（　　）范围内应无物体，上空不能有电线、钢丝等金属拉线。
    A. 10m　　　　B. 20m　　　　C. 30m　　　　D. 100m

351. BI050 双侧向刻度器由刻度测试盒和（　　）电极卡子及连线组成。
    A. 2个　　　　B. 3个　　　　C. 4个　　　　D. 5个

352. BI050 感应刻度时仪器应放在高（　　）以上的木台或木架子上。
    A. 1m　　　　B. 1.5m　　　　C. 2.5m　　　　D. 3m

353. BI051 向井眼和套管之间的环形空间注入水泥的施工作业称为（　　）。
    A. 完井　　　　B. 测井　　　　C. 固井　　　　D. 钻井

354. BI051 注水泥施工结束后，要等待水泥浆在井内凝固，该过程称为（　　）。
    A. 候凝　　　　B. 等待　　　　C. 固井　　　　D. 压井

355. BI052 套管与地层之间的环形空间内没有胶结水泥而充满钻井液或清水的套管称为（　　）。
    A. 空套管　　　B. 固结套管　　C. 未固套管　　D. 自由套管

356. BI052 水泥环与地层之间的胶结面称为( )。
    A. 地层面   B. 第一界面   C. 第二界面   D. 固结面

357. BI053 来自发射换能器,穿过钻井液,在套管中传播,而后又返回钻井液,最后被接收换能器接收的声波称为( )。
    A. 自由波   B. 水泥浆波   C. 套管波   D. 地层波

358. BI053 声波发射换能器与接收换能器之间的距离称为( )。
    A. 间距   B. 源距   C. 发射接收距   D. 记录距离

359. BI054 声波变密度测量的波列中包括套管波、水泥环波、( )、钻井液波等。
    A. 超声波   B. 环形波   C. 地层波   D. 密度波

360. BI054 固井质量是指套管与水泥及( )的胶结程度的好坏。
    A. 套管与地层   B. 水泥与地层   C. 钻具与地层   D. 水泥与钻井液

361. BI055 声波变密度仪器声系部分一般包括( )探头。
    A. 2个   B. 3个   C. 4个   D. 5个

362. BI055 声波变密度测井在现场刻度时应选择在( )处。
    A. 砂岩   B. 泥岩   C. 水泥胶结最好   D. 自由套管

363. BI056 声波变密度测井时,( )信号是用来判定固井后第一界面的胶结效果的。
    A. 后续波波形   B. 全波列   C. 首波幅度   D. 后续波幅度

364. BI056 在第一界面、第二界面水泥胶结良好的固井段,声波变密度曲线一般显示为( )。
    A. 套管波弱,地层波强   B. 套管波强,地层波弱
    C. 套管波弱,地层波弱   D. 套管波强,地层波强

365. BI057 磁定位器内测量线圈的作用是配合永久磁铁( )信号。
    A. 产生电源   B. 产生消磁
    C. 接收套管接箍   D. 接收套管深度

366. BI057 磁定位仪器主要由( )、测量线圈和仪器外壳等部分组成。
    A. 永久磁钢   B. 普通磁钢   C. 电磁铁   D. 圆钢柱

367. BI058 地层中放射性物质越多,( )就越大。
    A. 含氢量   B. 含氯量   C. 自然伽马强度   D. 孔隙度

368. BI058 自然伽马测井仪就是测量地层自然伽马( )的下井仪器。
    A. 数量   B. 强弱   C. 能谱   D. 含量

369. BI059 自然伽马测井仪器的探测器是由( )和光电倍增管组成的。
    A. 晶体   B. 压电陶瓷   C. 磁通门   D. 3He正比计数管

370. BI059 自然伽马探测器输出的脉冲信号要经( )处理放大后,经电缆传输到地面。
    A. 光电倍增管   B. 保温瓶   C. 探测器   D. 测量线路

371. BI060 自然伽马曲线可用于对同井的不同次测井曲线进行( )校正。
    A. 深度   B. 速度   C. 数值   D. 井斜

372. BI060 自然伽马曲线可用于求取地层的( )。
    A. 电阻率   B. 孔隙度   C. 渗透率   D. 泥质含量

373. BI061　中子伽马测井所记录的是中子源发射的中子射线与地层相互作用后产生的（　　）射线。
　　A. 热中子　　　B. 电子　　　C. 中子和伽马　　　D. 伽马

374. BI061　在地层中扩散的（　　）中子,将被某些核素吸收俘获产生伽马射线。
　　A. 热　　　B. 快　　　C. 慢　　　D. 冷

375. BI062　中子伽马测井仪中,探测器晶体与中子源之间的铅屏蔽用于防止中子源伴生的（　　）直接进入探测器。
　　A. 中子射线　　　B. α射线　　　C. β射线　　　D. γ射线

376. BI062　中子伽马测井仪中,探测器的晶体与中子源之间使用（　　）作屏蔽。
　　A. 石蜡　　　B. 铅　　　C. 石棉　　　D. 聚乙烯

377. BI063　中子伽马曲线在适当条件下可用于判断岩性、划分气层、水层界面和确定地层的（　　）。
　　A. 电阻率　　　B. 渗透率　　　C. 孔隙度　　　D. 含油气饱和度

378. BI063　中子伽马曲线的一个重要作用是作为（　　）作业的校深曲线。
　　A. 摸鱼顶　　　B. 下桥塞　　　C. 射孔　　　D. 取心

379. BI064　进行磁定位、自然伽马、声波变密度测井时,井口深度对零点应在（　　）位置。
　　A. 磁定位记录点
　　B. 自然伽马刻度点
　　C. 声波变密度仪器底部
　　D. 声波变密度发射探头与长源距接收探头的中点

380. BI064　声波变密度扶正器的规格必须与（　　）相匹配。
　　A. 钻头尺寸　　　B. 套管内径　　　C. 套管外径　　　D. 钻具直径

381. BI065　在注水开发油田,注入剖面测井主要测量（　　）进入不同地层的水量。
　　A. 产油井　　　B. 注水井　　　C. 勘探井　　　D. 观测井

382. BI065　通过测井的方法,了解注入井的注入动态,称为（　　）测井。
　　A. 注入　　　B. 产出　　　C. 注水　　　D. 输入

383. BI066　一般情况下,若笼统注水的主力注水层位于射孔井段顶部,则油管下到射孔井段（　　）。
　　A. 底部　　　B. 中部　　　C. 上部　　　D. 任意位置

384. BI066　注水通常采用（　　）注水和分层注水2种方式,不同的注水方式应配以不同的注水管柱。
　　A. 粗放　　　B. 精细　　　C. 笼统　　　D. 高压

385. BI067　注水剖面同位素示踪测井的原理是人工活化层的吸水量与滤积的放射性载体的量成（　　）。
　　A. 反比　　　B. 正比　　　C. 指数关系　　　D. 对数关系

386. BI067　注水剖面测井主要测量的是每个小层或层段在一定注水压力和注水量情况下的（　　）和管柱深度。
　　A. 相对吸水量　　　B. 绝对吸水量　　　C. 相对注水量　　　D. 绝对注水量

387. BI068　常用的注入剖面测井的流量计有（　　）流量计、电磁流量计、超声波流量计等。
　　A. 感应　　　　B. 涡轮　　　　C. 密度　　　　D. 示踪

388. BI068　涡轮流量计是由涡轮和随涡轮转动的（　　）、霍尔元件以及相应的处理电子线路组成的。
　　A. 叶片　　　　B. 发电机　　　C. 永久磁钢　　D. 滑环

389. BI069　脉冲中子氧活化测井主要用于（　　）测井。
　　A. 注入剖面　　B. 产出剖面　　C. 裸眼　　　　D. 工程

390. BI069　氧活化测井根据源距和活化水通过探测器的（　　）可确定流动速度。
　　A. 距离　　　　B. 速度　　　　C. 能谱　　　　D. 时间

391. BI070　产出剖面测井的主要作用是确定（　　）的原始位置。
　　A. 油水、油气、气水界面　　　　B. 储层
　　C. 生油层　　　　　　　　　　　D. 特殊岩性地层

392. BI070　产出剖面测井包括气举井测井、（　　）测井、电泵井测井和自喷井测井。
　　A. 套管井　　　B. 注水井　　　C. 环形空间井　D. 窜槽井

393. BI071　放射性流体密度仪由（　　）、采样通道和计数器3部分组成。
　　A. 伽马源　　　B. 中子源　　　C. 波纹管　　　D. 音叉

394. BI071　波纹管是（　　）传感器。
　　A. 压力—电压　B. 压力—音量　C. 压力—伽马射线　D. 压力—位移

395. BI072　生产测井所使用的压力计有应变压力计和（　　）压力计。
　　A. 应变线圈　　B. 振荡器　　　C. 石英晶体　　D. 空腔

396. BI072　工程测试中的压力实际上是物理学中的（　　），指作用在单位面积上的压力。
　　A. 压力系数　　B. 压力梯度　　C. 压差　　　　D. 压强

397. BI073　多臂井径成像测井仪器的多测量臂将套管内壁的变化转换为井径测量臂的（　　）。
　　A. 纵向位移　　B. 径向位移　　C. 阻值变化　　D. 压力变化

398. BI073　多臂井径成像测井仪器需在仪器（　　）状态下测量。
　　A. 居中　　　　B. 偏心　　　　C. 旋转　　　　D. 固定

399. BI074　多臂井径成像测井仪的刻度包括井径刻度、（　　）刻度以及温度补偿文件。
　　A. 电位器　　　B. 温度　　　　C. 井斜　　　　D. 地磁北

400. BI074　多臂井径成像测井仪的中心传动轴部分包括井径臂、（　　）和扶正器滑动架。
　　A. 扶正器　　　B. 传感器　　　C. 偏心器　　　D. 遥测短节

401. BI075　多层金属管柱电磁探伤成像测井仪（MID-K）主要由上部扶正器、磁保护套、电子模块和自然伽马探头、（　　）、横向探测器、温度传感器、下部扶正器等构成。
　　A. 径向探测器　B. 纵向探测器　C. 井径臂　　　D. 发射天线

402. BI075　电磁探伤成像测井仪属于磁测井系列，其理论基础是（　　）。
　　A. 欧姆定律　　　　　　　　　　B. 楞次定律
　　C. 高斯定理　　　　　　　　　　D. 法拉第电磁感应定律

403. BI076 电磁探伤成像测井仪测井前需将下井仪器串各仪器及（　　）、扶正器等按顺序相连接。
   A. 间隙器　　　B. 偏心器　　　C. 爬行器　　　D. 配重

404. BI076 电磁探伤成像测井仪每3个月或者完成10口井后,必须更换所有（　　）。
   A. 护帽　　　B. 探头　　　C. O形密封圈　　　D. 单芯插头

405. BI077 MTT（磁壁厚）测井仪测量范围为（　　）。
   A. 内径2in的油管~7in的套管　　　B. 只能测量$3^{1/2}$in之内的油管
   C. 只能测量$3^{1/2}$in以上的套管　　　D. 可测量1.3in的油管~$3^{1/2}$in的套管

406. BI077 磁壁厚测井（MTT）一般与多臂井径测井（MIT）组合测井,该测井系列适合用于（　　）套管。
   A. 单层　　　B. 多层　　　C. 多层或单层　　　D. 各类非金属

407. BJ001 过渡短节是将下井仪器串和（　　）连接在一起的转换短节。
   A. 湿接头　　　B. 泵下枪接头　　　C. 钻具　　　D. 电缆

408. BJ001 旁通短节安装在规定的两钻具之间,实现（　　）在钻杆内外转换。
   A. 仪器　　　B. 湿接头　　　C. 钻井液　　　D. 电缆

409. BJ002 钻具输送测井使用电缆卡子的目的是固定（　　）以上的电缆。
   A. 井口　　　B. 过渡短节　　　C. 旁通　　　D. 钻具

410. BJ002 挠性短节在传输测井过程中连接在仪器串中间,可用来降低仪器串的（　　）。
   A. 柔性长度　　　B. 刚性长度　　　C. 重量　　　D. 摩阻

411. BJ003 湿接头快速接头总成必须与（　　）相匹配。
   A. 钻具　　　B. 旁通　　　C. 测井仪器　　　D. 导向筒

412. BJ003 湿接头快速接头的各导电环与外壳的绝缘电阻应大于（　　）。
   A. 500MΩ　　　B. 200MΩ　　　C. 50MΩ　　　D. 1MΩ

413. BJ004 泵下枪总成加重杆的使用数量可根据（　　）和湿接头对接处井斜角的大小来确定。
   A. 钻具长度　　　B. 井眼尺寸　　　C. 旁通长度　　　D. 仪器直径

414. BJ004 泵下枪总成是湿接头母头部分,由顶部扶正器、加重杆和（　　）组成。
   A. 母头总成　　　B. 公头总成　　　C. 导向筒　　　D. 过渡短节

415. BJ005 在直井眼中或井斜较小的情况下,泵下枪总成靠（　　）和快速下放时的冲力来完成井下对接。
   A. 钻井液浮力　　　B. 钻井液压力　　　C. 自身重力　　　D. 旁通重力

416. BJ005 湿接头在井下的对接方式有（　　）。
   A. 1种　　　B. 2种　　　C. 3种　　　D. 4种

417. BJ006 测井电缆连接泵下枪总成时,外层电缆钢丝应（　　）。
   A. 隔1根去掉1根　　　B. 全部去掉
   C. 全部保留　　　D. 隔1根去5根

418. BJ006 泵下枪接头接电环体与电缆铠装层的绝缘电阻应大于（　　）。
   A. 20MΩ　　　B. 50MΩ　　　C. 200MΩ　　　D. 1000MΩ

419. BJ007　钻具输送测井施工作业按工艺特点可分为准备阶段、盲下阶段、（　　）阶段、测井阶段和收尾阶段。
    A. 设备安装　　　　B. 打压　　　　　C. 对接　　　　　D. 循环

420. BJ007　钻具输送测井盲下阶段，应提醒钻井队钻具下放速度、（　　）及井下仪器遇阻情况，制止各种不当操作。
    A. 钻具通径　　　　　　　　　　　B. 钻具连接顺序
    C. 液压钳压力　　　　　　　　　　D. 过渡短节安装位置

421. BJ008　钻具输送测井下钻过程中，钻具遇阻不应超过（　　）。
    A. 1t　　　　　　　B. 2t　　　　　　C. 5t　　　　　　D. 8t

422. BJ008　钻具输送测井下钻过程中，裸眼中钻具下放速度应控制在（　　）以下。
    A. 3m/min　　　　　B. 5m/min　　　　C. 9m/min　　　　D. 18m/min

423. BJ009　钻具输送测井循环钻井液时，必须将（　　）放入钻具水眼内。
    A. 垫板　　　　　　B. 通径规　　　　C. 泵下枪总成　　D. 过滤网

424. BJ009　钻具输送测井下钻到预定位置后，钻井队应用6～8MPa的泵压循环钻井液（　　）以上。
    A. 1周　　　　　　 B. 3周　　　　　 C. 4周　　　　　 D. 5周

425. BJ010　钻具输送测井湿接头对接完成并将电缆夹板固定后，绞车工应拉紧电缆并保持（　　）的张力1min，观察电缆夹板是否打滑。
    A. 1000lbf　　　　 B. 1500lbf　　　　C. 2000lbf　　　　D. 3000lbf

426. BJ010　钻具输送测井时使用导轮的目的是（　　）。
    A. 防止钻具磕碰电缆　　　　　　　B. 减小电缆在方补心位置的磨损
    C. 替代井口地滑轮　　　　　　　　D. 保护钻具

427. BJ011　钻具输送上提测井时，井口操作人员应保持与绞车的通信联系，观察张力表，负责（　　），防止液压大钳或吊卡损伤电缆。
    A. 操作钻具起下　　B. 操作气动绞车　C. 记录钻井液　　D. 电缆保护

428. BJ011　钻具输送上提测井坐吊卡时，输送工具下滑不应超过（　　）。
    A. 10cm　　　　　　B. 20cm　　　　　C. 25cm　　　　　D. 50cm

429. BK001　目前较为成熟的处理测井仪器、电缆遇卡的打捞措施是（　　）工艺。
    A. 旁通式打捞　　　B. 存储式打捞　　C. 打捞矛打捞　　D. 穿心打捞

430. BK001　穿心打捞工艺在常规方法无法实现解卡而整个（　　）尚未被破坏的情况下方可进行。
    A. 连接系统　　　　B. 井下仪器串　　C. 地面测量系统　D. 电源系统

431. BK002　电缆断裂强度是使电缆产生断裂的（　　）。
    A. 最大拉力　　　　B. 最小拉力　　　C. 额定拉力　　　D. 任意拉力

432. BK002　正常测井电缆张力是指在（　　）状态下的电缆张力。
    A. 下放　　　　　　B. 遇卡　　　　　C. 无伸长　　　　D. 正常上提测井

433. BK003　穿心解卡快速接头主体的一端有内扣，用于与（　　）连接成一体。
    A. 电缆　　　　　　B. 鱼雷头　　　　C. 锥孔短节　　　D. 蘑菇头

434. BK003　穿心解卡快速接头的蘑菇头与快速接头主体撞接构成了（　　）总成。
　　A. 连接器　　　　B. 快速接头　　　C. 捞筒　　　　　D. 锥孔短节

435. BK004　连接穿心解卡快速接头的公头时，需把电缆头从（　　）下孔向上穿过来。
　　A. 鱼雷头　　　　B. 锥套　　　　　C. 锥孔短节　　　D. 蘑菇头

436. BK004　连接穿心解卡快速接头的公头时，应保证小锥套上沿高出大锥套上沿不超过（　　）。
　　A. 1mm　　　　　B. 2mm　　　　　C. 4mm　　　　　D. 5mm

437. BK005　进行穿心解卡快速接头拉力试验时，应使电缆张力达到最大安全张力并持续（　　）。
　　A. 1min　　　　　B. 3min　　　　　C. 5min　　　　　D. 30min

438. BK005　穿心解卡快速接头主体上端加重杆中心孔与电缆之间应分别塞入2个半圆形（　　）。
　　A. 蘑菇头　　　　B. 锥套　　　　　C. 黑胶布　　　　D. 锥形卡瓦

439. BK006　穿心解卡时，连接快速接头后，应使电缆拉力超悬重（　　）后再下放钻具。
　　A. 5kN　　　　　B. 20kN　　　　　C. 50kN　　　　　D. 80kN

440. BK006　穿心解卡时，下打捞筒前，应将打捞筒及（　　）吊至钻台上与第一柱钻具连接并用液压钳打紧。
　　A. 防喷短节　　　B. 悬挂短节　　　C. 扶正短节　　　D. 变扣短节

441. BK007　穿心解卡时，打捞筒下至仪器顶部前，应用低排量循环钻井液（　　）。
　　A. 1~2周　　　　B. 2~3周　　　　C. 3~5周　　　　D. 5周以上

442. BK007　穿心解卡过程中，打捞筒下过仪器顶部，当张力增加至超悬重（　　）时即可停止下钻。
　　A. 5kN　　　　　B. 10kN　　　　　C. 30kN　　　　　D. 50kN

443. BK008　穿心解卡时，下放钻具至卡点以上（　　）的位置，停止下钻，准备循环。
　　A. 1~2m　　　　B. 3~5m　　　　C. 8~10m　　　　D. 16~25m

444. BK008　穿心解卡施工时，应在井口滑轮附近电缆及（　　）上设置标志。
　　A. 绞车滚筒附近电缆　　　　　　　B. 井口滑轮
　　C. 二层平台附近电缆　　　　　　　D. 天滑轮附近电缆

445. BK009　穿心解卡时，当打捞筒组合下到循环位置后，将（　　）放入钻具水眼内，进行钻井液循环。
　　A. 垫盘　　　　　B. 快速接头主体　C. 循环垫　　　　D. 滤网

446. BK009　穿心解卡时，循环钻井液后，应检查快速接头和（　　）是否受损。
　　A. 循环垫　　　　B. 垫盘　　　　　C. 电缆端部　　　D. 绞车

447. BK010　穿心解卡时，在铠装电缆和回收电缆过程中钻井队（　　）。
　　A. 不能活动钻具　　　　　　　　　B. 可适当活动钻具
　　C. 可循环钻井液　　　　　　　　　D. 可连接钻具下钻

448. BK010　穿心解卡时，确认打捞筒抓住下井仪器后，应首先由井队（　　）。
　　A. 卸掉一柱钻杆　　　　　　　　　B. 直接拉断电缆弱点
　　C. 循环钻井液　　　　　　　　　　D. 直接起钻

449. BK011 穿心解卡时,打捞筒组合起出井口后,应在引鞋下方的第一个仪器接头处用( )将仪器卡住。
    A. T形夹钳　　　　B. 垫盘　　　　　C. 仪器卡盘　　　　D. 吊卡

450. BK011 穿心解卡起钻回收下井仪器时,应使用( )卸扣。
    A. 气动绞车　　　B. 液压大钳　　　C. 转盘　　　　　D. 游动滑车

451. BK012 穿心解卡捕获仪器前应循环钻井液( )左右。
    A. 30min　　　　B. 60min　　　　C. 120min　　　　D. 180min

452. BK012 为减少电缆承受强力拉伸,穿心解卡循环时应设定钻具活动量为( )最大允许量的75%为安全范围。
    A. 钻具伸长　　　B. 仪器抗压强度　C. 电缆伸长　　　D. 电缆拉断力

453. BK013 防止电缆打扭、打结的重要手段就是在电缆下放过程中,保持一定的( )。
    A. 张力　　　　　B. 速度　　　　　C. 位移　　　　　D. 伸长

454. BK013 导致电缆打结的根本原因是电缆在井筒中的( )。
    A. 伸长　　　　　B. 移动　　　　　C. 堆积　　　　　D. 旋转

455. BK014 测井现场铠装电缆时,根据电缆( )的不同要求,可进行单层钢丝铠装和双层钢丝铠装。
    A. 直径　　　　　B. 绝缘　　　　　C. 抗拉强度　　　D. 保养

456. BK014 通过铠装电缆,可快速地将切断的电缆( )在一起。
    A. 连接　　　　　B. 拴系　　　　　C. 固定　　　　　D. 缠绕

457. BK015 电缆打结后若结不能解开且不能通过滑轮,则需( )。
    A. 截掉电缆节　　B. 捆绑电缆结　　C. 焊接电缆　　　D. 拉紧电缆结

458. BK015 电缆打结不能通过天滑轮时,应先在井口( )。
    A. 切断电缆结　　B. 拉紧电缆结　　C. 解开电缆结　　D. 固定电缆

459. BK016 测井现场单层铠装电缆时应将( )端电缆铠装在( )端电缆上。
    A. 绞车、井口　　B. 井口、绞车　　C. 绞车、电缆短节　D. 电缆短节、井口

460. BK016 穿心解卡后单层铠装电缆时,铠装层长度应大于( )。
    A. 2m　　　　　B. 3m　　　　　C. 6m　　　　　D. 10m

461. BK017 双层铠装电缆时,将绞车端电缆外层钢丝缠绕到电缆短节上以后,应将绞车端内层电缆剪掉( )左右。
    A. 0.5m　　　　B. 2m　　　　　C. 4m　　　　　D. 5m

462. BK017 双层铠装电缆时,取用的电缆短节长度应为( )左右。
    A. 2m　　　　　B. 3.5m　　　　C. 5.5m　　　　D. 10m

463. BL001 关于口对口人工呼吸的方法,下面描述错误的是( )。
    A. 畅通气道　　　　　　　　　　B. 吹气时不要按压胸廓
    C. 吹气时捏紧病人鼻孔　　　　　D. 按压频率成人为8~10次/min

464. BL001 心脏复苏时胸外按压的部位为( )。
    A. 双乳头与胸骨正中线交界处　　B. 心尖部
    C. 胸骨中段　　　　　　　　　　D. 胸骨左缘第五肋间

465. BL002　首次使用前应对便携式气体检测仪进行校准,根据使用情况及便携式气体检测仪在有害气体或污染物环境中的暴露情况,每(　　)必须校准一次。

　　A. 3个月　　　　B. 6个月　　　　C. 9个月　　　　D. 12个月

466. BL002　便携式检测仪只能在氧气浓度不超过(　　)(体积分数)的潜在爆炸气体环境中使用。

　　A. 10.9%　　　　B. 15.9%　　　　C. 20.9%　　　　D. 25.9%

467. BL003　在带压作业施工准备中,检查空气压缩机打压正常,当压力打到(　　),压缩机应自动停机。

　　A. 0.2MPa　　　B. 0.3MPa　　　C. 0.5MPa　　　D. 0.6MPa

468. BL004　JB4000型放射性检测仪设置测量时间(T)最好不小于(　　)秒,以便辐射仪测量本底时更好地消除统计涨落的误差。

　　A. 10s　　　　　B. 20s　　　　　C. 30s　　　　　D. 60s

469. BM001　测井作业的主要风险包括物体打击、(　　)、危险品丢失、爆炸、交通事故、放射源误照射、触电事故等。

　　A. 机械伤害　　B. 空气污染　　C. 钻井事故　　D. 测井等待

470. BM001　测井张力系统刻度、标定时,在对张力计加压前应确认张力计和指重表、底座的(　　)连接牢固。

　　A. 连接线　　　　　　　　　　　B. 固定链条
　　C. 连接销　　　　　　　　　　　D. 接地线

471. BM002　基层班组应结合班组安全活动,至少(　　)组织一次事故隐患排查。

　　A. 每天　　　　B. 每周　　　　C. 每月　　　　D. 每季度

472. BM003　风险分级管控的主要工作有危险源(危害因素)辨识、风险评价、风险管控,其中核心工作是(　　)。

　　A. 危险源(危害因素)辨识　　　B. 风险评价
　　C. 风险管控　　　　　　　　　　D. 风险消除

二、判断题(对的画"√",错的画"×")

(　　)1. AA001　直流电是指电路中的电流大小是不可以改变的。

(　　)2. AA002　理想电流源的输出电流与外电路无关,内阻为零。

(　　)3. AA003　电路某处断开形不成回路,称为开路或断路。

(　　)4. AA004　习惯上把负电荷的流动方向规定为电流的方向。

(　　)5. AA005　电流在导体中流动所受到的阻力称为电阻,其单位是欧姆(Ω)。

(　　)6. AA006　电压所做的功称为电功。

(　　)7. AA007　流过导体的电流与导体两端的电压成正比,与导体的电阻成反比。

(　　)8. AA008　串联电路的总电压等于各处电压之和。

(　　)9. AA009　并联电路中各支路的功率之比等于各支路电阻的反比。

(　　)10. AA010　网孔不一定是回路,回路一定是网孔。

(　　)11. AA011　基尔霍夫定律中通常规定对参考方向背离(流出)节点的电流取正号。

(   )12. AA012 基尔霍夫电压定律是确定电路中各支路电压间关系的定律,因此又称为支路电压定律。

(   )13. AA013 电桥平衡的条件是电桥相邻臂电阻乘积相等。

(   )14. AA014 直流单臂电桥(又称惠斯登电桥)能精确测量电阻阻值。

(   )15. AB001 我国交流电供电的标准频率规定为60Hz。

(   )16. AB002 最大值、角频率和初相角称为正弦交流电的三要素。

(   )17. AB003 交流信号频率之间的关系在测井仪器信号处理中有着重要的应用。

(   )18. AB004 交变电流的平均值是指在某一段时间内产生的交变电流对时间的平均值。

(   )19. AB005 交流电气设备铭牌上的额定电压、额定电流是最大值。

(   )20. AB006 我国生产、配送的都是直流电。

(   )21. AB007 三相四线制是指由三相变压器将低压升压后次级输出送电的一种连接方式。

(   )22. AB008 我国电力工业规定线电压为380V,相电压为220V。

(   )23. AB009 三相电路中的负载有星形和三角形2种连接方式。

(   )24. AC001 导体电阻的大小只取决于导体的材料。

(   )25. AC002 串联电路中的电流处处相同,即流过每个电阻的电流为同一电流。

(   )26. AC003 并联电路中,总电阻等于各个电阻之和。

(   )27. AC004 在电压一定的条件下,单位时间内电路中充、放电移动的电荷量越大,电流越小。

(   )28. AC005 电容器具有隔离交流和允许直流通过的能力。

(   )29. AC006 电容器串联后,相当于加大了电容器两极板间的距离,因此电容器容量减小。

(   )30. AC007 在纯电容电路中,加在电容器两端的电流不会跳变,且其滞后电压90°。

(   )31. AC008 磁芯磁导率越小的线圈,电感量越大。

(   )32. AC009 电感器的特性是通交流、阻直流。

(   )33. AC010 感抗和电感成正比,和频率也成正比。

(   )34. AC011 变压器铁芯的作用是加强2个线圈间的磁耦合。

(   )35. AC012 变压器是依据电磁感应原理制成的。

(   )36. AC013 当电源频率高于工作频率时,变压器将大量发热。

(   )37. AC014 继电器是具有隔离功能的自动开关元件。

(   )38. AC015 按工作原理继电器可分为电磁继电器、固体继电器、舌簧继电器等,其中固体继电器在测井设备中应用最为广泛。

(   )39. AC016 电磁继电器是依据电磁感应现象制成的。

(   )40. AC017 在电磁继电器的线圈两端加上一定的电压,动作铁芯因弹簧的拉力而被拉向铁芯,从而带动动接点与静接点闭合或分开。

(   )41. AC018 在测井仪器中有许多继电器,通过地面系统控制信号对其的控制,即可改变其工作状态,从而实现测井仪器在井下刻度校验及测井状态的转换。

( )42. AC019　释放电流是指继电器产生释放动作的最大电流。
( )43. AC020　选用继电器的主要原则就是考虑继电器的几何尺寸。
( )44. AC021　用万用表测量继电器线圈的阻值,从而判断该线圈是否存在开路现象。
( )45. AC022　直流电动机和直流发电机结构基本相同,前者将机械能转换为电能,后者把电能转换为机械能。
( )46. AC023　感应电动势的方向用左手定则判断。
( )47. AC024　直流电机运行时静止不动的部分称为定子,定子的主要作用是产生电磁转矩和感应电动势。
( )48. AC025　传感器是一种检测装置,通常由敏感元件和转换元件组成。
( )49. AC026　按工作原理传感器可分为温度、流量、压力、湿度等传感器。
( )50. AC027　线性度指传感器输出量与输入量之间的实际关系曲线偏离拟合直线的程度。
( )51. AC028　传感器中的电阻应变片具有金属的应变效应,即在外力作用下产生机械形变,从而使电阻值随之发生相应变化。
( )52. AC029　用作压阻式传感器的基片(或称膜片)材料主要为镍、锰和铑。
( )53. AC030　热电阻测温是基于金属导体的电阻值随温度的升高而减小这一特性来进行温度测量的。
( )54. AC031　温度传感器是指能感受温度并转换成可用输出信号的传感器。
( )55. AC032　光传感器不只局限于对光的探测,它还可以作为探测元件组成其他传感器。
( )56. AC033　传感器能按一定规律将电信号转换成其他信号输出。
( )57. BA001　生产测井依据测井目的的不同可分为注采井动态监测测井、工程测井及地层测试测井。
( )58. BA002　安装生产测井防喷器时,应将防喷管垂直下放并和井口法兰盘连接、紧固。
( )59. BA003　在进行不带压生产测井时,地滑轮绳套一端锁在防喷管以下,另一端锁在地滑轮上。
( )60. BA004　带压生产测井仪器下井前,应松开手压泵,打开采油树清脂阀门。
( )61. BA005　注脂密封控制头是电缆防喷器的重要组成部分。
( )62. BA006　电缆防喷装置的上密封为动密封,是阻流式密封。
( )63. BA007　注脂泵的作用是将密封脂加压后注入防喷器间隙中,从而达到静密封的目的。
( )64. BA008　拆卸防喷装置前,必须先打开防落器上的泄压阀门,泄压完全后才能拆卸。
( )65. BA009　使用井口电缆悬挂器在提高测井期间发生井喷时关井可靠性的同时,也保障了井口剪电缆的安全性。
( )66. BA010　安装电缆悬挂器后,下钻过程中不能旋转转盘或使游车转动,避免电缆打结、损伤。

( )67. BA011　钻具输送测井就是利用钻杆或油管输送测井仪器进行的测井工作。
( )68. BA012　钻具输送测井使用的"泵下接头"与"井下快速接头"这2个专用工具也统称湿接头。
( )69. BA013　钻具输送测井时,导向小滑轮高度距钻杆的距离一般应在1.5m左右。
( )70. BA014　穿心解卡须在井口附近,切断测井电缆。
( )71. BA015　穿心解卡时,安装天滑轮的位置要尽量高且靠近井架的前侧。
( )72. BB001　滑轮周长的选择应与滚筒直径相匹配。
( )73. BB002　滑轮转动不灵活需检查轴承和弹子。
( )74. BB003　集流环中心轴和绞车滚筒应同步转动。
( )75. BB004　检查集流环的接触电阻变化值应小于0.1Ω。
( )76. BB005　深度系统采集的测井深度数据和测井速度数据是和测井信息一起记录的。
( )77. BB006　马丁代克导轮磨损严重不会造成深度测量误差。
( )78. BB007　在对张力系统进行刻度或校验时,由于张力计所受拉力与拉力表指示拉力相同,所以校正角度应设置为180°。
( )79. BB008　绞车张力面板张力系数校正设置问题会导致张力指示错误。
( )80. BB009　电缆防喷装置可以关闭井口。
( )81. BB010　注脂密封控制头的主要作用是在电缆运动和静止状态均能封闭井口。
( )82. BB011　注脂装置由注脂泵向防喷控制头的阻流管与电缆之间或双闸板封井器内注入密封脂。
( )83. BB012　注脂泵通过减压阀向防喷系统注脂。
( )84. BB013　电缆防喷装置的流管孔径大于电缆外径0.3mm时应更换。
( )85. BB014　航空插头接触电阻小,主要用于测井车内外各设备单元之间的电气连接。
( )86. BC001　测井绞车停放在井场的位置,应能保障电缆在绞车滚筒上排列整齐。
( )87. BC002　电缆运行记录内容应包括电缆机械性能以及重做电缆头记录等内容。
( )88. BC003　发生电缆芯断或绝缘破坏,应及时查找断芯及绝缘破坏位置,并及时维修。
( )89. BC004　测井深度系统在测量深度脉冲信号的基础上,可以通过进行电缆深度磁性记号的测量以提高测井深度测量精度。
( )90. BC005　自动做电缆磁记号时,由计算机输出信号给控制机构,使其控制注磁器在电缆上注磁性记号。
( )91. BC006　人工补做电缆磁记号时,绞车距井口需在20m以上。
( )92. BC007　当给电缆消磁注磁器加一脉冲直流时,它可起到消磁作用。
( )93. BC008　铠装层和电缆缆芯的伸长系数应尽量有较大差异。
( )94. BC009　电缆在井内自由悬挂状态下的抗拉强度比它在终端固定时的抗拉强度要低。
( )95. BC010　如果滚筒底层电缆未盘整齐,电缆张力较大,会使电缆受挤压而变形。
( )96. BC011　电缆拉断力若达不到电缆额定拉断力的75%,则不可继续使用。

( )97. BC012　电缆铠装钢丝之间间隙的总和不应超过2根钢丝的直径。

( )98. BC013　处理电缆断钢丝时,应在钢丝断头左右两侧各50cm处的电缆上打好整形钳。

( )99. BD001　磁记号线是用于连接井口磁记号接收器和地面系统的连接线,用于传输电缆磁性记号。

( )100. BD002　焊锡丝加热熔化流入被焊金属之间,冷却后可形成牢固可靠的焊接点。

( )101. BD003　在焊接工作中,并不是焊料多锡焊就良好。

( )102. BD004　专用插头与井口用线缆芯焊接时,焊盘与焊料的润湿角应大于90°。

( )103. BD005　地面电极需要选择活泼金属制作。

( )104. BD006　地面电极线的电极头与电极导线的焊接必须牢固,且接触电阻应小于5Ω。

( )105. BE001　井身结构复杂、井眼不规则、钻井液密度及黏度大、滤饼厚、虚滤饼多等因素导致测井极易遇阻和遇卡。

( )106. BE002　下放电缆接近井底时,必须降低下放速度。

( )107. BE003　停止下放电缆时,滚筒控制手柄应处于中间位置。

( )108. BE004　当仪器下放到井底后,准备上提前,确认刹车良好后,应将扭矩阀旋松到最小位置。

( )109. BE005　钻具输送测井下放测量时,绞车应放置在高速挡、下放位置,使液压泵和液压马达在最小排油量。

( )110. BE006　绞车刹车带过紧会导致滚筒转动冲击。

( )111. BE007　钻具输送测井湿接头对接时,下放电缆应以9~10m/min的速度进行对接。

( )112. BE008　钻具输送测井下测过程中,应根据电缆深度的增加,及时调整扭矩以保持电缆张力。

( )113. BE009　钻具输送上提测井过程中,应保持电缆张力在50kN左右。

( )114. BE010　钻具输送下放测量时,绞车系统工作压力不超过10MPa。

( )115. BF001　日常维护绞车滚筒时,应紧固固定螺栓,检查支座轴承润滑情况。

( )116. BF002　每周应检查一次绞车取力传动轴,注入润滑脂润滑,润滑脂不应从接缝处溢出。

( )117. BF003　液压油首先应满足液压装置在工作温度与启动温度下对液体黏度的要求。

( )118. BF004　润滑油主要起润滑、辅助冷却、防锈、清洁、密封和缓冲等作用。

( )119. BF005　密封脂是半流体状物质,其密封作用和保护作用都比润滑油差。

( )120. BF006　维护绞车时,应检查并调整绞车制动钳与制动盘的间隙为10~20cm。

( )121. BG001　测井车载发电机的常用类型有液压发电机和柴油(或汽油)发电机。

( )122. BG002　柴油发电机预热开关的作用是提供柴油的预热控制。

( )123. BG003　柴油发电机可以使用乙醚作为启动辅助剂。

( )124. BG004　在测井过程中给发电机加注燃油时,无须将发电机关闭。

( )125. BH001　在柴油发电机气缸内,经过滤后的洁净空气与高压雾化柴油应充分混合。

( )126. BH002　柴油发电机每工作50h应检查空气滤清器。

( )127. BH003　测井发电机的机油标尺显示机油应在标记"H"之上。

( )128. BI001　在进行仪器组合测井时,必须在井口进行仪器的连接与拆卸工作。

( )129. BI002　井口吊装的马笼头和下井仪器应使用专用吊装护帽。

( )130. BI003　电缆输送泵出存储式测井适用于不同井型、不同井况、不同类型油气藏复杂井测井。

( )131. BI004　无电缆存储式测井将仪器安装在钻具的水眼内,通过钻具将其输送至井底。

( )132. BI005　直推存储式测井转换短节用于仪器和钻杆之间的连接转换。

( )133. BI006　连接钻杆输送泵出存储式测井仪器时,应使用释放器专用提升工具将释放器总成提升至井口,并与电池短节进行连接。

( )134. BI007　测井液压推靠器属于测井辅助装置。

( )135. BI008　间隙器是安装在感应仪器底部的扶正器。

( )136. BI009　安装的偏心器弹簧钢板应正对与补偿中子仪器连接的密度仪器探测器。

( )137. BI010　自然电位测井记录的是井下测量电极之间随井深变化的自然电位曲线。

( )138. BI011　在砂泥岩剖面井中的自然电位主要是过滤电位。

( )139. BI012　自然电位测量电极都是与其他测井仪器组合在一起的。

( )140. BI013　利用自然电位曲线可以划分地层岩性,确定渗透层及其有效厚度。

( )141. BI014　地层岩石的电阻率与其所含流体有关。

( )142. BI015　电极系测量的电阻率与供电电流成正比,与测量电极之间的电位差成反比。

( )143. BI016　电极测井的电路部分主要包括供电电路、测量信号处理电路以及刻度电路。

( )144. BI017　利用普通电阻率曲线配合其他测井资料可定量解释油(气)水层。

( )145. BI018　微电极极板的构成是把3个微小的电极等距离直线排列镶嵌在耐磨的绝缘极板上。

( )146. BI019　微电极曲线可以用来判断岩性、划分渗透性地层及薄层。

( )147. BI020　感应测井是利用电磁感应现象研究地层导电性能的一种方法。

( )148. BI021　感应测井仪线圈系的玻璃钢体上有一个闭合的铅制金属环用于自然电位的测量。

( )149. BI022　感应测井曲线可用于确定地层所含流体的性质。

( )150. BI023　为减小井眼对供电电流的分流作用,电法测井发展了侧向测井。

( )151. BI024　进行深探测时,屏蔽电极A1与A2(A1′和A2′)保持等电位,屏蔽电流I_1与主电流I_0为同极性。

( )152. BI025　双侧向测井仪由电极系、电子线路、遥测电路以及加长电极组成。
( )153. BI026　双侧向测井曲线可以确定不同纵向探测深度的地层电阻率。
( )154. BI027　微侧向测井是探测冲洗带视电阻率的测井方法。
( )155. BI028　微侧向测井的分层能力较强。
( )156. BI029　微球测井的屏蔽电流对主电流起屏蔽作用,从而防止滤饼分流。
( )157. BI030　微球测井仪由电子线路和推靠2部分组成。
( )158. BI031　微球形聚焦测井曲线对纵向地层分层明显。
( )159. BI032　为达到合理的聚焦程度,微柱测井仪要使监督电极M和主电极A0的电位差足够大。
( )160. BI033　微柱测井仪由电子处理单元和推靠2部分组成。
( )161. BI034　利用微柱曲线可以求取冲洗带电阻率。
( )162. BI035　井径测量传感器是由井径推靠马达、测量电阻和机械传动装置组成的。
( )163. BI036　依据井径曲线配合其他测井资料可进行地层对比和层位划分。
( )164. BI037　磁偏角是指磁北方位线与铅垂线之间的夹角。
( )165. BI038　连续测斜仪器的主要构成包括探测器、数据采集传输电路、辅助电路、金属保温隔热瓶和钛合金承压外壳。
( )166. BI039　连续测斜仪器的井斜信号由磁通门提供,方位信号由重力加速度计提供。
( )167. BI040　连续测斜仪测量的是井身轴线的斜度和方位。
( )168. BI041　检查保养微电极时,需用万用表分别检查极板电极和仪器贯通线的通断是否良好。
( )169. BI042　在使用感应下井仪时,电子线路和线圈系应一一对应。
( )170. BI043　侧向电极系同名电极之间的导通电阻应小于0.1Ω。
( )171. BI044　微球极板各同名电极之间应相互绝缘。
( )172. BI045　四臂井径仪器测井前应检查其皮囊有无漏油现象,若仪器漏油,则应更换仪器。
( )173. BI046　连续测斜仪器可以靠近强磁场。
( )174. BI047　电极盒模拟地层数值的大小取决于刻度盒标明的电阻值与所连接的电极系K值的乘积。
( )175. BI048　八侧向刻度器用于八侧向仪器的刻度和检查。
( )176. BI049　双侧向刻度器的4个卡环用于卡在电极系的主电极、监督电极和屏蔽电极上。
( )177. BI050　刻度感应时,不能连接八侧向刻度器。
( )178. BI051　向井眼和套管之间的环形空间注入水泥的施工作业称为完井。
( )179. BI052　第二界面是指水泥环与套管之间的胶结面。
( )180. BI053　源距是指声波接收换能器之间的距离。
( )181. BI054　声波变密度测井是根据时间刻度将声波频率信号转化为相应的辉度信息形成变密度图。

( )182. BI055　常见的声波变密度测井仪器一般由电子线路和声系两大部分组成。

( )183. BI056　声波变密度测井曲线能够对固井2个界面的胶结质量进行监测。

( )184. BI057　磁定位测量线圈的两端设有2块以同极性相对的方式排列的圆柱状磁钢。

( )185. BI058　岩石自然放射出的伽马射线就是自然伽马射线。

( )186. BI059　自然伽马仪器中晶体的作用是把探测到的自然伽马射线转变为光脉冲。

( )187. BI060　利用自然伽马曲线无法确定地层的泥质含量。

( )188. BI061　中子伽马测井测量的是中子源发出的中子射线经地层作用后产生的中子射线和伽马射线强度。

( )189. BI062　中子伽马仪器的探测器主要由晶体和光电倍增管组成。

( )190. BI063　利用套管井中的中子伽马曲线可较好地判别气层。

( )191. BI064　声波变密度测井时,应根据套管内径选择合适的扶正器分别加装在声系的两端。

( )192. BI065　注入剖面测井能够测量同一注水层不同部位的注水情况。

( )193. BI066　分层配水管柱主要由油管、测试器及各种类型的配水器组成。

( )194. BI067　注入剖面井温测井的方法是先测正常注水条件下的流温曲线,然后关井2~8h,测量关井井温曲线。

( )195. BI068　涡轮流量计的转速与流量的大小成反比。

( )196. BI069　脉冲中子氧活化测井主要用于注入剖面测井。

( )197. BI070　产出剖面测井能够确定油水、油气、气水界面的原始位置和地层孔隙度。

( )198. BI071　放射性流体密度仪由中子源、采样通道和计数器3部分组成。

( )199. BI072　温度恒定时,石英压力计谐振腔的输出电压值与压力大小有关。

( )200. BI073　多臂井径成像测井的主要目的是测量井眼的直径。

( )201. BI074　多臂井径测井仪器由灯笼体控制井臂和扶正器的张、收。

( )202. BI075　多层金属管柱电磁探伤成像测井仪的探测器中有纵向探测器和横向探测器。

( )203. BI076　电磁探伤测井仪每3个月或者完成10口井后,必须将所有O形密封圈更换一遍。

( )204. BI076　多层管柱电磁探伤测井仪(MID-K)只适合在多层管柱进行检测,不适合单层套管检测。

( )205. BJ001　旁通短节安装在下井仪器和钻具之间,实现电缆在钻杆内外转换。

( )206. BJ002　钻具输送测井使用的电缆卡子用于固定旁通以下的电缆。

( )207. BJ003　钻具输送测井的快速接头总成与外壳中导向筒的规格应一致。

( )208. BJ004　泵下枪总成是湿接头母头部分。

( )209. BJ005　湿接头在井下的对接方式有2种。

( )210. BJ006　连接电缆和泵下枪总成时,外层钢丝应隔一根去掉一根。

( )211. BJ007　钻具输送测井盲下阶段,应全程观察钻井队的操作,提醒钻井队注意钻具下放速度、钻具通径及井下仪器遇阻情况。

(   )212. BJ008　旁通短节以下的所有输送工具在下井前,应用等同泵下枪外径的通径规进行通径。

(   )213. BJ009　钻具输送测井湿接头对接后,应向井眼内泵入一些重浆,使管内液柱压力略小于环形空间压力。

(   )214. BJ010　安装旁通盖板的目的是将电缆与旁通锁紧。

(   )215. BJ011　钻具输送测井上测完成后,应操纵绞车以低速挡将泵下枪拉脱。

(   )216. BK001　穿心解卡利用电缆起到引导作用,使接在钻具端部的打捞工具能准确地套入遇卡仪器。

(   )217. BK002　电缆断裂强度是使电缆产生断裂的额定拉力。

(   )218. BK003　穿心解卡的快速接头由快速接头主体、蘑菇头和1个锥孔短节组成。

(   )219. BK004　制作穿心解卡快速接头的公头时,需把蘑菇头拧到锥孔短节上并用小管钳上紧。

(   )220. BK005　锥孔短节与电缆头砸接组装时,电缆钢丝分布要均匀,不得重叠。

(   )221. BK006　穿心解卡时,打捞筒及变扣短节应吊至钻台上与第一柱钻具连接并用液压钳打紧。

(   )222. BK007　穿心解卡时,通过上提、下放钻具,上提、下放电缆时的张力变化情况,可准确判断仪器是否进入打捞筒。

(   )223. BK008　穿心解卡放入垫盘时,应旋转垫盘使其卡在钻具的水眼内。

(   )224. BK009　穿心解卡循环时,下放和上提钻具幅度不宜过大。

(   )225. BK010　穿心解卡时,确认打捞筒抓住下井仪器后,应由井队卸掉2柱钻杆。

(   )226. BK011　拆卸打捞筒及带有放射源的仪器时,应先拆卸仪器后卸源,再拆卸打捞筒。

(   )227. BK012　穿心解卡循环钻井液时,钻具上提量不应超过一个单根。

(   )228. BK013　下放电缆过程中发现电缆堆积时,上提速度应小于5m/min。

(   )229. BK014　铠装电缆时,根据电缆通过马丁代克的要求,可进行单层钢丝铠装和双层钢丝铠装。

(   )230. BK015　用绞车增加拉力使打扭的电缆恢复原状时,应快速增加拉力。

(   )231. BK016　单层铠装电缆的铠装长度不应小于6m。

(   )232. BK017　双层铠装电缆内层铠装长度不小于1m,外层铠装长度不小于2m。

(   )233. BL002　便携式气体检测仪按传感器数量可分为单一式和复合式。

(   )234. BL003　测试阀门手轮顺时针旋转是开井,手轮旋到底后一般应再回1/4圈。

(   )235. BM003　隐患排查治理是主动防御性管理,目的是控制现实发生或存在的危害因素。

答　案

一、单项选择题

1. A	2. B	3. A	4. C	5. C	6. D	7. B	8. C	9. B	10. C
11. A	12. C	13. C	14. A	15. B	16. C	17. B	18. A	19. D	20. A
21. B	22. C	23. C	24. B	25. C	26. D	27. A	28. C	29. A	30. B
31. C	32. D	33. B	34. C	35. D	36. C	37. B	38. C	39. B	40. C
41. A	42. D	43. D	44. A	45. D	46. C	47. D	48. B	49. A	50. C
51. D	52. D	53. D	54. B	55. B	56. A	57. B	58. C	59. B	60. A
61. C	62. C	63. D	64. C	65. C	66. A	67. D	68. B	69. B	70. A
71. C	72. B	73. B	74. A	75. C	76. A	77. D	78. B	79. A	80. B
81. D	82. A	83. C	84. B	85. B	86. D	87. C	88. D	89. D	90. C
91. C	92. B	93. D	94. B	95. D	96. C	97. B	98. C	99. D	100. C
101. C	102. D	103. B	104. D	105. B	106. C	107. C	108. B	109. D	110. B
111. B	112. D	113. B	114. D	115. A	116. D	117. C	118. D	119. D	120. C
121. A	122. D	123. A	124. B	125. D	126. A	127. C	128. B	129. C	130. B
131. C	132. B	133. B	134. C	135. D	136. C	137. D	138. A	139. B	140. D
141. D	142. B	143. B	144. C	145. D	146. C	147. C	148. A	149. C	150. A
151. C	152. A	153. A	154. C	155. C	156. D	157. B	158. C	159. D	160. A
161. B	162. D	163. B	164. A	165. A	166. B	167. D	168. A	169. B	170. D
171. B	172. C	173. A	174. C	175. C	176. D	177. B	178. C	179. C	180. D
181. B	182. A	183. A	184. B	185. D	186. D	187. B	188. B	189. C	190. B
191. B	192. D	193. D	194. B	195. D	196. A	197. D	198. C	199. A	200. C
201. B	202. D	203. A	204. D	205. B	206. C	207. B	208. D	209. D	210. A
211. D	212. B	213. B	214. C	215. B	216. D	217. D	218. A	219. A	220. C
221. D	222. B	223. D	224. B	225. B	226. C	227. A	228. D	229. A	230. D
231. C	232. A	233. A	234. B	235. C	236. B	237. D	238. B	239. D	240. D
241. C	242. A	243. D	244. B	245. D	246. A	247. D	248. A	249. D	250. C
251. D	252. A	253. B	254. A	255. B	256. D	257. D	258. D	259. A	260. A
261. A	262. B	263. D	264. C	265. D	266. A	267. A	268. C	269. B	270. D
271. B	272. A	273. B	274. A	275. A	276. D	277. D	278. C	279. C	280. A
281. D	282. A	283. A	284. D	285. A	286. C	287. D	288. B	289. D	290. A
291. A	292. D	293. C	294. B	295. A	296. C	297. B	298. C	299. C	300. B
301. C	302. B	303. C	304. D	305. A	306. C	307. C	308. B	309. D	310. B
311. D	312. B	313. C	314. A	315. C	316. D	317. D	318. A	319. C	320. D
321. A	322. B	323. A	324. C	325. C	326. A	327. A	328. D	329. A	330. B
331. C	332. C	333. B	334. C	335. B	336. D	337. D	338. B	339. D	340. A

341. B	342. C	343. D	344. C	345. A	346. C	347. D	348. C	349. D	350. C
351. C	352. B	353. C	354. A	355. D	356. C	357. C	358. B	359. C	360. B
361. B	362. D	363. C	364. A	365. C	366. A	367. C	368. B	369. A	370. D
371. A	372. D	373. D	374. A	375. D	376. B	377. C	378. C	379. D	380. B
381. B	382. A	383. A	384. C	385. B	386. A	387. B	388. C	389. A	390. D
391. A	392. C	393. A	394. D	395. C	396. D	397. B	398. A	399. C	400. B
401. B	402. D	403. D	404. B	405. A	406. A	407. C	408. D	409. C	410. B
411. D	412. A	413. B	414. A	415. C	416. B	417. A	418. C	419. C	420. A
421. B	422. C	423. D	424. A	425. C	426. B	427. D	428. C	429. D	430. A
431. C	432. D	433. C	434. B	435. C	436. A	437. C	438. D	439. A	440. D
441. A	442. B	443. D	444. A	445. C	446. B	447. B	448. A	449. C	450. B
451. A	452. C	453. A	454. C	455. C	456. A	457. A	458. D	459. A	460. C
461. B	462. C	463. D	464. A	465. B	466. C	467. D	468. B	469. A	470. C
471. B	472. A								

二、判断题

1. ×	2. ×	3. √	4. ×	5. √	6. ×	7. √	8. √	9. √	10. ×
11. √	12. ×	13. ×	14. √	15. ×	16. √	17. √	18. √	19. ×	20. ×
21. ×	22. √	23. √	24. ×	25. √	26. ×	27. ×	28. ×	29. √	30. ×
31. ×	32. ×	33. √	34. ×	35. √	36. ×	37. √	38. ×	39. √	40. ×
41. √	42. √	43. ×	44. √	45. ×	46. √	47. ×	48. √	49. ×	50. √
51. √	52. ×	53. ×	54. ×	55. √	56. ×	57. ×	58. ×	59. √	60. √
61. √	62. ×	63. ×	64. √	65. √	66. √	67. √	68. √	69. √	70. √
71. √	72. ×	73. √	74. √	75. √	76. √	77. √	78. ×	79. √	80. √
81. √	82. √	83. ×	84. √	85. √	86. √	87. ×	88. √	89. √	90. √
91. ×	92. ×	93. ×	94. √	95. √	96. √	97. ×	98. ×	99. √	100. √
101. √	102. ×	103. ×	104. ×	105. √	106. √	107. √	108. √	109. ×	110. √
111. ×	112. √	113. √	114. √	115. √	116. ×	117. √	118. √	119. √	120. ×
121. √	122. √	123. ×	124. ×	125. √	126. √	127. √	128. √	129. √	130. √
131. √	132. √	133. √	134. ×	135. √	136. √	137. ×	138. ×	139. √	140. √
141. √	142. ×	143. √	144. √	145. √	146. √	147. √	148. √	149. √	150. √
151. √	152. √	153. ×	154. √	155. √	156. √	157. √	158. √	159. √	160. ×
161. √	162. ×	163. √	164. ×	165. √	166. √	167. √	168. √	169. √	170. √
171. ×	172. √	173. ×	174. √	175. √	176. √	177. √	178. √	179. √	180. ×
181. ×	182. √	183. √	184. √	185. √	186. √	187. ×	188. √	189. √	190. √
191. √	192. √	193. ×	194. √	195. ×	196. √	197. √	198. √	199. √	200. √
201. ×	202. √	203. √	204. ×	205. ×	206. ×	207. √	208. √	209. √	210. √
211. √	212. ×	213. ×	214. √	215. √	216. √	217. √	218. ×	219. √	220. √
221. √	222. ×	223. √	224. √	225. ×	226. √	227. ×	228. √	229. √	230. ×
231. √	232. ×	233. √	234. ×	235. ×					

高级工理论知识试题及答案

一、单项选择题(每题有4个选项,只有1个是正确的,将正确的选项号填入括号内)

1. AA001　钻井液的性能对测井施工的正常进行及(　　)有着重要的影响。
   A. 测井资料质量　　B. 测井仪器质量　　C. 测井事故　　D. 测井施工流程
2. AA001　钻井液的性能需要根据不同的(　　)来选取。
   A. 定向要求　　B. 录井特点　　C. 测井时效　　D. 地层特点
3. AA002　钻井液中,黏土颗粒分散在水中,黏土为(　　),水为分散介质。
   A. 分散相　　B. 液相　　C. 连续相　　D. 悬浮相
4. AA002　钻井液由分散相、(　　)和用于调节钻井液性能的钻井液处理剂组成。
   A. 固相　　B. 沥青　　C. 分散介质　　D. 泡沫
5. AA003　淡水钻井液通常是指18℃时钻井液电阻率大于(　　)的钻井液。
   A. $0.1\Omega \cdot m$　　B. $0.2\Omega \cdot m$　　C. $0.5\Omega \cdot m$　　D. $5\Omega \cdot m$
6. AA003　测井常根据钻井液电阻率的不同而将水基钻井液分为淡水钻井液系列和(　　)钻井液系列。
   A. 清水　　B. 咸水　　C. 混油　　D. 低阻
7. AA004　水基钻井液的主要组成是水、(　　)、加重剂和各种化学处理剂。
   A. 黏土　　B. 泡沫　　C. 原油　　D. 泥岩
8. AA004　常见的水基钻井液类型有淡水钻井液、盐水钻井液、(　　)钻井液、低固相钻井液、钙处理钻井液等。
   A. 酸性　　B. 碱性　　C. 饱和盐水　　D. 黏土
9. AA005　油基钻井液是一种以油为分散介质,以加重剂、各种化学处理剂及水等为(　　)的溶胶悬浮混合体系。
   A. 固相　　B. 分散相　　C. 溶解质　　D. 配重剂
10. AA005　油包水(反相乳化)钻井液是以柴油(或原油)为连续相,以(　　)为分散相分散在油中。
    A. 水　　B. 重晶石　　C. 沥青　　D. 处理剂
11. AA006　气体钻井液是以(　　)或天然气作为钻井循环流体的钻井液。
    A. 柴油　　B. 清水　　C. 乳化剂　　D. 空气
12. AA006　充气钻井液混入的(　　)越多,钻井液密度越低。
    A. 原油　　B. 气体　　C. 水　　D. 重晶石
13. AA007　钻井液在钻井过程中能够平衡岩石侧压力,并在井壁形成(　　),保持井壁稳定,防止地层坍塌。
    A. 保护膜　　B. 压缩层　　C. 滤饼　　D. 侵入带

14. AA007　钻井液在钻井过程中(　　)地层中的流体压力,防止井喷、井漏等井下复杂情况。
    A. 降低　　　　　B. 加大　　　　　C. 循环　　　　　D. 平衡

15. AA008　钻井液与油气层接触,为防止钻井液伤害油气层,要求钻井液的滤失量小、(　　)。
    A. 滤饼厚　　　　B. 滤饼薄　　　　C. 切力大　　　　D. 密度大

16. AA008　钻井循环对钻井液的要求是(　　),携砂能力强。
    A. 密度大　　　　B. 黏度高　　　　C. 黏度低　　　　D. 滤失量高

17. AA009　通过改变钻井液的(　　)可以改变钻井液液柱对井底和井壁产生的压力,以平衡地层压力。
    A. 切力　　　　　B. 密度　　　　　C. 黏度　　　　　D. 滤失量

18. AA009　单位体积钻井液的质量称为钻井液的(　　)。
    A. 密度　　　　　B. 比值　　　　　C. 切力　　　　　D. 滤失量

19. AA010　钻井液的黏度是钻井液流动时,固体颗粒之间、固体颗粒与液体分子之间以及液体分子之间(　　)的总反映。
    A. 渗入力　　　　B. 滑动能力　　　C. 移动能力　　　D. 内摩擦

20. AA010　钻井液的黏度代表了钻井液流动时的(　　)。
    A. 携砂能力　　　B. 通过能力　　　C. 黏滞程度　　　D. 流动距离

21. AA011　钻井液的切力表示了钻井液静止时(　　)的能力。
    A. 流动
    C. 失水
    B. 悬浮
    D. 防止岩屑下沉

22. AA011　钻井液静止 10s 所测切力为初切力,静止(　　)后所测的切力为终切力。
    A. 1min　　　　　B. 5min　　　　　C. 10min　　　　D. 15min

23. AA012　钻井液在滤失的同时,其中的黏土颗粒被阻挡沉积在井壁上形成一层固体颗粒的胶结物,称为(　　)。
    A. 钻井液　　　　B. 胶质层　　　　C. 渗透层　　　　D. 滤饼

24. AA012　在钻井液液柱压力和地层压力之间的压差作用下,钻井液中的水分从井壁的孔隙裂缝渗到地层,这种现象称为(　　)。
    A. 分异　　　　　B. 滤失　　　　　C. 压差电位　　　D. 滤失量

25. AA013　钻井液的含砂量是指钻井液中粒径大于(　　)的固相颗粒体积占单位钻井液体积的百分数。
    A. 50μm　　　　 B. 75μm　　　　 C. 100μm　　　　D. 500μm

26. AA013　钻井液中的固相可分为有用固相和(　　)固相。
    A. 有害　　　　　B. 稳定　　　　　C. 分散　　　　　D. 工程

27. AA014　一般钻井液的 pH 值应保持在(　　)以上。
    A. 3　　　　　　B. 5　　　　　　C. 6　　　　　　D. 8

28. AA014　钻井液的 pH 值即钻井液的(　　)。
    A. 密度值　　　　B. 含油量　　　　C. 酸碱值　　　　D. 孔隙值

29. AA015　钻井液的矿化度是指钻井液中所含(　　)的数量。
    A. 氯化物　　　　B. 氧化物　　　　C. 硫化氢　　　　D. 氢化物

30. AA015　钻井液矿化度的高低决定了钻井液的(　　)性能。
    A. 滤失　　　　　B. 流变　　　　　C. 盐侵　　　　　D. 导电

31. AA016　层流时,管壁处流速为零,(　　)处流速最大。
    A. 井底　　　　　B. 井壁　　　　　C. 井眼　　　　　D. 轴心

32. AA016　絮凝作用使钻井液的(　　)增大。
    A. 密度　　　　　B. 黏度　　　　　C. 滤失　　　　　D. 矿化度

33. AA017　钻井液侵入渗透性地层,置换原状地层的流体,形成侵入带和(　　)。
    A. 置换层　　　　B. 冲洗带　　　　C. 标志带　　　　D. 高阻带

34. AA017　在声波测井中,(　　)成为仪器发射信号和接收信号与地层之间的耦合剂。
    A. 井筒　　　　　B. 仪器外壳　　　C. 电缆　　　　　D. 钻井液

35. AA018　测井作业时,钻井液黏度通常不能大于(　　),以防电缆和仪器粘卡。
    A. 90s　　　　　 B. 70s　　　　　 C. 80s　　　　　 D. 60s

36. AA018　钻井液的电阻率应适中,一般为(　　)时有利于测井资料的解释。
    A. 0.01~1Ω·m　　B. 0.2~0.5Ω·m　 C. 1~5Ω·m　　　 D. 10~1000Ω·m

37. AB001　录井包括直接录井和(　　)录井2类。
    A. 测试　　　　　B. 工程　　　　　C. 间接　　　　　D. 核磁

38. AB001　直接录井包括可观察的地下岩心录井、(　　)录井、油气显示录井和地球化学录井。
    A. 钻井液　　　　B. 钻时　　　　　C. 测井　　　　　D. 岩屑

39. AB002　综合录井是综合利用所获取的信息进行钻井工程服务和(　　)评价的一项工作。
    A. 工程　　　　　B. 测井　　　　　C. 地质　　　　　D. 测试

40. AB002　综合录井技术包括实时录井、(　　)、处理、传输、评价服务及决策一体化系统。
    A. 测井　　　　　B. 钻井　　　　　C. 防喷　　　　　D. 监测

41. AB003　录井可以实时进行(　　)监测及其异常分析判断。
    A. 测井　　　　　B. 测试　　　　　C. 钻井　　　　　D. 固井

42. AB003　石油勘探中发现油气藏最及时、最直接的重要手段之一是(　　)。
    A. 采油技术　　　B. 录井技术　　　C. 固井技术　　　D. 物探技术

43. AB004　钻时是钻进(　　)地层所经历的时间。
    A. 一定厚度　　　B. 单层　　　　　C. 10m　　　　　 D. 单位长度

44. AB004　钻时曲线以(　　)为纵坐标,钻时为横坐标。
    A. 时间　　　　　B. 地层　　　　　C. 井深　　　　　D. 水平面

45. AB005　油气进入钻井液并向上流动,这种现象称为(　　)。
    A. 油气侵　　　　B. 井涌　　　　　C. 溢流　　　　　D. 油气上窜

46. AB005　单位时间内油气上窜的距离称为油气(　　)。
    A. 移动距离　　　B. 上窜速度　　　C. 溢出速度　　　D. 溢出长度

47. AB006　钻井中新钻岩屑从井底由钻井液带至井口所需要的时间称为岩屑（　　）。
    A. 上返时间　　　　B. 移动时间　　　　C. 迟到时间　　　　D. 早到时间

48. AB006　岩屑含油级别分为饱含油、含油、油浸、油斑、油迹、（　　）6种级别。
    A. 油砂　　　　　　B. 荧光　　　　　　C. 含气　　　　　　D. 不含油

49. AB007　荧光录井是应用石油的（　　）性质发展起来的一种录井方法。
    A. 化学　　　　　　B. 物理　　　　　　C. 力学　　　　　　D. 导电

50. AB007　石油本身或溶于有机溶剂中，在（　　）照射下有发光现象，称为荧光。
    A. 阳光　　　　　　B. 灯光　　　　　　C. 红外线　　　　　D. 紫外线

51. AB008　从确定取心位置到岩心出筒、岩心观察与描述、选送样品分析这一整套工作统称为（　　）。
    A. 井壁取心　　　　B. 地层测试　　　　C. 岩心设计　　　　D. 岩心录井

52. AB008　最直观、最可靠地反映地下地质特征的资料是（　　）。
    A. 岩屑　　　　　　B. 岩心　　　　　　C. 测井曲线　　　　D. 钻时曲线

53. AB009　井壁取心位置的确定主要根据岩心录井、（　　）以及测井资料来确定。
    A. 钻井资料　　　　B. 测试资料　　　　C. 岩屑录井　　　　D. 物探资料

54. AB009　确定井壁取心层位、井段，收集、整理、编录井壁取心实物，并利用井壁取心资料研究地层、岩性、储层物性、流体性质及其他矿产的全过程就是（　　）。
    A. 井壁取心测井　　　　　　　　　　B. 井壁取心录井
    C. 井壁取心测试　　　　　　　　　　D. 井壁取心设计

55. AB010　能够及时地发现油气层，并对井涌、井喷等工程事故进行预警的录井方法是（　　）。
    A. 岩屑录井　　　　B. 气测录井　　　　C. 荧光录井　　　　D. 岩心录井

56. AB010　通过对钻井液中天然气的组成成分和含量进行测量分析，以此来判断地层流体性质，间接地对储层进行评价的方法就是（　　）。
    A. 天然气分析　　　B. 天然气测井　　　C. 天然气测试　　　D. 气测录井

57. AB011　录井可以对井下地层流体作定性评价，具有（　　）、定性、实时的特点。
    A. 间接　　　　　　B. 定量　　　　　　C. 主观　　　　　　D. 直接

58. AB011　测井则是将仪器直接下入井内进行测量，具有定量、（　　）的特点。
    A. 间接　　　　　　B. 直接　　　　　　C. 主观　　　　　　D. 客观

59. BA001　选择摆放绞车或拖橇的位置应距离井口（　　），场地平整。
    A. 5~10m　　　　　B. 10~15m　　　　　C. 15~25m　　　　　D. 25~30m

60. BA001　深井或特殊情况摆放绞车时可适当增加距离，但最远不能超过（　　）。
    A. 20m　　　　　　B. 30m　　　　　　C. 50m　　　　　　D. 80m

61. BA002　测井拖橇由发电机组、橇体模块、（　　）模块组成。
    A. 电缆　　　　　　B. 发动机　　　　　C. 测井　　　　　　D. 功能

62. BA002　测井拖橇在海上平台固定摆放时，操作间前方距较低的地滑轮不应小于（　　）。
    A. 10m　　　　　　B. 15m　　　　　　C. 30m　　　　　　D. 50m

63. BA003　当从事超深井、复杂井测井或停车地面湿滑时,应采用(　　)或拖拉机在前方将绞车拉住加固。
    A. 管柱　　　　　　B. 地锚　　　　　　C. 值班房　　　　　　D. 掩木

64. BA003　测井绞车摆放完毕,井口、(　　)及绞车滚筒垂直中心线应在一条直线上。
    A. 滑轮　　　　　　B. 游车　　　　　　C. 气动绞车　　　　　D. 大绳滚筒中心线

65. BA004　拖橇摆放后必须进行(　　)。
    A. 维修　　　　　　B. 保养　　　　　　C. 固定　　　　　　　D. 移动

66. BA004　拖橇摆放位置附近不应有(　　)。
    A. 障碍物　　　　　B. 安全区　　　　　C. 测井设施　　　　　D. 井口用线

67. BA005　存储式测井只有钻机大钩处于(　　)状态,其上下移动时,测量深度才随着改变。
    A. 重载　　　　　　B. 轻载　　　　　　C. 坐卡　　　　　　　D. 非坐卡

68. BA005　存储式测井使用的钻机绞车传感器在滚筒转动产生角位移时,传感器输出一组相位差为(　　)的脉冲。
    A. 30°　　　　　　 B. 45°　　　　　　 C. 90°　　　　　　　D. 180°

69. BA006　电缆输送泵出存储式测井下井工具中,旁通短节的作用是(　　)。
    A. 防止泄压
    B. 加长钻具
    C. 输送和泵出仪器时,为电缆提供穿越钻杆内外的通道
    D. 保护仪器

70. BA006　钻杆输送泵出存储式测井上悬挂器的作用是悬挂仪器并提供(　　)通路。
    A. 钻井液循环　　　　　　　　　　　　B. 电缆运行
    C. 测量信号　　　　　　　　　　　　　D. 钻具运行

71. BA007　安装存储式测井的深度传感器时,需拆卸掉钻机滚筒侧面的(　　)。
    A. 护罩　　　　　　B. 轴承　　　　　　C. 滚筒轴　　　　　　D. 大绳

72. BA007　存储式测井的深度传感器安装在滚筒的(　　)上,并对固定螺母进行固定。
    A. 大绳　　　　　　B. 中心轴　　　　　C. 链条　　　　　　　D. 控制器

73. BA008　泵出存储式测井的压力传感器应安装在远离钻井泵的钻井液高压管线(　　)上。
    A. 横管　　　　　　B. 压力表　　　　　C. 接头　　　　　　　D. 立管盲孔

74. BA008　存储式测井的压力传感器必须在(　　)状态下,方可安装。
    A. 关泵　　　　　　B. 开泵　　　　　　C. 循环　　　　　　　D. 下钻

75. BA009　钩载传感器应安装在(　　)端的液压输出端上。
    A. 滚筒　　　　　　B. 立管　　　　　　C. 大绳　　　　　　　D. 死绳

76. BA009　安装钩载传感器前应将其管线部分注满(　　)。
    A. 钻井液　　　　　B. 清水　　　　　　C. 液压油　　　　　　D. 空气

77. BA010　悬挂器需用液压大钳以(　　)的工作压力将连接处打紧。
    A. 2MPa　　　　　 B. 5MPa　　　　　 C. 20MPa　　　　　　D. 50MPa

78. BA010 钻杆输送泵出存储式测井下井工具的有效容纳长度应比仪器落座后的有效长度长（   ）。
    A. 5~10m   B. 3~5m   C. 1~3m   D. 0.5~1.5m
79. BA011 欠平衡钻井是地层的流体(   )地进入井筒并且循环到地面上的钻井技术。
    A. 无控制   B. 有控制   C. 无序   D. 无量
80. BA011 欠平衡钻井时井底压力(   )地层压力。
    A. 小于   B. 等于   C. 大于   D. 不小于
81. BA012 欠平衡测井时,(   )可以是液体介质,也可以是气体介质。
    A. 控制液   B. 测井介质   C. 钻井液   D. 动力介质
82. BA012 欠平衡测井是指在井口有(   )的情况下所进行的测井作业。
    A. 井口设备   B. 压力差
    C. 欠平衡钻井设备   D. 滑轮
83. BA013 欠平衡测井井口装置主要用来保证在井眼(   )状态下实现下井仪器的换接、出入井和测井作业。
    A. 敞开   B. 平衡   C. 堵塞   D. 全密封
84. BA013 电缆防喷装置主要由法兰、电缆封井器、防落器、防喷管、(   )、电缆填料盒、注脂系统及相关辅助设备组成。
    A. 悬挂器   B. 快速接头   C. 电缆控制头   D. 保护套
85. BA014 电缆控制头用来在(   )周围建立一个密封空间,以防止井内流体从井口及防喷管串中溢出。
    A. 钻具   B. 仪器   C. 电缆   D. 滑轮
86. BA014 电缆封井器的作用是关闭和(   )静止的电缆。
    A. 密封   B. 保护   C. 加压   D. 泄压
87. BA015 安装电缆防喷装置时,要在电缆控制头上连接手动液压泵、可调节流阀和(   )。
    A. 法兰盘   B. 注脂泵   C. 封井器   D. 滑轮
88. BA015 电缆防喷装置安装完成后,开启注脂泵密封电缆控制头,通过(   )用气泵或压裂车向防喷管内注压进行压力试验。
    A. 旁通短节   B. 容纳管   C. 法兰盘   D. 封井器
89. BA016 欠平衡测井在确认仪器串全部进入防喷管后,应逐次关闭作业井的(   )、电缆封井器、注脂泵。
    A. 井口封井器   B. 钻井泵   C. 柴油机   D. 放喷管线
90. BA016 欠平衡测井拆卸仪器前应关闭电缆防喷器下阀门,打开(   )。
    A. 套管口   B. 注脂泵   C. 泄压阀   D. 法兰盘
91. BA017 欠平衡测井时,流管与电缆之间的间隙应在(   )范围内。
    A. 10~20mm   B. 1~2mm   C. 0.1~0.2mm   D. 0.2~0.4mm
92. BA017 欠平衡测井时防喷管串总长度应比仪器串长度长(   )。
    A. 0.1m   B. 0.5m   C. 1m   D. 5m

93. BB001　测井生产准备事关测井施工安全、测井施工(　　)以及测井时效。
　　A. 项目　　　　B. 质量　　　　C. 效益　　　　D. 人员

94. BB001　测井生产准备应做的工作包括(　　)。
　　A. 测井仪器研发　　　　　　B. 平整测井场地
　　C. 钻具检查　　　　　　　　D. 测井仪器配接检查

95. BB002　测井生产准备内容包括对(　　)进行检查与保养。
　　A. 钻井防喷器　　　　　　　B. 井控专用断线钳
　　C. 钻具　　　　　　　　　　D. 钻井动力系统

96. BB002　测井生产准备内容包括对绞车的(　　)进行检查保养,确保其状态完好。
　　A. 滚筒　　　　B. 发动机　　　C. 液压泵　　　D. 玻璃

97. BB003　检查井口滑轮时应检查(　　)螺栓有无松动。
　　A. 轴承　　　　B. 轮体　　　　C. 承吊轴　　　D. 承吊环

98. BB003　安装滑环时应检查滑环轴与绞车滚筒是否(　　)。
　　A. 连通　　　　B. 固定　　　　C. 绝缘　　　　D. 同心

99. BB004　电缆连接器线间绝缘阻值应大于(　　)。
　　A. 0.1MΩ　　　B. 5MΩ　　　　C. 50MΩ　　　　D. 200MΩ

100. BB004　电缆连接器的10号芯与外壳电阻值应小于(　　)。
　　A. 0.2Ω　　　 B. 2Ω　　　　　C. 50Ω　　　　 D. 5000Ω

101. BB005　电流流过电阻所产生的热能 Q 的计算公式为(　　)。
　　A. $Q=IR^2t$　　B. $Q=I^2Rt$　　C. $Q=0.24I^2Rt$　　D. $Q=0.24IR^2t$

102. BB005　测量额定电压500V以上线路或设备的绝缘电阻,应采用(　　)的兆欧表。
　　A. 110V　　　　B. 220V　　　　C. 500V　　　　D. 1000~2500V

103. BB006　为了防止短路引起的危害,最简单的方法是在电路中串接(　　)。
　　A. 电阻　　　　B. 电感　　　　C. 熔断丝　　　D. 电容

104. BB006　选用熔断丝时,熔断丝的额定电流一定要(　　)电路的最大工作电流。
　　A. 小于　　　　B. 等于　　　　C. 不大于　　　D. 大于

105. BB007　漏电保护器的保护开关打到"分"的位置时,其输入、输出对应端应呈(　　)状态。
　　A. 短路　　　　B. 开路　　　　C. 导通　　　　D. 自由

106. BB007　测井车的电源用线对车体外壳的绝缘电阻应大于(　　)。
　　A. 0.1MΩ　　　B. 10MΩ　　　 C. 50MΩ　　　　D. 500MΩ

107. BC001　光电编码器主要由(　　)、编码盘、接收电路和整形放大电路等单元组成。
　　A. 光源　　　　B. 晶体　　　　C. 压变电阻　　D. 信号源

108. BC001　马丁代克深度系统是由计数轮及与之相连的(　　)构成的深度码传送系统。
　　A. 压紧弹簧　　B. 导轮　　　　C. 光电编码器　D. 放大器

109. BC002　电缆磁记号是在深度标准井中,以一定的间隔(通常为25m或20m)在电缆上注磁来标记深度,并用已知深度的(　　)来进行校正。
　　A. 井架　　　　B. 米尺　　　　C. 电缆　　　　D. 套管接箍

110. BC002 测井深度处理单元根据( )计算深度和速度。
   A. 编码器脉冲幅度　　　　　　　B. 编码器脉冲频率
   C. 编码器脉冲数　　　　　　　　D. 滑轮转速

111. BC003 经标定的电缆,张力增加将导致电缆的总净拉伸量( )。
   A. 增加　　　B. 减少　　　C. 不变　　　D. 不确定

112. BC003 电缆的拉伸是电缆从滚筒到电缆头拉伸增量的( )。
   A. 叠加　　　B. 差　　　C. 微分　　　D. 积分

113. BC004 马丁代克深度测量系统测量精度的主要影响因素包括( )。
   A. 测井项目　　B. 电缆浮力　　C. 电缆绝缘　　D. 电缆运行姿态

114. BC004 影响磁记号系统深度测量精度的主要因素是( )的变化。
   A. 地层岩性　　B. 电缆张力　　C. 供电电流　　D. 电缆直径

115. BC005 测井深度模拟检测法是利用地面系统的( )连续输出的脉冲信号来模拟光电编码器的深度脉冲。
   A. 模拟源　　　B. 伽马脉冲　　C. 电源　　　　D. 马丁代克

116. BC005 某深度测量轮的周长是0.5m,转动深度测量轮10圈,深度系统显示的深度变化量应为( )。
   A. 0.5m　　　B. 1.5m　　　C. 1.59m　　　D. 5m

117. BC006 检查深度系统连接线通断时,必须( )。
   A. 加电　　　B. 断电　　　C. 拆卸编码器　　D. 移动电缆

118. BC006 深度处理系统工作是否正常,可用( )进行检测。
   A. 电压源　　B. 声波信号　　C. 井下脉冲源　　D. 模拟信号源

119. BC007 无电缆存储式测井由钻机绞车深度传感器和( )构成深度码传送系统。
   A. 钩载传感器　B. 压力传感器　C. 马丁代克　　D. 深度记号器

120. BC007 无电缆存储式测井深度系统由钻机绞车深度传感器、钩载传感器、深度处理单元以及( )和深度参数校正等部分组成。
   A. 压力传感器　B. 套管测量数据　C. 钻时数据　　D. 大钩状态逻辑判断

121. BC008 无电缆存储式测井通过计算绞车传感器输出的脉冲数以及( )的判别,就可得到起下钻具的长度。
   A. 立管压力　　B. 仪器工作状态　C. 仪器释放状态　D. 大钩状态

122. BC008 钻机滚筒中的大绳每放出一圈的长度和该圈( )有关。
   A. 大绳直径　　B. 所在层次　　C. 大钩负载　　D. 钻具深度

123. BC009 无电缆存储式测井深度标定就是建立实际测量的大钩移动距离与滚筒上( )的滚筒大绳移动时深度传感器输出脉冲数之间的关系。
   A. 不同直径　　B. 不同层数　　C. 不同重量　　D. 不同速度

124. BC009 无电缆存储式测井深度标定时,应读出滚筒钢丝绳到达层间拐点处的( )。
   A. 钢丝绳长度　B. 钻杆重量　　C. 钩载数据　　D. 游车高度

125. BC009 存储式测井深度标定时,应读出滚筒钢丝到达层间拐点处的( )。
   A. 钢丝绳长度　B. 钻杆重量　　C. 钩载数据　　D. 游车高度

126. BC010　张力测量信号通过(　　)送至张力处理单元进行相应的处理、记录和显示。
    A. 记号线　　　　B. 地面电极线　　C. 通信线　　　　D. 张力线
127. BC010　张力计通过测量(　　)的受力把电缆张力的大小转换为与其成正比的输出电位差的大小。
    A. 马丁代克　　　B. 滑轮　　　　　C. 钻具　　　　　D. 游车
128. BC011　测井张力系统的标定就是使张力计在张力校验台上承受(　　)，观测其张力测量值。
    A. 压力　　　　　B. 未知张力　　　C. 力矩　　　　　D. 标准张力
129. BC011　测井张力系统的刻度需要将张力计置于(　　)，使其承受已知的标准张力。
    A. 张力校验台　　B. 标准井　　　　C. 电缆端　　　　D. 钻台
130. BC012　张力校验台的拉力表测量误差应小于(　　)。
    A. 0.2%　　　　　B. 0.5%　　　　　C. 2%　　　　　　D. 5%
131. BC012　张力校验台的千斤顶在40kN条件下10min泄压应小于(　　)。
    A. 5%　　　　　　B. 0.5%　　　　　C. 0.2%　　　　　D. 0.1%
132. BC013　标定张力计时，给张力计施加40kN的力，张力显示值应与其基本一致，误差值应小于(　　)。
    A. 2%　　　　　　B. 5%　　　　　　C. 0.5%　　　　　D. 0.2%
133. BC013　标定张力计时，绞车面板的张力校正角度应设为(　　)。
    A. 0°　　　　　　B. 120°　　　　　C. 180°　　　　　D. 270°
134. BC014　进行张力系统刻度及校验时，不同系统校正角度120°等同于校正系数(　　)。
    A. 1　　　　　　　B. 1.4　　　　　　C. 1.7　　　　　　D. 2
135. BC014　张力系统刻度时，通过调整应使绞车面板与(　　)显示的测量张力一致。
    A. 张力短节　　　B. 刻度器　　　　C. 地面系统计算机　D. 万用表
136. BD001　安装电缆摆放绞车时，滚筒到滑轮的距离为滚筒宽度的(　　)就可以得到合适的绳夹角。
    A. 5倍　　　　　　B. 10倍　　　　　C. 25倍　　　　　D. 50倍
137. BD001　安装电缆时，第一层电缆的拉力应为拉断力的(　　)。
    A. 75%　　　　　　B. 50%　　　　　C. 20%　　　　　D. 10%~15%
138. BD002　调理电缆时，下放和上提时的张力比控制不应小于(　　)。
    A. 1∶1　　　　　B. 1∶2　　　　　C. 1∶3　　　　　D. 1∶1.25
139. BD002　电缆拉力增大时，电缆趋向拉伸，直径(　　)、旋转。
    A. 变细　　　　　B. 变粗　　　　　C. 不变　　　　　D. 随机变化
140. BD003　判断电缆断芯位置必须已知电缆(　　)。
    A. 总长　　　　　B. 电阻　　　　　C. 电容　　　　　D. 电感
141. BD003　电缆分布电容量与电缆的长度成(　　)关系。
    A. 反比　　　　　B. 正比　　　　　C. 对数　　　　　D. 指数
142. BD004　测井现场判断电缆绝缘破坏位置，万用表应放在(　　)测量挡位。
    A. 电压　　　　　B. 电流　　　　　C. 电阻　　　　　D. 电容

143. BD004　测井现场判断电缆绝缘破坏位置,万用表的2个表笔应接在(　　)。
    A. 电缆与缆皮两端　　　　　　　　B. 兆欧表两端
    C. 断芯电缆两端　　　　　　　　　D. 断芯电缆一端和非断芯电缆一端

144. BD005　叉接电缆是(　　)交叉相接后采用绝缘材料包裹密封。
    A. 导电缆芯　　　B. 铠装层　　　C. 外层钢丝　　　D. 内层钢丝

145. BD005　叉接电缆在保证电缆(　　)和整体性的同时,基本不会增加电缆的直径。
    A. 通断性　　　B. 变径性　　　C. 分散性　　　D. 绝缘性

146. BD006　叉接电缆时,内层钢丝每个接头距离不应小于(　　)螺距。
    A. 1个　　　B. 2个　　　C. 3个　　　D. 4个

147. BD006　叉接电缆时,外层钢丝接头距离按不小于(　　)螺距均匀地替出对应的每根钢丝。
    A. 8个　　　B. 6个　　　C. 4个　　　D. 2个

148. BD007　电缆单根钢丝绕包(　　)就可以自锁。
    A. 2圈　　　B. 5圈　　　C. 10圈　　　D. 16圈

149. BD007　随着(　　)的增大,接头强度相应增大。
    A. 电缆外径　　　B. 缆芯直径　　　C. 叉接长度　　　D. 电缆阻值

150. BD008　叉接电缆外层钢丝的每个接头间距应为(　　)。
    A. 100mm　　　B. 200mm　　　C. 400mm　　　D. 500mm

151. BD008　叉接的七芯电缆的抗拉强度不应小于原电缆的(　　)。
    A. 50%　　　B. 75%　　　C. 94%　　　D. 100%

152. BE001　绞车面板可完成深度、速度、张力以及(　　)的测量和显示。
    A. 差分张力　　　B. 地层参数　　　C. 遥测数据　　　D. 滚筒转速

153. BE001　绞车面板深度设置参数主要包括深度置零设置、实时任意深度设置、目标深度报警设置、(　　)报警深度设置。
    A. 刮泥器　　　B. 滑轮　　　C. 井口　　　D. 测量井段

154. BE002　触摸屏系统一般包括触摸屏控制器(卡)和(　　)装置2个部分。
    A. 触摸检测　　　B. 触摸显示　　　C. 触摸执行　　　D. 放大

155. BE002　触摸屏可分为电阻式触摸屏、(　　)式触摸屏、红外线式触摸屏和表面声波触摸屏。
    A. 电感　　　B. 电容　　　C. 电压　　　D. 介电

156. BE003　对测井发电机的巡回检查内容应包括机油尺、仪表、管线、冷却风轮及风罩、(　　)。
    A. 润滑油路　　　B. 固定螺栓　　　C. 燃油标号　　　D. 预热塞

157. BE003　对测井绞车滚筒的巡回检查应包括轴承、螺栓、(　　)、调整螺栓。
    A. 滚筒座　　　B. 滑环　　　C. 刹车带　　　D. 滚筒底

158. BE004　测井拖橇巡回检查内容应包括机油油面、(　　)、燃油箱、风扇及皮带、各部位螺栓。
    A. 张力测量电路　　　B. 冷却液　　　C. 井口滑轮　　　D. 记号器

159. BE004　对测井拖橇滚筒传动部分的巡回检查内容应包括链条护罩、滚筒定位螺栓、滚筒附件螺栓、（　　）、液压马达及管线等。
    A. 马丁代克　　　B. 链条　　　　　C. 盘缆器　　　　D. 发动机

160. BE005　测井绞车刹车带与制动毂间隙应保证为（　　）。
    A. 0.1mm　　　　B. 0.1~0.5mm　　C. 1~2mm　　　　D. 10~20mm

161. BE005　巡回检查测井绞车时，应检查链条的（　　）并按要求给予调整及润滑。
    A. 长度　　　　　B. 强度　　　　　C. 密封圈　　　　D. 松紧度

162. BF001　绞车传动系统通过（　　）带动变量液压泵、变量马达及辅助元件组成的液压传动系统。
    A. 链条　　　　　B. 取力器　　　　C. 传动轴　　　　D. 液压管线

163. BF001　测井绞车液压传动系统的主要元件包括液压泵、（　　）、控制阀、散热器、液压油箱及其他辅助元件。
    A. 液压马达　　　B. 滚筒　　　　　C. 排缆器　　　　D. 发电机

164. BF002　滚筒支座轴承每工作200h，应注入（　　）。
    A. 冷却液　　　　B. 滚珠　　　　　C. 柴油　　　　　D. 润滑脂

165. BF002　滚筒减速机齿轮油应（　　）月更换一次。
    A. 3个　　　　　B. 6个　　　　　C. 9个　　　　　D. 12个

166. BF003　液压传动是以液压油为工作介质进行能量转换、传递和（　　）的传动。
    A. 变换　　　　　B. 输入　　　　　C. 制造　　　　　D. 控制

167. BF003　液压传动的基本原理遵循（　　）定律。
    A. 牛顿　　　　　B. 库仑　　　　　C. 帕斯卡　　　　D. 胡克

168. BF004　测井绞车液压系统的执行元件是（　　）。
    A. 链条　　　　　B. 液压泵　　　　C. 控制阀　　　　D. 液压马达

169. BF004　测井绞车液压系统的动力源是（　　）。
    A. 液压泵　　　　B. 液压马达　　　C. 控制阀　　　　D. 发电机

170. BF005　排量是指泵每转一周，由密封容腔几何尺寸变化而得到的排出液体的（　　）。
    A. 体积　　　　　B. 重量　　　　　C. 面积　　　　　D. 数量

171. BF005　为液压系统提供具有一定压力、流量液压油的部件是（　　）。
    A. 液压马达　　　B. 液压泵　　　　C. 油箱　　　　　D. 取力器

172. BF006　液压马达工作压力的大小取决于马达的（　　）。
    A. 输入压力　　　B. 启动压力　　　C. 负载　　　　　D. 转速

173. BF006　液压马达是将液压能转换为旋转运动的（　　）的能量转换装置。
    A. 机械能　　　　B. 压力能　　　　C. 热能　　　　　D. 电能

174. BF007　压力控制阀按用途可分为（　　）、减压阀和顺序阀。
    A. 加压阀　　　　B. 速度阀　　　　C. 排量阀　　　　D. 溢流阀

175. BF007　方向控制阀用以控制液压系统中油流的方向，以改变执行元件的运动方向和（　　）。
    A. 动作顺序　　　B. 运动速度　　　C. 压力　　　　　D. 流量

176. BF008　绞车液压系统液压油面应在油标尺(　　)以上。
　　　A. "H"　　　　　B. 1/2　　　　　C. 1/4　　　　　D. 4/5

177. BF008　绞车液压油及滤清器每工作500h或(　　)月应进行更换,以先到者为限。
　　　A. 3个　　　　　B. 6个　　　　　C. 12个　　　　　D. 24个

178. BF009　更换液压油需转动滚筒时,必须固定好(　　)。
　　　A. 盘缆器　　　　B. 集流环　　　　C. 电缆　　　　　D. 马丁代克

179. BF009　测井绞车每工作(　　)应检查液压油的质量,防止液压油变质。
　　　A. 100h　　　　　B. 200h　　　　　C. 400h　　　　　D. 500h

180. BG001　发电机每工作(　　)应更换机油、机油滤清器。
　　　A. 200h　　　　　B. 300h　　　　　C. 400h　　　　　D. 500h

181. BG001　发电机电瓶液的液面高度应保持高于极板(　　)。
　　　A. 100mm　　　　B. 50mm　　　　　C. 30mm　　　　　D. 10mm

182. BG002　更换发电机机油时,应先打开(　　),将发电机内的机油排尽。
　　　A. 发电机　　　　B. 机油滤清器　　C. 空气滤清器　　D. 机油排放阀

183. BG002　检查发电机启动电路时,应调整离心开关接触间隙,检查进、排气门(　　)是否符合规定。
　　　A. 压力　　　　　B. 间隙　　　　　C. 开关　　　　　D. 数量

184. BG003　在启动和关闭发电机前,应关闭地面系统(　　)。
　　　A. 供电开关　　　B. 舱门　　　　　C. 消防器材　　　D. 绞车面板

185. BG003　发电机在加注燃油时,应先将发电机熄火,确认发动机和(　　)都已冷却后再加注燃油。
　　　A. 燃油　　　　　B. 油管　　　　　C. 消声器　　　　D. 绞车

186. BH001　电缆快速接头把电缆末端的铠装钢丝用锥筐、(　　)固定在一个鱼雷形外壳里。
　　　A. 焊点　　　　　B. 锥体　　　　　C. 钢丝　　　　　D. 钢片

187. BH001　电缆快速接头的绝缘性能由电缆头内腔充满的(　　)来保证。
　　　A. 绝缘垫　　　　　　　　　　　　　B. 高压胶
　　　C. 硅脂或液压油　　　　　　　　　　D. 塑料胶布

188. BH002　电缆快速接头的引线对地绝缘电阻应大于(　　)。
　　　A. 20MΩ　　　　B. 50MΩ　　　　　C. 200MΩ　　　　D. 500MΩ

189. BH002　电缆快速接头的引线接触电阻应小于(　　)。
　　　A. 10Ω　　　　　B. 0.5Ω　　　　　C. 0.2Ω　　　　　D. 0.02Ω

190. BH003　电缆连接器的抗拉强度应由设置拉力弱点的(　　)所决定。
　　　A. 电缆　　　　　B. 拉力棒　　　　C. 钢丝绳　　　　D. 电极环

191. BH003　电缆连接器是连接电缆头和(　　)的中间过渡部件。
　　　A. 测井仪器　　　B. 集流环　　　　C. 张力计　　　　D. 马丁代克

192. BH004　电缆连接器的通断电阻应小于(　　)。
　　　A. 0.1Ω　　　　　B. 0.5Ω　　　　　C. 5Ω　　　　　　D. 50Ω

193. BH004　电缆连接器的承压应大于(　　)。
　　　A. 50MPa　　　　B. 90MPa　　　　C. 140MPa　　　D. 200MPa
194. BH005　制作七芯电缆头时,应使(　　)进入外层钢丝与内层钢丝之间。
　　　A. 锥形篮　　　B. 锥筐　　　　　C. 锥套　　　　D. 冲子
195. BH005　电缆快速接头的锥套上沿高出锥形篮平面不应超过(　　)。
　　　A. 10mm　　　　B. 5mm　　　　　C. 3mm　　　　 D. 2mm
196. BH006　制作单芯电缆头时应先把打捞帽和(　　)套在 8mm 电缆上。
　　　A. 锥筐体　　　B. 加强弹簧　　　C. 锥套　　　　D. 拉力棒
197. BH006　制作单芯电缆头时,剪断的外层钢丝最短处距锥体面应为(　　)。
　　　A. 2mm　　　　B. 3mm　　　　　C. 5mm　　　　 D. 10mm
198. BH007　电缆连接器的拉力棒外一定要安装(　　)装置。
　　　A. 抗拉　　　　B. 防转　　　　　C. 抗压　　　　D. 绝缘
199. BH007　电缆连接器使用的鱼雷壳及锥筐上应有(　　)孔。
　　　A. 泄流　　　　B. 泄压　　　　　C. 错位　　　　D. 定位
200. BH008　组装快速鱼雷马笼头时,应用万用表、兆欧表检查(　　)的通断、绝缘。
　　　A. 密封瓷柱　　B. 拉力棒　　　　C. 锥套　　　　D. 28 芯插头
201. BH008　组装快速鱼雷马笼头时,需将八芯、九芯的瓷柱孔用带(　　)的瓷柱安装在
　　　　　　上面。
　　　A. 塑料胶　　　B. 密封圈　　　　C. 热缩管　　　D. 垫片
202. BH009　测井电极系连接在(　　)和其他测井仪器之间,也能实现电缆连接器的功能。
　　　A. 地面系统　　B. 马笼头　　　　C. 电缆　　　　D. 钻具
203. BH009　测井电极系由快速接头、专用拉力线以及在其上制作的(　　)和马笼头组成。
　　　A. 线圈　　　　B. 电极环　　　　C. 承拉环　　　D. 温控器
204. BH010　制作测井电极系时,应使电极环的(　　)处于用尺子确定的电极环位置。
　　　A. 中心　　　　B. 左侧　　　　　C. 右侧　　　　D. 整体
205. BH010　测井电极系橡皮电缆的拉力线(钢丝芯)与马笼头壳体(　　)。
　　　A. 连通　　　　B. 软连　　　　　C. 绝缘　　　　D. 接触电阻小
206. BH011　侧向加长电极上的电极环可用于测量(　　)。
　　　A. 井温　　　　B. 地层电导率　　C. 介电常数　　D. 自然电位
207. BH011　理论上侧向加长电极的长度应在(　　)以上。
　　　A. 26m　　　　 B. 15m　　　　　 C. 9m　　　　　D. 4.5m
208. BH012　新制作的马笼头应进行(　　)的拉力试验,检查锥体及钢丝的受拉力情况。
　　　A. 0.1~0.5tf　　B. 0.5~0.8tf　　　C. 1~1.5tf　　　D. 5~8tf
209. BH012　电极系马笼头上 A 环(供电环)到其回路电极的距离应大于(　　)的最大电
　　　　　　极距。
　　　A. 1 倍　　　　B. 1.414 倍　　　　C. 3 倍　　　　D. 5 倍
210. BI001　测井中使用的辐射源要具有较长的(　　)。
　　　A. 尺寸　　　　B. 直径　　　　　C. 屏蔽层　　　D. 半衰期

211. BI001　下井用的辐射源必须考虑在高温高压环境下保持优良的（　　）性能。
　　A. 防护　　　　B. 密封　　　　C. 辐射　　　　D. 防静电

212. BI002　放射源在测量超深井后应用擦拭法进行（　　）检验,以确保放射源的安全使用。
　　A. 源强　　　　B. 耐温　　　　C. 耐压　　　　D. 泄漏

213. BI002　常用的放射源表面沾污和泄漏的检验方法有（　　）和浸泡法。
　　A. 湿式擦拭法　　　　　　　　B. 清洗法
　　C. 放射性活度测试法　　　　　D. 自然伽马测试法

214. BI003　镅—铍（Am-Be）中子源是用 AmO_2 和金属（　　）尽量均匀混合后压制包装密封制成的。
　　A. 铍粉　　　　B. 铯粉　　　　C. 钠粉　　　　D. 镭粉

215. BI003　为保证安全,中子源使用一定的时间后要更换（　　）。
　　A. 包壳　　　　B. 密封圈　　　C. 源体　　　　D. 内包壳

216. BI004　密度测井主要使用（　　）源。
　　A. 镅—铍　　　B. ^{60}钴　　　C. ^{137}铯　　　D. 镭

217. BI004　铯（^{137}Cs）源放出伽马射线的能量为（　　）。
　　A. 662keV　　　B. 547keV　　　C. 354keV　　　D. 255keV

218. BI005　2Ci^{137}Cs 伽马源金属壳体的端口内装有带（　　）的金属塞。
　　A. 绝缘体　　　B. 屏蔽体　　　C. 密封圈　　　D. 活化物

219. BI005　2Ci^{137}Cs 伽马源密封装于（　　）壳体内。
　　A. 石蜡　　　　B. 金属　　　　C. 绝缘　　　　D. 屏蔽

220. BI006　放射源维修人员必须了解放射源的（　　）。
　　A. 测井原理　　B. 制造流程　　C. 制造成本　　D. 维修保养方法

221. BI006　操作人员不但要非常熟悉放射性防护规程,而且要了解放射源的（　　）。
　　A. 化学性能　　B. 核裂变机理　C. 机械结构　　D. 价格

222. BI007　维护保养中子源时,应检查源体机械结构是否锈蚀、变形,（　　）是否松动。
　　A. 源头螺纹　　B. 内层包壳　　C. 屏蔽体　　　D. 源体粉末

223. BI007　更换中子源盒时,应用活动扳手夹住源头并（　　）旋转,将源头卸下。
　　A. 顺时针　　　B. 逆时针　　　C. 向前　　　　D. 前后

224. BI008　维护保养中子伽马测井源时,应将中子伽马源源头固定在台虎钳上,用一字螺丝刀（　　）紧固底座螺栓。
　　A. 向上　　　　B. 逆时针　　　C. 顺时针　　　D. 反向

225. BI008　维护保养中子伽马测井源时,应检查源头紧固螺栓与（　　）连接部位是否松动。
　　A. 源体　　　　B. 源座　　　　C. 屏蔽物　　　D. 源粉末

226. BI009　更换密度测井源的源盒时,应用平口螺丝刀逆时针旋转松开（　　）,从源盒中取出裸源及屏蔽块。
　　A. 源体内包壳　B. 屏蔽块　　　C. 源座　　　　D. 密封螺栓

227. BI009 维修保养密度测井源时应用平口螺丝刀( )旋转拧紧密封螺栓。
 A. 向上　　　　　B. 逆时针　　　　C. 顺时针　　　　D. 反向

228. BI010 同位素释放器由机械部分和( )2部分组成。
 A. 极板　　　　　B. 线圈　　　　　C. PCM　　　　　D. 线路

229. BI010 同位素释放器采取( )的结构,利用点火产生气体压力压缩活塞位移达到释放同位素的目的。
 A. 内外气塞压力平衡　　　　　B. 上气塞压力平衡
 C. 上下气塞压力平衡　　　　　D. 下气塞压力平衡

230. BI010 胶囊同位素电动释放器电动驱动短节在地面检查或井下释放操作时,需要供45~55V 的直流负电,原因是电动驱动短节内设计有( )部件。
 A. 可变电容　　　B. 二极管　　　　C. 三极管　　　　D. 微型芯片

231. BI011 释放器推放杆活塞密封圈每使用( )井次应强制更换。
 A. 1　　　　　　B. 10　　　　　　C. 20　　　　　　D. 100

232. BI011 保养同位素释放器时,应从窗口注入热水清洗同位素储藏舱,冲洗干净后,用( )检测。
 A. 万用表　　　　B. 兆欧表　　　　C. 同位素　　　　D. 放射性报警仪

233. BI011 地面检查电动驱动短节时,当地面箱体供45V 直流正电压时,电机带动旋转接头正常转动,说明( )损坏,需要更换。
 A. 驱动电机　　　　　　　　　　B. 密封圈
 C. 地面供电系统　　　　　　　　D. 驱动短节二极管

234. BJ001 刻度装置是指用于刻度测井仪器的,具有已知准确而稳定的( )的标准物质、装置或物理模型。
 A. 电压值　　　　B. 量值　　　　　C. 脉冲数　　　　D. 能谱

235. BJ001 测井刻度是建立( )与其对应的地质参数之间的转换关系。
 A. 测量值　　　　B. 工程值　　　　C. 地质量　　　　D. 理论值

236. BJ002 岩性密度的刻度周期应为( )月。
 A. 1个　　　　　B. 3个　　　　　C. 6个　　　　　D. 9个

237. BJ002 井下仪器停用( )月以上重新启用时,应对停用超期的井下仪器重新刻度。
 A. 2个　　　　　B. 1个　　　　　C. 3个　　　　　D. 6个

238. BJ003 补偿中子主刻度器由刻度器主体和( )组成。
 A. 减速棒　　　　B. 屏蔽棒　　　　C. 冰块　　　　　D. 中子源

239. BJ003 补偿中子刻度装置包括( )和现场刻度器。
 A. 冰块　　　　　B. 子母源　　　　C. 主刻度器　　　D. 刻度块

240. BJ004 密度主刻度器一般使用( )作为低密度模块。
 A. 铝块　　　　　B. 镁块　　　　　C. 钢块　　　　　D. 铜块

241. BJ004 密度主刻度器是由带有( )装置的高密度标准模块和低密度标准模块以及轻、重钻井液滤饼模拟片组成的。
 A. 辐射　　　　　B. 加温　　　　　C. 防辐射　　　　D. 压紧

242. BJ005　刻度补偿中子仪器时,应将规定规格和数目的(　　)插入刻度筒中心管与仪器之间的空隙中。
　　A. 冰块　　　　　B. 减速棒　　　　C. 镁片　　　　　D. 放射源

243. BJ005　刻度补偿中子仪器时,应保证刻度器周围(　　)范围内无其他物体。
　　A. 1m　　　　　B. 2m　　　　　　C. 3m　　　　　　D. 10m

244. BJ006　刻度密度仪器时,应确保(　　)与铝块、镁块接触良好。
　　A. 仪器主体　　B. 仪器头部　　　C. 放射源　　　　D. 仪器滑板

245. BJ006　刻度密度仪器时,铝块中需要插入(　　)。
　　A. 钢片　　　　B. 镁片　　　　　C. 铝片　　　　　D. 瓦片

246. BJ007　刻度岩性密度仪器时,仪器应加电预热(　　),然后进行谱数据的调整与采集。
　　A. 5min　　　　B. 10min　　　　 C. 30min　　　　 D. 90min

247. BJ007　刻度岩性密度仪器时,应先把(　　)刻度块放置在滑板规定位置。
　　A. 镁　　　　　B. 铝　　　　　　C. 减速　　　　　D. 锔

248. BJ008　测井仪器的测量精度很大程度上取决于(　　)的精度。
　　A. 地层物理参数　B. 刻度器　　　　C. 测前校验　　　D. 测后校验

249. BJ008　统一计量器具量值的重要手段是(　　)。
　　A. 刻度　　　　B. 度量衡　　　　C. 统一单位　　　D. 量值传递

250. BJ009　对自然伽马刻度器进行量值传递就是对其进行(　　)以及定期对其标称值进行校验标定。
　　A. 精准赋值　　B. 调整　　　　　C. 测量　　　　　D. 修正

251. BJ009　自然伽马刻度器的量值传递需要通过(　　)对自然伽马标准仪器进行刻度,然后利用标准仪器对自然伽马刻度器进行检测。
　　A. 瓦片　　　　B. 冰块　　　　　C. 自然伽马标准井　D. 刻度布

252. BJ010　标定自然伽马刻度器在测量本底和自然伽马刻度器的计数率时,标准仪器距离地面应大于(　　)。
　　A. 0.2m　　　　B. 0.5m　　　　　C. 1m　　　　　　D. 3m

253. BJ010　自然伽马量值传递时,(　　)范围以内应无其他放射源。
　　A. 5m　　　　　B. 10m　　　　　 C. 20m　　　　　 D. 30m

254. BK001　声波在不同介质中传播时,声波(　　)、幅度的衰减、频率的变化等声学特性是不同的。
　　A. 发射周期　　B. 传播速度　　　C. 传播频谱　　　D. 能耗

255. BK001　地层声波速度与地层的岩性、(　　)及孔隙流体性质等因素有关。
　　A. 介电特性　　B. 电性　　　　　C. 能谱特性　　　D. 孔隙度

256. BK002　传播方向与质点的振动方向一致的声波称为(　　)。
　　A. 纵波　　　　B. 横波　　　　　C. 首波　　　　　D. 直达波

257. BK002　传播方向和质点的振动方向垂直的声波称为(　　)。
　　A. 纵波　　　　B. 横波　　　　　C. 首波　　　　　D. 流体波

258. BK003　补偿声波测井仪由电子线路和(　　)2部分构成。
   A. 电极　　　　B. 声系　　　　C. 线圈系　　　　D. 碘化钠晶体
259. BK003　发射探头到相邻近的接收探头之间的距离称为(　　)。
   A. 探头距　　　B. 发射距　　　C. 间距　　　　　D. 源距
260. BK004　声波速度测井所记录的是(　　)随深度变化的曲线。
   A. 声波首波幅度　　　　　　　B. 声波的相位变化
   C. 声波首波到达的时间　　　　D. 声波通过1m地层所需的时间
261. BK004　声波测井仪器就是测量地层(　　)的测井仪器。
   A. 声波纵波传播速度　　　　　B. 声波衰减幅度
   C. 声波全波列　　　　　　　　D. 声波反射速度
262. BK005　声波时差曲线可以用来估算地层的(　　)。
   A. 电阻率　　　B. 含油气饱和度　C. 流体密度　　D. 压力
263. BK005　当地层的岩性已知时,声波的传播时间主要取决于(　　)。
   A. 地层流体密度　B. 地层孔隙度　C. 地层压力　　D. 地层流体成分
264. BK006　声波测井仪器加装扶正器应避开(　　)位置。
   A. 中间　　　　B. 探头　　　　C. 端部　　　　　D. 线路
265. BK006　连接声波测井仪器前,应检查(　　)有无漏油现象。
   A. 声波线路　　B. 声波插头　　C. 声系皮囊　　　D. 声波插座
266. BK007　γ射线的穿透能力(　　)。
   A. 比α射线弱　　　　　　　　B. 比β射线弱
   C. 比β射线、α射线强得多　　D. 很弱
267. BK007　γ射线(　　),它是一种波长极短的电磁波,具有波粒二相性。
   A. 带正电　　　B. 带负电　　　C. 不带电　　　　D. 带反电子
268. BK008　低能慢中子按能量可分为超热中子、热中子和冷中子,其中热中子的能量为(　　)。
   A. 大于500keV　B. 100~500keV　C. 0.1~100eV　　D. 0.025eV左右
269. BK008　中子最强的减速剂是(　　)元素,这是普通中子测井的基础。
   A. 碳　　　　　B. 氧　　　　　C. 氢　　　　　　D. 铁
270. BK009　康普顿效应就是较高能量的伽马射线与原子核外电子相碰撞时,将部分能量转移给(　　)使其射出,而光子本身能量降低并改变运行方向成为散射光子。
   A. 电子　　　　B. 中子　　　　C. 原子　　　　　D. 质子
271. BK009　光电效应就是低能伽马射线与原子核外的电子相碰撞时,使电子从原子中射出成为(　　)。
   A. 中子　　　　B. β射线　　　C. 光电子　　　　D. 伽马射线
272. BK010　能谱测井中,常用(　　)的伽马射线来识别钾。
   A. 5.38MeV　　B. 2.64MeV　　C. 1.76MeV　　　D. 1.64MeV
273. BK010　能谱测井中,常用(　　)的伽马射线来识别铀。
   A. 0.662MeV　　B. 1.46MeV　　C. 1.76MeV　　　D. 2.64MeV

274. BK011 自然伽马能谱测井将不同能量的射线脉冲形成( )谱数据,分别送入5个计数器分别计数。
    A. 25道　　　　　B. 64道　　　　　C. 128道　　　　D. 256道
275. BK011 自然伽马能谱测井仪器的探测器由( )和光电倍增管组成。
    A. 压电陶瓷　　　B. 能谱分析仪　　C. 晶体　　　　　D. 电极
276. BK012 利用自然伽马能谱测井资料可以研究地层特性,计算地层( )。
    A. 含油饱和度　　B. 泥质含量　　　C. 油气储量　　　D. 孔隙度
277. BK012 自然伽马能谱测井资料可以用来评价( )。
    A. 生油层　　　　B. 渗透率　　　　C. 孔隙度　　　　D. 含油饱和度
278. BK013 补偿中子仪器的长、短源距探测器探测的是( )。
    A. 超热中子　　　B. 热中子　　　　C. 重能中子　　　D. 快中子
279. BK013 在含氢量高的地层进行补偿中子测井时,长源距探测器附近热中子的密度( )短源距探测器附近热中子的密度。
    A. 小于　　　　　B. 大于　　　　　C. 等于　　　　　D. 远大于
280. BK014 补偿中子测井仪器主要由( )、前置放大器、中子信号处理器、电缆驱动器和电源组成。
    A. 闪烁晶体　　　B. 推靠器　　　　C. 探测器　　　　D. 光电倍增管
281. BK014 补偿中子测井仪器内有( )探测器。
    A. 1个　　　　　 B. 2个　　　　　 C. 3个　　　　　 D. 4个
282. BK015 补偿中子测井曲线对天然气( )。
    A. 有一定响应　　B. 没有响应　　　C. 响应不敏感　　D. 有较强响应
283. BK015 补偿中子测井曲线主要用来判断岩性和求取地层的( )。
    A. 电阻率　　　　　　　　　　　　 B. 孔隙度
    C. 渗透率　　　　　　　　　　　　 D. 含油气饱和度
284. BK016 补偿密度测井仪器利用2个探测器测量到的散射( )强度,可求取地层密度。
    A. 中子射线　　　B. 自然伽马射线　C. 伽马射线　　　D. 电子流射线
285. BK016 密度测井仪器的探测器所测量的伽马射线强度随岩石体积密度的升高而( )。
    A. 升高　　　　　B. 降低　　　　　C. 不变　　　　　D. 无规律变化
286. BK017 岩性密度测井测量的( )部分伽马射线主要与岩性有关,同时也与密度有关,经过处理后可以得到光电吸收截面指数。
    A. 高能量　　　　B. 中等能量　　　C. 低能量　　　　D. 无能量
287. BK017 岩性密度测井测量的光电吸收截面指数与地层的( )有关。
    A. 孔隙度　　　　B. 饱和度　　　　C. 渗透率　　　　D. 岩性
288. BK018 补偿密度测井仪器的探测器安放在( )内。
    A. 仪器上部电子线路　　　　　　　 B. 仪器滑板
    C. 源室　　　　　　　　　　　　　 D. 推靠马达

289. BK018 补偿密度测井仪器的源室在( )。
    A. 测量滑板的上部　　　　　　　B. 测量滑板的下部
    C. 上部支架总成内　　　　　　　D. 下部机械总成内

290. BK019 补偿密度测井仪器的探测器通常由封在( )屏蔽体内的闪烁晶体和光电倍增管组成。
    A. 铝　　　　B. 不锈钢　　　C. 铜　　　　D. 钨

291. BK019 进行补偿密度测井时,探测器探测到的散射伽马射线的计数率与地层的电子密度成( )。
    A. 三角函数关系　B. 反比关系　　C. 正比关系　　D. 指数关系

292. BK020 补偿密度测井可测得密度曲线、密度校正曲线及( )曲线。
    A. 中子孔隙度　　B. 渗透率　　　C. 井径　　　　D. 井斜

293. BK020 补偿密度测井曲线可用来求取地层的( )。
    A. 电阻率　　　　B. 渗透率　　　C. 含油饱和度　D. 孔隙度

294. BK021 岩性密度测井可提供地层密度曲线、地层密度校正曲线、井径曲线和( )曲线。
    A. 岩心剖面　　　　　　　　　　B. 无轴伽马
    C. 钍、铀、钾含量　　　　　　　D. 光电截面吸收指数

295. BK021 岩性密度测井仪器由电子线路、( )、推靠系统组成。
    A. 测量极板　　B. 仪器探头　　C. 压电陶瓷　　D. 接收天线

296. BK022 伽马仪器校验时,其他放射源应远离仪器( )以上。
    A. 3m　　　　　B. 5m　　　　　C. 10m　　　　D. 50m

297. BK022 进行装卸源操作时,仪器必须( )以防止探头被活化,同时无关人员应远离。
    A. 断电　　　　B. 加电　　　　C. 组合连接　　D. 带磁

298. BK023 能在水平及大斜度套管井内输送测井仪器到目的层的工具是( )。
    A. 湿接头　　　B. 钻井泵　　　C. 牵引器　　　D. 电缆

299. BK023 爬行器能利用自身的( )装置将测井仪器输送到目标井段。
    A. 滑动　　　　B. 重力　　　　C. 流体　　　　D. 动力

300. BK024 爬行器的井下单元由张力短节、扶正器短节、电子线路、推靠短节、( )短节、补偿短节等组成。
    A. 偏心　　　　B. 旋转　　　　C. 驱动　　　　D. 绝缘

301. BK024 爬行器推靠短节的作用是为仪器的支臂提供液压动力,使( )紧贴套管内壁。
    A. 驱动轮　　　B. 测井仪器　　C. 扶正短节　　D. 补偿短节

302. BK025 爬行器各驱动轮每爬行( )左右,需进行一次全面保养。
    A. 500m　　　　B. 1000m　　　C. 2000m　　　D. 4000m

303. BK025 通过爬行器的( )短节,可以了解井下爬行器的运行情况。
    A. 推靠　　　　B. 扶正　　　　C. 驱动　　　　D. 张力磁定位

304. BK026 爬行器的爬行速度应选择为(　　)。
    A. 1~2m/min   B. 4~6m/min
    C. 8~10m/min   D. 10~30m/min

305. BK026 使用爬行器输送时,测井仪器最上端应连接带转换接头的(　　),以便与爬行器下端相连。
    A. 驱动器   B. 旋转短节   C. 扶正器   D. 偏心短节

306. BL001 井壁取心主要有2种:撞击式井壁取心和(　　)井壁取心。
    A. 火药式   B. 电缆输送式   C. 油管输送式   D. 钻进式

307. BL001 井壁取心时用(　　)将取心器送到井下确定位置。
    A. 取芯车   B. 电缆   C. 油管   D. 钻具

308. BL002 井壁取心时,需测量(　　)或电阻率进行定位。
    A. 自然伽马   B. 声波曲线   C. 能谱   D. 成像

309. BL002 岩心筒打入地层,通过(　　)活动电缆,就可取出该地层位置的岩心。
    A. 取芯器   B. 绞车   C. 驱动器   D. 推靠器

310. BL003 撞击式井壁取心器孔穴中心有(　　)。
    A. 放大器   B. 传感器   C. 钻头   D. 点火触点

311. BL003 撞击式井壁取心器由(　　)产生的推力把岩心筒射入井壁中。
    A. 火药爆炸   B. 推靠器   C. 马达   D. 钻头

312. BL004 撞击式取心器通过(　　)可以保证一次下井,取得不同层位的多颗岩心。
    A. 选发器   B. 扶正器   C. 驱动器   D. 点火螺栓

313. BL004 把地面提供的点火电压分别接到撞击式取心器中不同的取心药盒的部件是(　　)。
    A. 控制器   B. 岩芯筒   C. 选发器   D. 点火螺丝

314. BL005 取心器的钢丝绳起连接(　　)和枪体的作用。
    A. 药包   B. 点火头   C. 扶正器   D. 岩心筒

315. BL005 岩心筒分为两部分,上部为岩心筒,下部为(　　)。
    A. 点火螺栓   B. 筒座   C. 药包   D. 钢丝绳

316. BL006 取心药盒由火药、(　　)、外壳等组成。
    A. 雷管   B. 点火头   C. 引火丝   D. 电阻

317. BL006 井壁取心所用高温药盒的耐温一般为(　　)。
    A. 230~300℃   B. 180~200℃
    C. 300~500℃   D. 100~160℃

318. BL007 取心器选发器地线与枪体的阻值应小于(　　)。
    A. 20Ω   B. 5Ω   C. 0.5Ω   D. 0.1Ω

319. BL007 取心器点火触点对外壳绝缘电阻应大于(　　)。
    A. 0.1MΩ   B. 1MΩ   C. 50MΩ   D. 500MΩ

320. BL008 选发器检查后应置于(　　)位置。
    A. 空挡   B. 乱挡   C. 三十六挡   D. 一挡

321. BL008 检查保养井壁取心选发器时,应检查( )与地线之间的电阻是否符合技术指标要求。
    A. 取心器本体　　B. 钢丝绳　　　C. 点火线　　　D. 岩心筒

322. BL009 选择取心药包药量的依据是地层井深和( )。
    A. 井径　　　　　B. 岩性　　　　C. 钢丝绳长度　D. 岩心筒直径

323. BL009 井壁取心时,要根据( )、井斜,选择所要加装的扶正器的规格和数量。
    A. 钢丝绳长度　　B. 药包药量　　C. 岩心筒直径　D. 井眼大小

324. BL010 撞击式井壁取心所取岩心直径不应小于所用岩心筒内径的( )。
    A. 100%　　　　　B. 85%　　　　　C. 50%　　　　　D. 30%

325. BL010 撞击式井壁取心所取岩心长度不应小于所用岩心筒长度的( )。
    A. 100%　　　　　B. 85%　　　　　C. 75%　　　　　D. 50%

326. BL011 装配取心器时,对岩心筒进行清洁后应套好( )。
    A. 护套　　　　　B. 钢丝绳　　　C. 密封圈　　　D. 药包

327. BL011 装配取心器时,应注意清洁岩心筒上的( ),防止给所取岩心造成假象。
    A. 灰尘　　　　　B. 固定螺栓　　C. 放气螺栓　　D. 油脂

328. BL012 从取心器中取出岩心筒,应确保取心深度、( )位置与岩心筒编号三者相符。
    A. 跟踪曲线　　　B. 换挡　　　　C. 遇卡　　　　D. 点火

329. BL012 连接取心器时,应将装配完毕的井壁取心器抬放到井场猫路仪器架子上,使( )朝下。
    A. 岩心筒　　　　B. 扶正器　　　C. 选发器　　　D. 密封圈

330. BL013 井壁取心器的主体径向弯曲位移应小于( )。
    A. 16mm　　　　　B. 25mm　　　　C. 32mm　　　　D. 50mm

331. BL013 维护取心器时,应将使用后的各密封部位密封圈全部予以更换并涂上( )。
    A. 液压油　　　　B. 柴油　　　　C. 机油　　　　D. 密封脂

332. BL014 钻进式井壁取心器所取岩心能保持地层原始产状,能直观反映储层的物性和( )。
    A. 渗透性　　　　B. 地层压力　　C. 含油性　　　D. 构造

333. BL014 钻进式井壁取心器是根据( )定位校深后,对准井壁钻取岩心的一种仪器。
    A. 自然伽马　　　B. 视电阻率　　C. 自然电位　　D. 自然伽马能谱

334. BL015 钻进式井壁取心器的遥测通信模块主要实现了井下仪器与( )通信。
    A. 地面系统　　　B. 取心钻头　　C. 液压系统　　D. 钻井系统

335. BL015 钻进式井壁取心器的电机控制单元包括电机功率驱动、取心电机控制和( )电机控制。
    A. 遥测通信　　　B. 自然伽马　　C. 液压　　　　D. 电磁阀

336. BL016 钻进式井壁取心器的机械驱动系统由电机驱动变速齿轮箱和( )机构,完成旋转切割岩心动作。
    A. 动力　　　　　B. 液压　　　　C. 岩心筒　　　D. 钻头

337. BL016　钻进式井壁取心器的取心探头包括取心动力系统和(　　)。
　　A. 岩心回收单元　　B. 液压控制单元　　C. 岩心筒控制单元　　D. 点火控制单元

338. BL017　保养钻进式取心器时,若取心探头各管线连接部位有渗油现象,则应更换相应部位的(　　)。
　　A. 管线　　　　　　B. 密封圈　　　　　C. 液压油　　　　　　D. 连接端口

339. BL017　维修保养任何包含液压流体的钻进式取心器之前,必须把仪器中的(　　)释放掉。
　　A. 机油　　　　　　B. 液压油　　　　　C. 压力　　　　　　　D. 张力

340. BL018　钻进式取心器的连接顺序应为马笼头、张力短节、电子线路、(　　)、储心筒段。
　　A. 机械探头段　　　B. 加重段　　　　　C. 钻头段　　　　　　D. 液压推靠段

341. BL018　钻进式取心器在室内测试和井场作业过程中要保证(　　)。
　　A. 清洁　　　　　　B. 在钻台下连接　　C. 无噪声　　　　　　D. 接地良好

342. BM001　封隔器的封隔件是(　　)。
　　A. 密封油　　　　　B. 胶皮筒　　　　　C. 密封垫　　　　　　D. 安全接头

343. BM001　封隔器是用于井下套管或裸眼中(　　)油、气、水层的专用井下工具。
　　A. 测试　　　　　　B. 采收　　　　　　C. 控制　　　　　　　D. 封隔

344. BM002　电缆桥塞张力棒断裂后,(　　)与桥塞脱离。
　　A. 管柱　　　　　　B. 坐封工具　　　　C. 套管　　　　　　　D. 胶筒

345. BM002　电缆桥塞的拉力作用于(　　)。
　　A. 上卡瓦　　　　　B. 火药　　　　　　C. 张力棒　　　　　　D. 锥体

346. BM003　电缆下桥塞的设备和工具包括地面系统、电缆、安全接头、(　　)、桥塞等部分。
　　A. 套管　　　　　　B. 管柱　　　　　　C. 坐封工具　　　　　D. 胶筒

347. BM003　电缆桥塞下井工具中,磁性定位器的作用是确定桥塞(　　)。
　　A. 接箍位置　　　　B. 坐封位置　　　　C. 加电磁场位置　　　D. 坐封强度

348. BM004　电缆桥塞坐封工具的铜剪销剪断后,坐封工具即从(　　)处脱离开。
　　A. 胶筒　　　　　　B. 磁定位　　　　　C. 滑动接头　　　　　D. 剪切接头

349. BM004　电缆桥塞坐封工具的变换接头与(　　)相接。
　　A. 马笼头　　　　　B. 磁定位　　　　　C. 安全接头　　　　　D. 桥塞

350. BM005　电缆桥塞主胶筒用于密封(　　),保证桥塞的密封性。
　　A. 封隔器　　　　　B. 地层　　　　　　C. 套管　　　　　　　D. 环空

351. BM005　当坐封力超过电缆桥塞(　　)薄弱点的强度极限时,使桥塞与坐封工具分离。
　　A. 丢手环　　　　　B. 磁定位装置　　　C. 胶筒　　　　　　　D. 安全接头

352. BM006　电缆桥塞在井中的下放速度应在(　　)以下。
　　A. 540m/h　　　　　B. 2000m/h　　　　　C. 4000m/h　　　　　　D. 6000m/h

353. BM006　下桥塞之前,应用电缆将专用的(　　)下至桥塞坐封深度以下。
　　A. 捕捞器　　　　　B. 磁定位装置　　　C. 自然伽马　　　　　D. 井径仪

354. BM007　保养下桥塞工具时,应检查(　　)与外壳的绝缘和上下触点的通断。
    A. 泄压阀　　　　B. 火药柱　　　　C. 点火触点　　　D. 增压室
355. BM007　给下桥塞工具泄压时,操作者应站在工具的另一侧用(　　)逆时针旋转泄压螺杆。
    A. 管钳　　　　　B. 一字螺丝刀　　C. 活动扳手　　　D. 内六方扳手
356. BM008　磁定位器测量线圈中产生的信号大小与永久磁钢的(　　)等因素有关。
    A. 磁性强弱　　　B. 形状　　　　　C. 尺寸　　　　　D. 重量
357. BM008　磁定位测量时,因套管接箍处的(　　)发生变化,可使测量线圈中产生电动势。
    A. 长度　　　　　B. 材料　　　　　C. 厚度　　　　　D. 形状
358. BM009　磁定位仪器主要由(　　)、测量线圈和仪器外壳等部分组成。
    A. 普通磁钢　　　B. 永久磁钢　　　C. 电磁铁　　　　D. 圆钢柱
359. BM009　磁定位仪器内的2块磁钢以(　　)的方式排列。
    A. 同极性相对　　B. 异极性相对　　C. 叠加　　　　　D. 随意
360. BM010　磁定位的磁钢线路部分两端都装有(　　)。
    A. 电子线路　　　B. 间隔块　　　　C. 限流电阻　　　D. 导磁体
361. BM010　装配磁定位时,应注意间隙块上的定位销要对准下接头上的(　　)。
    A. 间隔块　　　　B. 磁钢　　　　　C. 定位孔　　　　D. 插头
362. BN001　穿心解卡时,要根据套管下深、(　　)、井型、钻井液性能等情况确定钻井液循环深度和循环时间。
    A. 测井仪器长度　B. 打捞工具类型　C. 电缆性能　　　D. 卡点位置
363. BN001　穿心解卡工作程序一般包括制定施工方案、(　　)、进行施工工具与设施准备、下钻打捞、回收仪器与工具。
    A. 查看作业现场　　　　　　　　　B. 召开作业协调会
    C. 计算最大安全张力　　　　　　　D. 放松电缆
364. BN002　篮式卡瓦打捞筒的筒体和卡瓦螺纹都是(　　)螺纹。
    A. 左旋　　　　　B. 右旋　　　　　C. 上旋　　　　　D. 后旋
365. BN002　篮式卡瓦打捞筒内部组件主要包括篮状卡瓦、(　　)、密封圈等。
    A. 套筒　　　　　B. 打捞帽　　　　C. 弹簧　　　　　D. 控制环
366. BN003　分瓣式卡瓦打捞筒结构组成包括筒体、(　　)、轨迹套等。
    A. 钢片　　　　　B. 控制环　　　　C. 间隔块　　　　D. 卡瓦
367. BN003　分瓣式卡瓦打捞筒的卡瓦下行到筒体(　　)处,使卡瓦产生夹紧力,实现抓牢井下落物的目的。
    A. 上锥面　　　　B. 下锥面　　　　C. 引鞋　　　　　D. 中间
368. BN004　三球打捞筒由筒体、(　　)、弹簧、引鞋、堵头等零件组成。
    A. 卡瓦　　　　　B. 钢片　　　　　C. 钢球　　　　　D. 安全接头
369. BN004　三球打捞筒依靠(　　)抓住落鱼或仪器。
    A. 卡瓦　　　　　B. 钢球　　　　　C. 堵头　　　　　D. 引鞋

370. BN005　穿心解卡时开泵循环钻井液的目的是冲洗(　　)。
    A. 仪器　　　　B. 安全接头　　　C. 打捞筒　　　D. 钻具水眼

371. BN005　穿心解卡循环时要保证井下电缆和(　　)根部电缆的安全。
    A. 仪器　　　　B. 马笼头　　　　C. 滚筒　　　　D. 快速接头

372. BN006　组装卡瓦打捞筒时,选择的卡瓦内径应比落鱼外径小(　　)。
    A. 1～2mm　　　B. 1～5mm　　　　C. 2～3mm　　　D. 5～10mm

373. BN006　组装卡瓦打捞筒时,应将螺旋卡瓦装入打捞筒本体内,向(　　)旋转卡瓦。
    A. 上　　　　　B. 下　　　　　　C. 左　　　　　D. 右

374. BN007　组装三球打捞筒时,应测量(　　)之间的长度并确认与被打捞仪器尺寸相符。
    A. 卡瓦　　　　B. 三球　　　　　C. 弹簧　　　　D. 捞筒与容纳管

375. BN007　组装三球打捞筒时,应用(　　)把3个标准小球及3个弹簧安装于三球容纳体内。
    A. 钩扳手　　　B. 长把螺丝刀　　C. 圆形工具　　D. 六方工具

376. BN008　连接钻具和捞筒时,应先将游车吊着的(　　)与捞筒连接。
    A. 钻杆单根　　B. 钻杆立柱　　　C. 钻铤立柱　　D. 快速接头

377. BN008　穿心打捞筒的组装顺序是引鞋+捞筒+(　　)+变扣短节。
    A. 加重钻杆　　B. 钻铤　　　　　C. 容纳管　　　D. 卡瓦

378. BN009　穿心解卡循环钻井液时,快速接头一定要坐在放正的循环垫的(　　)位置。
    A. 圆弧面　　　B. 开口　　　　　C. 侧面　　　　D. 中间

379. BN009　穿心解卡循环钻井液时,应将钻具通过(　　)坐于转盘上。
    A. 液压钳　　　B. 快速接头　　　C. 卡瓦　　　　D. 气动绞车

380. BN010　旁通式解卡要求井眼直径至少大于(　　)加2倍电缆直径。
    A. 仪器最大外径　B. 捞筒最大内径　C. 钻具最大外径　D. 钻具最小外径

381. BN010　旁通式解卡的优点是(　　)。
    A. 安全　　　　B. 保护仪器　　　C. 保护井筒　　D. 保护电缆

382. BN011　旁通式打捞筒由导向体、导向轮、主体、弹簧、钢球、引鞋、(　　)等组成。
    A. 卡瓦　　　　B. 锁紧块　　　　C. 旁通短节　　D. 旁通引鞋

383. BN011　当电缆放入旁开式打捞器后,应装入各(　　),旋转各段使之整体形成封闭环空。
    A. 锁紧块　　　B. 钢球　　　　　C. 卡瓦　　　　D. 弹簧

384. BN012　旁开式打捞仪器捞获后,可以同时上提钻具和(　　)。
    A. 捞筒　　　　B. 电缆　　　　　C. 仪器　　　　D. 绞车

385. BN012　组装旁开式打捞筒时,应将(　　)、弹簧及丝堵装入打捞筒主体。
    A. 钢球　　　　B. 卡瓦　　　　　C. 钢板　　　　D. 夹钳

386. BO001　在测井过程中如遇绞车故障,应利用(　　)活动电缆,防止仪器、电缆粘卡。
    A. 气动绞车　　B. 游动滑车　　　C. 液压大钳　　D. 绞车滚筒

387. BO001　仪器在(　　)时,绞车故障不能通过直接下放和上提游车活动电缆来解决。
    A. 套管内　　　B. 测量井段上部　C. 井底附近　　D. 重复井段

388. BO002 电缆跳槽是指电缆在运行过程中跳出( )轮槽的现象。
 A. 滚筒 B. 井口 C. 滑轮 D. 游车
389. BO002 发现电缆跳槽应在井口( )后,进行处理。
 A. 上提游车 B. 关闭防喷器 C. 断电 D. 固定电缆
390. BO003 测井施工中,若仪器遇阻而绞车没有停车,可能会导致电缆在滚筒上( )。
 A. 松乱 B. 伸长 C. 移动 D. 缠绕
391. BO003 电缆松乱、坍塌、挤压可能会造成电缆地面( ),处理不好甚至会造成严重的井下事故。
 A. 拉伸 B. 打结 C. 跳槽 D. 移动
392. BO004 测井过程中绞车发生故障使用游车活动电缆时,应由( )密切观测井下仪器的运行情况。
 A. 钻井工程师 B. 井口组长 C. 绞车工 D. 操作工程师
393. BO004 测井过程中绞车发生故障时,应拉紧( )。
 A. 气动绞车 B. 绞车滚筒刹车
 C. 电缆 D. 游车刹车
394. BO005 处置电缆跳槽时,应先使用( )在井口固定电缆并进行确认。
 A. 气动绞车 B. 液压大钳 C. T形电缆夹钳 D. 井口座筒
395. BO005 使用游车活动电缆时,游车最大上提高度不超过( )。
 A. 20m B. 10m C. 5m D. 3m
396. BO006 处置电缆在滚筒内松乱问题的过程中,若铠装层受损,应进行( )。
 A. 铠装 B. 剪切 C. 拼接 D. 清洗
397. BO006 处置测井过程中电缆在滚筒内松乱的问题时,应首先在井口( )。
 A. 下放游车 B. 固定电缆 C. 剪断电缆 D. 铠装电缆
398. BP001 为防止测井过程中发生井喷事故,测井前应充分循环井内钻井液,进出口密度差不超过( )。
 A. 0.01g/cm³ B. 0.02g/cm³ C. 0.05g/cm³ D. 0.2g/cm³
399. BP001 地层内流体(油气)进入井筒,并向井口方向运移,其上升的速度称为( )速度。
 A. 井涌 B. 井喷 C. 油气上窜 D. 压井
400. BP002 钻具输送测井过程中,当发生井喷事故需立即剪断电缆时,应用( )将电缆固定在钻杆上,按钻井队第一责任人要求剪断电缆。
 A. 铅丝 B. 橡胶电缆卡子 C. 黑胶布 D. 扶正器
401. BP002 若钻具输送测井时发生井控险情,可按( )工况处理井控险情。
 A. 空井 B. 循环 C. 起下钻 D. 钻进
402. BP003 电缆测井过程中发生井控险情剪断电缆后,应先关( )防喷器。
 A. 全封闸板 B. 剪切 C. 电缆 D. 环形
403. BP003 电缆测井过程中发生井控险情关井前,应抢起电缆或( )电缆。
 A. 停止运行 B. 剪断 C. 下放 D. 固定

404. BP004　接测井过程中发生井涌、井喷停止施工的指令后,应立即准备好(　　)。
    A. 井口工具　　　　　　　　　B. 井控专用断线钳
    C. 防喷器　　　　　　　　　　D. 防护用具

405. BP004　钻具输送测井过程中发生井控险情,若井况允许,应将(　　)起出井口。
    A. 仪器　　　　B. 过渡短节　　　C. 旁通　　　　D. 电缆悬挂器

406. BQ001　进行环空测井前,要在地面先安装一个(　　)。
    A. 井口法兰　　B. 偏心井口　　　C. 采油机　　　D. 控制器

407. BQ001　环空测井时,通过(　　)将油管偏靠在套管的一侧。
    A. 扶正器　　　B. 偏心器　　　　C. 采油机　　　D. 偏心井口

408. BQ002　偏心井口外部由壳体、(　　)作全部封闭。
    A. 油管　　　　B. 轴承　　　　　C. 偏心转动盒　D. 封盖

409. BQ002　偏心井口的专用闸阀可作测井(　　)之用。
    A. 观测　　　　B. 通道开关　　　C. 防喷　　　　D. 打压

410. BQ003　环空测井起仪器过(　　)是造成电缆缠绕油管的主要原因。
    A. 油管尾部　　B. 偏心井口　　　C. 套管头　　　D. 环形空间

411. BQ003　在进行环空产出剖面测井中,接近井口位置出现电缆缠绕油管,从而导致仪器串无法起出井口的现象称为(　　)。
    A. 油管缠绕　　B. 环空缠绕　　　C. 电缆缠绕　　D. 环空遇卡

412. BQ004　为防止环空缠绕,仪器在未过导锥时起速要慢,一般不应大于(　　)。
    A. 600m/h　　　B. 200m/h　　　　C. 500m/h　　　D. 100m/h

413. BQ004　环空测井时,可以通过安装(　　)来达到电缆防缠的目的。
    A. 环空电缆防缠器　B. 扶正器　　　C. 偏心器　　　D. 爬行器

414. BQ005　对于套压高、液面在井口的井不能采用(　　)的方法进行环空解缠。
    A. 转井口　　　B. 抬井口　　　　C. 反复起下电缆　D. 掏电缆

415. BQ005　环空解缠时,若右旋缠绕可以(　　)转动偏心井口。
    A. 逆时针　　　B. 顺时针　　　　C. 左右　　　　D. 多向

416. BQ006　在安装有防喷系统的注气井测井施工过程中,如突然发生防喷管破裂或泄压阀门损坏(封井器上方)事故,造成井内气体泄漏失控,应立即由相关方关闭(　　)。
    A. 压井阀门　　B. 注水阀门　　　C. 泄压阀门　　D. 井下安全阀

417. BQ006　在安装有防喷系统的注水井测井施工过程中,如突然发生防喷管破裂或泄压阀门损坏且电缆被刺断仪器落井事故,应立即关闭(　　)。
    A. 清蜡阀门　　B. 防喷阀门　　　C. 注脂阀门　　D. 容纳管阀门

418. BQ007　环空测井电缆缠绕用转井口法解缠时,应将仪器提到距井口(　　)左右。
    A. 2m　　　　　B. 6m　　　　　　C. 15m　　　　　D. 30m

419. BQ007　用转井口法进行环空解缠时,应逐渐转动井口,使(　　)和偏心阀门、电缆在同一垂直方向,达到解缠的目的。
    A. 仪器　　　　B. 油管　　　　　C. 套管　　　　D. 测量通道

420. BQ008 生产测井过程中,当张力指示突变,数值大于正常测速张力读值的( )时, 应立即停车。
 A. 5%　　　　　B. 10%　　　　　C. 30%　　　　　D. 50%

421. BQ008 生产测井遇卡后,应按照( ),分析原因及判断遇卡位置。
 A. 套管程序　　B. 偏心井口图　　C. 井下管柱图　　D. 测井资料

422. BQ009 生产测井中发现电缆在防喷管内外层钢丝有断丝时,应立即停车并关闭( )。
 A. 清蜡阀门　　B. 封井器　　　　C. 泄压阀门　　　D. 偏心井口

423. BQ009 生产测井中处理断钢丝时,应放掉( )内的压力。
 A. 油管　　　　B. 套管　　　　　C. 防喷管　　　　D. 注水井

424. BQ010 带压生产测井过程中,电缆跳槽导致电缆铠装层损坏后,应( )测井。
 A. 重接电缆　　B. 单铠电缆　　　C. 双铠电缆　　　D. 更换电缆

425. BQ010 生产测井时,若电缆从井口滑轮跳槽,需立即( )。
 A. 停止电缆运行　B. 下放电缆　　　C. 上提电缆　　　D. 关闭封井器

426. BQ011 带压生产测井时发生井喷事故,应首先切断所有( )。
 A. 电源　　　　B. 控制开关　　　C. 控制阀门　　　D. 井口装置

427. BQ011 若注水井带压生产测井时发生井喷,应立即关闭( )。
 A. 井口装置　　B. 封井器　　　　C. 所有阀门　　　D. 偏心井口

428. BR001 检查人员呼吸需将脸颊靠近距伤者口鼻约( )处。
 A. 3cm　　　　B. 5cm　　　　　C. 7cm　　　　　D. 9cm

429. BR002 气体检测仪的标定周期为( )。
 A. 3个月　　　B. 半年　　　　　C. 一年　　　　　D. 免检

430. BR003 以下属于物理爆炸的是( )。
 A. 炸药爆炸　　　　　　　　　　B. 粉尘爆炸
 C. 空气压缩机储气瓶超压爆炸　　D. 可燃气体爆炸

431. BR004 风险度不小于( )的项目,施工单位现场负责人要组织施工人员结合作业环境开展工作危害识别和风险评价,制订相应安全措施,编写带压作业施工方案。
 A. 5　　　　　B. 10　　　　　　C. 15　　　　　　D. 20

432. BR005 拿到放射性检测仪后,先检查设备外观,装好仪器( )。
 A. 开关　　　　B. 电池　　　　　C. 把手　　　　　D. 外壳

433. BS001 以下描述不属于社会平安事件的是( )。
 A. 恐怖袭击事件　　　　　　　　B. 动物疫情
 C. 涉外突发事件　　　　　　　　D. 人民内部矛盾引发的群体性突发事件

434. BS002 对于新业务新领域存在重大健康安全环境风险的,业务管理部门应向( )汇报,以判定是否需制定特殊安全环保管理要求。
 A. 计划经营部门　　　　　　　　B. 生产技术部门
 C. 计划经验部门　　　　　　　　D. 质量安全环保部门

435. BS003　各单位是 HSE 风险分级防控的责任主体,主要负责人是 HSE 风险分级防控工作的(　　)。
　　A. 主要负责人　　B. 负责人　　C. 第一责任人　　D. 责任人

436. BS004　基层单位应至少(　　)组织一次事故隐患排查,重点抽查重大施工项目、要害部位、危险作业、特种设备以及易燃易爆、危险物品的储存、运输和使用等。
　　A. 每周　　B. 每月　　C. 每季度　　D. 每年

437. BS005　经验分享资料宜(　　),经验、教训或做法应表述清晰,涉及图片或影像资料的,宜配以必要的文字说明,确保正确理解。
　　A. 会后编写　　B. 临场发挥　　C. 提前编制　　D. 随意编写

二、多项选择题(每题有 4 个选项,至少有 2 个是正确的,将正确的选项号填入括号内)

1. AA001　钻井工程对钻井液的性能要求主要体现在(　　)。
　　A. 高密度　　B. 确保安全钻进　　C. 确保高效钻进　　D. 提高机械钻速

2. AA002　钻井液常用的分散介质包括(　　)等。
　　A. 膨润土　　B. 油　　C. 水　　D. 重晶石

3. AA003　钻井液按分散介质和分散相的不同可分为(　　)等。
　　A. 水基钻井液　　B. 油基钻井液　　C. 固体钻井液　　D. 生物钻井液

4. AA004　下列选项中属于水基钻井液的有(　　)。
　　A. 盐水钻井液　　B. 聚合物钻井液　　C. 淡水钻井液　　D. 原油钻井液

5. AA005　下列选项中属于油基钻井液主要组成的有(　　)。
　　A. 柴油　　B. 原油　　C. 加重剂　　D. 化学处理剂

6. AA006　下列选项中属于气体型钻井流体的有(　　)。
　　A. 空气或天然气钻井流体　　B. 充气钻井流体
　　C. 泡沫钻井流体　　D. 柴油钻井流体

7. AA007　钻井过程中,钻井液的功能包括(　　)。
　　A. 平衡地层压力　　B. 携带岩屑　　C. 冷却钻头　　D. 传递动力

8. AA008　钻井循环对钻井液的要求是(　　)。
　　A. 滤饼厚　　B. 携砂能力强　　C. 润滑性能好　　D. 矿化度低

9. AA009　钻井过程中若钻井液密度过小,则可能引起(　　)等事故。
　　A. 顶天车　　B. 卡钻　　C. 掉钻具　　D. 井喷

10. AA010　钻井液黏度过大,起下钻易产生抽汲作用或压力激动,以至引起(　　)等复杂情况。
　　A. 循环泵压低　　B. 测井干扰　　C. 井漏　　D. 井喷

11. AA011　2 个静止时间的切力值包括(　　)。
　　A. 初切　　B. 净切　　C. 动切　　D. 终切

12. AA012　钻井液滤失量过大的危害包括(　　)。
　　A. 井涌　　B. 压漏地层
　　C. 伤害油气层　　D. 易造成井眼缩径或泥页岩剥落坍塌

13. AA013　固相含量升高会使钻井液的( )。
    A. 滤饼加厚　　　B. 密度升高　　　C. 流动阻力增大　　D. 矿化度增大
14. AA014　将钻井液的pH值控制在合适的范围内,可使钻井液( )。
    A. 黏度切力较小　B. 密度较低　　　C. 腐蚀能力较强　　D. 滤失量较小
15. AA015　提高钻井液的矿化度主要是提高( )的含量。
    A. 钠离子　　　　B. 钙离子　　　　C. 钾离子　　　　　D. 银离子
16. AA016　钻井液的流型可分为( )。
    A. 段流　　　　　B. 塞流　　　　　C. 湍流　　　　　　D. 层流
17. AA017　钻井液在测井过程中的作用包括( )。
    A. 作为导磁介质　　　　　　　　　B. 作为导电介质
    C. 作为声波信号的耦合剂　　　　　D. 作为放射性射线的屏蔽流
18. AA018　为保证测井施工顺利进行,要求钻井液( )。
    A. 含砂量低　　　B. 滤饼薄而韧　　C. 黏度不宜过大　　D. 滤失量大于2mL
19. AB001　录井可直接观察的有( )。
    A. 岩心　　　　　B. 岩屑　　　　　C. 油气显示　　　　D. 钻井液性能
20. AB002　综合录井在钻井过程中利用各种传感器及检测仪对钻井工程参数、( )等进行连续检测。
    A. 钻井液参数　　B. 气体检测参数　C. 地层声波参数　　D. 地层电化学参数
21. AB003　录井技术的作用包括( )。
    A. 地层测试　　　　　　　　　　　B. 地层评价
    C. 发现、解释油气层　　　　　　　D. 钻井工程监测
22. AB004　钻时资料的应用包括( )。
    A. 辅助判断地层的岩性　　　　　　B. 辅助判断地层的放射性
    C. 辅助判断地层构造　　　　　　　D. 辅助判断地层裂缝的发育情况
23. AB005　影响油气上窜速度的因素包括( )。
    A. 油气层压力　　B. 钻时　　　　　C. 测井时间　　　　D. 钻井液密度
24. AB006　岩屑含油的6种级别除了饱含油、含油、油浸外,还有( )。
    A. 含气　　　　　B. 油斑　　　　　C. 油迹　　　　　　D. 荧光
25. AB007　荧光录井方法包括( )。
    A. 荧光干湿照　　B. 氯仿滴照　　　C. 荧光系列对比　　D. 气体检测
26. AB008　岩心录井的一整套工作包括( )。
    A. 确定地层压力　　　　　　　　　B. 确定取心位置
    C. 岩心观察与描述　　　　　　　　D. 选送样品分析
27. AB009　井壁取心可以证实地层的( )和电性的关系。
    A. 构造　　　　　B. 岩性　　　　　C. 物性　　　　　　D. 含油性
28. AB010　气测录井的作用包括( )。
    A. 及时地发现油气层　　　　　　　B. 分析地层构造
    C. 对井涌、井喷等工程事故进行预警　D. 岩性测量

29. AB011　在油气发现与评价方面,测井结果的特点是( )。
　　A. 直接　　　　　　B. 间接　　　　　　C. 定量　　　　　　D. 定性
30. BA001　进行无井架生产井测井时,绞车摆放要求包括( )。
　　A. 绞车距离井口应大于15m　　　　B. 井架车摆在井口侧面
　　C. 绞车车头正对井场出口　　　　　D. 绞车与井口、滑轮应保持在一条直线上
31. BA002　测井拖橇的摆放固定要求有( )。
　　A. 操作单元应该按照操作弧线的中轴排列开
　　B. 橇体模块不能与钻井平台固定
　　C. 操作间前方距地滑轮不应少于30m
　　D. 操作间前方距地滑轮不应少于15m
32. BA003　绞车摆放位置的选定原则是( )。
　　A. 电缆运行不受影响　　　　　　　B. 接近井口
　　C. 远离电源　　　　　　　　　　　D. 便于施工
33. BA004　陆地摆放拖橇的要求包括( )。
　　A. 在吊车司机前方可见处的安全位置指挥
　　B. 滚筒朝向井口位置
　　C. 橇体距离井口25~30m
　　D. 橇体靠近远程井控装置
34. BA005　存储式测井深度码传送系统由( )构成。
　　A. 钻机绞车深度传感器　　　　　　B. 泵冲传感器
　　C. 压力传感器　　　　　　　　　　D. 钩载传感器
35. BA005　存储式测井井口传感器主要包括( )。
　　A. 游车防碰传感器　　　　　　　　B. 深度传感器
　　C. 钩载传感器　　　　　　　　　　D. 立管压力传感器
36. BA006　电缆输送泵出存储式测井主要下井工具包括( )。
　　A. 旁通短节　　　　　　　　　　　B. 悬挂器
　　C. 吊挂释放器　　　　　　　　　　D. 保护套
37. BA006　钻杆输送泵出存储式测井的下井工具主要包括( )。
　　A. 上悬挂器　　B. 保护套　　C. 调整短节　　D. 下悬挂器
38. BA007　安装拆卸存储式测井深度传感器时,应( )。
　　A. 将钻具坐卡　　　　　　　　　　B. 将游车停于井口
　　C. 确认滚筒动力切断　　　　　　　D. 将滚筒制动
39. BA008　安装拆卸泵出存储式测井压力传感器时,应确认( )。
　　A. 钻井泵已停泵　　　　　　　　　B. 立管回水已放空
　　C. 钻具处于坐卡状态　　　　　　　D. 游车停放在井口
40. BA009　安装存储式测井钩载传感器的要求是( )。
　　A. 钩载传感器的管线部分注满液压油　B. 测井工具下井后
　　C. 确认游车静止不动　　　　　　　D. 确认游车为重载状态

41. BA010　安装直推存储式测井转换短节前,需检查确认的内容有(　　)。
    A. 是否有严重机械损伤　　　　　　B. 循环通道是否干净通畅
    C. 是否有裂纹　　　　　　　　　　D. 是否在探伤周期内

42. BA011　下列选项中属于欠平衡钻井用途的是(　　)。
    A. 减少了固相与液相侵入地层对储层段造成的伤害
    B. 提高了钻井的安全性
    C. 减少了井漏、压差卡钻等复杂情况的发生
    D. 地层流体进入井筒,为及时发现和准确评价油气层提供了十分重要的信息

43. BA012　欠平衡测井电缆防喷系统的功能包括(　　)。
    A. 能够与钻井双闸板防喷器有效对接　B. 能够在测井过程中全程密封
    C. 能够切断电缆　　　　　　　　　　D. 能够方便测井仪器的组装和换接

44. BA013　欠平衡测井电缆防喷装置主要由法兰、(　　)、防喷管、电缆填料盒、注脂系统及相关辅助设备组成。
    A. 电缆封井器　　B. 防落器　　C. 释放器　　D. 电缆控制头

45. BA014　欠平衡测井使用的大通径防喷管的作用主要是(　　)。
    A. 防止仪器遇卡　　　　　　　　　B. 容纳下井仪器串
    C. 密封井口　　　　　　　　　　　D. 保护仪器

46. BA015　安装欠平衡测井井口装置时,应在电缆控制头上连接(　　)。
    A. 封井器　　B. 手动液压泵　　C. 可调节流阀　　D. 注脂泵

47. BA016　欠平衡测井拆卸仪器前,应(　　)。
    A. 关闭电缆防喷器下阀门　　　　　B. 打开封井器
    C. 打开泄压阀　　　　　　　　　　D. 打开注脂泵

48. BA017　电缆防喷装置试压时,要求(　　)。
    A. 试验压力应高于井口压力5倍　　B. 试验压力应高于井口压力2倍
    C. 观察30min　　　　　　　　　　D. 压力降不应超过0.5MPa

49. BB001　测井生产准备的重要内容包括(　　)。
    A. 井下仪器的配接检查　　　　　　B. 测井信息的收集与处理
    C. 测井新方法研究　　　　　　　　D. 仪器制造

50. BB002　绞车系统维护保养的十字作业方针包括(　　)。
    A. 维修、保养　　B. 清洁、润滑　　C. 调整、紧固　　D. 防腐

51. BB003　集流环的技术要求是(　　)。
    A. 接触电阻小于0.5Ω　　　　　　　B. 集流环轴与绞车滚筒偏心
    C. 绝缘电阻大于500MΩ　　　　　　D. 转动电阻小于5Ω

52. BB004　检查电缆连接器(　　)的绝缘应大于200MΩ。
    A. 拉力棒对外壳　　　　　　　　　B. 1号~7号芯相互之间
    C. 10号芯对外壳　　　　　　　　　D. 1号~7号芯分别与马笼头10号芯

53. BB005　选择电源线时,应考虑所接用电器的(　　)等因素。
    A. 额定电流　　B. 价格　　C. 使用年限　　D. 工作环境

54. BB006　一般熔断丝的组成包括(　　)。
    A. 支架　　　　　B. 熔体　　　　　C. 电极　　　　　D. 限流件

55. BB007　测井车内所用的(　　)的功率应大于所接入用电设备的功率。
    A. 插座　　　　　B. 开关　　　　　C. 电源线　　　　D. 漏电保护器

56. BC001　测井深度测量一般采用(　　)。
    A. 深度丈量　　　　　　　　　　　B. 马丁代克深度测量系统
    C. 电缆磁记号深度测量系统　　　　D. 时深测量

57. BC002　测井深度系统的信号流程为电缆移动→带动计数轮转动(周长可知)→(　　)→显示深度、速度。
    A. 测量电缆张力　　　　　　　　　B. 带动编码器转动(每周脉冲固定)
    C. 电缆张力深度校正　　　　　　　D. 深度处理单元(根据脉冲计算深度)

58. BC003　测井深度测量精度的主要影响因素包括(　　)。
    A. 地层岩性的影响　　　　　　　　B. 测井电缆的影响
    C. 深度测量系统的影响　　　　　　D. 测井仪器的影响

59. BC004　影响磁记号系统深度测量精度的主要因素有(　　)。
    A. 记号线的长度　　　　　　　　　B. 记号器的灵敏度
    C. 电缆张力的变化　　　　　　　　D. 磁记号的精度

60. BC005　检查测井深度系统可使用(　　)。
    A. 模拟检测法
    B. 转动深度测量轮法
    C. 马丁代克与电缆运行状态检查法
    D. 马丁代克深度测量与磁记号测量对比法

61. BC006　转动马丁代克计数轮一定的圈数,深度测量变化量与之不一致时,应重点检查(　　)。
    A. 电缆直径　　　B. 光电编码器　　C. 深度校正量　　D. 计数轮直径

62. BC007　钻机绞车深度传感器由(　　)组成。
    A. 转子　　　　　B. 定子　　　　　C. 马达　　　　　D. 线圈

63. BC008　无电缆存储式测井的深度测量是通过(　　),得到起下钻具的长度。
    A. 计算绞车深度传感器的脉冲计数　B. 计算立管压力
    C. 判别大钩状态　　　　　　　　　D. 计算钻井液脉冲

64. BC009　无电缆存储式测井深度标定可以求解出(　　)之间的关系。
    A. 滚筒深度传感器输出的脉冲数　　B. 大绳移动长度
    C. 大钩移动距离　　　　　　　　　D. 大钩移动状态

65. BC010　测井张力系统主要由(　　)组成。
    A. 测井滑轮　　　　　　　　　　　B. 张力计
    C. 连接线　　　　　　　　　　　　D. 张力处理单元及张力记录显示部分

66. BC011　张力计的标定就是利用张力计(　　)之间的差别,对测量值进行校正的过程。
    A. 承受的标准张力　B. 承受的压力　C. 校正值　　　　D. 测量值

67. BC012　张力校验所用拉力表的技术指标应满足(　　)。
   A. 抗拉强度大于80kN　　　　　　B. 量程大于80kN
   C. 测量误差小于0.5%　　　　　　D. 测量误差小于5%

68. BC013　现场张力测量系统出现故障时,应首先检查(　　)。
   A. 张力计　　　　　　　　　　　B. 张力线
   C. 马丁代克　　　　　　　　　　D. 自检系统

69. BC014　刻度张力时,应使用千斤顶使校验台张力表分别指示(　　)。
   A. 0kN　　　　B. 50kN　　　　C. 100kN　　　　D. 120kN

70. BD001　电缆安装后的要求包括(　　)。
   A. 各层电缆在滚筒上按一定张力分布缠绕整齐
   B. 底层电缆大张力缠绕
   C. 滚筒外层电缆大张力缠绕
   D. 采用双扭曲(双拐点)走缆方法,分散电缆拐点处的挤压力

71. BD002　调理电缆就是使电缆(　　)。
   A. 破劲　　　　B. 拧紧　　　　C. 释放扭力　　　　D. 理顺

72. BD003　测井现场常用的检测电缆电容的方法有(　　)。
   A. 电容直接测量法　　　　　　　B. 短路测量法
   C. 交流电桥法　　　　　　　　　D. 充电法

73. BD004　用万用表与兆欧表判断电缆绝缘破坏位置时,万用表应(　　)。
   A. 接在缆芯与缆铠之间　　　　　B. 接电压挡
   C. 接在问题缆芯两端　　　　　　D. 接小量程电流挡

74. BD005　叉接电缆的特点是(　　)。
   A. 抗拉强度比原电缆更强　　　　B. 保证电缆的绝缘性和整体性
   C. 基本不会增加电缆的直径　　　D. 电缆直径有较大增加

75. BD006　叉接电缆压钢片时,要求(　　)。
   A. 断头两端各压2根钢丝　　　　B. 断头两端各压5根钢丝
   C. 钢片压距不小于30mm　　　　D. 钢片压距不小于60mm

76. BD007　在获得电缆接头最大强度的条件下,叉接电缆叉接段的最小长度与(　　)相关。
   A. 内外层钢丝数　　　　　　　　B. 内外层钢丝的导程
   C. 钢丝直径　　　　　　　　　　D. 叉接缆芯的长度

77. BD008　叉接电缆对接头外层钢丝的要求是(　　)。
   A. 外层钢丝每个接头间距500mm
   B. 外层钢丝每个接头间距大于3个导程
   C. 外层钢丝每个接头间隙应控制在3~5mm
   D. 外层钢丝每个接头间隙应控制在1mm

78. BE001　绞车面板可完成(　　)的测量和显示。
   A. 深度　　　　B. 速度　　　　C. 张力　　　　D. 地层物理参数

79. BE002　绞车面板触屏的组成包括(　　)。
　　A. 指纹识别控制器　　　　　　　　B. 触摸屏控制器
　　C. 手型识别装置　　　　　　　　　D. 触摸检测装置

80. BE003　下列选项中属于绞车巡回检查要点的是(　　)。
　　A. 发动机机油　　B. 绞车冷冻液　　C. 液压泵及管线　　D. 绞车大梁

81. BE004　拖橇滚筒巡回检查要点包括(　　)。
　　A. 链条护罩　　B. 滚筒定位螺栓　　C. 滚筒附件螺栓　　D. 链条

82. BE005　对测井绞车刹车带与制动毂的要求包括(　　)。
　　A. 刹车带与制动毂间隙应保证在5~10mm
　　B. 刹车带与制动毂间隙应保证在1~2mm
　　C. 在整个包角范围内间隙分布均匀
　　D. 制动毂表面不应平滑

83. BF001　测井绞车液压传动系统包括(　　)等。
　　A. 取力器　　B. 液压泵　　C. 液压马达　　D. 控制阀

84. BF002　绞车传动系统技术保养需要检查紧固的螺栓包括(　　)。
　　A. 液压泵的固定螺栓
　　B. 液压马达的固定螺栓
　　C. 绞车变速箱的固定螺栓及与液压马达的连接螺栓
　　D. 绞车面板固定螺栓

85. BF003　液压传动的特点包括(　　)。
　　A. 以液压油为工作介质　　　　　　B. 适宜工作在低温条件下
　　C. 必须经过2次能量转换　　　　　D. 结构简单

86. BF004　测井绞车液压系统的控制阀包括(　　)。
　　A. 方向控制阀　　B. 压力控制阀　　C. 温度控制阀　　D. 流量控制阀

87. BF005　液压泵的主要技术参数包括(　　)。
　　A. 液压泵压力　　　　　　　　　　B. 液压泵转速
　　C. 液压泵额定工作电压　　　　　　D. 液压泵排量、流量

88. BF006　液压马达按其结构类型可以分为(　　)。
　　A. 齿轮式　　B. 高压式　　C. 叶片式　　D. 柱塞式

89. BF007　液压控制阀在液压系统中的功用是控制调节液压系统中油液的(　　)。
　　A. 流量　　B. 温度　　C. 方向　　D. 压力

90. BF008　测井绞车液压系统每工作500h或12个月应更换(　　)。
　　A. 液压油滤清器　　B. 空气滤清器　　C. 液压油　　D. 柴油

91. BF009　禁止在检查保养绞车期间(　　)。
　　A. 保养井口设备　　B. 动火　　C. 检查绞车面板　　D. 吸烟

92. BG001　车载发电机技术保养内容包括(　　)。
　　A. 拆卸保养发电机线圈　　　　　　B. 紧固发电机各固定螺栓
　　C. 检查机油　　　　　　　　　　　D. 检查并补充防冻液

93. BG002　发电机在加注燃油时,应先将发电机熄火,确认(　　)都已冷却后再加注燃油。
　　A. 发动机　　　　　B. 燃油　　　　　C. 消声器　　　　　D. 冷冻液

94. BG003　清洁发电机燃油滤清器的周期是(　　)。
　　A. 工作 12 个月　　　　　　　　　B. 工作 300h
　　C. 工作半年或 100h　　　　　　　D. 工作 3 个月

95. BH001　电缆快速接头的作用包括(　　)。
　　A. 作为电缆拉力弱点　　　　　　B. 与电缆连接器或马笼头进行机械连接
　　C. 与电缆连接器或马笼头进行电气连接　　D. 作为测量电极

96. BH002　电缆快速接头的技术要求包括(　　)。
　　A. 外观无损伤、无锈蚀、无形变
　　B. 插头、接线柱无损伤、无松动、无变形
　　C. 压接插件牢固,引线长度适中,排列顺序准确无误
　　D. 抗拉强度大于电缆的抗拉强度

97. BH003　电缆连接器的主要组成包括(　　)。
　　A. 仪器连接头　　　　　　　　　B. 快速接头
　　C. 承拉电缆或承拉钢丝绳　　　　D. 马笼头

98. BH004　电缆连接器的技术指标包括(　　)。
　　A. 引线接触电阻小于 0.2Ω,引线对地绝缘电阻大于 500MΩ
　　B. 引线接触电阻大于 0.5Ω,引线对地绝缘电阻大于 500MΩ
　　C. 承压大于 140MPa,耐温不低于 175℃
　　D. 抗拉强度大于 100kN

99. BH005　制作七芯电缆快速接头之前,应先把(　　)穿在电缆上。
　　A. 马笼头外壳　　B. 支撑弹簧　　C. 隔离胶套　　D. 鱼雷外壳上部

100. BH006　制作单芯电缆头前,应先套入电缆的部件包括(　　)。
　　A. 打捞帽　　　　B. 锥套　　　　C. 锥筐体　　　D. 鱼雷头

101. BH007　制作电缆连接器的技术要求包括(　　)。
　　A. 锥体上沿应超过锥筐 2mm
　　B. 电极环长度小于 2.5cm
　　C. 大锥体进入锥筐及小锥体进入大锥体不宜过深
　　D. 锥体上沿不超过锥筐 2mm

102. BH008　组装后的快速鱼雷马笼头的通断、绝缘要求是(　　)。
　　A. 通断阻值应小于 0.2Ω　　　　B. 通断阻值应大于 0.2Ω
　　C. 绝缘阻值大于 100MΩ　　　　D. 绝缘阻值大于 500MΩ

103. BH009　电极系的结构组成包括(　　)。
　　A. 快速接头　　　　　　　　　　B. 专用拉力线以及在其上制作的电极环
　　C. 马笼头　　　　　　　　　　　D. 电子线路

104. BH010　电阻率测量电极系的技术要求包括(　　)。
　　A. 穿心线及环线通断阻值应小于 1kΩ　　B. 各芯对地绝缘电阻大于 100MΩ
　　C. 穿心线及环线阻值应小于 0.1Ω　　　　D. 各芯对地绝缘电阻大于 500MΩ

105. BH011　侧向加长电极的作用包括(　　)。
   A. 增加侧向测井回路电极的长度,保证探测深度
   B. 侧向测井时测自然电位
   C. 侧向测井时测视电阻率
   D. 测量钻井液电阻率

106. BH012　马笼头电极系制作完成后,常规检查要求包括(　　)。
   A. 各芯对地绝缘电阻大于50MΩ　　B. 各芯对地绝缘电阻大于500MΩ
   C. 穿心线及环线测量阻值应小于0.5Ω　D. 进行大于40kN的拉力试验

107. BI001　对下井测井源的要求包括(　　)。
   A. 导电　　　　B. 耐温　　　　C. 耐压　　　　D. 抗振

108. BI002　常用的放射源表面沾污和泄漏的检验方法包括(　　)。
   A. 伽马测量法　B. 湿式擦拭法　C. 辐射测试法　D. 浸泡法

109. BI003　20Ci测井中子源的结构组成包括(　　)。
   A. 屏蔽体　　　B. 源体　　　　C. 减速层　　　D. 源头

110. BI004　铯(^{137}Cs)源的技术特征是(　　)。
   A. 活度可控　　B. 半衰期为432年　C. 半衰期为33年　D. 能量为662keV

111. BI005　2Ci^{137}Cs伽马源的源体结构具有(　　)。
   A. 取源螺孔　　B. 固定螺孔　　C. 密封圈槽　　D. 控制开关

112. BI006　维修放射源的人员需要了解熟悉的相关内容包括(　　)。
   A. 放射源的机械结构　　　　　B. 放射源操作规程
   C. 放射性防护规程　　　　　　D. 放射源制造工艺

113. BI007　20CiAm-Be中子源的维修内容包括(　　)。
   A. 更换密封圈　B. 更换源盒　　C. 焊接内层包壳　D. 紧固源头

114. BI008　2Ci中子伽马源的检查保养内容包括(　　)。
   A. 检查源体外观有无锈蚀、变形
   B. 检查源的活度是否正常
   C. 检查源头紧固螺栓与源座连接部有无松动
   D. 检查源的内包壳封装是否正常

115. BI009　更换密度源的源盒时,需从旧源盒内取出的部件有(　　)。
   A. 固定螺栓　　B. 裸源　　　　C. 弹簧　　　　D. 屏蔽块

116. BI010　示踪注水剖面测井需要测量的测井曲线是(　　)。
   A. 伽马活化曲线　　　　　　　B. 注入同位素前的自然伽马曲线
   C. 中子伽马曲线　　　　　　　D. 注入同位素后的自然伽马曲线

117. BI011　维修同位素释放器的技术要求包括(　　)。
   A. 推放杆活塞密封圈每使用10井次应强制更换
   B. 点火头每使用10井次应强制更换
   C. 仪器连接处密封圈每次清洗后均应进行更换
   D. 伽马探头每使用10井次应强制更换

118. BJ001　测井刻度装置的分类包括(　　)。
　　A. 通用刻度装置　　　　　　　　　B. 石油行业级刻度装置
　　C. 企业级工作校准刻度装置　　　　D. 现场检测装置

119. BJ002　刻度周期为 90 天的测井仪器包括(　　)。
　　A. 声波测井仪　　　　　　　　　　B. 感应测井仪
　　C. 自然伽马测井仪　　　　　　　　D. 密度测井仪

120. BJ003　补偿中子主刻度器的组成包括(　　)。
　　A. 铅块　　　　B. 刻度器主体　　　C. 减速棒　　　　D. 镅源

121. BJ004　密度刻度装置包括(　　)。
　　A. 刻度筒　　　B. 减速棒　　　　　C. 主刻度器　　　D. 现场校验块

122. BJ005　补偿中子主刻度技术要求包括(　　)。
　　A. 主刻度器周围 3m 内无其他物体　　B. 仪器必须加压压紧
　　C. 安放好减速棒后装卸中子源　　　　D. 仪器和减速棒在中心管内应到位

123. BJ006　补偿密度仪器的车间刻度可分为(　　)。
　　A. 车间主刻度　　B. 测前刻度　　　C. 测后刻度　　　D. 主校验

124. BJ007　岩性密度刻度的注意事项包括(　　)。
　　A. 镅源刻度器放置正确无误
　　B. 刻度架放置位置正确无误
　　C. 每次刻度应压紧仪器,确保滑板与铝块、镁块接触良好
　　D. 减速棒与仪器接触良好

125. BJ008　下列关于量值传递说法正确的是(　　)。
　　A. 量值传递是测井仪器的一种刻度
　　B. 量值传递是统一计量器具量值的重要手段
　　C. 量值传递是保证计量结果准确可靠的基础
　　D. 量值传递是将基准值传输给测井仪器

126. BJ009　自然伽马刻度器的量值传递工作包括(　　)。
　　A. 对自然伽马刻度器进行精准赋值
　　B. 利用伽马刻度器对标准井进行赋值
　　C. 对自然伽马刻度器的标称值进行检验标定
　　D. 对自然伽马刻度器进行维修

127. BJ010　自然伽马刻度器量值传递的技术要求包括(　　)。
　　A. 自然伽马标准仪器距离地面应大于 0.2m
　　B. 自然伽马标准仪器使用前必须更换探测器件
　　C. 测量本底和自然伽马刻度器的计数率时,标准仪器距离地面应大于 1m
　　D. 自然伽马刻度器标定前地面系统和标准仪器加电预热时间在 20min 以上

128. BK001　与地层声波速度有关的因素主要包括(　　)。
　　A. 地层岩性　　　　　　　　　　　B. 地层孔隙度
　　C. 含油气饱和度　　　　　　　　　D. 地层孔隙流体性质

129. BK002 进行声波速度测井的基本条件包括(　　)。
   A. 由震源在地面产生声波信号
   B. 由发射器向地层中发射声波
   C. 由接收器接收由地层产生的声波波列信号
   D. 由接收器接收由地层折射及反射的声波波列信号

130. BK003 补偿声波仪器的组成包括(　　)。
   A. 震源电路　　　B. 加长电极　　　C. 电子线路　　　D. 声系

131. BK004 声波仪器电路的组成主要包括(　　)。
   A. 信号幅度测量电路　　　B. 信号通信电路
   C. 信号发射电路　　　D. 信号接收处理电路

132. BK005 常规声波测井资料主要应用包括(　　)。
   A. 进行地层对比　　　B. 确定地层流体性质
   C. 确定地层孔隙度　　　D. 确定地层油藏储量

133. BK006 声波仪器下井前对其进行的检查工作包括(　　)。
   A. 检查接收探头性能是否良好　　　B. 检查皮囊是否漏油
   C. 检查隔声体固定螺栓是否紧固　　　D. 检查电极通断是否正常

134. BK007 中子测井使用的中子源主要包括(　　)。
   A. 声波中子源　　　B. 伽马伴生源　　　C. 连续中子化学源　　　D. 脉冲中子源

135. BK008 快中子在与原子核发生碰撞后发生的物理变化包括(　　)。
   A. 快中子损失能量　　　B. 快中子被俘获
   C. 快中子增加能量　　　D. 快中子改变运动方向

136. BK009 当伽马射线穿透物质时,会与地层物质的原子发生相互作用,产生的效应包括(　　)。
   A. 康普顿散射效应　　　B. 电子对效应
   C. 热电效应　　　D. 光电效应

137. BK010 产生地层自然伽马射线的主要元素包括(　　)。
   A. 氢系　　　B. 铀系　　　C. 钍系　　　D. 钾40

138. BK011 自然伽马能谱仪器的电路组成主要包括(　　)。
   A. 脉冲幅度鉴别器　　　B. 分频器、整形器
   C. 温度控制器　　　D. 脉冲测量

139. BK012 自然伽马能谱测井资料的用途包括(　　)。
   A. 确定地层孔隙度　　　B. 评价生油层
   C. 确定地层岩性　　　D. 寻找高放射性储层

140. BK013 补偿中子测井仪器中的中子探测器的名称是(　　)。
   A. 远端探测器　　　B. 近端探测器　　　C. 长源距探测器　　　D. 短源距探测器

141. BK014 补偿中子测井仪器的测量电路的主要组成包括(　　)。
   A. 前置放大器　　　B. 稳谱电路
   C. 脉冲整形、鉴别器电路及控制电路　　　D. 信号分离电路

142. BK015　补偿中子测井资料的主要用途包括(　　)。
    A. 判断岩性　　　　　　　　　　　B. 判断地层渗透性
    C. 求取地层泥质含量　　　　　　　D. 求取地层孔隙度

143. BK016　下列关于密度测井原理说法正确的是(　　)。
    A. 地层密度越大,被探测的伽马射线强度越强
    B. 地层密度越小,被探测的伽马射线强度越弱
    C. 地层密度越大,被探测的伽马射线强度越弱
    D. 地层密度越小,被探测的伽马射线强度越强

144. BK017　岩性密度测井测量的地层物理参数包括(　　)。
    A. 地层密度　　　　　　　　　　　B. 地层含油饱和度
    C. 反映地层岩性的光电截面吸收指数　D. 自然伽马强度

145. BK018　补偿密度测井仪器的结构组成包括(　　)。
    A. 电子线路　　B. 屏蔽总成　　C. 机械总成　　D. 测量探头

146. BK019　补偿密度测井使用长短2个探测器的目的包括(　　)。
    A. 增加伽马射线计数率　　　　　　B. 补偿钻井液滤饼的影响
    C. 补偿钻井液的影响　　　　　　　D. 减少不规则井壁的影响

147. BK020　补偿密度测井可以提供的测井曲线包括(　　)。
    A. 自然伽马曲线　　　　　　　　　B. 地层密度曲线
    C. 地层密度校正曲线　　　　　　　D. 井径曲线

148. BK021　和补偿密度仪器相比,岩性密度仪器结构组成中增加的部分包括(　　)。
    A. 稳谱源　　　　　　　　　　　　B. 稳谱及谱分析电路
    C. 前置放大电路　　　　　　　　　D. 信号鉴别电路

149. BK022　使用核测井仪器的技术要求包括(　　)。
    A. 装卸源操作时,仪器必须断电
    B. 补偿中子仪器应加装扶正器
    C. 为减少遇卡,密度仪器不能贴井壁测量
    D. 要定期检查仪器带磁情况

150. BK023　测井牵引器的作用包括(　　)。
    A. 在水平套管井内输送测井仪器　　B. 在大斜度套管井内输送测井仪器
    C. 在遇卡套管井输送测井仪器　　　D. 在遇阻裸眼井输送测井仪器

151. BK024　测井牵引器井下电子线路的作用包括(　　)。
    A. 接收执行地面控制箱下发的命令
    B. 为测井仪器提供高压电源
    C. 接收处理并上传井下仪器产生的数据
    D. 爬行作业状态与测井仪器测井作业状态之间的切换控制

152. BK025　电缆牵引器维护保养工作内容包括(　　)。
    A. 检查仪器外部各部件螺栓　　　　B. 检查仪器油腔内油量是否充足
    C. 检查所有密封圈　　　　　　　　D. 保持螺纹环处于润滑状态

153. BK026　使用电缆牵引器时,牵引器电子线路以上加装的短节包括(　　)。
　　A. 旋转短节　　　　B. 挠性短节　　　　C. 扶正器短节　　　D. 张力、磁定位短节

154. BL001　井壁取心的方式主要包括(　　)。
　　A. 撞击式　　　　　B. 测试式　　　　　C. 钻杆式　　　　　D. 钻进式

155. BL002　撞击式井壁取心的工作流程包括(　　)。
　　A. 地面系统下发指令控制岩心筒进入预定地层
　　B. 钻头推动岩心筒进入地层
　　C. 地面控制取心器点火
　　D. 上提绞车拉出井壁岩心

156. BL003　下列关于撞击式井壁取心器构造的说法正确的是(　　)。
　　A. 主体采用圆柱形结构
　　B. 主体上有一定数目的孔穴
　　C. 孔穴侧面有点火触点
　　D. 主体两边绳槽可安装连接岩心筒的钢丝绳

157. BL004　井壁取心选发器的作用包括(　　)。
　　A. 接受地面系统控制
　　B. 进行深度跟踪测量信号的转换
　　C. 把地面提供的点火电压分别接到取心器中不同的取心药盒
　　D. 提供点火电源

158. BL005　选用撞击式井壁取心岩心筒需考虑的因素包括(　　)。
　　A. 岩心直径要求　　B. 地层含油性　　　C. 地层岩性　　　　D. 岩心深度

159. BL006　根据耐温性能,取心药盒可分为(　　)。
　　A. 低温药盒　　　　B. 普通药盒　　　　C. 高温药盒　　　　D. 温控药盒

160. BL007　井壁取心器的检查保养工作内容包括(　　)。
　　A. 刻度深度跟踪仪器　　　　　　　　　B. 清洁井壁取心器主体和弹道
　　C. 维修保养岩心筒　　　　　　　　　　D. 检查45芯航空插头

161. BL008　井壁取心选发器的检查保养内容包括(　　)。
　　A. 检查选发器各部位固定螺栓
　　B. 检查点火线与地线之间电阻值和跳挡线与地线之间的电阻值
　　C. 跳挡并检查选发器下插头的相应插针与点火线之间的阻值
　　D. 将选发器置于第一挡位置

162. BL009　选择取心药包药量的依据包括(　　)。
　　A. 井深　　　　　　B. 钻井液性能　　　C. 井眼直径　　　　D. 岩性

163. BL010　撞击式井壁取心对施工安全的要求包括(　　)。
　　A. 对取心药包应进行电磁屏蔽
　　B. 对于厚层,一个位置可连续发射2个岩心筒
　　C. 雷雨天、照明设备不好的夜间及风力大于6级时应暂停施工
　　D. 不许停在一处连续点火发射

164. BL011　装配井壁取心器前,对井壁取心器的检查内容包括(　　)。
    A. 确认井壁取心器的耐温、密封、耐压性能符合现场施工设计要求
    B. 检查确认井壁取心器各弹道药室触点与取心器上部插头通断阻值、线间绝缘电阻和对壳体绝缘电阻达到技术指标要求
    C. 检查确认各部分螺纹连接紧固,顶丝齐全无松动;取心器整体及弹道无变形
    D. 检查确认遥测系统工作正常

165. BL012　连接井壁取心器前应做的安全工作包括(　　)。
    A. 对取心器进行屏蔽
    B. 将装配完毕的井壁取心器抬放到井场猫路仪器架上,使岩心筒朝下
    C. 确认已关闭下井仪器电源并将地面系统接线控制开关置于"安全"位置
    D. 地面系统断电

166. BL013　对井壁取芯器弹道的保养工作包括(　　)。
    A. 拆卸选发器内芯进行保养　　　B. 清洁弹道内点火触点的氧化物
    C. 在弹道内涂上防锈油　　　　　D. 对药盒除锈

167. BL014　钻进式井壁取心器上传地面的信号包括(　　)。
    A. 地层流体光谱　B. 地层压力　　C. 自然伽马　　D. 心长、位移

168. BL015　钻进式井壁取心器的组成包括(　　)。
    A. 电子线路　　B. 取心探头　　C. 液压推靠器　　D. 压力测试器

169. BL016　钻进式井壁取心器的取心探头的结构组成包括(　　)。
    A. 取心动力系统　　　　　　　　B. 自然伽马测量单元
    C. 液压电机驱动　　　　　　　　D. 液压控制单元

170. BL017　钻进式井壁取心器的检查与维护内容包括(　　)。
    A. 清洗井壁取心器主体及弹道并使其干燥
    B. 检查取心器取心探头各管线连接部位有无渗油现象
    C. 检查点火螺栓
    D. 检查仪器内的齿轮油及液压油是否短缺与变质

171. BL018　钻进式井壁取心器的连接中应包括的连接短节有(　　)。
    A. 张力短节　　B. 电子线路　　C. 机械探头段　　D. 储心筒段

172. BM001　桥塞的主要用途包括(　　)。
    A. 油气井封层　B. 打捞　　　　C. 修补套管　　D. 封井

173. BM002　电缆桥塞的作用包括(　　)。
    A. 对井喷的控制　　　　　　　　B. 对井眼扩径的封堵
    C. 对漏失层的封堵　　　　　　　D. 对高压水层的封堵

174. BM003　电缆下桥塞工具安全接头的组成包括(　　)。
    A. 安全销钉　　B. 拉力棒　　　C. 打捞头　　　　D. 快速接头

175. BM004　电缆桥塞工具燃烧室的用途主要包括(　　)。
    A. 剪断安全销钉　　　　　　　　B. 内装火药柱
    C. 由火药燃烧在其内产生高压气体　D. 压力测试

176. BM005 电缆桥塞主胶筒的作用包括( )。
　　A. 防止桥塞变形　　　　　　　　B. 承压,防止桥塞下移
　　C. 密封环空　　　　　　　　　　D. 保证桥塞密封性

177. BM006 下桥塞之前,先下捕捞器的目的包括( )。
　　A. 检查套管内径　　　　　　　　B. 捞出井内影响下桥塞的杂物
　　C. 捞取压井液样本　　　　　　　D. 打捞水泥塞

178. BM007 桥塞工具泄压的操作要求包括( )。
　　A. 将桥塞工具平放于小仪器架上,使泄压孔朝斜下方
　　B. 将桥塞工具平放于小仪器架上,使泄压孔朝斜上方
　　C. 用内六方扳手顺时针旋转泄压螺杆
　　D. 用内六方扳手逆时针旋转泄压螺杆

179. BM008 在下桥塞作业中,磁定位的用途是( )。
　　A. 测量套管接箍　　　　　　　　B. 测量油管接箍
　　C. 测量桥塞工具　　　　　　　　D. 测量桥塞位置

180. BM009 关于下桥塞所使用的磁定位器的内芯结构的描述正确的是( )。
　　A. 永久磁钢以同极性相对的方式排列
　　B. 永久磁钢以不同极性相对的方式排列
　　C. 线圈位于两磁钢之间
　　D. 线圈位于两磁钢的一侧

181. BM010 检查、维护保养磁定位仪器的注意事项包括( )。
　　A. 拆装磁定位器时,磁钢需远离导磁物体
　　B. 磁定位仪器需加电检查
　　C. 磁定位器可以和所有测井仪器混装
　　D. 不能将磁钢靠近容易被磁场损坏的仪器

182. BN001 穿心解卡的工作程序一般包括( )。
　　A. 制造打捞工具　　　　　　　　B. 制定施工方案、召开作业协调会
　　C. 进行施工工具与设施准备　　　D. 下钻打捞、回收仪器与工具

183. BN002 篮式卡瓦捞筒的内部组件主要包括( )。
　　A. 篮状卡瓦　　B. 控制环　　C. 磁钢　　D. 密封圈

184. BN003 分瓣式卡瓦打捞筒的结构组成包括( )。
　　A. 筒体、卡瓦　　B. 轨迹套　　C. 钢球　　D. 堵头

185. BN004 三球打捞筒在打捞仪器时,三球下滑所受作用力包括( )。
　　A. 球体自重　　B. 捞筒重量　　C. 钻井液压力　　D. 弹簧压力

186. BN005 穿心解卡时循环钻井液的三个阶段包括( )。
　　A. 套管内循环　　B. 裸眼中途顶通　　C. 井底循环　　D. 鱼头上部循环

187. BN006 组装卡瓦打捞筒时,安装螺旋卡瓦的正确方法包括( )。
　　A. 将螺旋卡瓦装入打捞筒本体内,用堵头固定
　　B. 将螺旋卡瓦装入打捞筒本体内,向右旋转卡瓦

C. 将螺旋卡瓦装入打捞筒本体内,向左旋转卡瓦

D. 使卡瓦锁舌落入打捞筒本体键槽内

188. BN007 选择三球打捞筒规格的依据包括( )。
 A. 井眼直径 B. 钻具水眼直径
 C. 需打捞仪器位置的外径 D. 需打捞仪器的长度

189. BN008 穿心打捞时,打捞筒组合应包括的组件有( )。
 A. 引鞋与捞筒 B. 捞矛
 C. 容纳管与变扣短节 D. 扶正短节

190. BN009 穿心解卡循环钻井液时的注意事项包括( )。
 A. 循环垫的安装方向应为循环垫的开口方向与电缆的受力方向一致
 B. 循环垫的安装方向应为循环垫的开口方向与电缆的受力方向相反
 C. 快速接头一定要坐在放正的循环垫的中间
 D. 快速接头一定要坐在放正的循环垫的侧面

191. BN010 旁通式解卡的优缺点包括( )。
 A. 不需在地面切断电缆
 B. 安全性高
 C. 适用范围窄,电缆很容易缠绕在钻杆上
 D. 不能循环钻井液

192. BN011 可以和旁通式打捞筒连接的输送工具包括( )。
 A. 钻杆 B. 钻头 C. 电缆 D. 油管

193. BN012 旁通式解卡的注意事项包括( )。
 A. 下放钻具过程中不能循环钻井液
 B. 井眼直径必须大于管柱接头的最大外径与2倍电缆直径之和
 C. 钻具上不能安装电缆扶正器
 D. 下钻具过程中严禁下部钻具转动

194. BO001 测井过程中遇绞车故障且不能将仪器起进套管时,应采取的措施包括( )。
 A. 剪断电缆 B. 将电缆固定然后进行维修
 C. 利用游车活动电缆 D. 对绞车故障进行维修

195. BO002 导致电缆跳槽的主要原因包括( )。
 A. 电缆高速下放过程中仪器遇阻 B. 仪器损坏
 C. 电缆断芯 D. 电缆高速下放中突然停车

196. BO003 电缆在滚筒内松乱、坍塌的原因主要包括( )。
 A. 电缆张力过大 B. 电缆无张力时滚筒转动
 C. 滚筒下部电缆没有盘齐 D. 井口固定电缆

197. BO004 仪器在井底附近发生绞车动力故障时,井口应急处理操作至少应包括的步骤有( )。
 A. 使用T形电缆夹钳在井口固定电缆
 B. 在规定位置剪断电缆

C. 指挥下放游动滑车,将吊卡与电缆夹钳连接

D. 利用游车活动电缆

198. BO005　处理电缆跳槽时应注意的问题包括(　　)。

A. 电缆跳槽后,应立即停车,绝不能上提电缆

B. 电缆跳槽后可以下放电缆

C. 处理电缆跳槽时,应防止仪器遇阻

D. 处理电缆跳槽问题后,必须对跳槽位置的电缆进行检查

199. BO006　处理电缆在滚筒内松乱、坍塌时的注意事项包括(　　)。

A. 若转动滚筒,操作人员必须采取有效措施,防止人身事故的发生

B. 若转动滚筒,必须确保滚筒上的电缆不再继续松乱

C. 电缆必须承受一定张力

D. 必须转动滚筒

200. BP001　裸眼测井过程中防止井涌井喷的方法包括(　　)。

A. 测井前压稳油气层;掌握油气上窜规律,合理安排通井

B. 测井前压死油气层

C. 测井期间及时向井筒灌注钻井液;加强溢流观察,及时发现及时处理

D. 测井时加速测量

201. BP002　钻具输送测井发生井控险情需剪断电缆时,井口操作人员应急操作步骤包括(　　)。

A. 立即撤离

B. 立即用胶皮电缆卡子将电缆固定在钻杆上

C. 按钻井队第一责任人要求剪断电缆

D. 铠装电缆

202. BP003　电缆测井过程中出现井控险情,抢起电缆或剪断电缆的依据包括(　　)。

A. 只要电缆不喷出井口,就应抢起电缆

B. 不论井筒液柱上顶速度多快,发生溢流就需切断电缆

C. 若电缆上提速度大于井筒液柱上顶速度,则起出电缆

D. 若上提速度小于井筒液柱上顶速度,则切断电缆

203. BP004　钻具输送测井处理井控险情时,井口测井操作人员操作注意事项包括(　　)。

A. 井口拆卸电缆卡子和电缆夹板时,要防止井下落物

B. 剪断电缆前,应绷紧电缆

C. 剪断电缆前,应放松电缆

D. 起钻时,应教会相关方剪断电缆的方法

204. BQ001　在机械采油井中通过环空测井可获取的资料包括(　　)。

A. 分层产油量、产液量　　　　B. 地层侵入特性

C. 剩余油饱和度　　　　　　　D. 含水率和油水比

205. BQ002　环空测井对偏心井口的要求包括(　　)。

A. 必须固定不能旋转　　　　　B. 可以任意旋转

C. 全密封　　　　　　　　　　D. 安装有可密封电缆的开口装置

206. BQ003　环空测井发生电缆缠绕的原因主要包括(　　)。
   A. 起仪器过油管尾部
   B. 螺旋弯曲导致电缆在尾管端越过窄缝而引起缠绕
   C. 仪器过粗
   D. 电缆过粗

207. BQ004　环空电缆防缠器的原理包括(　　)。
   A. 使油管旋转
   B. 使油管下端紧贴在套管壁上
   C. 依靠上下导轨引导仪器和电缆起下沿同一轨道运行
   D. 使油管下部居中

208. BQ005　使用转井口法解缠的基本条件包括(　　)。
   A. 仪器在油管下端
   B. 仪器提到井口附近,从而保证解缠在第一根油管内进行
   C. 吊开偏心井口
   D. 准确判断电缆绕向

209. BQ006　在安装有防喷系统的注气井测井施工过程中,如突然发生防喷管破裂或泄压阀门损坏(封井器上方)造成井内气体泄漏,应执行的应急处置方法包括(　　)。
   A. 操控远程封井器进行封井
   B. 如无法控制住气体喷出,沿逃生路线或上风头撤离到应急集合点,并立即通知相关方关闭井下安全阀
   C. 迅速关闭清蜡阀门
   D. 马上剪断电缆

210. BQ007　判断环空电缆缠绕方向的方法包括(　　)。
   A. 顺时针转动井口,电缆缓出,说明电缆右旋
   B. 顺时针转动井口,电缆下沉,说明电缆右旋
   C. 逆时针转动井口,电缆缓出,说明电缆左旋
   D. 逆时针转动井口,电缆下沉,说明电缆左旋

211. BQ008　生产测井遇卡拉断电缆弱点的注意事项包括(　　)。
   A. 检查绞车掩木放置
   B. 必须检查封井器的固定情况
   C. 井口操作人员应在井口观察滑轮运行状况
   D. 操作人员必须远离井口和电缆运行轨迹

212. BQ009　带压生产测井过程中,处理完电缆跳丝后应进行的工作步骤包括(　　)。
   A. 坐好防喷管并关好防喷管上的放开阀门
   B. 打开封井器平衡阀,使防喷管内的压力与井内压力平衡
   C. 关闭封井器平衡阀,关闭封井器后即可上提电缆
   D. 关闭封井器平衡阀、用绞车拉紧电缆,然后打开封井器,即可上提电缆

213. BQ010　带压生产测井发生电缆跳槽后必须( )。
　　A. 立即停绞车　　　　　　　　　　B. 打紧手压泵
　　C. 上提电缆　　　　　　　　　　　D. 将电缆放入滑轮槽后,拉紧电缆

214. BQ011　在安装有防喷系统的注气井测井施工过程中,如突然发生防喷管破裂,应执行的应急处置程序包括( )。
　　A. 下放电缆　　　　　　　　　　　B. 立即操控远程封井器进行封井
　　C. 由相关方关闭井下安全阀　　　　D. 及时汇报

215. BR001　心肺复苏的有效指征是( )。
　　A. 恢复自主呼吸　　　　　　　　　B. 可摸到大动脉搏动
　　C. 知觉恢复,有反应、呻吟等　　　　D. 瞳孔缩小,面色转红

216. BR002　四合一气体检测仪,测量的气体为( )。
　　A. 可燃气体(LEL)　　　　　　　　B. 氧气(O_2)
　　C. 硫化氢(H_2S)　　　　　　　　D. 一氧化碳(CO)

217. BR003　有毒有害气体分为( )。
　　A. 甲烷　　　B. 可燃气体　　　C. 硫化氢　　　D. 有毒气体

218. BR004　带压作业是指在有压力的条件下对带有可燃、可爆、有毒物料的塔、罐、容器、阀门、设备、管线等进行的( )作业。
　　A. 外壁焊接　　　　　　　　　　　B. 开(钻)孔作业
　　C. 打卡注胶堵漏作业　　　　　　　D. 防腐刷漆作业

219. BR005　放射性检测仪有( )报警功能。
　　A. 超剂量率阈值　　B. 过载　　C. 探测器无信号　　D. 电池欠压失效

220. BS001　质量事故分( )。
　　A. 特大质量事故　B. 重大质量事故　C. 较大质量事故　D. 一般质量事故

221. BS002　"四新"管理中的"四新"指的是( )。
　　A. 新技术　　　B. 新工艺　　　C. 新设备　　　D. 新材料

222. BS003　测井班组作业风险管控环节有( )。
　　A. 班前识别风险　B. 班中防控风险　C. 交班提示风险　D. 班后总结风险

223. BS004　安全环保事故隐患按照整改难易及可能造成后果的严重性,分为( )。
　　A. 一般事故隐患　B. 较大事故隐患　C. 重大事故隐患　D. 特重大事故隐患

224. BS005　QHSE 经验分享的内容分为( )。
　　A. 质量、健康、安全和环境等方面的知识
　　B. 工作中的 QHSE 经验和生活中的安全常识
　　C. 生产运行中的标准化作业质量检验与控制的成熟做法等
　　D. 发现及跟踪过程控制不合格形成原因的经验做法等

三、判断题(对的画"√",错的画"×")

(　　)1. AA001　钻井时需要根据工程要求确定钻井液性能。

(　　)2. AA002　钻井液中,黏土颗粒分散在水中,黏土为分散介质,水为分散相。

( )3. AA003　根据钻井液电阻率的不同,通常测井时要选择不同的电法测井仪器系列。
( )4. AA004　水基钻井液的主要组成是水、黏土、加重剂和各种化学处理剂。
( )5. AA005　油基钻井液的主要分散介质是水。
( )6. AA006　气体钻井液的特点是密度高,钻速慢,可有效保护油气层,并能有效防止井漏等复杂情况的发生。
( )7. AA007　钻井液的功能之一是平衡岩石侧压力,保持井壁稳定,防止地层坍塌。
( )8. AA008　钻井循环对钻井液的要求是泵压高(黏度低)、携砂能力强(动切力高)。
( )9. AA009　钻井过程中若钻井液密度过小,则可能引起井喷事故。
( )10. AA010　钻井液黏度过高,则可能造成流动阻力大,泵压高,但井底清洗效果好。
( )11. AA011　钻井液颗粒之间形成的网状结构强度越大,则切力越小。
( )12. AA012　现场测定的钻井液失水量是指在 0.686MPa 压力作用下,30min 内通过直径为 75mm 的过滤面积的滤纸所滤失的水的体积,单位是 mL。
( )13. AA013　钻井液中的固相都是有害的。
( )14. AA014　pH 值控制在合适的范围内,钻井液黏切较低,滤失量较小,性能比较稳定。
( )15. AA015　钻井液矿化度的单位是毫克/升。
( )16. AA016　层流时,管壁处流速最大,轴心处流速最小。
( )17. AA017　钻井液的性能不会影响测井资料的质量。
( )18. AA018　测井时,应保证测井全井段钻井液矿化度基本一致。
( )19. AB001　录井工作需要按顺序收集、记录所钻经地层的岩性、物性、结构、构造和含油气水情况。
( )20. AB002　通过综合录井获取的钻井工程信息既可以供钻井工程技术人员使用,也可以供地质技术人员使用。
( )21. AB003　录井技术具有获取地下信息及时、多样,分析解释快捷的特点。
( )22. AB004　钻时是指钻进一口井所经历的时间。
( )23. AB005　钻井液录井根据钻井液性能变化特征,可大致判断地层含油气水的情况。
( )24. AB006　岩屑迟到时间是指岩屑从捞取到观测所需要的时间。
( )25. AB007　利用荧光光谱可区别不同性质的原油。
( )26. AB008　从确定取心位置到岩心出筒、岩心观察与描述、选送样品分析这一整套工作统称为岩心录井。
( )27. AB009　井壁取心时应根据不同的取心目的,选取不同的取心层位。
( )28. AB010　气测录井属于随钻天然气井下测试技术。
( )29. AB011　与测井相比,录井可以对井下地层流体作定量评价,具有直观、定性、实时的特点。
( )30. BA001　选择摆放绞车或拖橇的位置应距离井口 10~15m,场地平整。
( )31. BA002　测井拖橇由发电机组、橇体模块组成。
( )32. BA003　当从事超深井、复杂井测井或停车地面湿滑时,应采用地锚或拖拉机在后方将绞车拉住加固。

( )33. BA004　拖橇摆放位置附近不应有障碍物。
( )34. BA005　存储式测井井口装置主要包括深度传感器以及钻井液压力传感器。
( )35. BA006　吊挂释放器由上吊挂和下吊挂组成,上、下吊挂可以在井下实现对接,利用电缆将仪器串收回至地面。
( )36. BA007　安装存储式测井的钩载传感器时,必须保证游车处于静止状态。
( )37. BA008　必须在停泵状态下,放空立管回水后,方可安装泵出存储式测井的压力传感器。
( )38. BA009　存储式测井的钩载传感器应安装在死绳端的液压输出端上。
( )39. BA010　电缆输送泵出存储式测井悬挂器与钻杆连接后,必须按紧扣扭矩要求进行紧固。
( )40. BA011　欠平衡钻井又称为正压钻井。
( )41. BA012　欠平衡测井是指在井口有压力差的情况下,通过井口专用防喷控制设备所进行的测井作业。
( )42. BA013　欠平衡测井井口装置的作用主要是用来保证在井眼全密封状态下实现下井仪器的换接、出入井和测井作业。
( )43. BA014　电缆封井器的作用是关闭和密封静止的电缆,以便在有压力情况下对电缆或防喷器上部设备进行修理。
( )44. BA015　安装电缆封井器时需先打开井口防喷器。
( )45. BA016　欠平衡测井资料采集完成,确认仪器串全部进入防喷管后,应逐次关闭作业井的井口封井器、电缆封井器、注脂泵。
( )46. BA017　欠平衡测井的防喷管串的总长度应根据游动滑车安全高度确定,不宜超过20m。
( )47. BB001　对HSE设施的检查、维护保养是测井生产准备工作的内容之一。
( )48. BB002　应按照清洁、润滑、调整、紧固、防腐的作业方针对绞车传动部位进行检查保养。
( )49. BB003　安装集流环时,应检查集流环轴与绞车滚筒是否同心,若发现不同心,应进行调整。
( )50. BB004　电缆连接器的10号芯与外壳电阻值应大于$1M\Omega$。
( )51. BB005　在选择电源线时,可按所接用电器的额定电流值来决定,同时还要考虑具体的工作环境。
( )52. BB006　选用熔断丝时,熔断丝的额定电流一定要小于电路的最大工作电流。
( )53. BB007　外引电源线过长时,在使用前应把绕线盘上多余的线放下。
( )54. BC001　光电编码器主要由光源、编码盘、接收电路和整形放大电路等单元组成。
( )55. BC002　测井时,通过测量磁记号就可以比较准确地确定测井深度。
( )56. BC003　较短的电缆长度和较低的电缆张力将产生"正拉伸"。
( )57. BC004　影响磁记号系统深度测量精度的主要因素是测量项目的变化、磁记号的精确度。
( )58. BC005　利用模拟检测法,可以确定深度测量问题是出自马丁代克的机械结构,

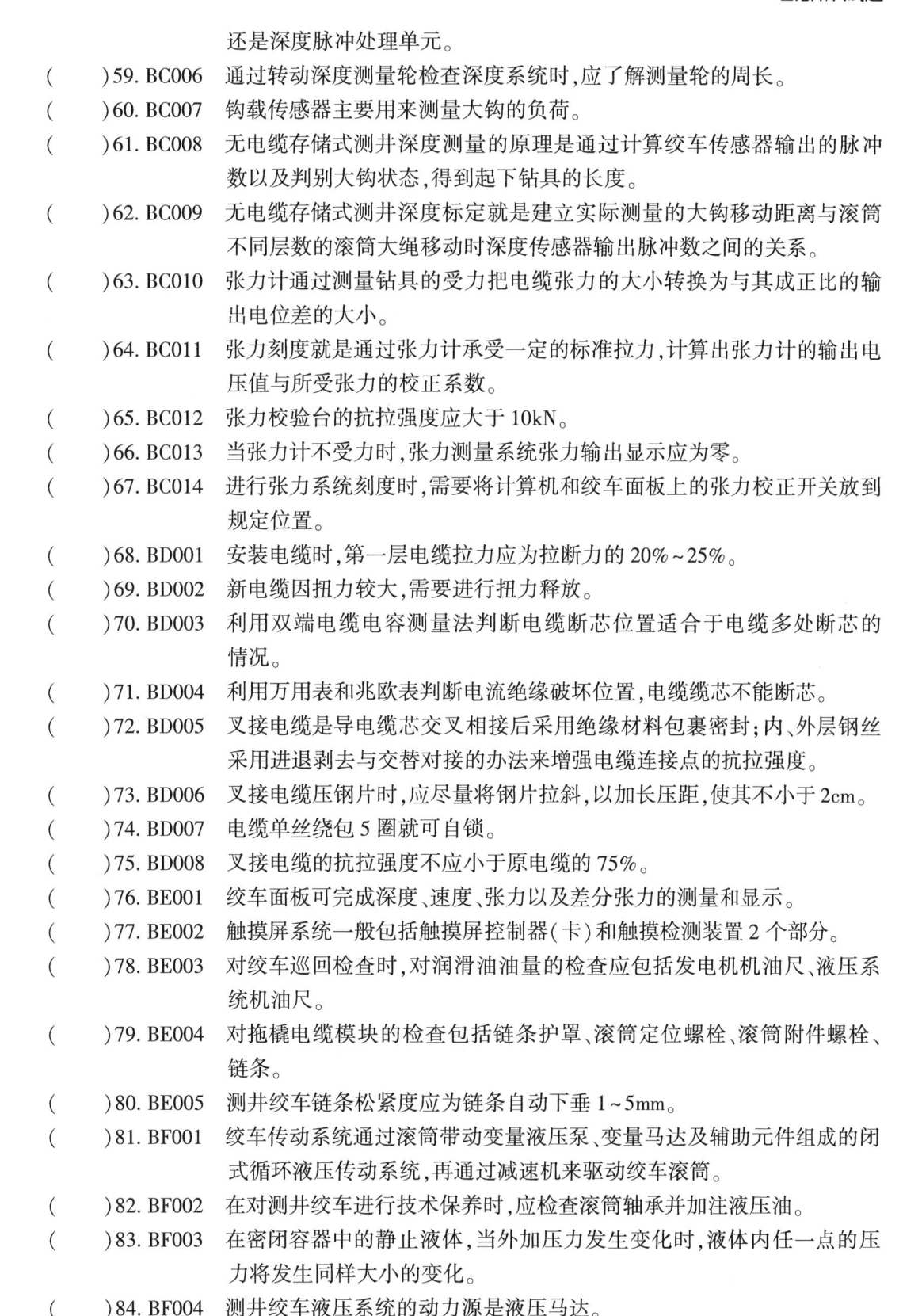

还是深度脉冲处理单元。
( )59. BC006 通过转动深度测量轮检查深度系统时,应了解测量轮的周长。
( )60. BC007 钩载传感器主要用来测量大钩的负荷。
( )61. BC008 无电缆存储式测井深度测量的原理是通过计算绞车传感器输出的脉冲数以及判别大钩状态,得到起下钻具的长度。
( )62. BC009 无电缆存储式测井深度标定就是建立实际测量的大钩移动距离与滚筒不同层数的滚筒大绳移动时深度传感器输出脉冲数之间的关系。
( )63. BC010 张力计通过测量钻具的受力把电缆张力的大小转换为与其成正比的输出电位差的大小。
( )64. BC011 张力刻度就是通过张力计承受一定的标准拉力,计算出张力计的输出电压值与所受张力的校正系数。
( )65. BC012 张力校验台的抗拉强度应大于10kN。
( )66. BC013 当张力计不受力时,张力测量系统张力输出显示应为零。
( )67. BC014 进行张力系统刻度时,需要将计算机和绞车面板上的张力校正开关放到规定位置。
( )68. BD001 安装电缆时,第一层电缆拉力应为拉断力的20%~25%。
( )69. BD002 新电缆因扭力较大,需要进行扭力释放。
( )70. BD003 利用双端电缆电容测量法判断电缆断芯位置适合于电缆多处断芯的情况。
( )71. BD004 利用万用表和兆欧表判断电流绝缘破坏位置,电缆缆芯不能断芯。
( )72. BD005 叉接电缆是导电缆芯交叉相接后采用绝缘材料包裹密封;内、外层钢丝采用进退剥去与交替对接的办法来增强电缆连接点的抗拉强度。
( )73. BD006 叉接电缆压钢片时,应尽量将钢片拉斜,以加长压距,使其不小于2cm。
( )74. BD007 电缆单丝绕包5圈就可自锁。
( )75. BD008 叉接电缆的抗拉强度不应小于原电缆的75%。
( )76. BE001 绞车面板可完成深度、速度、张力以及差分张力的测量和显示。
( )77. BE002 触摸屏系统一般包括触摸屏控制器(卡)和触摸检测装置2个部分。
( )78. BE003 对绞车巡回检查时,对润滑油油量的检查应包括发电机机油尺、液压系统机油尺。
( )79. BE004 对拖橇电缆模块的检查包括链条护罩、滚筒定位螺栓、滚筒附件螺栓、链条。
( )80. BE005 测井绞车链条松紧度应为链条自动下垂1~5mm。
( )81. BF001 绞车传动系统通过滚筒带动变量液压泵、变量马达及辅助元件组成的闭式循环液压传动系统,再通过减速机来驱动绞车滚筒。
( )82. BF002 在对测井绞车进行技术保养时,应检查滚筒轴承并加注液压油。
( )83. BF003 在密闭容器中的静止液体,当外加压力发生变化时,液体内任一点的压力将发生同样大小的变化。
( )84. BF004 测井绞车液压系统的动力源是液压马达。

(　　)85. BF005　液压泵是将机械能转换为液压能的转换装置。

(　　)86. BF006　测井绞车使用的液压马达通常为柱塞式。

(　　)87. BF007　液压控制阀在液压系统中的功用是控制调节液压系统中油液的流向、压力和流量。

(　　)88. BF008　绞车液压油及滤清器每工作1000h或18个月应进行更换,以先到者为限。

(　　)89. BF009　更换液压油需转动滚筒时,必须固定好电缆。

(　　)90. BG001　发电机的机油应保持在油尺上的油面标高"H"与"L"之间。

(　　)91. BG002　安装发电机新滤清器时,应沿顺时针方向旋紧。

(　　)92. BG003　发电机每工作18个月或500h应清洁一次燃油滤清器,以先到者为限。

(　　)93. BH001　电缆快速接头的抗拉强度取决于锥筐、锥体(锥体、锥体套)对电缆的固定。

(　　)94. BH002　电缆快速接头的引线对地绝缘电阻应大于500MΩ。

(　　)95. BH003　电缆连接器的绝缘性能由快速接头和马笼头内插头插针的质量及快速接头和马笼头内腔充满的硅脂或液压油来保证。

(　　)96. BH004　快速鱼雷组装后的抗拉强度应大于10kN。

(　　)97. BH005　制作七芯电缆头时,应保证内外锥套上边沿与锥筐上边沿的距离不超过5mm。

(　　)98. BH006　制作单芯电缆头时,要求留下的内、外层钢丝的断头要钩住锥体。

(　　)99. BH007　制作钢丝马笼头的拉力棒外无须安装防转装置。

(　　)100. BH008　组装快速鱼雷马笼头时,应用万用表检查密封瓷柱的通断、绝缘。

(　　)101. BH009　测井电极系由快速接头、专用拉力线以及在其上制作的电极环和马笼头组成。

(　　)102. BH010　制作电极系缠绕电极环时,应保证电极环的一侧处于用尺子确定的电极环位置。

(　　)103. BH011　侧向加长电极马笼头主要用于侧向测井,它要求10号芯与马笼头外壳有一定的绝缘。

(　　)104. BH012　制作钢丝马笼头安装铜芯、铜针前,应去除缆芯上的屏蔽物。

(　　)105. BI001　石油测井所使用的下井用辐射源一般要求耐温应为200℃、耐压应为170MPa。

(　　)106. BI002　常用的放射源表面沾污和泄漏的检验方法有湿式擦拭法和浸泡法。

(　　)107. BI003　补偿中子测井时,源体与源头一起装进仪器的源室中,一般情况下源体只承受钻井液压力。

(　　)108. BI004　铯(^{137}Cs)源由掺入陶器的放射性核素^{137}Cs制成,半衰期为33年,能量为662keV。

(　　)109. BI005　2Ci^{137}Cs伽马源密封装于有机玻璃壳体内,源的两侧装有屏蔽物质。

(　　)110. BI006　放射源维修人员必须经辐射安全培训合格,持证上岗。

(　　)111. BI007　维修20Ci中子源时,用活动扳手夹住源头并顺时针旋转,可将源头卸下。

( )112. BI008 维护保养 2Ci 中子伽马源时,应将中子伽马源源头固定在台虎钳上,用一字螺丝刀逆时针方向紧固底座螺栓。

( )113. BI009 更换 2Ci ^{137}Cs 伽马源的源盒时,应用平口螺丝刀顺时针旋转松开密封螺栓,从源盒中取出裸源及屏蔽块。

( )114. BI010 同位素释放器就是在井下预定深度释放井下同位素载体的施放工具。

( )115. BI011 同位素释放器推放杆活塞密封圈每使用 30 井次应强制更换。

( )116. BJ001 测井仪器需要通过刻度,建立测量值与其对应的地质参数之间的转换关系。

( )117. BJ002 连续测斜仪器的刻度校验周期为 6 个月。

( )118. BJ003 补偿中子主刻度器由刻度罐和冰块组成。

( )119. BJ004 密度主刻度器由带有压紧装置的高密度标准模块和低密度标准模块以及轻、重钻井液滤饼模拟片组成。

( )120. BJ005 刻度补偿中子仪器时,主刻度器周围 3m 内应无其他物体。

( )121. BJ006 进行密度仪器主刻度时,应压紧仪器,确保滑板与铝块、镁块接触良好。

( )122. BJ007 刻度岩性密度仪器时,手压泵应加压到 2000psi,使滑板和刻度块接触严密。

( )123. BJ008 刻度器的精度与仪器的测量精度无关。

( )124. BJ009 对自然伽马刻度器进行精准赋值以及定期对其标称值进行校验标定的过程就是对自然伽马刻度器的量值传递。

( )125. BJ010 进行自然伽马量值传递时,3m 以内应无其他放射源,10m 内应无未经屏蔽的强放射源。

( )126. BK001 地层声波速度与地层的岩性、孔隙度及孔隙流体性质等因素无关。

( )127. BK002 声波测井中,为补偿钻井液滤饼的影响,通常设置多个接收器。

( )128. BK003 声波仪器的声系由隔声体和发射探头、接收探头组成。

( )129. BK004 常规声波测井一般采用的是单发四收工作方式,时差测量采用软件深度推移算法。

( )130. BK005 根据声速测井资料可求取地层岩石的孔隙度。

( )131. BK006 声波测井时,声系的两端部位应根据井眼的大小分别加上合适的橡胶扶正器。

( )132. BK007 中子测井使用的中子源有 2 类,即连续中子化学源和脉冲中子源。

( )133. BK008 快中子变成热中子的过程称为中子的减速特性。

( )134. BK009 当元素的原子序数增大时,光电吸收系数也增大。

( )135. BK010 自然伽马能谱测井把能谱测量结果转换成地层的铀、钍、钾的含量。

( )136. BK011 自然伽马能谱测井仪器将不同能量的射线脉冲形成 256 道谱数据。

( )137. BK012 自然伽马能谱资料中的铀曲线反映地层中放射性矿物铀的含量。

( )138. BK013 中子探测器计数减少,则表明中子源和探测器之间物质的含氢量减少。

( )139. BK014 补偿中子测井仪器长短源距探测器的作用是接收其附近的快中子,并将其转换为相应的电脉冲送测量电路处理。

(　　)140. BK015　补偿中子测井既可在裸眼井内使用,也可以在套管井内使用。

(　　)141. BK016　密度测井时,地层密度越大,对伽马射线吸收越弱,被探测的伽马射线强度越强。

(　　)142. BK017　岩性密度测井除了可以测量地层的体积密度,还可测量反映地层岩性变化的光电截面吸收指数。

(　　)143. BK018　补偿密度仪器由电子线路、机械总成以及测量探头3个主要部分组成。

(　　)144. BK019　补偿密度测井时,使用推靠马达或液压系统张开推靠臂使滑板紧贴井壁,减小了井眼的影响。

(　　)145. BK020　利用密度测井资料可以求取地层流体密度。

(　　)146. BK021　利用岩性密度测井资料可直观判断地层岩性并求取地层含油气饱和度。

(　　)147. BK022　进行装卸源操作时,核测井仪器必须加电以防止探头被活化。

(　　)148. BK023　与钻杆输送相比,测井牵引器输送能节约施工时间,减轻劳动强度,降低施工风险。

(　　)149. BK024　测井牵引器的推靠短节主要为仪器的支臂提供液压动力,使测井仪器紧贴套管内壁。

(　　)150. BK025　测井牵引器的扶正器短节可以保证仪器在井下套管内居中,减少仪器外壁与套管内壁的摩擦。

(　　)151. BK026　连接测井牵引器时,应在张力CCL短节上面加装扶正器短节和挠性短节。

(　　)152. BL001　撞击式井壁取心是利用液压把岩心筒打入地层,从而取出岩心。

(　　)153. BL002　撞击式井壁取心时,井壁取心器上方需连接跟踪测井仪器一同下井。

(　　)154. BL003　选择撞击式井壁取心器型号的重要依据是地层的岩性。

(　　)155. BL004　目前使用的选发器有机械式和电子式2种不同类型。

(　　)156. BL005　取心时,应根据地层岩性,确定钢丝绳的长度。

(　　)157. BL006　取心药盒由火药、引火丝、外壳等组成。

(　　)158. BL007　用万用表欧姆挡检查点火触点对地绝缘电阻应大于$1M\Omega$。

(　　)159. BL008　选发器的点火线与地线之间的电阻值和跳挡线与地线之间的电阻值应在技术指标要求的范围内。

(　　)160. BL009　制定井壁取心施工方案时,应根据井眼大小、井斜,确定所要加装扶正器的规格和数量。

(　　)161. BL010　井壁取心时,所取岩心应与所取地层岩性相符。

(　　)162. BL011　装配井壁取心器时,严禁用手锤等铁器敲击岩心筒。

(　　)163. BL012　连接井壁取心器前,应确认已关闭下井仪器电源并将地面系统接线控制开关置于"安全"位置。

(　　)164. BL013　维护保养井壁取心器时,应清洗井壁取心器主体及弹道并使其干燥。

(　　)165. BL014　钻进式井壁取心器是采用液压传动的机械系统。

(　　)166. BL015　钻进式井壁取心器一般由电子线路和取心探头组成。

( )167. BL016　钻进式井壁取心器的取心探头包括取心动力系统和遥测通信控制单元。

( )168. BL017　维修任何包含液压流体的钻进式井壁取心器之前,必须把仪器中的压力释放掉。

( )169. BL018　钻进式井壁取心器的连接顺序是马笼头、电子线路、张力短节、机械探头段、储心筒段。

( )170. BM001　封隔器的封隔件是推靠器。

( )171. BM002　电缆桥塞适合于对漏失层、高压水(气)层的封堵。

( )172. BM003　电缆下桥塞使用的安全接头上接磁定位装置,下接坐封工具,由安全销钉和打捞头组成。

( )173. BM004　桥塞坐封工具的燃烧室内装火药柱,当药柱被雷管引燃后,逐渐形成高压气体,形成坐封力。

( )174. BM005　桥塞主胶筒的作用是密封环空,保证桥塞的密封性。

( )175. BM006　电缆下桥塞作业时,下放速度应在 6000m/h 以内。

( )176. BM007　拆卸桥塞工具之前,必须先泄压。

( )177. BM008　磁定位测井仪可用于测量多种尺寸的油管和套管接箍。

( )178. BM009　磁定位的线圈位于两磁钢的侧面,使线圈处于一个恒定的磁场中。

( )179. BM010　连接件接触不良、磁钢损坏、磁钢退磁、两磁钢强度不一致等,会导致磁定位信号弱。

( )180. BN001　穿心解卡打捞工作程序一般包括制定施工方案、召开作业协调会、进行施工工具与设施准备、下钻打捞、回收仪器与工具。

( )181. BN002　篮式卡瓦打捞筒的内部组件主要包括篮状卡瓦、钢球、弹簧、密封圈等。

( )182. BN003　分瓣式卡瓦打捞筒的卡瓦在筒体中被固定,不能活动。

( )183. BN004　三球打捞筒由筒体、钢球、弹簧、卡瓦、引鞋、堵头等零件组成。

( )184. BN005　穿心打捞仪器串上部为电极马笼头时,打捞前要在电极上部 10m 左右循环钻井液。

( )185. BN006　组装卡瓦打捞筒时,所选卡瓦的内径应比落鱼外径大 1~2mm。

( )186. BN007　穿心打捞时,应根据井眼直径和需要打捞的仪器外径选择三球打捞筒。

( )187. BN008　穿心打捞时,应在井口连接钻杆单根和打捞工具。

( )188. BN009　穿心解卡循环钻井液放置循环垫时,循环垫的安装方向应为循环垫的开口方向与电缆的受力方向一致。

( )189. BN010　旁通式解卡方法的优点是不需在地面切断电缆。

( )190. BN011　旁开式不断电缆打捞器靠 3 个钢球在斜孔中位置的变化来改变 3 个球公共内切圆直径的大小,从而允许测井仪器马笼头打捞帽通过。

( )191. BN012　旁通式解卡时,应采用双吊卡下钻,使吊卡坐于转盘面上时从吊卡侧面能引出电缆。

( )192. BO001　用大钩吊住电缆夹钳上下活动电缆的优点是可以从地面观察电缆张力变化情况。

( )193. BO002 电缆跳槽后上提,极可能导致电缆切断。

( )194. BO003 处理电缆在滚筒内的松乱、坍塌、挤压时,必须保证转动滚筒时电缆不继续松乱。

( )195. BO004 处理绞车动力故障活动电缆时,应防止电缆地面打结和电缆跳槽。

( )196. BO005 处理电缆跳槽问题后,必须对跳槽位置的电缆进行检查。

( )197. BO006 处理电缆在滚筒内的松乱、坍塌时,若转动滚筒,操作人员必须采取有效措施,防止人身事故的发生。

( )198. BP001 为防止测井过程中发生井涌、井喷事故,起钻前应充分循环井内钻井液,进、出口密度差不应超过 0.2g/cm³。

( )199. BP002 钻具输送测井遇紧急井控险情时,应立即用胶皮电缆卡子将电缆固定在钻杆上,按钻井队第一责任人要求剪断电缆。

( )200. BP003 电缆测井时发生井喷必须关井时,应先关环形防喷器,后关半封闸板防喷器;先关节流阀再关节流阀后的平板阀。

( )201. BP004 钻具输送测井遇井控险情需剪断电缆前,应绷紧电缆,防止电缆上冲。

( )202. BQ001 进行环空测井前,要在地面先安装一个偏心井口,使油管在套管内居中。

( )203. BQ002 为了防止电缆缠绕在油管上,不能旋转偏心井口。

( )204. BQ003 油管尾部重力和刚度相对较小,电缆容易穿越窄缝,使电缆和仪器分别在窄缝两侧,造成电缆缠绕油管。

( )205. BQ004 环空测井前必须对电缆进行调理作业,以增强其扭力。

( )206. BQ005 环空测井发生的环空缠绕绝大部分都是左旋缠绕。

( )207. BQ006 在安装有防喷系统的注水井测井施工过程中,在突然发生井内液体喷出、仪器落井的情况下,应立即打开清蜡阀门。

( )208. BQ007 用转井口法进行环空解缠时,应使仪器远离井口。

( )209. BQ008 生产测井套管内遇卡时,拉断电缆弱点前,必须检查绞车掩木放置。

( )210. BQ009 带压生产测井时,若发现电缆在防喷管内外层钢丝有断丝,应立即停车并关闭封井器,保持防喷管内的压力。

( )211. BQ010 带压生产测井过程中,电缆发生井口滑轮跳槽时,应使电缆放松后再进行处理。

( )212. BQ011 在注气井中进行带压生产测井时,若发生井喷不能控制住气体泄出,应立即打开清蜡阀门。

( )213. BR001 心肺复苏的按压姿势:地面采用跪姿,双膝与病人肩部齐平。双臂绷直,与病人胸部垂直,不得弯曲。以髋关节为支点,腰部挺直,用上半身重量向下按压。

( )214. BR002 气体检测仪器校准功能和功能测试完成后,如果没有出现符号 A,说明有传感器不需要功能测试或者不需要通气校准。

( )215. BR003 粉尘爆炸属于物理爆炸。

( )216. BR004 当发现有人中暑时,首先要将患者转移到阴凉通风处,避免继续暴露在高温环境中。同时,要保持患者平躺,头部稍微抬高,以保证血液循环畅通。

( )217. BR005　放射性检测仪为精密仪器,探测器为玻璃制品,使用时应注意轻拿轻放。不使用仪器时,请将电池取出,否则将造成电池漏液损坏仪器。

( )218. BS001　公共卫生事件是指由病菌病毒引起的大面积的疾病流行等事件,主要包括传染病疫情、群体性不明原因疾病、食品安全和职业危害、动物疫情,以及其他严重影响公众健康和生命平安的事件。

( )219. BS002　按照"管行业必须管安全,管业务必须管安全,管生产经营必须管安全""谁批准、谁监管""谁引进、谁负责""谁使用、谁负责"要求,负有业务领域管理职责的部门同时履行其安全环保管理职责。

( )220. BS003　作业队(班组)负责人组织全体员工开展 HSE 风险辨识,确定作业队(班组)级 HSE 风险,在生产作业过程中,落实"班前辨识风险、交班提示风险、班中防范风险、班后总结风险"四环节风险防控措施要求。

( )221. BS004　各单位对发现的安全环保事故隐患应当组织治理,对不能立即治理的事故隐患,应当制定和落实事故隐患监控措施,并告知岗位人员和相关人员在紧急情况下采取的应急措施。

( )222. BS005　QHSE 经验分享可以是与会人员或参训人员主动申请进行经验分享。

四、简答题

1. AA012　简述钻井液滤失和滤饼2个性能参数之间的关系。
2. AA013　简述钻井液固相含量高对钻井施工的有害影响。
3. AA016　简述钻井液湍流循环的特点。
4. AA017　简述钻井液在测井中的作用。
5. AA018　测井及井壁取心对钻井液的要求是什么?
6. AB003　简述综合录井的概念。
7. AB006　什么是岩屑录井?
8. BA003　简述测井绞车的摆放方法。
9. BA007　简述安装、拆卸存储式测井深度传感器的方法。
10. BA008　简述安装、拆卸存储式测井压力传感器的方法。
11. BA009　简述安装拆卸存储式测井钩载传感器的方法。
12. BA010　简述安装拆卸存储式测井专用工具的方法。
13. BC002　简述马丁代克深度系统的基本工作流程。
14. BC008　简述无电缆存储式测井深度测量的工作原理。
15. BD003　简述用单端电容法确定电缆断芯位置的方法和适用条件。
16. BF008　简述测井绞车液压系统技术保养的工作内容。
17. BH001　简述电缆快速接头的结构和用途。
18. BH003　简述电缆连接器的结构和用途。
19. BI006　简述放射源的维修、保养要求。

测井工（测井采集专业方向）

20. BJ001　简述测井仪器刻度的原理和目的。
21. BK002　简述补偿声波测井的原理。
22. BK005　简述声波测井资料的用途。
23. BK013　简述补偿中子测井的原理。
24. BK015　简述补偿中子测井资料的应用。
25. BK016　简述密度测井的原理。
26. BK020　简述密度测井曲线的用途。
27. BN001　简述穿心打捞的工作程序。
28. BO002　简述导致电缆跳槽的原因与处置方法。
29. BP001　简述裸眼测井时防止井涌、井喷事故的方法。
30. BQ005　简述转井口法环空解缠的操作方法。

五、计算题

1. BC003　某测井队进行测井施工时在4000m处仪器遇卡，进行穿心解卡时需用32kN的净增拉力拉断电缆弱点，已知该电缆的电缆伸长系数为0.15m/(km·kN)，计算拉断该电缆弱点时，电缆伸长量为多少？

2. BC004　编码器每米脉冲数为1280，计数轮转动一周为0.609m，求计数轮转动一周编码器输出的脉冲数是多少（结果保留整数）？

3. BC005　已知某测井队的马丁代克深度轮的标称值为0.609m，光电编码器的输出脉冲数为每米1280。在其正常工作的情况下，更换深度轮后，电缆移动25m，测量光电编码器输出的脉冲数为31750，求新更换的深度轮实际周长为多少（结果保留小数点后一位）？

4. BD003　七芯电缆的总长度为7000m，出现断芯后，量得A端的电容为0.039μF，试求断芯位置距A端的距离（该七芯电缆的电容为0.13μF/km）。

5. BD003　某测井队在施工中发现电缆4芯断芯，已知电缆全长6900m，测量电缆5芯对铠装层的分布电容值为0.9μF，测量电缆头端4芯对铠装层的分布电容值为0.5μF，测量滑环端4芯对铠装层的分布电容值为0.2μF，计算电缆4芯断芯的位置。

答　案

一、单项选择题

1. A	2. D	3. A	4. C	5. C	6. B	7. A	8. C	9. B	10. A
11. D	12. B	13. C	14. D	15. B	16. C	17. B	18. A	19. D	20. C
21. D	22. C	23. D	24. B	25. B	26. A	27. D	28. C	29. A	30. D
31. D	32. B	33. B	34. D	35. A	36. C	37. C	38. D	39. C	40. D
41. C	42. B	43. D	44. C	45. D	46. B	47. C	48. B	49. B	50. D
51. D	52. B	53. C	54. B	55. B	56. D	57. D	58. A	59. D	60. C
61. A	62. B	63. B	64. A	65. C	66. A	67. A	68. C	69. C	70. A
71. A	72. B	73. D	74. A	75. D	76. C	77. B	78. D	79. B	80. A
81. C	82. B	83. D	84. C	85. C	86. A	87. B	88. A	89. A	90. C
91. D	92. C	93. B	94. D	95. B	96. C	97. C	98. D	99. D	100. A
101. B	102. D	103. C	104. D	105. B	106. D	107. A	108. C	109. D	110. C
111. A	112. D	113. D	114. B	115. A	116. D	117. B	118. D	119. A	120. D
121. D	122. B	123. B	124. C	125. D	126. D	127. B	128. D	129. A	130. B
131. D	132. A	133. B	134. D	135. C	136. C	137. D	138. D	139. A	140. A
141. B	142. B	143. C	144. A	145. D	146. D	147. B	148. B	149. C	150. D
151. C	152. A	153. C	154. A	155. B	156. B	157. C	158. B	159. C	160. C
161. D	162. B	163. A	164. D	165. B	166. C	167. C	168. D	169. A	170. A
171. B	172. C	173. A	174. D	175. A	176. B	177. C	178. C	179. D	180. A
181. D	182. D	183. B	184. A	185. C	186. C	187. C	188. D	189. C	190. B
191. A	192. B	193. C	194. C	195. D	196. A	197. D	198. B	199. D	200. A
201. B	202. C	203. B	204. A	205. C	206. D	207. A	208. C	209. B	210. D
211. B	212. D	213. A	214. A	215. B	216. C	217. A	218. C	219. B	220. D
221. C	222. A	223. B	224. C	225. B	226. C	227. C	228. D	229. C	230. B
231. B	232. D	233. D	234. B	235. A	236. B	237. C	238. A	239. C	240. B
241. D	242. B	243. C	244. D	245. B	246. C	247. D	248. B	249. D	250. A
251. C	252. C	253. D	254. B	255. D	256. A	257. B	258. B	259. D	260. D
261. A	262. D	263. B	264. B	265. C	266. C	267. C	268. D	269. C	270. A
271. C	272. D	273. C	274. D	275. C	276. B	277. A	278. B	279. A	280. C
281. B	282. A	283. B	284. C	285. B	286. C	287. D	288. B	289. A	290. D
291. C	292. C	293. D	294. D	295. B	296. C	297. A	298. C	299. D	300. C
301. A	302. D	303. D	304. B	305. C	306. D	307. B	308. A	309. B	310. D

311. A	312. A	313. C	314. D	315. B	316. C	317. B	318. C	319. B	320. A
321. C	322. B	323. D	324. B	325. C	326. C	327. D	328. D	329. A	330. A
331. D	332. C	333. A	334. A	335. C	336. C	337. B	338. B	339. C	340. A
341. D	342. B	343. D	344. B	345. C	346. C	347. B	348. D	349. C	350. D
351. A	352. C	353. A	354. C	355. D	356. A	357. C	358. B	359. A	360. B
361. C	362. D	363. B	364. A	365. D	366. D	367. B	368. C	369. B	370. C
371. D	372. A	373. C	374. B	375. D	376. A	377. C	378. D	379. C	380. C
381. D	382. B	383. A	384. B	385. A	386. B	387. C	388. C	389. D	390. A
391. B	392. D	393. B	394. C	395. A	396. A	397. B	398. B	399. C	400. B
401. C	402. D	403. B	404. B	405. C	406. B	407. D	408. B	409. C	410. A
411. B	412. C	413. A	414. D	415. B	416. D	417. A	418. B	419. A	420. B
421. C	422. B	423. C	424. D	425. A	426. A	427. B	428. A	429. B	430. C
431. C	432. B	433. B	434. D	435. C	436. B	437. C			

二、多项选择题

1. BD	2. BC	3. AB	4. ABC	5. ABCD	6. ABC	7. ABCD
8. BC	9. BD	10. CD	11. AD	12. CD	13. ABC	14. AD
15. ABC	16. BCD	17. BC	18. ABC	19. ABC	20. ABD	21. BCD
22. AD	23. AD	24. BCD	25. ABC	26. ABC	27. BCD	28. AC
29. BC	30. ABD	31. AD	32. AD	33. ABC	34. AD	35. BCD
36. ABC	37. ABCD	38. CD	39. AB	40. AC	41. ABCD	42. ACD
43. ABD	44. ABD	45. BC	46. BCD	47. AC	48. BCD	49. AB
50. BCD	51. AC	52. BD	53. AD	54. ABC	55. ABCD	56. BC
57. BD	58. BC	59. CD	60. ABCD	61. BC	62. AB	63. AC
64. AC	65. BCD	66. AD	67. BC	68. AB	69. AB	70. AD
71. AC	72. AD	73. CD	74. BC	75. BD	76. ABD	77. AC
78. ABC	79. BC	80. AC	81. ABCD	82. BC	83. BCD	84. ABC
85. AC	86. ABD	87. ABD	88. ACD	89. ACD	90. AC	91. BD
92. BCD	93. AC	94. AB	95. BC	96. ABC	97. BCD	98. AC
99. BCD	100. AC	101. CD	102. AD	103. ABC	104. CD	105. AB
106. BC	107. BCD	108. BD	109. BD	110. CD	111. ABC	112. ABC
113. ABD	114. AC	115. BD	116. BD	117. AC	118. BCD	119. BD
120. BC	121. CD	122. AD	123. AD	124. AC	125. BC	126. AC
127. CD	128. ABD	129. BD	130. CD	131. BCD	132. AC	133. BC
134. CD	135. AD	136. ABD	137. BCD	138. ABD	139. BCD	140. CD
141. AC	142. AD	143. CD	144. AC	145. ACD	146. BD	147. BCD
148. AB	149. AD	150. AB	151. ACD	152. ABCD	153. ACD	154. AD
155. CD	156. BC	157. AC	158. ACD	159. BC	160. BD	161. ABC

162. AD	163. CD	164. ABC	165. BC	166. BC	167. CD	168. AB
169. AD	170. BD	171. ABCD	172. AD	173. CD	174. AC	175. BC
176. CD	177. AB	178. AD	179. AB	180. AC	181. AD	182. BCD
183. ABD	184. AB	185. AD	186. ABD	187. CD	188. AC	189. AC
190. BC	191. AC	192. AD	193. BD	194. CD	195. AD	196. BC
197. ACD	198. AD	199. AB	200. AC	201. BC	202. CD	203. AC
204. AD	205. BD	206. AB	207. BC	208. BD	209. AB	210. AC
211. AD	212. ABD	213. ABD	214. BCD	215. ABCD	216. ABCD	217. BD
218. ABC	219. ABCD	220. ABCD	221. ABCD	222. ABCD	223. ABCD	224. ABCD

三、判断题

1. √	2. ×	3. √	4. √	5. ×	6. ×	7. √	8. ×	9. √	10. ×
11. ×	12. √	13. ×	14. √	15. √	16. ×	17. √	18. √	19. √	20. √
21. √	22. ×	23. √	24. ×	25. √	26. √	27. √	28. ×	29. ×	30. ×
31. ×	32. ×	33. √	34. ×	35. √	36. √	37. √	38. √	39. √	40. ×
41. √	42. √	43. √	44. √	45. √	46. √	47. √	48. √	49. √	50. √
51. √	52. ×	53. √	54. √	55. √	56. ×	57. ×	58. ×	59. √	60. √
61. √	62. √	63. ×	64. ×	65. ×	66. √	67. √	68. ×	69. √	70. ×
71. √	72. √	73. ×	74. √	75. ×	76. √	77. √	78. √	79. √	80. ×
81. ×	82. ×	83. √	84. ×	85. √	86. √	87. √	88. ×	89. √	90. √
91. ×	92. √	93. √	94. √	95. √	96. ×	97. ×	98. √	99. ×	100. √
101. √	102. ×	103. √	104. √	105. ×	106. √	107. ×	108. √	109. √	110. √
111. ×	112. ×	113. ×	114. √	115. √	116. √	117. √	118. √	119. √	120. √
121. √	122. ×	123. ×	124. √	125. √	126. ×	127. √	128. √	129. √	130. √
131. √	132. √	133. √	134. √	135. √	136. √	137. √	138. √	139. ×	140. √
141. ×	142. √	143. √	144. √	145. √	146. ×	147. √	148. √	149. √	150. √
151. √	152. ×	153. √	154. ×	155. √	156. √	157. √	158. √	159. √	160. √
161. √	162. √	163. √	164. √	165. √	166. √	167. ×	168. √	169. √	170. √
171. √	172. √	173. √	174. √	175. ×	176. √	177. √	178. √	179. √	180. √
181. ×	182. ×	183. ×	184. √	185. ×	186. √	187. √	188. √	189. √	190. √
191. √	192. ×	193. √	194. √	195. √	196. √	197. √	198. √	199. √	200. √
201. ×	202. ×	203. √	204. √	205. √	206. ×	207. √	208. √	209. √	210. √
211. √	212. ×	213. √	214. ×	215. ×	216. ×	217. √	218. √	219. √	220. √
221. √	222. √								

四、简答题

1. 答：钻井液的滤失和产生滤饼是同时发生的(10%)，也是相互影响的(10%)。开始是由于滤失而形成滤饼(10%)，滤失大形成的滤饼厚(20%)，滤失小则形成的滤饼薄

(20%)。而滤饼形成后则反过来阻挡进一步滤失(10%),滤失主要取决于滤饼本身的渗透性(10%),但滤失量并不是决定滤饼厚度的唯一因素(10%)。

2. 答:钻井液中的固相含量增加是引起钻速下降的一个重要原因(15%),钻井液固相含量高还会严重影响钻井液性能(10%),并给钻井带来许多危害,如钻头进尺减少、钻井设备磨损严重。钻井液密度、黏度升高,滤饼加厚,容易发生井漏、卡钻等事故,破坏油气层(25%);并使钻井液流动阻力增大(10%),泵压升高(10%),不利于喷射钻进;使钻井液性能波动(10%),耗费大量的钻井液处理剂。因此,要有效地提高钻进速度,安全钻井,必须严格控制固相含量,使用不分散低固相钻井液(20%)。

3. 答:钻井液湍流循环时,在某一给定点,流体流速的大小和方向始终在变化(50%),压力不稳定且不断变化(50%)。

4. 答:在电法测井中,导电的钻井液成为仪器与地层间的导电介质(40%);在声波测井中,钻井液成为仪器与地层间的耦合剂(40%)。没有钻井液这些测井项目无法完成(20%)。

5. 答:①在确保施工安全的情况下,密度不宜过大,以保证仪器或工具能够顺利下入井内(30%)。②黏度不能大于90s,以防仪器和电缆粘卡(30%)。③含砂量小于0.5%,滤失量不宜过大,以防止滤饼太厚,影响测井和井壁取心的质量(30%)。此外,钻井液的电阻率也应适中,一般为 $1\sim5\Omega\cdot m$,有利于测井资料的解释(10%)。

6. 答:综合录井是指在钻井过程中利用各种传感器及检测仪(15%),对钻井工程参数(15%)、钻井液参数(15%)、气体检测参数(20%)、地层压力检测参数(10%)等进行连续检测,并综合利用这些信息进行钻井工程服务和地质评价的工作(25%)。

7. 答:岩屑录井是指在钻井过程中(10%),地质录井人员依照设计取样间距和质量要求(20%),按迟到时间(20%)将返到地面上来的岩屑在指定的取样处(10%)进行系统收集整理、观察描述、送样分析、编制剖面图等全部工作(40%)。

8. 答:①勘察井场地形,以电缆运行不受影响,便于施工为原则,选定绞车摆放位置(10%)。②根据绞车摆放位置,站在司机前方可见处,指挥绞车在距离井口 $25\sim30m$ 位置,尾部朝向井口(20%)。③找一井口标志物(如吊起的钻具、滑板等),分别在绞车前方两侧及中间位置观测、指挥,使绞车滚筒的垂直中心线对准井口。若因场地原因,无法观测指挥完全对正,也可在电缆下井后,观测滚筒两侧槽帮,指挥绞车移动,使井口、滑轮及绞车滚筒垂直中心线在同一直线上(40%)。④绞车对正后,提示司机打正车轮方向(10%)。⑤在绞车两后轮下打牢掩木,挂好安全链条。当从事超深井、复杂井测井或停车地面湿滑时,采用地锚或拖拉机在前方将绞车拉住加固(20%)。

9. 答:①确认滚筒动力切断、滚筒制动。在钻井相关人员的协助下,拆卸掉钻机滚筒侧面的护罩(15%)。②将深度传感器安装在滚筒的中心轴上,并用固定螺母进行固定。如果中心轴上有其他公司的深度传感器,可以在它的后面级联(25%)。③将连接线与传感器连线相接(10%)。④将连接线固定后安装好滚筒侧面的护罩(15%)。⑤测井完成,按安装的逆顺序拆卸深度传感器(15%)。⑥将安装传感器位置恢复至安装传感器之前的状态(10%)。⑦收回传感器和连接线,拆下仪器车各传感器的连接线,上好插头、插座护帽,固定(10%)。

10. 答:①在钻井技术人员的协助下,选择带有能够安装压力传感器盲孔且远离钻井泵的钻井液高压管线立管(10%)。②确认钻井泵已停泵,立管回水已放空(15%)。③由钻井相关人员将所选择的高压立管盲孔丝堵卸掉,在压力传感器的螺纹上缠好生胶带,然后将其安装在盲孔上并固定拧紧(25%)。④将传感器输出线与连接线相连接,由操作工程师确认信号正常(10%)。⑤在线头连接处缠好绝缘胶布并将连接线固定(10%)。⑥测井完成,按照安装的逆顺序拆卸压力传感器(10%)。⑦将安装传感器位置恢复至安装传感器之前的状态(10%)。⑧收回传感器和连接线,拆下仪器车各传感器的连接线,上好插头、插座护帽,固定(10%)。

11. 答:①将钩载传感器的管线部分注满液压油,若钻机使用酒精,需要与井队保持一致(15%)。②确认游车静止不动,将钩载传感器安装在死绳端的液压输出端上,通过三通与其他传感器并联(35%)。③将传感器输出线与连接线相连接,由操作工程师确认信号正常(10%)。④在线头连接处缠好绝缘胶布并将连接线固定(10%)。⑤测井完成后,按照安装的逆顺序拆卸钩载传感器(10%)。⑥将安装传感器位置恢复至安装传感器之前的状态(10%)。⑦收回传感器和连接线,拆下仪器车各传感器的连接线,上好插头、插座护帽,固定(10%)。

12. 答:①按下井仪器释放方式组装上悬挂器(10%)。②检查泄流孔护套安装是否正常,其规格、类型应符合测井设计要求(10%)。③使用专用提丝将下悬挂器的各短节吊到钻台上(10%)。④用链钳将下悬挂器的各节连接旋紧(10%)。⑤由钻井方将连接好的下悬挂器坐放于井口,用液压大钳以 5MPa 的工作压力分别将 2 个连接处打紧(10%)。⑥按有效容纳长度大于仪器落座后有效长度 0.3~0.5m 选择长度、数量合适的加重钻杆和调整短节(20%)。⑦使用专用通径规对下井前的加重钻杆进行通径(10%)。⑧指挥钻井队按测井设计要求依次将调整短节及内径大于 $\phi 75mm$ 的加重钻杆连接下井(10%)。⑨连接上悬挂器并使用液压大钳以 4.5~5MPa 的压力进行紧固(10%)。

13. 答:电缆移动(20%)→带动计数轮转动(周长可知)(20%)→带动编码器转动(每周脉冲数固定)(20%)→深度处理单元(根据脉冲数计算深度)(20%)→显示深度、速度(20%)。

14. 答:钻具输送无电缆存储式测井系统中的深度跟踪就是地面仪器采集的井深数据始终要与井队下钻(下测)、起钻(上测)、等待 3 种基本状态时下井仪器最下端的位置保持一致。深度跟踪是通过对下井仪器和所有已下钻具的测量长度累积得到的(15%)。当大钩移动时,大绳的收放带动钻机滚筒转动(10%),当滚筒转动产生角位移时,绞车传感器的转子随之产生位移,传感器输出相位差为 90°的脉冲(25%)。输出脉冲数与滚筒的角位移成正比(10%),而滚筒的角位移又与大钩移动的距离成一定的函数关系(20%)。通过计算绞车传感器输出的脉冲数以及判别大钩的状态,就得到起下钻具的长度(20%)。这就是无电缆存储式测井深度测量的原理。

15. 答:用一支表笔接外皮,另一支表笔接缆芯。先测一根与断芯电缆相邻的好缆芯的电容量 C(20%),再测断芯的电容量 C_1(20%),按公式 $L_1 = C_1/CL$(40%)计算断芯位置。其中,L_1 为断芯位置;L 为电缆总长度。该方法适用于多断点缆芯位置的检测,但前提是缆芯不能全部断芯(20%)

16. 答：测井绞车液压系统技术保养的工作内容包括：①清洁液压系统的各部件(10%)。②清洁液压油散热器外部的脏污,检查散热器有无渗漏现象(10%)。③检查冷却风扇的工作是否正常(10%)。④检查补油压力表、工作压力表、真空度表工作是否正常,有无渗油现象(10%)。⑤检查扭矩阀、泄荷阀是否有效、有无渗油,必要时应更换O形密封圈(10%)。⑥检查液压油箱有无渗漏,各连接管线、接头有无破裂、漏油,发现隐患及时采取措施进行排除(10%)。⑦检查液压油油面,需要时加注液压油,保证液压油油面在油标尺一半以上(20%)。⑧绞车液压油及滤清器每工作500h或12个月应进行更换,以先到者为限(20%)。

17. 答：电缆快速接头是把电缆末端的铠装钢丝用锥筐、锥体(锥体、锥体套)固定在一个鱼雷形外壳里(30%),将电缆芯接上密封插头或连接防水密封性的插头插座(30%),使它能和各种电缆连接器或马笼头电极进行机械连接和电气连接(40%)。

18. 答：电缆连接器也称钢丝马笼头,是连接电缆头和测井仪器的中间过渡部件(30%)。它由与电缆头相连接的快速接头(20%)、承拉电缆或承拉钢丝绳(10%)以及与测井仪器相连接的马笼头组成(20%)。承拉电缆或承拉钢丝绳通过锥筐、锥体固定后与快速接头及马笼头进行机械连接(20%)。

19. 答：维修人员必须经辐射安全培训合格,持证上岗(15%)。放射源的维修和保养必须严格遵守放射性安全操作规程,遵循时间防护、距离防护和屏蔽防护的原则(20%),要尽量使维修人员所受放射性射线的辐射剂量最小(10%)。当需要较长的时间才能完成维修工作,操作人员有可能达到或超过控制管理所接受的放射性射线辐射剂量时,则应组织人员轮流限时或限剂量操作(20%)。另外直接维修人员不但要非常熟悉放射性防护规程(15%),而且要了解放射源的机械结构、操作规程、维护保养常识(20%)。

20. 答：石油测井仪器的刻度原理是：通过运用带有刻度的装置来建立测井仪器的测量值(25%),并将这一测量值和相对应的装置中已知的量值进行关系转换(25%)。测井刻度是测井作业中质量控制的重要环节(10%),刻度的目的是精确找出测量值与反映地层物理参数的工程值之间的转换关系(40%)。

21. 答：声波速度测井在现场简称声波测井。其测量原理是由发射器向地层中发射声波(20%),然后由接收器接收由地层折射及反射的声波波列信号(20%)。最先到达接收器的波称为初至波,随初至波后到达接收器的波称为续至波。测量首先到达的纵波信号(简称纵波初至波或纵波首波)的时间,因发射器与接收器之间的距离已知,由此就可间接得到声波传播速度(30%)。声波测井中,为补偿井眼的影响,通常设置多个接收器,因此,声波速度测井也称补偿声波测井(20%)。通过测量声波到达不同接收器的单位时间差,就可得到声波速度的倒数。所以,声波速度测井的结果也称声波时差(10%)。

22. 答：①地层对比(20%)。②确定地层孔隙度(60%)。③与其他资料配合确定地层的含油气饱和度及识别气层和裂缝、合成地震记录、检测压力异常和断层等(20%)。

23. 答：补偿中子仪器采用2个不同源距的热中子探测器(20%),依据探测器与Am-Be中子源距离的远近分别称作长源距探测器和短源距探测器。测井时中子源不断发射出快中子(10%),当快中子与地层中的不同原子核碰撞时,其能量损失,慢化成热中子(5%),该探测器是主要对热中子响应的探头(5%)。氢是最有效的中子减速剂之一,所以探测器计数减少则表明中子源和探测器之间物质的含氢量增加(20%),也就说明这是一个高孔隙度地层。2个探测器分别记录2个不同源距的热中子密度,并取其比值,该比值代表了地层中子密度随源距衰减的速率(10%)。计数率比值与孔隙度有关,并减少了井眼的影响(10%)。依据长短源距计数率比值与地层孔隙度的关系,通过刻度,就把测量的长短源距计数率比值转换为地层孔隙度(20%)。

24. 答:补偿中子测井既可在裸眼井内使用,也可在套管井内使用。其测井资料的主要用途是求取地层的孔隙度(40%)和判断岩性(30%),同时补偿中子测井曲线对天然气层也会有明显的显示(30%)。

25. 答:密度测井是用距γ源一定距离的探测器,探测从源发射出来的中能γ射线穿过岩石,经康普顿效应散射γ射线的计数率从而求得地层体积密度的方法(30%)。由于被探测器接收到的散射伽马射线的强度与地层岩石的体积密度有关,地层密度越大,对伽马射线吸收越强,被探测的伽马射线的强度越弱;反之,地层密度越小,对伽马射线吸收越弱,被探测的伽马射线的强度越强(60%)。通过大量试验及数据处理,最后确定求解密度的关系式,达到求解密度的目的(10%)。

26. 答:密度测井曲线的应用有以下几方面:
①划分岩性,不同岩性的地层密度不同(30%)。②求取地层孔隙度(40%)。③结合补偿中子曲线,划分裂缝带和气层(30%)。

27. 答:穿心打捞的工作程序一般包括制定施工方案(30%)、召开作业协调会(20%)、进行施工工具与设施准备(20%)、下钻打捞(20%)、回收仪器与工具(10%)。

28. 答:导致电缆跳槽的原因有以下几方面:
①仪器在井口附近,电缆下放过快,而仪器下入较慢,造成电缆脱离轮槽(10%)。②电缆下放过程中因仪器遇阻,电缆张力减小,速度过快造成电缆脱离轮槽(10%)。③电缆高速下放,突然停车,造成电缆脱离轮槽(10%)。④测井遇卡后,电缆处于高张力绷紧时突然解卡,电缆张力的快速变化导致电缆脱离轮槽(10%)。⑤绞车摆放不正,电缆张力变化时电缆脱离轮槽(10%)。⑥滑轮轮槽损坏,造成电缆从损坏部位脱离滑轮轮槽(5%)。⑦电缆直径与滑轮槽不匹配(5%)。

电缆跳槽的处置方法为:为防止电缆跳槽而导致事故的发生,就必须在施工中严格遵守操作规程,勤观察、早发现并及时进行处理。同时,发现电缆运行异常或井口有异常声音必须及时停止绞车运行(20%)。发现电缆跳槽后,应立即停车,在井口固定电缆后,下放天滑轮,进行处理(10%)。若处理时间较长,仪器和电缆在裸眼内,则需利用大钩活动井下电缆和仪器(10%)。

29. 答:①测井前必须压稳油气层(25%)。②测井前应掌握油气上窜规律,合理安排通井,钻井队与测井队共同制定和落实电测溢流的应急预案(25%)。③测井期间及时向井筒内灌注钻井液(25%)。④测井期间应加强溢流观察,做到及时发现溢流,及时处理(25%)。

30. 答:①将仪器提到距井口6m左右,从而保证解缠在第一根油管内进行(20%)。②准确判断电缆绕向。由于绝大部分情况为右旋缠绕,因此可以先按右旋缠绕处理(10%)。右旋缠绕可以顺时针转动偏心井口,反之,可逆时针转动偏心井口(10%)。对于绕向不清的,按右旋顺时针转动偏心井口时,若电缆从测试孔缓缓外流,证明判断正确。如发现电缆逐渐下沉,说明解缠处理方法不正确,必须改变方向,逆时针转动井口(20%)。③逐渐转动井口,使仪器和偏心阀门、电缆在同一垂直方向,达到解缠的目的(20%)。④把井口逆转到原来的位置,取出仪器(20%)。

五、计算题

1. 解:由公式 $K=\Delta L/(L\Delta T)$ 可知: (30%)
$$\Delta L=KL\Delta T=0.15\times4\times32=19.2(\mathrm{m})$$ (60%)

答:拉断该电缆弱点时,电缆将伸长 19.2m。 (10%)

2. 解:$1280\times0.609\approx780$ (90%)

答:计数轮转动一周编码器输出的脉冲数是 780。 (10%)

3. 解:从测量结果可以得到更换深度轮后光电编码器的每米输出脉冲数为:
$$31750/25=1270$$ (20%)

正常情况下计数轮转动一周的脉冲数应为:
$$0.609\times1280\approx779.5$$ (20%)

更换深度轮之后,计数轮转动一周的脉冲数不变:
$$1270\times\text{计数轮周长}=779.5$$ (20%)

换新的深度轮后,计数轮的周长为:
$$779.5/1270\approx0.6138(\mathrm{m})=613.8(\mathrm{mm})$$ (40%)

答:新更换的深度轮实际周长为 613.8mm。

4. 解:由于 $L=7000\mathrm{m}=7\mathrm{km}$,所以 $C_{总}=0.13\times7=0.91(\mu\mathrm{F})$ (30%)
$$L_1=C_1L/C_{总}=0.039\times7/0.91=0.3\mathrm{km}=300(\mathrm{m})$$ (60%)

答:断芯位置距 A 端 300m。 (10%)

5. 解:第一断芯位置为:$0.5/0.9\times6900\approx3833.3(\mathrm{m})$ (40%)

第二断芯位置为:$(0.9-0.2)/0.9\times6900\approx5366.7(\mathrm{m})$ (40%)

答:第一断芯位置距电缆头 3833.3m,第二断芯位置距电缆头 5366.7m。 (20%)

技师理论知识试题及答案

一、单项选择题(每题有4个选项,只有1个是正确的,将正确的选项号填入括号内)

1. AA001　导电性能介于导体和绝缘体之间的一类材料称为(　　)。
   A. 绝缘体　　　　B. 导体　　　　C. 半导体　　　　D. 非金属

2. AA001　塑料、陶瓷、石英等不易导电的材料称为(　　)。
   A. 绝缘体　　　　B. 导体　　　　C. 半导体　　　　D. 金属

3. AA002　掺入极微量杂质的半导体称为(　　)。
   A. 金属半导体　　　　　　　　　B. 非金属半导体
   C. 掺杂半导体　　　　　　　　　D. 本征半导体

4. AA002　在半导体中掺入极微量的磷、砷等五价元素后,半导体中就会产生大量的(　　)。
   A. 质子　　　　B. 电子　　　　C. 中子　　　　D. 原子

5. AA003　当PN结外加正向电压(P端接电源正极,N端接电源负极)时,PN结处于(　　)状态。
   A. 截止　　　　B. 导通　　　　C. 半导通　　　　D. 半截止

6. AA003　当PN结外加反向电压(P端接电源负极,N端接电源正极)时,PN结处于(　　)状态。
   A. 截止　　　　B. 导通　　　　C. 半导通　　　　D. 半截止

7. AA004　当二极管外加反向电压超过某一数值时,反向电流会突然增大,这种现象称为(　　)。
   A. 电击穿　　　　B. 导通　　　　C. 放电　　　　D. 短路

8. AA004　硅二极管的正向导通压降一般为(　　)。
   A. 0.3~0.5V　　　B. 0.5~0.6V　　　C. 0.6~0.8V　　　D. 0.8~0.9V

9. AA005　二极管从所用的半导体材料来分,可分为(　　)。
   A. 镍二极管(Ni管)和硅二极管(Si管)
   B. 锗二极管(Ge管)和镍二极管(Ni管)
   C. 锗二极管(Ge管)和硅二极管(Si管)
   D. 锗二极管(Ge管)、镍二极管(Ni管)和硅二极管(Si管)

10. AA005　二极管的最大整流电流是指长期运行时允许通过的(　　)。
    A. 最小正向平均电流　　　　　　B. 最大正向电流
    C. 最小正向电流　　　　　　　　D. 最大正向平均电流

11. AA006　用万用表的(　　)挡可测量出二极管的正负极性及其单向导电性是否合格。
    A. 电压　　　　B. 电流　　　　C. 欧姆　　　　D. 直流电压

12. AA006　二极管的极性可以根据管壳标示的(　　)辨认。
    A. 正极或耐压　　　　　　　　　B. 正极或结构形式
    C. 额定电压或结构形式　　　　　D. 正极或反向电流

13. AA007　所谓"整流"就是把(　　)的过程。
    A. 交流电变换为直流电　　　　　B. 交流电变换为交流电
    C. 直流电变换为直流电　　　　　D. 直流电变换为交流电

14. AA007　常规测井仪器中的直流电源一般通过(　　)对工业交流电进行变换而得。
    A. 滤波电路　　B. 稳压电路　　C. 整流电路　　D. 变压器

15. AA008　稳压管工作在(　　)。
    A. 正向导通区　　　　　　　　　B. 反向击穿区
    C. 电压截止区　　　　　　　　　D. 放大功能区

16. AA008　稳压二极管用2CW表示,2表示二极管,W表示稳压,C表示(　　)。
    A. N型硅材料　　B. P型硅材料　　C. N型锗材料　　D. P型锗材料

17. AA009　滤波电路的作用是(　　)。
    A. 增大整流后的脉动程度　　　　B. 减小整流后的脉动程度
    C. 增大整流电路的稳定程度　　　D. 改变输出电路中的容抗或阻抗

18. AA009　电感滤波是利用电感线圈对交流的(　　)作用来减少脉动直流的交流成分的。
    A. 导通　　　　B. 阻碍　　　　C. 放大　　　　D. 整流

19. AA010　晶体三极管的基极、集电极和发射极分别用(　　)表示。
    A. e,c,b　　　　B. b,e,c　　　　C. b,c,e　　　　D. c,e,b

20. AA010　在晶体三极管的主要参数中,β表示(　　)。
    A. 电流放大倍数　B. 电压放大倍数　C. 功率放大倍数　D. 集电极最大电流

21. AA011　场效应管有结型和绝缘栅型2类,每类中又分(　　)2种。
    A. N沟道和P沟道　　　　　　　B. H沟道和P沟道
    C. N沟道和H沟道　　　　　　　D. Y沟道和H沟道

22. AA011　场效应管放大电路以(　　)之间的信号作为信号输入端。
    A. 栅极和漏极　B. 栅极和源极　C. 源极和漏极　D. 栅极和地

23. AA012　共集电极放大电路中,输入信号是由三极管的(　　)两端输入的。
    A. 基极与集电极　　　　　　　　B. 基极与发射极
    C. 集电极与发射极　　　　　　　D. 基极与地

24. AA012　电路中,"⊥"表示的是(　　)。
    A. 正极　　　　B. 负极　　　　C. 短路　　　　D. 公共端"接地"

25. AA013　放大电路的核心装置为(　　)。
    A. 二极管　　　B. 三极管　　　C. 场效应管　　D. 三极管、场效应管

26. AA013　放大电路的电压增益是输出电压与(　　)的比值。
    A. 输入电流　　B. 输入电压　　C. 输入功率　　D. 输入频率

27. AA014　把一个单管放大电路与另一个单管放大电路之间的间连接称为(　　)。
    A. 级联　　　　B. 串联　　　　C. 耦合　　　　D. 并联

28. AA014　一般多级放大器的耦合方式有(　　)。
　　A. 直接耦合和阻容耦合　　　　　　B. 间接耦合和阻容耦合
　　C. 直接耦合和感抗耦合　　　　　　D. 间接耦合和感抗耦合

29. AA015　集成电路按其内部有源器件的不同可分为(　　)和绝缘栅场效应管集成电路。
　　A. 单极型晶体管集成电路　　　　　B. 双极型晶体管集成电路
　　C. 三极型晶体管集成电路　　　　　D. 多极型晶体管集成电路

30. AA015　模拟信号是指(　　)随时间变化的信号。
　　A. 频率　　　　B. 电压　　　　C. 幅度　　　　D. 电流

31. AA016　集成电路中电容量一般不超过(　　)。
　　A. 10pF　　　　B. 100pF　　　　C. 1000pF　　　　D. 10000pF

32. AA016　运算放大器是一种实现信号的组合和(　　)的放大器。
　　A. 放大　　　　B. 滤波　　　　C. 整流　　　　D. 运算

33. AA017　共模抑制比越(　　),抑制共模信号的能力越强,放大器的质量越(　　)。
　　A. 低、好　　　B. 高、好　　　C. 低、差　　　D. 高、差

34. AA017　集成运算放大器漂移的主要原因是(　　)。
　　A. 电压不稳　　B. 电流不稳　　C. 频率不稳　　D. 温度漂移

35. AA018　在理想的情况下,集成运算放大器反相放大连接时,放大倍数只与(　　)有关。
　　A. 2个电压的比值　B. 2个电流的比值　C. 2个电阻的比值　D. 2个电容的比值

36. AA018　在理想的情况下,集成运算放大器反相放大连接时,输入直流电压和输出直流电压之间的关系为2个电阻值之(　　)且极性(　　)。
　　A. 比、相同　　B. 比、相反　　C. 积、相同　　D. 积、相反

37. AA019　减法器可由两级电路来实现,(　　)。
　　A. 第一级为同相比例放大器,第二级为反相加法器
　　B. 第一级为同相比例放大器,第二级为同相加法器
　　C. 第一级为反相比例放大器,第二级为同相加法器
　　D. 第一级为反相比例放大器,第二级为反相加法器

38. AA020　有源滤波器具有一定的(　　)放大和缓冲作用。
　　A. 电流　　　　B. 电压　　　　C. 频率　　　　D. 功率

39. AA020　一阶滤波器的滤波衰减率是(　　)倍频。
　　A. 1dB/f　　　B. 10dB/f　　　C. 20dB/f　　　D. 100dB/f

40. AA021　石英晶体振荡器的频率主要取决于(　　)与电路等效电容的谐振频率。
　　A. 电源电压　　B. 负载　　　　C. 晶体　　　　D. 输入频率

41. AA021　石英晶体之所以能作为振荡器是基于它的(　　)。
　　A. 透光性　　　B. 压电效应　　C. 硬度较高特性　D. 半导体特性

42. AA022　比较器正常工作时上运放处于(　　)工作状态。
　　A. 开环　　　　B. 闭环　　　　C. 饱和　　　　D. 击穿

43. AA022　过零比较器是(　　)为零的比较器。
　　A. 输入信号　　B. 参考电压　　C. 输出信号　　D. 电源电压

44. AB001 投影线相互平行的投影方法称为(   )。
    A. 平行投影法   B. 正投影法   C. 侧投影法   D. 水平投影法

45. AB001 在机械制图中得到广泛应用,能如实地反映物体的形状和大小的是(   )。
    A. 水平投影   B. 正投影   C. 侧投影   D. 反投影

46. AB002 为了作图方便,把3个相互垂直的投影面展开成一个平面,其中规定(   )不动。
    A. 正面   B. 水平面   C. 侧面   D. 左侧面

47. AB002 主视图是指在(   )上投影所得的图形。
    A. 主投影面(M面)   B. 正投影面(V面)
    C. 水平面(H面)   D. 侧投影面(W面)

48. AB003 尺寸界线依国家标准规定,采用(   )。
    A. 虚线   B. 粗实线   C. 细实线   D. 剖面线

49. AB003 尺寸数字表示尺寸的大小,尺寸数字一般注在尺寸线的(   ),也允许注在尺寸线的中断处。
    A. 线间   B. 上方   C. 下方   D. 任意位置

50. AB004 凡右旋螺纹(   )"右"字,粗牙普通(   )螺距。
    A. 不标、不标   B. 不标、标   C. 标、不标   D. 标、标

51. AB004 内螺纹一般画成(   )。
    A. 正视图   B. 剖视图   C. 俯视图   D. 侧视图

52. AB005 识读零件图时,通过(   )可以了解质量指标。
    A. 标题栏   B. 视图   C. 尺寸标注   D. 技术要求

53. AB005 零件图中,(   )用来完整、清晰地表达零件的结构形状。
    A. 零件尺寸   B. 技术要求   C. 视图   D. 标题栏

54. AC001 石油颜色的深浅与其中的(   )有关。
    A. 烷烃   B. 环烷烃   C. 芳香烃   D. 胶质、沥青质

55. AC001 石油的密度随温度变化较大,在20℃时,一般为(   )。
    A. $0.6 \sim 0.7 g/cm^3$ B. $0.7 \sim 0.75 g/cm^3$
    C. $0.75 \sim 1 g/cm^3$ D. $0.95 \sim 1.05 g/cm^3$

56. AC002 天然气是各种气体的混合物,其主要成分是各种碳氢化合物,其中又以(   )为主。
    A. 甲烷   B. 乙烷   C. 丙烷   D. 氢气

57. AC002 油田天然气多为湿气,是因为里面含(   )较多。
    A. 轻气体烃   B. 重气体烃   C. 甲烷   D. 乙烷

58. AC003 在大多数情况下,油田水的矿化度与沉积水的矿化度相比,(   )。
    A. 前者高   B. 前者低
    C. 二者相同   D. 不能确定二者的高低

59. AC003 油田水导电,且所含离子越(   ),导电性越(   )。
    A. 多、强   B. 多、弱   C. 少、强   D. 少、稳定

60. AC004　构造油气藏主要包含(　　)和断层油气藏。
    A. 背斜油气藏　　B. 岩性尖灭油气藏　C. 页岩油气藏　　D. 古潜山油气藏

61. AC004　地层油气藏中,其地层圈闭主要是由地层(　　)、地层超覆和风化剥蚀作用形成的。
    A. 变形　　　　　B. 沉积或间断　　C. 挤压　　　　　D. 断裂

62. AC005　能储集流体的储层必须具备2个重要性质,即(　　)。
    A. 导电性和渗透性　　　　　　B. 孔隙性和渗透性
    C. 导电性和孔隙性　　　　　　D. 裂缝和孔隙性

63. AC005　一般砂岩的有效孔隙度为(　　),碳酸盐岩的孔隙度多小于5%。
    A. 10%左右　　　B. 20%左右　　　C. 30%左右　　　D. 10%~30%

64. AC006　(　　)使聚集起来的油气不致散失,是油气藏必不可少的保存条件。
    A. 生油层　　　　B. 储层　　　　　C. 盖层　　　　　D. 圈闭

65. AC006　油气储集的场所是(　　)。
    A. 生油层　　　　B. 储层　　　　　C. 盖层　　　　　D. 圈闭

66. BA001　在海上钻采平台吊放安装测井橇时,要确保测井拖橇(　　)中心位置尽量正对井口。
    A. 橇体　　　　　B. 滚筒　　　　　C. 操作室　　　　D. 绞车舱

67. BA001　在海上钻采平台吊放安装完电缆滚筒后,发现滚筒正对井口有偏差,可以用(　　)对测井拖橇进行微调,直至测井电缆滚筒正对井口。
    A. 钢丝绳　　　　B. 绳索　　　　　C. 倒链　　　　　D. 人力

68. BA002　按行业习惯,把系结物品的挠性工具称为(　　)。
    A. 吊钩　　　　　B. 索具　　　　　C. 吊索　　　　　D. 索具或吊索

69. BA002　按行业习惯,把用于起重吊运作业的(　　)取物装置称为吊具。
    A. 柔性　　　　　B. 刚性　　　　　C. 韧性　　　　　D. 钢铁

70. BA003　起吊时,吊索的受力可以被分解为水平和垂直2个方向的力。吊索与垂直方向的角度越大,水平方向的力就越大,垂直方向上的力就(　　)。
    A. 越大　　　　　B. 越小　　　　　C. 不变　　　　　D. 不确定

71. BA003　钢丝绳吊索的最大安全工作载荷依据求出的或标记在钢丝绳吊索上的极限工作载荷乘以(　　)求得。
    A. 刚性系数　　　B. 强度系数　　　C. 吊挂方式系数　D. 长度系数

72. BA004　对于长形物体,若采用竖吊,则吊点应在(　　)。
    A. 重心之上　　　B. 重心之下　　　C. 重心位置　　　D. 靠近重心位置

73. BA004　吊装方形物体时体一般采用(　　)吊点。
    A. 1个　　　　　B. 2个　　　　　C. 3个　　　　　D. 4个

74. BA005　吊运长方形物体通常采用(　　)绑扎法。
    A. 平行吊装两点　B. 斜形吊装两点　C. 垂直吊装两点　D. 平行吊装多点

75. BA005　一点绑扎吊运柱形物的方法仅适用于(　　)的物品。
    A. 短小、较重　　B. 较长、较重　　C. 短小、较轻　　D. 较长、较轻

76. BA006 起重作业通用手势"吊钩上升"信号要求,小臂向侧上方伸直,五指自然伸开,高于肩部,以腕部为轴( )。
    A. 抖动　　　　　B. 转动　　　　　C. 向下招手　　　D. 向上招手

77. BA006 起重作业通用手势"工作结束"信号要求,双手五指伸开,在( )交叉。
    A. 面部　　　　　B. 胸部　　　　　C. 腹部　　　　　D. 额前

78. BA007 在空间较小的井场摆放测井绞车,原则是尽可能保证测井绞车在距离钻台( )处并正对井口。
    A. 25~30m　　　 B. 20~25m　　　 C. 15~20m　　　 D. 20~30m

79. BA007 在空间较小的井场摆放绞车,必须保证地滑轮两侧各有( )的空间。
    A. 0~0.5m　　　 B. 0.5~0.8m　　 C. 1~5m　　　　 D. 0.5~1m

80. BB001 测井时深度编码器在单位时间内转动的脉冲数反映了( )。
    A. 电缆的运行长度　B. 电缆的移动速度　C. 仪器的下入深度　D. 仪器的移动速度

81. BB001 马丁代克前后两对竖向导轮起着( )的作用。
    A. 控制电缆稳定运动　　　　　　　B. 减少电缆磨损
    C. 控制电缆稳定运动及减少电缆磨损　D. 清洁

82. BB002 为了区分电缆的上提和下放,光电编码器中设置了2排光栅,并且上下2排光栅位置错开( )。
    A. 1个光孔　　　 B. 2个光孔　　　 C. 3个光孔　　　 D. 半个光孔

83. BB002 深度编码器又称光电编码器,它的作用是将电缆在井中移动的机械运动转换成电路中所需的( )。
    A. 电压　　　　　B. 电平　　　　　C. 电流　　　　　D. 电脉冲

84. BB003 深度编码器是马丁代克的核心组件,当深度编码器发生问题时,往往表现为( )。
    A. 深度准确　　　B. 速度时快时慢　C. 无测井深度　　D. 丢深度

85. BB003 在维修深度编码器时,用( )检查地面系统深度信号入口处的方波脉冲。
    A. 数字万用表　　B. 兆欧表　　　　C. 示波器　　　　D. 500型万用表

86. BB004 用游标卡尺的深度尺测量工件深度尺寸时,要使卡尺端面与被测工件的顶端平面贴合,同时保持深度尺与该平面( )。
    A. 贴紧　　　　　B. 正交　　　　　C. 平行　　　　　D. 垂直

87. BB004 游标卡尺尺身的刻度线间距为1mm,游标在49mm长度上等分为( )刻度,其刻线间距为49/50=0.98(mm),尺身与游标刻线间距之差为1-0.98=0.02(mm)。
    A. 49个　　　　　B. 50个　　　　　C. 99个　　　　　D. 100个

88. BB005 千分尺是比游标卡尺更为精确的量具,其测量准确度可达( ),属于测微量具。
    A. 1mm　　　　　 B. 0.1mm　　　　 C. 0.01mm　　　　D. 0.001mm

89. BB005 千分尺借助螺杆与螺纹轴套的精密配合,将回转运动变为( )。
    A. 旋转运动　　　B. 往复运动　　　C. 变速运动　　　D. 直线运动

90. BB006　外卡钳在钢直尺上取下尺寸时,一个钳脚的测量面靠在钢直尺的端面上,另一个钳脚的测量面对准所需尺寸刻线的(　　),且2个测量面的连线应与钢直尺平行,人的视线要垂直于钢直尺。

　　A. 中间　　　　　B. 左侧　　　　　C. 右侧　　　　　D. 上面

91. BB006　用内卡钳测量内径时,应使2个钳脚的测量面的连线正好垂直相交于内孔的(　　),即钳脚的2个测量面应是内孔直径的两端点。

　　A. 上端面　　　　B. 下端面　　　　C. 轴线　　　　　D. 内圆柱面

92. BB007　测井时,电缆带动深度测量轮转动,深度测量轮带动同轴的光电编码器转动,光电编码器产生A、B两路脉冲信号通过信号线传送给(　　)。

　　A. 计算机　　　　B. 电源系统　　　C. 深度处理单元　D. 示波器

93. BB007　负责对深度编码器送来的信号进行判向的是(　　)。

　　A. 计算机　　　　B. 深度处理单元　C. 马丁代克　　　D. 地面系统

94. BB008　存储式测井进行时深转换的关键信息是(　　)。

　　A. 时间　　　　　B. 深度　　　　　C. 加速度　　　　D. 坐卡标识

95. BB008　存储式测井系统中,地面深度测量单元由深度编码器、(　　)及地面的信号采集面板组成。

　　A. 立管压力传感器　B. 套管压力传感器　C. 大钩负荷传感器　D. 信号线

96. BC001　确定漏电范围:取下分路熔断器或拉下开关刀闸,电流表指示若(　　),则表明是总线漏电。

　　A. 不变化　　　　B. 变大　　　　　C. 变小　　　　　D. 不确定

97. BC001　测井操作室内照明系统的常见故障主要有(　　)。

　　A. 通路　　　　　B. 超功率　　　　C. 低负荷　　　　D. 断路、短路和漏电

98. BC002　测井地面供电系统由外引电源、(　　)和稳压净化电源组成。

　　A. 车载电源　　　B. 公用电源　　　C. 直流电源　　　D. 变频电源

99. BC002　测井地面仪器通过(　　)选用外引电源或车载电源。

　　A. 漏电保护开关　B. 总电源开关　　C. 电源选择开关　D. 照明开关

100. BC003　测井系统使用的不间断电源是将蓄电池与主机相连接,通过主机逆变器等模块电路将直流电转换成(　　)的系统设备。

　　A. 交流电　　　　B. 直流电　　　　C. 市电　　　　　D. 特定电源

101. BC003　UPS电源主要组成部件包括整流器、逆变器、旁路开关、(　　)。

　　A. 直通开关　　　　　　　　　　　B. 镇流器
　　C. 交流电源　　　　　　　　　　　D. 蓄电池和隔离变压器

102. BC004　在线式UPS的双变换是指UPS正常工作时,电能经过了(　　)2次变换后再供给负载。

　　A. DC/AC,AC/DC　B. AC/DC,AC/DC　C. AC/DC,DC/AC　D. DC/AC,AC/DC

103. BC004　串并联调整式UPS中,Delta变换器的作用有之一就是对UPS输入端进行输入功率因数补偿,使输入功率因数(　　)。

　　A. 大于1　　　　B. 小于1　　　　C. 等于1　　　　D. 不等于1

104. BC005　对UPS实行核对性放电时,应放出电池容量的(　　),然后再接入市电正常运行。
　　A. 10%~20%　　B. 20%~30%　　C. 30%~40%　　D. 40%~50%

105. BC005　UPS的输出不允许接(　　)。
　　A. 电感性负载　　　　　　　　　B. 电阻性负载
　　C. 电容性负载　　　　　　　　　D. 电感性负载和电容性负载

106. BD001　测井系统是一个由(　　)控制的数据采集、传输、处理、记录系统。
　　A. 下井仪器　　B. 深度系统　　C. 电源系统　　D. 计算机

107. BD001　测井深度测量系统除提供测井深度外,还可提供(　　)信号。
　　A. 总线控制　　B. 井下测量　　C. 深度采样中断　　D. 张力测量

108. BD002　模拟源产生的信号最终送到测井地面(　　)进行处理。
　　A. 绞车面板　　B. 综合控制箱　　C. 采集系统　　D. 深度处理面板

109. BD002　为了排除测井地面系统故障,进行测井地面系统的模拟检测时,需要清楚(　　)。
　　A. 系统软件　　B. 信号流程　　C. 模拟项目　　D. 仪器类型

110. BD003　做好测井地面系统维护必须妥善保管技术资料。这些技术资料包括系统的(　　)、出厂时的技术数据、使用情况记录与周期检定的数据记录等。
　　A. 出厂合格证　　B. 面板包装　　C. 说明书　　D. 备用件

111. BD003　拆修仪器时,若有导线头、螺钉等金属物落入机内,应及时取出,以防(　　)。
　　A. 断路　　B. 短路　　C. 着火　　D. 划伤面板

112. BE001　为保证测井施工的安全,仪器下放到井底后,绞车滚筒上应剩有(　　)以上的电缆。
　　A. 一层　　B. 一层半　　C. 二层　　D. 三层

113. BE001　电缆盘整在电缆滚筒上,里层电缆必须具备良好的抗(　　)能力。
　　A. 高温　　B. 高压　　C. 腐蚀　　D. 挤压

114. BE002　测井电缆的主要性能包括电缆的机械性能和(　　)性能。
　　A. 抗温　　B. 绝缘　　C. 电气　　D. 抗压

115. BE002　电缆终端固定下的抗拉强度就是指电缆(　　)时所能经受住的最大拉力。
　　A. 一端固定,一端能转动　　　　　B. 两端都能转动
　　C. 两端固定,一端能转动　　　　　D. 两端固定,不能转动

116. BE003　电缆缆芯导体同一截面不允许整根导体焊接,导体中单线允许焊接,各焊点之间的距离不应小于(　　)。
　　A. 100mm　　B. 200mm　　C. 300mm　　D. 400mm

117. BE003　电缆铠装方向是(　　)。
　　A. 内层右向,外层右向　　　　　B. 内层左向,外层左向
　　C. 内层左向,外层右向　　　　　D. 内层右向,外层左向

118. BE004　拖电缆时,第一层电缆张力应为拉断力的(　　)。
　　A. 5%~10%　　B. 10%~15%　　C. 20%~25%　　D. 25%~35%

119. BE004　新电缆入库前应检查各缆芯阻值及绝缘。常温条件下,各缆芯阻值应与电缆长度相对应;各缆芯与外层钢丝的绝缘电阻应大于200MΩ,各缆芯线间的绝缘电阻应大于(　　)。
　　A. 50MΩ　　　　B. 100MΩ　　　　C. 200MΩ　　　　D. 500MΩ

120. BF001　发电机的(　　)在启动前为装在发动机进气通道上的加热塞提供电流,使预热塞产生热量,便于发动机启动。
　　A. 启动电路　　B. 运转控制电路　　C. 预热电路　　D. 制动电路

121. BF001　车载发电机正常工作,如果负荷突然发生变化,正常运转控制电路能自动调节(　　)。
　　A. 电压　　　　B. 转速　　　　C. 频率　　　　D. 电压和转速

122. BF002　车载发电机的(　　)由燃油箱、油管、输油泵、柴油滤清器等组成,用以向喷油泵供给滤清的燃油。
　　A. 回油油路　　B. 高压油路　　C. 低压油路　　D. 润滑油路

123. BF002　车载发电机的高压油路中,通过(　　)将燃油在燃烧室雾化,雾化后的燃油与空气混合后燃烧。
　　A. 输油泵　　　B. 高压油管　　C. 喷油器　　D. 高压泵

124. BF003　柴油机在进气冲程时吸入气缸的是(　　)。
　　A. 纯空气　　　　　　　　　　B. 汽化柴油
　　C. 空气和柴油的混合气体　　　D. 空气、柴油和机油的混合气体

125. BF003　柴油机在(　　)冲程结束时,高压喷油泵将柴油通过喷油器喷入气缸。
　　A. 进气　　　　B. 压缩　　　　C. 做功　　　　D. 排气

126. BF004　造成四冲程汽油机在进气冲程开始时,气缸内气压略高于大气压,在进气冲程结束时,气缸内的压力略低于大气压的原因是(　　)。
　　A. 进气系统存在阻力　　　　　B. 排气系统存在阻力
　　C. 进、排气系统存在阻力　　　D. 其他原因

127. BF004　汽油机的(　　)冲程结束时,火花塞产生的电火花将被压缩的可燃混合气点燃并迅速燃烧。
　　A. 进气　　　　B. 压缩　　　　C. 做功　　　　D. 排气

128. BG001　液压绞车一般采用(　　)刹车机构。
　　A. 液压　　　　B. 电动　　　　C. 气动　　　　D. 扭矩

129. BG001　为保证绞车刹车机构正常工作,气压需保证在(　　)以上。
　　A. 大气压力　　B. 额定压力　　C. 最高压力　　D. 原始压力

130. BG002　测井绞车传动轴是连接取力器与(　　)并传递动力的装置。
　　A. 刹车　　　　B. 动力选择箱　　C. 变速箱　　D. 液压油泵

131. BG002　测井绞车动力传动路线中,发动机动力经(　　)传递给传动轴。
　　A. 液压系统　　B. 减速器　　　C. 取力器　　　D. 排缆器

132. BG003　绞车的(　　)是通过气路顶起刹车片,靠刹车片与滚筒刹车毂之间的摩擦力来制动绞车的。
　　A. 手刹　　　　B. 液压刹车　　C. 电控刹车　　D. 气刹

133. BG003　电缆润滑防锈油可以按(　　)配比混合而成。
　　　A. 30%煤油和70%机油　　　　　　B. 40%煤油和60%机油
　　　C. 50%煤油和50%机油　　　　　　D. 60%煤油和40%机油

134. BG004　测井绞车滚筒一般通过(　　)传动。
　　　A. 液压泵　　　B. 传动链条　　　C. 齿轮　　　D. 电缆

135. BG004　绞车链条的结构由内链节和(　　)组成。
　　　A. 外链节　　　B. 公链节　　　C. 锁销　　　D. 链轴

136. BH001　高分辨率阵列感应测井仪的线圈系基本单元采用(　　)线圈系结构。
　　　A. 二　　　B. 三　　　C. 四　　　D. 多

137. BH001　阵列感应测井采用(　　)，即用数学方法对原始测量数据进行处理，得出高分辨率阵列感应合成曲线。
　　　A. "硬件聚焦"　　　　　　　　B. "软件聚焦"
　　　C. "硬件聚焦"和"软件聚焦"相结合　　D. "软聚焦"

138. BH002　HDIL测井仪的探头是由1个发射线圈和(　　)单侧非对称排列的接收线圈组成的。
　　　A. 5个　　　B. 6个　　　C. 7个　　　D. 8个

139. BH002　阵列感应测井仪器与地面进行通信的是(　　)。
　　　A. 阵列感应测井仪器电子线路板　　B. 阵列感应测井仪器探头
　　　C. 通信短节　　　　　　　　　　　D. 共用短节

140. BH003　HDIL测井时，要求仪器线圈系部分基本与井壁保持(　　)。
　　　A. 平行　　　B. 紧贴　　　C. 斜靠　　　D. 垂直

141. BH003　HDIL测井时要求钻井液电阻率大于(　　)。
　　　A. $0.01\Omega \cdot m$　　　B. $0.15\Omega \cdot m$　　　C. $0.02\Omega \cdot m$　　　D. $0.03\Omega \cdot m$

142. BH004　阵列感应测井仪器刻度前至少应预热(　　)。
　　　A. 10min　　　B. 15min　　　C. 20min　　　D. 30min

143. BH004　进行阵列感应车间刻度时，仪器应放在(　　)高的木架上。
　　　A. 1m　　　B. 2m　　　C. 3m　　　D. 5m

144. BH005　在淡水钻井液情况下，对于油层，2ft垂向分辨率曲线中，(　　)数值相对较高，不同探测深度曲线为正差异。
　　　A. M2R3　　　B. M2R6　　　C. M2R9　　　D. M2RX

145. BH005　对于盐水钻井液水层，M2RX数值相对较低，不同探测深度曲线为(　　)，但差异较小。
　　　A. 正差异　　　B. 负差异　　　C. 无差异　　　D. 正负不定的差异

146. BH006　阵列侧向测井仪器主电流沿着与仪器轴线方向成(　　)的角度向外面流动。
　　　A. 45°　　　B. 60°　　　C. 90°　　　D. 135°

147. BH006　阵列侧向测井仪器的屏蔽电极发射的电流与主电流(　　)。
　　　A. 极性相同　　　　　　　　　B. 极性相反
　　　C. 极性没有任何关系　　　　　D. 极性大小成倍数关系

148. BH007 阵列侧向测井仪器由电子线路部分和( )部分组成。
    A. 探头　　　　B. 电极系　　　　C. 硬电极　　　　D. 加长电极

149. BH007 阵列侧向测井仪器电极系关于( )对称。
    A. 监督电极　　B. 回路电极　　　C. 屏蔽电极　　　D. 主电极

150. BH008 阵列侧向测井仪器电极系的每个电极体之间的绝缘电阻应大于( )。
    A. 0.1MΩ　　　B. 10MΩ　　　　C. 100MΩ　　　　D. 500MΩ

151. BH008 阵列侧向测井仪器应( )测量。
    A. 偏心　　　　B. 居中　　　　　C. 贴靠井壁　　　D. 横向

152. BH009 阵列侧向测井仪器纵向分层能力很强,能够有效分辨( )以上的薄层。
    A. 0.1m　　　　B. 0.2m　　　　　C. 0.3m　　　　　D. 0.4m

153. BH009 在砂泥岩剖面油(气)层段,地层往往电阻率较高,受钻井液侵入呈现低侵特征,阵列侧向测井4条测量曲线表现为( )。
    A. 正差异　　　B. 负差异　　　　C. 无差异　　　　D. 正负不定的差异

154. BH010 快中子进入地层后,与地层元素的原子核相互作用,发生( )。
    A. 康普顿效应　　　　　　　　　B. 集散效应
    C. 弹性散射和非弹性散射　　　　D. 能量吸收

155. BH010 发生非弹性散射时,入射中子的绝大部分动能转变成靶核的内能,使靶核处于激发态,然后靶核通过放出中子并发射( )而返回基态。
    A. α射线　　　B. β射线　　　　C. γ射线　　　　D. 电子束

156. BH011 ECS测井仪器使用杜瓦瓶和制冷系统的原因是( )。
    A. 保持整支仪器处于低温状态　　B. 防止BGO晶体被钻井液压坏
    C. 防止BGO晶体被钻井液污染　　D. BGO的温度效应较差

157. BH011 ECS测井仪器的探测器为( )。
    A. NaI晶体探测器　　　　　　　B. ^{3}He管探测器
    C. BGO晶体探测器　　　　　　　D. Tl晶体探测器

158. BH012 元素俘获测井仪器需( )测量。
    A. 居中　　　　B. 偏心　　　　　C. 紧贴井壁　　　D. 高温

159. BH012 元素俘获测井作业前需对仪器进行( )处理。
    A. 工程　　　　B. 减速　　　　　C. 加热　　　　　D. 冷却

160. BH013 所谓氧化物闭合模型,就是组成矿物的氧化物、碳酸盐含量百分数之和为( )。
    A. 50%　　　　B. 80%　　　　　C. 100%　　　　　D. 150%

161. BH013 元素测井通过( )和综合处理解释可定量得到地层矿物含量。
    A. 地层元素总体分布　　　　　　B. 指征元素的丰度
    C. 氧化物闭合模型　　　　　　　D. 伽马射线的强度

162. BH014 塑性体与相对理想的完全线弹性体的区别是( )。
    A. 当外力取消后能恢复到其原来状态的1/3
    B. 当外力取消后能恢复到其原来状态的1/2

C. 当外力取消后能恢复到其原来状态

D. 当外力取消后不能恢复到其原来状态

163. BH014 理想的完全线弹性体在弹性限度内,在外力作用下发生弹性形变,取消外力后物体恢复到初始状态,应力与应变存在(　　)关系,并服从广义的胡克定律。

　　A. 线性　　　　B. 非线性　　　　C. 指数　　　　D. 幂律

164. BH015 以临界角入射到界面的声波,在地层中会产生沿井壁传播的(　　)。

　　A. 折射波　　　B. 滑行波　　　　C. 反射波　　　D. 钻井液波

165. BH015 在软地层内(　　)。

　　A. 只能产生滑行纵波

　　B. 只能产生滑行横波

　　C. 既能产生滑行纵波,也能产生滑行横波

　　D. 既不能产生滑行纵波,也不能产生滑行横波

166. BH016 偶极声源是一种定向的压力源,由2个相位(　　)且耦合在一起的单极声源组成。

　　A. 相同　　　　B. 相反　　　　C. 相差90°　　　D. 相差135°

167. BH016 交叉偶极子声波测井仪器(XMAC)主要由2套呈(　　)的偶极发射—接收系统组成。

　　A. 45°　　　　B. 60°　　　　C. 90°　　　　D. 135°

168. BH017 阵列声波测井时,方位短节一般连接在(　　)上部,并和其连接在一起。

　　A. 发射短节　　B. 接收短节　　C. 电子线路　　D. 隔声体

169. BH017 阵列声波测井在直井或井斜较小时,推荐使用(　　)扶正器。

　　A. 橡胶　　　　B. 胶木　　　　C. 灯笼体　　　D. 铁

170. BH018 地层的渗透率对斯通利波的传播有显著影响。随着渗透率增大,斯通利波的幅度(　　)。

　　A. 会显著增大　B. 会显著减小　C. 不变　　　　D. 不确定

171. BH018 利用纵横波速度比(或者横纵波慢度比)可以(　　)。

　　A. 计算孔隙度　　　　　　　　B. 分析岩层渗透率

　　C. 鉴别岩性　　　　　　　　　D. 进行压裂施工分析

172. BH019 碳氧比测井采用(　　)技术,可以有效地把非弹性散射伽马射线与其他反应产生的伽马射线区分开来

　　A. 中子脉冲定时测量　　　　　B. 中子脉冲延时测量

　　C. 中子脉冲异步测量　　　　　D. 中子脉冲同步测量

173. BH019 碳氧比测井所依据的基本理论是快中子非弹性散射理论,测量的伽马射线主要是(　　)。

　　A. 俘获伽马射线　　　　　　　B. 自然伽马射线

　　C. 非弹性散射伽马射线　　　　D. 弹性散射伽马射线

174. BH020 碳氧比测井仪器测井时,中子发生器以(　　)的频率向地层发射中子束。

　　A. 10kHz　　　B. 15kHz　　　C. 20kHz　　　D. 25kHz

175. BH020 碳氧比测井仪器在靠近中子管的钨屏蔽中放置了一个盖革计数管,其目的是
( )。
    A. 进行中子计数   B. 分析中子特征
    C. 监视中子管的产能   D. 进行伽马射线计数并进行特征分析

176. BH021 碳氧比仪器刻度时,需要将装在屏蔽筒内的( )放置在仪器晶体附近。
    A. 水   B. 油   C. 伽马源   D. 镅—铍中子源

177. BH021 碳的光电峰为( )。
    A. 4.43MeV   B. 2.223MeV   C. 7.646MeV   D. 64MeV

178. BH022 碳氧比仪器的高压电源为( )提供高压。
    A. 信号处理电路   B. 谱分析电路   C. 探测器   D. 发射天线

179. BH022 碳氧比的探测器信号经( )电路和脉冲幅度分析电路处理,再由信号处理
电路处理后形成上传数据。
    A. 发射   B. 高压   C. 饱和放大   D. 谱放大

180. BH023 利用 C/O 与 Si/Ca 曲线重叠法定性解释时,油层或弱水淹层处,C/O 为( )
值,Si/Ca 为( )值,两曲线之间形成糖葫芦状,两曲线所包围的面积较大。
    A. 高、高   B. 高、低   C. 低、低   D. 低、高

181. BH023 按 C/O 与 Ca/Si 曲线重叠法,C/O 与 Ca/Si 曲线在水层或泥岩处重合;而在油
层处两者明显存在差异,且含油饱和度越( ),两者之差随之( )。
    A. 大,减小   B. 大,增大   C. 小,增大   D. 小,减小

182. BH024 ^{16}N 衰变反应的半衰期是( )。
    A. 5s   B. 6s   C. 7s   D. 7.3s

183. BH024 氧活化测井中,^{16}N 衰变发射出的 γ 射线能量不是单一的,但主要是( )2
种能量的 γ 射线。
    A. 6.13MeV 和 7.11MeV   B. 6.13MeV 和 4.64MeV
    C. 8.23MeV 和 7.11MeV   D. 5.13MeV 和 6.11MeV

184. BH025 脉冲中子氧活化测井仪器测量到的时间谱包含( )。
    A. 静态氧活化伽马计数和流动氧活化伽马计数
    B. 本底伽马计数和流动氧活化伽马计数
    C. 本底伽马计数和静态氧活化伽马计数
    D. 本底伽马计数、静态氧活化伽马计数和流动氧活化伽马计数

185. BH025 脉冲中子氧活化测井仪器中,中子发生器主要用来发射 14MeV 的快中子,活
化水中的氧核,发射频率为( )。
    A. 90s   B. 110s   C. 120s   D. 130s

186. BH026 脉冲中子氧活化测井采用密闭测井工艺及( )测量方式。
    A. 连续   B. 时间   C. 点测   D. 深度

187. BH026 笼统注聚合物井进行脉冲中子氧活化测井施工时,要检查中子产额,如果中子
产额低,需测量( )时间谱。
    A. 10 个   B. 15 个   C. 20 个   D. 25 个

188. BH027　氧活化测井可以验证(　　)。
　　　A. 井身质量　　　B. 配注效果　　　C. 地层孔隙度　　　D. 固井质量
189. BH027　下列选项中,(　　)能够对油管与套管间的流量做出定量解释,给出地层的真实吸液量,从而验证实际配水效果。
　　　A. 脉冲中子氧活化测井　　　　　　B. 元素测井
　　　C. 碳氧比测井　　　　　　　　　　D. 中子伽马测井
190. BI001　常用下井仪器的机械转动部位注润滑脂的目的是(　　)。
　　　A. 润滑　　　　B. 密封　　　　C. 耐压　　　　D. 预防部件老化
191. BI001　常用下井仪器外观的检查内容包括(　　)。
　　　A. 检查耐温情况　　　　　　　　　B. 检查密封面表面粗糙度
　　　C. 检查限位开关　　　　　　　　　D. 检查绝缘情况
192. BI002　用万用表检查仪器直通线,两端电阻应小于(　　)。
　　　A. 1Ω　　　　B. 0.5Ω　　　　C. 0.2Ω　　　　D. 0.1Ω
193. BI002　常用下井仪器内刻度的检查主要用来判断仪器(　　)的工作情况。
　　　A. 电路　　　　B. 推靠　　　　C. 通信　　　　D. 电源
194. BJ001　偏心类推靠器由(　　)和连杆2部分组成。
　　　A. 电机　　　　B. 探头　　　　C. 极板　　　　D. 推靠臂
195. BJ001　居中类推靠器有弹簧滑板式扶正器和(　　)两类。
　　　A. 强力扶正器　　　　　　　　　　B. 线路扶正器
　　　C. 偏心扶正器　　　　　　　　　　D. 工程扶正器
196. BJ002　检查仪器线路时,应卸下仪器线路的(　　),才能把仪器线路抽出。
　　　A. 密封圈　　　B. 锁紧环　　　C. 探测器　　　D. 电源
197. BJ002　检查仪器绝缘时,应注意将要检查的线芯与(　　)断开。
　　　A. 测量线路　　B. 极板　　　　C. 外壳　　　　D. 地层
198. BJ003　诊断故障时,把相同的组件或组件板互相交换的方法称为(　　)。
　　　A. 直接观察法　B. 插拔法　　　C. 比较法　　　D. 交换法
199. BJ003　维修仪器时利用(　　)可以判断电缆或线路有无故障。
　　　A. 探管更换法　　　　　　　　　　B. 直接观察法
　　　C. 测试线法　　　　　　　　　　　D. 模拟现场测孔条件法
200. BJ004　维修感应仪器时,应按参考信号、主放大信号、(　　)、信号输出为主要质量点进行检修。
　　　A. 相敏检波器　B. 信号发生器　　C. 遥测线路　　D. 计数器
201. BJ004　检修电极系时短路直通电阻应小于0.1Ω,断路绝缘电阻应大于(　　)。
　　　A. 0.1MΩ　　B. 5MΩ　　　C. 50MΩ　　　D. 200MΩ
202. BJ005　微球电极系由镶在橡胶板上的(　　)矩形电极组成。
　　　A. 2个　　　　B. 3个　　　　C. 4个　　　　D. 5个
203. BJ005　微球形聚焦测井仪的电极系装在(　　)上。
　　　A. 线路　　　　B. 推靠　　　　C. 极板　　　　D. 电源

204. BJ006 微电极极板通常由绝缘、耐磨的( )和铜电极压制而成。
    A. 橡胶　　　　　B. 钢片　　　　　C. 插接件　　　　　D. 线路

205. BJ006 微电极极板通常安装在( )上。
    A. 传感器　　　　B. 线路　　　　　C. 电机　　　　　D. 井径臂

206. BJ007 井径曲线出现跳点,原因可能是( )损坏。
    A. 井径臂　　　　B. 传感器　　　　C. 电源　　　　　D. 极板

207. BJ007 井径的电机转动正常,而井径臂不能正常收放,则应检查驱动杆、( )是否损坏。
    A. 电机电源　　　B. 极板　　　　　C. 传动丝杠　　　D. 滑动电位器

208. BJ008 拆卸带有平衡管的仪器前,首先应将( )打开,将硅油放出。
    A. 线路　　　　　B. 油封　　　　　C. 平衡管　　　　D. 外壳

209. BJ008 在检修下井仪器焊接 MOS 器件时,应使( )接地,避免损坏器件。
    A. 电源　　　　　B. 仪器　　　　　C. 传感器　　　　D. 电烙铁

210. BK001 钻具输送测井工具中,旁通短节的主要作用是( )。
    A. 连接钻杆　　　　　　　　　　　B. 建立起钻杆内外电缆通道
    C. 使电缆张力保持恒定　　　　　　D. 保护电缆

211. BK001 钻具输送测井工具中,湿接头通过( )实现外螺纹接头、内螺纹接头缆芯的对应连接。
    A. 锁紧装置　　　B. 循环槽　　　　C. 锁紧弹簧　　　D. 导向键

212. BK002 钻具输送测井要求,旁通短节以下的钻杆及油管内径应比泵下枪外径大( )。
    A. 4mm　　　　　B. 5mm　　　　　C. 6mm　　　　　D. 7mm

213. BK002 安装完旁通盖板并锁紧后,需要试验 2000lbf 的拉力,并至少保持( ),检查旁通盖板和电缆有无相对滑动。
    A. 1min　　　　　B. 1.5min　　　　C. 2min　　　　　D. 3min

214. BK003 钻具输送测井完成湿接头对接后,还需下放电缆( )。
    A. 5~10m　　　　B. 10~15m　　　　C. 16~20m　　　　D. 20~25m

215. BK003 钻具输送测井上提坐吊卡时,输送工具下滑不应超过( )。
    A. 5cm　　　　　B. 10cm　　　　　C. 15cm　　　　　D. 20cm

216. BK004 欠平衡测井要求,井架游车最大提升高度不应小于( ),气动提升设备完好,钻井平台小鼠洞深度应大于( )。
    A. 27m,15m　　　B. 27m,10m　　　C. 30m,15m　　　D. 30m,10m

217. BK004 欠平衡测井时,防喷管串的总长度应根据游车安全高度确定,不宜超过( )。
    A. 20m　　　　　B. 25m　　　　　C. 27m　　　　　D. 30m

218. BK005 欠平衡测井完成后,当仪器串顶部通过仪器防落器时,开关手柄自动移向( )位置,当仪器串底部通过仪器防落器后,开关手柄自动恢复到( )位置,进而可确定仪器是否已完全进入防喷管内。
    A. 打开,打开　　B. 关闭,关闭　　C. 打开,关闭　　D. 关闭,打开

219. BK005　欠平衡测井时,用张力判定法判断仪器全部进入容纳管的标志是(　　)。
    A. 张力突然减小　　　　　　　　B. 张力突然增大
    C. 张力不变　　　　　　　　　　D. 张力从逐渐减小突然变为增大

220. BK006　将测井专用的压力控制系统与钻井队井口防喷系统对接的接口装置是(　　)。
    A. 仪器防落器　　B. 电缆封井器　　C. 井口法兰盘　　D. 大通径防喷管

221. BK006　欠平衡测井时,一般要求防喷管的长度比下井仪器串长(　　)。
    A. 0.5m　　　　　B. 0.8m　　　　　C. 1~2m　　　　　D. 3m

222. BK007　欠平衡测井时,测井仪器串的长度及在井内的(　　)都会到限制。
    A. 测量方式　　　B. 测量原理　　　C. 供电方式　　　D. 深度控制

223. BK007　为(　　),双侧向欠平衡测井作业必须使用硬电极。
    A. 提高测井质量　　　　　　　　B. 方便打捞
    C. 使加长电极通过电缆流管　　　D. 改善侧向回路

224. BL001　导致测井遇阻的直接原因主要有井眼缩径、井眼扩径、狗腿、虚滤饼、(　　)及仪器损坏等。
    A. 低密度钻井液　B. 砂桥　　　　　C. 仪器过重　　　D. 地层含水

225. BL001　导致测井仪器在砂岩位置遇阻的主要原因是(　　)。
    A. 密度大　　　　　　　　　　　B. 泥包
    C. 渗透性好,形成滤饼较厚　　　　D. 蠕变

226. BL002　井眼轨迹狗腿较大的井,通过(　　),可以有效避免遇阻。
    A. 多次通井　　　　　　　　　　B. 调整钻井液性能
    C. 反复起下仪器　　　　　　　　D. 在仪器串加装柔性短节

227. BL002　测井发现遇阻后,应立即(　　)。
    A. 停车　　　　　B. 记录深度　　　C. 检查张力　　　D. 汇报

228. BL003　钻井液密度不当,容易破坏地层应力,导致(　　)。
    A. 井眼缩径卡　　B. 键槽卡　　　　C. 井眼垮塌卡　　D. 电缆吸附卡

229. BL003　当钻井液密度过大时,钻井液与渗透性地层产生较大的压力差,使电缆压向井壁,形成较大摩擦力,造成(　　)。
    A. 井眼缩径卡　　B. 键槽卡　　　　C. 井眼垮塌卡　　D. 电缆吸附卡

230. BL004　仪器遇卡后需要计算最大安全拉力,计算前需要知道张力棒的(　　)。
    A. 额定拉力　　　B. 最大拉力　　　C. 实际拉力　　　D. 拉伸系数

231. BL004　测井时电缆最大安全张力不应超过电缆额定张力的(　　)。
    A. 40%　　　　　B. 50%　　　　　C. 60%　　　　　D. 75%

232. BL005　测井遇卡后,利用电缆伸长量计算卡点深度的理论依据是(　　)定律。
    A. 胡克　　　　　B. 牛顿　　　　　C. 欧姆　　　　　D. 工程

233. BL005　测井遇卡的卡点深度与(　　)成正比。
    A. 电缆伸长系数　　　　　　　　B. 电缆张力增量
    C. 滑轮直径　　　　　　　　　　D. 电缆伸长量

234. BL006　测井时,若电缆张力达到最大安全张力仍不能自行解卡,应立即刹住绞车,（　　）。
　　A. 下放电缆　　　B. 检查仪器　　　C. 调整滑轮　　　D. 调整绞车

235. BL006　测井遇卡时,若上提电缆拉力达到最大安全张力后仍不能解卡,则需（　　）。
　　A. 增大电缆张力　B. 记录测井深度　C. 调整滑轮位置　D. 反复上提下放电缆

236. BL007　外捞绳器由接头、（　　）、本体和捞钩组成。
　　A. 控制卡　　　B. 挡绳帽　　　C. 卡瓦　　　D. 弹簧片

237. BL007　当测井电缆断开落入井中时,一般采用（　　）或外捞绳器打捞电缆。
　　A. 三球打捞筒　B. 公锥　　　C. 卡瓦　　　D. 内捞绳器

238. BL008　打捞电缆时,捞绳器应入井到鱼头以下（　　）方可开始打捞。
　　A. 5m　　　B. 10m　　　C. 50m　　　D. 200m

239. BL008　打捞电缆时,若电缆盘结很死,捞绳器插不进去,可以下（　　）把电缆铣散。
　　A. 捞矛　　　B. 铣锥　　　C. 捞筒　　　D. 钻头

240. BL009　卡瓦打捞筒中限制螺旋卡瓦在筒体内只能上下运动不能转动的部件是（　　）。
　　A. 铣鞋　　　B. 控制卡　　　C. 控制环　　　D. 引鞋

241. BL009　三球打捞筒由筒体、（　　）、弹簧、引鞋、堵头等零件组成。
　　A. 控制卡　　　B. 卡瓦　　　C. 钢球　　　D. 钢片

242. BL010　打捞测井仪器时,当落鱼进入捞筒后,不允许转动（　　）。
　　A. 电缆　　　B. 钻具　　　C. 滑轮　　　D. 卡瓦

243. BL010　钻井打捞工具按作用不同可分为基本打捞工具和（　　）。
　　A. 内捞工具　B. 外捞工具　C. 辅助打捞工具　D. 正扣打捞工具

244. BM001　几种仪器组合测量时,应采用最低测速仪器的测速。各类曲线的测速不得超过规定测速的（　　）。
　　A. 5%　　　B. 7%　　　C. 10%　　　D. 15%

245. BM001　车间刻度是检验测井仪器"三性一化"中仪器（　　）的重要的一环。
　　A. 重复性　　B. 一致性　　C. 稳定性　　D. 标准化

246. BM002　测井曲线确定的表层套管深度与套管实际下深误差不应超过（　　），测井曲线确定的技术套管、完井套管(包括尾管)深度与套管实际下深误差不应大于（　　）。
　　A. 0.2m,0.1%　B. 0.5m,1%　C. 0.5m,0.1%　D. 0.2m,1%

247. BM002　测量值应与地区规律相接近,当出现与井下条件无关的零值、负值或异常时,应重复测量,重复测量井段不小于（　　）。
　　A. 20m　　　B. 50m　　　C. 100m　　　D. 150m

248. BM003　多臂井径测井时,下列情况可能指示套管变形的是（　　）。
　A. 最大半径大于套管内径的标称半径,最小半径大于套管内径的标称半径
　B. 最大半径小于套管内径的标称半径,最小半径小于套管内径的标称半径
　C. 最大半径大于套管内径的标称半径,最小半径小于套管内径的标称半径
　D. 最大半径大于套管内径的标称半径,最小半径等于套管内径的标称半径

249. BM003　纯钻井液带(自由套管)CBL曲线幅度为(　　)。
　　A. 85%~90%　　B. 90%~95%　　C. 90%~100%　　D. 100%~110%

250. BM004　若油气层感应曲线表现为高电阻、低电导，当 $R_{mf}=R_w$ 时，$R_深$(　　)$R_浅$。
　　A. >　　B. =　　C. <　　D. 不大于

251. BM004　利用侧向测井曲线划分岩层界面，界面可划在曲线(　　)处。
　　A. 最高值　　B. 半幅点　　C. 最低值　　D. 陡峭

252. BN001　设计测井方案时，优先测井的项目是(　　)。
　　A. 用于评价井身质量的项目　　B. 带有放射源的项目
　　C. 进行测井资料评价时必需的项目　　D. 用于地层对比的项目

253. BN001　设计测井方案时，综合测井段的选择应以不漏测油气层为原则，至少应测至最上部油气层顶界以上(　　)。
　　A. 20m　　B. 50m　　C. 100m　　D. 150m

254. BN002　下列选项中不属于HSE设施的是(　　)。
　　A. 生活车接地棒　　B. 急救药箱　　C. 个人辐射剂量牌　　D. 万用表

255. BN002　制作马笼头头子，所用锥套应符合技术要求，内外锥套挤压电缆均匀，锁紧后端部深浅差异不能超过(　　)。
　　A. 1mm　　B. 1.5mm　　C. 2mm　　D. 3mm

256. BN003　作为技术论文的中心和总纲的是(　　)。
　　A. 摘要　　B. 结论　　C. 题目　　D. 关键词

257. BN003　关键词是为了满足文献标引或检索工作的需要而从论文中萃取出的、表示全文主题内容信息条目的单词、词组或术语，一般列出(　　)。
　　A. 3个　　B. 3~8个　　C. 8~10个　　D. 10个

258. BN004　下列选项中，(　　)能使受训者迅速得到工作绩效的反馈，学习效果好。
　　A. 岗前培训　　B. 在岗培训　　C. 离岗培训　　D. 脱岗培训

259. BN004　针对新录用的员工需要做好(　　)。
　　A. 岗前培训　　B. 在岗培训　　C. 离岗培训　　D. 脱岗培训

260. BN005　个人层级的培训计划注重于个人(　　)培训。
　　A. 岗位技能　　B. 基本知识　　C. 企业文化　　D. 职业道德

261. BN005　培训计划是按照一定的(　　)排列的记录。
　　A. 时间顺序　　B. 培训需求　　C. 培训进度　　D. 逻辑顺序

262. BN006　培训课程设计一定要紧紧围绕(　　)。
　　A. 培训教师　　B. 培训目标　　C. 参训学员　　D. 课程内容

263. BN006　课程设计要素中，(　　)是指学习的方向和学习过程中各个阶段应达到的标准，应根据环境的需求确定。
　　A. 课程目标　　B. 课程内容　　C. 课程教材　　D. 教学策略

264. BN007　制作多媒体课件首先要选题，选题就是根据培训对象和培训要求确定要授课的(　　)。
　　A. 形式　　B. 时间　　C. 题目和内容　　D. 目标

265. BN007　一般情况下,文字稿本是由培训教师按照教学内容和教学设计的思路及要求,对(　　)进行描述的一种形式。
   A. 教学内容　　B. 教学目标　　C. 教学方式　　D. 教学安排

266. BN008　下列选项中,(　　)就是运用一定的实物和教具,通过实地示范,使受训者明白某种工作是如何完成的。
   A. 演示法　　　　　　　　　　B. 研讨法
   C. 视听法　　　　　　　　　　D. 角色扮演法

267. BN008　讲授法是培训师通过(　　),系统地向受训者传授知识的一种教学方法。
   A. 多媒体　　B. 语言表达　　C. 实训　　D. 课堂练习

268. BO001　企业单位每年至少安排(　　)应急疏散与逃生演练。
   A. 1次　　B. 2次　　C. 3次　　D. 4次

269. BO001　离开毒气区时的撤离路线是(　　)。
   A. 下风向　　B. 上风向　　C. 捷径方向　　D. 低洼处

270. BO002　测井仪器车、工程车、放射源运输车各至少配备(　　)灭火器。
   A. 1具　　B. 2具　　C. 3具　　D. 4具

271. BP002　不准留长发和扣紧工衣衣扣、袖口,是为了防止发生(　　)伤害。
   A. 绞入　　B. 碰撞　　C. 挤压　　D. 剪切

272. BP003　电气设备的电源引线中,保护零线一般采用(　　)。
   A. 黄色　　B. 绿色　　C. 黄绿双色　　D. 红色

273. BP004　发生火灾时,如各种逃生的路线被切断,适当的做法应当是(　　)。
   A. 大声呼救
   B. 强行逃生
   C. 退居室内,关闭门窗,同时可向室外发出求救信号
   D. 坐电梯

274. BP004　测井施工中遇到井喷、火灾等井场事故时,首先要处理(　　)。
   A. 测井电缆　　B. 测井仪器　　C. 测井车　　D. 放射源

二、多项选择题(每题有4个选项,至少有2个是正确的,将正确的选项号填入括号内)

1. AA001　下列选项中属于半导体材料的有(　　)。
   A. 硅　　B. 银　　C. 锗　　D. 石英

2. AA002　在半导体中掺入极微量的(　　)等三价元素后,半导体中就会产生大量缺少电子的空穴,靠空穴导电的半导体称为空穴型半导体。
   A. 硼　　B. 铟　　C. 磷　　D. 砷

3. AA003　PN结形成的原因是(　　)。
   A. 电子运动　　　　　　　　　B. 载流子的扩散运动
   C. 内电场的漂移作用　　　　　D. 空穴运动

4. AA004　半导体二极管由(　　)组成。
   A. PN结　　B. 电源　　C. 引线　　D. 管壳

5. AA005 二极管从结构上来讲就是一个PN结,按内部结构可以分(　　)。
   A. 点接触型二极管　　B. 面接触型二极管　　C. 柱状二极管　　D. 平面型二极管

6. AA006 用万用表欧姆挡判断二极管的极性时,通常选择的挡位有(　　)。
   A. ×10　　　　　　B. ×100　　　　　　C. ×1k　　　　　　D. ×10k

7. AA007 将工业交流电变换为直流电源的电路一般包括(　　)。
   A. 滤波电路　　　　B. 稳压电路　　　　C. 整流电路　　　　D. 整流变压器

8. AA008 可控硅的导通需要具备2个条件,它们是(　　)。
   A. 具有较高的截止电压　　　　　　　　B. 具有普通二极管的单向导电性
   C. 控制极G上加正向触发脉冲　　　　　D. 控制极G上加负向触发脉冲

9. AA009 下列选项中,可用于无源滤波器的器件有(　　)。
   A. 电阻　　　　　　B. 电容　　　　　　C. 电感　　　　　　D. 晶体管放大器

10. AA010 晶体三极管的3个电极是(　　)。
    A. 发射极　　　　　B. 正极　　　　　　C. 集电极　　　　　D. 基极

11. AA011 场效应管除了具有一般晶体管的优点外,其独特优点包括(　　)。
    A. 很高的输入阻抗　　　　　　　　　　B. 制造工艺简单
    C. 可用于放大电路　　　　　　　　　　D. 易于大规模集成

12. AA012 晶体管放大电路的基本形式有3种,它们是(　　)。
    A. 共射放大电路　　B. 共地放大电路　　C. 共基放大电路　　D. 共集放大电路

13. AA013 衡量放大电路主要性能的指标有(　　)。
    A. 功率　　　　　　B. 电压放大倍数　　C. 输入电阻　　　　D. 输出电阻

14. AA014 把若干个基本放大电路连接起来,组成多级放大电路,可以获得(　　)。
    A. 更高的放大倍数　　　　　　　　　　B. 较低的放大倍数
    C. 更高的功率输出　　　　　　　　　　D. 较低的功率输出

15. AA015 数字集成电路的功用是(　　)。
    A. 产生各种数字信号　　　　　　　　　B. 放大各种数字信号
    C. 处理各种数字信号　　　　　　　　　D. 产生、放大和处理各种模拟信号

16. AA016 运算放大器的输出信号可以是输入信号(　　)等数学运算的结果。
    A. 加　　　　　　　B. 减　　　　　　　C. 微分　　　　　　D. 积分

17. AA017 集成运算放大器的主要参数不包括(　　)。
    A. 集成运算放大器的体积　　　　　　　B. 集成运算放大器的重量
    C. 集成运算放大器的共模抑制比　　　　D. 集成运算放大器的转换速率

18. AA018 在理想的情况下,集成运算放大器反相放大连接时,输入直流电压和输出直流电压之间的关系为(　　)。
    A. 2个阻值之比　　B. 极性相同　　　　C. 2个阻值之和　　D. 极性相反

19. AA019 可以通过运算电路实现的有(　　)。
    A. 加法　　　　　　B. 减法　　　　　　C. 微分　　　　　　D. 积分

20. AA020 有源滤波器包括(　　)和带阻滤波器。
    A. 低通滤波器　　　B. 高通滤波器　　　C. 带通滤波器　　　D. 带宽滤波器

21. AA021　晶体振荡器电路的基本电路包括(　　)。
    A. 并联晶体振荡器　　　　　　　　B. 串联晶体振荡器
    C. 混联晶体振荡器　　　　　　　　D. 串并联晶体振荡器
22. AA022　比较器的运算放大器的正常工作状态包括(　　)。
    A. 断电状态　　　B. 高通状态　　　C. 负饱和状态　　　D. 正常饱和状态
23. AB001　在三投影面体系中,三投影面分别是(　　)。
    A. 正投影面　　　B. 水平投影面　　C. 铅直投影面　　　D. 侧投影面
24. AB002　剖视图主要包括(　　)。
    A. 全剖视图　　　B. 半剖视图　　　C. 局部剖视图　　　D. 截剖视图
25. AB003　一个完整的尺寸应包含(　　)等要素。
    A. 尺寸界限　　　B. 尺寸线及箭头　C. 尺寸单位　　　　D. 尺寸数字
26. AB004　螺纹的三要素指的是(　　)。
    A. 螺纹的牙型　　B. 螺纹的大径　　C. 螺纹的小径　　　D. 螺纹的螺距
27. AB005　对表面粗糙度代号,不可引出简化标注的有(　　)。
    A. 零件表面　　　　　　　　　　　B. 零件上狭小的中心孔
    C. 零件上狭小的键槽　　　　　　　D. 零件上狭小的圆角
28. AC001　石油是由各种碳氢化合物及少量杂质组成的液态矿物。从元素组成上看,主要包括(　　)。
    A. 碳、氢　　　　B. 铝　　　　　　C. 硫、氮　　　　　D. 氧
29. AC002　天然气中除烃类气体以外,还含有少量的(　　)等气体以及极少量的氦、氢等惰性气体。
    A. 二氧化碳　　　B. 氮气　　　　　C. 氧气　　　　　　D. 硫化氢
30. AC003　一般认为油田水的来源有(　　)。
    A. 沉积水　　　　B. 渗入水　　　　C. 深成水　　　　　D. 雨水
31. AC004　描述油气藏的主要参数有(　　)及含油气面积。
    A. 油气藏的高度　B. 含油边缘　　　C. 气顶高度　　　　D. 含水边缘
32. BC005　岩石孔隙性有很大差异,它与岩石的(　　)有关。
    A. 孔隙形状　　　B. 孔隙大小　　　C. 孔隙成因　　　　D. 孔隙发育程度
33. AC006　常见的盖层有(　　)。
    A. 泥岩　　　　　　　　　　　　　B. 页岩
    C. 盐岩　　　　　　　　　　　　　D. 致密的石灰岩及白云岩
34. BA001　测井拖橇由(　　)等几部分组成。
    A. 动力橇　　　　B. 电力橇　　　　C. 爬犁　　　　　　D. 测井橇
35. BA002　吊具、索具的常用端部配件包括(　　)、索具套环、绳夹等。
    A. 卸扣　　　　　B. 端部吊钩　　　C. 吊篮　　　　　　D. 吊环
36. BA003　吊索的使用形式随着物品(　　)的不同而有着不同的悬挂角度和吊挂方式,使吊索的许用载荷发生变化。
    A. 形状　　　　　B. 种类　　　　　C. 性质　　　　　　D. 位置

37. BA004　方形物体吊点选择的基本原则包括(　　)。
   A. 采用1个吊点
   B. 采用4个吊点
   C. 4个吊点位置应选择在四边不对称的位置
   D. 4个吊点位置应选择在四边对称的位置上

38. BA005　柱形物体的绑扎方法有(　　)。
   A. 平行吊装绑扎法　　　　　　　　B. 垂直吊装绑扎法
   C. 斜形吊装绑扎法　　　　　　　　D. 垂直斜形吊装绑扎法

39. BA006　司索指挥音响信号有"预备""停止"(　　)等几种信号。
   A. "上升"　　　B. "下降"　　　C. "微动"　　　D. "紧急停止"

40. BA007　空间较小的井场摆放绞车位置的正确做法包括(　　)。
   A. 正对井架的位置
   B. 斜对井架的位置
   C. 地滑轮两侧应各有 0.1~0.2m 的空间
   D. 尽可能保证测井绞车在距离钻台 25~30m 处并正对井口

41. BB001　马丁代克两对竖向导轮的作用包括(　　)。
   A. 控制编码器转动　　　　　　　　B. 控制电缆稳定移动
   C. 减少电缆磨损　　　　　　　　　D. 增加电缆张力

42. BB002　马丁代克深度传送系统由(　　)组成。
   A. 深度测量轮　　B. 测井电缆　　C. 深度编码器　　D. 深度电缆

43. BB003　深度编码器的光栅污染时会出现的故障现象有(　　)。
   A. 电源电压下降　B. 深度脉冲缺失　C. 深度脉冲增加　D. 深度脉冲幅度变小

44. BB004　游标卡尺读数的步骤包括(　　)。
   A. 读整数　　　　　　　　　　　　B. 读小数
   C. 将整数与小数相减　　　　　　　D. 将整数与小数相加

45. BB005　使用千分尺分测量工件时，正确的做法包括(　　)。
   A. 校正零位　　　　　　　　　　　B. 擦拭干净工件表面
   C. 工件不应倾斜测试　　　　　　　D. 用力拧动差分筒

46. BB006　内卡钳可用来测量(　　)。
   A. 外径　　　　　B. 平面　　　　C. 内径　　　　D. 凹槽

47. BB007　电缆测井深度系统依据光电脉冲数可计算出(　　)。
   A. 测井张力　　　B. 测井深度　　C. 测井时间　　D. 测井速度

48. BB008　存储式测井系统形成时间—深度文件，需要地面传感器采集面板采集的信号有(　　)。
   A. 立管压力信号　B. 大钩负荷信号　C. 套管压力信号　D. 深度信号

49. BC001　测井车内产生电路短路的原因主要包括(　　)。
   A. 熔丝熔断　　　　　　　　　　　B. 导线绝缘层损坏或老化
   C. 插座短路　　　　　　　　　　　D. 电压过高

50. BC002　测井地面供电系统的主要组成包括(　　)。
    A. 车载发电机　　　B. 净化电源　　　C. 过载电源　　　D. 电池组
51. BC003　不间断电源的主要部件包括(　　)。
    A. 隔离变压器　　　B. 逆变器　　　C. 放大器　　　D. 蓄电池组
52. BC004　UPS 的双变换结构是指都能经过(　　)变换后供给负载。
    A. 高低压　　　B. 交流直流　　　C. 直流交流　　　D. 高频低频
53. BC005　在开关 UPS 时,正确的操作过程是(　　)。
    A. 开机时先开负载开关　　　　B. 开机时先开市电开关
    C. 关机时先关市电开关　　　　D. 关机时先关负载,然后关 UPS
54. BD001　测井地面系统的预处理设备的主要功能包括(　　)等。
    A. 对调制传输信号的解调　　　B. 对模拟信号的数字化
    C. 净化电源电压和频率　　　　D. 对脉冲信号的计数
55. BD002　测井地面采集系统需要处理的信号有(　　)和谱信号。
    A. 脉冲信号　　　B. 直流信号　　　C. 声波信号　　　D. 编码信号
56. BD003　当地面系统内积有灰尘时,使面板绝缘性能变差,会导致(　　)问题。
    A. 电击穿　　　B. 测量误差　　　C. 电缆断路　　　D. 部件接触不好
57. BE001　测井电缆必须有(　　)的多股缆芯,并能满足传送不同频率信号的要求。
    A. 导电性好　　　B. 耐弯折好　　　C. 绝缘性好　　　D. 抗干扰性能好
58. BE002　电缆的电气性能主要包括电缆的(　　)。
    A. 电阻　　　B. 耐温　　　C. 电感　　　D. 电容
59. BE003　验收电缆时,电缆盘上应标明的内容包括(　　)。
    A. 长度　　　　　　　　　　　B. 表示电缆盘正确旋转方向的箭头
    C. 千米直流电阻值　　　　　　D. 执行标准
60. BE004　电缆管理的内容包括电缆的(　　)管理。
    A. 储存　　　B. 使用、检查　　　C. 维护保养　　　D. 报废
61. BF001　测井车载发电机运转控制电路的作用包括(　　)。
    A. 自动调节电压和频率　　　　B. 为电瓶充电
    C. 发电机故障时自动保护　　　D. 制动
62. BF002　测井车载发电机的油路包括(　　)。
    A. 低压油路　　　B. 燃油油路　　　C. 高压油路　　　D. 润滑油路
63. BF003　柴油机气缸内燃烧的是(　　)的混合气。
    A. 压缩后的低温空气　　　　　B. 压缩后的高温空气
    C. 压缩后的高温燃气　　　　　D. 压缩后的柴油
64. BF004　描述四冲程汽油机完成一个工作循环工作内容的说法正确的是(　　)。
    A. 进排气门各打开 2 次　　　　B. 曲轴旋转 2 周
    C. 活塞在气缸内运动 4 次　　　D. 发动机做功 2 次
65. BG001　液压系统的控制元件包括(　　)。
    A. 溢流阀　　　B. 换向阀　　　C. 节流阀　　　D. 油泵

66. BG002　在测井绞车动力传动系统中,属于测井绞车动力传递单元的有(　　)。
　　A. 离合器　　　　　B. 手刹车　　　　　C. 汽车变速箱　　　D. 绞车液压系统
67. BG003　绞车链条的检查内容包括(　　)。
　　A. 检查内外链片是否变形　　　　　B. 检查链条的松紧情况
　　C. 检查销子是否变形或转动　　　　D. 检查链条的强度
68. BG004　绞车液控式排缆系统的主要构件包括(　　)等。
　　A. 排绳控制器　　　B. 操纵阀　　　　　C. 手刹　　　　　　D. 排绳臂支撑油缸
69. BH001　高分辨率阵列感应测井仪子阵列包含(　　)。
　　A. 1个发射线圈　　 B. 1个屏蔽线圈　　 C. 1个接收线圈　　 D. 1个增强线圈
70. BH002　高分辨率阵列感应测井仪的探头部分的主要功能是(　　)。
　　A. 聚焦地层信号　　B. 发射电磁信号　　 C. 接收测量信号　　D. 放大测量信号
71. BH003　高分辨率阵列感应测井为满足高分辨率的需要,测量时应注意的事项包括(　　)。
　　A. 地层电阻率不宜过低　　　　　　B. 避免仪器来回抖动
　　C. 测井速度不宜过快　　　　　　　D. 测井深度不宜过深
72. BH004　需要对阵列感应仪器重新做车间刻度的情况是(　　)。
　　A. 测完3口井　　　　　　　　　　B. 车间刻度满1个月
　　C. 软件更换　　　　　　　　　　　D. 仪器维修
73. BH005　高分辨率阵列感应测井的地质应用包括(　　)。
　　A. 测量钻井液滤液电阻率　　　　　B. 获取地层真电阻率
　　C. 定性描述地层渗透性　　　　　　D. 判断油气层
74. BH006　阵列侧向测井仪器主电流经过的路径包括(　　)。
　　A. 井眼钻井液　　　B. 冲洗带　　　　　C. 过渡带　　　　　D. 原状地层
75. BH007　阵列侧向测井有多种测量模式,这些模式中(　　)能反映侵入带地层电阻率的变化。
　　A. RLA0　　　　　　B. RLA1　　　　　　C. RLA2　　　　　　D. RLA3
76. BH008　阵列侧向测井仪器测井时应注意的事项包括(　　)。
　　A. 偏心测量　　　　　　　　　　　B. 保证仪器居中测量
　　C. 屏蔽电极上应加装扶正器　　　　D. 电极系两端必须加装扶正器
77. BH009　阵列侧向测井资料通过配套的反演软件可以得到的结果包括(　　)。
　　A. 地层渗透率　　　B. 侵入带半径　　　C. 侵入带电阻率　　D. 原状地层电阻率
78. BH010　在地层中与快中子发生非弹性散射的主要有(　　)、钙及铁等元素的原子核。
　　A. 碳　　　　　　　B. 氧　　　　　　　C. 氮　　　　　　　D. 硅
79. BH011　ECS测井仪器的组成包括(　　)。
　　A. 伽马源　　　　　B. Am-Be中子源　　 C. 晶体探测器　　　D. 电子线路
80. BH012　元素俘获测井仪测井时应注意的事项包括(　　)。
　　A. 偏心测量
　　B. 居中测量

C. 组合测量时，自然伽马仪器应放在仪器组合的上部
D. 测量前应对仪器进行加热处理

81. BH013　元素俘获测井资料的主要用途包括(　　)。
    A. 确定地层含油气饱和度　　　　B. 确定地层矿物含量
    C. 确定地层骨架参数　　　　　　D. 求取地层压力

82. BH014　裸眼井硬地层中声波全波列成分包括(　　)。
    A. 滑行纵波　　B. 滑行横波　　C. 伪瑞利波　　D. 斯通利波

83. BH015　声波偶极发射器可在地层中直接激发出(　　)信号。
    A. 纵波　　　　B. 横波　　　　C. 地震波　　　D. 非弹性波

84. BH016　交叉偶极子声波测井仪器(XMAC)的结构组成包括(　　)。
    A. 横波测量单元　　　　　　　　B. 电子线路单元
    C. 隔声体　　　　　　　　　　　D. 发射单元和接收声系单元

85. BH017　阵列声波测井前对声系的检查内容包括(　　)。
    A. 探头电气性能检查　　　　　　B. 声系机械性能检查
    C. 声系皮囊检查　　　　　　　　D. 声系皮囊充油检查

86. BH018　阵列声波交叉偶极模式测井主要用于(　　)。
    A. 孔隙度计算　B. 裂缝识别　　C. 地应力分析　D. 岩性分析

87. BH019　脉冲中子源发出的14MeV的特快中子进入地层后，与地层中元素的原子核发生的反应包括(　　)。
    A. 非弹性散射反应　B. 光电效应　C. 俘获辐射反应　D. 活化反应

88. BH020　碳氧比测井仪器中，中子管是中子发生器的核心器件，其由(　　)构成。
    A. 离子源　　　B. 加速系统　　C. 高压电源　　D. 靶极

89. BH021　碳氧比测井仪器在地面利用(　　)作两点系统的刻度。
    A. 铁的光电峰　B. 碳的光电峰　C. 氧的光电峰　D. 氢的光电峰

90. BH022　中子发生器正常工作时的要求包括(　　)。
    A. 中子产额达到下井仪器规定值　　B. 中子产额相对变化应在10%以内
    C. 中子产额相对变化应在20%以内　D. 发生器不能加高压电

91. BH023　碳氧比测井资料中，强水淹层的特点是(　　)。
    A. C/O 趋于低值　　　　　　　　B. C/O 趋于高值
    C. Si/Ca 在地层水矿化度较高时趋于低值　D. Si/Ca 在地层水矿化度较高时趋于高值

92. BH024　氧活化测井确定仪器周围水体流动速度时需要确定的量有(　　)。
    A. 源距　　　　　　　　　　　　B. 水体截面积
    C. 活化水通过探测器的时间　　　D. 水体高度

93. BH025　脉冲中子氧活化测井仪的中子发生器的作用是(　　)。
    A. 发射热中子　　　　　　　　　B. 发射快中子
    C. 活化水中的氧核　　　　　　　D. 产生非弹性散射的中子射线

94. BH026　脉冲中子氧活化测井主要用于(　　)的测量。
    A. 高压气井　　B. 笼统正注井　C. 笼统上返井　D. 配注井

95. BH027　氧活化测井资料可用于(　　)。
    A. 验证配注效果　　　　　　　　B. 判断地层大孔道
    C. 分析调剖效果　　　　　　　　D. 确定地层孔隙度
96. BI001　测井仪器的机械性能检查内容包括(　　)。
    A. 机械连接　　　B. 密封情况　　　C. 绝缘情况　　　D. 平衡情况
97. BI002　测井仪器的常规电气性能检查内容包括(　　)。
    A. 电压和电流检查　　　　　　　B. 刻度检查
    C. 推靠器检查　　　　　　　　　D. 贯通线通断、绝缘检查
98. BJ001　偏心类推靠器的组成包括(　　)。
    A. 管线　　　　　B. 推靠臂　　　　C. 连杆　　　　D. 极板
99. BJ002　下井仪器的检查内容一般包括(　　)。
    A. 外观和机械性能检查　　　　　B. 连通性与绝缘检查
    C. 电子线路和探头检查　　　　　D. 耐压和耐温检查
100. BJ003　对出现故障的测井仪器进行维修的方法包括(　　)。
    A. 功能测试法　　B. 诊断测试法　　C. 原理分析法　　D. 综合判断法
101. BJ004　检修电极系时的要求包括(　　)。
    A. 电极短路直通电阻小于0.1Ω　　B. 电极短路直通电阻大于0.5Ω
    C. 电极断路绝缘电阻大于200Ω　　D. 电极断路绝缘电阻大于200MΩ
102. BJ005　下列关于微球测井仪极板的说法正确的有(　　)。
    A. 微球电极系由镶在橡胶板上的5个矩形电极组成
    B. 微球电极系由镶在橡胶板上的6个矩形电极组成
    C. 微球电极系的引线在极板副臂里面穿过
    D. 微球电极引线通过铜套插针与电极的供电线路及测量线路相连
103. BJ006　微电极极板通常由(　　)压制而成。
    A. 陶瓷　　　　　B. 橡胶　　　　　C. 耐压钢板　　　D. 铜电极
104. BJ007　导致微电极测井幅度值偏低的原因可能是(　　)。
    A. 极板绝缘过高　　　　　　　　B. 井径滑动电位器故障
    C. 极板电极与主体绝缘变差　　　D. 极板电极之间绝缘变差
105. BJ008　检修下井仪器的正确做法包括(　　)。
    A. 使用低温焊锡进行焊接
    B. 使用高温焊锡进行焊接
    C. 焊接MOS器件时,应使电烙铁接地
    D. 组装仪器时各处销轴、螺母、螺栓组装牢固
106. BK001　钻具输送测井中,实现井下仪器与地面系统建立通信联系的核心部件是(　　)。
    A. 旁通短节　　　B. 外螺纹接头总成　　C. 泵下枪总成　　D. 柔性短节
107. BK002　钻具输送测井时专用工具的检查要求包括(　　)。
    A. 电缆绝缘良好
    B. 泵下枪与导向筒匹配

C. 下井连接器总成锁紧装置工作良好,并与泵下枪匹配
D. 内、外湿接头的导通与绝缘良好

108. BK003 钻具输送测井时,容易导致仪器损坏的危险动作是( )。
   A. 顿钻
   B. 套管内以 15m/min 速度匀速起钻
   C. 溜钻
   D. 坐卡高度超过 10cm

109. BK004 欠平衡测井要求的井筒条件包括( )。
   A. 井筒内为气体时,井口压力宜控制在 3MPa 以下
   B. 井筒内为气体时,井口压力宜控制在 5MPa 以下
   C. 井筒内有钻井液时,井口压力宜控制在 5MPa 以下
   D. 测井作业前井筒内钻井液应充分循环、净化

110. BK005 欠平衡测井时,( )可以用于判断仪器是否全部进入容纳管。
   A. 仪器防落器开关手柄判定法
   B. 自然伽马仪测量判定法
   C. 磁性记号判定法
   D. 敲击法

111. BK006 防喷器工作压力一般分为 6 个等级,包括( )等。
   A. 105MPa
   B. 120MPa
   C. 130MPa
   D. 140MPa

112. BK007 欠平衡测井时测井仪器串的长度及在井内的测量方式的限制因素包括( )。
   A. 游车安全高度
   B. 电缆直径
   C. 防喷管空间
   D. 井口防喷装置

113. BL001 下列选项中属于黏土矿物的有( )。
   A. 蒙脱石
   B. 伊利石
   C. 石英
   D. 石灰石

114. BL002 对于虚滤饼遇阻,可以采取的措施有( )。
   A. 改变钻井液性能
   B. 加装导向装置
   C. 通井去掉虚滤饼
   D. 加长和加重仪器串

115. BL003 导致测井遇卡的原因包括( )。
   A. 井壁垮塌
   B. 电缆吸附
   C. 井壁键槽
   D. 仪器直径过小

116. BL004 求取测井遇卡最大安全张力的影响因素包括( )。
   A. 仪器运行姿态
   B. 仪器串的重量
   C. 拉力棒断裂额定值
   D. 电缆的抗拉强度

117. BL005 判断测井遇卡卡点的方法主要包括( )。
   A. 差分张力指示法
   B. 井下仪器张力和地面测井深度结合测量法
   C. 摸鱼顶法
   D. 电缆伸长测定法

118. BL006 测井时套管鞋遇卡应做的工作有( )。
   A. 直接上提电缆至最大安全张力
   B. 反复上下活动电缆
   C. 人为前后活动电缆
   D. 旁通式解卡

119. BL007 能用内钩捞绳器和外钩捞绳器打捞的井下落物有( )。
   A. 钻杆
   B. 绳索
   C. 钻头
   D. 电缆

120. BL008　打捞落井电缆常用的工具有(　　)。
　　A. 上钩捞绳器　　　B. 下钩捞绳器　　　C. 内钩捞绳器　　　D. 外钩捞绳器
121. BL009　三球打捞筒的结构组成包括(　　)。
　　A. 筒体　　　　　　B. 钢球　　　　　　C. 引鞋　　　　　　D. 卡瓦
122. BL010　打捞落井仪器的要求包括(　　)。
　　A. 捞筒引鞋外径以小于井径15~20mm为宜
　　B. 捞筒引鞋内径以小于井径15~20mm为宜
　　C. 鱼头进入捞筒后,下放距离应以鱼头进入上卡板为限
　　D. 起钻时不许用转盘卸扣
123. BM001　关于不同次测井曲线补接,下列符合要求的是(　　)。
　　A. 接图处曲线重复测量井段应大于50m　　B. 接图处曲线重复测量井段应大于25m
　　C. 重复测量误差在允许范围内　　　　　　D. 重复测量误差部分超过允许范围
124. BM002　影响测井深度误差的原因主要包括(　　)。
　　A. 电缆磁记号超差　　　　　　　　　　　B. 深度测量系统问题
　　C. 电缆打扭打结　　　　　　　　　　　　D. 电缆问题
125. BM003　第一、第二胶结面都很好时,声能有效地由套管传到水泥环再传到地层,声幅
　　　　　　曲线和变密度图像的特点为(　　)。
　　A. 声幅曲线表现为声波幅度低,较为平直
　　B. 变密度图像表现为套管波弱,甚至缺失
　　C. 变密度图像表现为套管波强
　　D. 地层波较强,呈现清晰的黑白相间地波状条带,可反映声波时差曲线,且相关性良好
126. BM004　现场确定油气层的主要依据是(　　)。
　　A. 自然电位幅度高　　　　　　　　　　　B. 声波时差与标准水层相近
　　C. 地质录井、气测录井油气显示级别高　　D. 电阻率高于标准水层1.5~2倍
127. BN001　下列情况中应编制书面测井作业设计文件的有(　　)。
　　A. 建设方有明确的要求
　　B. 相关的文件有明确的要求
　　C. 现有的技术文件、作业文件不能对作业过程进行有效控制
　　D. 新的测井项目或新的测井工艺的应用
128. BN002　应急断缆钳在施工现场应处于的状态是(　　)。
　　A. 提前组装完好,牙口张开　　　　　　　B. 牙口张开,开关旋紧到位
　　C. 处于应急状态,放置于便于取用的位置　D. 应在绞车内处于能正常使用状态。
129. BN003　技术论文摘要的编写要素包括(　　)等。
　　A. 获奖情况　　　　B. 目的　　　　　　C. 方法　　　　　　D. 结论
130. BN004　企业员工的培训包括(　　)。
　　A. 预订培训　　　　B. 岗前培训　　　　C. 在岗培训　　　　D. 离岗培训
131. BN005　制订培训计划应遵循的原则包括(　　)。
　　A. 以培训发展需求为依据　　　　　　　　B. 以企业发展计划为依据
　　C. 以各部门的工作规划为依据　　　　　　D. 以可掌握的资源为依据

132. BN006　培训课程的设计要素有很多,下列(　　)是课程设计中应主要考虑的要素。
　　A. 教案　　　　　　B. 课程目标　　　　C. 课程内容　　　　D. 教学组织形式
133. BN007　多媒体素材要根据教学需要和教学内容来准备,满足学生(　　)的要求。
　　A. 听得懂　　　　　B. 看得清　　　　　C. 视听　　　　　　D. 记得牢
134. BN008　讲授法的优点在于(　　)。
　　A. 有利于受训者系统地接受新知识　　　　B. 容易掌握和控制学习的进度
　　C. 有利于加深理解难度大的内容　　　　　D. 学习效果不受培训师讲授水平的影响
135. BO001　事故情况说明一般需要(　　)等几个方面。
　　A. 事故概况　　　　　　　　　　　　　　B. 事故原因分析、分类
　　C. 事故责任划分　　　　　　　　　　　　D. 事故防范措施
136. BO002　测井队现场各种地面引线应布排合理,尽量避免经过存在(　　)及机械损伤等风险的位置,穿越井场车道处应采取防碾压措施(如地面开槽或加保护盖板)。
　　A. 高温　　　　　　B. 振动　　　　　　C. 腐蚀　　　　　　D. 积水
137. BP001　安全应急预案编制的原则包括(　　)。
　　A. 科学性原则　　　B. 实用性原则　　　C. 灵活性原则　　　D. 综合性原则
138. BP002　机械伤害的主要原因有(　　)。
　　A. 人的不安全行为　B. 物的不安全状态　C. 管理上的缺陷　　D. 不良的作业环境

三、判断题(对的画"√",错的画"×")

(　　)1. AA001　半导体受到光照、放射线辐射、电场或磁场等外界因素的影响时,它的导电性能也将发生改变。利用这一特点可以制作光敏电阻等元件。
(　　)2. AA002　本征半导体是制造半导体器件的基本材料,其导电能力很低。
(　　)3. AA003　PN结具有单向导电性。
(　　)4. AA004　在电路中,电流只能从二极管的正极流入,负极流出。
(　　)5. AA005　点接触型二极管只允许通过较小的电流,适用于高频小电流电路,如检波等。
(　　)6. AA006　使用二极管时,必须注意它的极性不能接错,否则电路将不能正常工作。
(　　)7. AA007　整流电路能将交流电变换为直流电。
(　　)8. AA008　二极管击穿现象能够使通过管子的电流在很小的范围内变化,而管子两端的电压却很少变化,这就是稳压管的基本原理。
(　　)9. AA009　滤波电路的作用是减小整流后的脉动程度。
(　　)10. AA010　反向饱和电流是反映晶体管质量的一个参数,反向饱和电流越大,说明集电结质量越好。
(　　)11. AA011　场效应管放大电路以漏极和源极之间的信号作为信号输入端,而从栅极和源极之间取出输出信号,从而反映栅源电压对漏极电流的控制和放大作用。
(　　)12. AA012　共基极放大电路的输入阻抗很小,会使输入信号严重衰减,不适合作为电压放大器。

(   ) 13. AA013   放大电路中,输入电阻的大小反映了放大电路对信号源的影响程度。
(   ) 14. AA014   放大器的直接耦合适用于直流放大电路。
(   ) 15. AA015   集成电路是具有特定功能的电子器件。
(   ) 16. AA016   集成运算放大器实际上是一个具有高放大倍数并带有深度负反馈的交流放大器。
(   ) 17. AA017   集成运算放大器输入偏置电流越小,信号源内阻变化引起的输出电压变化也越小。
(   ) 18. AA018   反相运算放大器的输入直流电压和输出直流电压之间极性相反。
(   ) 19. AA019   理想运算放大器件不能有温漂。
(   ) 20. AA020   有源滤波器具有一定的电压放大和缓冲作用。
(   ) 21. AA021   在石英晶片的两极板间加一电场,会使晶体产生机械变形;反之,若在极板间施加机械力,又会在相应的方向上产生电场,这种现象称为压电效应。
(   ) 22. AA022   比较器的参考电压加于运算放大器的反相端,它可以为负值,也可以为正值。
(   ) 23. AB001   在同一个图样中,同类图线的宽度应基本一致。
(   ) 24. AB002   三视图的投影规律是:主、俯视图长对平齐;主、左视图高对正;俯、左视图宽相等。
(   ) 25. AB003   图样中(包括技术要求和其他说明)的尺寸以 mm 为单位时,需要标注其计量单位的代号或名称。
(   ) 26. AB004   螺纹的大径是指螺纹的最大直径,即外螺纹的牙顶(或内螺纹的牙底)之间的直径。
(   ) 27. AB005   在技术图样中,形状公差应采用代号标注,当无法用代号标注时,允许在技术要求中用文字说明。
(   ) 28. AC001   可以根据荧光来检定岩屑或岩心中是否含油。
(   ) 29. AC002   从广义上讲,沼气是一种天然气。
(   ) 30. AC003   一般说,海相沉积油田水矿化度比陆相高。碳酸盐岩储层比碎屑岩储层高;保存条件好的储层比开启程度高的高,埋藏深的比埋藏浅的高。
(   ) 31. AC004   构造油气藏的油气圈闭是由构造运动使岩层发生变形或变位而形成的。
(   ) 32. AC005   储集层孔隙性的优劣决定了其中流体(油气)的储量。
(   ) 33. AC006   盖层应是渗透性极低的致密层。
(   ) 34. BA001   测井拖橇安装完毕进行调试时,不用启动电力橇发电机,但应检查确认输出电源和测井橇电压、频率正常,无漏电。
(   ) 35. BA002   吊带比同类金属绳、链制成的吊索相对轻便,更柔软,并减少了吊索对人身的反向碰撞伤害。
(   ) 36. BA003   工作中,只要实际载荷小于额定工作载荷,即满足吊索安全使用条件。
(   ) 37. BA004   对于有起吊耳环的物件,其耳环的位置及耳环强度是经过计算确定的,因此在吊装过程中,应使用耳环作为连接物体的吊点。

( )38. BA005 吊运长方形物体时,如果物件重心居中可不用绑扎,采用兜挂法直接吊装。

( )39. BA006 船用起重机(或双机吊运)专用手势"微速起钩"信号为:两小臂水平伸向侧前方,五指伸开,手心朝下,以腕部为轴,向上摆动。

( )40. BA007 对于泥泞井场,测井车停放到位后,回正前轮,拉上手刹,打上掩木即可。

( )41. BB001 深度测量轮拉力弹簧给深度测量轮及导轮提供对电缆的压力,以保护深度测量轮。

( )42. BB002 深度编码器中 A、B 两路脉冲谁超前,取决于深度轮的转动方向,即取决于电缆的上提还是下放。

( )43. BB003 如果深度编码器电源正常、连接线正常,而地面系统深度信号入口处的方波脉冲不正常,则说明深度编码器已损坏。

( )44. BB004 用游标卡尺测量时,要使测量爪测量面与工件表面轻轻接触,有微动装置的游标卡尺应尽量使用微动装置,要用力压紧,以免测量爪变形和磨损,影响测量精度。

( )45. BB005 用千分尺测量尺寸,当螺杆快要接触工件时,必须拧动端部棘轮测力装置,当棘轮发出"咔咔"打滑声时,表示螺杆与工件接触压力适当,应停止拧动。

( )46. BB006 调节卡钳的开度时,应轻轻敲击卡钳脚的两侧面,也可以直接敲击钳口,但不能在硬物上敲击卡钳。

( )47. BB007 深度测量轮和光电编码器同轴,但不能同时转动。

( )48. BB008 存储式测井地面系统按深度采样。

( )49. BB008 存储式测井仪器坐卡时的深度信号为无用信号。

( )50. BC001 判断是否漏电:在被检查操作室的总开关上接一只电流表,接通全部电灯开关,取下所有照明灯具,进行仔细观察。若电流表指针不动,则说明漏电。

( )51. BC002 外引电源和车载电源是并行的两路电源,可以同时给测井地面系统供电。

( )52. BC003 UPS 整流器把交流电能变为直流电能,为逆变器和蓄电池提供能量。

( )53. BC004 在线式 UPS 的主要特点之一就是,输出不需要转换时间,真正实现了对负载的无干扰、稳压、稳频供电。

( )54. BC005 在开关 UPS 时,要按照开关机的顺序来操作,即开机时先开市电,然后开 UPS,最后开负载;关机时先关市电,然后关 UPS,最后关负载。

( )55. BD001 在数控测井系统中,下井仪器控制装置根据地面指令控制各下井仪器的工作,并把各下井仪器所采集的数据通过电缆传输到地面。

( )56. BD002 测井系统出现故障时,不能通过模拟源模拟下井仪器信号对地面仪器进行检测,进而确定地面仪器是否故障。

( )57. BD003 地面系统使用完毕,应等降温后加上防尘罩。防尘罩最好采用质地柔软细密的编织物,也可用塑料罩。

(   )58. BE001　七芯电缆缆芯耐压应大于 DC 200V。

(   )59. BE002　测井状态下电缆受力的情况类似于电缆自由悬挂状态下受力的情况。

(   )60. BE003　铠装钢丝允许焊接,但在电缆的同一断面上只允许有2个焊接点,任何2个焊接点之间不应小于5m,且每1km长度电缆上的焊接点不应超过5个。

(   )61. BE004　电缆在储存时电缆滚筒可以竖放。

(   )62. BF001　当车载发电机组出现故障时,制动电路会自动保护使发电机停止运转。

(   )63. BF002　喷油器将高压柴油呈雾状喷入燃烧室。要求雾粒细碎均匀、不成束、无后滴,喷锥角、射程合适,并与燃烧室相适应,喷油特性符合燃烧规律,多缸机各缸喷油量均匀一致。

(   )64. BF003　四冲程柴油机的工作循环经历了进气、自燃、做功、排气4个冲程。

(   )65. BF004　四冲程发动机完成一个工作循环,曲轴相应旋转2周,活塞在气缸中往复运动4次,进排气门各打开1次,发动机做功1次。

(   )66. BG001　在液压传动系统中,运动部件需要加入额外的润滑剂。

(   )67. BG002　测井车离合器可以不改变发动机的旋转方向使汽车倒行。

(   )68. BG003　当液压排缆器的控制手柄处于中间位置时,油缸处于浮动位置,排绳器不能随电缆的运动自动跟随。

(   )69. BG004　绞车链条由内链节和外链节组成。

(   )70. BH001　阵列感应子阵列的2个接收线圈运用电磁场叠加原理,实现了消除直耦信号影响的目的。

(   )71. BH002　HDIL测井仪每个线圈有8种工作频率,共测量112个原始信号,其中包括实部信号与虚部信号各56个。

(   )72. BH003　HDIL测井仪器可以在直径大于610mm(24in)的井眼内测井。

(   )73. BH004　HDIL测井仪器现场测井时,可用内部电阻网络进行仪器零刻和高刻校验。

(   )74. BH005　利用 HDIL 测井,可以确定侵入带电阻率 R_{xo} 和原状地层电阻率 R_t。

(   )75. BH006　阵列侧向测井仪器在电极系上增加屏蔽电极,其作用之一就是保持电流分布有恒定的形状。

(   )76. BH007　阵列侧向测井不同的探测模式分别代表了井眼周围不同探测深度下地层岩性的变化情况。

(   )77. BH008　绝缘短节要求上下仪器体之间的绝缘电阻大于 0.1MΩ。

(   )78. BH009　在致密性地层,阵列侧向仪器测量的视电阻率基本一致,4条曲线重合。

(   )79. BH010　不同原子核发生非弹性散射的反应截面和放出的γ射线能量相同。

(   )80. BH011　ECS 测井仪器由 Am-Be 中子源、BGO 晶体探测器、光电倍增管、高压放大电子线路等构成。

(   )81. BH012　元素俘获测井仪器需居中测量。

(   )82. BH013　ECS 测井得到γ射线谱,通过对γ射线谱进行解谱分析可得到元素的相对产额。

(   )83. BH014 在均匀各向同性介质中,纵波速度永远大于横波速度。

(   )84. BH015 挠曲波是一种频散现象很强的波,当频率很低时,其速度接近横波速度,因此可在软地层用来代替横波速度。

(   )85. BH016 多极子阵列声波测井仪器的单极子接收阵列由 6 个圆环柱状压电陶瓷器件组成。

(   )86. BH017 进行阵列声波测井前都需要进行方位刻度。

(   )87. BH018 用交叉偶极子测井测量地层应力的依据是应力作用能够引起横波各向异性。

(   )88. BH019 快中子与地层元素的原子核发生核反应后,将伴有同样特征的伽马射线发射。

(   )89. BH020 碳氧比仪器中,脉冲幅度分析器对经过谱信号放大过的脉冲信号进行幅度分析,并将模拟脉冲转换成与电压脉冲幅度成正比的数字量。

(   )90. BH021 碳氧比仪器刻度时,需要将装在活动屏蔽筒内的 Am-Be 中子源放置在靠近仪器的晶体处。

(   )91. BH022 碳氧比仪器测井时,中子发生器稳定工作 20min 后方可测量曲线。

(   )92. BH023 碳氧比能谱测井中,氢和氯的俘获伽马射线计数率之比指示地层中氢离子含量。

(   )93. BH024 高能脉冲中子通过(n,p)转移反应,可以活化水中的氧元素,生成半衰期很短的氮元素,氮元素随即发生 β 衰变,放射出具有特征能量的伽马射线。

(   )94. BH025 氧活化测井时,在已知流动截面的情况下,通过水流速度可计算出水的流量。

(   )95. BH026 对于氧活化测井,当水流向下时,仪器中子源在下,探测器在上;当水流向上时,仪器探测器在下,中子源在上。

(   )96. BH027 脉冲中子氧活化水流测井不受地层孔道直径的影响。

(   )97. BI001 仪器的平衡检查内容主要包括检查平衡管内硅油量有无缺失、检查皮囊硅油是否充盈、检查接线柱舱硅脂是否充满等。

(   )98. BI002 仪器内刻度是检查仪器电路工作情况的重要方式。

(   )99. BJ001 居中类推靠器有弹簧滑板式扶正器和偏心扶正器 2 类。

(   )100. BJ002 对仪器线路进行检查时,应首先拆除仪器两端的插头、插座,然后用力把仪器线路抽出。

(   )101. BJ003 仪器维修的比较法是指用正确的特征(波形或电压)与错误的特征相比较来帮助寻找故障原因的方法。

(   )102. BJ004 维修感应仪器,应按线圈系为主要质量点进行检修。

(   )103. BJ005 微球极板物理损坏主要有极板的磨损、撕裂等。

(   )104. BJ006 微电极极板通常安装在井径臂上。

(   )105. BJ007 井径仪器电机电流过大,电机不转动,应检查更换井径滑动电位器。

(   )106. BJ008 拆卸带有平衡管的仪器前,首先应将油封打开,将硅油放出。

(   )107. BK001　钻具输送测井时,井下张力短节只能用来测量井下仪器串所受的拉力。

(   )108. BK002　将泵下枪与下井连接器总成对接后,应检查导通与绝缘是否良好。

(   )109. BK003　钻具输送测井施工包括测前信息收集与交流、测井施工方案制定、现场准备、现场施工等过程。

(   )110. BK004　欠平衡测井时,电缆防喷装置的动密封压力不小于10MPa,额定工作压力不小于20MPa,电缆封井器法兰盘尺寸应与井口防喷器法兰盘尺寸相匹配。

(   )111. BK005　欠平衡测井时,深度系统指示判定法可以准确判断仪器是否全部进入容纳管。

(   )112. BK006　仪器防落器是一种安全装置,安装在防喷管串内紧靠电缆封井器的上方,它的主要作用是判断仪器是否完全进入容纳管。

(   )113. BK007　受防喷管串长度的限制,双侧向欠平衡测井时硬电极一般使用1根。

(   )114. BL001　在软地层钻进,钻速过快,即使钻井液排量跟不上,停泵时也不会形成砂桥。

(   )115. BL002　测井遇阻后,可以猛冲通过。

(   )116. BL003　仪器下过缩径层段,缩径层段继续缩径,当仪器上提至该层段时,仪器外径较粗或带扶正器的部位就会遇卡。

(   )117. BL004　张力棒的最大拉力是张力棒额定拉力的75%。

(   )118. BL005　通常情况下,在测井遇卡时,通过井下仪器张力和地面测井深度并通过测井资料的深度校正,可得到准确的仪器卡点深度。

(   )119. BL006　测井时,若电缆张力达到最大安全张力仍不能自行解卡,应立即刹住绞车,下放电缆。

(   )120. BL007　电缆可以用内捞绳器或外捞绳器打捞。

(   )121. BM001　测井时,应首先进行正式曲线的测量,然后再在测量段上部选取测量曲线幅度有相对变化的井段进行重复曲线的测量。

(   )122. BM002　依据测井施工单要求进行测井施工,由于仪器连接或井底沉砂等原因造成的漏测井段应少于15m或符合地质要求,遇阻曲线应平直稳定(放射性测井应考虑统计起伏)。

(   )123. BM003　砂岩由于渗透性较好,一般都有钻井液侵入,在井壁上有滤饼形成,通常井径小于钻头直径。

(   )124. BM004　油层通常有"三低",这"三低"指的是低自然伽马、低中子孔隙度、低电阻率。

(   )125. BN001　如一口井需要在不同时段进行多次测井,且后一次的测井项目与上一次的测井项目有连续性要求时,应保证有20m的重复井段。

(   )126. BN002　T形铁是测井关键部件,因其粗大结实,所以不用检查保养。

(   )127. BN003　论文摘要是对论文的内容不加注释和评论的简短陈述,是文章内容的高度概括。

(   )128. BN004　企业培训的重点是基本知识和技能培训。

( )129. BN005　培训计划必须满足组织、员工两方面的需求。

( )130. BN006　教师应当选择适当时机随时让学生知道自己学习的结果,提供反馈的信息,合理发挥强化的作用,使学员逐步具有自我检查、自我强化的能力。

( )131. BN007　课件编制完成后,需组织人员对课件是否达到设计要求进行全面分析。

( )132. BN008　演示法教学有助于激发受训者的学习兴趣,适用范围很广,所有的学习内容都能演示。

( )133. BO002　施工现场应设置施工警戒区域,防止无关人员进入,同时测井队人员未经许可也不许进入相关方施工区域。

( )134. BP001　通过审核的安全预案方可执行,若审核不通过,应及时进行调整与修订。

( )135. BP002　在有转动部分的机器设备上工作时,可以戴劳保手套。

( )136. BP003　救护人员抓住触电者干燥而不贴身的衣服将触电者拖离电源时,不可以碰到触电者裸露的身躯。

( )137. BP004　发生火灾时,如果自己无法扑救,应该首先保证自身安全,立即撤离到安全地带等待消防队前来灭火。

四、简答题

1. AA006　怎样使用万用表判定二极管的极性?
2. AA009　什么是滤波电路?
3. AA012　晶体管放大电路的基本形式有哪些?
4. BB004　游标量具是以游标零线为基线进行读数的。以0.02mm游标卡尺为例(图4-1),简述其读数方法。

图4-1　题4图

5. AB002　简述三视图的投影规律。
6. AC001　简述石油的荧光性质。
7. AC005　反映有机质丰度的指标有哪些?
8. BA003　代表吊带极限工作载荷的颜色有哪些? 它们分别代表多大的极限工作载荷?
9. BA007　如何在泥泞井场进行绞车摆放?
10. BB007　请用箭头"→"简略示意电缆深度系统的信号流程。
11. BB008　简述无电缆存储式测井深度的确定方法。
12. BC004　简述在线式UPS的工作原理。
13. BC005　简述储层的概念及特性。
14. BD002　测井地面系统模拟检测要点有哪些?

15. BD003　为使测井地面系统处于正常状态,需做好哪些工作?
16. BE001　电缆有哪些功能?
17. BE002　测井电缆性能检测的主要内容有哪些?
18. BE004　简述电缆报废的标准。
19. BF004　四冲程柴油机包括哪几个冲程?
20. BG002　简述液压绞车动力传递系统的组成。
21. BG003　简述测井绞车链条的作用。
22. BH001　简述阵列感应测井的基本原理。
23. BH003　阵列感应测井的注意事项有哪些?
24. BH005　阵列感应测井资料的用途有哪些?
25. BH009　简述阵列侧向测井资料的用途。
26. BH010　简述元素俘获测井的基本原理。
27. BH011　简述元素俘获测井仪器的结构组成。
28. BH016　简述交叉偶极多极子阵列声波测井仪器的结构组成。
29. BH019　为什么碳氧比测井选择碳和氧分别作为油和水的指标元素?
30. BH023　碳氧比测井中,利用 C/O 与 Si/Ca 曲线重叠法如何定性判断地层水淹程度?
31. BH024　简述氧活化测井的基本原理。
32. BH027　氧活化测井资料的应用有哪些方面?
33. BI002　常用下井仪器电气性能检查内容有哪些?
34. BK001　钻具输送测井工具的公接头总成由哪 2 部分组成,它们分别连接或固定在什么部位?
35. BK002　简述钻具输送测井专用工具的检查要求。
36. BK003　简述安装泵下枪总成的方法。
37. BK004　什么是欠平衡测井?
38. BK005　简述欠平衡测井时判断自然伽马仪器串已全部进入防喷管的方法。
39. BK007　欠平衡测井仪器串的确定依据有哪些?
40. BL001　简述泥岩缩径的原因。
41. BL002　由于井壁存在虚滤饼所造成的遇阻一般有什么特征?应如何处置?
42. BL006　简述打捞仪器前丈量和检查下井打捞工具时的注意事项?
43. BL008　简述落井电缆的打捞方法。
44. BM001　现场如何检查测井数值是否正确?
45. BM004　用普通电阻率测井如何判断油气水层?
46. BN007　选取多媒体课件素材时需要注意哪些方面?
47. BN008　运用研讨法教学有哪些要求?

五、计算题

1. AA018　如图 4-2 所示,设 $R_f = 100\text{k}\Omega$,$R_1 = 10\text{k}\Omega$,$R' = 9.1\text{k}\Omega$,试计算理想状态下的放大倍数。

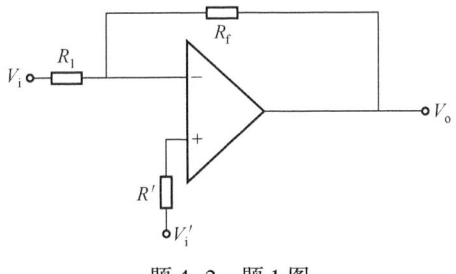

题 4-2　题 1 图

2. AA019　如图 4-3 所示,设 $R_f=100\mathrm{k}\Omega$,$R_1=100\mathrm{k}\Omega$,$R_2=100\mathrm{k}\Omega$,$V_{S1}=10\mathrm{mV}$,$V_{S2}=5\mathrm{mV}$,求 V_o 的值。

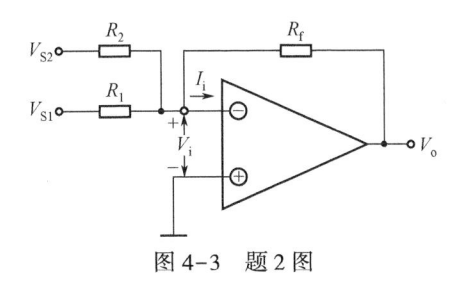

图 4-3　题 2 图

3. BB003　已知某测井队的马丁代克深度轮的标称值为 0.609m,光电编码器的输出脉冲数为每米 1280。在其正常工作的情况下,更换深度轮后,电缆移动 25m,测量光电编码器输出的脉冲数为 31750,试计算新更换的深度轮的实际周长(结果保留小数点后一位)。

4. BL004　已知某测井队的拉力棒额定拉断力为 3.2tf,测井仪器在 3012m 处正常张力为 2.1tf,仪器在钻井液中的重量为 0.8tf,试计算该仪器串在 3000m 处遇卡时的最大安全提升张力。

5. BM003　已知某层深侧向电阻率曲线的主曲线测量值为 $10\Omega\cdot\mathrm{m}$,重复曲线测量值为 $9.5\Omega\cdot\mathrm{m}$,求该曲线的重复相对误差。

答　案

一、单项选择题

1. C	2. A	3. C	4. B	5. B	6. A	7. A	8. C	9. C	10. D
11. C	12. B	13. A	14. C	15. B	16. A	17. B	18. B	19. C	20. A
21. A	22. B	23. B	24. D	25. D	26. B	27. C	28. A	29. B	30. C
31. B	32. D	33. B	34. D	35. C	36. B	37. D	38. B	39. C	40. C
41. B	42. A	43. B	44. A	45. B	46. A	47. B	48. C	49. B	50. A
51. B	52. D	53. C	54. D	55. C	56. A	57. B	58. A	59. A	60. A
61. B	62. B	63. D	64. C	65. B	66. B	67. C	68. D	69. B	70. B
71. C	72. A	73. D	74. A	75. C	76. B	77. D	78. A	79. D	80. B
81. C	82. D	83. D	84. C	85. C	86. D	87. B	88. C	89. C	90. A
91. C	92. C	93. B	94. A	95. C	96. A	97. D	98. A	99. C	100. C
101. D	102. C	103. C	104. C	105. A	106. D	107. C	108. C	109. B	110. C
111. B	112. D	113. D	114. C	115. D	116. C	117. D	118. B	119. C	120. C
121. D	122. C	123. C	124. A	125. B	126. C	127. B	128. C	129. B	130. D
131. C	132. D	133. C	134. B	135. A	136. B	137. B	138. C	139. A	140. A
141. C	142. B	143. C	144. D	145. A	146. C	147. A	148. B	149. D	150. C
151. B	152. C	153. A	154. C	155. C	156. D	157. C	158. B	159. D	160. C
161. C	162. D	163. A	164. B	165. A	166. B	167. C	168. C	169. C	170. B
171. C	172. D	173. C	174. C	175. C	176. D	177. C	178. C	179. D	180. A
181. B	182. D	183. A	184. D	185. C	186. C	187. B	188. B	189. A	190. A
191. B	192. B	193. A	194. D	195. A	196. B	197. B	198. D	199. C	200. A
201. D	202. B	203. C	204. A	205. D	206. B	207. C	208. B	209. D	210. B
211. D	212. C	213. A	214. C	215. B	216. C	217. A	218. C	219. D	220. C
221. C	222. A	223. C	224. B	225. C	226. C	227. A	228. C	229. D	230. A
231. B	232. A	233. D	234. A	235. D	236. B	237. D	238. C	239. B	240. B
241. C	242. B	243. C	244. C	245. D	246. C	247. B	248. C	249. C	250. C
251. B	252. D	253. B	254. D	255. C	256. C	257. B	258. B	259. A	260. A
261. D	262. B	263. A	264. C	265. A	266. A	267. B	268. A	269. B	270. B
271. A	272. C	273. C	274. D						

二、多项选择题

1. AC　　2. AB　　3. BC　　4. ACD　　5. ABD　　6. BC　　7. ABCD

8. BC	9. ABC	10. ACD	11. ABD	12. ACD	13. BCD	14. AC
15. ABC	16. ABCD	17. AB	18. AD	19. ABCD	20. ABC	21. AB
22. CD	23. ABD	24. ABC	25. ABD	26. ABD	27. ABD	28. ACD
29. ABCD	30. ABC	31. ABCD	32. ABD	33. ABCD	34. ABD	35. ABD
36. AB	37. BD	38. AD	39. ABCD	40. ABD	41. BC	42. AC
43. BD	44. ABD	45. ABC	46. CD	47. BC	48. BD	49. BC
50. AB	51. ABD	52. BC	53. BD	54. ABD	55. ABCD	56. AD
57. ACD	58. ACD	59. ABD	60. ABCD	61. ABC	62. ABC	63. BD
64. BC	65. ABC	66. ACD	67. ABC	68. ABD	69. ABC	70. BC
71. BC	72. BCD	73. BCD	74. ABCD	75. BCD	76. BD	77. BCD
78. ABD	79. BCD	80. AC	81. BC	82. ABCD	83. AB	84. BCD
85. BCD	86. BC	87. ACD	88. ABD	89. AD	90. AB	91. AC
92. AC	93. BC	94. BCD	95. ABC	96. ABD	97. ABCD	98. BC
99. ABC	100. ABCD	101. AD	102. ACD	103. BD	104. CD	105. BCD
106. BC	107. BCD	108. ACD	109. ACD	110. ABC	111. AD	112. ACD
113. AB	114. ACD	115. ABC	116. BCD	117. BD	118. BCD	119. BD
120. CD	121. ABC	122. ACD	123. AC	124. ABCD	125. ABD	126. BCD
127. ABCD	128. ABC	129. BCD	130. BCD	131. ABCD	132. BCD	133. ABD
134. ABC	135. ABCD	136. ABCD	137. ABCD	138. ABCD		

三、判断题

1. √	2. √	3. √	4. √	5. √	6. √	7. √	8. ×	9. √	10. ×
11. ×	12. √	13. √	14. √	15. √	16. ×	17. √	18. √	19. √	20. √
21. √	22. √	23. √	24. ×	25. ×	26. √	27. √	28. √	29. √	30. √
31. √	32. √	33. √	34. ×	35. √	36. ×	37. √	38. √	39. √	40. ×
41. ×	42. √	43. √	44. ×	45. √	46. ×	47. ×	48. ×	49. √	50. √
51. ×	52. √	53. √	54. ×	55. √	56. ×	57. ×	58. ×	59. √	60. ×
61. ×	62. ×	63. √	64. ×	65. √	66. ×	67. ×	68. ×	69. √	70. ×
71. √	72. ×	73. √	74. √	75. √	76. ×	77. ×	78. √	79. ×	80. √
81. ×	82. √	83. √	84. √	85. √	86. ×	87. √	88. √	89. √	90. √
91. √	92. ×	93. √	94. √	95. ×	96. √	97. √	98. √	99. ×	100. ×
101. √	102. ×	103. √	104. √	105. ×	106. √	107. ×	108. √	109. √	110. √
111. ×	112. ×	113. √	114. ×	115. ×	116. √	117. √	118. √	119. √	120. √
121. ×	122. √	123. √	124. ×	125. √	126. ×	127. √	128. ×	129. √	130. √
131. √	132. ×	133. √	134. √	135. ×	136. √	137. √			

四、简答题

1. 答:将万用表拨到欧姆挡(×100 或×1k)(20%),先将黑表笔接二极管的一端,再将红表笔接二极管的另一端,若电阻为 100~1000Ω,说明黑表笔接的那一端为二极管的正极,红表笔接的那一端为二极管的负极,若将两表笔调换,测得的电阻应为几百千欧(40%);若电阻小,说明管子单向导电性能不好(20%);若正、反向电阻均为无穷大,说明管子已损坏(20%)。

2. 答:交流电压经过整流后得到的脉动直流电压都含有较多的交流成分(20%),为了降低脉动程度,就需要滤除交流成分,使输出电压接近于理想的直流(30%),这种实现滤除单极脉动直流信号中交流成分的电路称为滤波电路(50%)。

3. 答:晶体管放大电路的基本形式有 3 种(10%):共射放大电路、共基放大电路和共集放大电路(90%)。

4. 答:①先读整数:根据游标零线以左的尺身上的最近刻线读出整毫米数 23(35%)。②再读小数:根据游标零线以右的尺身上的刻线对齐的游标上的刻线条数乘以游标卡尺的读数值(0.02mm),12×0.02 即为毫米的小数(35%)。③整数加小数:将整数和小数两部分读数相加,23+12×0.02=23.24mm,即为被测工件的总尺寸值(30%)。

5. 答:主视图反映了物体的长和高,俯视图反映了物体的长和宽,左视图反映了物体的高和宽(45%)。因此,三视图的投影规律是(10%):主、俯视图长对正;主、左视图高平齐;俯、左视图宽相等(45%)。

6. 答:荧光性质是指石油在紫外线照射下能发出一种特殊光亮的特性(40%)。石油在荧光灯下常显黄色、黄绿色或浅蓝色,其发光现象非常灵敏,只要溶剂中含十万分之一的石油就可显示(40%)。据此可以检定岩屑或岩心中是否含有石油(20%)。

7. 答:反映有机质丰度的指标有石油类沥青的含量(30%)、剩余有机碳的含量(30%)和烃的含量(40%)。

8. 答:紫色为 1000kg(15%);绿色为 2000kg(15%);黄色为 3000kg(15%);银灰色为 4000kg(15%);红色为 5000kg(15%);蓝色为 8000kg(15%);10000kg 以上为橘黄色(10%)。

9. 答:①在测井绞车进场前,先在井场离钻台 25~30m 处找出一块相对硬实的场地作为测井绞车停放位置(20%)。②然后用拖拉机将测井绞车拖到选定位置,并正对井口(30%)。③回正前轮,拉上手刹,打上掩木(25%)。④用拖拉机绷紧钢丝绳将测井绞车拽住(25%)。

10. 答:电缆移动(20%)→带动计数轮转动(周长可知)(20%)→带动编码器转动(每周脉冲数固定)(20%)→深度处理单元(根据脉冲数计算深度)(20%)→显示深度、速度(20%)。

11. 答:地面深度测量单元由安装在大绳滚筒轴头上的深度编码器和安装在大绳死绳端的大钩负荷传感器及地面的传感器采集面板组成(20%)。起下钻时,大钩负荷传感器测量大钩负荷,指示钻具状态(15%),深度编码器测量大绳起下的长度,指示游车上行下放的高度(15%)。大钩负荷传感器、深度编码器分别将测量的大钩负荷信号、深度信号传送给地面传感器采集面板。地面传感器采集面板将接收到的大钩负荷信号和深度信号数字化后传给地面计算机。地面计算机接收到数字化的大钩负荷信号和深度信号后,根据大钩负荷门槛判断钻具在井口的解卡或坐卡状态(20%)。剔除坐卡状态时的无效深度信号,保留解卡时的有效深度信号,形成有效的钻具起下深度(10%)。同时地面计算机按时间记录钻具在井口的解卡或坐卡状态及钻具起下的有效深度,生成地面深度—时间文件(20%)。

12. 答:市电正常时,在线式UPS对蓄电池充电(20%),当市电供电中断或超出UPS允许输入范围时,逆变器将蓄电池的电能逆变成交流电能给负载供电(40%)。因此不管电网电压是否正常,负载所用的交流电压都要经过逆变电路,即逆变电路始终处于工作状态(40%)。

13. 答:具有连通孔隙,既能储存油、气、水,又能让油、气、水在岩石孔隙中流动的岩层,称为储层(30%)。作为能储集流体的储层,其必须具备2个重要性质,即孔隙性和渗透性(30%)。孔隙性的优劣决定了其中流体(油气)储量的大小(20%),而渗透性的好坏决定着储存于岩石中的油气能否在其中顺利流动(20%)。

14. 答:①要观察模拟信号是否正确(30%)。②要清楚测井信号流程(40%)。③要观察检查结果是否符合要求(30%)。

15. 答:①妥善保管技术资料(10%)。②防尘与除尘(15%)。③防细小的金属物(15%)。④防潮与驱潮(15%)。⑤防高温(15%)。⑥防腐蚀(15%)。⑦防振(15%)。

16. 答:①输送下井仪器和工具,并承受其拉力(40%)。②为井下仪器供电并传送各种控制信号(30%)。③将井下仪器输出的测量信号传输至地面系统(30%)。

17. 答:①电缆的机械性能,包括电缆的抗拉强度、耐腐蚀性、韧度及弹性等。它们不但是电缆的重要性能,也决定了电缆自身的质量标准(50%)。②电缆的电气性能,主要包括电缆的电阻、电容和电感(50%)。

18. 答:①电缆X和Y直径变化10%,拉断力减小25%,电缆直径减小5%,钢丝磨损30%。在上述任何一种情况下,电缆应作废,不可继续使用(20%)。②一般情况下,经拉断力试验,达不到额定拉断力75%的电缆均不能继续使用(20%)。③钢丝被弯转180°,其弯曲处呈尖针状的电缆,不得继续使用(20%)。④被接电缆达不到上述要求者,不能继续接电缆(20%)。⑤电缆绝缘能力降低,达不到要求而又无法修复时不可继续使用(20%)。

19. 答:四冲程柴油机包括进气(25%)、压缩(25%)、做功(25%)、排气(25%)4个冲程。

20. 答:液压绞车动力传动系统由全功率取力器、传动轴、液压泵、液压马达和控制元件、减速器及链条组成(70%)。全功率取力器将发动机动力通过传动轴、油泵、马达、行星减速器传递到滚筒(30%)。

21. 答:测井绞车滚筒一般通过链条传动(30%)。它是利用链与链轮轮齿的啮合来传递动力和运动的(30%)。测井绞车链条将绞车减速器的动力传给滚筒,使滚筒旋转(40%)。

22. 答:阵列感应测井仍以电磁感应理论为基本原理(20%),即通过在发射线圈中加一个幅度和频率恒定的交流电,发射线圈就能在井周围地层中感应出电动势(20%),形成以井轴为中心的圆环状涡流,其强度与地层的电导率成正比(30%)。涡流又会产生二次交变电磁场,在接收线圈中又会产生感应电动势,该电动势的大小与涡流强度有关,即与地层的电导率有关(30%)。

23. 答:①为了保证测井质量,线圈系上下必须加2个非金属(橡胶)居中扶正器(20%)。②测量时仪器应避免来回摆动,测井速度不能过快;另一方面也要求井眼尺寸不应有剧烈的变化,同时并测高精度井径(20%)。③在测井过程中,现场测井必须进行井径、井温和钻井液电阻率测量(20%)。④阵列感应测井时要求钻井液电阻率大于$0.02\Omega \cdot m$

(10%)。⑤测井速度小于 3600ft/h(15%)。⑥仪器连接时,针对不同井径应加装相应的扶正器(15%)。

24. 答:①复杂井眼条件下提供高精度的地层电阻率(15%)。②定性识别油、水层(15%)。③判断油水过渡带(15%)。④定性描述储层渗透性好坏(10%)。⑤确定侵入带电阻率 R_{xo} 和原状地层电阻率 R_t(15%)。⑥准确解释薄互储层(15%)。⑦阵列感应测井在时间推移测井中能精确反映地层电阻率的变化(15%)。

25. 答:①划分岩性剖面(25%)。②清晰描述侵入特征(25%)。③判断油(气)水层(25%)。④求取含油(气)饱和度(25%)。

26. 答:快中子进入地层后,与地层元素的原子核相互作用,发生非弹性散射和弹性散射,逐渐慢化变成热中子,最后被原子核俘获吸收(30%)。在非弹性散射和热中子俘获过程中,都会释放带有不同能量特征的伽马射线(20%)。地层元素测井通过记录非弹性伽马和俘获伽马能谱信息(20%),以元素标准谱为基础(10%),采用谱数据处理技术获取地层元素含量,通过氧化物闭合模型及聚类分析得到地层矿物含量,能用于地层矿物识别、岩性识别、确定地层黏土含量、计算骨架参数及研究沉积环境等(20%)。

27. 答:元素俘获测井仪器由 Am-Be 中子源(25%)、BGO 晶体探测器(25%)、光电倍增管(25%)、高压放大电子线路等构成(25%)。

28. 答:交叉偶极多极子阵列声波测井仪器由电子线路单元(20%)、接收声系单元(20%)、隔声体(20%)、发射声系单元(20%)和发射电路组成(20%)。

29. 答:从地质方面考虑,石油中含有大量的碳元素,几乎不含氧元素(30%);水中含有大量的氧元素,几乎不含碳元素(30%)。从核物理角度考虑,碳和氧元素的原子核与快中子发生非弹性散射反应时,都有较大的非弹性散射截面(碳的截面为 $0.353×10^{-28} m^2$,氧的截面为 $0.104×10^{-28} m^2$),并均能放出较高能量的伽马射线(碳和氧的非弹性伽马射线能量分别为 4.43MeV 和 6.13MeV)(20%),2 种伽马射线的能量差(E)较大(E=1.70MeV),这些差别为伽马能谱分析提供了有利的条件(20%)。

30. 答:在泥岩层使 2 条曲线反向重叠(20%)。油层或弱水淹层处,C/O 为高值,Si/Ca 也为高值,两曲线之间形成"糖葫芦"状,两曲线所包围的面积较大(25%);在中水淹层处,2 条曲线所包围的面积比油层或弱水淹层的小,比强水淹层的大(25%);在强水淹层处,C/O 趋于低值,Si/Ca 在地层水矿化度较高时也趋于低值,使两曲线所包围的面积很小(30%)。

31. 答:高能脉冲中子通过(n,p)转移反应,可以活化水中的氧元素,生成半衰期很短的氮元素(30%)。氮元素随即发生 β 衰变,放射出具有特征能量的伽马射线(30%)。在不同位置探测这些具有特征能量的伽马射线,就可以计算出水的流动情况(40%)。

32. 答:①验证配注效果(25%)。②判断地层大孔道(25%)。③分析调剖效果(25%)。④检验井下工具是否泄漏(25%)。

33. 答:常用下井仪器电气性能检查包括仪器的工作电压和工作电流检查(20%)、内刻度检查(20%)、推靠器检查(20%)及贯通线的通断和绝缘情况检查(40%)。

34. 答:公接头总成由公头外壳和公头总成 2 部分组成(30%)。公头外壳上部连接钻具末端,下部连接测井仪器(40%)。公头总成固定在公头外壳内,与仪器串顶部连接(30%)。

35. 答:①检查泵下枪与导向筒是否匹配,导向筒放置是否正确(20%)。②检查内、外湿接头的导通与绝缘是否良好(20%)。③检查下井连接器总成锁紧装置工作是否良好,是否与泵下枪匹配(20%)。④将泵下枪与下井连接器总成对接后,检查导通与绝缘是否良好(20%)。⑤检查旁通短节、电缆锁紧器、拆卸工具的机械性能是否良好(10%)。⑥检查柔性短节、张力短节、偏心短节、旋转短节的通断与绝缘是否良好(10%)。

36. 答:①在钻井队下放输送工具过程中,测井工刹掉电缆鱼雷,从电缆末端依次穿入密封总成各个部件,将电缆自旁通短节侧孔穿入,从旁通短节底部引出,然后把密封总成各个部件固定在旁通短节侧孔内(30%)。②在电缆上做湿接头法钻杆输送测井专用鱼雷。电缆头制作只使用中锥套和外锥筐,锁住外层钢丝一半(12根),外层留一根去一根,内锥不使用。此种方法做出的电缆头的拉断力一般为2.6~2.8tf,可作为拉力弱点使用(30%)。③检查锁紧装置是否完好(20%)。④对应连接电缆缆芯与泵下枪连接线,检查对应的通断、绝缘情况,正常后在鱼雷内注满硅脂(20%)。

37. 答:欠平衡测井是指测井作业时,井筒内处于液(气)柱压力低于地层压力的欠平衡状态(60%),需利用电缆防喷装置进行的裸眼测井作业(40%)。

38. 答:①仪器上提至距井口约50m时,把自然伽马刻度器放在电缆封井器处(30%)。②缓慢上提仪器串并观察自然伽马曲线,当出现高峰值时,表明自然伽马仪正处在自然伽马刻度器位置,记录此深度(40%)。③继续缓慢上提仪器串,当上提高度大于自然伽马仪记录点至仪器串底部距离时,则可判定仪器串已全部进入防喷管内(30%)。

39. 答:①游车安全高度(40%)。②防喷管空间大小(30%)。③井口防喷装置(30%)。

40. 答:钻井时,钻井液多为水基钻井液(10%),泥页岩一般含有蒙脱石、伊利石、高岭石、绿泥石等黏土矿物以及石英、长石、方解石、石灰石等,这些都是亲水物质(30%)。泥页岩接触到钻井液时,钻井液里的水会以单分子层形式吸附在黏土表面上,降低黏土体系的表面能,并把单层分开,使其间距增大(30%)。当地层水进入蒙脱石的晶层之间时,其体积可以增加1倍,使泥页岩膨胀导致缩径(30%)。

41. 答:①由于井壁存在虚滤饼所造成的遇阻一般在多次测井中遇阻位置不断变化(50%)。②解决这一问题的方法除了改变钻井液性能外,还可由井队采取某些措施,在通井的过程中除去虚滤饼,同时在测井过程中尽量加长和加重仪器串(50%)。

42. 答:①检查引鞋的外径,以小于井径15~20mm为宜。引鞋太小,碰到的可能是鱼身而不是鱼头,给判断情况和实施打捞都带来困难(40%)。②引鞋的高边与低边之差必须丈量清楚,这是判断井下情况的主要依据(30%)。③打捞筒内部不能有平台肩,以免对落物的进入形成障碍(30%)。

43. 答:①打捞前先找到鱼顶位置,然后选择尺寸合适的捞绳器,检查其外径与套管内径之间的间隙,该间隙不得大于电缆直径(30%)。②下捞绳器至鱼顶以上2~3m后(20%),采取每下放3~5m转动0.5~1圈,然后上提5~8m,观察悬重变化(20%)。钻具转动90°~180°,再次下捞,下捞深度比上一次多下放3~5m,之后再转动0.5~1圈,上提5~8m,观察悬重变化,循序渐进重复上述操作,直到悬重增加捞住电缆(30%)。

44. 答:①检查测井标志层的测量数值是否符合标准要求(30%)。②检查不同测井曲线数值是否符合地区规律(30%)。③对任何检查发现的疑问均应查明原因并给出合理的解释,否则就应更换仪器进行重复验证(40%)。

45. 答:①油气层:高阻。$R_{mf}>R_w$(R_{mf}为钻井液滤液电阻率,R_w为地层水电阻率),增阻侵入,随探测深度增加电阻率降低;$R_{mf}<R_w$,减阻侵入,随探测深度增加电阻率增加(50%)。②水层:低阻。$R_{mf}>R_w$,增阻侵入,$R_深<R_浅$($R_深$为深电极所测电阻率,$R_浅$为浅电极所测电阻率);$R_{mf}<R_w$,减阻侵入,$R_深>R_浅$;$R_{mf}≈R_w$,则$R_深≈R_浅$(50%)。

46. 答:①素材要根据教学需要和教学内容来准备(40%)。②满足学生听得懂、看得清、记得牢的要求(30%)。③所选择素材要符合教学规律,与教学内容一致(30%)。

47. 答:①每次讨论要建立明确的目标,并让每位参与者了解这些目标(40%)。②要使受训人员对讨论的问题发生内在的兴趣,并启发他们积极思考(30%)。③在大家都能看到的地方公布议程表(包括时间限制),并于每一阶段结束时检查进度(30%)。

五、计算题

1. 解:由图 4-1 可知,它属于反相放大器,在理想情况下有: (10%)

$$\frac{V_o}{V_1}=\frac{R_f}{R_1}=-\frac{100}{10}=-10$$ (80%)

答:理想情况下的放大倍数为 10 倍。 (10%)

2. 解:图 4-2 所示为一加法器,由于 $R_f=R_1=R_2$,理想情况下有: (10%)

$$-V_o=V_{S1}+V_{S2}=10+5=15(mV)$$ (80%)

答:理想情况下,输出值应为 15mV。 (10%)

3. 解:光电编码器的每米输出脉冲数为:

$$31750/25=1270$$ (25%)

深度轮计算周长应为:

$$1270×0.609/1280≈0.6042(m)$$ (25%)

深度轮周长差为:

$$0.609-0.6042=0.0048(m)$$ (25%)

新深度轮的实际周长为:

$$0.609+0.0048=0.6138(m)=613.8mm$$ (25%)

答:新更换的深度轮的实际周长为 613.8mm。

4. 解:由最大安全张力计算公式可知:

$T=$正常测井张力+电缆弱电拉力×75%-仪器在钻井液中的重量 (50%)

$=2.1+3.2×0.75-0.8$

$=3.7(tf)$ (40%)

答:该仪器串在 3000m 处遇卡时的最大安全提升张力为 3.7tf。 (10%)

5. 解:由曲线重复相对误差计算公式可知:

重复相对误差 $X=|B-A|/B×100\%$ (50%)

$=|9.5-10|/9.5×100\%$ (30%)

$≈5.3\%$ (10%)

答:该曲线的重复相对误差为 5.3%。 (10%)

高级技师理论知识试题及答案

一、单项选择题(每题有4个选项,只有1个是正确的,将正确的选项号填入括号内)

1. AA001　数字电路的主要单元是(　　)及触发器。
   A. 三极管　　　　B. 二极管　　　　C. 逻辑门　　　　D. 或非门
2. AA001　处理数字信号的电路称为(　　)。
   A. 数字电路　　　B. 模拟电路　　　C. 放大电路　　　D. 脉冲电路
3. AA002　场效应管分为两大类,即绝缘栅型和(　　)。
   A. 导通栅型　　　B. 结型　　　　　C. 放大型　　　　D. 滤波型
4. AA002　反相器在数字电路中是一种(　　)的逻辑关系。
   A. 与　　　　　　B. 或　　　　　　C. 异或　　　　　D. 非
5. AA003　逻辑代数中,"与"逻辑记作 $Y=AB$,它表示(　　)。
   A. A 和 B 都发生时,Y 一定发生　　　　B. A 和 B 都不发生时,Y 一定发生
   C. B 发生时,Y 一定发生　　　　　　　　D. A 发生时,Y 一定发生
6. AA003　逻辑代数中,"或"逻辑记作 $Y=A+B$,它表示(　　)。
   A. A 发生时,Y 一定不发生　　　　　　　B. A 和 B 都不发生时,Y 一定发生
   C. A 和 B 都发生时,Y 一定不发生　　　D. A 或 B 至少有一个发生时,Y 一定发生
7. AA004　组合电路逻辑功能的表示方法常用的有函数表达式、真值表、(　　)、卡诺图。
   A. 直方图　　　　B. 方框图　　　　C. 逻辑图　　　　D. 电路图
8. AA004　最基本的逻辑运算有逻辑乘、(　　)和逻辑非。
   A. 逻辑减　　　　B. 逻辑加　　　　C. 逻辑除　　　　D. 逻辑乘方
9. AA005　要使 RS 触发器工作在数据保存期间,那么应使(　　)。
   A. $R=S=1$　　　B. $R=S=0$　　　C. $R=1;S=0$　　D. $R=0;S=1$
10. AA005　RS 触发器能接收、(　　)、输出送来的信号。
    A. 放大　　　　　B. 计算　　　　　C. 保持　　　　　D. 减小
11. AA006　在(　　)中的二极管和三极管,大多数是工作在开关状态。
    A. 脉冲电路　　　B. 运放电路　　　C. 模拟电路　　　D. 逻辑门电路
12. AA006　顺序脉冲发生器一般由计数器和(　　)2 部分组成。
    A. 译码器　　　　B. 放大器　　　　C. 触发器　　　　D. 运算器
13. AA007　RC 电路是由(　　)构成的简单电路。
    A. 电阻和电容　　B. 电阻和电感　　C. 电容和电感　　D. 电阻网络
14. AA007　RC 正弦波振荡电路是(　　)电路。
    A. 电阻和电容串联振荡　　　　　　　B. 电阻和电感并联振荡
    C. RC 串并联式正弦波振荡　　　　　D. RC 并联式正弦波振荡

15. AA008 微分电路充电起始电流的变化规律为( )。
    A. 充电起始电流随时间按线性规律上升　　B. 充电起始电流随时间按线性规律下降
    C. 充电起始电流随时间按指数规律下降　　D. 充电起始电流随时间按指数规律上升

16. AA008 微分电路的主要作用为( )。
    A. 将矩形波变换成三角波　　　　B. 延缓跳变电压
    C. 进行脉冲分离　　　　　　　　D. 将矩形波转化为尖顶脉冲

17. AA009 将矩形波变换成锯齿波的电路是( )。
    A. 微分电路　　　B. 积分电路　　　C. 反相器　　　D. 晶振电路

18. AA009 积分电路的输出电压与输入电压成( )。
    A. 线性关系　　　B. 积分关系　　　C. 反比关系　　　D. 逻辑关系

19. AA010 单稳态触发器暂存状态时间的长短与触发脉冲无关,仅取决于( )。
    A. 电路本身的参数　B. 输入信号的相位　C. 输出信号的相位　D. 输出信号的类型

20. AA010 可用于延时及脉冲整形的电路是( )。
    A. 双稳态触发器　B. 施密特触发器　C. 反相器　　　D. 单稳态触发器

21. AA011 施密特触发器能够把变化非常缓慢的输入脉冲波形整形为适合数字电路需要的( )。
    A. 矩形脉冲　　　B. 锯齿形脉冲　　C. 正弦波形　　　D. 线性波形

22. AA011 可进行幅度鉴别的电路是( )。
    A. 单稳态电路　　　　　　　　　B. 双稳态电路
    C. 由施密特触发器构成的电路　　D. 振荡电路

23. AA012 当( )时,自激振荡电路才能维持等幅振荡。
    A. 反馈信号大于输入信号　　　　B. 反馈信号小于输入信号
    C. 反馈信号等于输入信号　　　　D. 反馈信号不等于输入信号

24. AA012 产生自激振荡的条件是( )。
    A. 反馈信号相位超前原输入信号90°　　B. 反馈信号相位超前原输入信号180°
    C. 反馈信号相位滞后原输入信号90°　　D. 反馈信号与原输入信号同相位

25. AA013 正弦波振荡电路必须具有一个有( )的正反馈电路。
    A. 分频特性　　　B. 选频特性　　　C. 高频特性　　　D. 低频特性

26. AA013 下列选项中属于正弦波振荡电路的是( )。
    A. 单稳态触发电路　　　　　　　B. 双稳态触发电路
    C. 晶体振荡电路　　　　　　　　D. RC 电路

27. AA014 石英晶体受到( )的作用时,将产生机械振动。
    A. 交变磁场　　　B. 恒定磁场　　　C. 交变电场　　　D. 恒定电场

28. AA014 在石英晶片上施加机械压力,则在晶片相应的方向上会产生一定的电场,这种现象称为( )。
    A. 晶体振荡　　　B. 压电效应　　　C. 能量转换　　　D. 机电效应

29. AA015 在数字电路中,A/D 指的是( )。
    A. 数/模转换　　　B. 模/数转换　　　C. 字符转换　　　D. 逻辑表达式

30. AA015　模/数转换按时间顺序依次为(　　)。
    A. 保持、采样、量化、编码　　　　B. 采样、保持、编码、量化
    C. 采样、保持、量化、编码　　　　D. 保持、采样、编码、量化

31. AB001　(　　)是数据采集系统的核心,它对整个系统进行控制,并对采集的数据进行加工处理。
    A. 计算机　　　B. 控制器　　　C. 滤波器　　　D. A/D 转换器

32. AB001　可把物理量转变成模拟电量的是(　　)。
    A. 触发器　　　B. 传感器　　　C. 滤波器　　　D. A/D 转换器

33. AB002　下列选项中,(　　)A/D 转换器是一种转换速度最快、转换原理最直观的 A/D 转换器。
    A. 并行比较式　B. 双积分　　　C. 集成单元　　D. 双极性数字

34. AB002　下列选项中,(　　)是将模拟电压或电流转换成数字量的器件或设备,它是模拟系统与数字系统或计算机之间的接口。
    A. 测量放大器　B. 传感器　　　C. 多路模拟开关　D. A/D 转换器

35. AB003　下列选项中,(　　)是可用来提高测量精度的技术。
    A. 计算机技术　B. A/D 转换器　C. 噪声抑制方法　D. 微弱信号检测技术

36. AB004　要使电路所受干扰尽量小,就必须使噪声源强度在发生处抑制到(　　)。
    A. 最大　　　　B. 最小　　　　C. 较大　　　　D. 15dB 以下

37. AB004　为了减小热噪声电压的干扰,当有用信号在一定频率范围内时,可通过加带通滤波电路来(　　)频带宽度,从而减小热噪声。
    A. 增加　　　　B. 消除　　　　C. 压缩　　　　D. 稳定

38. AB005　(　　)地是指大功率负载部件的零电位。
    A. 电源　　　　B. 模拟　　　　C. 数字　　　　D. 负载

39. AB005　(　　)地是指传感器本身的零电位基准线。
    A. 信号　　　　B. 模拟　　　　C. 数字　　　　D. 负载

40. AB006　脉冲编码是用(　　)的不同组合来表示调制信号的大小的。
    A. 电流　　　　B. 电压　　　　C. 电阻　　　　D. 脉冲

41. AB006　通常低频信号不便于直接传输,必须通过(　　),借助高频振荡信号即通常所说的载波。
    A. 调制　　　　B. 调频　　　　C. 调幅　　　　D. 调相

42. AB007　在数字通信系统中,通常不涉及(　　)同步。
    A. 载波　　　　B. 幅　　　　　C. 帧　　　　　D. 位(码元)

43. AB007　在数字传输系统中,通常采用一些特征码组成的码组作为(　　)同步信号。
    A. 幅　　　　　B. 位　　　　　C. 帧　　　　　D. 码

44. AB008　脉冲编码调制(PCM)技术是一种(　　)多路传输技术。
    A. 频分　　　　B. 调幅　　　　C. 时分　　　　D. 脉冲宽度调制

45. AB008　脉冲编码调制(PCM)发送器在控制电路控制下,对放射性脉冲进行(　　)。
    A. 二进制计数　B. 十进制计数　C. 十六进制计数　D. 八进制计数

207

46. AB009　CTS是一种高速数据传输系统,数据传输速率可达到(　　)。
　　A. 20kb/s　　　　　B. 41kb/s　　　　　C. 93.75kb/s　　　D. 100kb/s

47. AB009　Manchester通信系统一帧Manchester码包含20位,前(　　)是同步码,有数据同步和命令同步。
　　A. 1位　　　　　　B. 2位　　　　　　C. 3位　　　　　　D. 4位

48. AC001　油页岩与碳质页岩的主要区别是前者含油率大于(　　)。
　　A. 3.5%　　　　　B. 10%　　　　　　C. 25%　　　　　　D. 40%

49. AC001　一般情况下,页岩中SiO_2的含量为(　　)。
　　A. 0.2%~12%　　　B. 2%~10%　　　　C. 12%~25%　　　　D. 45%~80%

50. AC002　高丰度的(　　)既是生烃的物质基础,也是页岩气吸附的重要载体。
　　A. 有机质　　　　　B. 动物　　　　　　C. 植物　　　　　　D. 无机物

51. AC002　页岩气有利发育区的有机碳含量大于(　　)。
　　A. 0.1%　　　　　B. 0.5%　　　　　　C. 0.8%　　　　　　D. 1.0%

52. AC003　页岩储层若要成为烃源岩,其有机碳含量应大于(　　)。
　　A. 1%　　　　　　B. 2%　　　　　　　C. 3%　　　　　　　D. 5%

53. AC003　国外泥质烃源岩有机碳的下限值一般确定为(　　)。
　　A. 0.4%　　　　　B. 0.5%　　　　　　C. 4%　　　　　　　D. 5%

54. AC004　通常(　　)测井值随着页岩气含量的增加变小。
　　A. 密度　　　　　　B. 中子　　　　　　C. 声波时差　　　　D. 以上都对

55. AC004　下列选项中,(　　)测井能提供纵波时差、横波时差资料,利用相关软件可进行各向异性分析处理,判断水平最大地层应力的方向。
　　A. 自然伽马能谱　　B. 元素俘获能谱　　C. 偶极阵列声波　　D. 声电成像

56. AC005　下列选项中,(　　)实施应力干扰是实现页岩气压裂体积改造的技术关键。
　　A. 常规压裂　　　　B. 常规射孔　　　　C. 分段多簇射孔　　D. 天然裂缝

57. AC005　当裂缝延伸净压力(　　)储层天然裂缝或胶结弱面张开所需临界压力时,将产生分支缝或立体网状裂缝,形成以主裂缝为主干的纵横交错的网状缝系统。
　　A. 大于　　　　　　B. 等于　　　　　　C. 小于　　　　　　D. 接近

58. BA001　通常情况下,数控测井仪的数据采集系统是以(　　)控制采样的。
　　A. 深度　　　　　　B. 速度　　　　　　C. 时间　　　　　　D. 信号

59. BA001　数控测井系统是以(　　)为核心,加上通用和专用外部设备以及软件系统构成的。
　　A. 系统软件　　　　B. 应用软件　　　　C. 专用设备　　　　D. 计算机

60. BA002　下列选项中,不属于测井系统硬件结构部分的是(　　)。
　　A. 下井仪器　　　　B. 地面处理设备　　C. 地面处理系统　　D. 计算机

61. BA002　下列选项中,(　　)属于数控测井系统的硬件结构部分。
　　A. 系统软件　　　　B. 应用软件　　　　C. 处理系统　　　　D. 计算机

62. BA003　下井仪器控制装置根据(　　)控制各下井仪器的工作,并把各下井仪器所采集的数据通过电缆传输到地面。
　　A. 电子线路　　　　B. 地面指令　　　　C. 时间　　　　　　D. 深度

63. BA003　在数控测井系统中,经常由多个下井仪器进行组合测井,这些下井仪器通过（　　）连接到下井仪器控制装置。
　　A. 集流环　　　　B. 鱼雷　　　　C. 马笼头　　　　D. 下井仪器总线

64. BA004　下列选项中,（　　）属于井壁成像测井技术。
　　A. 方位侧向测井　　　　　　　　B. 阵列感应测井
　　C. 热中子成像测井　　　　　　　D. 地层微电阻率扫描成像测井

65. BA004　将编码信号或者由接线控制面板送来的原始信号转换成计算机可以接收的信号的是（　　）。
　　A. 采集面板　　B. 接线控制面板　　C. 人机交互设备　　D. 安全开关面板

66. BA005　编码器信号处理板产生的深度间隔脉冲经过（　　）处理后产生中断驱动采集系统。
　　A. 地面接口板　　B. 实时采集处理板　　C. 接线控制面板　　D. 绞车显示面板

67. BA005　在成像测井系统中所有的地面测量信号（深度、张力、磁记号、SP自然电位）都是通过（　　）到信号分配板的。
　　A. 编码器信号处理板　　　　　　B. 实时采集处理板
　　C. 地面接口板　　　　　　　　　D. 绞车显示面板

68. BA006　系统检测到模拟道、脉冲道、PCM道全不对,该故障是由于（　　）原因造成的。
　　A. AD卡坏　　B. PCM卡坏　　C. 脉冲卡坏　　D. 主机测试程序问题

69. BA006　系统检测到PCM道不对,该故障是由于（　　）原因造成的。
　　A. AD卡坏　　B. PCM卡坏　　C. 脉冲卡坏　　D. 主机测试程序问题

70. BB001　液压传动可很方便地将发动机的旋转运动变为执行机构的（　　）。
　　A. 直线运动　　B. 单程运动　　C. 振动　　D. 往复运动

71. BB001　液压传动不宜在很高或很低的温度下工作,一般工作温度在（　　）范围内比较合适。
　　A. $-45 \sim 15℃$　　B. $-35 \sim 30℃$　　C. $-25 \sim 50℃$　　D. $-15 \sim 60℃$

72. BB002　液压系统中的液压油从油箱进入补油泵之前要经过（　　）。
　　A. 马达入口　　B. 补油溢流阀　　C. 单向阀　　D. 滤油器

73. BB002　液压系统携带回路和泵壳体中的热量是通过（　　）被冷却的。
　　A. 散热器　　B. 排风扇　　C. 空调机　　D. 冷却剂

74. BB003　对液压油的化学性能要求是（　　）。
　　A. 性能稳定　　B. 传导性能好　　C. 易被氧化　　D. 易被电离

75. BB003　液压油在运动件之间起（　　）作用。
　　A. 冷却剂　　B. 工作介质　　C. 润滑剂　　D. 传递能量

76. BB004　在设备使用中必须保证液压油的清洁度,每工作（　　），排放一次油箱中的凝结物。
　　A. 200h　　B. 300h　　C. 500h　　D. 1000h

77. BB004　在设备使用中必须保证液压油的清洁度,每工作（　　）更换一次液压油。
　　A. 200h　　B. 300h　　C. 500h　　D. 1000h

78. BC001　CBIL超声波信号每旋转一周发射250次,仪器每上升(　　)采样一次。
　　A. 0.05in　　　　B. 0.1in　　　　C. 0.5in　　　　D. 1in

79. BC001　井周声波成像测井由一个旋转换能器发射频率为(　　)的超声波束,该声波束被聚焦,直径约为0.2in,射向井壁。
　　A. 150~200kHz　　B. 150~300kHz　　C. 250~400kHz　　D. 250~500kHz

80. BC002　井周声波成像测井时,发射点到井壁的距离是至关重要的影响因素。计算表明,井眼直径增加1in,能量损失约为(　　)。
　　A. 18%　　　　B. 28%　　　　C. 38%　　　　D. 48%

81. BC002　井周声波成像测井时,若(　　),换能器基本上接收不到反射信号。
　　A. 钻井液密度高　　B. 井眼太大　　C. 采用水基钻井液　　D. 井壁表面粗糙

82. BC003　电成像测井时,极板上发射的电流对小电极的电流起着(　　)作用。
　　A. 聚焦　　　　B. 非聚焦　　　　C. 屏蔽　　　　D. 非屏蔽

83. BC003　电成像测井时,极板和小电极向地层发射(　　)的电流。
　　A. 恒定　　　　B. 同极性　　　　C. 极性相反　　　　D. 非恒定

84. BC004　井眼成像测井被广泛地用于描述沉积特征和提供构造结构的信息,从这些测量得到的构造倾角信息不能用于确定(　　)。
　　A. 井间对比　　B. 不整合　　C. 颗粒　　D. 上倾倾角

85. BC004　井眼成像仪器测量沉积地层的(　　)变化,提供交互层的评价,它是古沉积运移方向的特征指示。
　　A. 岩性　　　　B. 裂缝　　　　C. 纹理　　　　D. 电阻率

86. BC006　为了进行井深校正,声电成像测井必须与(　　)并测。
　　A. 自然电位测井　　B. 自然伽马测井　　C. 双侧向测井　　D. 阵列感应测井

87. BC006　声电成像测井电缆的绝缘电阻应大于(　　)。
　　A. 50MΩ　　　　B. 100MΩ　　　　C. 200MΩ　　　　D. 500MΩ

88. BC007　声电成像测井仪在含有(　　)的井眼中运行时,会造成皮囊损坏。
　　A. H_2S　　　　B. CO_2　　　　C. 水　　　　D. 钻井液

89. BC007　电成像测井仪在运输过程中,(　　)必须用棉布之类的软东西包好。
　　A. 线路　　　　B. 接头　　　　C. 极板　　　　D. 堵头

90. BC008　电成像机械部分的检查、保养内容包括检查(　　)井径电位器是否有侵蚀或凹痕。
　　A. 2个　　　　B. 3个　　　　C. 4个　　　　D. 6个

91. BC008　电成像机械部分检查、保养内容包括检查井径电位器总成的油尺位置是否在(　　)位置。
　　A. ADD　　　　B. OIL　　　　C. FULL　　　　D. EMPTY

92. BC009　下列选项中,(　　)用来极化核磁矩。
　　A. 静磁场　　　B. 动态磁场　　C. 自旋磁场　　D. 以上都对

93. BC009　现代核磁共振技术都采用(　　)方式施加交变电磁场。
　　A. 脉冲　　　　B. 模拟　　　　C. 数字　　　　D. 以上都对

94. BC010 目前,核磁共振测井仪大多采用通过测量(　　)弛豫分量的方式来获得地层中氢核的信息。
   A. 横向　　　　　　　　　　　B. 纵向
   C. 任意方向　　　　　　　　　D. 横向或纵向

95. BC010 在P型核磁仪器的测量过程中,所施加的射频脉冲为(　　)。
   A. 自旋回波脉冲序列　　　　　B. 平行波脉冲序列
   C. 矩形波　　　　　　　　　　D. 锯齿波

96. BC011 P型核磁的双TE测量模式中,等待时间T_w的选取要求大于地层水纵向弛豫时间T_1的(　　)。
   A. 2~3倍　　　B. 3~5倍　　　C. 2~5倍　　　D. 3~8倍

97. BC011 P型核磁的双TE测量模式是基于在(　　)中扩散对横向弛豫的影响。
   A. 梯度磁场　　B. 均匀磁场　　C. 均匀电场　　D. 以上都对

98. BC012 P型核磁共振测井的(　　)计算采用Coates模型。
   A. 渗透率　　　B. 饱和度　　　C. 孔隙度　　　D. 电导率

99. BC012 P型核磁共振测井的差谱分析可直接确定(　　)的类型。
   A. 油　　　　　B. 气　　　　　C. 水　　　　　D. 烃

100. BC013 CMR组合式核磁共振测井仪在井筒外建立的静磁场为(　　)磁场。
   A. 均匀　　　　B. 非均匀　　　C. 梯度　　　　D. 非梯度

101. BC013 MRIL-P型核磁共振测井仪一次采集可获得(　　)数据。
   A. 1组　　　　B. 2组　　　　C. 5组　　　　D. 9组

102. BC014 P型核磁共振测井的双TW模式采用(　　)频带3组测量模式。
   A. 5个　　　　B. 7个　　　　C. 8个　　　　D. 9个

103. BC014 MRIL-P型测井仪可根据不同的参数组合成(　　)测井模式。
   A. 4种　　　　B. 50种　　　　C. 77种　　　　D. 80种

104. BC015 P型核磁共振测井使用金属工具时要注意不要太接近磁体,强磁场在两物间距小于(　　)时不可抗拒吸附在磁体上。
   A. 5cm　　　　B. 10cm　　　　C. 15cm　　　　D. 20cm

105. BC015 核磁测井仪刻度时,要使用设备托直模拟盒附近,以免使之弯曲,(　　)之内不允许放置大的金属物体。
   A. 1.5m　　　　B. 2.5m　　　　C. 0.5m　　　　D. 1m

106. BC016 多扇区水泥胶结测井解释方法分(　　)刻度,以分区声幅的相对幅度E为标准。
   A. 4级　　　　B. 5级　　　　C. 6级　　　　D. 7级

107. BC016 当分区声幅的相对幅度E在0~20%之间,灰度为(　　),表示水泥胶结良好。
   A. 黑色　　　　B. 浅灰色　　　C. 白色　　　　D. 深灰色

108. BC017 为了抵消发射和接收探头灵敏度的个体差异,分区水泥胶结测井仪采用了同一扇区(　　)收发的方式。
   A. 2次　　　　B. 3次　　　　C. 4次　　　　D. 5次

109. BC017　分区水泥测井仪采用在圆周上均布的(　　)探测臂的独特设计,在测量过程中不会漏掉水泥环上的细小裂缝。
　　　A. 2个　　　　　　B. 4个　　　　　　C. 6个　　　　　　D. 8个

110. BC018　MIT水银连斜仪是由(　　)发生倾斜来测量倾斜角的。
　　　A. 陀螺仪　　　　B. 磁力计　　　　C. 重力计　　　　D. 水银液面

111. BC018　用40臂井径成像测井仪测井时,仪器同时记录(　　)井径曲线。
　　　A. 40条　　　　　B. 41条　　　　　C. 42条　　　　　D. 44条

112. BC019　多臂井径成像测井的主要目的是监测(　　)及损坏情况。
　　　A. 油管腐蚀　　　B. 套管腐蚀　　　C. 尾管腐蚀　　　D. 水泥胶结

113. BC019　多臂井径成像测井可以形成内径展开成像、圆周剖面成像、柱面立体成像来反映井下(　　)的受损情况。
　　　A. 套管　　　　　B. 油管　　　　　C. 水泥环　　　　D. 尾管

114. BC020　40臂井径成像测井仪最佳的校深方式为依靠(　　)的位置校深。
　　　A. 标准地层　　　B. 标准油管　　　C. 标准套管　　　D. 标准井深

115. BC020　40臂井径成像测井仪成果图的优点不包括(　　)。
　　　A. 图像清晰　　　B. 图形直观　　　C. 彩色成像　　　D. 图形复杂

116. BD001　存储式测井电池短节的负载电压与空载电压相差(　　)以上时,该电池短节一般不建议继续使用。
　　　A. 1V　　　　　　B. 2V　　　　　　C. 3V　　　　　　D. 5V

117. BD001　存储式测井现场施工时锂电池组供电短节必须直接装配在(　　)的下部。
　　　A. 释放器　　　　B. 方位伽马仪器　C. 补偿中子仪器　D. 密度仪器

118. BD002　存储式测井下放钻具时数控释放器固定在(　　)。
　　　A. 上悬挂的上部　B. 上悬挂的下部　C. 下悬挂的上部　D. 下悬挂的下部

119. BD002　存储式测井数控释放器测井时固定在(　　)。
　　　A. 上悬挂的上部　B. 上悬挂的下部　C. 下悬挂的上部　D. 下悬挂的下部

120. BD003　存储式测井时,在井口用万用表检查3号与13号芯,电流根据负载的变化应为(　　)。
　　　A. 0.01~0.25A　　B. 0.1~0.25A　　C. 0.01~0.35A　　D. 0.1~0.35A

121. BD003　存储式测井仪器的主电池电压应大于(　　)。
　　　A. 16V DC　　　　B. 18V DC　　　　C. 19V DC　　　　D. 21V DC

122. BD004　检查存储式测井方位井斜测量部分过程中,仪器垂直放置时仪器底部方位定位刻度线应(　　)。
　　　A. 朝上　　　　　B. 朝下　　　　　C. 朝向磁北极　　D. 朝向磁南极

123. BD004　检查存储式测井方位井斜测量部分过程中,仪器水平放置时仪器底部方位定位刻度线应(　　)。
　　　A. 朝上　　　　　B. 朝下　　　　　C. 朝向磁北极　　D. 朝向磁南极

124. BD005　标定存储式测井自然伽马仪器时,采样时间不应短于(　　)。
　　　A. 10s　　　　　　B. 30s　　　　　　C. 60s　　　　　　D. 10min

125. BD005　标定存储式测井自然伽马仪器时,周围(　　)距离的范围内应无过强的放射性物质。
　　A. 2m　　　　　B. 3m　　　　　C. 5m　　　　　D. 10m

126. BD006　检查存储式测井阵列声波测井仪时,按下测试箱对应(　　)仪器的按钮,指示灯应亮。
　　A. 井径　　　　B. 伽马　　　　C. 声波　　　　D. 侧向

127. BD006　检查存储式测井阵列声波测井仪时,测试箱电源开关电压显示数值应为(　　)。
　　A. 16.5~19V DC　B. 18.5~19V DC　C. 16.5~24V DC　D. 18.5~24V DC

128. BD007　存储式测井双侧向测井仪主电极的各电极环与电极主体绝缘电阻应大于(　　)。
　　A. 1MΩ　　　　B. 10MΩ　　　　C. 100MΩ　　　D. 200MΩ

129. BD007　存储式测井双侧向测井仪的绝缘短节的绝缘电阻不应小于(　　)。
　　A. 1MΩ　　　　B. 100MΩ　　　C. 50MΩ　　　　D. 10MΩ

130. BD008　对存储式补偿中子测井仪进行通断检查,上、下端1号芯电阻值应小于(　　)。
　　A. 1Ω　　　　　B. 5Ω　　　　　C. 10Ω　　　　　D. 100Ω

131. BD008　存储式测井一般要求每测一口深度大于(　　)的井,更换一次密封圈。
　　A. 2000m　　　B. 3000m　　　C. 4000m　　　D. 5000m

132. BE001　中曲率半径水平井的曲率为(　　)。
　　A. 10°/30m　　B. 小于6°/30m　C. 大于23°/30m　D. 6°/30m~23°/30m

133. BE001　长曲率半径水平井的曲率为(　　)。
　　A. 10°/30m　　B. 小于6°/30m　C. 大于6°/30m　D. 6°/30m~20°/30m

134. BE002　当井斜角大于(　　)时,仪器自身重量不大于各种阻力之和,将无法正常下井。
　　A. 30°　　　　B. 45°　　　　C. 65°　　　　D. 60°

135. BE002　挠性油管输送式水平井测井方法的挠性管(　　)。
　　A. 只有刚性　　　　　　　　B. 只有柔性
　　C. 既有刚性又有柔性　　　　D. 具有伸缩性

136. BE003　钻具输送测井的过渡短节用来连接(　　)。
　　A. 泵和仪器串　　　　　　　B. 钻杆和测井仪器串
　　C. 快速接头和仪器串　　　　D. 泵和快速接头

137. BE003　水平井测井时,快速接头顶部与(　　)对接。
　　A. 钻杆　　　　B. 电缆　　　　C. 仪器串　　　　D. 泵下枪接头

138. BE004　钻具输送测井钻井队钻台上的指重表完好,读数精确,指重表精度不应低于(　　)。
　　A. 1kN　　　　B. 10kN　　　　C. 20kN　　　　D. 100kN

139. BE004　钻具输送测井使用的钻杆或油管弯曲度不得大于(　　)。
　　A. 0.1°/m　　　B. 0.5°/m　　　C. 1°/m　　　　D. 5°/m

140. BE005　钻具输送测井时,仪器遇阻吨位不能超过(　　)。
　　A. 10kN　　　　　B. 20kN　　　　　C. 100kN　　　　D. 200kN

141. BE005　钻具输送测井中钻井队起下输送工具速度应均匀,在裸眼井段控制在(　　)以内,以保证仪器串安全。
　　A. 9m/min　　　B. 15m/min　　　C. 18m/min　　　D. 20m/min

142. BE006　钻具输送测井时,2次测井资料应至少重合(　　)。
　　A. 25m　　　　　B. 30m　　　　　C. 50m　　　　　D. 80m

143. BE006　钻具输送测井时,确定井口至仪器串最下端仪器的记录点的深度为 L_1,记录点到过渡短节上端的距离为 L_2,所以到达湿接头对接深度需要的钻具总长度为(　　)。
　　A. L_1-L_2　　B. L_1+L_2　　C. L_2-L_1　　D. L_1

144. BE007　钻具输送测井湿接头对接成功后,电缆应多下放(　　)。
　　A. 5m　　　　　B. 10m　　　　　C. 15m　　　　　D. 15~20m

145. BE007　钻具输送测井电缆夹板固定完毕,应启动绞车缓慢上提并拉直电缆,施加(　　)拉力保持1min。
　　A. 500lbf　　　B. 1000lbf　　　C. 2000lbf　　　D. 4000lbf

146. BE008　钻具输送测井地面电缆到井下连接头有(　　)弱点。
　　A. 1个　　　　　B. 2个　　　　　C. 3个　　　　　D. 4个

147. BE008　钻具输送测井中使用阿特拉斯水平井工具在制作电缆头时,只使用中锥套和外锥套,锁住外层(　　)钢丝,采用隔一根去一根的方法。
　　A. 12根　　　　B. 16根　　　　C. 18根　　　　D. 24根

148. BE009　钻具输送测井时,每(　　)钻杆上应安装一个电缆卡子。
　　A. 1柱　　　　　B. 2柱　　　　　C. 3柱　　　　　D. 5柱

149. BE009　钻具输送测井用旁通锁紧器把电缆夹紧后,要求电缆净拉力在2000lbf左右时(　　),电缆处于自由状态时(　　)。
　　A. 自由滑动,自由滑动　　　　　B. 不滑动,不滑动
　　C. 自由滑动,不滑动　　　　　　D. 不滑动,自由滑动

150. BF001　常规的钻井属于过平衡钻井,钻井液压力(　　)地层流体压力。
　　A. 大于　　　　B. 小于　　　　C. 等于　　　　D. 接近

151. BF001　欠平衡钻井过程中钻井液循环体系井底压力(　　)地层孔隙压力。
　　A. 高于　　　　B. 低于　　　　C. 等于　　　　D. 接近

152. BF002　欠平衡测井技术是随着(　　)发展而衍生的新技术。
　　A. 欠平衡钻井技术　　　　　　B. 过平衡钻井技术
　　C. 空气钻井技术　　　　　　　D. 泡沫钻井技术

153. BF002　欠平衡测井时,产层的流体(　　)进入井筒。
　　A. 不会　　　　B. 有控制地　　C. 无控制地　　D. 不能确定是否

154. BF003　电缆防喷器用于在欠平衡测井过程中带电缆封闭井口,其下部与(　　)连接。
　　A. 防喷管　　　B. 流管　　　　C. 法兰　　　　D. 密封控制头

155. BF003 欠平衡测井时将仪器容纳在( )内。
    A. 流管　　　　B. 防喷管　　　　C. 防喷盒　　　　D. 防喷器

156. BF004 欠平衡测井时钻台上应具有( )电动或气动葫芦,且工作状态完好。
    A. 1个　　　　B. 2个　　　　C. 3个　　　　D. 4个

157. BF004 欠平衡测井时钻台前长( )、宽15m内不得堆放杂物或停放与测井作业无关的车辆。
    A. 50m　　　　B. 20m　　　　C. 30m　　　　D. 40m

158. BF005 欠平衡测井作业前,应召开安全会议,使( )配合测井作业的人员了解作业流程及注意事项。
    A. 钻井队　　　　B. 测井队　　　　C. 录井队　　　　D. 固井队

159. BF005 欠平衡测井作业前,( )必须参加欠平衡测井测前安全会议。
    A. 井口工　　　　B. 绞车工　　　　C. 井口组长　　　　D. 欠平衡测井工程师

160. BF006 欠平衡测井前,应检查确保流管与电缆之间的间隙应在( )范围内。
    A. 0.1～0.2mm　　B. 0.15～0.3mm　　C. 0.05～0.2mm　　D. 0.25～0.4mm

161. BF006 欠平衡测井前,应检查的欠平衡工具不包括( )。
    A. 防喷盒　　　　B. 容纳管　　　　C. 手压泵　　　　D. 旁通短节

162. BF007 欠平衡测井时容纳管连接长度一般为( )。
    A. 15～17m　　B. 17～20m　　C. 20～23m　　D. 23～25m

163. BF007 欠平衡测井仪器进入容纳管后,首先关闭( )。
    A. 手压泵　　　　B. 注脂泵　　　　C. 电缆防喷器　　　　D. 井队防喷器

164. BF008 采用自然伽马仪测量判定法确定欠平衡测井仪器进入防喷管时,应把自然伽马刻度器放在( )处。
    A. 防喷盒　　　　B. 防喷管　　　　C. 电缆封井器　　　　D. 井队防喷器

165. BF008 采用自然伽马仪测量判定法确定欠平衡测井仪器进入防喷管时,若曲线出现高峰值,表明( )正处在自然伽马刻度器位置,应记录此深度。
    A. 自然伽马仪　　B. 自然电位仪　　C. 补偿中子仪　　D. 岩性密度仪

166. BF009 欠平衡测井时,流管与电缆外径之差应控制在( )范围内。
    A. 0.1～0.2mm　　　　　　　　B. 0.15～0.25mm
    C. 0.15～0.3mm　　　　　　　　D. 0.2～0.35mm

167. BF009 欠平衡测井时,要求容纳管长度大于仪器长度( )。
    A. 1～2m　　B. 1.5～2.5m　　C. 2～3m　　D. 2.5～3.5m

168. BG001 存储式测井系统中电池的总工作时间应大于( )。
    A. 100h　　　　B. 200h　　　　C. 300h　　　　D. 500h

169. BG001 电缆输送泵出存储式测井的释放工具是( )。
    A. 机械释放器　　B. 数控释放器　　C. 吊挂释放器　　D. 投棒释放器

170. BG001 存储式测井使用的钻机绞车传感器在滚筒转动产生角位移时,传感器输出一组相位差为( )的脉冲。
    A. 30°　　　　B. 45°　　　　C. 90°　　　　D. 180°

171. BG002　存储式测井要求最大液柱压力应小于(　　)。
　　A. 100MPa　　　B. 120MPa　　　C. 140MPa　　　D. 150MPa

172. BG002　存储式测井要求钻具在井底静止(　　)不粘卡。
　　A. 3min　　　B. 5min　　　C. 10min　　　D. 20min

173. BG003　存储式测井要求钻井队能提供安装(　　)传感器的连接接口。
　　A. 1个　　　B. 2个　　　C. 3个　　　D. 4个

174. BG003　存储式测井要求钻机具备上提钻具速度小于(　　)的能力。
　　A. 3m/min　　　B. 6m/min　　　C. 10m/min　　　D. 15m/min

175. BG004　存储式测井施工使用的数控释放器在井底释放时必须在(　　)内完成5个连续的高低压泵压信号。
　　A. 5min　　　B. 10min　　　C. 15min　　　D. 20min

176. BG004　存储式测井施工时要求上、下悬挂器之间所接立柱必须使用直径为(　　)的通径规进行通径。
　　A. 50mm　　　B. 55mm　　　C. 65mm　　　D. 70mm

177. BG005　存储式测井施工使用加重钻杆作为保护套时要求加重钻杆内径大于(　　)。
　　A. 60mm　　　B. 65mm　　　C. 70mm　　　D. 75mm

178. BG005　存储式测井中,连接上悬挂器下节时应使用液压大钳以(　　)的压力紧固。
　　A. 1.5~2MPa　　　　　　B. 2.5~3MPa
　　C. 3.5~4MPa　　　　　　D. 4.5~5MPa

179. BG005　电缆输送泵出存储式测井回收仪器过程中,上吊挂距离下吊挂100m时,电缆下放速度应不大于(　　)。
　　A. 600m/h　　　B. 1000m/h　　　C. 1200m/h　　　D. 1500m/h

180. BG006　存储式测井起钻测井过程中遇卡,可上下活动钻具尝试解卡,向下活动时下放距离不超过(　　)。
　　A. 1m　　　B. 3m　　　C. 5m　　　D. 7m

181. BG006　存储式测井上提测井过程中遇卡,可尝试旋转钻具解卡,旋转总数不超过(　　)。
　　A. 5圈　　　B. 10圈　　　C. 15圈　　　D. 20圈

182. BH001　通常将井深超过4500m或井温超过(　　)的井视为深井或高温井。
　　A. 100℃　　　B. 150℃　　　C. 165℃　　　D. 170℃

183. BH001　通常将曲率超过(　　),井斜角大于35°的定向井、水平井或实施钻进时与原设计发生较大变化的井称为复杂井。
　　A. 3°/30m　　　B. 5°/30m　　　C. 6°/30m　　　D. 10°/30m

184. BH002　虚滤饼多造成测井遇阻时,解决方法是(　　)仪器串,采用组合测井。
　　A. 加长加重　　　B. 削短减轻　　　C. 削短加重　　　D. 加长减轻

185. BH002　当井身结构不好,曲率大或狗腿度大造成仪器遇阻时,可在仪器串中添加(　　),从而使仪器在井中运行顺畅。
　　A. 硬电极　　　B. 防转短节　　　C. 张力短节　　　D. 柔性短节

186. BH003　负离子钻井液吸附卡多发生在(　　)层。
　　　A. 砾岩　　　　B. 砂岩　　　　C. 石膏　　　　D. 泥页岩
187. BH003　电缆或仪器压差吸附卡多发生在(　　)层。
　　　A. 泥岩　　　　B. 致密　　　　C. 渗透　　　　D. 页岩
188. BH004　测井仪器在裸眼井内停止一般不应超过(　　)。
　　　A. 1min　　　　B. 2min　　　　C. 3min　　　　D. 5min
189. BH004　测井仪器在同一位置遇阻超过(　　),则需要由钻井队进行通井处理。
　　　A. 2次　　　　B. 3次　　　　C. 5次　　　　D. 10次
190. BH005　测井柔性短节连接在仪器串中,起(　　)作用。
　　　A. 导向　　　　B. 防转　　　　C. 加重　　　　D. 缩短仪器刚性长度
191. BH005　测井防遇阻器连接在仪器底部,起(　　)作用。
　　　A. 导向　　　　B. 防转　　　　C. 加重　　　　D. 缩短仪器刚性长度
192. BI001　卡瓦式打捞筒的抓捞部件是(　　)。
　　　A. 卡瓦　　　　B. 卡瓦固定套　　C. 打捞筒本体　　D. 引鞋
193. BI001　用于井口卡牢电缆的穿心解卡工具是(　　)。
　　　A. C形挡板　　　　　　　　　　B. 井口张力表
　　　C. T形电缆夹钳　　　　　　　　D. C形循环挡板
194. BI002　穿心解卡拴挂天滑轮的链条或钢丝绳的安全拉力值不应小于(　　)。
　　　A. 8tf　　　　B. 10tf　　　　C. 15tf　　　　D. 20tf
195. BI002　卡瓦使用(　　)后应更换新卡瓦。
　　　A. 1次　　　　B. 2次　　　　C. 3次　　　　D. 4次
196. BI003　穿心解卡打捞作业由(　　)总体协调指挥。
　　　A. 井口工　　　B. 绞车工　　　C. 司钻　　　　D. 打捞工程师
197. BI003　穿心解卡打捞作业由(　　)负责测井电缆快速接头的脱开、对接操作。
　　　A. 测井井口工　B. 井口钻工　　C. 司钻　　　　D. 打捞工程师
198. BI004　穿心解卡作业过程中,在井口准备剪断电缆打T形电缆卡前,卡点深度约为
　　　5500m时,井口张力设定为被卡前的正常测井张力基础上增加(　　)。
　　　A. 500lbf　　　B. 1000lbf　　　C. 1500lbf　　　D. 2000lbf
199. BI004　穿心解卡作业过程中,检查快速接头的可靠性时,绞车张力应达到比正常测井
　　　张力大(　　)并保持5min。
　　　A. 500lbf　　　B. 1000lbf　　　C. 1500lbf　　　D. 2000lbf
200. BI005　在穿心解卡下放打捞工具过程中,发生遇阻现象或者遇到砂桥,应采用(　　)
　　　的方法解除。
　　　A. 循环钻井液　B. 下压钻具　　C. 转动钻具　　D. 安装震击器
201. BI005　在穿心解卡过程中,电缆张力起初缓慢增大,随后增大速度加快,则可能是
　　　(　　)导致。
　　　A. 电缆打扭　　　　　　　　　　B. 钻杆变径
　　　C. 电缆外层钢丝断裂　　　　　　D. 快速接头过钻杆接头

202. BJ001　落井的测井电缆属于( )井下落物。
　　A. 管类　　　　　B. 杆类　　　　　C. 绳类　　　　　D. 小件

203. BJ001　落井的测井仪器属于( )井下落物。
　　A. 管类　　　　　B. 杆类　　　　　C. 绳类　　　　　D. 小件

204. BJ002　下列选项中,( )是专门用来打捞下井仪器和抽油杆接箍或抽油杆加厚台肩部位的工具。
　　A. 旁开式打捞筒　　　　　　　　B. 卡瓦打捞筒
　　C. 三球打捞筒　　　　　　　　　D. 内捞矛

205. BJ002　带有挡绳帽的外捞矛,挡绳帽外径应比钻头直径小( )。
　　A. 4~6mm　　　B. 6~8mm　　　C. 8~10mm　　　D. 10~12mm

206. BJ003　在裸眼内打捞落井电缆,每次增加捞矛下入深度不应超过前一次打捞位置( ),严禁重复打捞。
　　A. 50m　　　　B. 100m　　　　C. 150m　　　　D. 200m

207. BJ003　打捞落井电缆,每次捞矛下入鱼头以下50m开始打捞,捞矛转动( )后必须上提钻具。
　　A. 2~3圈　　　B. 5圈　　　　C. 8圈　　　　D. 10圈

208. BJ004　打捞落井仪器过程中,将仪器提离井底( ),猛刹车2~3次,证明落鱼卡牢即可正常起钻。
　　A. 0.3~0.5m　　B. 0.5~0.8m　　C. 1~2m　　　D. 3~5m

209. BJ004　打捞落井仪器过程中,判断落鱼进入卡瓦后,打捞钻具组合加压最多不能超过( )。
　　A. 5kN　　　　B. 10kN　　　　C. 20kN　　　　D. 30kN

210. BJ005　由于放射源落井事故非常少见,所以对于不同情况需要( )。
　　A. 使用卡瓦打捞筒　　　　　　　B. 使用三球打捞器
　　C. 使用内捞绳器　　　　　　　　D. 制作专业打捞工具

211. BJ005　放射源落井一般使用( )仪器摸鱼顶,确认放射源落井位置。
　　A. 电极　　　　B. 磁定位　　　C. 井径　　　　D. 自然伽马

212. BK001　测井时绞车发生故障,若电缆和下井仪器在井下停留的时间过长,容易造成( )。
　　A. 吸附卡　　　B. 键槽卡　　　C. 砂桥卡　　　D. 狗腿卡

213. BK001　测井工程事故发生的原因不包括( )。
　　A. 施工设计缺陷　　B. 疲劳施工　　C. 仪器组合不当　　D. 仪器未刻度

214. BK002　连续测井时间不可过长,如在( )内测不完所有项目,应在通井循环钻井液后再测。
　　A. 12h　　　　B. 24h　　　　C. 48h　　　　D. 72h

215. BK002　测井时,如果仪器在井内,绞车出了故障,司钻应立即用游动滑车上下活动电缆( )。
　　A. 0~5m　　　B. 5~10m　　　C. 10~15m　　　D. 15~20m

216. BK003 采用拉伸法确定卡点深度时,首先应使(　　)处于正常张力水平。
    A. 下井仪器　　　B. 电缆　　　C. 钻具　　　D. 各种短节

217. BK003 采用拉伸法确定卡点深度时,应启动绞车低速挡,慢慢上提电缆,使其张力增加(　　)。
    A. 100kg　　　B. 200kg　　　C. 500kg　　　D. 1000kg

218. BK004 在测井过程中应随时调节(　　),以保证系统张力不超过最大安全拉力。
    A. 速度　　　B. 张力　　　C. 调压阀　　　D. 深度

219. BK004 顺时针旋转调压阀,绞车系统拉力逐渐(　　);逆时针旋转调压阀,绞车系统拉力逐渐(　　)。
    A. 增大,减小　　　B. 减小,增大　　　C. 减小,平稳　　　D. 平稳,增大

220. BK005 新电缆有一定的破劲期,一般为最初的(　　)下井。
    A. 1~5次　　　B. 5~10次　　　C. 10~20次　　　D. 20~25次

221. BK005 新电缆在下井前必须经过破劲处理,首次测井作业时绞车工起下电缆速度要缓慢,在套管内每下(　　)上提50m停留一会再下,使电缆进一步破劲。
    A. 500m　　　B. 1000m　　　C. 1500m　　　D. 2000m

222. BL001 影响测井资料质量的主要因素不包括(　　)。
    A. 测井环境　　　B. 测井深度　　　C. 测井刻度　　　D. 测井人员

223. BL001 当测量井段的曲线测完后,必须进行(　　),以检查仪器在整个工作过程中是否稳定可靠。
    A. 主刻度　　　B. 主校验　　　C. 测前刻度　　　D. 测后刻度

224. BL002 阵列感应测井时要求钻井液电阻率大于(　　)。
    A. 0.01Ω·m　　　B. 0.02Ω·m　　　C. 0.1Ω·m　　　D. 0.2Ω·m

225. BL002 在井眼规则的均质非渗透性地层,阵列感应测井的6条电阻率曲线应(　　)。
    A. 基本重合　　　B. 有正差异　　　C. 有负差异　　　D. 有差异

226. BL003 阵列侧向测井重复曲线与主曲线形状相同,重复测量值相对误差应小于(　　)。
    A. 2%　　　B. 5%　　　C. 10%　　　D. 15%

227. BL003 为了确保即使在电阻率值达到饱和的情况下侵入带电阻率值仍真实可靠,可增加(　　)电阻率测量仪。
    A. 钻井液　　　B. 滤饼　　　C. 冲洗带　　　D. 地层

228. BL004 阵列声波测井对套管检查的(　　)时差数值应为187μs/m±5μs/m。
    A. 纵波　　　B. 横波　　　C. 斯通利波　　　D. 伪瑞利波

229. BL004 阵列声波测井过程中仪器(　　)内转动不得超过1周。
    A. 10m　　　B. 12m　　　C. 15m　　　D. 18m

230. BL005 声电成像测井中粘卡井段的累计长度不应超过总测量井段长度的(　　)。
    A. 1%　　　B. 3%　　　C. 5%　　　D. 10%

231. BL005 声电成像测井中在超高分辨率成像模式下测井速度应控制在(　　)。
    A. ≤3m/min　　　B. ≤6m/min　　　C. ≤9m/min　　　D. ≤10m/min

232. BL006　核磁共振测井时,在孔隙度接近零的地层和无裂缝存在的泥岩层中,核磁有效孔隙度的基值应小于(　　)孔隙度单位。
　　A. 1个　　　　　　B. 1.5个　　　　　C. 2个　　　　　　D. 3个

233. BL006　核磁共振测量过程中,监测的质量控制曲线回波串拟合指数应小于(　　)。
　　A. 1　　　　　　　B. 2　　　　　　　C. 3　　　　　　　D. 5

234. BM001　声波及自然电位测井资料,在水平井条件下造成干扰影响时,应由(　　)根据现场条件认可。
　　A. 操作工程师　　　B. 测井队长　　　　C. 测井监督　　　　D. 现场领导

235. BM001　由于中子源对地层的活化作用,导致(　　)曲线出现异常,可用上下2次测量的曲线对比消除。
　　A. 井径　　　　　　B. 声波　　　　　　C. 自然电位　　　　D. 自然伽马

236. BM002　钻具输送测井时,深度由(　　)来控制。
　　A. 电缆　　　　　　B. 钻具　　　　　　C. 地面系统　　　　D. 计算机

237. BM002　钻具输送测井中,湿接头对接前进一步确认(　　)下入深度应按照测井队要求执行。
　　A. 电缆　　　　　　B. 钻具　　　　　　C. 测井仪器　　　　D. 钻头

238. BM003　钻具输送测井时,湿接头对接成功后测井人员应核对(　　)遇阻深度是否与钻具下入深度一致。
　　A. 测井仪器　　　　B. 旁通短节　　　　C. 泵下枪　　　　　D. 过渡短节

239. BM003　钻具输送测井中,湿接头对接成功,在安装电缆锁紧夹板后应试验拉力(　　)左右并保持1min。
　　A. 1000lbf　　　　 B. 2000lbf　　　　 C. 3000lbf　　　　 D. 4000lbf

240. BM004　钻具输送下放测井时,本柱钻具停止时绞车面板显示深度为3068.55m,下一柱钻具停止时绞车面板显示深度应为(　　)。
　　A. 约3038.55m　　　B. 约3068.55m　　　C. 约3098.55m　　　D. 3068.55m±30m

241. BM004　钻具输送测井中,在上提、下放2个方向进行测井时,每柱钻杆应测量大约(　　)长度。
　　A. 10m　　　　　　 B. 20m　　　　　　 C. 30m　　　　　　 D. 35m

242. BM005　钻具输送测井时,在居中测量和偏心测量仪器之间应安装(　　)。
　　A. 张力短节　　　　B. 旋转短节　　　　C. 偏心短节　　　　D. 柔性短节

243. BM005　钻具输送测井时,在需要偏心测量的仪器上部应安装(　　)。
　　A. 张力短节　　　　B. 柔性短节　　　　C. 绝缘短节　　　　D. 姿态保持器

244. BN001　应用(　　)测井技术可以避免压井作业对地层所造成的侵入及伤害。
　　A. 常规　　　　　　　　　　　　　　　　B. 存储式
　　C. 欠平衡　　　　　　　　　　　　　　　D. 钻具输送

245. BN001　欠平衡测井技术解决了由于钻井液侵入对(　　)测井及核磁共振测井项目的影响,得到的资料更加接近地层的真实情况。
　　A. 电法　　　　　　B. 声学　　　　　　C. 放射性　　　　　D. 井径

246. BN002 受井口装置的影响,当前欠平衡测井方法使用率低于( )。
   A. 5%　　　　　B. 10%　　　　C. 15%　　　　D. 20%

247. BN002 下列选项中,( )欠平衡测井时在偏心器的使用上要慎重取舍。
   A. 补偿声波　　B. 补偿中子　　C. 补偿密度　　D. 自然伽马

248. BN003 气层欠平衡测井过程中,由于气体向井筒做泡状流动,往往会产生跳波现象,造成声波时差的( )和幅度的( )。
   A. 增大,严重衰减　　　　　　B. 减小,严重衰减
   C. 减小,急剧增大　　　　　　D. 增大,急剧增大

249. BN003 欠平衡条件下,高阻地层的深浅双侧向测量值与深侵情况下的测量值相比,( )。
   A. 前者偏高　　B. 前者偏低　　C. 二者相同　　D. 二者关系不确定

250. BN004 欠平衡测井在井壁条件相同的情况下,天然气介质中测得的补偿密度值与原油介质中测得的补偿密度值相比,一般( )。
   A. 前者略高　　B. 前者略低　　C. 二者相同　　D. 无法确定二者关系

251. BN004 欠平衡测井时,在天然气介质中所测深、中、浅感应曲线在非储层段( )。
   A. 差异较小　　B. 差异较大　　C. 基本重合　　D. 差异基本不变

252. BO001 存储式测井深度是通过反复测量( )确定的。
   A. 游车的上下行程　　　　　B. 电缆的上下行程
   C. 钻具的长度　　　　　　　D. 井筒的深度

253. BO001 存储式测井深度传感器刻度需( )配合完成。
   A. 2人　　　　B. 3人　　　　C. 4人　　　　D. 5人

254. BO002 存储式测井确定的表层套管深度与套管实际下深误差不应超过( )。
   A. 0.2m　　　B. 0.3m　　　C. 0.4m　　　D. 0.5m

255. BO002 存储式测井时,同次测量的各项测井数据深度误差不应超过( )。
   A. 0.2m　　　B. 0.3m　　　C. 0.4m　　　D. 0.5m

256. BO003 存储式测井采集的数据直接存储在( )中。
   A. 计算机　　　B. 光盘　　　C. U盘　　　　D. 下井仪器

257. BO003 下列选项中,( )不能用来确定存储式测井中采集数据所对应的深度。
   A. 测井日期　　B. 地面时间　　C. 井下时间　　D. 深度数据

258. BO004 砂泥岩剖面侧向电阻率测井要求,在渗透性井段,当钻井液滤液电阻率 R_{mf} 小于地层水电阻率 R_w 时,电阻率测量值均呈( )特征。
   A. 低侵　　　　B. 高侵　　　　C. 无侵　　　　D. 高侵或低侵

259. BO004 补偿中子测井数据与( )测井数据不具有良好的相关性。
   A. 声波时差　　B. 井径　　　　C. 体积密度　　D. 自然伽马

260. BP001 下列选项中,( )直接决定着储层储存油气的数量。
   A. 孔隙性　　　B. 密闭性　　　C. 渗透性　　　D. 岩性

261. BP001 下列选项中,( )控制了储层内所含油气的产能。
   A. 孔隙性　　　B. 岩性　　　　C. 渗透性　　　D. 密闭性

262. BP002 下列选项中,(　　)是碎屑岩中分布最广、含量最多的一种碎屑矿物,主要出现在砂岩和粉砂岩中。
　　　A. 石英　　　　B. 长石　　　　C. 云母　　　　D. 重矿物

263. BP002 碎屑岩中,密度大于(　　)的矿物称为重矿物。
　　　A. 1.86g/cm³　　B. 2.86g/cm³　　C. 3.86g/cm³　　D. 4.86g/cm³

264. BP003 含油气饱和度 S_h 等于(　　)。
　　　A. $S_o S_g$　　　B. $S_o S_w$　　　C. $S_w S_g$　　　D. $1+S_g$

265. BP003 下列选项中,(　　)是岩石孔隙中只有一种流体(油、气或水)时测量的渗透率。
　　　A. 有效渗透率　B. 绝对渗透率　C. 相对渗透率　D. 无效渗透率

266. BP004 把侵入带电阻率(　　)原状地层电阻率的钻井液侵入称为增阻侵入。
　　　A. 小于　　　　B. 大于　　　　C. 等于　　　　D. 不大于

267. BP005 油层自然电位曲线显示正异常或负异常,随泥质含量的增加异常幅度(　　)。
　　　A. 变大　　　　B. 变小　　　　C. 不变　　　　D. 波动

268. BP005 水层微电极曲线幅度中等,有明显的正幅度差,但与油层相比幅度相对(　　)。
　　　A. 降低　　　　B. 升高　　　　C. 不变　　　　D. 波动

269. BP006 在碳酸盐岩地层的致密层中,各种测井视孔隙度小于(　　)。
　　　A. 0　　　　　　B. 1%　　　　　C. 5%　　　　　D. 10%

270. BP006 在碳酸盐岩地层中,储层总是以(　　)电阻率的特征出现。
　　　A. 特别高　　　B. 特别低　　　C. 相对高　　　D. 相对低

271. BQ001 测井过程中,当张力增加到电缆及弱点额定拉力的(　　)仍不能解卡时,应立即向上级有关部门汇报。
　　　A. 50%　　　　B. 60%　　　　C. 75%　　　　D. 80%

272. BQ001 对含有硫化氢气体的井进行测井时,必须具备有效的(　　)方可进行施工。
　　　A. 防范条件　　B. 防触电措施　C. 应急抢救措施　D. 选项A和C

273. BQ002 复杂井采用钻具输送测井工艺时,仪器串设计中不允许安装(　　)。
　　　A. 张力短节　　B. 旋转短节　　C. 绝缘短节　　D. 柔性短节

274. BQ002 钻具输送测井时,应了解施工井的(　　)以计算井眼允许仪器串最大刚性长度。
　　　A. 最大井斜角　　　　　　　　　B. 大于60°井段长度
　　　C. 曲率半径　　　　　　　　　　D. 套管尺寸

275. BQ003 欠平衡测井施工设计要求下井仪器串的组合长度应根据(　　)的长度进行设计。
　　　A. 鼠洞　　　　B. 钻台　　　　C. 容纳管　　　D. 钻杆立柱

276. BQ003 欠平衡测井施工设计中,基本井况内容应包括井口封井器的结构以及(　　)的规格和型号,便于测井方准备配套的井口对接装置。
　　　A. 套管　　　　B. 钻具　　　　C. 钻头　　　　D. 井口法兰盘

277. BQ004 存储式测井施工设计中应明确起下钻阻卡处置信息,钻具可在井底静止( )做粘卡试验。
   A. 5min B. 10min C. 15min D. 20min

278. BQ004 存储式测井施工设计中应明确钻井队钻机满足( )的起钻要求。
   A. 6m/min B. 9m/min C. 15m/min D. 20m/min

279. BQ005 实施解卡打捞使用篮式卡瓦打捞工具要打捞的仪器本体外径为92mm,那么卡瓦内径应该选择( )。
   A. 86mm B. 90mm C. 92mm D. 95mm

280. BQ005 解卡打捞施工设计中,基本情况内容除了基础数据外,至少还应该包括( )以及有无放射源等。
   A. 仪器组合结构尺寸 B. 打捞工具结构尺寸
   C. 快速接头结构尺寸 D. 连接鱼雷结构尺寸

281. BQ006 确定目标井流体的核磁特性不需要了解( )。
   A. 邻井的油和地层水的黏度 B. 目标井的钻井液性质
   C. 目标井开发程度 D. 目的层深度

282. BQ006 油、水的纵横向体积弛豫时间、扩散系数都是( )的函数。
   A. 温度 B. 黏度 C. 时间 D. 温度和黏度

283. BR001 下列选项中,( )是通过研究工作将会给生产或市场带来的经济效益或实现的成果。
   A. 攻关目标 B. 可行性分析 C. 研究内容 D. 主要创新点

284. BR001 下列选项中,( )是在本研究领域与众不同的方面或增加新的认识。
   A. 攻关目标 B. 可行性分析 C. 研究内容 D. 主要创新点

285. BR002 下列选项中,( )是对论文内容不加评论和注释的简短陈述,是一篇有依据有结论的短文。
   A. 论文题目 B. 论文摘要 C. 引言 D. 论文结论

286. BR002 下列选项中,( )要能够反映论文内容,不能太大,也不能太小,要准确地把研究的对象、问题概括出来。
   A. 论文题目 B. 论文摘要 C. 论文正文 D. 论文结论

287. BS001 根据培训目标和任务要求,将实现目标任务所采取的方法与途径或培训流程等用文字图表形式表达出来即成为( )。
   A. 培训方案 B. 培训教案 C. 培训教材 D. 培训方法

288. BS002 下列选项中,( )应是培训师所熟悉掌握的领域或者是培训师经过研究学习能掌握的领域。
   A. 培训目的 B. 培训内容 C. 培训需求 D. 培训对象

289. BS003 一个人的学习吸收曲线显示成人在一种方式学习( )后吸收几乎等于零。
   A. 10min B. 20min C. 30min D. 40min

290. BT002 根据作业高度,高处作业分为一级、二级、三级和特级等四级。其中一级高处作业高度在( )。
   A. 2~<5m B. 5~<15m C. 15~<30m D. 30m 及以上

291. BT002 一级高处作业审批权限为( )。
　　A. 由公司主管领导(或授权)审批　　B. 由二级单位负责人审批
　　C. 由基层单位负责人审批　　D. 由现场基层班组长审批

292. BT003 下列作业不需要办理专项作业许可的是( )。
　　A. 密闭容器内作业　　B. 地面防腐作业
　　C. 管线打开作业　　D. 动火作业

293. BU002 企业应在全面调查和客观分析生产经营单位应急队伍、装备、物资等应急资源状况基础上,根据实际情况开展( ),并根据评估结果,完善应急保障措施。
　　A. 应急演练　　B. 应急保障　　C. 应急评估　　D. 应急能力评估

294. BU003 测井生产准备内容包括对( )进行检查与保养。
　　A. 钻井防喷器　　B. 井控专用断线钳　　C. 钻具　　D. 钻井动力系统

295. BU003 溢流时,坐挂电缆悬挂器前应将测井电缆下放( )留作后续穿心打捞时用,再行剪断电缆。
　　A. 2m　　B. 5m　　C. 10m　　D. 15m

二、多项选择题(每题有4个选项,至少有2个是正确的,将正确的选项号填入括号内)

1. AA001 下列选项中,属于数字电路的元件的有( )。
　　A. 二极管　　B. 电阻　　C. 电容　　D. 三极管

2. AA002 三极管的输出特性有3个区域,即( )。
　　A. 放大区　　B. 截止区　　C. 饱和区　　D. 平衡区

3. AA003 下列描述正逻辑和负逻辑的规定正确的是( )。
　　A. 用0表示高电位,用1表示低电位,称为正逻辑
　　B. 用1表示高电位,用0表示低电位,称为正逻辑
　　C. 用1表示低电位,用0表示高电位,称为负逻辑
　　D. 用0表示低电位,用1表示高电位,称为负逻辑

4. AA004 3种基本的逻辑门电路是( )。
　　A. 和门　　B. 与门　　C. 或门　　D. 非门

5. AA005 触发器可以利用2个反相器引入交叉反馈后,自动保持2种互补的稳定状态,以此为基础可组成具有各种功能的触发器,能( )一位二进制代码。
　　A. 记忆　　B. 存储　　C. 清除　　D. 复制

6. AA006 脉冲波形的参数包括( )、脉冲前沿上升时间、脉冲后沿下降时间等。
　　A. 脉冲幅变　　B. 脉冲宽度　　C. 脉冲周期　　D. 脉冲频率

7. AA007 RC电路电容充放电过程的特点有( )。
　　A. 在电阻、电容的充放电回路中,电源经电阻向电容充电或电容经电阻放电,都需要一定的时间才能完成
　　B. 电容两端电压不可能在瞬间发生突变
　　C. 电容有"隔直"作用
　　D. 在充放电过程开始时,流过电容的电流最大

8. AA008　微分电路应满足的条件有（　　）。
   A. 激励必须为一周期性的矩形脉冲　　　B. 激励必须为一周期性的尖形脉冲
   C. 响应必须是从电阻两端取出的电压　　D. 电路时间常数远小于脉冲宽度

9. AA009　积分电路应满足的条件有（　　）。
   A. 激励源为一周期性的矩形波　　　　　B. 激励源为一周期性的锯齿波
   C. 输出电压是从电容两端取出的　　　　D. 电路时间常数远大于脉冲宽度

10. AA010　单稳态触发器主要应用在（　　）等方面。
    A. 定时　　　　　B. 消除噪声　　　　C. 幅度鉴别　　　　D. 方波发生器

11. AA011　施密特触发器的应用有（　　）。
    A. 波形变换　　　B. 脉冲波的整形　　C. 脉冲鉴幅　　　　D. 宽度鉴别

12. AA012　自激振荡器的优点有（　　）。
    A. 电路简单　　　B. 元器件少　　　　C. 稳定性能好　　　D. 成本低

13. AA013　正弦波振荡电路是由（　　）等部分组成的。
    A. 放大器　　　　B. 选频网络　　　　C. 反馈网络　　　　D. 稳幅环节

14. AA014　石英晶体振荡电路的基本电路有（　　）。
    A. 并联晶体振荡器　　　　　　　　　　B. 串联晶体振荡器
    C. 串并联晶体振荡器　　　　　　　　　D. 混合晶体振荡器

15. AA015　数/模转换器主要由（　　）和基准电压源（或恒流源）构成。
    A. 数字寄存器　　　　　　　　　　　　B. 模拟电子开关
    C. 位权网络　　　　　　　　　　　　　D. 求和运算放大器

16. AB001　数据采集系统硬件基本组成包括（　　）。
    A. 传感器　　　　B. 编码器　　　　　C. 滤波器　　　　　D. 前置放大器

17. AB002　并行比较式 A/D 转换器是一种（　　）的 A/D 转换技术。
    A. 转换速度最慢　　　　　　　　　　　B. 转换速度最快
    C. 转换原理最直观　　　　　　　　　　D. 转换原理最客观

18. AB003　微弱信号检测技术利用（　　）和计算机技术等学科成果，分析噪声产生的原因和规律。
    A. 地理学　　　　B. 物理学　　　　　C. 电子学　　　　　D. 信息论

19. AB004　噪声的三要素为（　　）。
    A. 噪声发生源的强度
    B. 受干扰电路的抗干扰性能
    C. 电路受干扰的程度
    D. 从噪声源通过某种途径传到受干扰电路的耦合因数

20. AB005　对于高频电路，下列描述正确的是（　　）。
    A. 地线上具有电感使地线阻抗增加
    B. 各地线之间产生电感耦合
    C. 应采用一点接地
    D. 地线长度等于 1/4 波长的奇数倍时，地线阻抗会变得很高

21. AB006　调制的目的是(　　)。
   A. 高频发射　　　　　　　　　　　B. 低频发射
   C. 信息传输的多路化　　　　　　　D. 信息传输的简单化

22. AB007　在数字通信系统中,通常涉及(　　)3种同步。
   A. 载波同步　　B. 幅同步　　C. 帧同步　　D. 位(码元)同步

23. AB008　采用脉冲编码调制(PCM)系统传输数据具有(　　)等优点。
   A. 用较少电缆线就可以传输多路信息　　B. 抗干扰能力强
   C. 提高小信号的测量精度　　　　　　　D. 更适合于地面数字系统采集和处理

24. AB009　WTS电缆遥传系统使用了3种传输模式,分别是(　　)。
   A. M2　　B. M3　　C. M5　　D. M7

25. AC001　页岩气的成因有(　　)。
   A. 冷成因　　B. 热成因　　C. 生物成因　　D. 混合成因

26. AC002　根据页岩成熟度可将页岩气藏分为(　　)3种类型。
   A. 高成熟度页岩气藏　　　　　　B. 低成熟度页岩气藏
   C. 超高成熟度页岩气藏　　　　　D. 高低成熟度混合页岩气藏

27. AC003　衡量岩石中有机质丰度所用的指标主要有(　　)等。
   A. 总有机碳含量(TOC)　　　　　B. 岩石热解参数
   C. 氯仿沥青　　　　　　　　　　D. 总烃(HC)

28. AC004　页岩气是指储存在于(　　)中的天然气。
   A. 泥岩　　　　　　　　　　　　B. 页岩
   C. 碳酸盐岩　　　　　　　　　　D. 粉砂质较重的细粒沉积岩

29. AC005　在页岩气压裂裂缝监测和压后效果评估中存在与常规压裂不同之处,包括(　　)等。
   A. 裂缝形态　　　　　　　　　　B. 油气形态
   C. 压裂增产的机理　　　　　　　D. 影响压裂效果的主控因素

30. BA001　数控测井仪器和模拟测井仪器相比具有划时代的进步,一般来说,数控测井地面系统有(　　)、较强的自动测试和诊断能力、易于扩展仪器功能等方面的特点。
   A. 操作简便　　B. 能进行质量控制　　C. 操作复杂　　D. 资料解释迅速

31. BA002　数控测井系统的"四部分"是指(　　)和计算机及其外部设备。
   A. 直接采集测量信号的下井仪器　　B. 下井仪器的控制装置
   C. 地面预处理设备　　　　　　　　D. 地面处理软件

32. BA003　数控测井是以车载计算机为核心的实时测井系统,是一个由计算机控制的数据(　　)系统。
   A. 采集　　B. 传输　　C. 处理　　D. 记录

33. BA004　井间成像包括(　　)成像,在工程勘察中已得到比较广泛的应用,在石油勘探中也已获得一些成功的实例。
   A. 声波　　B. 井径　　C. 电磁波　　D. 电阻率

34. BA005　成像测井系统由( )等部分组成。
    A. 地面仪器　　　　B. 电缆遥传　　　　C. 井下仪器　　　　D. 成像测井解释

35. BA006　系统检测脉冲道,检测不对有可能是因为( )。
    A. 模拟源的脉冲道坏
    B. 控制卡坏
    C. 主机与控制箱间的I/O连线断或接触不良
    D. 脉冲卡坏

36. BB001　液压传动的优点有( )。
    A. 体积小、重量轻　　　　　　　　B. 换向容易
    C. 磨损小,使用寿命长　　　　　　D. 操纵控制简便

37. BB002　操纵者通过位于操作台上的控制阀操纵变量摇臂,改变主泵输出的液压油的液向,从而实现液压马达的( )。
    A. 变速　　　　　　B. 换向　　　　　　C. 增压　　　　　　D. 转动

38. BB003　在液压系统中,液压油的基本功能有( )。
    A. 散热　　　　　　B. 助燃　　　　　　C. 能量传递　　　　D. 防止或减小磨损

39. BB004　在设备使用中必须保证液压油的清洁度,每工作( )应更换一次液压油。
    A. 200h　　　　　　B. 500h　　　　　　C. 1000h　　　　　　D. 1年

40. BC001　井周声波成像测井仪器包括( )等。
    A. 声波探头　　　　B. 声波电子线路　　C. 扶正器　　　　　D. 定向器

41. BC002　井周声波成像测井时出现幅度低值现象,通常是因为( )。
    A. 仪器偏心　　　　B. 仪器居中　　　　C. 井眼椭圆　　　　D. 井眼缩径

42. BC003　STAR仪器主要由测斜部分、( )等部分组成。
    A. 电源　　　　　　B. 电子线路　　　　C. 极板　　　　　　D. 探头

43. BC004　电成像测井的图像可以代替( )描述。
    A. 电阻率　　　　　B. 自然电位　　　　C. 岩心　　　　　　D. 辅助岩心

44. BC005　成像测井需要收集完井项目中( )等一些与成像测井有关的测井资料。
    A. 井径测井　　　　B. 自然伽马测井　　C. 录井剖面测井　　D. 连续测斜

45. BC006　声电成像测井的技术要求有( )。
    A. 电缆的绝缘电阻要大于500MΩ　　B. 电缆间不允许存在干扰
    C. 马笼头的绝缘电阻要大于500MΩ　　D. 仪器需要居中测量

46. BC007　对于声波成像仪器而言,在井口连接或拆卸仪器时( )必须单独吊上、吊下。
    A. 接收探头　　　　B. 发射探头　　　　C. 隔声体　　　　　D. 推靠臂

47. BC008　用水清洁电成像仪器机械部分时应注意( )等应该彻底清洁。
    A. 拉杆　　　　　　B. 弹簧总成　　　　C. 井径总成　　　　D. 轴杆密封处

48. BC009　要产生核磁共振现象必须具备( )等几个条件。
    A. 静磁场 B_0 用来极化核磁矩
    B. 外加磁场 B_1 将自旋系统扳倒
    C. 外加磁场 B_1 将自旋系统扳直
    D. 必须是含有奇数个核子或含偶数个核子但原子序数为奇数的原子核

49. BC010　自旋回波脉冲序列由"90°—τ—180°—τ—回波"组成,下列描述正确的有（　　）。
　　A. 第一个90°脉冲使磁化矢量扳转到 X—Y 平面
　　B. 磁化矢量的横向分量会由于静磁场的局部不均匀等原因而很快散相
　　C. 一定延迟 τ 时间后,施加一个180°脉冲,使磁化矢量倒转180°
　　D. 在180°脉冲后的 τ 时刻,观测一个回波信号

50. BC011　根据地层流体的弛豫特性,目前 P 型核磁共振测井仪有（　　）3种测量模式。
　　A. 标准 T1 模式　　B. 标准 T2 模式　　C. 双 TE 模式　　D. 双 TW 模式

51. BC012　核磁共振测井的解释模型中渗透率的计算模型与（　　）有关。
　　A. 岩性有关的系数　　　　　　　B. 可动流体孔隙度
　　C. 毛管束缚流体孔隙度　　　　　D. 黏土束缚水体积

52. BC013　核磁共振测井仪从测量方式上居中测量的有（　　）。
　　A. MRIL-C　　B. MRIL-P　　C. CMR-PLUS　　D. MREx

53. BC014　MRIL-P 型测井仪测井时有（　　）等几种基本测量方式。
　　A. DTP 方式　　B. DTW 方式　　C. DTE 方式　　D. DTWE 方式

54. BC015　核磁共振测井仪的探头在使用时应（　　）。
　　A. 远离信用卡　　　　　　　　　B. 远离机械表
　　C. 放置在绞车滚筒附近　　　　　D. 在井口防喷器台阶处慢速起下

55. BC016　多扇区水泥胶结测井解释方法分5级刻度,以分区声幅的相对幅度 E 为标准,下列说法正确的有（　　）
　　A. 当 E 值为0~20%时,灰度颜色为白色,表示水泥胶结良好
　　B. 当 E 值为20%~40%时,灰度颜色为深灰,表示水泥部分胶结
　　C. 当 E 值为40%~60%时,灰度颜色为中灰,表示水泥部分胶结
　　D. 当 E 值为80%~100%时,灰度颜色为黑色,表示水泥没有胶结或自由套管

56. BC017　多扇区水泥胶结测井仪正常下井测量的曲线中用于解释的主要曲线有（　　）。
　　A. 声幅曲线　　B. 变密度图像　　C. 水泥胶结图　　D. 到时曲线

57. BC018　多臂井径测井数据经由地面系统解码后,现场处理人员可使用出图软件得到（　　）曲线。
　　A. 井径　　B. 井斜　　C. 声幅　　D. 旋角

58. BC019　多臂井径测井可测得套管内壁一个圆周内的（　　）,可以探测到套管不同方位上的变形。
　　A. 油管外径　　B. 最大直径　　C. 最小直径　　D. 每臂轨迹

59. BC020　40臂井径仪的测井成果图具有（　　）等优点。
　　A. 图形清晰　　B. 图形直观　　C. 成像模糊　　D. 彩色成像

60. BD001　存储式测井通用电池记录卡需要记录（　　）等信息。
　　A. 施工日期　　B. 工作电流　　C. 释放时间　　D. 剩余电量

61. BD002　存储式测井释放器的主要作用有（　　）。
　　A. 释放仪器　　B. 给仪器供电　　C. 给仪器加压　　D. 发送采集命令

62. BD003　存储式测井仪器下井前应(　　)。
　　A. 授时　　　　　B. 给仪器供电　　C. 给仪器加热　　D. 擦除仪器存储器

63. BD004　存储式测井时方位井斜测量部分的检查需要记录(　　)。
　　A. 开始时间　　　　　　　　　　B. 结束时间
　　C. 仪器系列号　　　　　　　　　D. 仪器所在空间位置

64. BD005　存储式测井自然伽马测井仪的刻度要求有(　　)。
　　A. 仪器周围 3m 范围内无过强的放射性物质
　　B. 仪器预热 30min
　　C. 低计数测量时应将刻度器置于远离待标定仪器 3m 以外
　　D. 采样时间不应短于 60s

65. BD006　存储式测井阵列声波测井仪的检查要求有(　　)。
　　A. 打开测试箱的电源开关,检查电压显示数值,应为 18.5~24V DC
　　B. 按下测试箱的电源开关,指示灯亮
　　C. 按下对应声波仪器按钮,指示灯亮
　　D. 仪器正常工作,可以听见声波发射的声音

66. BD007　存储式双侧向测井仪器的机械检查内容包括(　　)。
　　A. 仪器外观　　　B. 连接螺纹　　　C. 密封面　　　　D. 密封圈

67. BD008　存储式补偿中子测井仪的检查内容包括(　　)。
　　A. 仪器外观　　　B. 密封圈　　　　C. 通断情况　　　D. 通电情况

68. BE001　按照曲率半径的大小划分的水平井包括(　　)。
　　A. 长曲率半径水平井　　　　　　B. 分支水平井
　　C. 超短曲率半径水平井　　　　　D. 超大曲率半径水平井

69. BE002　通过钻具的起下来实现水平井测井的测井方法是(　　)。
　　A. 保护套式　　　B. 湿接头对接式　C. 挠性油管输送式　D. 软连接式

70. BE003　钻具输送测井中湿接头由(　　)组成。
　　A. 泵下枪接头　　B. 快速接头　　　C. 电缆头　　　　D. 鱼雷

71. BE004　钻具输送测井对钻杆的要求有(　　)。
　　A. 直径 200mm 以上的裸眼井或套管井,用 127mm 钻杆输送,钻杆弯曲度不得大于 0.5°/m
　　B. 直径 200mm 以下的裸眼井和套管井,用内径不小于 60mm,弯曲度不得大于 0.5°/m 的钻杆或油管
　　C. 钻杆或油管内不得有污物
　　D. 钻具输送测井时严禁使用钻具扶正器

72. BE005　钻具输送测井作业前应召开技术交底会议,参加会议的人员有(　　)等。
　　A. 司钻　　　　　B. 钻工　　　　　C. 钻井队技术员　D. 水平井工程师

73. BE006　确定钻具输送测井湿接头对接位置深度需要了解(　　)等数据。
　　A. 测井仪器串最下端仪器的测量点　　B. 测井仪器串长度
　　C. 水平井工具长度　　　　　　　　　D. 到达湿接头对接深度需要的钻具总长度

74. BE007　钻具输送测井盲下阶段钻井队应(　　)。
   A. 将井口转盘锁死　　　　　　　B. 将螺纹脂涂抹在外螺纹上
   C. 控制下钻速度　　　　　　　　D. 确保遇阻力不大于200kN

75. BE008　钻具输送测井湿接头对接前钻井液循环不通的原因有(　　)。
   A. 钻井液不干净　　　　　　　　B. 井壁不稳定
   C. 钻具水眼内有落物　　　　　　D. 钻杆下过对接深度

76. BF001　在钻进过程中钻井液循环体系井底压力包括(　　)。
   A. 地层流体压力　B. 循环压降　C. 井口回压　D. 静液压力

77. BF002　欠平衡测井技术实施时,要求(　　)。
   A. 井口不存在压力　　　　　　　B. 井口存在着一定的压力
   C. 井口在密封的状态下　　　　　D. 井口在敞开的状态下

78. BF003　欠平衡测井使用的流管是一个长形的管,长355mm,外径为25mm,内径可为(　　)。
   A. 8.15mm　　B. 11.95mm　　C. 12.19mm　　D. 12.8mm

79. BF004　欠平衡测井作业现场应具备的条件有(　　)。
   A. 井队防喷装置完好　　　　　　B. 压力指示表准确
   C. 井场应有一台井下压力控制的泵车　D. 现场配备消防车2台

80. BF005　欠平衡测井施工中(　　)共同监视井下压力情况,压力突变时及时通知测井队负责人。
   A. 钻井人员　B. 录井人员　C. 测井人员　D. 定向井人员

81. BF006　欠平衡测井作业前,现场欠平衡工具的检查内容包括(　　)。
   A. 防喷盒各个密封部件的检查　　B. 液压管线的连接头的检查
   C. 容纳管连接头的密封面检查　　D. 高压软管连接头的检查

82. BF007　欠平衡测井作业时(　　)。
   A. 手压泵的压力应控制在电缆能起下但不溢脂
   B. 注脂泵的压力应控制在略高于井下压力并注脂
   C. 注脂泵的压力应控制在略低于井下压力并注脂
   D. 井队防喷器开关应处于打开状态

83. BF008　欠平衡测井判定测井仪器进入防喷管的方法有(　　)。
   A. 仪器防落器开关手柄判定法　　B. 自然伽马仪测量判定法
   C. 放射性射线探测判定法　　　　D. 绞车滚筒电缆位置判定法

84. BG001　电缆输送泵出存储式测井下井工具包括(　　)。
   A. 吊挂释放器　B. 旁通　C. 悬挂器　D. 保护套

85. BG002　存储式测井施工对井况的要求有(　　)。
   A. 井内最高温度应低于仪器最高耐温指标
   B. 井内最高温度应高于仪器最高耐温指标
   C. 井内最大液柱压力应小于仪器最高耐压指标
   D. 井内最大液柱压力应大于仪器最高耐压指标

86. BG003　存储式测井施工对下井钻具的要求有（　　）。
   A. 下井钻具丈量长度准确
   B. 下井钻具可以安装浮阀
   C. 下井钻具需要连接钻铤
   D. 下井顺序与测井前提供的钻具序列表一致

87. BG004　存储式测井施工时，钻井工程师应根据测井操作工程师提供的（　　）长度，设计排列钻具立柱列表。
   A. 仪器串　　　　B. 悬挂器　　　　C. 调整短节　　　　D. 加重钻杆

88. BG005　电缆输送泵出存储式测井井口组装旁通前需检查吊挂释放器，检查的内容包括（　　）。
   A. 验证上吊挂释放、抓取功能正常　　　B. 上提电缆检查上、下吊挂连接完好有效
   C. 验证上下吊挂通信功能　　　　　　　D. 确认下吊挂连接长度

89. BG006　下列情况可能导致存储式测井释放失败的有（　　）。
   A. 释放器水眼堵塞　　　　　　　B. 释放时压力过大
   C. 释放器销钉装反　　　　　　　D. 钻井液黏度大，基线不平稳

90. BH001　通常将（　　）的定向井、水平井或实施钻进时与原设计发生较大变化的井称为复杂井。
   A. 曲率超过6°/30m　　　　　　　B. 井斜角大于25°
   C. 曲率超过15°/100m　　　　　　D. 井斜角大于35°

91. BH002　井眼缩径的原因有（　　）。
   A. 井壁掉块　　　　　　　　　　B. 岩体向井眼方向压缩破坏
   C. 高渗透地层，滤饼比较厚　　　D. 黏土质矿物组成的岩石吸水膨胀

92. BH003　导致电缆或仪器压差吸附卡的因素有（　　）。
   A. 仪器或电缆在井内静止时间长　　　B. 钻井液密度较大
   C. 钻井液失水量大，固相含量高　　　D. 钻井液黏度大

93. BH004　为了减少测井遇阻遇卡情况，建议井队钻完井后（　　）。
   A. 改变钻具结构进行通井处理
   B. 下到底后采用大排量循环钻井液
   C. 最后一趟起钻前钻井液中适量加入润滑剂
   D. 对有虚滤饼及狗腿度较大的井段，进行划眼和短起下处理

94. BH005　常用的复杂井施工辅助工具有（　　）。
   A. 导向胶锥　　　B. 防遇阻器　　　C. 电缆震击器　　　D. 柔性短节

95. BI001　卡瓦打捞筒主要由（　　）等组成。
   A. 引鞋　　　　　B. 打捞筒本体　　C. 卡瓦固定套　　　D. 螺旋卡瓦

96. BI002　测井穿心解卡地面工具的检查内容包括（　　）。
   A. 检查循环接头和C形循环挡板
   B. 检查快速接头公头、母头主体是否存在变形及磨损
   C. 检查电缆卡钳的型号是否与电缆匹配
   D. 检查悬挂天滑轮的钢丝绳或链条等是否变形或磨损

97. BI003　测井穿心解卡前测井队应提供(　　)。
    A. 测井电缆的型号　　　　　　　　B. 测井电缆的长度
    C. 测井电缆的新旧程度　　　　　　D. 测井电缆的额定张力

98. BI004　测井穿心解卡中,钻井队井架工悬挂天滑轮时应注意(　　)。
    A. 天滑轮应尽量悬挂在游车的正上方
    B. 天滑轮的悬挂应保证不磨损电缆和天滑轮
    C. 悬挂处承重能力不小于 20tf
    D. 悬挂天滑轮的横梁存在比较锐利的棱角时应采取弧形衬垫缓解棱角对钢丝绳(链条)的磨损

99. BI005　下列选项中,(　　)需要实施反穿心的方法。
    A. 卡瓦选择偏大　　　　　　　　　B. 卡瓦选择偏小
    C. 快速接头公头断落在水眼内　　　D. 综合判断无法确认仪器是否进入打捞筒

100. BJ001　打捞绳类落物的工具有(　　)。
    A. 外钩　　　　B. 内钩　　　　C. 老虎嘴　　　　D. 内外组合钩

101. BJ002　外钩捞绳器也称为外捞矛,由(　　)组成。
    A. 接头　　　　B. 挡绳帽　　　C. 本体　　　　D. 捞钩

102. BJ003　打捞井中断落的电缆应根据(　　)选择内捞矛或外捞矛。
    A. 套管内径　　B. 电缆直径　　C. 钻头直径　　D. 钻杆直径

103. BJ004　打捞落井仪器下钻前应计算好(　　)3 个方入。
    A. 碰顶方入　　B. 铣鞋方入　　C. 打捞方入　　D. 循环方入

104. BJ005　电缆穿心解卡法是目前使用(　　)的打捞方法。
    A. 最普遍　　　B. 效率最高　　C. 安全性最好　D. 安全性最差

105. BK001　测井期间由于(　　)等地面误操作会导致工程事故。
    A. 转盘转动　　　　　　　　　　　B. 跨越电缆
    C. 地滑轮固定在鼠洞上　　　　　　D. 测井仪器拉上天车

106. BK002　测井时合理使用扶正器和间隙器可以减少(　　)。
    A. 压差黏附卡　B. 砂桥卡　　　C. 狗腿卡　　　D. 负离子吸附卡

107. BK003　下列选项中,(　　)可能导致测井中遇卡。
    A. 压差黏附　　B. 井内有键槽　C. 损坏的套管　D. 损坏的电缆

108. BK004　测井时由于(　　)问题,造成不能正确显示张力或者显示的张力小于实际的拉力,从而拉断弱点,造成仪器落井。
    A. 张力短节故障　　　　　　　　　B. 张力线故障
    C. 张力计故障　　　　　　　　　　D. 绞车面板故障

109. BK005　电缆打扭打结的预防措施有(　　)。
    A. 电缆起下速度均匀　　　　　　　B. 仪器遇阻立即停止下放电缆
    C. 新电缆下井前经过破劲处理　　　D. 遇阻后缓慢上提电缆

110. BL001　测井质量控制的关键在于现场测井过程中的控制,主要控制环节包括(　　)、测井刻度、测井重复、测井数值、测井图头图面等几大要素。
    A. 测井环境　　B. 测井深度　　C. 海拔高度　　D. 测井速度

111. BL002　阵列感应测井仪每（　　）必须进行车间刻度,主刻度、测前校验、测后校验应符合规范。

　　A. 测 10 口井　　　B. 测 15 口井　　　C. 3 个月　　　D. 6 个月

112. BL003　阵列侧向测井在均匀厚地层中,经过井眼校正后的阵列电阻率曲线是由浅到深依次排列的,但在(　　),会出现异常情况。

　　A. 薄层中　　　　　　　　　　　　B. 浅层中
　　C. 地层电阻率与围岩电阻率之比很大时　　D. 地层电阻率与围岩电阻率之比很小时

113. BL004　阵列声波测井重复测量应在主测井前、测量井段上部、(　　)的井段测量,井段不少于 20m。

　　A. 曲线幅度变化平直　　　　　　　B. 曲线幅度变化明显
　　C. 井径规则　　　　　　　　　　　D. 井径变化明显

114. BL005　声电成像测井速度应满足的要求有(　　)。

　　A. 高分辨率成像模式:≤6m/min　　　B. 超高分辨率成像模式:≤3m/min
　　C. 地层倾角测井模式:≤12m/min　　 D. 地层倾角测井模式:≤9m/min

115. BL006　核磁共振测量过程中必须监测的质量控制曲线主要有(　　)。

　　A. 回波串拟合指数应小于 2
　　B. 增益与测速的关系应满足测井速度表的要求,增益曲线应平滑、无噪声干扰
　　C. 噪声应保持在 20 以内且平滑
　　D. 增益应随钻井液电阻率及井径的变化而变化

116. BM001　有些地层的水平井段钻井过程中会出现螺纹井眼现象,导致(　　)、中子、密度等曲线周期性地抖动,经确认可通过平滑滤波处理。

　　A. 自然伽马　　　B. 自然电位　　　C. 井径　　　D. 电阻率

117. BM002　钻具输送测井时钻井技术人员需要重新排列钻具序列,加入(　　)长度,并严格按照重新排列的钻具序列表下钻。

　　A. 钻铤　　　B. 测井仪器　　　C. 防喷单根　　　D. 水平井工具

118. BM003　钻具输送测井时湿接头对接成功后,测井操作工程师应对深度进行控制,要求(　　)。

　　A. 核对泵下枪遇阻深度是否与钻具下入深度一致
　　B. 检查仪器数值是否与电缆测井该深度数值一致
　　C. 发现误差较大,应重新核算钻具深度,确认无误后方可下钻
　　D. 及时与钻井技术员核对,确认下入钻杆数量

119. BM004　钻具输送测井过程中,应对深度进行控制,要求(　　)。

　　A. 必须保持电缆上的张力能够绷紧
　　B. 随着旁通短节的下放,电缆张力增大
　　C. 随着旁通短节的上提,电缆张力增大
　　D. 每起下一柱钻杆测量距离应该对应该柱钻杆长度

120. BM005　下列对密度仪器姿态保持器描述正确的是(　　)。

　　A. 双曲面的尖端为不稳定面　　　　B. 紧贴尖端的面为亚稳定面
　　C. 尖端反方向为稳定面　　　　　　D. 推靠器方向与稳定面一致

121. BM005　钻具输送测井过程中,为保证密度测井仪器滑板能够贴紧井壁,(　　)。
　　A. 密度测井仪器上部应安装姿态保持器
　　B. 密度测井仪器上部应安装旋转短节
　　C. 密度测井仪器下部应安装姿态保持器
　　D. 密度测井仪器下部应安装旋转短节

122. BN001　欠平衡测井时钻井液对地层的侵入为零,解决了由于钻井液侵入对(　　)项目的影响。
　　A. 声波测井　　B. 电法测井　　C. 放射性测井　　D. 核磁共振测井

123. BN002　欠平衡测井是先将仪器组装进入防喷管,在防喷系统密封的情况下打开电缆封井器和井队防喷器后下井实施测井,(　　)才能实施有效的测井作业。
　　A. 仪器外径大于防喷管内径　　　B. 仪器外径小于防喷管内径
　　C. 仪器串组合长度大于防喷管串的长度　D. 仪器串组合长度小于防喷管串的长度

124. BN003　欠平衡测井时如果钻井介质不存在高放射性的情况,井筒介质对地层的侵入状态对(　　)测井响应没有影响。
　　A. 自然电位　　B. 自然伽马　　C. 自然伽马能谱　　D. 双侧向

125. BN004　采取欠平衡测井时,在天然气介质和原油介质下(　　)测井结果基本一致。
　　A. 自然伽马　　B. 井温曲线　　C. 光电指数　　D. 补偿中子

126. BO001　存储式测井时,地面仪器按时间记录(　　)等信息形成时间—深度对应关系曲线。
　　A. 深度　　B. 速度　　C. 压力　　D. 钻具坐卡状态

127. BO002　存储式测井时原始测井数据交接清单应填写齐全,清单内容包括(　　)、测井队别等信息。
　　A. 井号　　B. 井段　　C. 曲线名称　　D. 测量日期

128. BO003　存储式测井通过校对(　　)等数据来确定采集数据所对应的深度。
　　A. 地面时间　　B. 深度数据　　C. 井下时间　　D. 测井日期

129. BO004　岩性密度测井能够记录(　　)曲线。
　　A. 体积密度　　B. 补偿值　　C. 孔隙度　　D. 光电吸收截面指数

130. BP001　作为储层,应具备2个基本特性,即(　　)。
　　A. 透气性　　B. 孔隙性　　C. 渗透性　　D. 密闭性

131. BP002　碎屑岩储层包括(　　)。
　　A. 砂岩　　B. 粉砂岩　　C. 砂砾岩　　D. 砾岩

132. BP003　测井解释中常用的孔隙概念有(　　)。
　　A. 总孔隙度　　B. 有效孔隙度　　C. 无效孔隙度　　D. 次生孔隙度

133. BP004　根据电阻率的径向变化特点,侵入带主要有(　　)等类型。
　　A. 过渡型　　B. 混合型　　C. 低阻环型　　D. 高阻环型

134. BP005　利用测井资料判别气层的方法有(　　)。
　　A. 声波时差判别法　　　　　B. 自然伽马能谱判别法
　　C. 补偿中子—密度交会判别法　D. 声波时差与中子伽马重叠判别法

135. BP006 利用声波测井资料计算地层孔隙度需要用到(   )等参数。
   A. 声波时差测井值   B. 声波时差骨架值
   C. 声波时差流体值   D. 地层压实系数

136. BQ001 对含有硫化氢气体的井进行测井时,测井作业人员必须配有(   )和药品。
   A. 急救设备   B. 正压式空气呼吸器
   C. 一氧化碳气体检测仪   D. 硫化氢气体检测仪

137. BQ002 钻具输送测井应根据(   ),遵循旁通短节不出套管的原则,计算湿接头对接次数。
   A. 井深   B. 套管长度   C. 最大井斜角   D. 测量井段

138. BQ003 欠平衡测井作业前应了解(   )等信息。
   A. 井架游车提升高度   B. 施工前的通井、循环要求
   C. 井口装置的密封性能要求   D. 控制井下压力的泵车情况

139. BQ004 存储式测井时钻井设备应满足的作业条件包括(   )。
   A. 钻机满足 6m/min 起钻要求
   B. 钻井泵在测井条件下能满足提供 3~25MPa 压力的要求
   C. 钻具型号、扣型与测井工具一致
   D. 气动绞车钢丝绳完好,各连接点牢靠,旋转灵活,吊钩锁舌正常好用

140. BQ005 解卡打捞施工设计中的基本情况内容除了基础数据,还应该包括卡点位置、(   )以及有无放射源等信息。
   A. 遇卡类型   B. 电缆情况   C. 马笼头类型   D. 井下仪器情况

141. BQ006 要确定目标井流体的核磁特性,首先要了解其邻井的油和地层水的黏度及气的密度,目标井的(   )等情况。
   A. 钻井液性质   B. 地温梯度   C. 井底压力   D. 目的层深度

142. BR001 开题报告内容一般包括(   )、研究的方法、时间安排、预计的成果或考核指标等。
   A. 课题名称   B. 课题研究的依据
   C. 研究的目标和内容   D. 计划任务书

143. BR002 论文主要分为(   )3 个部分。
   A. 前置部分   B. 主体部分   C. 附录部分   D. 摘要部分

144. BS001 培训方案应包含(   )、培训指导者、受训者、培训设备以及培训方法等内容。
   A. 培训目标   B. 培训内容   C. 培训场所   D. 培训日期和时间

145. BS002 培训教案编写应力求(   )。
   A. 文字简洁   B. 文字详细   C. 目标清晰   D. 方法得当

146. BS003 下列关于成人学习规律的说法正确的有(   )。
   A. 学习自主性要求受社会角色限制   B. 学习动机存在个体差异性
   C. 学习内容侧重于实用性   D. 学习效果受社会经验影响

147. BT001 如果进入受限空间作业中断超过 30min,继续作业前,(   )应当重新确认安全条件。
   A. 作业人员   B. 作业监护人   C. 承包商   D. 作业负责人

148. BT003　关于在正常生产装置内进行动火作业,以下说法正确的是(　　)。
　　A. 凡是可动火可不动火的一律不动
　　B. 凡是能拆下来的一律拆下来移到安全区域动火
　　C. 节假日不影响正常生产的用火,一律禁止
　　D. 能动火的作业在装置上动火

149. BU001　危险作业风险类别有(　　)。
　　A. 较低风险　　　　　　　　　B. 一般风险
　　C. 较大风险　　　　　　　　　D. 重大风险

150. BU002　一次完整的应急演练活动包括(　　)等阶段。
　　A. 计划　　　　B. 准备　　　　C. 实施　　　　D. 评估总结

三、判断题(对的画"√",错的画"×")

(　　)1. AA001　利用二极管和三极管可组成多种数字电路。
(　　)2. AA002　二极管从反向截止到正向导通与从正向导通到反向截止所需的时间很长。
(　　)3. AA003　逻辑代数中最基本的逻辑运算是"与非"逻辑、"或"逻辑、"非"逻辑。
(　　)4. AA004　正逻辑就是用 0 表示高电平,用 1 表示低电平。
(　　)5. AA005　触发器是时序逻辑电路的基本单元,它能存储多位二进制码,具有记忆能力。
(　　)6. AA006　脉冲频率表示每秒钟脉冲信号出现的次数。
(　　)7. AA007　在电阻、电容的充放电回路中,电源经电阻向电容充电或电容经电阻放电,都需要一定的时间才能完成。
(　　)8. AA008　微分电路是脉冲电路中常见的一种波形变换电路,它可将矩形波变换成正负极性的尖顶脉冲。
(　　)9. AA009　将矩形波变换成锯齿波的 RC 电路称为微分电路。
(　　)10. AA010　单稳态触发电路只有一个稳定状态,另一个状态为暂稳态。
(　　)11. AA011　施密特触发器具有滞后功能。
(　　)12. AA012　产生自激振荡必须具备振荡频率和输入信号条件。
(　　)13. AA013　能够输出正弦波信号的振荡电路称为正弦波振荡电路。
(　　)14. AA014　石英晶体是一种各向同性的结晶体。
(　　)15. AA015　在 A/D 转换中,输入的是连续信号,输出的是离散信号。
(　　)16. AB001　数据采集是计算机在监测、管理和控制一个系统的过程中,取得原始数据的主要手段。
(　　)17. AB002　并行比较式 A/D 转换器可以用于超高速 A/D 转换器。
(　　)18. AB003　微弱信号检测技术不能提高测量精度。
(　　)19. AB004　热噪声与放大器的频带宽度有关,频带宽度越宽,热噪声越小。
(　　)20. AB005　如果信号源与放大器之间通过电缆连接,当信号电路确定为一点接地时,电缆线的屏蔽层也应一点接地。

( )21. AB006 将模拟信号的抽样量化值变化成代码,称为脉冲编码调制。
( )22. AB007 在模拟传输中,把减少传输差错的方法称为差错控制,也称为纠错编码。
( )23. AB008 脉冲编码调制(PCM)技术是一种分时多路传输技术。
( )24. AB009 CTS 由井下遥测单元 TCC-A 和地面遥测模块 TCM-B 两部分组成。
( )25. AC001 页岩是一种细粒沉积岩,其成分复杂,但都具有薄页状或薄片层状的节理。
( )26. AC002 页岩有机质类型不同,干酪根、不同演化阶段生气量无较大变化。
( )27. AC003 总有机碳含量也称为剩余有机碳含量。
( )28. AC004 常规测井系列在页岩储层矿物成分含量的计算、裂缝识别与岩石力学参数的计算等方面存在不足。
( )29. AC005 水力压裂是指利用水力作用使油气层形成裂缝的一种方法。
( )30. BA001 为提高时效和测井资料的质量,在模拟测井系统中均配有测试程序和诊断程序,用以对系统进行快速测试和诊断,及时找出故障加以排除。
( )31. BA002 电缆是连接下井仪器和下井仪器控制装置的仪器总线。
( )32. BA003 数据采集系统是整个数控测井系统的一个重要部分,是计算机测控系统不可缺少的组成部分。
( )33. BA004 MAXIS-500 多任务测井数字成像系统是哈里伯顿公司推出的。
( )34. BA005 成像测井系统中的地面测量信号通过地面接口板传到信号分配板。
( )35. BA006 主机与控制箱间的 I/O 连线断或接触不良会导致检测模拟道、脉冲道、PCM 道全不对。
( )36. BB001 液压传动可以很方便地将发动机的旋转运动变为执行机构的往复运动。
( )37. BB002 操纵者通过操作测井绞车液压系统操作台上的控制阀操纵变量摇臂,从而实现液压马达的变速和换向。
( )38. BB003 液压油对金属和密封件的腐蚀性越小越好。
( )39. BB004 绞车液压系统油泵马达可以长时间在小偏角(低排量)下运转。
( )40. BC001 井周声波成像测井时加速度校正主要是消除仪器遇卡、遇阻等非匀速运动引起的采样点深度位置不匹配问题。
( )41. BC002 井周声波成像测井时井壁结构直接影响反射效果。
( )42. BC003 电成像测井仪的探头部分大多采用 4 极板推靠结构。
( )43. BC004 电成像测井可用于地层沉积环境分析。
( )44. BC005 成像测井必须在地面猫路上连接仪器。
( )45. BC006 成像测井安装扶正器的大小要视井眼大小而定。
( )46. BC007 方位短节可以和磁定位仪放在一起。
( )47. BC008 检查电成像机械部分时,需要用马达控制盒或采集系统供电完全打开极板和支撑推靠臂。
( )48. BC009 产生核磁共振现象的原子核都具有内禀角动量。
( )49. BC010 核磁共振信号横向弛豫分量的测量所需的时间较短。
( )50. BC011 核磁测井的双 TW 模式是采用特定的回波间隔 TE,2 种不同等待时间 TWL 和 TWS,来测量 2 个回波串的。

(　　)51. BC012　核磁共振测井通过对不同时间段的 T2 分布谱进行面积积分可得到不同含义的孔隙体积。

(　　)52. BC013　CMR 组合式核磁共振测井仪建立的静磁场为梯度磁场。

(　　)53. BC014　核磁共振测井的测量模式就是测井期间控制仪器的一系列参数。

(　　)54. BC015　使用 MRIL-P 型核磁共振测井仪测完超过 3500m 深的井后或井中含有腐蚀性气体的井后,应及时更换 O 形密封圈。

(　　)55. BC016　对于多扇区水泥胶结测井,若平均声幅值不小于 30mV,评价为胶结差。

(　　)56. BC017　多扇区水泥胶结测井时,水泥胶结的质量越好,接收探头收到的信号越弱。

(　　)57. BC018　多臂井径成像测井仪的每个井径臂都对应一个传感器。

(　　)58. BC019　多臂井径成像测井的主要目的是监测套管腐蚀及损坏情况。

(　　)59. BC020　采用 40 臂井径成像测井仪测井时,如果不能提供准确的标套位置,成果图的异常位置和实际异常位置会有所偏差。

(　　)60. BD001　存储式测井施工时供电短节的剩余容量及负载能力是缺一不可的。

(　　)61. BD002　连接数控释放器悬挂器组时,在井口进行下悬挂器的上部、下部连接,可直接用液压大钳上紧。

(　　)62. BD003　存储式测井仪器既可以用地面系统主机授时,又可以用便携式计算机授时。

(　　)63. BD004　存储式测井检查方位井斜测量部分时,要求各个时间段对应的方位井斜数据应和对应记录的仪器空间井斜方位位置数据吻合。

(　　)64. BD005　标定存储式测井自然伽马仪器时,利用公式(高计数测量值-低计数测量值)/高计数测量值就可以求出仪器的 API 灵敏度。

(　　)65. BD006　存储式测井阵列声波测井仪正常供电后可以听见声波发射的声音。

(　　)66. BD007　存储式测井双侧向测井仪在测井时不用做刻度。

(　　)67. BD008　存储式测井岩性密度测井仪在没有放射源的情况下计数率数据是一个变化的数值。

(　　)68. BE001　水平井按照方位变化可分为大曲率半径水平井、中曲率半径水平井和小曲率半径水平井 3 类。

(　　)69. BE002　保护套式水平井测井工艺是通过钻具的起下来实现水平井测井的。

(　　)70. BE003　在钻具输送测井中,张力短节连接在测井仪器串的最顶部,来监测测井仪器在井下的受力情况。

(　　)71. BE004　钻具输送测井连接钻杆时不用清洁钻杆接头。

(　　)72. BE005　钻具输送测井作业前,不必召开技术交底会议。

(　　)73. BE006　钻具输送测井下入钻具总深度小于测井仪器串记录点所在深度。

(　　)74. BE007　钻具输送测井湿接头对接成功后,供电缆芯之间在万用表上的阻值显示与正常电缆测井时的测量值不一定相同。

(　　)75. BE008　钻具输送测井时电缆缠绕在钻具上不会造成电缆损伤。

(　　)76. BE009　钻井液杂质不影响钻具输送测井湿接头对接。

(　　)77. BF001　常规的钻井属于过平衡钻井,钻井液压力大于地层破裂压力。

( )78. BF002　使用欠平衡工具进行带压测井的方法称为欠平衡测井。
( )79. BF003　电缆防喷器的法兰连接短节与法兰转换短节配合,可与不同型号的井口法兰连接。
( )80. BF004　欠平衡测井井场应有一台井下压力控制的泵车。
( )81. BF005　欠平衡测井时钻井队应协助测井队安装天滑轮、地滑轮、电缆防喷器、防喷管,并固定牢靠。
( )82. BF006　欠平衡首次测井前所有承压部件必须进行抗压试验,耐压合格后方可进行测井施工。
( )83. BF007　欠平衡测井组合仪器时是在井筒里进行的。
( )84. BF008　欠平衡测井完毕,当仪器串顶部通过仪器防落器时,开关手柄自动移向关闭位置。
( )85. BF009　进行欠平衡测井时,电缆可以有接头。
( )86. BG001　存储式测井中地面计算机可以实时记录测井地层信息曲线及处理资料等。
( )87. BG002　存储式测井作业中由于循环钻井液,钻井液密度可以有较大变化。
( )88. BG003　存储式测井时钻具下井顺序需要按照钻台上排列的顺序。
( )89. BG004　存储式测井作业释放命令下达到井下释放器时,严禁起下钻具。
( )90. BG005　存储式测井作业仪器车必须停在滑板前方 25~30m 的空地上。
( )91. BG006　钻井液黏度较大不会影响存储式测井数控释放器的压力基线采集。
( )92. BH001　曲率超过 5°/30m,井斜角大于 35° 的定向井、水平井或实施钻进时与原设计发生较大变化的井称为复杂井。
( )93. BH002　在套管井中测井,测井仪器不会遇阻。
( )94. BH003　电缆跳丝不会造成测井遇卡。
( )95. BH004　为了满足穿心解卡需要,仪器串上端不能安装扶正器。
( )96. BH005　电缆震击器连接在仪器串顶部,在仪器遇卡时给仪器串一个向上的外加力,使仪器快速解卡。
( )97. BI001　容纳式三球打捞筒适用于非标准打捞头的下井仪器。
( )98. BI002　卡瓦打捞筒的卡瓦使用一次后为节约成本应继续使用。
( )99. BI003　穿心解卡钻具串中可以安装水眼短节。
( )100. BI004　穿心解卡时司钻、绞车工和井口值班人员要密切观察张力变化,如发现张力突然增大应及时停止下钻。
( )101. BI005　穿心解卡时若中途自行解卡,不管井下仪器串有没有放射源,都应停止下钻,采用铠接电缆方法,用绞车将下井仪器拉进打捞筒。
( )102. BJ001　井下小件落物不会影响正常生产作业。
( )103. BJ002　内钩捞绳器的使用不受井眼大小影响,它的优点是电缆不容易穿越到捞绳器上面。
( )104. BJ003　套管内使用内捞矛打捞落井电缆时,其外径与套管内径的间隙不得大于电缆直径。
( )105. BJ004　在将打捞筒连接在打捞钻具上时,液压大钳可以夹卡在打捞筒筒体上。

( ) 106. BJ005 当带源的放射性仪器在井内遇卡时,可以拉断电缆弱点,采用卡瓦打捞筒打捞。

( ) 107. BK001 测井仪器遇阻后,多下入井内电缆不会发生工程事故。

( ) 108. BK002 在使用负离子钻井液的井中测井,可以在泥页岩层段测重复曲线。

( ) 109. BK003 采用拉伸法确定卡点深度时,可启动绞车低速挡,慢慢上提电缆,使其张力增加500kgf。

( ) 110. BK004 测井时通过调节调压阀,既能保证系统有足够的上提拉力,又能保证在仪器遇卡达到设定的拉力时系统会自动卸载,不致拉掉仪器。

( ) 111. BK005 仪器下井过程中发现遇阻后,应立即停车,然后快速上提绞车。

( ) 112. BL001 在测后进行测井资料质量检查时,对超速的曲线应按不合格处理,必须重新测量。

( ) 113. BL002 阵列感应测井重复曲线与主曲线特征一致,重复测量值相对误差应小于5%。

( ) 114. BL003 阵列侧向测井时仪器不用安装扶正器。

( ) 115. BL004 阵列声波测井在首波到达之前不能有明显的噪声信号。

( ) 116. BL005 声电成像测井时方位曲线与井周声波成像不在同一组合内测量。

( ) 117. BL006 对于核磁共振测井,泥岩层的核磁有效孔隙度应高于密度孔隙度。

( ) 118. BM001 钻具输送测井资料应按照《石油测井原始资料质量规范》(SY/T 5132—2012)中的规定进行检验。

( ) 119. BM002 钻具输送测井施工湿接头对接前的深度由电缆来控制。

( ) 120. BM003 钻具输送测井时,测井湿接头对接成功后,在安装电缆锁紧夹板后应该试验拉力2000lbf左右,保持5min。

( ) 121. BM004 钻具输送测井过程中必须保持电缆上有一定的张力,随着旁通短节的下放,电缆张力应该减小。

( ) 122. BM005 钻具输送测井时,偏心测量仪器上部姿态保持器部分设计成渐开双曲线形状,这种形状的结构稳定性为:双曲面的尖端为不稳定面,紧贴尖端的为亚稳定面,相反方向为稳定面。

( ) 123. BN001 在井口密封、带压条件下进行测井施工作业是欠平衡测井技术的关键。

( ) 124. BN002 天然气进入井眼中会对声波时差曲线造成很大影响。

( ) 125. BN003 在钻井介质为水基钻井液时,欠平衡状态下自然电位异常的幅度可能变小,也可能没有明显区别。

( ) 126. BN004 欠平衡测井时,在井径规则处,天然气介质的光电指数测量值大于原油介质的光电指数测量值。

( ) 127. BO001 存储式测井立柱起下顺序与钻具深度表可以不一致,但总长度不能错误。

( ) 128. BO002 存储式测井原始资料的图头信息里包含测量电阻率时的温度信息。

( ) 129. BO003 存储式测井深度的准确与否是直接关系到测井质量的好坏。

( ) 130. BO004 含有金属矿物的地层,侧向电阻率的测量值可能会有回零情况。

( ) 131. BP001 具备孔隙性和渗透性的储层一定储存了油气。

(   )132. BP002 岩浆岩、变质岩、泥岩等岩层的裂缝、片理、溶洞等次生孔隙比较发育时，也可以成为良好的储层。

(   )133. BP003 在油气储量计算中提到的储层厚度指的是油气层的有效厚度。

(   )134. BP004 受钻井液侵入的储层是测井仪器测量和测井分析的基本对象。

(   )135. BP005 从渗透层中区分出油、气、水层，并对油气层的物性及含油性进行评价是测井工作的重要任务。

(   )136. BP006 除泥质层外，碳酸盐岩中含有较多黄铁矿将造成地层电阻率明显升高。

(   )137. BQ001 井壁取心施工时应根据井况及取心井段的地层特性，采用从上至下的施工方式，并确定好跟踪方式。

(   )138. BQ002 钻具输送测井施工设计中应明确湿接头对接的位置。

(   )139. BQ003 欠平衡测井井口设备安装后应满足井控要求。

(   )140. BQ004 井控风险较高的井采用存储式测井施工时，不推荐投球释放方式测井。

(   )141. BQ005 解卡打捞施工设计中对钻井队起下钻速度没有明确要求。

(   )142. BQ006 核磁共振测井测量模式中，许多参数的选择确定不仅直接影响孔隙度数值的准确性，而且还会造成油气水层识别困难。

(   )143. BR001 课题研究的内容就是指课题要研究的是什么问题。

(   )144. BR002 技术论文的附录和作者简介可以没有。

(   )145. BS001 为了提高培训质量，达到培训目的，在培训中需要将各种方法配合起来灵活运用。

(   )146. BS002 选择科学的教学方法，一是要符合学员的认识规律，二是要符合所教课程的基本原则。

(   )147. BS003 只有正确掌握成人学习心理的基本规律，才能使有效企业培训变为可能。

(   )148. BT001 受限空间作业气体检测顺序应是氧含量、有毒有害气体浓度、易燃易爆气体浓度。

(   )149. BT002 高处作业洞口必须设置牢固的盖板、防护栏杆、安全网或其他防坠落的防护设施，夜间应设红灯示警。

(   )150. BT003 严禁在装载民爆物品的车上动火、吸烟和使用无线通信设备。

(   )151. BU001 实施危险作业必须有主管领导在场和有必要的安全设施。

(   )152. BU002 在综合应急演练前，演练组织单位或策划人员可按照演练方案或脚本组织桌面演练或合成预演，熟悉演练实施过程的各个环节。

(   )153. BU003 带压电缆作业防喷实质是预防电缆防喷装置井口密封失效，避免造成井口压力失控，甚至诱发井喷。

四、简答题

1. AA001 简述数字电路和模拟电路的区别。
2. AA002 反相器在逻辑电路中的作用是什么？
3. AA003 逻辑代数中最基本的逻辑运算有哪些？

4. AA004　已知一逻辑表达式为 $F=A+B+C$，试用与非门组成的逻辑电路图表示出来。
5. AA007　简述电容充放电过程的特点。
6. AA010　单稳态触发器的特点是什么？
7. AA011　简述施密特触发器的特点。
8. AA012　什么是自激振荡电路？
9. AB008　PCM 接收器由哪些部分组成？
10. AB008　采用 PCM 系统传输数据具有哪些优点？
11. AC004　目前页岩气测井地层评价主要包括哪些方面？
12. BA002　测井系统的硬件结构"四部分"是指哪些？
13. BA004　以 ECLIPS-5700 型成像测井系统为例说明成像测井系统的构成包括哪些部分？
14. BC002　井周声波成像测井主要影响因素有哪些？
15. BC004　从井眼成像测井测量得到的构造倾角信息用于确定哪些构造？
16. BC011　简述核磁测井的标准 T_2 模式。
17. BC013　MRIL-P 型测井仪测井时有几种基本方式？分别是什么？能组成多少种测井模式？
18. BC016　简述多扇区水泥胶结测井资料的解释方法。
19. BC018　简述多臂井径成像测井的原理。
20. BD002　简述数控释放器的工作原理。
21. BE001　水平井按照曲率半径可分为哪几类？
22. BF002　什么是欠平衡测井？
23. BF003　简述欠平衡测井工具的电缆密封控制头的工作原理。
24. BF008　简述欠平衡测井时用自然伽马仪测量判定法确定测井仪器进入防喷管的方法。
25. BG001　存储式测井施工传输及释放工具有哪些？
26. BG002　简述存储式测井施工对井况的要求。
27. BG005　存储式测井数据满足何种条件时采用数控式释放方式？
28. BH002　造成测井遇阻的主要原因有哪些？
29. BH004　复杂井测井施工前应向现场工程及地质人员了解并掌握哪些情况？
30. BI003　实施穿心解卡作业时测井队应提供哪些信息？
31. BK005　电缆跳槽的原因有哪些？
32. BL001　测井质量的现场控制因素主要有哪些？
33. BL004　阵列声波测井出现哪些情况时应降速重复测量进行验证？
34. BO001　简述存储式测井深度传感器的刻度方法。
35. BP002　碳酸盐岩储层以孔隙结构为特点可分为哪几类？

答　　案

一、单项选择题

1. C	2. A	3. B	4. D	5. A	6. D	7. C	8. B	9. A	10. C
11. A	12. A	13. A	14. C	15. C	16. D	17. B	18. B	19. A	20. D
21. A	22. C	23. C	24. D	25. B	26. C	27. C	28. B	29. B	30. C
31. A	32. B	33. A	34. D	35. D	36. B	37. C	38. D	39. A	40. D
41. A	42. B	43. C	44. C	45. A	46. D	47. C	48. A	49. D	50. A
51. D	52. B	53. B	54. A	55. C	56. C	57. A	58. A	59. D	60. C
61. D	62. B	63. D	64. D	65. A	66. B	67. C	68. D	69. B	70. D
71. D	72. D	73. A	74. A	75. C	76. C	77. D	78. B	79. C	80. C
81. B	82. A	83. B	84. C	85. C	86. B	87. D	88. A	89. C	90. D
91. C	92. A	93. A	94. A	95. A	96. B	97. A	98. A	99. D	100. A
101. C	102. A	103. C	104. C	105. A	106. B	107. A	108. A	109. C	110. D
111. A	112. B	113. A	114. C	115. D	116. B	117. A	118. A	119. D	120. D
121. C	122. C	123. A	124. C	125. B	126. C	127. D	128. A	129. A	130. A
131. D	132. D	133. B	134. C	135. C	136. B	137. D	138. B	139. B	140. B
141. A	142. C	143. A	144. D	145. C	146. C	147. A	148. C	149. B	150. A
151. B	152. A	153. B	154. C	155. B	156. B	157. C	158. A	159. D	160. B
161. D	162. B	163. D	164. C	165. A	166. C	167. A	168. B	169. C	170. C
171. C	172. D	173. C	174. B	175. B	176. D	177. D	178. D	179. C	180. B
181. B	182. C	183. C	184. A	185. D	186. D	187. C	188. C	189. B	190. D
191. A	192. A	193. C	194. D	195. A	196. D	197. A	198. D	199. B	200. A
201. C	202. C	203. B	204. C	205. C	206. A	207. A	208. B	209. D	210. D
211. D	212. A	213. D	214. B	215. D	216. B	217. C	218. C	219. A	220. D
221. A	222. D	223. D	224. B	225. D	226. B	227. C	228. A	229. B	230. C
231. A	232. B	233. B	234. C	235. D	236. B	237. B	238. C	239. B	240. C
241. C	242. D	243. D	244. C	245. A	246. B	247. C	248. A	249. A	250. B
251. C	252. A	253. B	254. D	255. B	256. D	257. A	258. A	259. B	260. A
261. C	262. A	263. B	264. A	265. C	266. B	267. B	268. A	269. B	270. D
271. C	272. D	273. D	274. C	275. C	276. D	277. D	278. A	279. B	280. A
281. C	282. D	283. A	284. D	285. B	286. A	287. A	288. B	289. D	290. A
291. D	292. B	293. A	294. B	295. B					

二、多项选择题

1. ABCD	2. ABC	3. BC	4. BCD	5. AB	6. ABCD	7. ABCD
8. ACD	9. ACD	10. ABD	11. ABC	12. ABCD	13. ABCD	14. AB
15. ABCD	16. ACD	17. BC	18. BCD	19. ABD	20. ABD	21. AC
22. ACD	23. ABCD	24. ACD	25. BCD	26. ABD	27. ABCD	28. ABD
29. ACD	30. ABD	31. ABC	32. ABCD	33. ACD	34. ABCD	35. ABCD
36. ABCD	37. AB	38. ACD	39. CD	40. ABCD	41. AC	42. ABCD
43. CD	44. ABD	45. ABCD	46. ABC	47. ABCD	48. ABD	49. ABCD
50. BCD	51. ABC	52. AB	53. ABCD	54. ABD	55. BC	56. ABC
57. ABD	58. BCD	59. ABD	60. ABCD	61. ABD	62. AD	63. AD
64. ABCD	65. ABCD	66. ABCD	67. ABCD	68. AC	69. AB	70. AB
71. ABCD	72. ABCD	73. ABCD	74. ABC	75. ABC	76. BCD	77. BC
78. ABC	79. ABCD	80. AC	81. ABCD	82. ABD	83. ABCD	84. ABC
85. AC	86. AD	87. ABC	88. ABC	89. ACD	90. AD	91. BCD
92. AC	93. ABCD	94. ABCD	95. ABCD	96. ABCD	97. ABCD	98. ABCD
99. ABD	100. ABCD	101. ABCD	102. AC	103. ABC	104. ABC	105. ACD
106. AD	107. ABCD	108. BCD	109. ABCD	110. ABD	111. BC	112. AC
113. BC	114. ABD	115. ABCD	116. ACD	117. B，D	118. ABCD	119. ABD
120. ABCD	121. AB	122. BD	123. BD	124. BC	125. AC	126. ABD
127. ABCD	128. ABC	129. ABD	130. BC	131. ABCD	132. ABD	133. AC
134. ACD	135. ABCD	136. ABD	137. BD	138. ABCD	139. ABCD	140. ABCD
141. ABD	142. ABC	143. ABC	144. ABCD	145. ACD	146. ABCD	147. AB
148. ABC	149. BCD	150. ABCD				

三、判断题

1. √	2. ×	3. ×	4. ×	5. ×	6. √	7. √	8. √	9. ×	10. √
11. √	12. ×	13. √	14. ×	15. √	16. √	17. √	18. ×	19. ×	20. √
21. √	22. ×	23. ×	24. ×	25. √	26. ×	27. √	28. √	29. √	30. ×
31. ×	32. √	33. ×	34. √	35. √	36. √	37. √	38. √	39. ×	40. √
41. √	42. ×	43. √	44. √	45. √	46. ×	47. √	48. √	49. √	50. √
51. √	52. ×	53. √	54. ×	55. √	56. √	57. √	58. √	59. √	60. √
61. ×	62. √	63. √	64. ×	65. ×	66. √	67. ×	68. ×	69. √	70. √
71. ×	72. ×	73. √	74. ×	75. ×	76. ×	77. ×	78. √	79. √	80. √
81. √	82. √	83. ×	84. ×	85. ×	86. ×	87. ×	88. ×	89. ×	90. √
91. ×	92. ×	93. ×	94. ×	95. ×	96. √	97. √	98. ×	99. ×	100. √
101. ×	102. ×	103. ×	104. √	105. ×	106. ×	107. ×	108. ×	109. √	110. √
111. ×	112. √	113. ×	114. ×	115. √	116. ×	117. ×	118. √	119. ×	120. ×

121. ×	122. √	123. √	124. √	125. √	126. ×	127. ×	128. √	129. √	130. √
131. ×	132. √	133. √	134. √	135. √	136. ×	137. ×	138. √	139. √	140. ×
141. ×	142. √	143. √	144. √	145. √	146. √	147. √	148. √	149. √	150. √
151. ×	152. √	153. √							

四、简答题

1. 答：数字电路和模拟电路有5点区别：①工作信号不同。模拟信号是模拟电路的工作信号，随时间连续变化；数字信号是数字电路的工作信号，随时间非连续变化(20%)。②元器件工作状态不一样。如三极管在模拟电路中工作在放大状态，而在数字电路中则工作在开关状态(20%)。③电路结构不同。模拟电路的主要单元电路是放大器，而数字电路的主要单元是逻辑门及触发器(20%)。④研究的主要问题不同(20%)。⑤使用的研究方法不同(20%)。

2. 答：反相器在数字电路中是一种非的逻辑关系(25%)，它的输入与输出刚好反相(25%)，即当输入为高电平(用"1"表示)时输出为低电平(用"0"表示)(25%)，而输入为低电平时输出为高电平(25%)。

3. 答：①与逻辑，记作 $Y=AB$(30%)。②或逻辑，记作 $Y=A+B$(40%)。③非逻辑，记作 $Y=\overline{A}$(30%)。

4. 答：①逻辑电路图如图5-1所示。②$F=A+B+C=\overline{\overline{A}+\overline{B}+\overline{C}}$(50%)。

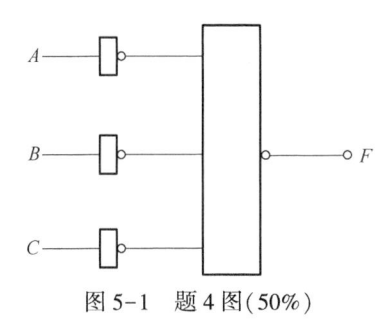

图 5-1 题4图(50%)

5. 答：①在电阻、电容的充放电回路中，电源经电阻向电容充电或电容经电阻放电，都需要一定的时间才能完成(25%)。②电容两端电压不可能在瞬间发生突变，因为电容两端电压的改变是靠极板上电荷数量的改变来实现的(25%)。③充电或放电过程结束后，流过电容的电流等于零，电容呈现高阻抗，相当于"开路"状态，这就是所谓的电容"隔直"作用(25%)。④在充放电过程开始时，流过电容两端的电流最大，电容对突变电压呈现低阻抗，相当于"短路"(25%)。

6. 答：①电路有一个稳态和一个暂稳态(30%)。②在外来触发信号的作用下，电路由稳态翻转到暂稳态(30%)。③暂稳态是一个不能长久保持的状态，经过一段时间后电路会自动回到稳态。暂稳态的持续时间取决于电路本身的参数(40%)。

7. 答：①施密特触发器属于电平触发器，对于缓慢变化的信号仍然适用。当输入信号达到某一额定值时，输出电平会发生突变(50%)。②对于正相和负相增长的输入信号，电路有不同的阈值电平,即有滞后电压传输的特性(50%)。

8. 答:不需要加信号(30%),就能够产生特定频率的交流输出信号(30%),从而将直流电能转换成交流电能的电路,称为自激振荡电路(40%)。

9. 答:由输入变压器(10%)、整形放大电路(10%)、延迟电路(10%)、串行/并行转换电路(20%)、D/A 转换电路(10%)、同步电路(10%)、帧同步识别电路(10%)、多路转换开关等组成(20%)。

10. 答:①信号是分时传送的(25%)。②采用二进制编码方法,抗干扰能力强(25%)。③可以提高小信号的测量精度(25%)。④适合于地面数字系统采集和处理(25%)。

11. 答:①页岩气地层的岩性和储集参数评价,包括孔隙度、含气量(包括吸附气、游离气)、渗透率等参数(30%)。②页岩的生烃潜力评价,主要包括干酪根的识别与类型划分、有机质含量、热成熟度等一系列指标的定性或定量解释(40%)。③岩石力学参数和裂缝发育指标的评价(30%)。

12. 答:①直接采集测量信号的下井仪器(25%)。②下井仪器的控制装置(25%)。③地面预处理设备(25%)。④计算机及其外部设备(25%)。

13. 答:①工作站(10%)。②人机交互设备(20%)。③采集面板(20%)。④接线控制面板(20%)。⑤外围设备(15%)。⑥安全开关面板(15%)。

14. 答:①频率(15%)。②井眼流体(15%)。③距离(15%)。④井壁结构(15%)。⑤入射角度(20%)。⑥波阻抗差(20%)。

15. 答:①上倾倾角、下倾倾角和撞击方向(20%)。②构造图和开发剖面(20%)。③井间对比(20%)。④不整合(20%)。⑤其他地质构造分析(20%)。

16. 答:核磁测井的标准 T_2 模式是测井仪采用比较适中的等待时间 T_W 和回波间隔 T_E 来测量自旋回波串(20%)。T_W 的选取要求大于纵向弛豫时间最长的地层流体的 T_1 的 3 倍(20%)。T_E 则越小越好。标准 T_2 模式测井主要用来得到 T_2 的分布和孔隙度(10%);结合岩心分析确定 T_2 的截止值,计算束缚水孔隙体积和自由流体体积(20%)。再根据该核磁共振渗透率模型,计算地层渗透率(20%)。与常见电阻率相结合,分析地层含油饱和度(10%)。

17. 答:MRIL-P 型测井仪测井时有 4 种基本方式,分别是 DTP 方式(20%)、DTW 方式(20%)、DTE 方式(20%)、DTWE 方式(20%)。根据不同的参数可组合成 77 种测井模式(20%)。

18. 答:多扇区水泥胶结测井解释方法分 5 级刻度,以分区声幅的相对幅度 E 为标准:E 值为 0~20%,灰度为黑色,表示水泥胶结良好(20%);E 值为 20%~40%,灰度颜色为深灰,表示水泥部分胶结(20%);E 值为 40%~60%,灰度颜色为中灰,表示水泥部分胶结(20%)。E 值为 60%~80%,灰度颜色为浅灰,表示水泥部分胶结(20%);E 值为 80%~100%,灰度颜色为白色,表示水泥没有胶结或自由套管(20%)。

19. 答:测井仪使用多条沿径向均匀分布的传感器记录井径曲线(20%)。40 臂井径仪共有 40 个机械探测臂,每个探测臂都连接一个位移传感器。40 个探测臂均匀分布于井径仪一周的平面上(20%)。当用仪器对套管内径进行测量时,每个探测臂就会把其所感知到的套管内径变化通过一定的机械系统传递给位移传感器(20%)。将位移传感器的脉冲输出信号经过差动放大、整流滤波处理后,就可以得到与套管内径有关的电压(20%)。将此电压通过 A/D 转换器转换为数字量并传输给地面数控系统,再由地面数控系统将所得到数据转换为套管的内径值(20%)。

20. 答:数控释放器主要由释放机构和控制部分组成(20%)。其工作模式分为 2 种:一种是在收到地面钻井液压力脉冲释放命令后,将测井仪器从钻杆水眼中释放到裸眼井中,并给仪器供电,发送采集命令,进行上提测井(40%);另一种是设定一个压力门槛值和定时时间参数,当达到该压力值并且延时到设定的时间后,释放仪器,并给仪器供电,发送采集命令,进行上提测井(40%)。

21. 答:水平井按照曲率半径的大小可分为:长曲率半径水平井(20%)、中曲率半径水平井(20%)、中短曲率半径水平井(20%)、短曲率半径水平井(20%)、超短曲率半径水平井(20%)。

22. 答:在钻进过程中,钻井液循环体系下的井底压力低于地层孔隙压力(30%),使产层的流体有控制地进入井筒并将其循环到地面(30%),在这种情况下,使用欠平衡工具进行带压测井的方法称为欠平衡测井(40%)。

23. 答:液压油由手压泵压入液压缸,推动活塞,挤压橡胶密封块使其抱紧电缆,其密封程度取决于手压泵压力的大小(20%)。下部密封为动密封,当电缆外径和阻流管内径差值很小时,阻流管和电缆之间的缝隙对井内流体外泄产生很大的阻力,从而造成井口压力的降低(20%),流管根数越多,压力降低也越多(20%)。为了阻止井内流体从间隙中溢出,利用注脂泵将密封脂从单向阀注入间隙中(20%),由于密封脂的黏度比水的大得多,从而达到动密封的目的(20%)。

24. 答:仪器上提至距井口约 50m 时,把自然伽马刻度器放在电缆封井器处(30%)。缓慢上提仪器串并观察自然伽马曲线(20%),当出现高峰值时,表明自然伽马仪正处在自然伽马刻度器位置,记录此深度(20%)。继续缓慢上提仪器串,当上提高度大于自然伽马仪记录点至仪器串底部的距离时,则可判定仪器串已全部进入防喷管内(30%)。

25. 答:传输工具包括上悬挂器、下悬挂器、保护套(通常为钻具)、调整短节等(50%)。释放器包括数控释放器(压力传感释放和定时释放)和机械释放器 2 种(50%)。

26. 答:井内最高温度应低于 175℃,最大液柱压力小于 140MPa(25%)。井壁稳定,起下钻畅通无阻(25%)。钻具在井底静止 20min 不粘卡(25%)。测井作业中钻井液密度基本保持一致(25%)。

27. 答:直井或小斜度井,井斜段小于 500m 的井型(25%)。钻井液中固相颗粒小且钻井液黏度小于 80s(25%)。钻井队的钻井泵满足高低压信号在 0~80MPa 范围内(25%)。油气活跃井(25%)。

28. 答:①井身结构不好,曲率大或狗腿度大(10%)。②井眼坍塌及砂桥(10%)。③井眼"大肚子"并伴有台阶(10%)。④虚滤饼多(10%)。⑤井眼缩径(10%)。⑥井下落物(10%)。⑦井底沉砂(10%)。⑧钻头泥包(10%)。⑨套管井钻井液沉淀(10%)。⑩临时完井,井眼未做处理(10%)。

29. 答:①井眼结构,包括井深、井斜角和狗腿井段情况,钻头直径(10%)。②井下是否出现卡钻或落物等情况及下钻、起钻时井中不畅通的深度点(10%)。③高渗透层的深度、厚度(10%)。④产生井漏的井段(10%)。⑤高压层的深度、厚度(10%)。⑥钻井液的密度是否比正常情况下的大(10%)。⑦附近井曾有过什么问题,各区块的地层压力情况(10%)。⑧未固结的岩层深度(10%)。⑨井斜数据(10%)。⑩如果已经测井径,要了解井径情况(10%)。

30. 答:①下井仪器型号、规格、几何尺寸(30%)。②测井电缆型号、规格、新旧程度、长度和电缆额定张力(40%)。③电缆或下井仪器的卡点深度(30%)。

31. 答:①仪器未入井绞车下放较快,造成电缆不能完全进入滑轮轮槽内(25%)。②电缆快速运行中突然停车,造成电缆脱离滑轮轮槽(25%)。③滑轮槽损坏,造成电缆沿损坏部位脱离滑轮轮槽(25%)。④电缆外径与滑轮槽尺寸不匹配(25%)。

32. 答:①测井环境(15%)。②测井深度(15%)。③测井速度(15%)。④测井刻度(15%)。⑤测井重复(15%)。⑥测井数值(15%)。⑦测井图头、图面等(10%)。

33. 答:①在渗透层测量值偏大或周波跳跃(25%)。②纵波、横波首波前有干扰信号(25%)。③单极源、偶极源波形衰减严重或无明显波形信号(25%)。④测井过程中仪器12m内转动超过1圈(25%)。

34. 答:①首先将天车下放至钻台上,将钢卷尺一端连接固定在吊卡上(20%)。②缓慢上提天车,一人观察天车钢丝绳滚筒是否到达层间拐点处,到达拐点时发出信号(20%)。③读出拐点处的天车高度,通报地面操作人员(20%)。④地面操作人员运行层系数标定窗口,配合进行深度传感器标定(20%)。⑤如果系统中保存有该型号钻机的层系数刻度参数,操作人员完成加载操作即可(20%)。

35. 答:①孔隙型碳酸盐岩储层(35%)。②裂缝型碳酸盐岩储层(35%)。③洞穴型碳酸盐岩储层(30%)。

操作技能试题

初级工操作技能试题

试题一　安装与拆卸勘探测井井口滑轮

一、考生准备

(1) 准备考核所有准考证件。
(2) 准备考试用笔。

二、考场准备

1. 设备、工具、材料准备
考核试卷1套。
2. 场地、人员准备
(1) 现场照明良好、清洁。
(2) 考场有专业人员配合。

三、考核内容

(1) 本题分值100分。
(2) 考核时间45min。
(3) 具体考核要求：
① 本题为笔试题,考生自备考试用笔。
② 计时从下达口令开始,到宣布退出考场结束。
③ 提前完成考核不加分,超时停止答卷。
(4) 操作程序说明：
① 考试前按考核题内容领取相应考核试卷。
② 填写试卷要求内容。
(5) 考试规定说明：
① 独立完成考核。
② 违规抄袭,取消考核资格。
③ 考试采用百分制,考试项目得分按组卷比例进行折算。

四、评分标准与配分表

序号	考试内容	评分要素	配分	评分标准	最大扣分	步长	检测结果	扣分	得分	备注
1	安装井口滑轮前的准备	清除井场有碍施工的障碍物	1	漏答扣1分	1	1				
		摆放好绞车并打好掩木	2	漏答扣2分	2	2				
		将井口滑轮、链条、连接销、T形铁、张力计搬至钻台滑板下安全位置并对其进行安全检查	5	漏答一处扣1分	5	1				
		将井口记号器、井口喇叭、组装台、六方卡具、刮泥器、工具等搬至钻台滑板下安全位置	1	漏答一处扣1分	1	1				
		将井口用线拉至钻台安全位置并进行固定	1	漏答扣1分	1	1				
		发动绞车发动机,放下适当长度的电缆并保证其在地面不交叉缠绕	5	漏答或答错一处扣2分	5	1				
		待井队起完钻具并冲洗好钻台后,将座筒、卡盘、刮泥器、天滑轮、地滑轮等井口设备有序地摆放到猫路上	1	漏答一处扣1分	1	1				
		在钻台滑板下将T形铁通过连接销与天滑轮连接组装好	2	漏答扣2分	2	2				
		将张力计、井口喇叭拿上钻台	1	漏答一处扣1分	1	1				
		盖好井口,通知钻井工锁死转盘,使其不能转动	10	漏答一处扣10分	10	10				
		指挥钻井工启动钻台上的吊升设备将井口组装台、仪器六方卡盘、刮泥器分别吊升至钻台上	1	漏答一处扣1分	1	1				
2	安装井口滑轮	指挥钻井工将T形铁、天滑轮吊升至钻台上,将张力计通过连接销组装到T形铁和天滑轮之间,并将天滑轮吊至钻台上0.5m左右的位置	2	漏答一处扣2分	2	2				
		打开游动滑车上的活门,指挥司钻将游动滑车活门提升到T形铁的位置,将T形铁放入活门内,由钻井队负责关牢固定天滑轮的吊卡活门,并使井卡活门背对绞车方向,锁死游车	5	漏答一处扣2分	5	1				
		把天滑轮T形铁保险绳穿过游动滑车吊臂环,用U形环连接在T形铁的圆孔上	5	漏答或答错扣5分	5	5				
		指挥钻井工将吊钩下放到滑板底部,将地滑轮及链条、电缆分别吊上钻台	1	漏答一处扣1分	1	1				
		将地滑轮固定链条拴在钻机大梁上并系3个扣以上,最后扣的外缘用U形环把链条的两头锁在一起	5	漏答或答错一处扣3分	5	1				

续表

序号	考试内容	评分要素	配分	评分标准	最大扣分	步长	检测结果	扣分	得分	备注
2	安装井口滑轮	将链条通过连接销与地滑轮连接后,指挥钻井工开动吊升设备将地滑轮提升至距固定面(钻台面)0.4~0.8m,然后要求钻井工刹牢气动小绞车	3	漏答或答错一处扣3分	3	3				
		将电缆从地滑轮的下部穿过,再从天滑轮上部穿过并把电缆头拉过天滑轮,放下天滑轮防跳护栏	3	漏答或答错一处扣3分	3	3				
		将张力线与张力计连接,通知绞车工做张力校验检查,确认张力信号无误	1	漏答或答错一处扣1分	1	1				
		指挥司钻慢慢上提天滑轮,一人拉住电缆头防止电缆跳槽,另一人拉扶张力线,防止张力线与电缆或钻台的其他物品缠绕,同时由地面工作人员拉、扶电缆。密切注意电缆在地面的运动情况,防止电缆在地面发生卡、挂或打结(天滑轮上提过程中,钻台上严禁进行其他作业,井口周围严禁有人)	2	漏答或答错一处扣2分	2	2				
		指挥司钻将游动滑车的吊卡起至与二层平台平齐的位置时停车,然后由司钻压死游车刹把,并挂好安全链	5	漏答或答错一处扣5分	5	5				
		将电缆头沿钻台滑板放到钻台下面,接上电缆连接器,检查缆芯通断、绝缘情况	1	漏答或答错一处扣1分	1	1				
		将电缆装入马丁代克	2	漏答扣2分	2	2				
3	拆卸井口滑轮及收尾工作	指挥司钻将天滑轮下放到离井口0.5m左右的位置时,应指挥司钻停车,刹住刹把	2	漏答或答错一处扣1分	2	1				
		拆卸张力线,并上好张力计及张力线的插头、插座护帽	1	漏答或答错一处扣1分	1	1				
		收拢天滑轮防跳栏	1	漏答扣1分	1	1				
		将电缆头由天滑轮上部、地滑轮底部退出	2	漏答或答错一处扣2分	2	2				
		将电缆头顺滑板慢慢放到钻台下,并检查通断、绝缘情况	2	漏答或答错一处扣1分	2	1				
		开动绞车,将地面电缆起至绞车	2	漏答扣2分	2	2				
		当电缆收至电缆头距马丁代克10m时,将电缆从马丁代克中取出后再起至滚筒并固定	5	漏答或答错一处扣2分	5	1				
		拆卸下天滑轮安全绳,指挥钻井工用吊升设备提起天滑轮至T形铁离开游车卡瓦	2	漏答或答错一处扣1分	2	1				
		打开卡瓦拉出天滑轮,然后天滑轮放置在钻台上,拆卸下天滑轮、张力计和T形铁	2	漏答或答错一处扣1分	2	1				

续表

序号	考试内容	评分要素	配分	评分标准	最大扣分	步长	检测结果	扣分	得分	备注
3	拆卸井口滑轮及收尾工作	将张力计拿到仪器车张力计安放处固定好	2	漏答扣2分	2	2				
		将天滑轮和T形铁再次连接并由钻井工将天滑轮顺滑板吊放到钻台下面	2	漏答扣2分	2	2				
		将天滑轮、T形铁及安全绳拆卸开	2	漏答或答错一处扣1分	2	1				
		解开地滑轮链条	2	漏答扣2分	2	2				
		由钻井工将天滑轮顺滑板吊放到钻台下面	1	漏答扣1分	1	1				
		将滑轮搬抬至绞车并固定牢靠	2	漏答扣2分	2	2				
		将其他井口设施装车固定并对钻台和井场进行复查,防止井口设施或工具遗落	2	漏答或答错一处扣1分	2	1				
		将马丁代克进行固定	1	漏答扣1分	1	1				
		清理井场测井施工垃圾	2	漏答扣2分	2	2				
合计			100							

考评员：　　　　　　　　　　核分员：　　　　　　　　　　年　月　日

试题二　安装与拆卸勘探测井井口设施

一、考生准备

(1)劳保用品穿戴整齐。
(2)考核准考证件准备齐全。

二、考场准备

1. 设备、工具、材料准备

序号	名称	单位	数量	备注
1	测井绞车	台	1	
2	马丁代克	个	1	
3	记号器	个	1	
4	张力计(含连接配件)	套	1	
5	井口滑轮	个	2	
6	井口用线	套	1	
7	无水酒精	瓶	1	
8	棉纱		适量	

2. 场地、人员准备

(1)专用考核场地或测井小队车库。

(2)现场照明良好、清洁。

(3)考场有专业人员配合。

三、考核内容

(1)本题分值 100 分。

(2)考核时间 20min。

(3)具体考核要求：

① 本题为实际操作题,考生需穿戴整齐劳保用品。

② 计时从下达口令开始,到宣布结束停止操作。

③ 提前完成操作不加分,超时停止操作。

④ 操作步骤清晰、有序。

⑤ 工具、器材使用正确。

⑥ 违章操作或发生事故停止操作。

(4)操作程序说明：

① 进入考核场地,进行准备,准备时间为 5min。

② 按考评员要求进行操作。

③ 操作完成,清理场地。

④ 退场。

(5)考试规定说明：

① 准备时间：5min。

② 准备时间不计入操作时间。

③ 正式操作时间：20min。

④ 考试采用百分制,考试项目得分按组卷比例进行折算。

四、评分标准与配分表

序号	考试内容	评分要素	配分	评分标准	最大扣分	步长	检测结果	扣分	得分	备注
1	安装拆卸勘探测井井口设施	确认张力计连接部位紧固可靠,转动部位灵活	4	未进行检查确认扣 4 分	4	2				
		确认各连接件无机械损伤,连接销灵活可靠	4	未进行检查确认扣 4 分	4	2				
		按测井工艺要求用连接销将张力计连接在天滑轮与 T 形铁之间,或用连接销及连接环将张力计连接在地滑轮和固定链条之间	5	连接错误扣 5 分	5	2				
		将张力线插头的定位槽对准张力计插座的定位键后将其插入并拧紧	2	连接错误扣 2 分	2	1				

测井工（测井采集专业方向）

续表

序号	考试内容	评分要素	配分	评分标准	最大扣分	步长	检测结果	扣分	得分	备注
1	安装拆卸勘探测井井口设施	将张力线固定，防止其与电缆相摩擦、缠绕	2	未进行固定扣2分	2	2				
		检查确认连接销活动部位完全竖起	5	未进行检查确认扣5分	5	5				
		将滑轮吊起至固定位置，期间手扶张力线，防止张力线与电缆缠绕或在钻台上与其他物品缠绕	2	未扶张力线扣2分	2	1				
		将张力线插头从张力计上拧下，然后上好插头、插座的护帽	2	不上护帽扣2分	2	1				
		按照后装先拆的原则，取下连接销，将张力计与滑轮及T形铁或滑轮与链条分开	2	操作错误扣2分	2	1				
		将张力计插座用无水易挥发清洁剂擦洗干净，放回固定位置	2	漏做一步扣1分	2	1				
2	安装拆卸马丁代克	将马丁代克装到盘缆器杆上，使用连接销固定并上好固定螺栓	8	漏做一步扣2分	8	2				
		检查马丁代克各紧固部位不松不旷	5	漏检一处扣2分	5	2				
		打开马丁代克插座护帽，将连接线插头定位槽对准插座的定位键，插入并拧紧	5	操作错误扣5分	5	5				
		扳开测量轮压紧螺杆，将电缆放入测量轮之间，同时将电缆放入导轮内	10	做错一步扣5分	10	5				
		上紧螺杆，用手抓住测量轮，同时拉动电缆，直到电缆与测量轮之间不打滑为合适	5	漏做或做错扣5分	5	5				
		拆卸马丁代克前，当电缆收至电缆头距马丁代克10m时，刹住绞车	3	漏做扣3分	3	3				
		拆下马丁代克的连接线，并将插头、插座护帽戴好，收好连接线并固定	2	漏做一步扣1分	2	1				
		扳开测量轮压紧螺杆，将电缆从导轮及测量轮中取出	5	做错扣5分	5	5				
		从盘缆器杆上卸下马丁代克，将其上的钻井液清洗干净，放到固定位置并固定好	5	漏做扣5分	5	2				
		将剩余电缆缠绕到滚筒上并将其固定好	2	漏做扣2分	2	1				
3	连接与拆卸	将记号器与记号连接线相连接	5	漏做扣5分	5	5				
4	记号器	手持记号器在铁磁物质附近晃动，让操作工程师观测深度记号测量信号是否正常	5	漏做扣5分	5	2				

续表

序号	考试内容	评分要素	配分	评分标准	最大扣分	步长	检测结果	扣分	得分	备注
4	记号器	若记号器工作正常,将其放置在刮泥器靠近电缆的专用支架上,或将其放置在能正对电缆的位置,并将记号器距离钻台面的高度通知操作工程师	5	漏做一步扣2分	5	2				
		测井完成后,将记号器与连接线拆开,收回至记号器专用固定位置	5	漏做扣5分	5	5				
合计			100							

考评员:　　　　　　　　　　　　核分员:　　　　　　　　　年　月　日

试题三　检查测井电缆

一、考生准备

(1) 劳保用品穿戴整齐。
(2) 考核准考证件准备齐全。

二、考场准备

1. 设备、工具、材料准备

序号	名称	单位	数量	备注
1	测井绞车	台	1	
2	万用表	块	1	
3	兆欧表	块	1	
4	通用工具	套	1	
5	棉纱		适量	
6	气雾清洁剂			适量
7	电缆使用记录表	张	1	

2. 场地、人员准备

(1) 专用考核场地或测井小队车库。
(2) 现场照明良好,清洁。
(3) 考场有专业人员配合。

三、考核内容

(1) 本题分值100分。
(2) 考核时间20min。

(3)具体考核要求:

① 本题为实际操作题,考生需穿戴整齐劳保用品。

② 计时从下达口令开始,到宣布结束停止操作。

③ 提前完成操作不加分,超时停止操作。

④ 操作步骤清晰、有序。

⑤ 工具、器材使用正确。

⑥ 违章操作或发生事故停止操作。

(4)操作程序说明:

① 进入考核场地,进行准备,准备时间为5min。

② 按考评员要求进行操作。

③ 操作完成,清理场地。

④ 退场。

(5)考试规定说明:

① 准备时间:5min。

② 准备时间不计入操作时间。

③ 正式操作时间:20min。

④ 考试采用百分制,考试项目得分按组卷比例进行折算。

四、评分标准与配分表

序号	考试内容	评分要素	配分	评分标准	最大扣分	步长	检测结果	扣分	得分	备注
1	准备工作	将电缆鱼雷头置于仪器架上,卸去护帽	2	操作错误扣2分	2	2				
		用气雾清洁剂清洗插头或插座,去除油污,同时检查插头的弹性及松紧程度	8	漏做一项扣4分	8	4				
2	检查电缆的通断阻值	将地面测井仪综合控制接线面板上的信号输入开关置于安全位置或直接用短路线将外部缆芯插孔1~7分别与10芯短路	10	漏做一步扣5分	10	5				
		用万用表分别测量马笼头或鱼雷头1~7芯与10芯的电阻阻值	10	漏检一根扣2分,万用表使用错误扣5分	10	1				
		将测量阻值记录在电缆使用记录表上,依据电缆长度,确认电缆阻值是否正常	10	漏做或做错一步扣5分	10	5				
3	检查电缆绝缘情况	将地面测井仪综合控制接线面板上的信号输入开关置于"断"或"缆测"位置	10	漏做扣10分	10	10				
		用兆欧表"E"接线柱引线连接缆皮或10芯,"L"接线柱引线分别连接1~7芯。摇动兆欧表手柄,读出绝缘阻值	15	漏检一根扣2分,兆欧表使用错误扣5分,不放电扣5分	15	1				

续表

序号	考试内容	评分要素	配分	评分标准	最大扣分	步长	检测结果	扣分	得分	备注
3	检查电缆绝缘情况	用兆欧表"L"接线柱引线分别连接1~7芯,"E"接线柱引线分别连接2芯、7芯和1芯,分别测量各缆芯线间绝缘电阻。每次测量完毕,测量缆芯均应短路放电	10	漏检一根扣2分,兆欧表使用错误扣5分,不放电扣5分	10	1				
		将测量结果记录在使用记录表上	5	漏做本操作步骤扣5分	5	5				
4	检查电缆机械性能	用一把薄的螺丝刀,插入外层的铠装钢丝之间,检查电缆铠装层是否松散,检查电缆铠装层是否磨损	10	漏一项扣5分	10	5				
		检查电缆头的制作时间,确认其是否在规定的使用时间内	5	漏做本操作步骤扣5分	5	5				
5	收尾工作	工具、材料归位	5	漏做本操作步骤扣5分	5	5				
合计			100							

考评员: 核分员: 年 月 日

试题四 检查、保养电缆连接器

一、考生准备

(1)劳保用品穿戴整齐。
(2)考核准考证件准备齐全。

二、考场准备

1. 设备、工具、材料准备

序号	名称	单位	数量	备注
1	电缆连接器	个	1	
2	万用表	块	1	
3	兆欧表	块	1	
4	通用工具	套	1	
5	专用工具	套	1	
6	棉纱		适量	
7	水桶	个	1	装有清水
8	气雾清洁剂		适量	
9	螺纹脂		适量	

续表

序号	名称	单位	数量	备注
10	硅脂枪	把	1	装有硅脂
11	检查记录表	张	1	
12	笔	支	1	

2. 场地、人员准备

(1)专用考核场地或测井小队车库。

(2)现场照明良好,清洁。

(3)考场有专业人员配合。

三、考核内容

(1)本题分值100分。

(2)考核时间15min。

(3)具体考核要求:

① 本题为实际操作题,考生需穿戴整齐劳保用品。

② 计时从下达口令开始,到宣布结束停止操作。

③ 提前完成操作不加分,超时停止操作。

④ 操作步骤清晰、有序。

⑤ 工具、器材使用正确。

⑥ 违章操作或发生事故停止操作。

(4)操作程序说明:

① 进入考核场地,进行准备,准备时间为5min。

② 按考评员要求进行操作。

③ 操作完成,清理场地。

④ 退场。

(5)考试规定说明:

① 准备时间:5min。

② 准备时间不计入操作时间。

③ 正式操作时间:15min。

④ 考试采用百分制,考试项目得分按组卷比例进行折算。

四、评分标准与配分表

序号	考试内容	评分要素	配分	评分标准	最大扣分	步长	检测结果	扣分	得分	备注
1	准备工作	准备电缆连接器	2	漏做扣2分	2	2				
		准备工具、材料	2	漏做扣2分	2	2				
		清洁电缆连接器	2	未清洁扣2分	2	2				

续表

序号	考试内容	评分要素	配分	评分标准	最大扣分	步长	检测结果	扣分	得分	备注
2	机械检查	检查确认连接器的外观尺寸符合设计要求,无损伤、无变形、无锈蚀	5	漏检一项扣1分	5	1				
		检查连接器的连接螺纹、顶丝、定位销、保护弹簧、护套等部件齐全、完好且装配可靠	5	漏检一项扣1分	5	1				
		卸下马笼头活接头,将螺纹擦洗干净,涂上螺纹脂,上好活接头	6	漏做一项扣2分	6	2				
		检查活接头的松旷程度,发现问题及时处理	4	漏检扣4分	4	4				
		检查马笼头及快速接头的制作时间,当超过规定的使用时间后,应重新制作承拉部位	5	漏检扣5分	5	5				
		当拉力棒拉力达到限额时(或定期)应拆开马笼头更换新的拉力棒	5	漏检扣5分	5	5				
3	检查通断绝缘情况	用气雾清洁剂清洗马笼头和快速接头的插头、插座	5	未正确清洁扣5分	5	5				
		检查各插头是否松旷,插头弹片是否正常,若有问题应拧紧或维修更换	5	未查此项扣5分	5	5				
		用万用表检查马笼头插头1~7芯与快速接头对应相通;马笼头插头10芯与快速接头对应相通,测量阻值不大于0.5Ω;检查各插头与接线柱排列顺序准确无误	15	漏查一项扣5分,万用表使用错误扣5分	15	5				
		用兆欧表检查马笼头各插头对马笼头外壳的绝缘及各插头之间的线间绝缘,绝缘阻值应大于500MΩ	15	漏查一项扣5分,兆欧表使用错误扣5分	15	5				
4	注硅脂与收尾工作	卸下硅脂孔顶丝,用硅脂枪挤入新硅脂,然后上好顶丝	10	漏做本操作步骤扣10分	10	10				
		上好护丝帽,收回电缆连接器	5	漏做本操作步骤扣5分	5	5				
		填写电缆连接器检查记录表	5	不填写记录扣5分	5	5				
		工具、材料归位	4	工具、材料未归位扣4分	4	2				
合计			100							

考评员: 核分员: 年 月 日

试题五 检查、保养马笼头电极系

一、考生准备

(1) 劳保用品穿戴整齐。
(2) 考核准考证件准备齐全。

二、考场准备

1. 设备、工具、材料准备

序号	名称	单位	数量	备注
1	马笼头电极系	个	1	
2	万用表	块	1	
3	兆欧表	块	1	
4	通用工具	套	1	
5	专用工具	套	1	
6	棉纱		适量	
7	水桶	个	1	装有清水
8	气雾清洁剂		适量	
9	螺纹脂		适量	
10	硅脂枪	把	1	
11	检查记录表	张	1	
12	笔		支	1

2. 场地、人员准备

(1) 专用考核场地或测井小队车库。
(2) 现场照明良好,清洁。
(3) 考场有专业人员配合。

三、考核内容

(1) 本题分值100分。
(2) 考核时间15min。
(3) 具体考核要求:
① 本题为实际操作题,考生需穿戴整齐劳保用品。
② 计时从下达口令开始,到宣布结束停止操作。
③ 提前完成操作不加分,超时停止操作。
④ 操作步骤清晰、有序。
⑤ 工具、器材使用正确。

⑥ 违章操作或发生事故停止操作。

(4) 操作程序说明：

① 进入考核场地，进行准备，准备时间为 5min。

② 按考评员要求进行操作。

③ 操作完成，清理场地。

④ 退场。

(5) 考试规定说明：

① 准备时间：5min。

② 准备时间不计入操作时间。

③ 正式操作时间：15min。

④ 考试采用百分制，考试项目得分按组卷比例进行折算。

(6) 测量技能说明：

本试题主要考核考生对检查、保养电缆马笼头技能的掌握情况。

四、评分标准与配分表

序号	考试内容	评分要素	配分	评分标准	最大扣分	步长	检测结果	扣分	得分	备注
1	准备工作	准备马笼头电极系	2	漏做扣2分	2	2				
		准备工具、材料	2	漏做扣2分	2	2				
		清洁马笼头电极系	2	未清洁扣2分	2	2				
2	机械检查	检查确认马笼头的外观尺寸符合设计要求，无损伤、无变形、无锈蚀	5	漏检一项扣1分	5	1				
		检查确认连接器的连接螺纹、顶丝、定位销、保护弹簧、护套等部件齐全、完好且装配可靠	5	漏检一项扣1分	5	1				
		卸下马笼头活接头，将螺纹擦洗干净，涂上螺纹脂，上好活接头	6	漏做一项扣2分	6	2				
		检查活接头的松旷程度，发现问题及时处理	4	漏检扣4分	4	4				
		检查马笼头及快速接头的制作时间，当超过规定的使用时间后，应重新制作承拉部位	5	漏检扣5分	5	5				
		当拉力棒拉力达到限额时(或定期)应拆开马笼头更换新的拉力棒	5	漏检扣5分	5	5				
3	检查通断绝缘情况	用气雾清洁剂清洗马笼头和快速接头的插头、插座	5	未正确清洁扣5分	5	5				
		检查各插头是否松旷，插头弹片是否正常，若有问题应拧紧或维修更换	5	未查此项扣5分	5	5				

续表

序号	考试内容	评分要素	配分	评分标准	最大扣分	步长	检测结果	扣分	得分	备注
3	检查通断绝缘情况	用万用表检查马笼头插头1~7芯与快速接头对应相通,马笼头插头10芯与快速接头对应相通,马笼头环线插头与电极系各环线对应相通。测量马笼头插针与对应线芯、电极环及10芯的通断阻值不大于0.5Ω,检查各插头与接线柱排列顺序准确无误	15	漏查一项扣5分,万用表使用错误扣5分	15	5				
		用兆欧表检查马笼头各穿心线插头对马笼头外壳的绝缘及穿心线各插头之间的线间绝缘,绝缘阻值应大于200MΩ。用于侧向测井的加长电极,10芯对外壳绝缘阻值应大于50MΩ	15	漏查一项扣5分,兆欧表使用错误扣5分	15	5				
4	注硅脂与收尾工作	卸下马笼头及快速接头的硅脂孔顶丝,用硅脂枪挤入新硅脂,然后上好顶丝	10	漏做本操作步骤扣10分	10	5				
		上好护丝帽,收回电缆连接器	5	漏做本操作步骤扣5分	5	5				
		填写马笼头电极系检查记录表	5	不填写记录扣5分	5	5				
		工具、材料归位	4	工具、材料未归位扣4分	4	2				
合计			100							

考评员:　　　　　　　　　　　　核分员:　　　　　　　　　　　年　　月　　日

试题六　操作测井绞车起下电缆

一、考生准备

(1)劳保用品穿戴整齐。
(2)考核准考证件准备齐全。

二、考场准备

1. 设备、工具、材料准备

序号	名称	单位	数量	备注
1	马龙头电极系	个	1	
2	万用表	块	1	
3	兆欧表	块	1	
4	通用工具	套	1	

续表

序号	名称	单位	数量	备注
5	专用工具	套	1	
6	棉纱		适量	
7	水桶	个	1	装有清水
8	气雾清洁剂		适量	
9	螺纹脂		适量	
10	硅脂枪	把	1	
11	检查记录表	张	1	
12	笔	支	1	

2. 场地、人员准备

(1) 专用考核场地或测井小队车库。

(2) 现场照明良好,清洁。

三、考核内容

(1) 本题分值 100 分。

(2) 考核时间 20min。

(3) 具体考核要求：

① 本题为实际操作题,考生需穿戴整齐劳保用品。

② 计时从下达口令开始,到宣布结束停止操作。

③ 提前完成操作不加分,超时停止操作。

④ 操作步骤清晰、有序。

⑤ 工具、器材使用正确。

⑥ 违章操作或发生事故停止操作。

(4) 操作程序说明：

① 进入考核场地,进行准备,准备时间为 5min。

② 按考评员要求进行操作。

③ 操作完成,清理场地。

④ 退场。

(5) 考试规定说明：

① 准备时间:5min。

② 准备时间不计入操作时间。

③ 正式操作时间:20min。

④ 考试采用百分制,考试项目得分按组卷比例进行折算。

四、评分标准与配分表

序号	考试内容	评分要素	配分	评分标准	最大扣分	步长	检测结果	扣分	得分	备注
1	作业前检查	检查传动系统外观应无损坏、无变形,各部件连接应无松动,液压系统应无漏油,取力传动轴、十字轴注满润滑脂。液压油箱液压油油位应处于最低刻度线与最高刻度线之间	5	漏一处扣1分	5	1				
		检查绞车滚筒各部件外观应无损坏、无变形、无松动,滚筒转动应灵活、无异响,支座轴承应注满润滑脂	5	漏一处扣1分	5	1				
		检查绞车控制系统的控制手柄、开关外观应无损坏、无变形,连接应无松动;控制手柄、开关进行控制操作时,绞车应能立即响应;滚筒制动手柄应拉至最低位置(制动状态)	5	漏一处扣1分	5	1				
		检查发动机转速调节开关应处于最低位置	1	漏检扣1分	1	1				
		检查滚筒控制手柄应处于中间位置	1	漏检扣1分	1	1				
		检查辅助系统外观应无损坏、无变形,连接处无松动,支臂应无漏油;润滑点应注满润滑脂;应松开绞车排缆器固定装置	3	漏检扣1分	3	1				
2	启动绞车	启动主车发动机,怠速运转直到气压显示值不小于0.6MPa,机油压力显示值应为0.1~0.5MPa,水温显示值应为80~90℃	2	操作错误扣2分	2	2				
		将变速箱操纵杆置于空挡位置,踏下离合器踏板,接通取力器开关	3	操作错误扣3分	3	3				
		缓慢松开离合器踏板,取力器进入工作状态,取力器指示灯亮,滚筒液压泵随之启动开始工作	2	操作错误扣2分	2	2				
		进入绞车操作室,按下配电柜上的仪表电源按钮,监测主车发动机转速、机油压力及水温,应与驾驶室一致	3	漏检扣3分	3	3				
		检查液压油箱油位,应处于最低刻度线与最高刻度线之间	2	漏检扣2分	2	2				
		打开绞车电源,观察各仪表指示应正常。气压显示值不应小于0.6MPa;补油压力显示值应在1.8~2.5MPa之间;负压显示值不超过-0.003MPa;辅助压力显示值应在6~6.5MPa之间	3	漏检扣3分	3	3				
		用转速调节开关将主车发动机转速控制在1200r/min±100r/min	2	操作错误扣2分	2	2				

续表

序号	考试内容	评分要素	配分	评分标准	最大扣分	步长	检测结果	扣分	得分	备注
2	启动绞车	冬季应打开液压油箱加热开关,在绞车启动前将液压油预热至20~60℃。高寒地区测井时,应使用低温专用液压油	2	操作错误扣2分	2	2				
		高温地区测井时,应使用高温专用液压油。测井作业中,如主动散热系统不能使液压油温度保持在60℃以下,应以其他手动方式对液压系统进行散热	2	此项错误扣2分	2	2				
3	起下电缆操作	下放操作:松开滚筒制动手柄,滚筒控制手柄应处于下放位置,通过调整滚筒控制手柄,使电缆下放速度合适	10	操作错误一处扣10分	10	5				
		上提操作:松开滚筒制动手柄,滚筒控制手柄应处于上提位置,通过调整滚筒控制手柄,使电缆上提速度合适。然后通过调节远程调压控制阀(俗称扭矩阀),来调节绞车提升负荷能力。在提升电缆时,先打开扭矩阀,将扭矩阀调节到刚能提起负荷的位置,再关闭1/2~1圈,以防止井下遇卡。当绞车负荷增加不能继续提升电缆时,应查明情况。若需继续提升,可再将扭矩阀关闭1/2~1圈,但此时应密切观察张力及测井曲线的变化情况,若遇卡严重,应及时采取解卡措施。当进行高—低挡转换时,应先将滚筒控制手柄置于中位,滚筒刹车手柄应处于制动状态,滚筒停止2s,高—低挡控制手柄选择需要的挡位后,再开始上提电缆。上提电缆的同时,逐渐解除滚筒刹车,避免高—低挡转换时滚筒下滑	30	操作错误或回答问题错误一处扣10分	30	10				
		停车操作:将液压泵控制阀手柄置于中位后,操作制动手柄,使绞车处于制动状态。将绞车变速箱控制手柄置于空挡位置	10	漏做一项扣5分	10	5				
4	结束后工作	收回电缆后,应固定绞车排缆器;检查液压系统应无渗漏;断开所有用电设备开关,断开外接交流电	2	漏做本操作步骤扣2分	2	2				
		工作结束时,应将滚筒控制手柄置于中位;将滚筒制动手柄拉至最低位,高—低挡控制手柄置于空挡位置,关闭绞车辅助控制台所有开关。进入主车驾驶室,踏下离合器踏板,将取力手柄推回,此时取力指示灯熄灭,取力器停止向绞车输出动力;将发动机变速器控制杆置于空挡位置;慢慢放松离合器踏板,取力分离工作结束	5	操作错误一处扣3分	5	1				
		清理操作位置,工完、料净、场地清	2	不符合要求扣2分	2	2				
合计			100							

考评员: 核分员: 年 月 日

试题七　检查、保养深度记号接收器

一、考场准备

1. 设备准备

序号	名称	单位	数量	备注
1	测井车	台	1	
2	工作台	个	1	
3	井口工具	套	1	

2. 材料准备

序号	名称	单位	数量	备注
1	棉纱	团	若干	
2	清水	L	若干	

二、考生准备

序号	名称	单位	数量	备注
1	劳保用品	套	1	
2	准考证及相应证件	套	1	

三、考核内容

1. 操作程序说明

(1)劳保用品穿戴及用具准备。

(2)深度记号接收器及引线的清洁检查。

(3)万用表使用前的设置。

(4)检查深度记号接收器及引线的内容和方法。

2. 考核时间

(1)准备工作:5min。

(2)正式操作:20min。

(3)计时从正式操作开始,至考核时间结束,共计 20min,每超时 1min 从总分中扣 5 分,超时 3min 停止操作。

四、评分标准与配分表

序号	考试内容	评分要素	配分	评分标准	最大扣分	步长	检测结果	扣分	得分	备注
1	劳保用品穿戴及用具准备	穿戴工衣、工鞋、手套等劳保用品;选用万用表、棉纱、清水等工具材料	10	劳保着装少一件扣3分,着装一处不符合要求扣3分	5	3				
				万用表、棉纱、清水每少选一项扣2分	5	2				
2	清洁、检查深度记号接收器及引线外观	清洁深度记号接收器表面油污、泥浆;检查深度记号接收器外观有无损坏;清洁引线油污、泥浆;检查引线外皮有无破损	28	未清洁深度记号接收器扣4分,清洁完有明显油污或泥浆扣4分	8	4				
				未检查深度记号接收器外观损坏情况扣6分	6	6				
				未清洁深度记号接收器引线扣4分,清洁完有明显油污或泥浆扣4分	8	4				
				未检查深度记号接收器引线外皮损坏情况扣6分	6	6				
3	设置万用表(500型)	万用表平稳放置;检查调整万用表指针零位;将万用表挡位开关置Ω挡,倍率开关置1K挡;清洁万用表表笔,红表笔插入+孔,黑表笔插入"-"或者"*"孔;检查调整万用表电阻指针零位	14	万用表未平稳放置扣2分	2	2				根据考生使用的万用表类型配分
				未检查调整指针机械零位扣3分	3	3				
				挡位放错扣2分	2	2				
				未清洁表笔扣2分	2	2				
				表笔插错扣2分	2	2				
				未检查调整电阻指针零位扣3分	3	3				
	设置万用表(数字万用表)	清洁万用表表笔;红色表笔线插入V/Ω口,黑色表笔线插入COM口;电源开关置ON;使用前检查万用表工作是否正常	13	未清洁表笔扣3分	3	3				
				表笔插错扣4分	4	4				
				开关未开扣4分	4	4				
				未检查扣2分	2	2				
4	检查深度记号接收器及引线	测量深度记号接收器电阻,其正常电阻值为4~7kΩ;检查深度记号接收器连接线的通断,其正常阻值应小于10Ω	20	漏测深度记号接收器电阻扣9分	10	9				
				漏测深度记号接收器引线电阻扣8分	10	8				

续表

序号	考试内容	评分要素	配分	评分标准	最大扣分	步长	检测结果	扣分	得分	备注
5	收尾工作	将深度记号接收器放回原处；引线盘到绕线盘上；万用表归位，废弃棉纱放垃圾桶，清扫场地	6	未将深度记号接收器放回原处扣6分	6	6				
			3	未将引线盘到绕线盘上扣6分	3	3				
			6	每缺一项扣3分，每错一项扣2分	6	2				
合计			100							

考评员：　　　　　　　　　　核分员：　　　　　　　　　年　　月　　日

试题八　操作采油树各阀门实现正、反注流程

一、考场准备

1. 设备准备

序号	名称	单位	数量	备注
1	标准注水井采油树	套	1	
2	工作台	张	1	
3	18in 管钳	把	1	

2. 材料准备

序号	名称	单位	数量	备注
1	昆仑润滑脂	桶	1	
2	帆布手套	双	1	
3	钢丝刷	把	1	
4	棉纱	团	若干	

二、考生准备

序号	名称	单位	数量	备注
1	劳保用品	套	1	
2	准考证及相应证件	套	1	

三、考核内容

1. 操作程序说明

（1）劳保用品穿戴及用具准备。

(2)采油树各部件现场检查。
(3)注水井采油树正注流程操作。
(4)注水井采油树反注流程操作。

2. 考核时间

(1)准备工作:5min。
(2)正式操作:30min。
(3)计时从正式操作开始,至考核时间结束,共计30min,每超时1min从总分中扣5分,超时3min停止操作。

四、评分标准与配分表

序号	考试内容	评分要素	配分	评分标准	最大扣分	步长	检测结果	扣分	得分	备注
1	作业准备	准备所需工具(F形扳手、18in管钳)	2	漏做一项扣1分	2	1				
		准备材料(棉纱、钢丝刷、润滑脂)	4	漏一项扣2分	4	2				
2	采油树各部件现场检查	检查各阀门数量,确定采油树来水方向,确定配水间来水阀门,确定正、反注状态,检查配水间流量,确定是否正常注水	10	漏检查一项扣2分	10	2				
		检查各阀门轮体完好性,阀门是否有漏水现象	4	漏检查一项扣2分	4	2				
		检查油压表、套压表完好性,正确读取油压、套压数据	8	漏检查一项扣2分;读取数据每错误一项错误扣2分	8	2				
		检查测试阀门是否完全关闭,堵头处是否有漏水情况	4	漏检查一项扣2分	4	2				
3	注水井采油树正注流程操作	检查并确定套管井口阀门、油管出口阀门完全关闭,套管出口阀门打开,套管阀门处于关闭状态	10	漏检查一项扣2分	10	2				
		检查并确定配水间来水阀门、油管井口阀门、油管阀门完全打开,若有阀门未打开,应依次缓慢打开上述3个阀门	10	漏检查一项扣2分;打开顺序错误扣5分	10	2				
		观察油压数据,与配水间注水分压做对比,结合流量表数据,确定正注正常注入(说明判断依据)	6	漏做一项扣3分	6	3				
4	注水井采油树反注流程操作	检查并确定油管井口阀门、油管出口阀门完全关闭,套管出口阀门打开,套管阀门处于关闭状态	10	漏检查一项扣2分	10	2				
		检查并确定配水间来水阀门、套管井口阀门完全打开,若有阀门未打开,应依次缓慢打开上述两个阀门	10	漏检查一项扣2分;打开顺序错误扣5分	10	2				
		观察套压数据,与配水间注水分压做对比,结合流量表数据,确定反注正常注入(说明判断依据)	6	漏做一项扣2分	6	2				

续表

序号	考试内容	评分要素	配分	评分标准	最大扣分	步长	检测结果	扣分	得分	备注
5	注意事项	使用F形扳手或管钳开关阀门时,钳口必须朝外。手动开关阀门时,手掌虎口朝外	3	操作错误不得分	3	3				
		在开关阀门时,必须检查并确保阀门正对面无人员	4	如未检查或对面有人员时开启阀门,结束本题操作,扣除本题前面得分,本题得0分	100	1				否决项
		所有阀门在关闭前,检查阀门丝杠并涂抹硅脂	3	未检查扣2分;未保养阀门丝杠扣2分	3	1				
6	收尾工作	回收物料、保养工具	3	少1项扣2分	3	1				
		将各阀门恢复到操作前的状态	3	漏做扣3分	3	3				
合计			100							

考评员：　　　　　　　　　　　核分员：　　　　　　　　　　　年　月　日

试题九　连接与拆卸勘探测井仪器

一、考生准备

(1)劳保用品穿戴整齐。

(2)考核准考证件准备齐全。

二、考场准备

1. 设备、工具、材料准备

序号	名称	单位	数量	备注
1	常用勘探测井下井仪器	串	1	如声感、补偿中子、密度仪器串等
2	仪器架	个	5	
3	专用钩扳手	把	2	
4	六方扳手	把	2	
5	勘探测井井口通用工具	套	1	
6	仪器扶正器	个	适量	
7	仪器偏心器	个	1	
8	仪器间隙器	个	1	

续表

序号	名称	单位	数量	备注
9	硅脂		适量	
10	螺纹脂		适量	
11	密封脂		适量	
12	棉纱		适量	

2. 场地、人员准备

(1) 专用考核场地或测井小队车库。

(2) 现场照明良好、清洁。

(3) 考场有专业人员配合。

三、考核内容

(1) 本题分值 100 分。

(2) 考核时间 25min。

(3) 具体考核要求：

① 本题为实际操作题,考生需穿戴整齐劳保用品。

② 计时从下达口令开始,到宣布场结束停止操作。

③ 提前完成操作不加分,超时停止操作。

④ 操作步骤清晰、有序。

⑤ 工具、器材使用正确。

⑥ 连接前,仪器检查保养到位。

⑦ 仪器连接顺序正确无误。

⑧ 连接方法正确,仪器连接牢固可靠。

⑨ 加装仪器扶正器、偏心器、间隙器位置正确,固定可靠。

⑩ 仪器拆卸顺序正确,清洗保养到位。

⑪ 违章操作或发生事故停止操作。

(4) 操作程序说明：

① 进入考核场地,进行准备,准备时间为 5min。

② 按考评员要求进行操作。

③ 操作完成,清理场地。

④ 退场。

(5) 考试规定说明：

① 准备时间:5min。

② 准备时间不计入操作时间。

③ 正式操作时间:25min。

④ 考试采用百分制,考试项目得分按组卷比例进行折算。

四、评分标准与配分表

序号	考试内容	评分要素	配分	评分标准	最大扣分	步长	检测结果	扣分	得分	备注
1	准备工作	按考核通知单要求准备测井仪器和工具、材料	10	错选一项仪器扣5分;工具或材料选择错误扣2分	10	1				
		将仪器放置在仪器架上	5	此项操作错误扣5分	5	5				
		检查仪器外壳固定螺栓及相关固定销,对松动螺栓进行紧固	10	漏检一处扣5分	10	5				
		卸掉仪器帽,用棉纱清洗螺纹和密封部分,然后涂上螺纹脂,密封部分涂上密封脂	5	漏做一步扣2分	5	1				
		检查马笼头及下井仪器插针是否有松动现象,若有松动应进行紧固	5	漏检扣5分	5	5				
		用氟里昂或其他清洗剂清洗马笼头及下井仪器插头插座	5	漏做一步扣2分	5	1				
		检查各下井仪器的密封面及橡胶O形密封圈是否完好。若发现O形密封圈规格不符、变形、老化或有切痕应立即更换	10	漏检扣5分;损坏的密封圈不进行更换扣5分	10	5				
2	连接测井仪器与辅助工具	依据考核通知单要求,按自下而上的顺序连接下井仪器。仪器连接时,应先将活接头后退至底部,然后将仪器定位销对准定位键,用专用钩扳手拧好活接头并将其砸紧	15	仪器连接顺序错误扣5分;仪器连接方法错误扣10分	15	5				
		在规定位置正确安装好仪器扶正器、间隙器或偏心器	5	此项操作错误扣5分	5	5				
		检查最下面仪器的后堵头是否连接好并砸紧	5	此项操作错误扣5分	5	5				
3	拆卸测井仪器	用棉纱、清水或清洗剂将仪器串上的钻井液或油污清洗干净	5	未进行此项操作扣5分	5	5				
		用仪器专用钩扳手(或管钳)将仪器串连接部位松开	5	此项操作错误扣5分	5	5				
		按从上到下的顺序拆卸仪器。同时将活接头全部卸下,用棉纱将其清洗干净,然后在活接头及仪器螺纹上涂好螺纹脂,并上好护帽	5	漏做一项扣5分	5	5				
		将拆卸好的仪器放回指定位置	5	漏做本操作步骤扣5分	5	5				
		清理操作位置,工完、料净、场地清	5	漏做本操作步骤扣5分	5	5				
合计			100							

考评员:　　　　　　　　　　　　　核分员:　　　　　　　　　　　年　　月　　日

试题十 连接与拆卸生产测井仪器

一、考生准备

(1)劳保用品穿戴整齐。

(2)考核准考证件准备齐全。

二、考场准备

1. 设备、工具、材料准备

序号	名称	单位	数量	备注
1	常用生产测井下井仪器	串	1	如产出剖面测井仪器串等
2	仪器架	个	5	
3	专用钩扳手	把	2	
4	六方扳手	把	2	
5	生产测井井口通用工具	套	1	
6	硅脂		适量	
7	清水	桶	1	
8	螺纹脂		适量	
9	密封脂		适量	
10	棉纱		适量	

2. 场地、人员准备

(1)专用考核场地或测井小队车库。

(2)现场照明良好、清洁。

(3)考场有专业人员配合。

三、考核内容

(1)本题分值100分。

(2)考核时间25min。

(3)具体考核要求:

① 本题为实际操作题,考生需穿戴整齐劳保用品。

② 计时从下达口令开始,到宣布结束停止操作。

③ 提前完成操作不加分,超时停止操作。

④ 操作步骤清晰、有序。

⑤ 工具、器材使用正确。

⑥ 连接前,仪器检查保养到位。

⑦ 仪器连接顺序正确无误。

⑧ 连接方法正确,仪器连接牢固可靠。
⑨ 加装仪器扶正器、偏心器、间隙器位置正确,固定可靠。
⑩ 仪器拆卸顺序正确,清洗保养到位。
⑪ 违章操作或发生事故停止操作。

(4) 操作程序说明:
① 进入考核场地,进行准备,准备时间为5min。
② 按考评员要求进行操作。
③ 操作完成,清理场地。
④ 退场。

(5) 考试规定说明:
① 准备时间:5min。
② 准备时间不计入操作时间。
③ 正式操作时间:25min。
④ 考试采用百分制,考试项目得分按组卷比例进行折算。

四、评分标准与配分表

序号	考试内容	评分要素	配分	评分标准	最大扣分	步长	检测结果	扣分	得分	备注
1	准备工作	按考核通知单要求准备测井仪器和工具、材料	10	错选一项仪器扣5分;工具或材料选择错误扣2分	10	1				
		将仪器放置在仪器架上	5	此项操作错误扣5分	5	5				
		检查仪器外壳固定螺栓及相关固定销,对松动螺栓进行紧固	10	漏检一处扣5分	10	5				
		卸掉仪器帽,用棉纱清洗螺纹和密封部分,然后涂上螺纹脂,密封部分涂上密封脂	5	漏做一步扣2分	5	1				
		检查马笼头及下井仪器插针是否有松动现象,若有松动应进行紧固	5	漏检扣5分	5	5				
		用氟里昂或其他清洗剂清洗马笼头及下井仪器插头插座	5	漏做一步扣2分	5	1				
		检查各下井仪器的密封面及橡胶O形密封圈是否完好。若发现O形密封圈规格不符、变形、老化或有切痕应立即更换	10	漏检扣5分;损坏的密封圈不进行更换扣5分	10	5				
		依据考核通知单要求,按自下而上的顺序连接下井仪器。仪器连接时,应先将活接头后退至底部,然后将仪器定位销对准定位键,用专用钩扳手拧好活接头并将其砸紧	15	仪器连接顺序错误扣5分;仪器连接方法错误扣10分	15	5				

续表

序号	考试内容	评分要素	配分	评分标准	最大扣分	步长	检测结果	扣分	得分	备注
1	准备工作	在规定位置正确安装好仪器扶正器、间隙器或偏心器	5	此项操作错误扣5分	5	5				
		检查最下面仪器的后堵头是否连接好并砸紧	5	此项操作错误扣5分	5	5				
2	拆卸测井仪器	用棉纱、清水或清洗剂将仪器串上的钻井液或油污清洗干净	5	未进行此项操作扣5分	5	5				
		用仪器专用钩扳手(或管钳)将仪器串连接部位松开	5	此项操作错误扣5分	5	5				
		按从上到下的顺序拆卸仪器。同时将活接头全部卸下,用棉纱将其清洗干净,然后在活接头及仪器螺纹上涂好螺纹脂,并上好护帽	5	漏做一项扣2分	5	1				
		将拆卸好的仪器装箱	5	漏做本操作步骤扣5分	5	5				
		清理操作位置,工完、料净、场地清	5	漏做本操作步骤扣5分	5	5				
合计			100							

考评员:　　　　　　　　　　核分员:　　　　　　　　　　　　年　月　日

试题十一　检查与保养常规下井仪器

一、考生准备

(1)劳保用品穿戴整齐。
(2)考核准考证件准备齐全。

二、考场准备

1. 设备、工具、材料准备

序号	名称	单位	数量	备注
1	自然伽马、补偿中子、密度仪器	串	各1	
2	仪器架	个	5	
3	专用钩扳手	把	2	
4	六方扳手	把	2	
5	井口通用工具	套	1	
6	仪器维修手册(仪器接线表)	套	1	

续表

序号	名称	单位	数量	备注
7	硅脂		适量	
8	清水	桶	1	
9	螺纹脂		适量	
10	密封脂		适量	
11	棉纱		适量	

2. 场地、人员准备

(1)专用考核场地或测井小队车库。

(2)现场照明良好、清洁。

(3)考场有专业人员配合。

三、考核内容

(1)本题分值100分。

(2)考核时间20min。

(3)具体考核要求：

① 本题为实际操作题,考生需穿戴整齐劳保用品。

② 计时从下达口令开始,到宣布结束停止操作。

③ 提前完成操作不加分,超时停止操作。

④ 操作步骤清晰、有序。

⑤ 清洗仪器时必须拧紧仪器护帽。

⑥ 检查时发现问题应及时汇报送修。

⑦ 进行高温井和深井测量时,必须使用高温O形密封圈,并且仪器每次拆卸后均应进行更换,换下的O形密封圈应立即剪断,以防重复使用。

⑧ 检查保养仪器时,应防止仪器架晃倒,以免砸伤工作人员或摔坏仪器。

⑨ 仪器维护保养完毕,应归位固定。

⑩ 违章操作或发生事故停止操作。

(4)操作程序说明：

① 进入考核场地,进行准备,准备时间为5min。

② 按考评员要求进行操作。

③ 操作完成,清理场地。

④ 退场。

(5)考试规定说明：

① 准备时间:5min。

② 准备时间不计入操作时间。

③ 正式操作时间:20min。

④ 考试采用百分制,考试项目得分按组卷比例进行折算。

四、评分标准与配分表

序号	考试内容	评分要素	配分	评分标准	最大扣分	步长	检测结果	扣分	得分	备注
1	准备工作	按考核通知单要求准备测井仪器和工具、材料	5	错选一项仪器扣5分;工具或材料选择错误扣2分	5	1				
		将仪器放置在仪器架上	5	此项操作错误扣5分	5	5				
		拧紧仪器护帽,清洗仪器本体,使其无钻井液及油污	5	此项操作错误扣5分	5	5				
2	仪器机械检查与保养	检查仪器外观有无损伤	10	此项未检查扣10分	10	10				
		检查仪器上下接头及外壳固定螺栓有无松动,若有松动,对其进行紧固	10	此项未检查扣10分	10	10				
		检查机械推靠部分支撑臂是否弯曲、损伤和活动关节是否活动自如,固定销是否正常	10	漏检一项扣5分	10	5				
		检查带有压力平衡系统的仪器是否有渗漏、缺油情况	10	漏检一项扣5分	10	5				
		检查各下井仪器橡胶O形密封圈是否完好。若发现O形密封圈规格不符、变形、老化或有切痕应立即更换	10	漏检扣5分;未更换损坏的O形密封圈扣5分	10	5				
		用棉纱清洗螺纹和密封部分,然后涂上螺纹脂,密封部分涂上密封脂	10	漏做一项扣5分	10	5				
3	仪器的电气检查	检查各下井仪器插针是否松动,若有松动应进行紧固	5	未进行此项操作扣5分	5	5				
		用氟里昂或其他清洗剂清洗下井仪器插头插座	5	此项操作错误扣5分	5	5				
		对应仪器维修手册或仪器接线表,检查仪器上下接头各连接线的通断与绝缘情况	10	漏做一项扣5分	10	5				
		清理操作位置,工完、料净、场地清	5	漏做本操作步骤扣5分	5	5				
合计			100							

考评员:　　　　　　　　　　核分员:　　　　　　　　　　年　　月　　日

试题十二　安放勘探测井井径刻度器

一、考生准备

(1)劳保用品穿戴整齐。

(2)考核准考证件准备齐全

二、考场准备

1. 设备、工具、材料准备

序号	名称	单位	数量	备注
1	测井绞车	台	1	
2	井径测井仪	支	1	
3	井径刻度器	套	1	
4	仪器支架	个	2	
5	井口专用工具	套	1	
6	棉纱		适量	
7	螺纹脂		适量	

2. 场地、人员准备

(1)专用考核场地或测井小队车库。

(2)现场照明良好、清洁。

(3)考场有专业人员配合。

三、考核内容

(1)本题分值100分。

(2)考核时间20min。

(3)具体考核要求:

① 本题为实际操作题,考生需穿戴整齐劳保用品。

② 计时从下达口令开始,到宣布结束停止操作。

③ 提前完成操作不加分,超时停止操作。

④ 井径刻度器的选取应与井眼直径相匹配。

⑤ 更换刻度环时,必须由操作工程师供电控制推靠臂的开收,不能用手压推靠臂进行收拢。

⑥ 使用液压推靠井径时,操作人员应在打开推靠前,离开井径臂的张开范围。

⑦ 安放刻度器时必须保证安放位置准确。

⑧ 安放井径刻度环,应保证所有井径测量臂同心。

⑨ 违章操作或发生事故停止操作。

(4)操作程序说明:

① 进入考核场地,进行准备,准备时间为5min。

② 按考评员要求进行操作。

③ 操作完成,清理场地。

④ 退场。

(5)考试规定说明：
① 准备时间：5min。
② 准备时间不计入操作时间。
③ 正式操作时间：20min。
④ 考试采用百分制，考试项目得分按组卷比例进行折算。

四、评分标准与配分表

序号	考试内容	评分要素	配分	评分标准	最大扣分	步长	检测结果	扣分	得分	备注
1	准备工作	检查马笼头和井径仪器	5	漏此操作步骤或操作错误扣5分	5	5				
		将马笼头和井径仪器连接	10	此项操作错误扣10分	10	10				
		清洁井径测量臂和刻度器	10	漏此操作步骤扣10分	10	10				
2	安放刻度器	将指定尺寸的小直径刻度器套在井径仪器臂上	10	此项操作错误扣10分	10	10				
		通知操作工程师控制下井推靠电源，打开推靠臂	5	漏此操作步骤扣5分	5	5				
		按照要求将刻度器套在井径臂刻度点上	10	刻度器安放位置错误扣10分	10	10				
		调整井径测量臂，保证所有井径测量臂同心，由操作工程师进行刻度采样	10	此项操作错误扣10分	10	10				
		操作工程师采样完成后，收拢井径臂，然后按前述操作步骤安放大直径刻度器	10	此项操作错误扣10分	10	10				
		按相同操作步骤进行井径仪器的校验	10	此项操作错误扣10分	10	10				
3	收尾工作	通知操作工程师控制下井推靠电源将井径臂收拢	5	未进行此项操作扣5分	5	5				
		收好井径刻度器，从而完成井径的刻度	5	此项操作错误扣5分	5	5				
		拆卸仪器，然后将其与其他工具归位	5	漏做一项扣1分	5	1				
		清理操作位置，工完、料净、场地清	5	漏做本操作步骤扣5分	5	5				
合计			100							

考评员： 　　　　　　　　核分员： 　　　　　　　年　　月　　日

试题十三　安放生产测井多臂井径刻度器

一、考场准备

1. 设备准备

序号	名称	规格	单位	数量	备注
1	标准40臂刻度桶		台	1	
2	工作台		个	1	
3	扳手	36~38mm	把	2	
4	操作面板		套	1	
5	便携式计算机		台	1	
6	带橡胶插头软连接线		根	2	

2. 材料准备

序号	名称	规格	单位	数量	备注
1	尾端扶正器		支	1	
2	棉纱		团	若干	
3	草稿纸	A4	张	若干	
4	签字笔		支	2	

二、考生准备

序号	名称	单位	数量	备注
1	劳保用品	套	1	
2	准考证及相应证件	套	1	

三、考核内容

1. 操作程序说明

(1)劳保用品穿戴及用具准备。
(2)多臂井径测井仪器刻度前的连接与检查。
(3)多臂井径测井仪器刻度的认识。
(4)多臂井径测井仪器刻度器的安放。

2. 考核时间

(1)准备工作:5min。
(2)正式操作:20min。

(3)计时从正式操作开始,至考核时间结束,共计20min,每超过1min从总分中扣5分,超过3min停止操作。

四、评分标准与配分表

序号	考试内容	评分要素	配分	评分标准	最大扣分	步长	检测结果	扣分	得分	备注
1	作业准备	准备所需工具	2	漏做扣2分	2	2				
		准备符合仪器规格的刻度器	4	选错刻度器扣4分	4	4				
2	仪器连接与摆放	检查刻度器外部有无损伤、变形,刻度器内部刻度环是否光滑、有无损伤	10	漏检查一项扣5分	10	5				
		将40臂仪器放置于仪器架上,确保水平放置。确保遥传短节和电缆有效连接	10	接错顺序扣5分	10	5				
		将刻度器穿过40臂仪器端部放入仪器上,刻度器喇叭口方向与40臂张开方向相对	10	刻度器装反扣10分	10	5				
		40臂底部安装尾端扶正器	4	漏做扣4分	4	4				
3	使用刻度器刻度操作	将刻度器有效放入四十臂处,确保40臂开臂后与最小刻度环接触	10	位置安装错误扣5分	10	5				
		通知操作工程师给仪器供电,完全打开井径臂,检查并确保各探测臂均在刻度环内	14	探测臂未在相应的刻度环内,一支臂扣2分	14	2				
		采用5点式刻度,即每一个点的工程值采集完成后,操作刻度器逐一进行下一工程值刻度采集,累计完成5点刻度采样	10	刻度每少一个刻度点扣2分	10	2				
		采样结束后,通知操作工程师供电收回探测臂,保存刻度文件,地面系统断电	10	地面未断电,进行拆卸,扣10分	10	5				
		卸掉尾端扶正器,正确取下刻度器	4	未拆掉尾端扶正器,直接取下刻度器扣4分	4	2				
4	清洁保养整理现场	用棉纱清洁刻度器油污,放入刻度器防振箱内紧固	6	未清洁保养扣2分,未放入固定箱固定扣4分	6	2				
		收回40臂仪器,工具归位,整理现场	6	少一项扣2分	6	2				
合计			100							

考评员:　　　　　　　　　　核分员:　　　　　　　　　　年　月　日

试题十四　安放自然伽马刻度器

一、考生准备

(1)劳保用品穿戴整齐。

(2)考核准考证件准备齐全。

二、考场准备

1. 设备、工具、材料准备

序号	名称	单位	数量	备注
1	测井绞车	台	1	
2	自然伽马仪器	支	1	
3	专用刻度架	套	1	
4	仪器支架	个	2	
5	井口专用工具	套	1	
6	棉纱		适量	
7	螺纹脂		适量	

2. 场地、人员准备

(1)专用考核场地或测井小队车库。

(2)现场照明良好、清洁。

(3)考场有专业人员配合。

三、考核内容

(1)本题分值100分。

(2)考核时间20min。

(3)具体考核要求：

① 本题为实际操作题,考生需穿戴整齐劳保用品。

② 计时从下达口令开始,到宣布结束停止操作。

③ 提前完成操作不加分,超时停止操作。

④ 测井仪经预热处于正常工作状态后才能进行刻度工作。

⑤ 自然伽马仪器刻度时,保证30m范围内无其他放射源的影响。

⑥ 安放刻度器时,刻度器与测井仪相对位置要准确无误。

⑦ 违章操作或发生事故停止操作。

(4)操作程序说明：

① 进入考核场地,进行准备,准备时间为5min。

② 按考评员要求进行操作。

③ 操作完成,清理场地。

④ 退场。

(5)考试规定说明

① 准备时间:5min。

② 准备时间不计入操作时间。
③ 正式操作时间:20min。
④ 考试采用百分制,考试项目得分按组卷比例进行折算。

四、评分标准与配分表

序号	考试内容	评分要素	配分	评分标准	最大扣分	步长	检测结果	扣分	得分	备注
1	准备工作	检查马笼头和自然伽马仪器	10	漏此项操作扣10分	10	10				
		将自然伽马仪器放在仪器架子上,然后将马笼头和自然伽马仪器连接	10	此项操作错误扣10分	10	10				
		通知操作工程师给仪器加电预热	5	漏此操作步骤扣5分	5	5				
		用棉纱擦拭自然伽马仪器外表面,确认刻度架是否紧固可靠	10	漏做或漏检一项操作步骤扣5分	10	5				
2	安放刻度器	当操作工程师采集自然伽马本底信号时,将刻度器远离自然伽马仪器	15	此项操作错误扣15分	15	15				
		当操作工程师需要采集刻度器测量值时,将刻度器安放在仪器刻度位置,使刻度器的刻度标志线与自然伽马仪器的刻度标志线对齐,然后固定并通知操作工程师进行刻度数据采集	20	漏此操作步骤或刻度位置放置错误扣20分	20	20				
		操作工程师完成刻度数据采集后,把刻度器拿开,按刻度步骤进行仪器校验	10	此项操作错误扣10分	10	10				
3	收尾工作	所有刻度完成后,将刻度器收回锁好	10	未进行此项操作扣10分	10	10				
		拆卸仪器,然后将其与其他工具归位	5	漏此操作步骤扣5分	5	5				
		清理操作位置,工完、料净、场地清	5	漏做本操作步骤扣5分	5	5				
合计			100							

考评员:　　　　　　　　　　核分员:　　　　　　　　　　年　月　日

试题十五　安放补偿中子现场刻度器

一、考生准备

(1)劳保用品穿戴整齐。
(2)考核准考证件准备齐全。

二、考场准备

1. 设备、工具、材料准备

序号	名称	单位	数量	备注
1	测井绞车	台	1	
2	补偿中子测井仪	支	1	
3	补偿中子刻度器	套	1	
4	仪器支架	只	2	
5	井口专用工具	套	1	
6	棉纱		适量	
7	螺纹脂		适量	

2. 场地、人员准备

(1)专用考核场地或测井小队车库。

(2)现场照明良好、清洁。

(3)考场整洁规范,无干扰。

(4)考场有专业操作工程师配合。

三、考核内容

(1)本题分值100分。

(2)考核时间20min。

(3)具体考核要求:

① 本题为实际操作题,考生需穿戴整齐劳保用品。

② 计时从下达口令开始,到宣布结束停止操作。

③ 提前完成操作不加分,超时停止操作。

④ 测井仪经预热处于正常工作状态后才能进行刻度工作。

⑤ 安放刻度器前,应将刻度器的接触面和仪器安放刻度器的面擦拭干净。

⑥ 补偿中子现场刻度器的调整杆不应随意移动。测前测后刻度时,其位置应与做主校验的位置一致。

⑦ 进行补偿中子仪器校验及刻度时,其他放射源应离开仪器10m以上。

⑧ 安放刻度器时,刻度器与测井仪相对位置要准确无误。

(4)操作程序说明:

① 进入考核场地,进行准备,准备时间为5min。

② 按考评员要求进行操作。

③ 操作完成,清理场地。

④ 退场。

(5)考试规定说明:

① 准备时间:5min。

② 准备时间不计入操作时间。
③ 正式操作时间:20min。
④ 考试采用百分制,考试项目得分按组卷比例进行折算。

四、评分标准与配分表

序号	考试内容	评分要素	配分	评分标准	最大扣分	步长	检测结果	扣分	得分	备注
1	准备工作	检查马笼头和补偿中子仪器	5	漏此项操作扣5分	5	5				
		将补偿中子仪器放在仪器架子上,然后将马笼头和补偿中子仪器连接	5	此项操作错误扣5分	5	5				
		在规定位置放置放射性标识牌	5	漏此操作步骤扣5分	5	5				
		通知操作工程师给仪器加电预热	5	漏此操作步骤扣5分	5	5				
		用棉纱擦拭补偿中子仪器外表面	10	漏此操作步骤扣10分	10	10				
		检查清洁补偿中子现场刻度器	10	漏此项操作步骤扣10分	10	10				
		检查放射源是否在仪器10m以外	10	漏此操作步骤扣10分	10	10				
2	安放刻度器	将补偿中子现场刻度器卡到补中仪器规定位置上,把定位销插入仪器源室上部的定位孔中	20	漏此操作步骤或刻度位置放置错误扣20分	20	20				
		扣好刻度器吊扣,冰块刻拉杆应置于规定位置。通知操作工程师控制计算机采集刻度块的测量值	10	此项操作错误扣10分	10	10				
3	收尾工作	所有刻度完成后,将刻度器收回锁好	10	未进行此项操作扣10分	10	10				
		拆卸仪器,然后将其与其他工具归位	5	漏此操作步骤扣5分	5	5				
		清理操作位置,工完、料净、场地清	5	漏做本操作步骤扣5分	5	5				
合计			100							

考评员:　　　　　　　　　　　核分员:　　　　　　　　　　年　　月　　日

试题十六　安放补偿密度现场刻度器

一、考生准备

(1)劳保用品穿戴整齐。

(2)考核准考证件准备齐全。

二、考场准备

1. 设备、工具、材料准备

序号	名称	单位	数量	备注
1	测井绞车	台	1	
2	补偿密度测井仪	支	1	
3	补偿密度现场刻度器	套	1	
4	仪器支架	只	2	
5	井口专用工具	套	1	
6	棉纱		适量	
7	螺纹脂		适量	

2. 场地、人员准备

(1)专用考核场地或测井小队车库。

(2)现场照明良好、清洁。

(3)考场整洁规范,无干扰。

(4)考场有专业操作工程师配合。

三、考核内容

(1)本题分值100分。

(2)考核时间20min。

(3)具体考核要求:

① 本题为实际操作题,考生需穿戴整齐劳保用品。

② 计时从下达口令开始,到宣布结束停止操作。

③ 提前完成操作不加分,超时停止操作。

④ 测井仪经预热处于正常工作状态后才能进行刻度工作。

⑤ 安放刻度器前,应将刻度器的接触面和仪器安放刻度器的面擦拭干净。

⑥ 安放刻度器时,刻度器的定位销要卡入仪器定位孔中。

⑦ 进行密度仪器校验及刻度时,其他放射源应离开仪器10m以上。

⑧ 安放刻度器时,刻度器与测井仪相对位置要准确无误。

(4)操作程序说明:

① 进入考核场地,进行准备,准备时间为5min。

② 按考评员要求进行操作。

③ 操作完成,清理场地。

④ 退场。

(5)考试规定说明:

① 准备时间:5min。

② 准备时间不计入操作时间。
③ 正式操作时间:20min。
④ 考试采用百分制,考试项目得分按组卷比例进行折算。

四、评分标准与配分表

序号	考试内容	评分要素	配分	评分标准	最大扣分	步长	检测结果	扣分	得分	备注
1	准备工作	检查马笼头和密度仪器	5	漏此项操作扣5分	5	5				
		将密度仪器放在仪器架子上,探测器滑板朝上,然后将马笼头和补偿密度仪器连接	10	操作错误一项扣5分	10	5				
		在规定位置放置放射性标识牌	10	漏此操作步骤扣10分	10	10				
		通知操作工程师给仪器加电预热	5	漏此操作步骤扣5分	5	5				
		用棉纱擦拭密度仪器滑板表面	10	漏此操作步骤扣10分	10	10				
		检查清洁密度现场刻度器	10	漏此操作步骤扣10分	10	10				
		检查放射源是否在仪器10m以外	10	漏做此项项操作步骤扣10分	10	10				
2	安放刻度器	将密度刻度器放到密度仪器滑板探测器位置,使刻度器的定位销卡入仪器定位孔中,并使其紧密贴合	20	刻度位置放置错误扣20分;不能紧密贴合扣10分	20	10				
		通知操作工程师控制计算机采集刻度器的测量值	5	漏做本操作步骤扣5分	5	5				
3	收尾工作	所有刻度完成后,将刻度器收回锁好	5	未进行此项操作扣5分	5	5				
		拆卸仪器,然后将其与其他工具归位	5	漏此操作步骤扣5分	5	5				
		清理操作位置,工完、料净、场地清	5	漏做本操作步骤扣5分	5	5				
合计			100							

考评员:　　　　　　　　　　　　　核分员:　　　　　　　　　　年　　月　　日

试题十七　装卸补偿密度测井源

一、考生准备

(1)劳保用品穿戴整齐。

(2)考核准考证件准备齐全。

二、考场准备

1. 设备、工具、材料准备

序号	名称	单位	数量	备注
1	测井绞车	台	1	
2	补偿密度测井仪	支	1	
3	密度测井模拟源	个	1	
4	密度测井装源工具	套	1	
5	电离辐射警示标牌	个	1	
6	放射性剂量牌	个	1	
7	伽马射线检测仪	个	1	
8	防护服	套	1	
9	仪器支架	个	2	
10	井口专用工具	套	1	
11	棉纱		适量	
12	螺纹脂		适量	
13	水桶	个	1	

2. 场地、人员准备

(1)专用考核场地或深度标准井。
(2)现场照明良好、清洁。
(3)考场整洁规范,无干扰。
(4)考场有专业人员配合。

三、考核内容

(1)本题分值100分。
(2)考核时间10min。
(3)具体考核要求:

① 本题为实际操作题,考生需按要求穿戴手套、安全帽、工作服、工作鞋和放射性防护服,佩戴放射性剂量牌。

② 计时从下达口令开始,到宣布结束停止操作。

③ 提前完成操作不加分,超时停止操作。

④ 装源前,应确认仪器已断电。

⑤ 源罐要放置在合适位置,保证装源工具使用自如。在源罐和仪器源室之间道路通畅,人员移动无障碍。

⑥ 装卸密度源时,必须设立警戒区域,摆放好放射性辐射标识牌,并对现场无关人员进行告知、清场。

⑦装卸源后,应将装源工具清洁干净,防止磕碰,摆放在指定位置。

(4)操作程序说明:

①进入考核场地,进行准备,准备时间为5min。

②按考评员要求进行操作。

③操作完成,清理场地。

④退场。

(5)考试规定说明

①准备时间:5min。

②准备时间不计入操作时间。

③正式操作时间:10min。

④考试采用百分制,考试项目得分按组卷比例进行折算。

四、评分标准与配分表

序号	考试内容	评分要素	配分	评分标准	最大扣分	步长	检测结果	扣分	得分	备注
1	准备工作	在合适位置摆放警示标牌后,将密度源罐放置到仪器附近	2	漏此项操作扣2分	2	2				
		清洁检查仪器源室、螺栓孔、源螺栓	6	漏检一项扣2分	6	2				
		卸去密度装源杆提源螺栓杆上的护帽,并对其检查	2	漏此项操作扣2分	2	2				
		试装固源螺栓	5	漏此项扣5分	5	5				
2	安装密度测井源	打开密度源罐,将密度装源杆的提源螺栓杆插进源罐,对准伽马源上的螺栓孔,并顺时针方向旋转密度装源杆,确认螺纹上紧后提出伽马源	10	不能正确从源罐中提出密度源扣10分	10	10				否决项
				放射源掉落本题不得分	100	1				否决项
		伸开手臂,举过头顶,快速走近仪器。将密度源插入补偿密度(岩性密度)仪器的源室(注意两种仪器的源室位置是不同的),确定伽马源到位后,逆时针方向旋转密度装源杆,直至密度装源杆与伽马源分离	15	不能正确安装密度测井源扣15分	15	15				否决项
				用手触源本题不得分	100	1				
		使用密度装源杆的内六方头将长杆源螺栓上入伽马源上的螺栓孔内,将伽马源与仪器滑板连接牢固,然后上紧大帽护源螺丝,确定螺栓尾部与密度滑板表面平齐,装源完毕	10	不上固源螺丝扣10分;固源螺丝上不紧扣5分	10	5				
		装上密度装源杆的提源螺栓杆的黄色护帽,并将装源工具放回专用工具箱	2	漏此项操作扣2分	2	2				
		将源罐内积存的污泥清除干净,并润滑源罐内壁	2	每漏一项操作步骤扣1分	2	1				

续表

序号	考试内容	评分要素	配分	评分标准	最大扣分	步长	检测结果	扣分	得分	备注
3	拆卸密度测井源	卸去密度装源杆的提源螺栓杆上的护帽,打开密度源罐	4	每漏一项操作步骤扣2分	4	2				
		用棉纱将密度滑板擦干净,使源室及源螺栓清晰可见	2	漏此操作步骤扣2分	2	2				
		用密度装源杆的内六方头先卸掉长杆源螺栓,然后卸掉大帽护源螺栓	10	每漏一项操作步骤扣5分	10	5				
		将密度装源杆的提源螺栓杆对准伽马源上的螺栓孔,顺时针方向旋转密度装源杆,确认螺纹上紧后从源室中取出密度源	10	不能正确卸下密度源扣10分	10	2				否决项
				密度源掉落本题不得分	100	1				
		将伽马源清洁后放入源罐,确认伽马源与源罐吻合良好,逆时针方向旋转密度装源杆,直至密度装源杆与伽马源分离,取出密度装源杆,确定伽马源在源罐内后盖好源罐并上锁	10	不能正确将源放入源罐扣10分	10	2				否决项
				将源带出源罐本题不得分	100	1				
		装上密度装源杆的提源螺栓杆的黄色护帽,将装源工具放回专用工具箱,并将专用工具箱放回指定位置	3	未进行此项操作扣3分	3	1				
4	收尾工作	使用放射性辐射计量仪监测并记录相应数据,再次确认伽马源已经放入源罐。将伽马源罐放回专用储源箱并上锁	5	漏此项操作扣5分	5	5				
		将密度源罐放回专用储源箱并上锁,将工具、材料归位	2	漏此操作步骤扣2分	2	2				
合计			100							

考评员：　　　　　　　　　　核分员：　　　　　　　　　　年　　月　　日

试题十八　装卸补偿中子测井源

一、考生准备

(1)劳保用品穿戴整齐。
(2)考核准考证件准备齐全。

二、考场准备

1. 设备、工具、材料准备

序号	名称	单位	数量	备注
1	测井绞车	台	1	

续表

序号	名称	单位	数量	备注
2	中子伽马测井仪	支	1	
3	中子伽马测井模拟源	套	1	
4	中子伽马装源工具	套	1	
5	电离辐射警示标牌	个	1	
6	放射性剂量牌	个	1	
7	伽马射线检测仪	只	1	
8	防护服	套	1	
9	仪器支架	个	2	
10	井口专用工具	套	1	
11	棉纱		适量	
12	螺纹脂、硅脂		各适量	
13	水桶	个	1	

2. 场地、人员准备

(1) 专用考核场地或深度标准井。

(2) 现场照明良好、清洁。

(3) 考场整洁规范,无干扰。

(4) 考场有专业人员配合。

三、考核内容

(1) 本题分值 100 分。

(2) 考核时间 10min。

(3) 具体考核要求:

① 本题为实际操作题,考生需按要求穿戴手套、安全帽、工作服、工作鞋和放射性防护服,佩戴放射性剂量牌。

② 计时从下达口令开始,到宣布结束停止操作。

③ 提前完成操作不加分,超时停止操作。

④ 装源前,应确认仪器已断电。

⑤ 源罐要放置在合适位置,保证装源工具使用自如。在源罐和仪器源室之间道路通畅,人员移动无障碍。

⑥ 装卸中子源时,必须设立警戒区域,摆放好放射性辐射标识牌,并对现场无关人员进行告知、清场。

⑦ 装卸源后,应将装源工具清洁干净,防止磕碰,摆放在指定位置。

(4) 操作程序说明:

① 进入考核场地,进行准备,准备时间为 5min。

② 按考评员要求进行操作。

③ 操作完成,清理场地。

④ 退场。

(5)考试规定说明:

① 准备时间:5min。

② 准备时间不计入操作时间。

③ 正式操作时间:10min。

④ 考试采用百分制,考试项目得分按组卷比例进行折算。

四、评分标准与配分表

序号	考试内容	评分要素	配分	评分标准	最大扣分	步长	检测结果	扣分	得分	备注
1	准备工作	在合适位置摆放警示标牌后,将补偿中子源罐放置到仪器附近	2	漏此项操作扣2分	2	2				
		清洁检查仪器源室、螺丝孔、源螺丝	6	漏检一项扣2分	6	2				
		将补偿中子源室打开至最大角度	3	漏此项操作扣3分	3	3				
		检查装源工具中心杆是否完好、中心杆是否转动灵活、中心杆弹簧是否完好、中心杆套筒是否完好、源杆连接螺纹是否完好、固定源室工具的内六方是否完好、打开源室工具的拨叉是否完好	6	漏检一项扣2分	6	2				
2	安装中子测井源	打开中子源罐,用补偿中子源杆插入源罐对准中子源,一只手握住补中装源杆主体,另一只手下压并顺时针方向旋转补中装源杆的中心杆,确认螺纹上紧后,双手握住补中装源杆主体,逆时针方向旋转补中装源杆主体将螺纹卸出,上提补中装源杆主体将源从源罐中取出。注意在源罐口附近检查中子源的密封圈,确认完好	10	不能正确从源罐中提出中子源扣10分;不检查密封圈扣2分	10	2				
				放射源掉落本题不得分	100	1				否决项
		伸长手臂高举过头顶,快速走近仪器把源装入源室,将中子源装入仪器源室,顺时针方向旋转补偿中装源杆主体,确认中子源螺纹全部进入源室,一只手握住补偿中装源杆主体,另一只手逆时针方向旋转补偿中装源杆中心杆,直至中心杆螺丝与中子源分离,确认中子源装入源室后取下补中装源杆,关闭源室	15	不能正确安装中子测井源扣15分	15	5				
				用手触源本题不得分	100	1				否决项
		使用补偿中子源室工具上紧两个源螺栓,并用拨叉提拉源室,确认源室与仪器固定牢靠	10	不上紧螺栓扣10分;不确认源室与仪器是否固定牢靠扣5分	10	5				
		装源完毕,将装源工具放回专用工具箱	2	漏此项操作扣2分	2	2				
		将源罐内积存的污泥清除干净,并润滑源罐内壁	3	每漏一项操作步骤扣3分	3	3				

续表

序号	考试内容	评分要素	配分	评分标准	最大扣分	步长	检测结果	扣分	得分	备注
3	拆卸中子测井源	打开中子源罐,用补偿中子源室工具拧松两个源室螺丝,用补偿中子源室工具的拨叉提拉打开源室至最大角度	10	每漏一项操作步骤扣5分	10	5				
		用补偿中子装源杆对准中子源,一只手握住补偿中子装源杆主体,另一只手顺着源工具推压并顺时针方向旋转补偿中子装源杆的中心杆,确认螺纹上紧后,双手握住补偿中子装源杆主体,逆时针方向旋转补偿中子装源杆主体将螺纹卸出,将中子源从仪器源室中取出	10	不能正确拆卸中子测井源扣10分	10	10				
				中子源掉落本题不得分	100	1				否决项
		将中子源清洁后放入源罐(如源罐有螺纹,顺时针方向旋转补偿中子装源杆主体,确认中子源螺纹全部进入源罐)。一只手握住补偿中子装源杆主体,另一只手逆时针方向旋转补偿中子装源杆中心杆,直至中心杆螺丝与中子源分离,确认中子源装入源罐后取出补偿中子装源杆,盖好源罐并上锁	10	每漏一操作步骤扣5分	10	5				
4	收尾工作	清洁仪器源室,将源室复位并上紧固定螺丝	3	未进行此项操作扣3分	3	3				
		清理装源工具,并归位	2	漏此项操作扣2分	2	2				
		将装源工具放回专用工具箱,并将专用工具箱放回指定位置	2	漏此项操作扣2分	2	2				
		使用放射性辐射计量仪检测并记录相应数据,再次确认中子源已经放入源罐	5	漏此项操作扣5分	5	5				
		将中子源罐放回专用储源箱并上锁,将工具、材料归位	1	漏此操作步骤扣1分	1	1				
合计			100							

考评员:　　　　　　　　　　　核分员:　　　　　　　　　　年　月　日

试题十九　装卸中子伽马测井源

一、考生准备

(1)劳保用品穿戴整齐。
(2)考核准考证件准备齐全。

二、考场准备

1. 设备、工具、材料准备

序号	名称	单位	数量	备注
1	测井绞车	台	1	

续表

序号	名称	单位	数量	备注
2	中子伽马测井仪	支	1	
3	中子伽马测井仪模拟源	套	1	
4	中子伽马装源工具	套	1	
5	电离辐射警示标牌	个	1	
6	放射性剂量牌	个	1	
7	伽马射线检测仪	只	1	
8	防护服	套	1	
9	仪器支架	个	2	
10	井口专用工具	套	1	
11	棉纱		适量	
12	螺纹脂、硅脂		各适量	
13	水桶	个	1	

2. 场地、人员准备

(1) 专用考核场地或深度标准井。

(2) 现场照明良好、清洁。

(3) 考场整洁规范，无干扰。

(4) 考场有专业人员配合。

三、考核内容

(1) 本题分值 100 分。

(2) 考核时间 10min。

(3) 具体考核要求：

① 本题为实际操作题，考生需按要求穿戴手套、安全帽、工作服、工作鞋和放射性防护服，佩戴放射性剂量牌。

② 计时从下达口令开始，到宣布结束停止操作。

③ 提前完成操作不加分，超时停止操作。

④ 装源前，应确认仪器已断电。

⑤ 源罐要放置在合适位置，保证装源工具使用自如。在源罐和仪器源室之间道路通畅，人员移动无障碍。

⑥ 装卸中子伽马放射源时，必须设立警戒区域，摆放好放射性辐射标识牌，并对现场无关人员进行告知、清场。

⑦ 装卸中子伽马放射源时，必须采取防源落井措施，用防源落井专用挡板盖好井口。

⑧ 装卸中子伽马放射源必须两人操作：一人装卸，一人配合。两人必须检查防源落井专用挡板是否盖好井口；仪器尾端竖销是否完全弹出；卸源后确认是否将中子伽马放射源放入源罐并锁好。

⑨ 装卸源后,应将装源工具清洁干净,防止磕碰,摆放在指定位置。

(4) 操作程序说明:

① 进入考核场地,进行准备,准备时间为5min。

② 按考评员要求进行操作。

③ 操作完成,清理场地。

④ 退场。

(5) 考试规定说明:

① 准备时间:5min。

② 准备时间不计入操作时间。

③ 正式操作时间:10min。

④ 考试采用百分制,考试项目得分按组卷比例进行折算。

四、评分标准与配分表

序号	考试内容	评分要素	配分	评分标准	最大扣分	步长	检测结果	扣分	得分	备注
1	准备工作	连接中子伽马仪器	2	漏此项操作扣2分	2	2				
		检查中子伽马仪器尾端两个横销和两个竖销的完好情况,确保横销紧固、牢靠,竖销进出自如,回弹有力,并将仪器尾端内的污物清理干净	5	漏检一项扣2分	5	1				
		检查中子伽马装源工具完好情况	3	工具漏检扣3分	3	3				
		用防源落井专用挡板将井口盖好,指挥将中子伽马放射源源罐用吊带吊升至钻台,将源罐放在便于装源且不影响其他施工的安全位置	5	每漏一项操作步骤扣2分	5	1				
				不盖井口本题不得分	100	1				否决项
		指挥绞车工将中子伽马仪器提升至距离井口1m左右便于装源操作的高度	2	操作步骤错误扣2分	2	2				
2	安装中子伽马测井源	打开源罐,使用装源源叉短销端,正面向上(即2个竖销在上面)卡住并取出放射源头	10	不能正确从源罐中提出中子源扣10分	10	10				
		将放射源头对准中子仪器尾端,使放射源头定位孔与仪器竖销相差90°,手持装源源叉将放射源头向上用力顶住仪器并顺时针旋转90°,使两个横销挂住放射源头,取下装源源叉,使2个竖销从定位孔中弹出来	15	不能正确安装中子伽马测井源扣15分	15	15				
		检查中子伽马仪器尾端的竖销是否弹出并固定到位	8	漏此项操作扣8分	8	8				
		拿开防源落井专用挡板,指挥绞车工下放仪器到预置深度位置	3	漏此项操作扣3分	3	3				

续表

序号	考试内容	评分要素	配分	评分标准	最大扣分	步长	检测结果	扣分	得分	备注
2	安装中子伽马测井源	仪器下井后,装源人将源罐内积存的污泥清除干净,并润滑源罐内壁,将源灌及装源工具放到钻台安全地方	5	每漏一项操作步骤扣3分	5	1				
3	拆卸中子伽马测井源	指挥绞车工慢速上提仪器至距离井口1m左右便于卸源的高度,用防源落井专用挡板将井口盖好	2	不盖井口本题不得分	100	1				否决项
		使用装源源叉长销端,正面向上(即2个竖销在上面)卡住放射源头,使装源源叉的竖销对准放射源头的定位孔,用力向上顶,使中子伽马仪器竖销从定位孔中退出,手持装源叉用力逆时针旋转90°,直至放射源头与仪器尾端分离	15	不能正确拆卸中子伽马测井源扣15分	15	15				
		将中子伽马放射源清洁后放入源罐,盖好源罐并上锁锁好	5	漏此操作步骤扣5分	5	5				
4	收尾工作	指挥相关人员将源罐用吊带吊至钻台下	3	未进行此项操作扣3分	3	3				
		在放入源箱以前,使用放射性辐射计量仪检测并记录放射源的相应数据,然后将源罐放回专用储源箱并上锁锁好	10	漏此项操作扣10分	10	10				
		将装源工具收回,存放在指定位置	2	漏此操作步骤扣2分	2	2				
		清理操作位置,工完、料净、场地清	5	漏做本操作步骤扣5分	5	5				
合计			100							

考评员:　　　　　　　　　　核分员:　　　　　　　　　　年　　月　　日

试题二十　装卸流体密度测井源

一、考生准备

(1)劳保用品穿戴整齐。
(2)考核准考证件准备齐全。

二、考场准备

1. 设备、工具、材料准备

序号	名称	单位	数量	备注
1	测井绞车	台	1	

续表

序号	名称	单位	数量	备注
2	流体密度测井仪	支	1	
3	流体密度测井模拟源	个	1	
4	流体密度测井装源工具	套	1	
5	电离辐射警示标牌	个	1	
6	放射性剂量牌	个	1	
7	伽马射线检测仪	个	1	
8	防护服	套	1	
9	仪器支架	个	2	
10	井口专用工具	套	1	
11	棉纱		适量	
12	螺纹脂		适量	
13	水桶	个	1	

2. 场地、人员准备

(1) 专用考核场地或深度标准井。

(2) 现场照明良好、清洁。

(3) 考场整洁规范,无干扰。

(4) 考场有专业人员配合。

三、考核内容

(1) 本题分值 100 分。

(2) 考核时间 10min。

(3) 具体考核要求:

① 本题为实际操作题,考生需按要求穿戴手套、安全帽、工作服、工作鞋和放射性防护服,佩戴放射性剂量牌。

② 计时从下达口令开始,到宣布结束停止操作。

③ 提前完成操作不加分,超时停止操作。

④ 装源前,应确认仪器已断电。

⑤ 源罐要放置在合适位置,保证装源工具使用自如。在源罐和仪器源室之间道路通畅,人员移动无障碍。

⑥ 装卸流体密度源时,必须设立警戒区域,摆放好放射性辐射标识牌,并对现场无关人员进行告知、清场。

⑦ 装卸源后,应将装源工具清洁干净,防止磕碰,摆放在指定位置。

(4) 操作程序说明:

① 进入考核场地,进行准备,准备时间为 5min。

② 按考评员要求进行操作。
③ 操作完成,清理场地。
④ 退场。

(5)考试规定说明:
① 准备时间:5min。
② 准备时间不计入操作时间。
③ 正式操作时间:10min。
④ 考试采用百分制,考试项目得分按组卷比例进行折算。

四、评分标准与配分表

序号	考试内容	评分要素	配分	评分标准	最大扣分	步长	检测结果	扣分	得分	备注
1	准备工作	在合适位置摆放警示标牌后,将密度源罐放置到仪器附近	5	漏此项操作扣5分	5	5				
		将连接好的密度仪器底堵卸下,检查清理源室、底堵O形密封圈、螺纹完好后上油	8	漏检一项扣2分	8	2				
		检查外装源工具内六方、内装源工具螺纹无损坏、变形,内装源工具放射源固定杆转动灵活	6	漏检一项扣2分	6	2				
		打开源箱取出密度源罐拿到仪器旁,打开源罐上的锁头	5	漏此项扣5分	5	5				
2	安装流体密度测井源	取下源罐护盖,将外装源工具对准密度源将其套住,左右转动确认固定住密度源后,顺时针转动内装源工具的固定杆固定住放射源	10	操作步骤错一项扣5分	10	5				
		逆时针转动外装源工具将放射源卸扣后拔出	10	不能将流体密度源正确取出扣10分	10	10				
				放射源落地本题不得分	100	1				否决项
		将取出的放射源对准密度仪源室插入,顺时针转动外装源工具将放射源固定在源室内,逆时针转动内装源工具脱离放射源后拔出装源工具	15	不能正确安装流体密度测井源扣15分	15	15				
				用手触源本题不得分	100	1				否决项
		将装源工具放回专用工具箱	2	漏此项操作扣2分	2	2				
		将源罐内积存的污泥清除干净,并润滑源罐内壁	4	每漏一项操作步骤扣2分	4	2				

续表

序号	考试内容	评分要素	配分	评分标准	最大扣分	步长	检测结果	扣分	得分	备注
3	拆卸流体密度测井源	打开流体密度源罐,顺时针转动内装源工具使其与流体密度源固定,然后逆时针转动外装源工具将放射源从源室内取出	10	每漏、错一项操作步骤扣5分	10	5				
				放射源掉落本题不得分	100	1				否决项
		将流体密度源放入源罐并固定完好	5	不能将流体密度源正确放入并固定扣5分	5	5				
		取出密度装源杆,确定伽马源在源罐内后盖好源罐并上锁	5	每漏一项操作步骤扣5分	5	5				
				将源带出源罐本题不得分	100	1				否决项
		将装源工具放回专用工具箱,并将专用工具箱放回指定位置	5	未进行此项操作扣5分	5	5				
4	收尾工作	使用放射性辐射计量仪监测并记录相应数据,再次确认伽马源已经放入源罐。将伽马源罐放回专用储源箱并上锁	5	漏此项操作扣5分	5	5				
		将流体密度源罐放回专用储源箱并上锁,将工具、材料归位	5	漏此操作步骤扣5分	5	5				
合计			100							

考评员:　　　　　　　　　　核分员:　　　　　　　　　　　年　月　日

试题二十一　装卸同位素释放器

一、考生准备

(1)劳保用品穿戴整齐。
(2)考核准考证件准备齐全。

二、考场准备

1. 设备、工具、材料准备

序号	名称	单位	数量	备注
1	自然伽马测井仪及同位素释放器	支	1	
2	生产测井及通用工具	套	1	
3	仪器支架	个	1	
4	同位素罐	个	2	

续表

序号	名称	单位	数量	备注
5	专用漏斗量杯	套	1	
6	源箱	个	1	
7	硅脂	袋	1	
8	黄油		适量	
9	螺纹脂		适量	
10	棉纱		适量	
11	替代同位素的炭粉		适量	

2. 场地、人员准备

(1) 考场可安排在宽阔平地或试验井场。

(2) 照明良好,水、电及安全设施齐全。

(3) 考场整洁规范,无干扰。

(4) 考场四周摆放有放射性标志。

(5) 考场有专业操作工程师配合。

三、考核内容

(1) 本题分值100分。

(2) 考核时间20min。

(3) 具体考核要求:

① 本题为实际操作题,考生需按要求穿戴手套、安全帽、工作服、工作鞋和放射性防护服,佩戴放射性剂量牌。

② 计时从下达口令开始,到宣布结束停止操作。

③ 提前完成操作不加分,超时停止操作。

④ 测井仪器及同位素释放器检查、准备到位。

⑤ 同位素注入释放器的程序及方法正确。

⑥ 同位素释放器安装、拆卸操作无误。

⑦ 工具、设备归位。

(4) 操作程序说明:

① 进入考核场地,进行准备,准备时间为5min。

② 按考评员要求进行操作。

③ 操作完成,清理场地。

④ 退场。

(5) 考试规定说明:

① 准备时间:5min。

② 准备时间不计入操作时间。

③ 正式操作时间:20min。

④ 考试采用百分制,考试项目得分按组卷比例进行折算。

四、评分标准与配分表

序号	考试内容	评分要素	配分	评分标准	最大扣分	步长	检测结果	扣分	得分	备注
1	准备工作	穿戴好包括铅围裙、铅眼镜、口罩、手套在内的专用劳保防护用品	4	漏此项操作扣4分	4	4				
		将同位素储藏罐和专用支架放置于离井场一定距离的下风方向并安置好	8	位置选择不当扣8分	8	8				
		用棉纱清洁螺纹和O形密封圈的密封部位并检查O形密封圈是否完好,然后涂上螺纹脂和密封硅脂	8	漏检一项扣2分	8	2				
		用万用表检查点火头是否正常,然后上好点火头,再用万用表检查点火头与点火装置是否连接正常	8	漏检一项扣4分	8	4				
		检查释放器活塞、推杆及仓盖是否灵活,否则立即更换	6	漏检一项扣2分	6	2				
2	安装同位素释放器	打开释放器储藏缸门,放好专用漏斗	10	操作步骤错一项扣5分	10	5				
		迅速取同位素罐,打开盖子,按照施工需要的剂量倒入量杯内	10	操作错误扣10分;同位素落地本题不得分	10	10				
		将量杯内的同位素通过漏斗装入储藏缸内,并封好仓门	10	操作错误扣10分	10	10				
		将装好同位素的释放器与电缆头和仪器串连接好,并用管钳打紧	10	漏此项操作扣10分	10	10				
		把同位素罐、量杯、漏斗等工具放到源箱内固定锁好	6	每漏一项操作步骤扣2分	6	2				
		用管钳松开释放器与电缆头及仪器的连接部位	10	未进行此项操作扣10分	10	10				
3	收尾工作	卸下释放器,戴好护帽放到源箱内锁好	5	漏此项操作扣5分	5	5				
		清理现场,将工具、材料归位	5	漏此操作步骤扣5分	5	5				
合计			100							

考评员:　　　　　　　　　　　核分员:　　　　　　　　年　　月　　日

试题二十二题　检查、保养、使用T形电缆夹钳

一、考生准备

(1)劳保用品穿戴整齐。

(2)考核准考证件准备齐全。

二、考场准备

1. 设备、工具、材料准备

序号	名称	单位	数量	备注
1	T形电缆夹钳	个	1	
2	电缆	m	2	
3	通用工具	套	1	
4	润滑油		适量	
5	棉纱		适量	

2. 场地、人员准备

(1)考场可安排在宽阔平地或试验井场。

(2)照明良好,水、电及安全设施齐全。

(3)考场整洁规范,无干扰。

三、考核内容

(1)本题分值100分。

(2)考核时间10min。

(3)具体考核要求:

① 本题为实际操作题,考生需穿戴整齐劳保用品。

② 计时从下达口令开始,到宣布结束停止操作。

③ 提前完成操作不加分,超时停止操作。

④ 违章操作或发生事故停止操作。

⑤ 在钻台使用T形电缆夹钳必须先盖好井口。

⑥ 固定电缆时,T形电缆夹钳必须横杆朝上。

⑦ 拧紧螺栓前,必须保证电缆在夹钳铜衬的中心孔内。

⑧ 使用T形电缆夹钳固定电缆必须拧紧螺栓。紧固螺栓时,应按一定的顺序循环,逐步加力的方式,杜绝将单个螺栓一次性拧到底。

⑨ 用T形电缆夹钳固定后,应先观察电缆在受力的情况下,无纵向移动后,才能进行下一步工作。

(4)操作程序说明:

① 进入考核场地,进行准备,准备时间为5min。

② 按考评员要求进行操作。

③ 操作完成,清理场地。

④ 退场。

(5)考试规定说明:

① 准备时间:5min。

② 准备时间不计入操作时间。
③ 正式操作时间:10min。
④ 考试采用百分制,考试项目得分按组卷比例进行折算。

四、评分标准与配分表

序号	考试内容	评分要素	配分	评分标准	最大扣分	步长	检测结果	扣分	得分	备注
1	检查保养T形夹钳	清洁T形电缆夹钳	10	漏此操作扣10分	10	10				
		检查T形电缆夹钳无机械变形及损伤。若有问题,立即更换	10	漏此操作扣10分	10	10				
		检查T形电缆夹钳螺杆有无缺失、滑扣、锈蚀。若有问题,及时整修	10	漏此操作扣10分	10	10				
		给螺栓杆加注润滑油	10	漏此操作扣10分	10	10				
2	使用T形夹钳	将合适尺寸的扳手放在T形电缆夹钳附近	5	漏此操作扣5分	5	5				
		将T形电缆夹钳横杆朝上立起	20	方向错误扣20分	20	20				
		将电缆穿进T形电缆夹钳的铜衬中间	10	此项操作错误扣10分	10	10				
		按一定的顺序循环,逐步加力的方式紧固螺栓	10	此项操作错误扣10分	10	10				
		螺栓紧固完成后,进行确认	5	漏做此项扣5分	5	5				
3	收尾工作	操作完毕,所有工具、材料归位	5	漏做此项操作扣5分	5	5				
		清理现场	5	漏此项操作扣5分	5	5				
合计			100							

考评员: 核分员: 年 月 日

试题二十三题 操作测井绞车判断、处理测井遇阻

一、考生准备

(1)劳保用品穿戴整齐。
(2)考核准考证件准备齐全。

二、考场准备

1. 设备、工具、材料准备

序号	名称	单位	数量	备注
1	纸张	张	2	
2	笔	支	1	

测井工（测井采集专业方向）

2. 场地、人员准备

(1)考场可安排在培训教室。

(2)照明良好,水、电及安全设施齐全。

(3)考场整洁规范,无干扰。

三、考核内容

(1)本题分值100分。

(2)考核时间30min。

(3)具体考核要求：

① 本题为笔试题,考生自备考试用笔。

② 计时从下达口令开始,到宣布退出考场结束。

③ 提前完成考核不加分,超时停止答卷。

(4)操作程序说明：

① 考试前按考核题内容领取相应考核试卷。

② 填写试卷要求内容。

(5)考试规定说明：

① 独立完成考核。

② 违规抄袭,取消考核资格。

③ 考试采用百分制,考试项目得分按组卷比例进行折算。

四、评分标准与配分表

序号	考试内容	评分要素	配分	评分标准	最大扣分	步长	检测结果	扣分	得分	备注
1	下放电缆判断测井遇阻情况	操作绞车按规定速度下放电缆,裸眼内电缆下放速度不超过4000m/h;套管井内电缆下放速度不得过6000m/h	15	漏一项扣5分	15	5				
		在下放电缆的同时,随时关注电缆张力变化	10	漏此项扣10分	10	10				
		当电缆张力变小,差分张力明显变化时,说明井下遇阻	10	漏此项扣10分	10	10				
2	处理测井遇阻	发现遇阻应迅速减速并停车	10	漏此项扣10分	10	10				
		以不超过6m/min的速度上提电缆	10	漏此项扣10分	10	10				
		通知操作工程师记录遇阻曲线	5	漏此项扣5分	5	5				
		上提过程中,认真观察井口情况和绞车面板张力变化	10	此项操作错误扣10分	10	10				
		当电缆张力逐渐增加并恢复至正常张力时,可加速上提,然后停车,继续下放电缆	5	漏此项扣5分	5	5				

续表

序号	考试内容	评分要素	配分	评分标准	最大扣分	步长	检测结果	扣分	得分	备注
2	处理测井遇阻	在遇阻点起下次数不得超过3次,同时做好遇阻记录,并需由相关方认可	10	此项操作错误扣10分	10	10				
		在不能下过遇阻点时,将仪器起出	5	漏此项扣5分	5	5				
		把井口交给钻井队进行井筒处理	5	此项操作错误扣5分	5	5				
		收回电缆后,将绞车面板各开关复位	5	漏做此项扣5分	5	5				
合计			100							

考评员: 　　　　　　　　核分员: 　　　　　　　　年　月　日

试题二十四题　操作测井绞车判断、处理测井遇卡

一、考生准备

(1)劳保用品穿戴整齐。
(2)考核准考证件准备齐全。

二、考场准备

1. 设备、工具、材料准备

序号	名称	单位	数量	备注
1	纸张	张	2	
2	笔	支	1	

2. 场地、人员准备

(1)考场可安排在培训教室。
(2)照明良好,水、电及安全设施齐全。
(3)考场整洁规范,无干扰。

三、考核内容

(1)本题分值100分。
(2)考核时间30min。
(3)具体考核要求:
① 本题为笔试题,考生自备考试用笔。
② 计时从下达口令开始,到宣布退出考场结束。
③ 提前完成考核不加分,超时停止答卷。

(4)操作程序说明：
① 考试前按考核题内容领取相应考核试卷。
② 填写试卷要求内容。
(5)考试规定说明：
① 独立完成考核。
② 违规抄袭,取消考核资格。
③ 考试采用百分制,考试项目得分按组卷比例进行折算。

四、评分标准与配分表

序号	考试内容	评分要素	配分	评分标准	最大扣分	步长	检测结果	扣分	得分	备注
1	判断测井遇卡情况	了解绞车张力系统完好状况	5	漏此项扣5分	5	5				
		清楚马笼头弱点的拉断力值及电缆新旧程度和磨损情况	10	漏一项扣5分	10	5				
		清楚所下井的下井仪器的结构、长度和重量	5	漏此项扣5分	5	5				
		在上提电缆测井过程中,随时关注电缆张力变化	10	漏此项扣10分	10	10				
		当电缆张力持续增大,差分张力明显变化时,说明测井遇卡应迅速停车	10	漏此项扣10分	10	10				
2	处理测井遇卡	通知操作工程师收拢井下仪器的推靠	10	漏此项扣10分	10	10				
		缓慢上提电缆,由操作工程师依据井下仪器缆头张力测量数据,判断卡电缆还是卡仪器	5	漏此项扣5分	5	5				
		通知测井队队长计算最大安全张力	10	漏此项扣10分	10	10				
		当电缆张力达到最大安全张力时,立即停车	10	此项操作错误扣10分	10	10				
		缓慢下放电缆,由操作工程师观测仪器是否活动	5	漏此项扣5分	5	5				
		若仪器能够下放,则下放电缆50m后继续上提;若仪器不能下放,则在最大安全张力范围内上下反复活动电缆	10	此项操作错误扣10分	10	10				
		活动电缆不能解卡时,使用最大电缆安全张力,使电缆绷紧	5	此项操作错误扣5分	5	5				
		由测井队队长通知相关方及主管部门,等待下步解卡措施	5	漏做此项扣5分	5	5				
合计			100							

考评员： 核分员： 年 月 日

试题二十五题 检查、保养手提式干粉灭火器

一、考生准备

(1)劳保用品穿戴整齐。
(2)考核准考证件准备齐全。

二、考场准备

1. 设备、工具、材料准备

序号	名称	单位	数量	备注
1	手提式干粉灭火器	个	1	
2	灭火器检查记录本	个	1	
3	记录笔	支	1	
4	棉纱		适量	

2. 场地、人员准备

(1)考场可安排在宽阔平地或试验井场。
(2)照明良好,水、电及安全设施齐全。
(3)考场整洁规范,无干扰。

三、考核内容

(1)本题分值 100 分。
(2)考核时间 5min。
(3)具体考核要求:
① 本题为实际操作题,考生需穿戴整齐劳保用品。
② 计时从下达口令开始,到宣布结束停止操作。
③ 提前完成操作不加分,超时停止操作。
④ 违章操作或发生事故停止操作。
(4)操作程序说明:
① 进入考核场地,进行准备,准备时间为 5min。
② 按考评员要求进行操作。
③ 操作完成,清理场地。
④ 退场。
(5)考试规定说明:
① 准备时间:5min。
② 准备时间不计入操作时间。
③ 正式操作时间:5min。

④ 考试采用百分制,考试项目得分按组卷比例进行折算。

四、评分标准与配分表

序号	考试内容	评分要素	配分	评分标准	最大扣分	步长	检测结果	扣分	得分	备注
1	外观检查	检查灭火器筒体是否有锈蚀、变形	8	漏检一项扣4分	8	4				
		检查灭火器的喷管橡胶是否存在变形、变色、老化、断裂	8	漏检该项扣8分	8	8				
		检查灭火器的压把、阀体等金属件是否存在严重变形、损伤、锈蚀	8	漏检一项扣4分	8	4				
		检查灭火器保险栓、铅封是否完好	8	漏检一项扣4分	8	4				
		检查灭火器储存年限是否超期	8	漏检此项扣8	8	8				
2	压力检查与保养	检查压力表有无变形、损伤等缺陷	10	漏检此项扣10分	10	10				
		检查压力表压力指示是否在绿色区域	20	漏检此项扣20分	20	20				
		用棉纱清洁灭火器	10	漏做此项扣10分	10	10				
3	记录与填写	记录检查结果,填写检查日期	10	漏填一项扣5分	10	5				
4	收尾工作	清理现场,将灭火器及工具、材料归位	10	漏此项操作扣10分	10	10				
合计			100							

考评员:　　　　　　　　　　核分员:　　　　　　　　　年　　月　　日

试题二十六题　使用手提式干粉灭火器

一、考生准备

(1)劳保用品穿戴整齐。
(2)考核准考证件准备齐全。

二、考场准备

1. 设备、工具、材料准备

序号	名称	单位	数量	备注
1	手提式干粉灭火器	个	1	
2	防火盆	个	1	
3	水桶	个	1	
4	油棉纱、清水		各适量	

2. 场地、人员准备

(1)考场可安排在宽阔平地或试验井场。

(2)照明良好,水、电及安全设施齐全。
(3)考场整洁规范,无干扰。

三、考核内容

(1)本题分值100分。
(2)考核时间5min。
(3)具体考核要求:
① 本题为实际操作题,考生需穿戴整齐劳保用品。
② 计时从下达口令开始,到宣布结束停止操作。
③ 提前完成操作不加分,超时停止操作。
④ 违章操作或发生事故停止操作。
⑤ 灭火时应站于上风处距离火源1m以上,将灭火器直立,喷口对准火源基部进行喷射,且灭火器不可倒置使用。
⑥ 室内使用灭火器后要及时离开,以防窒息。
⑦ 扑救液体火灾时不能直接对准液面喷射。
⑧ 灭电器类火灾后,须切断电源再进行清理。
(4)操作程序说明:
① 进入考核场地,进行准备,准备时间为5min。
② 按考评员要求进行操作。
③ 操作完成,清理场地。
④ 退场。
(5)考试规定说明:
① 准备时间:5min。
② 准备时间不计入操作时间。
③ 正式操作时间:5min。
④ 考试采用百分制,考试项目得分按组卷比例进行折算。

四、评分标准与配分表

序号	考试内容	评分要素	配分	评分标准	最大扣分	步长	检测结果	扣分	得分	备注
1	准备工作	穿戴齐全劳保用品	8	少穿戴一件劳保用品扣2分	8	2				
		将油棉纱置于防火盆内	8	漏此操作扣8分	8	8				
		将油棉纱在防火盆中点燃	8	漏此操作扣8分	8	8				
2	灭火	除掉灭火器铅封,拔出保险销,跑进距火焰上风有效距离2~3m处	15	一项操作错误扣5分	15	5				
		用手握着喷管对准火焰根部,然后手提着按下压把,干粉即喷出	20	此项操作错误扣20分	20	20				

续表

序号	考试内容	评分要素	配分	评分标准	最大扣分	步长	检测结果	扣分	得分	备注
2	灭火	用手左右适当摆动喷管,使气体横扫整个火焰根部,直至火焰熄灭	15	此项操作错误扣15分	15	15				
		火灭后,抬起灭火器压把,停止喷射	6	漏做此项扣6分	6	6				
3	收尾工作	采取措施,不让其复燃	10	漏做此项操作扣10分	10	10				
		清理现场,将使用过的灭火器及工具、材料归位	10	漏此项操作扣10分	10	10				
合计			100							

考评员：　　　　　　　　　　　核分员：　　　　　　　　　　年　月　日

试题二十七题　检查、保养正压式空气呼吸器

一、考生准备

(1)劳保用品穿戴整齐。

(2)考核准考证件准备齐全。

二、考场准备

1. 设备、工具、材料准备

序号	名称	单位	数量	备注
1	空气压缩机	个	1	
2	正压式空气呼吸器	个	1	
3	消毒液	瓶	1	
4	毛巾	条	1	
5	棉纱		适量	
6	清水		适量	

2. 场地、人员准备

(1)考场可安排在宽阔平地或试验井场。

(2)照明良好,水、电及安全设施齐全。

(3)考场整洁规范,无干扰。

三、考核内容

(1)本题分值100分。

(2)考核时间15min。

(3)具体考核要求：

① 本题为实际操作题,考生需穿戴整齐劳保用品。

② 计时从下达口令开始,到宣布结束停止操作。

③ 提前完成操作不加分,超时停止操作。

④ 违章操作或发生事故停止操作。

⑤ 空气呼吸器及其零部件应避免阳光直接照射,以免橡胶老化。

⑥ 空气呼吸器严禁接触油脂。

⑦ 用于呼吸器的压缩空气应清洁,符合下列要求:一氧化碳不超过 5.5mg/m³;二氧化碳不超过 900mg/m³;油不超过 0.5mg/m³;水不超过 50mg/m³。

(4)操作程序说明：

① 进入考核场地,进行准备,准备时间为 5min。

② 按考评员要求进行操作。

③ 操作完成,清理场地。

④ 退场。

(5)考试规定说明：

① 准备时间:5min。

② 准备时间不计入操作时间。

③ 正式操作时间:15min。

④ 考试采用百分制,考试项目得分按组卷比例进行折算。

四、评分标准与配分表

序号	考试内容	评分要素	配分	评分标准	最大扣分	步长	检测结果	扣分	得分	备注
1	检查气瓶与充气情况	卸下背具上的空气瓶,擦净装具上的油雾、灰尘,并检查有无损坏的部位	10	不能正确拆下气瓶扣 5 分,不检查清洁气瓶扣 5 分	10	5				
		检查气瓶压力,将气瓶组连接在空气压缩机的输出接口上	5	操作错误扣 5 分	5	5				
		打开瓶头阀旋钮,按下空气压缩机电源开关充气至 30MPa	5	操作错误扣 5 分	5	5				
		待空气瓶自然冷却后再充气至 30MPa	5	漏此操作扣 5 分	5	5				
		关闭气瓶阀,放空充气管路的剩余空气,然后从充气装置上取下气瓶组	5	操作错误扣 5 分	5	5				
		将气瓶组装到背具上	10	操作错误扣 10 分	10	10				
2	检查呼吸器	检查气瓶固定是否牢靠,肩带、腰带是否正常	5	漏检此项操作扣 5 分	5	5				
3	检查部件	关闭空气呼吸器供气阀的进气阀门,开启气瓶阀,2min 后再关闭气瓶阀,压力表在气瓶阀关闭后 1min 内的下降值不应大于 2MPa。如果 1min 内的压力下降值大于 2MPa,应分别对各个部件和连接处进行气密性检查	10	漏检或操作错误扣 10 分	10	10				

续表

序号	考试内容	评分要素	配分	评分标准	最大扣分	步长	检测结果	扣分	得分	备注
3	检查部件	要缓慢按动供气阀,观察压力表头,当压力降至 5.5MPa±0.5MPa 之间时,报警哨应报警,并在压力回零时停止。如果报警起始压力超出了这一范围,应卸下报警哨检查各个部件是否完好,如损坏应更换新的部件	10	漏检扣10分	10	5				
		关闭供给阀的进气阀门,佩戴好面罩后,用手堵住供气口测试面罩气密性,应确保全面罩软质侧缘和人体面部的充分接合	5	此项操作错误扣5分	5	5				
		打开气瓶阀,在吸气时会听到"嘶嘶"的响声,表明供给阀和全面罩的匹配良好。如果在呼气和屏气时,供气阀仍然供气,还能听到"嘶嘶"的响声,说明不匹配。这时应对供气阀和面罩进行全面检查或更换供气阀和面罩,重新做匹配检查,直至合格	10	此项操作错误扣10分	10	10				
		卸下全面罩,用中性或弱碱性消毒液洗涤面罩的口鼻罩及人的面部、额头接触的部位,擦洗呼气阀片;最后用清水擦洗,洗净的部位应自然干燥	10	此项操作错误扣10分	10	10				
4	收尾工作	将正压呼吸器放置到包装箱	5	漏做此项操作扣5分	5	5				
		清理现场,将呼吸器及工具、材料归位	5	漏做此项操作扣5分	5	5				
合计			100							

考评员: 　　　　　核分员:　　　　　　　　年　月　日

试题二十八题　佩戴正压式空气呼吸器

一、考生准备

(1)劳保用品穿戴整齐。
(2)考核准考证件准备齐全。

二、考场准备

1. 设备、工具、材料准备

名称	单位	数量	备注
正压式空气呼吸器	个	1	

2. 场地、人员准备

(1)考场可安排在宽阔平地或试验井场。

(2)照明良好,水、电及安全设施齐全。

(3)考场整洁规范,无干扰。

三、考核内容

(1)本题分值100分。

(2)考核时间3min。

(3)具体考核要求:

① 本题为实际操作题,考生需穿戴整齐劳保用品。

② 计时从下达口令开始,到宣布结束停止操作。

③ 提前完成操作不加分,超时停止操作。

④ 违章操作或发生事故停止操作。

⑤ 检查气瓶压力,打开瓶阀时至少要扭两下,观察表头,压力应大于22MPa,观察表头时间应超过2s。

⑥ 检查管路的气密性,关闭瓶阀时至少要扭两下,观察压力表头时间应超过2s。

⑦ 检查报警哨,要缓慢按动供气阀,观察压力表头,报警哨是否在压力降至4~6MPa时响起,并在压力回零时停止,观察压力表头时间应超过3s。

⑧ 背呼吸器前,先打开瓶阀,至少扭4下。

⑨ 佩戴好面罩后,头发不能在面罩内。

⑩ 全部操作程序在3min内完成;背戴呼吸器在30s内完成。

(4)操作程序说明:

① 进入考核场地,进行准备,准备时间为5min。

② 按考评员要求进行操作。

③ 操作完成,清理场地。

④ 退场。

(5)考试规定说明:

① 准备时间:5min。

② 准备时间不计入操作时间。

③ 正式操作时间:3min。

④ 考试采用百分制,考试项目得分按组卷比例进行折算。

四、评分标准与配分表

序号	考试内容	评分要素	配分	评分标准	最大扣分	步长	检测结果	扣分	得分	备注
1	检查正压式呼吸器状况	检查面罩外观	2	漏检扣2分	2	2				
		检查气瓶固定情况	2	漏检扣2分	2	2				

续表

序号	考试内容	评分要素	配分	评分标准	最大扣分	步长	检测结果	扣分	得分	备注
1	检查正压式呼吸器状况	检查背带、腰带	2	漏检一项扣1分	2	1				
		检查钢瓶压力和压力表工作是否正常	2	漏检一项扣1分	2	1				
		检查放气阀工作是否正常	2	漏检扣2分	2	2				
		检查报警装置是否正常	2	漏检扣2分	2	2				
2	佩戴正压式呼吸器	将空气呼吸器主体背起,调节好肩带、腰带并系紧	15	一项操作错误扣5分	15	5				
		松开安全帽系带,将安全帽推至脑后,戴上面罩,收紧系带,调节好松紧度	15	一项操作错误扣5分	15	5				
		用手堵住供气口测试面罩气密性,确保全面罩软质侧沿和人体面部的充分接合	10	此项操作错误扣10分	10	10				
		打开气瓶阀,连接好快速插头,然后做2~3次深呼吸,感觉供气舒畅无憋闷。戴好安全帽,检查压力表	15	一项操作错误扣5分	15	5				
		戴好安全帽,拉紧系带	5	此项操作错误扣5分	5	5				
3	拆除正压式呼吸器	拔开快速插头,从上往下放松面罩系带卡子,摘下全面罩	10	一项操作错误扣5分	10	5				
		卸下呼吸器,关闭气瓶阀。按住供气阀按钮,排除供气管路中的残气	10	一项操作错误扣5分	10	5				
4	收尾工作	将正压呼吸器放置到包装箱	4	漏做此项操作扣4分	4	4				
		清理现场,将呼吸器及工具、材料归位	4	漏此项操作扣4分	4	4				
合计			100							

考评员：　　　　　　　　　　　　核分员：　　　　　　　　　　　年　　月　　日

试题二十九题　检查、使用便携式有毒有害气体检测仪及放射性检测仪

一、考生准备

（1）劳保用品穿戴整齐。
（2）考核准考证件准备齐全。

二、考场准备

1. 设备、工具、材料准备

序号	名称	单位	数量	备注
1	有毒有害气体检测仪	个	1	
2	便携式 X-γ 辐射仪	个	1	
3	放射源罐	个	1	

2. 场地、人员准备

(1) 考场可安排在宽阔平地或试验井场。

(2) 照明良好,水、电及安全设施齐全。

(3) 考场整洁规范,无干扰。

三、考核内容

(1) 本题分值 100 分。

(2) 考核时间 3min。

(3) 具体考核要求:

① 本题为实际操作题,考生需穿戴整齐劳保用品。

② 计时从下达口令开始,到宣布结束停止操作。

③ 提前完成操作不加分,超时停止操作。

④ 违章操作或发生事故停止操作。

⑤ 有毒有害气体检测仪和辐射仪应轻拿轻放,避免剧烈振动,以免损坏仪器敏感元件。

⑥ 传感器窗口应保持畅通,严防堵塞。

⑦ 使用前必须检查仪器状态是否完好。

⑧ 仪表必须保证在电量充足的条件下使用,充电时必须在安全场所进行,严禁在有爆炸危险的场所对仪器充电。

⑨ 有毒有害气体检测仪和辐射仪应固定位置存放。

(4) 操作程序说明:

① 进入考核场地,进行准备,准备时间为 5min。

② 按考评员要求进行操作。

③ 操作完成,清理场地。

④ 退场。

(5) 考试规定说明:

① 准备时间:5min。

② 准备时间不计入操作时间。

③ 正式操作时间:3min。

④ 考试采用百分制,考试项目得分按组卷比例进行折算。

四、评分标准与配分表

序号	考试内容	评分要素	配分	评分标准	最大扣分	步长	检测结果	扣分	得分	备注
1	检查使用便携式有毒有害气体检测仪状况	开启有毒有害气体检测仪电源开关	10	不能打开电源开关扣10分	10	10				
		检查检测仪电源是否缺电	10	不进行电量检查扣10分	10	10				
		检查检测仪工作是否正常	10	漏此操作扣10分	10	10				
		将检测仪放于工衣外侧或固定在工鞋上	10	漏此操作扣10分	10	10				
2	检查使用便携式	开启便携式 X-γ 辐射仪电源	10	不能打开电源开关扣10分	10	10				
3	X-γ 辐射仪	检查辐射仪电源是否缺电	10	不进行电量检查扣10分	10	10				
		检查辐射仪工作是否正常	10	此项操作错误扣10分	10	10				
		将探头对准被检测物	10	漏做此项扣10分	10	10				
4	收尾工作	记录测量数据	10	漏做此项操作扣10分	10	10				
		使用完毕,将检测仪归位	10	漏此项操作扣10分	10	10				
合计			100							

考评员：　　　　　　　　　　　　核分员：　　　　　　　　　　　　年　　月　　日

试题三十题　识别井口作业隐患风险及控制措施

一、考场准备

1. 设备准备

名称	单位	数量	备注
便携式计算机	台	1	

2. 材料准备

序号	名称	规格	单位	数量	备注
1	纸	A4	张	若干	
2	笔		支	若干	

二、考生准备

序号	名称	单位	数量	备注
1	劳保用品	套	1	
2	准考证及相应证件	套	1	

三、考核内容

1. 操作程序及说明

(1) 井喷失控。

(2) 放射性物品失控。

(3) 物体打击。

(4) 高处坠落。

(5) 井下落物。

(6) 灼烫。

(7) 其他伤害。

2. 考核时间

(1) 准备工作:2min。

(2) 正式操作:20min。

(3) 计时从正式操作开始,至考核时间结束,每超时1min从总分中扣5分,超时3min停止操作。

四、评分标准与配分表

序号	考试内容	评分要素	配分	评分标准	最大扣分	步长	检测结果	扣分	得分	备注
1	井喷失控	井口作业、巡回检查或有坐岗要求时,观察井口液面,发现溢流立即向队长报告	5	缺此项扣5分	5	5				
2	放射性物品失控	装卸放射源前封盖好井口及周边缝洞;装卸放射源路径用毛毡或防雨布铺盖;确保装源工具完好,正确使用装源工具;确认源室螺栓、推靠臂螺栓、销钉等关键部件完好;监护人对防护措施检查确认许可后方可装卸放射源;装源后确保定位顶丝、固定顶丝等上到位、力度合适,无滑丝现象	36	缺一项扣6分	36	6				
3	物体打击	施工前要求相关方检查确认游车驻车系统完好;井口施工选择合适的站位,活动区域无杂物阻塞,站位区域安全,便于逃生;正确安装天滑轮双保险;上提天滑轮前,确定吊卡活门关好和吊卡插销销好,禁止站在游车下方区域;上提下放仪器、设施离开滑道后,人员立即远离滑道,合理使用牵引绳拉拽仪器;检查绞车自动驻车系统,下井前确保完好有效;不动用相关方的设备,避免交叉作业;禁止从井台上抛扔设施	24	缺一项扣3分	24	3				
4	高处坠落	上下扶梯抓好扶手、踩稳、扶牢;确保井台防护栏安全可靠,作业时勿倚靠防护栏;仪器、源罐、保护套等重物上下钻台不双手推送;使用毛毡铺盖湿滑区域;涉及登高作业时,检查保险带等登高风险控制措施	5	缺一项扣1分	5	1				

测井工（测井采集专业方向）

续表

序号	考试内容	评分要素	配分	评分标准	最大扣分	步长	检测结果	扣分	得分	备注
5	井下落物	井口作业封盖好井口；井口区域合理摆放设备设施，正确使用工具	12	缺一项扣6分	12	6				
6	灼烫	远离运转中产生高温的设备；冬季施工时，按规定使用高温蒸汽管线和供热设备	10	缺一项扣5分	10	5				
7	其他伤害	清除跑道和井台上的泥水及结冰，或采取防滑措施；搬运仪器及辅助设施应清理搬运所经路径障碍物；跑道需安装踏梯的，上下跑道应走踏梯；不在相关方属地钻机、发电机等高噪声设备附近逗留	8	缺一项扣2分	8	2				
8	安全生产及其他	安全作业、文明生产		违反安全操作规程，或出现操作动作继续下去可能发生人身事故或设备损坏事故的，1次从总分中扣10分，2次停止操作	20	10				
				工作结束后工具未归位或未清洁从总分中扣3分	3	3				
		操作时间		每超过1min从总分中扣5分，超过3min停止操作	15	5				
合计			100							

考评员：　　　　　　　　　　核分员：　　　　　　　　　　年　　月　　日

中级工操作技能试题

试题一　安装、拆卸生产测井井口装置

一、考生准备

(1)准备齐全准考证件。
(2)准备好考试用笔。

二、考场准备

1. 材料准备

名称	单位	数量	备注
考核试卷	套	1	

2. 场地、人员准备
(1)现场照明良好、清洁。
(2)考场有专业人员考核人员。

三、考核内容

(1)本题分值100分。
(2)考核时间45min。
(3)具体考核要求:
① 本题为笔试题,考生自备考试用笔。
② 计时从下达口令开始,到宣布退出考场结束。
③ 提前完成考核不加分,超时停止答卷。
(4)操作程序说明:
① 考试前按考核题内容领取相应考核试卷。
② 填写试卷要求内容。
(5)考试规定说明:
① 独立完成考核。
② 违规抄袭,取消考核资格。
③ 考试采用百分制,考试项目得分按组卷比例进行折算。
(6)测量技能说明:
本试题要考核考生安装、拆卸生产测井井口装置的基本技能掌握情况。

四、评分标准与配分表

序号	考试内容	评分要素	配分	评分标准	最大扣分	步长	检测结果	扣分	得分	备注
1	准备工作与绞车清洁	清除井场有碍施工的障碍物	2	漏答扣2分	2	2				
		摆放好绞车并打好掩木	2	漏答扣2分	2	2				
		将井口滑轮及相关配件搬到井口安全位置并对其进行安全检查	5	漏答扣5分	5	5				
		将井口用线拉至井口安全位置并进行固定	1	漏答扣1分	1	1				
		发动绞车发动机,放下适当长度的电缆并保证其在地面不交叉缠绕	5	漏答扣5分	5	5				
2	不带压生产测井井口装置的安装与拆卸	将地滑轮绳套一端锁在采油树套管法兰盘以下,另一端锁在地滑轮上,完成地滑轮安装	5	漏答扣5分	5	5				
		安装张力计和天滑轮。丁字铁在通井机吊卡内卡牢,将安全辅绳穿过吊耳与丁字铁固定。张力计上端吊耳与丁字铁连接,张力计下端吊耳与天滑轮吊耳连接,将张力线插头插入张力计插座内拧紧。连接完毕,检查固定销钉是否在安全状态	5	漏答扣5分	5	5				
		打开天滑轮防跳侧盖,将电缆装入电缆槽内,合上防跳侧盖,拧紧螺栓	2	漏答扣2分	2	2				
		指挥通井机操作手缓慢上吊卡吊升天滑轮,井口工站在安全位置扶向上运行的电缆,防止电缆跳槽。吊卡起到最高处停车,通知通井机操作人员打死刹车	3	漏答扣3分	3	3				
		打开地滑轮防跳侧盖,将电缆装入电缆槽内,合上防跳侧盖,拧紧螺栓后将地滑轮安放到地滑轮架子上	2	漏答扣2分	2	2				
		通知绞车工慢起绞车,施工人员在连接好的下井仪器底端拴系牵引绳,使用牵引绳控制吊起的下井仪器。下井仪器吊起后,解开牵引绳,将下井仪器对正井口	5	漏答扣5分	5	5				
		拆卸天、地滑轮。将天、地滑轮清洁后放到生活车的指定位置摆放	3	漏答扣3分	3	3				
		清点工具设施、清洁井场	2	漏答扣2分	2	2				
3	带压生产测井井口装置的安装与拆卸	将滑轮绳套绕在采油树法兰的下面,用绳套一端穿过另一端后锁死,另外一端锁到地滑轮弹簧销内	5	漏答扣5分	5	5				
		将滑轮侧夹板一端的插销取下,打开滑轮侧侧板,把电缆放入滑轮槽内,然后合上夹板,插上弹簧销	3	漏答扣3分	3	3				

续表

序号	考试内容	评分要素	配分	评分标准	最大扣分	步长	检测结果	扣分	得分	备注
3	带压生产测井井口装置的安装与拆卸	将防喷器搬到防喷管前,拉电缆头并穿过防喷管,同时擦干净防喷器另一端电缆,防止泥砂进入防喷器,把防喷器与防喷管接好,把需要下井的仪器接到电缆头上,通电检查正常后拉入防喷管,防喷管内电缆至少需有0.5m	5	漏答一项扣1分	5	1				
		接上手压泵管线,给手压泵打压,使防喷器内胶块抱紧电缆	2	漏答扣2分	2	2				
		接好放液流管线	2	漏答扣2分	2	2				
		接好注脂泵和管线及注脂泵的气源管线	2	漏答扣2分	2	2				
		接好防喷管的绳套	5	漏答扣5分	5	5				
		将天滑轮侧板打开,放入电缆后上好侧板	4	漏答扣4分	4	4				
		把张力计连接到天滑轮上,并连接好张力线	2	漏答扣2分	2	2				
		把张力计吊环和防喷器绳套一起挂到吊车吊钩上	3	漏答扣3分	3	3				
		将井口转换短节螺纹部分用钢丝刷子刷净,缠上胶带装到采油树帽上上紧	2	漏答扣2分	2	2				
		指挥吊车将防喷系统慢慢吊起,坐到井口采油树帽上紧好	2	漏答扣2分	2	2				
		指挥绞车把井场的电缆起到绞车上,松开手压泵,打开采油树清脂阀门	5	漏答扣5分	5	5				
		检查天地滑轮及电缆运行是否正常,发现问题及时解决	2	漏答扣2分	2	2				
		当最后一项资料录取完毕后,将仪器提到离井口20m处停车,由地面人员把仪器拉入防喷管后,打紧手压泵,关上采油树阀门,放掉防喷管内的压力	5	漏答一项扣3分	5	3				
		松开井口活接头,指挥吊车放下防喷系统	2	漏答扣2分	2	2				
		将天地滑轮、滑轮绳套、滑轮支架、井口活接头、防喷管等按安装时的次序先装后拆,清洗干净,按要求保存,各种井口用线绕在绕线盘上	5	漏答扣5分	5	5				
		清理井场测井施工垃圾	2	漏答扣2分	2	2				
合计			100							

考评员:　　　　　　　　　　　　核分员:　　　　　　　　　　　　年　月　日

试题二 安装、拆卸井口防喷装置

一、考生准备

(1) 准备齐全准考证件。
(2) 准备好考试用笔。

二、考场准备

1. 材料准备

名称	单位	数量	备注
考核试卷	套	1	

2. 场地、人员准备

(1) 现场照明良好、清洁。
(2) 考场有专业人员、考核人员。

三、考核内容

(1) 本题分值 100 分。
(2) 考核时间 45min。
(3) 具体考核要求：
① 本题为笔试题，考生自备考试用笔。
② 计时从下达口令开始，到宣布退出考场结束。
③ 提前完成考核不加分，超时停止答卷。
(4) 操作程序说明：
① 考试前按考核题内容领取相应考核试卷。
② 填写试卷要求内容。
(5) 考试规定说明：
① 独立完成考核。
② 违规抄袭，取消考核资格。
③ 考试采用百分制，考试项目得分按组卷比例进行折算。
(6) 测量技能说明：
本试题要考核考生安装、拆卸井口防喷器的技能掌握情况。

四、评分标准与配分表

序号	考试内容	评分要素	配分	评分标准	最大扣分	步长	检测结果	扣分	得分	备注
1	准备工作	将井口滑轮、滑轮绳套、地滑轮支架、张力计、防喷管、下捕捉器、封井器、井口连接短节、注脂泵、注脂泵管线、手动油泵及管线、溢流管线、井口工具及井口连接线搬至井口安全位置	4	漏一件扣1分	4	1				
		下放足够的电缆,同时将电缆绕成"∞"形	2	漏此项扣2分	2	2				
		站在清蜡阀门的侧面关闭清蜡阀门,缓慢打开丝堵上压力表的放压阀,待压力回零后卸下丝堵	5	此项错误扣5分	5	5				
		将放压丝堵安装到井口上用管钳打紧	5	此项错误扣5分	5	5				
		操作者站在清蜡阀门的侧面打开清蜡阀门后,站在上风或侧风方向,一手缓慢打开放压丝堵上的放气阀门,另一手持复合式气体检测仪检测放出的气体是否含有硫化氢气体	5	此项错误扣5分	5	5				
		操作者站在清蜡阀门的侧面关闭清蜡阀门,缓慢打开放压丝堵上的放气阀门放压,用管钳卸下放压丝堵,把井口活接头螺纹部分缠上生料带,安装到井口上用管钳打紧	5	此项错误扣5分	5	5				
		安装地滑轮,地滑轮绳套一端锁在采油树套管法兰盘以下,另一端锁在地滑轮上	2	此项错误扣2分	2	2				
		把防喷管抬到架子上,卸掉两端的护帽,检查O形圈有无破损,有破损必须及时更换,密封面要擦干净涂上黄油,连接好后用钩扳手打紧	3	此项错误扣3分	3	3				
		检查防落器O形圈有无破损,有破损的必须及时更换,密封面要擦干净涂上黄油,将防落器连接到防喷管底端打紧	3	此项错误扣3	3	3				
		检查BOP双向阀门应处于关闭状态,检查O形圈有无破损,有破损的必须及时更换,密封面要擦干净涂上黄油,将BOP与防落器连接打紧	5	此项错误扣5分	5	5				
		将张力计上端与吊升三角板连接,上紧固定销螺母,插上防脱销,下端与天滑轮吊耳连接,上紧固定销螺母,插上防脱销;将张力线插头插入张力计插座内拧紧	5	此项错误扣5分	5	5				
		连接下井仪器前,先检查确认密封面及O形密封圈完好,确认下井仪器完好后,用专用工具打紧仪器串	3	此项错误扣3分	3	3				

测井工（测井采集专业方向）

续表

序号	考试内容	评分要素	配分	评分标准	最大扣分	步长	检测结果	扣分	得分	备注
2	安装防喷器	将仪器串送入防喷管内，把防喷管与防喷管密闭连接，防喷头一端要有人拉电缆，防止电缆在防喷管内打结	5	漏做此项扣5分	5	5				
		将各种管线和牵引绳在井口附近打开拉直，手压泵管线接头一端连到防喷头液压缸接头上上紧，接头另一端连到手压泵上。溢流管线接头一端连到防喷头溢流出口上，溢流管线出口端放在污液回收罐内并固定。牵引绳一端拴到被吊物下端，防喷头调整绳拴到上端	5	此项错误扣5分	5	5				
		将吊升三角板与防喷头的吊装卡板连接，并检查螺栓齐全紧固，防脱销齐全，吊装绳套无断丝、死弯，吊车吊钩防脱销完好	5	此项错误扣5分	5	5				
		将吊升三角板上吊环挂入吊车吊钩内，打开天滑轮防跳侧盖，将电缆装入电缆槽内，合上防跳侧盖，拧紧螺母	5	此项错误扣5分	5	5				
		起重机械指挥人员指挥吊车缓慢吊起防喷系统，在设备离开地面（10~20cm）后刹车，正常后，起重机械指挥人员指挥吊车将吊起的防喷系统与井口活接头短节密闭连接，用钩扳手上紧	5	此项错误扣5分	5	5				
		打开地滑轮防跳侧盖，将电缆装入电缆槽内，合上防跳侧盖，拧紧螺栓	5	漏做扣5分	5	5				
		通知绞车工下放电缆至目的深度，录取测井资料	2	漏做扣2分	2	2				
3	拆卸防喷器	录取资料完毕，上提电缆至井口，确认仪器进入防喷管后，操作者站在清蜡阀门侧面关闭井口清蜡阀门	5	漏做扣5分	5	5				
		打开防落器上的泄压阀门，泄压时必须注意防喷、防污染	5	漏做扣5分	5	5				
		泄压完成后卸开BOP与井口短节连接的活接头，操作者手拉电缆，然后指挥吊车缓慢将防喷管吊离井口，施工人员使用牵引绳控制将防喷管平放到地面	5	漏做一步扣2分	5	2				
		确认仪器串断电后拆卸仪器串，清理干净后戴上护帽放入指定位置固定摆放	2	漏此项扣2分	2	2				
		拆卸天、地滑轮，防喷设备等。将设备清洁后放到指定位置摆放	2	漏此项扣2分	2	2				
		清点工具设施，清洁井场	2	漏此项扣2分	2	2				
合计			100							

考评员： 核分员： 年 月 日

试题三　安装、拆卸电缆悬挂器

一、考生准备

按要求穿戴整齐劳保用品。

二、考场准备

1. 设备、工具、材料准备

序号	名称	单位	数量	备注
1	测井绞车	台	1	
2	钻机	台	1	
3	电缆悬挂器	套	1	
4	通用工具	套	1	
5	井口专用工具	套	1	
6	井口设施	套	1	
7	棉纱			适量

2. 场地、人员准备

(1)专用考核场地或模拟钻井井场。

(2)现场照明良好、清洁。

(3)考场有专业人员配合。

三、考核内容

(1)本题分值100分。

(2)考核时间10min。

(3)具体考核要求：

① 本题为实际操作题,考生需穿戴整齐劳保用品。

② 计时从下达口令开始,到宣布结束停止操作。

③ 提前完成操作不加分,超时停止操作。

④ 操作步骤清晰、有序。

⑤ 工具、器材使用正确。

⑥ 剪断电缆前,尽可能多起电缆,最好将仪器起进套管内。

⑦ 若上提电缆过程中测井仪器遇卡,应将测井电缆下放5~8m,留作后续穿心打捞时用,再行剪断电缆。

⑧ 下钻深度以测井仪器遇阻不超过30m为宜,否则可能因电缆堆积引起卡钻或电缆损伤。

⑨ 违章操作或发生事故停止操作。

（4）操作程序说明：

① 进入考核场地，进行准备，准备时间为5min。

② 按考评员要求进行操作。

③ 操作完成，清理场地。

④ 退场。

（5）考试规定说明：

① 准备时间：5min。

② 准备时间不计入操作时间。

③ 正式操作时间：10min。

④ 考试采用百分制，考试项目得分按组卷比例进行折算。

（6）测量技能说明：

本试题主要考核考生安装、拆卸电缆悬挂器的技能掌握情况。

四、评分标准与配分表

序号	考试内容	评分要素	配分	评分标准	最大扣分	步长	检测结果	扣分	得分	备注
1	准备工作	测井前将转换接头+防喷单根钻杆的防喷单根组合放在坡道上待用，钻台上准备一只方钻杆下旋塞，处于开位	2	漏此项扣2分	2	2				
		取下转换头上的整体提丝，放置在合适位置备用	3	漏此项扣3分	3	3				
		用专用扳手取下井口电缆悬挂器的压紧螺母，取出与电缆适配的锥块，放置在一旁备用	5	漏此项扣5分	5	5				
		将把手拧到悬挂器上备用	5	漏此项扣5分	5	5				
		将液压断线钳准备好放在钻台合适位置	5	漏此项扣5分	5	5				
		要求钻井队准备适配的钻具吊卡放在钻台上待用	2	漏此项扣2分	2	2				
2	安装电缆悬挂器	当发生溢流需要关井时，绞车工停止上提电缆。钻井队负责打开并移动钻具吊卡，使吊卡与井内电缆同心并关好吊卡	3	漏此项扣3分	3	3				
		抓住悬挂器上的把手，将悬挂器迅速套进测井电缆，并坐入吊卡里，尽量使电缆处于悬挂器中间，之后卸掉把手	10	一项操作错误扣5分	10	5				
		将两个锥块顺着电缆放在悬挂器内，保证电缆在锥体的压槽内。然后指挥绞车工缓慢下放电缆，将锥体带进悬挂器	10	此项操作错误扣10分	10	5				
		使用专用扳手将压紧螺母上紧，防止锥体因井内电缆向上移动而导致锥体松开，电缆落井	10	此项操作错误扣10分	10	10				

续表

序号	考试内容	评分要素	配分	评分标准	最大扣分	步长	检测结果	扣分	得分	备注
2	安装电缆悬挂器	放松电缆，观测电缆无下移后，一人抓住待剪断、放松的电缆，防止电缆被剪断后下落伤人，另一人用专用液压电缆断线钳在电缆根部10~15cm处剪断电缆	10	漏做或做错一步扣5分	10	5				
3	拆卸电缆悬挂器	钻井队下放游车，测井队收电缆，并卸下天滑轮、丁字铁等测井井口设施及工具	5	漏做扣5分	5	5				
		由钻井队提起防喷单根，接上电缆悬挂器，下放钻具，按钻井井控细则实施关井、压井作业。压井结束后，上提钻具，使电缆悬挂器出钻台面，卸掉防喷单根，装上把手	5	漏做此项扣5分	5	5				
		指挥钻井队上提游车3m	5	此项操作错误扣5分	5	5				
		用T形电缆夹钳夹住悬挂器下部电缆，用专用液压断缆钳剪断T形电缆夹钳以上的电缆，准备上提铠接电缆	10	漏做或做错一步扣5分	10	5				
		收回井口电缆悬挂器及相关工具配件并对其进行清洗保养	5	漏此项扣5分	5	5				
		材料、工具归位	5	漏做本操作步骤扣5分	5	5				
合计			100							

考评员： 核分员： 年 月 日

试题四 安装、拆卸钻具输送测井井口装置

一、考生准备

（1）准备齐全准考证件。
（2）准备考试用笔。

二、考场准备

1. 材料准备

名称	单位	数量	备注
考核试卷	套	1	

2. 场地、人员准备

（1）现场照明良好、清洁。

(2)考场有专业人员考核人员。

三、考核内容

(1)本题分值100分。

(2)考核时间45min。

(3)具体考核要求：

① 本题为笔试题，考生自备考试用笔。

② 计时从下达口令开始，到宣布退出考场结束。

③ 提前完成考核不加分，超时停止答卷。

(4)操作程序说明：

① 考试前按考核题内容领取相应考核试卷。

② 填写试卷要求内容。

(5)考试规定说明：

① 独立完成考核。

② 违规抄袭，取消考核资格。

③ 考试采用百分制，考试项目得分按组卷比例进行折算。

(6)测量技能说明：

本试题主要考核考生安装、拆卸钻具输送测井井口装置的技能掌握情况。

四、评分标准与配分表

序号	考试内容	评分要素	配分	评分标准	最大扣分	步长	检测结果	扣分	得分	备注
1	安装井口装置前的准备	清除井场有碍施工的障碍物	2	漏答扣2分	2	2				
		摆放好绞车并打好掩木	2	漏答扣2分	2	2				
		将井口滑轮、链条、连接销、T形棒、指重计、井口记号器、井口喇叭、组装台、六方卡具、刮泥器、工具及井口连接线搬至钻台滑板下安全位置	2	漏答扣2分	2	2				
		发动绞车发动机，放下适当长度的电缆。同时将电缆绕成∞字形置于井场安全位置	2	漏答扣2分	2	2				
		待井队起完钻具并冲洗好钻台后，将座筒、卡盘、刮泥器、天滑轮、地滑轮等井口设备有序地摆放到猫路上	2	漏答扣2分	2	2				
		在钻台滑板下将T形铁、天滑轮连接组装好	2	漏答扣2分	2	1				
		将滑轮锚链穿过天滑轮T形铁，使穿过T形铁的锚链两端同等长度，并将锚链两端在靠近T形铁处拴上一扣，防止锚链滑脱	5	漏答扣5分	5	5				

续表

序号	考试内容	评分要素	配分	评分标准	最大扣分	步长	检测结果	扣分	得分	备注
1	安装井口装置前的准备	由专人将张力计、井口喇叭拿上钻台	1	漏答扣1分						
		上钻台盖好井口	10	漏答扣10分	10	10				
		指挥钻井工开动钻台上的吊升设备将座筒、卡盘、刮泥器分别吊至钻台上（吊升前应将物体拴牢,物体脱离猫路后在滑板上升过程中,钻台坡道两侧及猫道上严禁有人,注视物体吊升运行情况,防止物体脱落时伤人）	2	漏答扣2分	2	2				
		指挥钻井工将T形铁、天滑轮、地滑轮及链条和电缆分别吊上钻台	2	漏答扣2分	2	2				
		将电缆从地滑轮的下部穿过,再从天滑轮上部穿过并把鱼雷拉过天滑轮,放下天滑轮防跳护栏	2	漏答扣2分	2	2				
2	钻具输送测井井口滑轮的安装	将地滑轮固定链条拴在钻机大梁上,用专用锁环在端部固定或系3个扣以上,最后在扣的外缘用U形环把链条的两头锁在一起	5	漏答扣5分	5	5				
		将张力计与地滑轮用专用的滑轮销子依次连接好	5	漏答扣5分	5	5				
		用链条和连接销固定牢地滑轮,井口工指挥钻工开动吊升设备将地滑轮提升至距固定面(钻台面)0.4~0.8m后,要求钻工刹牢气动小绞车,此时地滑轮应远离井口	2	漏答扣2分	2	2				
		检查地滑轮位置是否影响起下钻作业	3	漏答扣3分	3	3				
		接上张力线,通知绞车工做张力校验检查,确认张力信号无误	1	漏答扣1分	1	1				
		下放电缆,将电缆头下放至猫道	1	漏答扣1分	1	1				
		向安装天滑轮的钻井工交代天滑轮安装在井架顶部前侧最高处不影响起下钻施工位置和天滑轮固定锚链锁扣的使用方法	5	漏答扣5分	5	5				
		将天滑轮固定锚链锁扣交给钻井工并确认其掌握锁扣的使用方法	2	漏答扣2分	2	2				
		指挥司钻用气动绞车将天滑轮慢慢提升到井架顶部前侧最高处,同时下放电缆,井口工拉住电缆头防止电缆跳槽（天滑轮上提过程中,钻台上严禁进行其他作业,井口周围严禁有人）	2	漏答扣2分	2	2				
		将滑轮锚链在井架横梁上缠绕两圈后,用锁环将锚链两端连接在一起。安装位置要尽量高且靠近井架的前侧	5	漏答扣5分	5	5				

续表

序号	考试内容	评分要素	配分	评分标准	最大扣分	步长	检测结果	扣分	得分	备注
3	钻具输送测井井口导向滑轮的安装	井下对接完成并将电缆与钻杆固定后,将电缆放入导向小滑轮的轮槽内	5	漏答扣5分	5	5				
		在钻井队配合下,用小滑轮将电缆经由导向滑轮拉向一侧,调整好电缆拉向一旁的角度	5	漏答扣5分	5	5				
		将侧拉小滑轮的绳套固定在能承拉的合适位置	5	漏答扣5分	5	5				
		上提并拉紧电缆,观察导向小滑轮高度距钻杆的距离一般在1.5m左右,并且使小滑轮拉电缆的方向在井口方补心的一个角上,以尽可能地减少电缆的磨损,并保证液压大钳上钻杆时不伤到电缆	5	漏答扣5分	5	5				
4	钻具输送测井井口滑轮的拆卸与收尾工作	测井资料采集完毕拆除测井仪器后,由钻井工解开固定天滑轮的锚链,用气动绞车慢慢放下天滑轮,同时地面工作人员应拽送电缆,绞车工配合收回电缆。密切注意电缆的运行情况,防止电缆在地面打扭	5	漏答扣5分	5	5				
		指挥钻井工将天滑轮下放到猫道上	2	漏答扣2分	2	2				
		开动绞车,收回电缆	2	漏答扣2分	2	2				
		将地滑轮下放至钻台,然后卸开地滑轮与链条的连接销及地滑轮与张力计的连接销,取下张力计,由专人将其拿回仪器车,放回张力计安放处固定好	3	漏答扣3分	3	3				
		解开地滑轮固定链条,由井队人员将地滑轮和链条沿滑板吊到钻台下面	2	漏答扣2分	2	2				
		将所有工具、设备装车固定	1	漏答扣1分	1	1				
合计			100							

考评员： 核分员： 年 月 日

试题五 维修、保养测井井口滑轮

一、考生准备

考生按要求穿戴齐全劳保用品。

二、考场准备

1. 设备、工具、材料准备

序号	名称	单位	数量	备注
1	井口滑轮	个	2	

续表

序号	名称	单位	数量	备注
2	通用工具	套	1	
3	黄油	袋	1	
4	硅脂	袋	1	
5	水桶(清水)	桶	1	
6	棉纱		适量	
7	硅脂枪	把	1	

2. 场地、人员准备

(1)专用考核场地或测井小队车库。

(2)现场照明良好、清洁。

(3)考场有专业人员配合。

三、考核内容

(1)本题分值100分。

(2)考核时间15min。

(3)具体考核要求：

① 本题为实际操作题,考生需穿戴整齐劳保用品。

② 计时从下达口令开始,到宣布结束停止操作。

③ 提前完成操作不加分,超时停止操作。

④ 操作步骤清晰、有序。

⑤ 工具、器材使用正确。

⑥ 给井口滑轮打黄油时,应在滑轮轴承处挤出新黄油。

⑦ 井口滑轮维修保养完毕,应不松不旷,运转时无异响。

⑧ 违章操作或发生事故停止操作。

(4)操作程序说明：

① 进入考核场地,进行准备,准备时间为5min。

② 按考评员要求进行操作。

③ 操作完成,清理场地。

④ 退场。

(5)考试规定说明：

① 准备时间：5min。

② 准备时间不计入操作时间。

③ 正式操作时间：15min。

④ 考试采用百分制,考试项目得分按组卷比例进行折算。

(6)测量技能说明：

本试题主要考核考生维修、保养测井井口滑轮的技能掌握情况。

四、评分标准与配分表

序号	考试内容	评分要素	配分	评分标准	最大扣分	步长	检测结果	扣分	得分	备注
1	准备工作	将滑轮清洗擦拭干净	5	漏做扣5分	5	5				
		检查滑轮的承重部位有无损伤	10	漏做扣10分	10	10				
2	维修、保养滑轮	使用活动扳手将滑轮夹板侧面螺母卸掉	10	操作错误扣10分	10	10				
		分别拆下滑轮防跳护栏和滑轮夹板,若防跳护栏损坏可对其进行更换	5	操作错误扣5分	5	5				
		用手锤敲击轴承使其松动后将其取出,检查轴承,若磨损严重,可直接更换;若只是弹子损坏,可更换新弹子,然后抹好黄油	15	操作错误扣15分	15	15				
		按照拆卸的顺序,先拆后装,将滑轮各部件组装在一起	10	操作错误扣10分	10	10				
		用活动扳手将滑轮夹板侧面螺母上紧	5	操作错误扣5分	5	5				
		检查滑轮是否松旷,若有问题进行调整	5	漏检扣5分	5	5				
		检查防跳护栏及防跳块安装位置是否合适,若有问题进行调整	5	漏检扣5分	5	5				
		检查承吊轴锁紧螺栓或连接螺杆是否紧固	10	漏检扣10分	10	10				
		用黄油枪往滑轮黄油嘴中打入黄油,直至顶出新黄油	10	操作错误扣10分	10	10				
3	收尾工作	将滑轮归位	5	漏做扣5分	5	5				
		清扫卫生,材料、工具归位	5	漏做扣5分	5	5				
合计			100							

考评员: 核分员: 年 月 日

试题六 维修、保养集流环

一、考生准备

考生按要求穿戴齐全劳保用品。

二、考场准备

1. 设备、工具、材料准备

序号	名称	单位	数量	备注
1	测井绞车	台	1	

续表

序号	名称	单位	数量	备注
2	通用工具	套	1	
3	万用表	块	1	
4	兆欧表	块	1	
5	无水酒精或气雾清洗剂	瓶	1	
6	棉纱		适量	

2. 场地、人员准备

(1)专用考核场地或测井小队车库。

(2)现场照明良好、清洁。

(3)考场有专业人员配合。

三、考核内容

(1)本题分值100分。

(2)考核时间20min。

(3)具体考核要求：

① 本题为实际操作题,考生需穿戴整齐劳保用品。

② 计时从下达口令开始,到宣布结束停止操作。

③ 提前完成操作不加分,超时停止操作。

④ 操作步骤清晰、有序。

⑤ 工具、器材使用正确。

⑥ 集流环应与滚筒轴同心。

⑦ 集流环炭刷应有最大接触面积。

⑧ 集流环引线间的通断电阻应小于0.5Ω。

⑨ 集流环引线对外壳及其线间的绝缘电阻应大于200MΩ。

⑩ 集流环转动时,引线间接触电阻的变化不应超过0.1Ω。

⑪ 违章操作或发生事故停止操作。

(4)操作程序说明：

① 进入考核场地,进行准备,准备时间为5min。

② 按考评员要求进行操作。

③ 操作完成,清理场地。

④ 退场。

(5)考试规定说明：

① 准备时间:5min。

② 准备时间不计入操作时间。

③ 正式操作时间:20min。

④ 考试采用百分制,考试项目得分按组卷比例进行折算。

（6）测量技能说明：

本试题主要考核考生维修、保养集流环的技能掌握情况。

四、评分标准与配分表

序号	考试内容	评分要素	配分	评分标准	最大扣分	步长	检测结果	扣分	得分	备注
1	准备工作	用开口扳手拆卸掉固定在滚筒轴上的集流环固定螺母	5	此项操作错误扣5分	5	5				
		拧开航空插头，将集流环取下	5	此项操作错误扣5分	5	5				
		用螺丝刀拧下集流环侧面的固定螺栓	5	此项操作错误扣5分	5	5				
		用手锤轻轻敲击靠轴头一端的不锈钢壳体，从而把集流环芯体从不锈钢筒外壳中抽出	5	此项操作错误扣5分	5	5				
2	检查维修集流环	检查各引线及插座焊点是否有断点、虚焊、短路现象，发现问题可重新焊接或更换新的连接线	5	此项操作错误扣5分	5	5				
		检查炭刷磨损情况，若发现炭刷磨损严重，应重新更换	5	此项操作错误扣5分	5	5				
		转动集流环，检查炭刷与铜环的接触情况，若炭刷与铜环存在接触问题，则调整炭刷位置确保接触良好	5	此项操作错误扣5分	5	5				
		用气雾清洗剂或无水酒精清洗每个炭刷和铜环	5	漏做此项扣5分	5	5				
		将集流环芯体正确放入不锈钢壳体，用螺丝刀拧紧集流环侧面固定螺栓	5	漏做此项扣5分	5	5				
		将集流环本体擦拭干净	5	漏做此项扣5分	5	5				
		用无水酒精或气雾清洗剂清洗集流环插座	5	漏做此项扣5分	5	5				
		用万用表逐一检查两插座相对应的每根缆芯的通断之后，可转动集流环检查每根的接触电阻是否保持相对稳定（每根引线间的阻值小于0.5Ω，接触电阻变化量小于0.1Ω）	10	此项操作错误扣10分	10	10				
		用兆欧表检查集流环的各测量环对外壳及各测量环线间的绝缘是否完好，每芯的绝缘电阻应大于$200M\Omega$	10	此项操作错误扣10分	10	10				
3	安装集流环	将电缆与集流环相连，然后拧紧固定螺栓	5	此项操作错误扣5分	5	5				
		检查集流环轴与滚筒轴是否同心	5	漏做此项扣5分	5	5				

续表

序号	考试内容	评分要素	配分	评分标准	最大扣分	步长	检测结果	扣分	得分	备注
3	安装集流环	检查滑环与连线的插头连接是否固定	5	漏做此项扣5分	5	5				
		通过地面系统将电缆所有缆芯短路,下放电缆时检查电缆头缆芯之间的阻值变化	5	漏做此项扣5分	5	5				
		维修保养完毕,将工具归位	5	漏做此项扣5分	5	5				
合计			100							

考评员：　　　　　　　　　　核分员：　　　　　　　　　　年　月　日

试题七　检查、保养马丁代克

一、考生准备

按要求穿戴好劳保用品。

二、考场准备

1. 设备、工具、材料准备

序号	名称	单位	数量	备注
1	测井绞车	台	1	
2	马丁代克	个	1	
3	井口通用工具	套	1	
4	黄油枪	把	1	
5	千分尺	把	1	
6	水桶	个	1	
7	清洗剂	瓶	1	
8	棉纱		适量	
9	黄油		适量	

2. 场地、人员准备

(1)考场可设在车场或工房。

(2)照明良好,水、电及安全设施齐全。

(3)考场整洁规范,无干扰。

(4)考场有专业操作工程师配合。

三、考核内容

(1)本题分值100分。

(2)考核时间25min。

(3)具体考核要求：

① 本题为实际操作题，考生需穿戴整齐劳保用品。

② 计时从下达口令开始，到宣布结束停止操作。

③ 提前完成操作不加分，超时停止操作。

④ 操作步骤清晰、有序。

⑤ 工具、器材使用正确。

⑥ 光电编码器不能在室外维修。

⑦ 光电编码器严禁进水或打进黄油。

⑧ 当通过转动测量轮检查光电编码器是否工作正常时，地面系统应取消对深度系统的校正量。

⑨ 违章操作或发生事故停止操作。

(4)操作程序说明：

① 进入考核场地，进行准备，准备时间为5min。

② 按考评员要求进行操作。

③ 操作完成，清理场地。

④ 退场。

(5)考试规定说明：

① 准备时间：5min。

② 准备时间不计入操作时间。

③ 正式操作时间：25min。

④ 考试采用百分制，考试项目得分按组卷比例进行折算。

(6)测量技能说明：

本试题主要考核考生检查、保养马丁代克的技能掌握情况。

四、评分标准与配分表

序号	考试内容	评分要素	配分	评分标准	最大扣分	步长	检测结果	扣分	得分	备注
1	准备工作	按考核通知单要求准备工具、材料	5	漏做此项扣5分	5	5				
		将马丁代克从固定位置拆下	5	此项操作错误扣5分	5	5				
2	注脂泵的常规检查与保养	清洗马丁代克，使其无钻井液及油污	5	漏做此项扣5分；编码器进水本题不得分	5	5				
		检查马丁代克的计数轮、导轮是否磨损严重	10	漏检一项扣5分	10	5				
		检查拉力弹簧是否锈蚀，拉力是否正常	5	漏检此项扣5分	5	5				
		检查紧固各固定螺母和连接销	15	漏检一处扣5分	15	5				

续表

序号	考试内容	评分要素	配分	评分标准	最大扣分	步长	检测结果	扣分	得分	备注
2	注脂泵的常规检查与保养	检查转动部件转动是否灵活	10	漏检一处扣5分	10	5				
		将黄油嘴注满黄油,到顶出新黄油为止	15	一处未注满黄油扣5分	15	5				
		在拉力弹簧表面涂抹机油	5	漏做此项扣5分	5	5				
		用气雾清洁剂清洁编码器插座	5	漏做此项扣5分	5	5				
		将马丁代克与连接线相连,在马丁代克测量轮上画出标记位置,然后转动10圈,绞车面板深度应移动测量轮标称周长的10倍	10	此项操作错误扣10分	10	10				
3	收尾工作	固定马丁代克	5	漏做此项扣5分	5	5				
		清理现场,工具、材料归位	5	漏做此项扣5分	5	5				
合计			100							

考评员： 核分员： 年 月 日

试题八 维修马丁代克无深度故障

一、考生准备

考生按要求穿戴好劳保用品。

二、考场准备

1. 设备、工具、材料准备

序号	名称	单位	数量	备注
1	测井绞车	台	1	
2	马丁代克	个	1	
3	井口通用工具	套	1	
4	黄油枪	把	1	
5	万用表	块	1	
6	水桶	个	1	
7	清洗剂	瓶	1	
8	马丁代克电路接线图	份	1	
9	黄油		适量	

2. 场地、人员准备

(1)考场可设在车场或工房。
(2)照明良好,水、电及安全设施齐全。

(3)考场整洁规范,无干扰。
(4)考场有专业操作工程师配合。

三、考核内容

(1)本题分值100分。
(2)考核时间25min。
(3)具体考核要求：
① 本题为实际操作题,考生需穿戴整齐劳保用品。
② 计时从下达口令开始,到宣布结束停止操作。
③ 提前完成操作不加分,超时停止操作。
④ 操作步骤清晰、有序。
⑤ 工具、器材使用正确。
⑥ 违章操作或发生事故停止操作。
(4)操作程序说明：
① 进入考核场地,进行准备,准备时间为5min。
② 按考评员要求进行操作。
③ 操作完成,清理场地。
④ 退场。
(5)考试规定说明：
① 准备时间:5min。
② 准备时间不计入操作时间。
③ 正式操作时间:25min。
④ 考试采用百分制,考试项目得分按组卷比例进行折算。
(6)测量技能说明：
本试题主要考核考生维修马丁代克无深度故障的技能掌握情况。

四、评分标准与配分表

序号	考试内容	评分要素	配分	评分标准	最大扣分	步长	检测结果	扣分	得分	备注
1	准备工作	按考核通知单要求准备工具、材料	5	漏做此项扣5分	5	5				
		在操作工程师配合下,确认马丁代克故障	5	漏做此项扣5分	5	5				
2	检修马丁代克	检查马丁代克连接线及插头、插座	10	漏检一项扣5分	10	5				
		用万用表测量地面系统提供的马丁代克电源电压是否正常	5	漏检此项扣5分	5	5				
		卸下编码器座上的固定螺栓	5	此项操作错误扣5分	5	5				

续表

序号	考试内容	评分要素	配分	评分标准	最大扣分	步长	检测结果	扣分	得分	备注
2	检修马丁代克	把编码器和编码器座分离并拆下编码器座	5	此项操作错误扣5分	5	5				
		拧松连接装置上的固定螺栓,把编码器与底部连接装置分离	10	此项操作错误扣10分	10	10				
		清洁马丁代克编码器安装槽,清洁后涂抹黄油	5	漏做此项扣5分	5	5				
		把编码器连接装置固定在新的编码器上,把编码器安装在编码器座上	5	此项操作错误扣5分	5	5				
		把连接装置的定位凸起与丈量轮轴上的定位槽对接,把编码器底座固定在马丁代克的编码器安装槽上	10	此项操作错误扣10分	10	10				
		将连接线与马丁代克相连接,绞车面板深度置零	5	漏做此项扣5分	5	5				
		在马丁代克测量轮上画出标记位置,然后转动10圈,绞车面板深度应移动测量轮标称周长的10倍	10	此项操作错误扣10分	10	10				
		对马丁代克进行清洁	5	漏做此项扣5分	5	5				
		所有黄油嘴打满黄油	5	漏做此项扣5分	5	5				
3	收尾工作	固定马丁代克	5	漏做此项扣5分	5	5				
		清理现场,工具、材料归位	5	漏做此项扣5分	5	5				
合计			100							

考评员: 核分员: 年 月 日

试题九 防喷控制头与封井器的常规检查保养

一、考生准备

考生按要求穿戴好劳保用品。

二、考场准备

1. 设备、工具、材料准备

序号	名称	单位	数量	备注
1	防喷装置	套	1	
2	通用工具	套	1	
3	专用工具	套	1	

续表

序号	名称	单位	数量	备注
4	气雾清洁剂	瓶	1	
5	黄油	袋	1	
6	清水	桶	1	
7	螺纹脂		适量	
8	密封脂		适量	
9	棉纱		适量	

2. 场地、人员准备

（1）专用考核场地或测井小队车库。

（2）现场照明良好、清洁。

（3）考场有专业人员配合。

三、考核内容

（1）本题分值100分。

（2）考核时间15min。

（3）具体考核要求：

① 本题为实际操作题,考生需穿戴整齐劳保用品。

② 计时从下达口令开始,到宣布结束停止操作。

③ 提前完成操作不加分,超时停止操作。

④ 操作步骤清晰、有序。

⑤ 每测5口井,需更换防喷控制头胶块。

⑥ 防喷控制头铜块孔径大于电缆直径1mm时需进行更换。

⑦ 防喷控制头每季度要进行整体检查、保养。

⑧ 流管的孔径大于电缆外径0.3mm时要进行更换。

⑨ 工具、器材使用正确。

⑩ 违章操作或发生事故停止操作。

（4）操作程序说明：

① 进入考核场地,进行准备,准备时间为5min。

② 按考评员要求进行操作。

③ 操作完成,清理场地。

④ 退场。

（5）考试规定说明：

① 准备时间：5min。

② 准备时间不计入操作时间。

③ 正式操作时间：15min。

④ 考试采用百分制,考试项目得分按组卷比例进行折算。

(6)测量技能说明：

本试题主要考核考生防喷控制头与封井器的常规检查保养的技能掌握情况。

四、评分标准与配分表

序号	考试内容	评分要素	配分	评分标准	最大扣分	步长	检测结果	扣分	得分	备注
1	准备工作与绞车清洁	按考核通知单要求准备防喷装置和工具、材料	5	错选防喷装置或工具扣5分	5	5				
		确认防喷装置外观无损坏	5	漏此项操作扣5分	5	5				
2	防喷器控制头的常规检查与保养	清洁和润滑防喷器控制头的外壳	5	漏做此项扣5分	5	5				
		检查复位弹簧，保证缸体活塞能够完全复位	10	此项未检查扣10分	10	10				
		检查铜块磨损情况，当铜块孔径大于电缆直径1mm时更换	10	漏检此项扣10分	10	10				
		检查防喷控制头上的各快速接头是否完好，上油保养并戴好护帽	10	漏检一项扣5分	10	5				
		检查防喷控制头O形密封圈有无损伤、变形，并涂油保养	10	漏检或未更换损坏的O形密封圈扣5分	10	5				
3	封井器的常规检查与保养	对外壳进行清洁，做好润滑	5	未进行此项操作扣5分	5	5				
		对丝杠、闸板总成进行清洁、润滑后开关一次	5	漏做一项扣5分	5	5				
		密封面涂上润滑油，戴好护帽	5	漏做一项扣5分	5	5				
		检查封井器上的平衡阀是否完好，定位销有无松动	10	漏检一项扣5分	10	5				
		检查封井器密封面上的密封圈有无损坏	5	此项未检查扣5分	5	5				
		检查封井器丝杠手柄齐全，开、关是否灵活	5	此项未检查扣5分	5	5				
4	收尾工作	将防喷装置各部件归位	5	漏做此项扣5分	5	5				
		清理场地，将材料、工具归位	5	漏做此项扣5分	5	5				
合计			100							

考评员： 核分员： 年 月 日

试题十 注脂泵与防落器的常规检查保养

一、考生准备

考生按要求穿戴好劳保用品。

二、考场准备

1. 设备、工具、材料准备

序号	名称	单位	数量	备注
1	防喷装置	套	1	
2	通用工具	套	1	
3	专用工具	套	1	
4	气雾清洁剂	瓶	1	
5	黄油	袋	1	
6	清水	桶	1	
7	螺纹脂		适量	
8	密封脂		适量	
9	棉纱		适量	

2. 场地、人员准备

(1) 专用考核场地或测井小队车库。

(2) 现场照明良好、清洁。

(3) 考场有专业人员配合。

三、考核内容

(1) 本题分值 100 分。

(2) 考核时间 15min。

(3) 具体考核要求:

① 本题为实际操作题,考生需穿戴整齐劳保用品。

② 计时从下达口令开始,到宣布结束停止操作。

③ 提前完成操作不加分,超时停止操作。

④ 操作步骤清晰、有序。

⑤ 工具、器材使用正确。

⑥ 违章操作或发生事故停止操作。

(4) 操作程序说明:

① 进入考核场地,进行准备,准备时间为 5min。

② 按考评员要求进行操作。

③ 操作完成,清理场地。

④ 退场。

(5) 考试规定说明:

① 准备时间:5min。

② 准备时间不计入操作时间。

③ 正式操作时间:15min

④ 考试采用百分制,考试项目得分按组卷比例进行折算。
(6)测量技能说明:
本试题主要考核考生注脂泵与防落器的常规检查保养技能的掌握情况。

四、评分标准与配分表

序号	考试内容	评分要素	配分	评分标准	最大扣分	步长	检测结果	扣分	得分	备注
1	准备工作	按考核通知单要求准备防喷装置和工具、材料	5	错选防喷装置或工具扣5分	5	5				
		确认防喷装置外观无损坏	5	漏此项操作扣5分	5	5				
2	注脂泵的常规检查与保养	清洁注脂泵泵筒,套上专用防尘罩	10	漏做一项扣5分	10	5				
		检查润滑油杯有无破损,油面是否位于上下限之间	10	此项未检查扣10分	10	10				
		检查空气滤杯有无损坏,放水阀是否灵活	10	漏检此项扣10分	10	10				
		检查气源调节阀、润滑油调节阀、放压阀是否处于关闭状态	10	漏检一项扣5分	10	5				
3	防落器的常规检查与保养	对防落器外壳进行清洁、润滑	10	漏做一项扣5分	10	5				
		将密封面涂上润滑油,戴好护帽	10	漏做一项扣5分	10	5				
		检查防落器拨叉手柄固定架是否良好,手柄是否灵活,固定螺栓有无松动、缺失	10	漏做一项扣5分	10	5				
		检查防落器密封圈有无损坏	10	漏检一项扣5分	10	5				
4	收尾工作	将防喷装置各部件归位	5	漏做此项扣5分	5	5				
		清理场地,将材料、工具归位	5	漏做此项扣5分	5	5				
合计			100							

考评员:　　　　　　　　　核分员:　　　　　　　　　年　月　日

试题十一　标定电缆磁性记号的井口操作

一、考生准备

(1)考生准备齐全准考证件。
(2)考生准备考试用笔。

二、考场准备

1. 材料准备

名称	单位	数量	备注
考核试卷	套	1	

2. 场地、人员准备

（1）现场照明良好、清洁。

（2）考场有专业人员考核人员。

三、考核内容

（1）本题分值100分。

（2）考核时间20min。

（3）具体考核要求：

① 本题为实际操作题,考生需穿戴整齐劳保用品。

② 计时从下达口令开始,到宣布结束停止操作。

③ 提前完成操作不加分,超时停止操作。

④ 地面电极线的电极头与电极导线的焊接必须牢固,且接触电阻应小于0.5Ω。

⑤ 焊接后组装专用插头时,应上紧线夹保证线与插头连接牢靠。

⑥ 电烙铁必须接在带漏电保护器的接线板上。

⑦ 电烙铁使用完成后,应置于专用电烙铁架上。

⑧ 地面电极线收到绕线盘上后,应将绕线盘固定好,防止电极线自由倒下而被意外损坏。

⑨ 工具、器材使用正确。

⑩ 违章操作或发生事故停止操作。

（4）操作程序说明：

① 进入考核场地,进行准备,准备时间为5min。

② 按考评员要求进行操作。

③ 操作完成,清理场地。

④ 退场。

（5）考试规定说明：

① 准备时间：5min。

② 准备时间不计入操作时间。

③ 正式操作时间：20min。

④ 考试采用百分制,考试项目得分按组卷比例进行折算。

（6）测量技能说明：

本试题主要考核考生制作自然电位测井地面电极技能的掌握情况。

四、评分标准与配分表

序号	考试内容	评分要素	配分	评分标准	最大扣分	步长	检测结果	扣分	得分	备注
1	准备工作	指挥司机将绞车正对标准井井口,停车距离井口应在25m左右,打好掩木	5	漏答扣5分	5	5				
		指挥绞车工下放适当长度的电缆	5	漏答扣5分	5	5				

续表

序号	考试内容	评分要素	配分	评分标准	最大扣分	步长	检测结果	扣分	得分	备注
2	井口安装与检查	将电缆头戴上专用护帽后从地滑轮中穿过	5	漏答扣5分	5	5				
		将拉升电缆头穿过简易井架上天滑轮的专用引绳系在电缆头护帽的拉环上,然后慢慢用力拉引绳的另一端,将鱼雷连同电缆拉过天滑轮	10	漏答一项扣5分	10	5				
		将钢丝马笼头与电缆头连接好	5	漏答扣5分	5	5				
		连接马笼头与磁定位器及标准加重	5	漏答扣5分	5	5				
		将电缆标定仪、深度马达、注磁器、消磁器及测井地面记录仪之间的各连接线连接好	5	漏答扣5分	5	5				
		用六方扳手或其他铁器在磁定位器线圈处来回滑动,配合操作工程师检查磁定位仪器的输出信号是否正常	5	漏答扣5分	5	5				
3	标定电缆井口的操作	指挥绞车工慢起电缆,然后将磁定位器下入标准井内	5	漏答扣5分	5	5				
		在规定位置指挥绞车工深度置零	5	漏答扣5分	5	5				
		将井口附近的电缆放入铁架上的电缆引导轮内	5	漏答扣5分	5	5				
		检查调整消磁器并使其正对电缆,并使消磁器与电缆的距离不大于1cm	10	漏答扣10分	10	10				
		电缆下放到规定位置后,检查注磁器是否对准电缆,并使其与电缆的距离不大于1cm	10	漏答扣10分	10	10				
		以不大于2000m/h的速度上提电缆,进行电缆磁记号标注,同时观察电缆运行是否正常	10	漏答一项扣5分	10	5				
		丈量电缆做磁记号完成后,完成磁定位器的拆卸及电缆的收回工作	5	漏答扣5分	5	5				
		清理现场	5	漏答扣5分	5	5				
合计			100							

考评员：　　　　　　　　　　　核分员：　　　　　　　　　　　年　月　日

试题十二　识别电缆铠装层的损坏程度

一、考生准备

(1)考生准备齐全准考证件。

测井工（测井采集专业方向）

(2)考生准备考试用笔。

二、考场准备

1. 材料准备

名称	单位	数量	备注
考核试卷	套	1	

2. 场地、人员准备

(1)现场照明良好、清洁。
(2)考场有专业人员考核人员。

三、考核内容

(1)本题分值100分。
(2)考核时间45min。
(3)具体考核要求：
① 本题为笔试题，考生自备考试用笔。
② 计时从下达口令开始，到宣布退出考场结束。
③ 提前完成考核不加分，超时停止答卷。
(4)操作程序说明：
① 考试前按考核题内容领取相应考核试卷。
② 填写试卷要求内容。
(5)考试规定说明：
① 独立完成考核。
② 违规抄袭，取消考核资格。
③ 考试采用百分制，考试项目得分按组卷比例进行折算。
(6)测量技能说明：
本试题主要考核考生识别电缆铠装层的损坏程度技能的掌握情况。

四、评分标准与配分表

序号	考试内容	评分要素	配分	评分标准	最大扣分	步长	检测结果	扣分	得分	备注
1	外观的观察与处理	检查电缆铠装层是否有打扭和断钢丝。发现有打扭应用整形钳使电缆恢复，如果有少量断钢丝应采用薄钢片压住钢丝断头	15	漏答此项扣15分	15	15				
		检查电缆铠装层外层钢丝是否存在磨损、腐蚀、锈蚀情况，当外层钢丝有20%存在磨损或用砂纸打磨外层钢丝不见光泽，说明钢丝腐蚀严重，此情况下电缆应进行拉力试验	10	漏答此项扣10分	10	10				

续表

序号	考试内容	评分要素	配分	评分标准	最大扣分	步长	检测结果	扣分	得分	备注
1	外观的观察与处理	用整形钳使钢丝呈松散状,检查两层钢丝间是否有较多铁锈,然后用砂纸打磨内层钢丝,若不见光泽说明钢丝腐蚀较为严重,应做拉力试验	10	漏答此项扣10分	10	10				
2	电缆直径的测量与处理	用游标卡尺测量电缆 X、Y 直径,其变化超过10%时,电缆不可继续使用	10	漏答或答错一项扣5分	10	5				
		用游标卡尺测量电缆直径,当电缆直径较原直径减少超过5%时,电缆不可继续使用	10	漏答或答错一项扣5分	10	5				
		用游标卡尺测量外层单根钢丝,其所受磨损超过原直径的30%且磨损钢丝数量超过20%时,电缆不可继续使用	15	漏答此项扣15分	15	15				
3	电缆弹性和拉力的测量与处理	从电缆头部截取一段电缆,用电工钳剪下一段单根钢丝,用手将其两头对折使其弯曲180°,如果弯曲处呈尖针状,断头处多毛刺,说明电缆钢丝已经失去弹性,不得继续使用	15	漏答此项扣15分	15	15				
		对电缆进行拉力试验,其拉断力若达不到电缆额定拉断力的75%,电缆不可继续使用	15	漏答此项扣15分	15	15				
合计			100							

考评员: 核分员: 年 月 日

试题十三 制作自然电位测井地面电极

一、考生准备

考生按要求穿戴齐全劳保用品。

二、考场准备

1. 设备、工具、材料准备

序号	名称	单位	数量	备注
1	长40m左右的胶皮电缆	根	1	
2	地面电极线专用插头	个	1	
3	30A 的熔断丝	卷	1	
4	长25cm,直径3~5cm 的柱状木棍	根	1	
5	300W 电烙铁	件	1	
6	30W 电烙铁	件	1	

续表

序号	名称	单位	数量	备注
7	焊锡丝、焊锡膏		适量	
8	通用工具	套	1	
9	万用表、兆欧表(含相应的表笔线)	块	各1	
10	高压胶、黑胶布、塑料胶带、热塑管		适量	

2. 场地、人员准备

(1)专用考核场地或测井小队车库。

(2)现场照明良好、清洁。

(3)考场有专业人员配合。

三、考核内容

(1)本题分值100分。

(2)考核时间20min。

(3)具体考核要求：

① 本题为实际操作题，考生需穿戴整齐劳保用品。

② 计时从下达口令开始，到宣布结束停止操作。

③ 提前完成操作不加分，超时停止操作。

④ 地面电极线的电极头与电极导线的焊接必须牢固，且接触电阻应小于0.5Ω。

⑤ 焊接后组装专用插头时，应上紧线夹保证线与插头连接牢靠。

⑥ 电烙铁必须接在带漏电保护器的接线板上。

⑦ 电烙铁使用完成后，应置于专用电烙铁架上。

⑧ 地面电极线收到绕线盘上后，应将绕线盘固定好，防止电极线自由倒下而被意外损坏。

⑨ 工具、器材使用正确。

⑩ 违章操作或发生事故停止操作。

(4)操作程序说明：

① 进入考核场地，进行准备，准备时间为5min。

② 按考评员要求进行操作。

③ 操作完成，清理场地。

④ 退场。

(5)考试规定说明：

① 准备时间：5min。

② 准备时间不计入操作时间。

③ 正式操作时间：20min。

④ 考试采用百分制，考试项目得分按组卷比例进行折算。

(6)测量技能说明：

本试题主要考核考生制作自然电位测井地面电极技能的掌握情况。

四、评分标准与配分表

序号	考试内容	评分要素	配分	评分标准	最大扣分	步长	检测结果	扣分	得分	备注
1	准备工作	准备材料、工具	5	漏此项操作扣5分	5	5				
2	制作地面电极	制作一长25cm、直径3.5cm的柱状木棍	5	此项操作错误扣5分	5	5				
		用万用表和兆欧表检查胶皮电缆的通断和绝缘是否良好,并检查表面有无损伤	10	漏此操作步骤扣10分	10	10				
		用剪刀、剥线钳将电极线的一端剥出长度不少于15cm的多股铜丝,用砂纸把线芯的氧化层打磨干净,拧成一股	10	漏此操作步骤扣10分	10	10				
		在柱状木棍上缠绕一层黑胶布	5	漏此操作步骤扣5分	5	5				
		将剥好线芯那端的胶皮电缆的前15cm长度部分,对折成三段并排附在柱状木棍的一端,剥好的拧成一股的线头朝向柱状木棍的另一端	5	漏此操作步骤扣5分	5	5				
		用熔断丝先将对折成三段的胶皮电缆部分缠绕压在柱状木棍上,再将拧成一股的线芯缠压在柱状木棍上,线芯被缠压应遵循第一圈熔断丝将线芯压在下面,第二圈熔断丝不压线芯,第三圈再压,依此类推直至缠压结束	10	漏此操作步骤扣10分	10	10				
		用300W电烙铁将线芯与缠绕的熔断丝焊在一起,把缠绕的熔断丝的各个接头焊接起来,使整个电极头形成一个整体	10	漏此操作步骤扣10分	10	10				
		再将缠压胶皮电缆的那部分熔断丝用高压胶缠包紧,最后再缠包一层黑胶布,以保证电极线与电极头连接牢靠	10	漏此操作步骤扣10分	10	10				
		用剪刀、剥线钳将电极线的另一端剥开适当长度,将多股铜缆芯拧在一起,用砂纸将氧化层打磨干净,与专用插头焊接到一起并组装好	10	此项操作错误扣10分	10	10				
		用高压胶带和塑料胶带把电极线与专用插头相接触的部位包裹紧	5	漏此操作步骤扣5分	5	5				
		用万用表检查电极线的阻值,其阻值不得大于制作前胶皮电缆线芯阻值0.5Ω,若完好则地面电极线制作完成	10	漏此操作步骤扣10分	10	10				
		清理操作位置,工完料净场地清	5	漏做本操作步骤扣5分	5	5				
合计			100							

考评员: 核分员: 年 月 日

试题十四 操作测井绞车进行钻具输送测井

一、考生准备

考生按要求穿戴齐全劳保用品。

二、考场准备

1. 设备准备

名称	单位	数量	备注
测井绞车	台	1	

2. 场地、人员准备

(1)专用考核场地或测井小队车库。
(2)现场照明良好、清洁。
(3)考场整洁规范,无干扰。
(4)考场有专业操作工程师配合。

三、考核内容

(1)本题分值 100 分。
(2)考核时间 20min。
(3)具体考核要求:
① 本题为实际操作题,考生需按要求穿戴劳保用品。
② 计时从下达口令开始,到宣布结束停止操作。
③ 提前完成操作不加分,超时停止操作。
④ 钻输测井测量过程中,测井绞车应通过调节扭矩阀,自跟踪张力变化,保持电缆和钻具的最佳同步运行状态。
⑤ 钻具输送施工过程中,注意井口及井下张力的变化,发现异常立即采取措施,并下令停止起下钻。
⑥ 打压对接时,必须保证先移动电缆后开钻井泵,先关钻井泵后停止下放电缆。
⑦ 下放测量时,应调节扭矩阀使钻具移动时绞车即动,钻具停止移动时绞车即停。电缆张力最大负荷不超过 13kN,系统工作压力不超过 10MPa。
⑧ 上提测量时,当钻具上提时滚筒随钻具动作延迟时间要求不超过 5s,钻具下放一般不得超过 20cm。
⑨ 违章操作或发生事故停止操作。
(4)操作程序说明:
① 进入考核场地,进行准备,准备时间为 5min。
② 按考评员要求进行操作。

③ 操作完成,清理场地。

④ 退场。

(5)考试规定说明:

① 准备时间:5min。

② 准备时间不计入操作时间。

③ 正式操作时间:20min。

④ 考试采用百分制,考试项目得分按组卷比例进行折算。

(6)测量技能说明:

本试题主要考核考生操作测井绞车进行钻具输送测井技能的掌握情况。

四、评分标准与配分表

序号	考试内容	评分要素	配分	评分标准	最大扣分	步长	检测结果	扣分	得分	备注
1	扭矩阀调试	下放10m电缆	3	漏此项操作扣3分	3	3				
		调整扭矩阀至完全打开位置,微调旋钮至最大位置(0位),松开滚筒刹车,将绞车操作手柄置于上提位置	4	此项操作错误扣4分	4	4				
		反向缓慢调整扭矩阀至滚筒开始缓慢转动为止,同时观察液压系统工作压力(压力应在较低的状态,一般为4~6MPa)	5	漏此操作步骤扣5分	5	5				
		相关辅助人员拽住电缆,滚筒应停止转动	5	漏此操作步骤扣5分	5	5				
2	仪器对接操作	当井口安装完毕需要进行湿接头对接时,在泵下枪悬吊于井口时,将绞车深度面板置零,然后缓慢下放电缆	3	漏此操作步骤扣3分	3	3				
		当对接点井斜角较小时,绞车保持下放电缆,当下至距湿接头、快速接头200m处时停车,慢起50m,然后以90~100m/min的速度下放电缆进行对接	5	此项操作错误扣5分	5	5				
		当对接处井斜角较大或电缆对接不成功需进行打压对接时,慢下电缆过程中,钻井队开启钻井泵,待电缆张力比静止状态有明显增加(泵压作用在泵下枪上)时,以100m/min的速度下放电缆	5	此项操作错误扣5分	5	5				
		当电缆遇阻时,立即通知钻井队停泵,当电缆完全放松后再停止下放电缆,保证电缆遇阻在20m以上(保持旁通下电缆放松,防止电缆绷劲造成湿接头脱开)	5	此项操作错误扣5分	5	5				
		确认仪器对接完毕且井口电缆旁通卡打好后,在井口人员的指挥下进行电缆静拉力调试,调整扭矩阀或顺序阀至完全打开位置(完全泄压状态),将微调开关旋至最大位置(0位),将绞车操作手柄置于上提位置2/3或全部到底后略回一点,松开刹车(气动和手动),慢速旋紧扭矩阀或顺序阀,上提张力约1100kgf时停止调整,停止时间3~5min,确认系统压力是否下降,如下降及时停止绞车运转,通知井口对旁通卡进行紧固后再调试	8	此项操作错误扣8分	8	8				

续表

序号	考试内容	评分要素	配分	评分标准	最大扣分	步长	检测结果	扣分	得分	备注
3	钻具输送下放测量	操作工程师预置好仪器串底部深度,操作系统进入下放测井状态	2	此项操作错误扣2分	2	2				
		调整扭矩阀或顺序阀至完全打开位置,微调旋钮至最大位置(0位),松开滚筒刹车	5	此项操作错误扣5分	5	5				
		绞车放置在高速挡、上提位置,使液压泵和液压马达在最大排油量	10	此项操作错误扣10分	10	10				
		缓慢调整扭矩阀,进行电缆张力调整,电缆上提绷紧后,负荷达到 1500~2000lbf 或 7~10kN;系统工作压力达 6~8MPa 时停止调整扭矩阀(根据绞车的实际使用状况部分绞车为 7~9MPa),此时滚筒应停止转动,系统压力保持不变	10	此项操作错误扣10分	10	10				
		调整的同时观察电缆的松紧度,调整完毕及时与井口联系,进行钻具下放验证	2	漏此操作步骤扣2分	2	2				
		当钻具下放时系统工作压力和负荷略有升高,一般不超过 2100~2400lbf 或 10kN 左右(根据电缆角度的不同,张力也随之变化),而滚筒能随钻具下放为正常。当工作压力和负荷继续升高而滚筒不随之转动时,应及时旋动扭矩阀泄压到滚筒转动为止(最大负荷不超过 1300kgf,系统工作压力不超过 10MPa)。当钻具下放停止时滚筒也能随之停止,同时系统压力和电缆张力保持在设定值内	3	此项操作错误扣3分	3	3				
		下测中根据电缆深度的增加,及时调整扭矩以保持电缆张力	3	此项操作错误扣3分	3	3				
4	上提测量	将绞车操作手柄置于上提位置1/2处以内	2	此项操作错误扣2分	2	2				
		缓慢调整扭矩阀,调整电缆张力至 10kN 或 2000lbf 左右	10	此项操作错误扣10分	10	10				
		调整完毕及时与井口操作人员联系,通知井队慢速上提钻具,当钻具上提时滚筒随钻具动作。如滚筒转动延缓过慢或长时间不随之转动,应及时旋紧扭矩阀,使滚筒随钻具转动	2	此项操作错误扣2分	2	2				
		上测过程中根据电缆深度的减少,及时调整扭矩以保持电缆张力	3	漏此操作步骤扣3分	3	3				
5	收尾工作	收回电缆	3	漏此操作步骤扣3分	3	3				
		绞车各控制开关复位	2	漏此操作步骤扣2分	2	2				
合计			100							

考评员: 核分员: 年 月 日

试题十五　测井液压绞车的常规保养

一、考生准备

考生按要求穿戴齐全劳保用品。

二、考场准备

1. 设备、工具、材料准备

序号	名称	单位	数量	备注
1	测井绞车	台	1	
2	通用工具	套	1	
3	黄油枪	把	1	
4	机油壶	个	1	
5	水桶	个	1	
6	棉纱		适量	

2. 场地、人员准备

(1)专用考核场地或测井小队车库。

(2)现场照明良好、清洁。

(3)考场整洁规范,无干扰。

(4)考场有专业操作工程师配合。

三、考核内容

(1)本题分值100分。

(2)考核时间10min。

(3)具体考核要求:

① 本题为实际操作题,考生需按要求穿戴劳保用品。

② 计时从下达口令开始,到宣布结束停止操作。

③ 提前完成操作不加分,超时停止操作。

④ 检查传动系统时,必须断开动力系统。

⑤ 严禁触碰、靠近转动部件。

⑥ 紧固固定螺栓时,要选择合适的扳手。

⑦ 检查用电设备和电路时,应切断电源。

⑧ 绞车链条自由下垂度应为10~30mm。

⑨ 工具、器材使用正确。

⑩ 违章操作或发生事故停止操作。

(4)操作程序说明:
① 进入考核场地,进行准备,准备时间为5min。
② 按考评员要求进行操作。
③ 操作完成,清理场地。
④ 退场。

(5)考试规定说明:
① 准备时间:5min。
② 准备时间不计入操作时间。
③ 正式操作时间:10min。
④ 考试采用百分制,考试项目得分按组卷比例进行折算。

(6)测量技能说明:
本试题主要考核考生测井绞车的常规保养技能的掌握情况。

四、评分标准与配分表

序号	考试内容	评分要素	配分	评分标准	最大扣分	步长	检测结果	扣分	得分	备注
1	准备工作与绞车清洁	准备合适的工具、材料	4	工具、材料选择错误扣4分	4	4				
		清洁绞车各部件	5	漏此项操作扣5分	5	5				
2	绞车的检查与调整	检查链条的张紧程度,链条自由下垂度应为10~30mm	5	此项漏检扣5分	5	5				
		检查并调整制动钳与制动盘的间隙(1~2cm),紧固制动钳底座螺栓	10	漏做一项扣5分	10	5				
		检查气控系统元件和管线有无磨损和渗漏	5	此项漏检扣5分	5	5				
		检查液压油箱、液压泵、液压马达、各执行元件及管线有无渗漏	5	漏检一项扣1分	5	1				
		检查动选箱、液压油泵、液压马达、绞车减速箱的固定情况	8	漏检一项扣2分	8	2				
		检查冷却风扇是否牢固,有无松旷和叶片裂纹	5	此项漏检扣5分	5	5				
		检查散热器有无渗漏,固定螺栓是否松动	4	漏检一项扣2分	4	2				
		检查液压仪器气囊及各连接头有无松动及破损现象	4	此项漏检扣4分	4	4				
3	绞车的润滑与紧固	给传动链条、排绳器链条加机械润滑油	8	漏做一项扣4分	8	4				
		给传动轴、绞车滚筒、刹车装置、排绳器的轴承加注润滑脂,其他转动部位加机油润滑	10	漏做一项扣2分	10	2				

续表

序号	考试内容	评分要素	配分	评分标准	最大扣分	步长	检测结果	扣分	得分	备注
3	绞车的润滑与紧固	拧紧滚筒顶丝	10	漏做此项扣 10 分	10	10				
		拧紧滚筒架与车身大梁的连接螺栓	5	漏做此项扣 5 分	5	5				
		拧紧刹车装置各螺栓,检查各部件是否松动、锈蚀、渗漏,不符合技术要求的进行整改	8	漏做此项扣 8 分	8	8				
4	收尾工作	清理场地,工具、材料归位	4	未进行此项操作扣 4 分	4	4				
合计			100							

考评员： 核分员： 年 月 日

试题十六 启动、关闭车载(奥南)发电机

一、考生准备

考生按要求穿戴齐全劳保用品。

二、考场准备

1. 设备、工具、材料准备

序号	名称	单位	数量	备注
1	测井绞车	台	1	
2	通用工具	套	1	

2. 场地、人员准备

(1)专用考核场地或车场。
(2)现场照明良好、清洁。
(3)考场整洁规范,无干扰。
(4)考场有专业人员配合。

三、考核内容

(1)本题分值 100 分。
(2)考核时间 10min。
(3)具体考核要求：
① 本题为实际操作题,考生需按要求穿戴劳保用品。
② 计时从下达口令开始,到宣布结束停止操作。
③ 提前完成操作不加分,超时停止操作。
④ 使用发电机时,应选择通风良好的位置,不可在车间工房内使用发电机,如需在车间

工房内使用发电机,应保证门窗打开,通风良好。

⑤ 在加注燃油时,需将发电机熄火,切勿在加油时吸烟或在火焰附近加油。

⑥ 在使用发电机时,必须使用接地线。在雨、雪天使用时,应做好防雨、雪措施,各用电系统需安装触电保护器。

⑦ 在发电机运转时,严禁对其进行检查和维修。

⑧ 在启动和关闭发电机前,应关闭供电开关。

⑨ 对需外加燃油的发电机,在加油时必须先确认发动机和消声器都已冷却,同时应注意勿过多加油。如果燃油从油箱溢出,应立即将其擦干净。

⑩ 发电机运行时,切勿在排气口附近放置任何可燃物品。

⑪ 在发电机运行时请勿覆盖防尘罩或其他物品;

⑫ 切勿用湿手触摸发电机;

⑬ 违章操作或发生事故停止操作。

(4) 操作程序说明:

① 进入考核场地,进行准备,准备时间为5min。

② 按考评员要求进行操作。

③ 操作完成,清理场地。

④ 退场。

(5) 考试规定说明:

① 准备时间:5min。

② 准备时间不计入操作时间。

③ 正式操作时间:10min。

④ 考试采用百分制,考试项目得分按组卷比例进行折算。

(6) 测量技能说明:

本试题主要考核考生启动关闭车载(奥南)发电机技能的掌握情况。

四、评分标准与配分表

序号	考试内容	评分要素	配分	评分标准	最大扣分	步长	检测结果	扣分	得分	备注
1	启动前检查	检查奥南发电机燃油的油量、燃油标号是否符合工作时间及工作气温的要求	5	漏此项操作扣5分	5	5				
		检查奥南发电机、电瓶液、电瓶电压及各连接线是否符合要求	5	漏此项操作扣5分	5	5				
		检查奥南发电机机油的质量、容量是否符合规定	5	漏此项操作扣5分	5	5				
		检查奥南发电机各部螺栓的固定情况	5	漏此项操作扣5分	5	5				
		检查奥南发电机的接地线是否接触良好	5	漏此项操作扣5分	5	5				
		检查各油管及接头是否漏油	5	漏此项操作扣5分	5	5				
		检查供电开关是否处于关闭位置	5	漏此项操作扣5分	5	5				

续表

序号	考试内容	评分要素	配分	评分标准	最大扣分	步长	检测结果	扣分	得分	备注
2	启动和关闭奥南发电机	用扳手将燃油回油管接头卸松。扳动输油泵手油杆直到有燃油从燃油回油管流出并无气泡后,拧紧回油管接头	10	漏一项操作扣5分	10	5				
		将预热开关置于预热位置约1min,用手摸着歧管感觉其温度上来后,松开预热开关,让开关自动回位	10	漏此项操作扣10分	10	15				
		将"启动/停止"开关置于"启动"位置,启动马达开始启动,并带动柴油机运转,柴油机运转正常后,松开"启动/停止"开关,该开关会自动回到中位。按压启动开关15~20s后,发动机仍不能启动,重复泵油、预热、启动。在发动机启动时,如果排气管无蓝白烟排出,表示无柴油供给,应找出原因	15	此项操作错误扣15分	15	15				
		启动后,检查机油压力应为0.2~0.28MPa,输出电压和频率应稳定,满足技术要求。如果频率偏高或偏低,可调节发电机左边侧面圆孔中螺杆上的螺母。顺时针上紧,则频率升高;逆时针上紧,则频率降低。如果电压偏高或偏低,可打开发电机上盖,调节控制板中上部的电位器	10	此项操作错误扣10分	10	10				
		发电机运行正常后,可接通用电系统开关向用电系统供电	5	漏此项操作扣5分	5	5				
		当需停止发电机时,应对发电机的机油压力、输出电压、频率是否正常进行检查。然后断开用电系统开关,直接将"启动/停止"开关置于"停止"位置,发电机即可停止工作	10	此项操作错误扣10分	10	10				
3	收尾工作	清理场地,工具归位	5	漏此操作扣5分	5	5				
合计			100							

评分人:　　　　　年　月　日　　　　核分人:　　　　　　　　　　　年　月　日

试题十七　检查、保养测井车载柴油发电机

一、考生准备

考生按要求穿戴齐全劳保用品。

二、考场准备

1. 设备、工具、材料准备

序号	名称	单位	数量	备注
1	测井绞车	台	1	

续表

序号	名称	单位	数量	备注
2	通用工具	套	1	
3	黄油	袋	1	
4	水桶(清水)	瓶	1	
5	棉纱		适量	

2. 场地、人员准备

(1)专用考核场地或车场。

(2)现场照明良好、清洁。

(3)考场整洁规范,无干扰。

(4)考场有专业人员配合。

三、考核内容

1. 操作程序说明

(1)劳保用品穿戴及用具准备。

(2)发电机清洁。

(3)蓄电池的检查保养。

(4)发电机油料、冷却液的检查。

(5)松动部件的检查紧固。

(6)皮带的检查调整。

(7)发电机漏油及运转情况检查。

(8)收尾工作。

2. 考核时间

(1)准备工作:5min。

(2)正式操作:30min。

(3)计时从正式操作开始,至考核时间结束,共计30min,每超过1min从总分中扣5分,超过3min停止操作。

四、评分标准与配分表

序号	考试内容	评分要素	配分	评分标准	最大扣分	步长	检测结果	扣分	得分	备注
1	劳保用品穿戴及用具准备	穿戴工衣、工鞋、手套等劳保用品;选用黄油、清水、棉纱等工具和材料	10	劳保用品着装少一件扣3分,着装一处不符合要求扣3分	6	3				
				黄油、清水、棉纱每少选一项扣2分	4	2				

续表

序号	考试内容	评分要素	配分	评分标准	最大扣分	步长	检测结果	扣分	得分	备注
2	清洁发电机	清洁发电机本体	6	未清洁发电机扣6分,清洁完有明显污物扣3分	6	3				
3	检查保养蓄电池	清洁蓄电池接线柱;检查接线柱是否有松动或氧化腐蚀,必要时进行保养;检查蓄电池电量和电解液	15	未清洁蓄电池接线柱扣4分	4	4				
				未检查保养接线柱扣5分	5	5				
				蓄电池电量和电解液检查每漏检一项扣3分	6	3				
4	检查发电机油料、冷却液	检查燃油箱是否有渗漏,油箱内是否有沉淀物,油箱油量是否充足;确认发动机润滑油更换时间是否到期,检查机油量是否合适;检查冷却液	20	燃油箱渗漏、油箱内沉淀物、油箱油量检查每漏检一项扣4分	8	4				
				润滑油更换时间、机油量检查每漏检一项扣3分	6	3				
				冷却液量漏检扣6分	6	6				
5	检查紧固松动部件	检查调整紧固各连接螺柱及机体底座、散热器、空滤支架、面板螺栓等;检查紧固各电源线接线柱有无松动现象	15	连接螺柱及机体底座、散热器、空滤支架、面板螺栓等紧固检查每漏检一项扣3分	9	3				
				电源线接线柱松动检查每漏检一处扣3分	6	3				
6	检查调整皮带	检查风扇皮带及充电机皮带的张紧程度,是否松弛,必要时进行调整	10	未检查调整扣10分,检查完未调整扣5分	10	5				
7	检查是否漏油及运转情况	启动发电机;目检有无漏油现象;检查柴油机运转时各仪表读数及声音是否正常,并做好运行记录	14	未启动发电机扣14分;启动发电机未目检有无漏油扣4分;启动发电机未检查仪表读数及声音每漏检一处扣2分;未填写运行记录扣4分	14	2				
8	收尾工作	物品用具归位,棉纱扔垃圾桶,清扫场地	10	每缺一项扣5分,每错一项扣5分	10	5				
合计			100							

考评员: 　　　　　　　　　　核分员: 　　　　　　　　　年　月　日

试题十八　检查、焊接航空插头

一、考生准备

考生按要求穿戴齐全劳保用品。

二、考场准备

1. 设备、工具、材料准备

序号	名称	单位	数量	备注
1	工作台	台	1	
2	五芯航空插头母头	套	1	
3	万用表	块	1	
4	兆欧表	块	1	
5	电烙铁(含海绵垫)	把	1	
6	剥线钳	把	1	
7	剪刀	把	1	
8	镊子	个	1	
9	五芯屏蔽线	段	1	
10	焊锡(常温)	卷	1	
11	热缩管	m	1	
12	焊锡膏或松香	块	1	

2. 场地、人员准备

(1)专用考核场地或车场。
(2)现场照明良好、清洁。
(3)考场整洁规范,无干扰。
(4)考场有专业人员配合。

三、考核内容

1. 操作程序说明

(1)劳保用品穿戴及用品准备。
(2)航空插头拆卸、剥线。
(3)屏蔽线通断绝缘检查。
(4)航空插头焊接。
(5)焊接完航空插头和屏蔽线的通断、绝缘检查。
(6)收尾工作。

2. 考核时间

(1)准备工作:5min。

(2)正式操作:30min。

(3)计时从正式操作开始,至考核时间结束,共计30min,每超过1min从总分中扣5分,超过3min停止操作。

四、评分标准与配分表

序号	考核项目	评分要素	配分	评分标准	最大扣分	步长	检测结果	扣分	得分	备注
1	劳保用品穿戴及用品准备	穿戴工衣、工鞋、手套等劳保用品;选用万用表、兆欧表、电烙铁(含海绵垫)、剥线钳、剪刀、镊子、焊锡(常温)、热缩管、焊锡膏或松香、清水等焊接工具和材料	10	劳保着装少一件扣3分,着装一处不符合要求扣3分	6	3				
				焊接工具及材料每漏选一项扣2分	4	2				
2	航空插头拆卸、剥线	拆开航空插头,露出插头焊脚;剥开五芯线外皮;剥开屏蔽线线芯	15	未露出插头焊脚扣2分	2	2				
				剥开的线缆外皮超过底座夹线环里侧扣3分	3	3				
				剥出铜线长短不一,最大相差±1mm扣5分	5	5				
				剥出的铜线中出现断丝每次扣1分	5	1				
3	屏蔽线通断绝缘检查	清洁万用表表笔,清洁兆欧表表笔,清洁线芯测量点;万用表调零,兆欧表做短路和开路试验;检查屏蔽线线芯通断,检查屏蔽线线芯之间的绝缘	18	清洁表笔和测量点,每漏一处扣1分	3	1				
				万用表未调零,兆欧表未做短路、开路试验,每漏一项扣2分	4	2				
				屏蔽线通断绝缘每漏检一根扣2分	5	1				
				万用表挡位选择错误扣3分	3	3				
				测量过程中手指接触表笔扣3分	3	3				
4	航空插头焊接	用水将海绵垫浸透,加热电烙铁,擦除烙铁头残锡和表面氧化层;烙铁头挂上松香和焊锡,按顺序套上热缩管,焊接线芯;焊接完,擦除烙铁头残锡,断开电烙铁电源;安全使用电烙铁	38	海绵未打湿扣4分	4	4				
				残锡、氧化层清理每漏一项扣2分	4	2				
				烙铁头未挂松香和焊锡每漏一项扣2分	4	2				

测井工（测井采集专业方向）

续表

序号	考核项目	评分要素	配分	评分标准	最大扣分	步长	检测结果	扣分	得分	备注
3	航空插头焊接	用水将海绵垫浸透,加热电烙铁,擦除烙铁头残锡和表面氧化层;烙铁头挂上松香和焊锡,按顺序套上热缩管,焊接线芯;焊接完,擦除烙铁头残锡,断开电烙铁电源;安全使用电烙铁	38	线芯套热缩管每漏一根扣1分	3	1				
				未按顺序焊接每次扣2分	6	2				
				出现虚焊、脱焊每根扣3分,焊点不均匀或漏焊至焊接点外部,每次扣3分	9	3				
				焊接完成后铜线长短不一、弯曲一根扣3分	6	3				
				电烙铁用完后未清理残锡扣2分	2	2				
				未断开电烙铁电源中止考试,扣除本题所有得分,本题得0分	100	1				否决项,中止考试,扣除本题所有得分
				电烙铁使用过程中,出现烙铁头触及皮肤等伤害人身安全的事件、事故,中止考试,扣除本题所有得分,本题得0分	100	1				
4	焊接完通断、绝缘检查	按顺序检查母头插孔与对应线芯之间的通断,检查屏蔽线线芯之间绝缘,装好航空插头,上紧夹线环	9	表笔插孔(按编号顺序测量)错误1次扣2分	2	2				
				焊接后出现短路、断路每根扣2分	4	2				
				未安装插头底座夹线环扣3分	3	3				
5	收尾工作	工具及剩余材料归位,清扫场地	10	工具及剩余材料归位每错、漏一项扣3分	6	3				
				未清扫场地扣4分	4	4				
合计			100							

考评员：　　　　　　　　　　　　核分员：　　　　　　　　　　　　年　　月　　日

试题十九　连接、拆卸常规测井仪器串

一、考生准备

考生按要求穿戴齐全劳保用品。

二、考场准备

1. 设备、工具、材料准备

序号	名称	单位	数量	备注
1	测井绞车及电缆	台	1	
2	绞车张力系统	套	1	
3	测井井口装置	套	1	
4	组合下井仪器	串	1	
5	棉纱、螺纹脂		适量	
6	万用表、兆欧表	块	各1	
7	井口组装台、六方卡具	个	各1	
8	钩扳手、大六方扳手	把	各2	
9	U形吊环	个	1	

2. 场地、人员准备

(1) 专用考核场地或钻井井场。

(2) 现场照明良好、清洁。

(3) 考场整洁规范,无干扰。

(4) 考场有专业人员配合。

三、考核内容

(1) 本题分值100分。

(2) 考核时间20min。

(3) 具体考核要求:

① 本题为实际操作题,考生需按要求穿戴劳保用品。

② 计时从下达口令开始,到宣布结束停止操作。

③ 提前完成操作不加分,超时停止操作。

④ 仪器下井前,井口应盖好。

⑤ 井口吊装的马笼头和下井仪器应使用专用吊装护帽。

⑥ 将座筒放置井口后,应关闭侧面挡板,若座筒无侧面挡板,应使用帆布遮挡座筒侧面缺口,以防止仪器连接、拆卸时井口工具落井。

⑦ 仪器连接前必须检查O形圈,仪器上端插座无变形,下端插针齐全无松动,C形卡簧应无变形及损坏。

⑧ 仪器连接前必须检查活接头是否松旷，螺纹是否无损。

⑨ 仪器连接前活接头应拧到头然后退一扣，以保证活接头上紧后处于中间位置，使两边仪器受力一样并保证O形圈密封牢靠。

⑩ 清洗仪器用的泥水和脏棉纱等必须妥善处理，不得乱倒乱丢。

⑪ 仪器连接和拆卸前必须先断电。

⑫ 用O形圈要问明井深，对4000m以上的深井，必须使用高温O形圈且每次拆卸后都要更换。

⑬ 工具、器材使用正确。

⑭ 违章操作或发生事故停止操作。

(4)操作程序说明：

① 进入考核场地，进行准备，准备时间为5min。

② 按考评员要求进行操作。

③ 操作完成，清理场地。

④ 退场。

(5)考试规定说明：

① 准备时间：5min。

② 准备时间不计入操作时间。

③ 正式操作时间：20min。

④ 考试采用百分制，考试项目得分按组卷比例进行折算。

(6)测量技能说明：

本试题主要考核考生组合连接与拆卸常规测井仪器串技能的掌握情况。

四、评分标准与配分表

序号	考试内容	评分要素	配分	评分标准	最大扣分	步长	检测结果	扣分	得分	备注
1	准备工作	将井口组装台(井口座筒)、六方卡具(仪器卡盘)、钩扳手、大六方扳手搬运到井口旁	2	漏此项操作扣2分	2	2				
		检查每节仪器的贯通线、O形圈、密封面、插针、插孔是否完好，并配合操作工程师完成每种仪器的测前刻度或校验	8	漏检一项扣2分	8	2				
		根据测井组合要求把各仪器短节按下井先后顺序摆放在猫路上；上紧各个仪器短节两头的护帽	4	此项操作错误扣4分	4	4				
2	井口仪器的连接	用U形吊环将马笼头护帽与最底部仪器的护帽连接起来，拧紧U形吊环的螺杆，确保连接牢固	5	此项操作错误扣5分	5	5				
		指挥绞车，将仪器吊至井口上方后，绞车工停车换挡下放仪器入井口，当仪器头部距井口转盘1m高度时，刹死绞车	3	此项操作错误扣3分	3	3				

续表

序号	考试内容	评分要素	配分	评分标准	最大扣分	步长	检测结果	扣分	得分	备注
2	井口仪器的连接	将座筒放置在井口,关闭侧面挡板。然后将六方卡具卡住仪器头部的六方处,下放仪器使卡具放在井口组装台上	6	一项操作错误扣2分	6	2				
		卸下U形吊环,放下马笼头,用同样方法将第二节仪器吊升至井口上方,当仪器下端部下放至距六方卡具0.5m高度后,刹死绞车。卸下护帽并拧下活接头,清洁螺纹,抹上螺纹脂,再将活接头上好	8	一项操作错误扣2分	8	2				
		拧下井口组装台上的仪器护帽,先用干棉纱清洁螺纹和密封面,再检查仪器O形圈,完好后抹上螺纹脂	8	此项操作错误扣8分	8	8				
		将悬吊仪器头内的定位销对准井口组装台上的仪器定位槽,扶住悬吊的仪器,指挥绞车工缓慢下放后刹住绞车	8	一项操作错误扣4分	8	4				
		用钩扳手将活接头上紧并使其牢靠	5	此项操作错误扣5分	5	5				
		指挥绞车工上提电缆0.5m后,卸下六方卡具。如此便完成了第一节和第二节仪器的井口连接,其他各仪器短节的连接重复前述的操作步骤和方法	5	此项操作错误扣5分	5	5				
		最后一节仪器可直接将马笼头紧固连接在仪器上,而不再使用U形吊环。然后将其与井口仪器连接	3	此项操作错误扣3分	3	3				
		组合仪器串连接完毕,卸下六方卡具,搬开井口组装台,指挥绞车工上提仪器串记录点至钻盘面时将深度对零	2	漏此项操作扣2分	2	2				
		仪器下井后,将井口组装台、六方卡具、钩扳手、大六方扳手收好,放在钻台上远离井口的地方,防止小件工具落井、丢失	3	每漏一项操作步骤扣2分	3	1				
3	井口拆卸组合仪器串	测量完毕在将仪器串起出井口的过程中,用清水冲洗仪器。然后将井口座筒套进仪器并放置于井口,关闭座筒侧面挡板	4	每漏一项操作步骤扣2分	4	2				
		当仪器串的第一节与第二节连接部位起出井口1m高度时,指挥绞车停车	4	漏此操作步骤扣4分	4	4				
		将六方卡具卡住第二节仪器头上的六方处,缓慢下放仪器使六方卡具置于井口组装台上	4	此项操作错误扣4分	4	4				
		用钩扳手卸开连接两节仪器的活接头,指挥绞车上起仪器使两节仪器安全脱开,对分离的两个仪器头进行清洁并抹好螺纹脂后,分别戴上护套并将其上紧	4	此项操作错误扣4分	4	4				

续表

序号	考试内容	评分要素	配分	评分标准	最大扣分	步长	检测结果	扣分	得分	备注
3	井口拆卸组合仪器串	将第一节仪器放下钻台并置于井场猫路的仪器架上,进行拆卸和保养	2	此项操作错误扣2分	2	2				
		将马笼头从第一节仪器上卸下,对马笼头的端部及活接头进行清洁后,上紧护帽,吊升至钻台	2	此项操作错误扣2分	2	2				
		用U形吊环将马笼头护帽与第二节仪器连接起来,上紧U形吊环的螺杆,确保连接牢固	3	此项操作错误扣3分	3	3				
		指挥绞车上提仪器,当六方卡具离开井口组装台0.5m时,绞车停车,卸下六方卡具将仪器放置在地面	3	此项操作错误扣3分	3	3				
		重复前述的操作方法和步骤直至拆卸完全部仪器串	2	此项操作错误扣2分	2	2				
4	收尾工作	清理现场,仪器工具归位	2	漏此项操作扣2分	2	2				
合计			100							

考评员：　　　　　　　　　　　核分员：　　　　　　　　　　年　　月　　日

试题二十　连接、拆卸无电缆存储式测井仪器串

一、考生准备

考生按要求穿戴齐全劳保用品。

二、考场准备

1. 设备、工具、材料准备

序号	名称	单位	数量	备注
1	常规测井无电缆存储式测井仪器	串	1	
2	存储式测井下井工具	套	1	
3	专用卡盘	个	1	
4	专用扳手	把	2	
5	棉纱		适量	
6	螺纹脂	瓶	1	

2. 场地、人员准备

（1）专用考核场地或钻井井场。

（2）现场照明良好、清洁。

（3）考场整洁规范，无干扰。

三、考核内容

（1）本题分值100分。

（2）考核时间20min。

（3）具体考核要求：

① 本题为实际操作题，考生需穿戴整齐劳保用品。

② 计时从下达口令开始，到宣布结束停止操作。

③ 提前完成操作不加分，超时停止操作。

④ 在井口进行存储式测井施工作业时，相关作业人员必须观察游车、液压大钳的位置及工作状态，确保在作业时处于安全工作位置。

⑤ 严禁私自动用钻井设备（接气开关、大钩等），需要时与井队人员协调，由井队人员操作使用。

⑥ 吊升井口设备时，应由专人负责指挥。吊升前清理滑板通道，井口设备脱离猫路在滑板吊升过程中，地面人员远离滑板下方，禁止从滑板下方通过。

⑦ 钻台作业人员禁止倚靠钻台护栏，应处于钻台安全位置，防止高处坠落或物体打击造成伤害。

⑧ 井口安装期间监督钻台上不得进行与测井无关的作业，严禁相关方进行交叉作业。

⑨ 井口安装拆卸及装卸放射源时，必须使用帆布将井口裸露部分盖好。

⑩ 起吊测井仪器时，仪器必须使用专用防转护帽。

⑪ 进行仪器连接拆卸时，必须平稳操作气动绞车。

⑫ 违章操作或发生事故停止操作。

（4）操作程序说明：

① 进入考核场地，进行准备，准备时间为5min。

② 按考评员要求进行操作。

③ 操作完成，清理场地。

④ 退场。

（5）考试规定说明：

① 准备时间：5min。

② 准备时间不计入操作时间。

③ 正式操作时间：20min。

④ 考试采用百分制，考试项目得分按组卷比例进行折算。

（6）测量技能说明：

本试题主要考核考生组合连接与拆卸无电缆存储式测井仪器技能的掌握情况。

四、评分标准与配分表

序号	考试内容	评分要素	配分	评分标准	最大扣分	步长	检测结果	扣分	得分	备注
1	准备工作	准备专用工具与材料	3	漏此项操作扣3分	3	3				
		指挥司钻用吊卡将上悬挂器下节坐卡在井口上,将游动滑车上提至距井口10~15m	4	此项操作错误扣4分	4	4				
		使用帆布将井口裸露部分盖好	10	漏此项操作扣10分	10	10				
		将要吊升的下井仪器安装好专用提升护帽	4	此项操作错误扣4分	4	4				
2	井口仪器的连接	指挥钻井工平稳操作气动绞车,按仪器下井顺序依次将仪器提升至井口,然后用专用卡盘卡好,进行仪器连接	4	此项操作错误扣4分	4	4				
		连接主电池短节后,用万用表测量仪器串工作电流,看读数与仪器串配接检查时是否一致	4	此项操作错误扣4分	4	4				
		使用释放器专用提升工具将释放器总成提升至井口,并与电池短节进行连接,然后检查释放器工作是否正常	4	此项操作错误扣4分	4	4				
		按照相应释放器的安放要求将其放进上悬挂器下节	4	此项操作错误扣4分	4	4				
		检查上悬挂器上节与所使用的释放器是否匹配	4	此项操作错误扣4分	4	4				
		用链钳将上悬挂器上节与上悬挂器下节连接并旋紧,再用液压大钳以4.5~5MPa的压力进行紧固	4	此项操作错误扣4分	4	4				
		连接悬挂器上节与钻具	3	此项操作错误扣3分	3	3				
3	井口拆卸存储式仪器串	指挥钻井工用液压大钳将上悬挂器上节与上悬挂器下节卸松,然后用链钳卸掉上悬挂器上节。依次卸掉上悬挂器下节、配置的钻杆及自备钻杆调长短节	6	每漏一项操作步骤扣2分	6	2				
		将下悬挂器提升至井口固定	4	漏此操作步骤扣4分	4	4				
		使用释放器专用提升工具将主电池上接头提升至露出井口,用专用卡盘将主电池上接头卡牢	4	此项操作错误扣4分	4	4				
		按照所使用释放器的操作规程拆卸释放器	4	此项操作错误扣4分	4	4				
		将专用仪器防转安全护帽拧紧在电池短节上端的螺纹上	4	此项操作错误扣4分	4	4				

续表

序号	考试内容	评分要素	配分	评分标准	最大扣分	步长	检测结果	扣分	得分	备注
3	井口拆卸存储式仪器串	利用经过拉力测试后的专用钢丝绳(安全拉力大于20kN)吊起主电池及下部仪器,离开下悬挂器约0.5m,拆掉井口卡盘	8	此项操作错误扣8分	8	8				
		利用游车缓慢吊起下悬挂器,直到主电池上接头从下悬挂下端露出	4	此项操作错误扣4分	4	4				
		将井口组装台放在井口,用专用井口卡盘将主电池上接头卡牢,并坐在井口仪器组装台上	4	此项操作错误扣4分	4	4				
		将下悬挂器部分放入鼠洞并固定,取出钢丝绳	4	此项操作错误扣4分	4	4				
		将下悬挂器的上(中)节和下节用液压大钳松扣后,提出鼠洞,用链钳卸开	4	此项操作错误扣4分	4	4				
		按顺序拆卸仪器	4	此项操作错误扣4分	4	4				
4	收尾工作	清理现场,仪器工具归位	2	漏此项操作扣2分	2	2				
合计			100							

考评员:　　　　　　　　　　　　核分员:　　　　　　　　　　　　年　　月　　日

试题二十一　安装补偿中子测井仪器偏心器和密度测井仪器姿态保持器

一、考生准备

考生按要求穿戴齐全劳保用品。

二、考场准备

1. 设备、工具、材料准备

序号	名称	单位	数量	备注
1	自然伽马、补偿中子、补偿(岩性)密度测井仪器	串	1	
2	弓形偏心器	个	1	
3	密度测井仪器姿态保持器	个	1	
4	通用工具	套	1	
5	井口专用工具	套	1	
6	仪器架子	个	6	

2. 场地、人员准备

(1)考场可安排在宽阔平地。

(2)照明良好,水、电及安全设施齐全。

(3)考场整洁规范,无干扰。

(4)考场有专业人员配合。

三、考核内容

(1)本题分值100分。

(2)考核时间10min。

(3)具体考核要求:

① 本题为实际操作题,考生需穿戴整齐劳保用品。

② 计时从下达口令开始,到宣布结束停止操作。

③ 提前完成操作不加分,超时停止操作。

④ 偏心器和姿态保持器安装方向必须正确无误。

⑤ 违章操作或发生事故停止操作。

(4)操作程序说明:

① 进入考核场地,进行准备,准备时间为5min。

② 按考评员要求进行操作。

③ 操作完成,清理场地。

④ 退场。

(5)考试规定说明:

① 准备时间:5min。

② 准备时间不计入操作时间。

③ 正式操作时间:10min。

④ 考试采用百分制,考试项目得分按组卷比例进行折算。

(6)测量技能说明:

本试题主要考核考生安装补偿中子测井仪器偏心器和密度测井仪器姿态保持器技能的掌握情况。

四、评分标准与配分表

序号	考试内容	评分要素	配分	评分标准	最大扣分	步长	检测结果	扣分	得分	备注
1	准备工作	准备专用工具与材料	5	漏此项操作扣5分	5	5				
		连接自然伽马、补偿中子、密度测井仪器	5	此项操作错误扣5分	5	5				
2	安装偏心器	检查偏心器弹簧钢板、弹簧滑动轨道和定位顶丝是否完好	10	漏此项操作扣10分	10	10				

续表

序号	考试内容	评分要素	配分	评分标准	最大扣分	步长	检测结果	扣分	得分	备注
2	安装偏心器	将偏心器套在补偿中子仪器或补偿中子仪器上面的伽马仪器上	5	此项操作错误扣5分	5	5				
		转动偏心器,使偏心器弹簧钢板正对与补偿中子仪器连接的密度仪器探测器,进而使偏心器主体滑动轨道面与密度仪器探测器的方向一致	10	此项操作错误扣10分	10	10				
		上下移动偏心器,使其定位丝孔对准仪器活接头间隙	10	此项操作错误扣10分	10	10				
		上紧偏心器固定顶丝	5	此项操作错误扣5分	5	5				
		检查偏心器是否固定完好	5	此项操作错误扣5分	5	5				
3	安装姿态保持器	检查姿态保持器本体及顶丝是否完好	6	漏此操作步骤扣6分	6	6				
		将姿态保持器套入密度仪器探测器(滑板)以上本体	10	此项操作错误扣10分	10	10				
		转动姿态保持器,使其不稳定面正对密度仪器滑板(探测器),进而使姿态保持器的稳定面与密度仪器滑板保持一致	14	此项操作错误扣14分	14	14				
		将姿态保持器用顶丝固定	5	此项操作错误扣5分	5	5				
		检查姿态保持器是否固定完好	5	此项操作错误扣5分	5	5				
4	收尾工作	拆除偏心器和姿态保持器	3	漏此项操作扣3分	3	3				
		清理现场,仪器工具归位	2	漏此项操作扣2分	2	2				
合计			100							

考评员： 核分员： 年 月 日

试题二十二 检查、保养MIT+MTT仪器、滚轮扶正器

一、考生准备

考生按要求穿戴齐全劳保用品。

二、考场准备

1. 设备、工具、材料准备

序号	名称	单位	数量	备注
1	便携式计算机	台	1	
2	数字万用表(四位半及以上)	个	1	
3	Sondex 地面检测仪	台	1	
4	遥传短节(XTU020)	个	1	
5	模拟电缆盒	个	1	
6	探测臂开收盒	台	1	
7	扳手	把	1	
8	底鼻(BUL006)	个	1	
9	40 臂成像测井仪刻度器	具	1	
10	A4 纸	张	若干	
11	笔	支	若干	

2. 场地、人员准备

(1)专用考核场地或车场。

(2)现场照明良好、清洁。

(3)考场整洁规范,无干扰。

(4)考场有专业人员配合。

三、考核内容

1. 操作程序说明

(1)MTT 仪器的一级维护保养。

(2)MTT 仪器的一级维护保养。

(3)滚轮扶正器(PRC)维护保养。

(4)MIT、MTT、滚轮扶正器的密封检查。

(5)MIT、MTT、滚轮扶正器的润滑保养。

2. 考核时间

(1)准备工作:5min。

(2)正式操作:20min。

(3)计时从正式操作开始,至考核时间结束,共计 20min,每超过 1min 从总分中扣 5 分,超过 3min 停止操作。

四、评分标准与配分表

序号	考试内容	评分要素	配分	评分标准	最大扣分	步长	检测结果	扣分	得分	备注
1	作业准备	准备所需工具	2	漏做扣 2 分	2	2				

续表

序号	考试内容	评分要素	配分	评分标准	最大扣分	步长	检测结果	扣分	得分	备注
1	作业准备	准备符合仪器检查的仪表、遥传短节等	6	漏做扣6分	6	2				
2	MIT仪器的一级维护保养	仪器清洗：拧下仪器护帽，用测量臂开收盒打开测量臂；拧紧仪器护帽，用高压清洗枪冲洗仪器表面以及测量臂；用棉纱擦拭干净，确保测量窗内部和仪器外表无油污	6	漏检查一项扣2分	6	2				
		仪器外观检查：检查仪器测量臂有无缺失、折断、变形，及臂尖磨损程度；检查螺纹环等连接件是否正常齐备，接头密封面性能是否良好；检查密封圈是否完好无损；检查仪器上下插针插孔，插针有无弯曲折断，弹簧片是否完好	8	漏检查一项扣2分	8	2				
		仪器通断绝缘检查：用万用表检查仪器通断绝缘，严禁使用兆欧表；红表笔连接MIT037上端插针，黑表笔连接下端插孔，电阻值小于0.5Ω；红表笔连接MIT037上端插针，黑表笔连接外壳充电至4MΩ稳定	6	漏检查一项扣2分	6	2				
3	MTT仪器的一级维护保养	仪器清洗：用清水将仪器外壳进行清洗；清洁弹簧弓片和磁探头连接部位各部件；卸掉仪器护帽，用棉纱将螺纹上的污物清除干净	6	漏检查一项扣2分	6	2				
		仪器外观检查：检查仪器弹簧弓有无缺失、折断、变形；检查仪器磁探头有无损坏；检查螺纹环等连接件是否正常齐备，接头密封面性能是否良好；检查密封圈是否完好无损；检查仪器上下插针插孔，插针有无弯曲折断，插针弹簧片是否完好	10	漏检查一项扣2分	10	2				
		仪器通断绝缘检查：用万用表检查仪器通断绝缘，严禁使用兆欧表；红表笔连接MIT037上端插针，黑表笔连接下端插孔，电阻值小于0.5Ω；红表笔连接MIT037上端插针，黑表笔连接外壳充电至4MΩ稳定	6	漏检查一项扣2分	6	2				
4	滚轮扶正器（PRC）维护保养	仪器清洗：用清水将仪器外壳进行清洗；清洁弹簧弓片和磁探头连接部位各部件；卸掉仪器护帽，用棉纱将螺纹上的污物清除干净	6	漏检查一项扣2分	6	2				
		仪器外观检查：卸下扶正器短节的上端和下端护帽；用棉纱擦拭螺纹以及密封面；检查扶正器短节内单芯插针插孔有无沾污及变形，如有问题及时清洗及更换；检查扶正器支臂有无磨损、松动；检查扶正器张开压缩是否灵活，是否自由转动；检查扶正器滚轮磨损程度；清洁仪器外壳及护帽，检查扶正器支臂、滚轮及滚轮轴磨损情况，如磨损松动应及时更换	14	漏检查一项扣2分	14	2				

续表

序号	考试内容	评分要素	配分	评分标准	最大扣分	步长	检测结果	扣分	得分	备注
4	滚轮扶正器（PRC）维护保养	仪器通断绝缘检查：用万用表检查仪器通断绝缘，严禁使用兆欧表；红表笔连接PRC上端插针，黑表笔连接PRC下端插孔，电阻值小于0.7Ω；红表笔连接PRC上端插针，黑表笔连接PRC外壳，阻值大于200MΩ	6	漏检查一项扣2分	6	2				
		更换扶正器滚轮：用内六方拧下滚轮轴；滚轮轴和滚轮即可同时卸下；安装新滚轮和滚轮轴，安装时注意卡槽对正；检查扶正器压缩弹簧；用钩扳手拧下弹簧外筒堵头，弹簧即可露出，清洗检查是否有折断现象，如弹簧完好即可涂抹硅脂重新装回	12	漏检查一项扣2分	12	2				
5	密封检查	检查仪器下接头密封圈是否完好；每5井次更换新的密封圈；测井最高温度达到或超过仪器额定最高温度的80%或井内含有H_2S气体时，强制更换仪器连接部位接触钻井液的密封圈	6	漏检查一项扣3分	6	3				
6	润滑保养	检查仪器外壳护筒是否紧固，用润滑类油脂润滑螺纹、螺纹环等；清洁密封面，用密封圈油润滑密封圈	6	漏检查一项扣3分	6	3				
合计			100							

考评员： 　　　　　　　　　　　　核分员：　　　　　　　　　　年　　月　　日

试题二十三　检查、连接注入剖面与产出剖面测井仪器

一、考生准备

考生按要求穿戴齐全劳保用品。

二、考场准备

1. 设备、工具、材料准备

序号	名称	单位	数量	备注
1	注入剖面组合测井仪	套	1	
2	产出剖面组合测井仪	套	1	
3	扶正器	个	4	
4	通用工具	套	1	
5	井口专用工具	套	1	

续表

序号	名称	单位	数量	备注
6	仪器架子	个	4	
7	螺纹脂	瓶	2	
8	O形圈	个	适量	
9	棉纱		适量	

2. 场地、人员准备

(1)考场可安排在宽阔平地或试验井场。

(2)照明良好,水、电及安全设施齐全。

(3)考场整洁规范,无干扰。

三、考核内容

(1)本题分值100分。

(2)考核时间20min。

(3)具体考核要求:

① 本题为实际操作题,考生需穿戴整齐劳保用品。

② 计时从下达口令开始,到宣布结束停止操作。

③ 提前完成操作不加分,超时停止操作。

④ 违章操作或发生事故停止操作。

⑤ 领用的磁定位仪应与伽马仪分开放置。

⑥ 领用的仪器在运输途中必须进行固定。

⑦ 仪器连接场地应尽可能平整。

⑧ 所有仪器在连接前均应进行常规检查。

⑨ 连接或拆卸仪器时,应防止仪器架晃倒,以免砸伤工作人员或摔坏仪器。

⑩ 仪器连接完毕,一定要通电检查,工作正常后方可使用。

(4)操作程序说明:

① 进入考核场地,进行准备,准备时间为5min。

② 按考评员要求进行操作。

③ 操作完成,清理场地。

④ 退场。

(5)考试规定说明:

① 准备时间:5min。

② 准备时间不计入操作时间。

③ 正式操作时间:20min。

④ 考试采用百分制,考试项目得分按组卷比例进行折算。

(6)测量技能说明:

本试题主要考核考生维护保养注入剖面与产出剖面测井仪器技能的掌握情况。

四、评分标准与配分表

序号	考试内容	评分要素	配分	评分标准	最大扣分	步长	检测结果	扣分	得分	备注
1	准备工作	准备专用工具与材料	5	漏此项操作扣5分	5	5				
		按考核任务书要求准备测井仪器	5	此项操作错误扣5分	5	5				
2	使用、检查仪器	根据测井项目选择需要的测井仪器,将仪器放置在仪器架上	5	此项操作错误扣5分	5	5				
		检查仪器外壳固定螺栓,对松动螺栓进行紧固	10	此项操作错误扣10分	10	10				
		卸掉仪器帽,用棉纱清洗螺纹和密封部分,然后涂上螺纹脂,密封部分涂上密封脂	10	此项操作错误扣10分	10	10				
		检查电缆头及下井仪器插针是否有松动现象,若有松动应进行紧固	5	此项操作错误扣5分	5	5				
		检查各下井仪器橡胶O形圈是否完好。若发现O形圈规格不符、变形、老化及有切痕,应立即更换	5	此项操作错误扣5分	5	5				
		据施工要求,按自下而上的顺序连接下井仪器	5	此项操作错误扣5分	5	5				
		在规定位置正确安装好仪器扶正器	5	此项操作错误扣5分	5	5				
		协助操作工程师完成对仪器的电气检查及刻度工作	5	此项操作错误扣5分	5	5				
		将连接好的仪器串拉进防喷管内	10	此项操作错误扣10分	10	10				
3	保养仪器	测井完毕将仪器起出井口后,应用棉纱、清水或清洗剂将仪器串上的油污清洗干净	5	漏此操作步骤扣5分	5	5				
		用仪器专用扳手或管钳将仪器串连接部位松开	5	此项操作错误扣5分	5	5				
		按从上到下的顺序拆卸仪器,清洁仪器连接部位并戴上护帽	10	此项操作错误扣10分	10	10				
4	收尾工作	将拆卸好的仪器归位固定	5	漏此项操作扣5分	5	5				
		清理现场,仪器工具归位	5	漏此项操作扣5分	5	5				
合计			100							

考评员:　　　　　　　　　　核分员:　　　　　　　　　年　　月　　日

试题二十四 检查钻具输送测井专用工具

一、考生准备

考生按要求穿戴齐全劳保用品。

二、考场准备

1. 设备、工具、材料准备

序号	名称	单位	数量	备注
1	快速接头（公头）	套	1	
2	泵下接头（母头）	套	1	
3	过渡短节（变扣，一体提丝）	个	1	
4	旁通短节	个	1	
5	专用链条（链条卡子）	根	1	
6	电缆卡子	个	1	
7	钢丝绳、小方瓦或圆瓦、导轨	套	1	
8	导向小滑轮	个	1	
9	钻井液滤子	个	1	
10	通径规	个	1	
11	通用工具	套	1	
12	专用工具	套	1	
13	万用表	块	1	
14	兆欧表	块	1	
15	棉纱		适量	
16	清水		适量	
17	硅脂、黄油	瓶	各1	

2. 场地、人员准备

(1)考场可安排在宽阔平地或试验井场。
(2)照明良好，水、电及安全设施齐全。
(3)考场整洁规范，无干扰。

三、考核内容

(1)本题分值100分。
(2)考核时间20min。
(3)具体考核要求：
① 本题为实际操作题，考生需穿戴整齐劳保用品。
② 计时从下达口令开始，到宣布结束停止操作。

③ 提前完成操作不加分,超时停止操作。

④ 违章操作或发生事故停止操作。

⑤ 湿接头快速接头总成与导向筒必须相匹配。

⑥ 湿接头快速接头下插座插芯 1~7 芯与相应导电环之间的电阻小于 0.2Ω。

⑦ 泵下枪接头上插座插芯 1~7 芯与接电环体之间的电阻小于 0.2Ω。

⑧ 快速接头各导电环与外壳的绝缘电阻应大于 $500M\Omega$。

⑨ 泵下枪接头上插座插芯 1~7 芯与外壳绝缘电阻应大于 $500M\Omega$。

⑩ 将快速接头和泵下枪总成相连接后,应保证锁紧,通断绝缘满足前述要求。

(4)操作程序说明:

① 进入考核场地,进行准备,准备时间为 5min。

② 按考评员要求进行操作。

③ 操作完成,清理场地。

④ 退场。

(5)考试规定说明:

① 准备时间:5min。

② 准备时间不计入操作时间。

③ 正式操作时间:20min。

④ 考试采用百分制,考试项目得分按组卷比例进行折算。

(6)测量技能说明:

本试题主要考核考生检查钻具输送测井专用工具技能的掌握情况。

四、评分标准与配分表

序号	考试内容	评分要素	配分	评分标准	最大扣分	步长	检测结果	扣分	得分	备注
1	准备工作	准备专用工具与材料	5	漏此项操作扣5分	5	5				
		清洗各专用工具表面,然后用棉纱擦拭干净	5	漏此项操作扣5分	5	5				
2	检查保养钻具输送工具	卸下旁通及过渡短节的上下护帽,清洁并检查螺纹是否存在变形损坏	5	漏此项操作扣5分	5	5				
		检查旁通盖板铜牙螺纹是否损坏、变形,如有应停用返厂	5	漏此项操作扣5分	5	5				
		检查各短节上的连接头插针是否松动、弯曲、变形、损坏,若有需马上更换	5	漏此项操作扣5分	5	5				
		在旁通及过渡短节螺纹上涂抹黄油防锈	5	漏此项操作扣5分	5	5				
		给旁通上好护帽	5	漏此项操作扣5分	5	5				
		检查快速接头总成与外壳中导向筒的规格是否一致。不允许公头总成与导向筒不匹配	5	漏此项操作扣5分	5	5				

续表

序号	考试内容	评分要素	配分	评分标准	最大扣分	步长	检测结果	扣分	得分	备注
2	检查保养钻具输送工具	用万用表测量湿接头快速接头下插座插芯1~7芯与导电环对应相通	10	此项操作错误扣10分	10	10				
		用兆欧表测量快速接头各导电环与外壳的绝缘电阻	5	漏此项操作扣5分	5	5				
		用万用表测量泵下枪接头上插座插芯1~7芯与接电环体对应相通	10	此项操作错误扣10分	10	10				
		用兆欧表测量泵下枪接头上插座插芯1~7芯与外壳绝缘电阻	5	漏此项操作扣5分	5	5				
		检查公头总成的锁紧弹簧是否处于良好状态,用一宽螺丝刀分开簧叉保证其弹性足够强	5	漏此项操作扣5分	5	5				
		将快速接头和泵下枪总成相连接,检查锁紧情况和通断情况以及1~7芯对外壳和线间的绝缘情况	5	漏此项操作扣5分	5	5				
		检查所有的密封圈情况	5	漏此项操作扣5分	5	5				
		检查所有的硅脂点是否填充或注满硅脂	5	漏此项操作扣5分	5	5				
3	收尾工作	给各工具上好护帽	5	漏此项操作扣5分	5	5				
		将各工具、设施归位	5	漏此项操作扣5分	5	5				
合计			100							

考评员： 核分员： 年 月 日

试题二十五 安装连接钻具输送测井泵下枪总成

一、考生准备

考生按要求穿戴齐全劳保用品。

二、考场准备

1. 设备、工具、材料准备

序号	名称	单位	数量	备注
1	测井绞车	台	1	
2	钻具输送测井专用工具	套	1	
3	测井井口通用工具	套	1	
4	万用表	块	1	

续表

序号	名称	单位	数量	备注
5	兆欧表	块	1	
6	台虎钳	个	1	
7	专用锥筐和锥套	套	1	
8	专用冲子	套	1	

2. 场地、人员准备

（1）考场可安排在宽阔平地或试验井场。

（2）照明良好，水、电及安全设施齐全。

（3）考场整洁规范，无干扰。

三、考核内容

（1）本题分值100分。

（2）考核时间20min。

（3）具体考核要求：

① 本题为实际操作题，考生需穿戴整齐劳保用品。

② 计时从下达口令开始，到宣布结束停止操作。

③ 提前完成操作不加分，超时停止操作。

④ 违章操作或发生事故停止操作。

⑤ 电缆头锥体间的电缆钢丝要分布均匀，不能有重叠。

⑥ 锥体进入锥筐不宜过深。

⑦ 电缆缆芯顺序必须一一对应，泵下枪接头接电环体与地面缆芯之间的电阻应等于电缆缆芯阻值。

⑧ 泵下枪接头接电环体与电缆铠装层的绝缘电阻应大于200MΩ。

（4）操作程序说明：

① 进入考核场地，进行准备，准备时间为5min。

② 按考评员要求进行操作。

③ 操作完成，清理场地。

④ 退场。

（5）考试规定说明：

① 准备时间：5min。

② 准备时间不计入操作时间。

③ 正式操作时间：20min。

④ 考试采用百分制，考试项目得分按组卷比例进行折算。

（6）测量技能说明：

本试题主要考核考生安装连接钻具输送测井泵下枪总成技能的掌握情况。

四、评分标准与配分表

序号	考试内容	评分要素	配分	评分标准	最大扣分	步长	检测结果	扣分	得分	备注
1	准备工作	准备通用工具与材料	5	漏此项操作扣5分	5	5				
		检查泵下枪总成	5	漏此项操作扣5分	5	5				
2	检查	将电缆从电缆连接器处剪断	5	此项操作错误扣5分	5	5				
	安装连接泵下枪总成	从电缆末端依次穿入密封总成各个部件,将电缆自旁通短节侧孔穿入,从旁通短节底部引出	5	此项操作错误扣5分	5	5				
		把密封总成各个部件固定在旁通短节侧孔内	5	此项操作错误扣5分	5	5				
		将泵下枪扶正套与电缆锥套护套穿在电缆上	5	漏此项操作扣5分	5	5				
		在距剪断电缆30cm处包上塑料胶带,以防电缆松散	5	此项操作错误扣5分	5	5				
		将电缆夹在台虎钳上,然后将电缆外层钢丝剥开成灯笼状,外层钢丝隔一根去掉一根	10	漏此项操作扣10分	10	10				
		砸入中锥套	5	此项操作错误扣5分	5	5				
		剪断内外层钢丝,并用平板锉锉平电缆尖头,根部用黑胶布包好	5	漏此项操作扣5分	5	5				
		剥出5mm缆芯铜丝,夹上公插针。将胶套在插针上	10	此项操作错误扣10分	10	10				
		将制作的电缆头穿过鱼雷外壳	5	漏此项操作扣5分	5	5				
		将缆芯按顺序一一连接	5	此项操作错误扣5分	5	5				
		上好鱼雷外壳,注满硅脂,将保护外壳上紧	5	漏此项操作扣5分	5	5				
		检查泵下枪通断、绝缘情况	10	漏此项操作扣10分	10	10				
3	收尾工作	给各工具上好护帽	5	漏此项操作扣5分	5	5				
		将各工具、设施归位	5	漏此项操作扣5分	5	5				
合计			100							

考评员: 　　　　　　　　　核分员: 　　　　　　　年　月　日

试题二十六 制作安装穿心解卡快速接头

一、考生准备

考生按要求穿戴齐全劳保用品。

二、考场准备

1. 设备、工具、材料准备

序号	名称	单位	数量	备注
1	测井绞车	台	1	
2	T形电缆夹钳	把	1	
3	测井井口通用工具	套	1	
4	断缆钳	把	1	
5	排丝盘	个	1	
6	快速接头	套	1	
7	夹钳	把	1	
8	加重杆	套	1	
9	钢锯	把	1	
10	引向头	个	1	
11	台虎钳	把	1	
12	通用工具	套	1	

2. 场地、人员准备

(1) 考场可安排在专用考核场地或试验井场。

(2) 照明良好,水、电及安全设施齐全。

(3) 考场整洁规范,无干扰。

三、考核内容

(1) 本题分值100分。

(2) 考核时间30min。

(3) 具体考核要求:

① 本题为实际操作题,考生需穿戴整齐劳保用品。

② 计时从下达口令开始,到宣布结束停止操作。

③ 提前完成操作不加分,超时停止操作。

④ 违章操作或发生事故停止操作。

⑤ 用T形电缆夹钳紧固螺栓时,应按一定的顺序循环,以逐步加力的方式,杜绝将单个螺栓一次性拧到底,夹电缆时应选择合适的电缆夹钳,并保证电缆进入夹钳的中心孔内。

⑥ 电缆截断位置,直井在距钻盘面 1.5~2m 处,大斜井一般为 2.5m 处。
⑦ 锥孔短节与电缆头砸接组装时,电缆钢丝分布要均匀,不得重叠。
⑧ 快速接头主体与锥孔短节的连接必须上紧螺纹,确保连接牢固。
⑨ 快速接头主体与相邻加重及两个加重间的距离大约为 30cm。
⑩ 加重杆两端的引向头与加重杆的连接必须上紧,确保加重杆相对稳固地固定在电缆上。其固定用的两个半圆形锥形卡瓦必须对齐塞入加重杆中心孔与电缆之间。

(4)操作程序说明:
① 进入考核场地,进行准备,准备时间为 5min。
② 按考评员要求进行操作。
③ 操作完成,清理场地。
④ 退场。

(5)考试规定说明
① 准备时间:5min。
② 准备时间不计入操作时间。
③ 正式操作时间:30min。
④ 考试采用百分制,考试项目得分按组卷比例进行折算。

(6)测量技能说明:
本试题主要考核考生制作安装穿心解卡快速接头技能的掌握情况。

四、评分标准与配分表

序号	考试内容	评分要素	配分	评分标准	最大扣分	步长	检测结果	扣分	得分	备注
1	准备工作	准备通用工具与材料	3	漏此项操作扣3分	3	3				
		准备快速接头各部件	5	漏此项操作扣5分	5	5				
2	截断电缆	绞车上提电缆,直到电缆张力超过正常张力 500kgf	5	此项操作错误扣5分	5	5				
		用T形电缆夹钳在井口处夹住电缆,下放电缆使T形电缆夹钳担坐在井口转盘上,并检查T形电缆夹钳,确保其夹紧电缆	5	此项操作错误扣5分	5	5				
		指挥司钻放下天滑轮。下放过程中应有人拽电缆和张力线,防止电缆打扭或损坏张力线	2	此项操作错误扣2分	2	2				
		在距T形电缆夹钳 1.5~2m 处的电缆位置上缠上 2~4 层黑胶布后,在该位置用断缆钳截断电缆(大斜度井一般在 2.5m 处)	5	此项操作错误扣5分	5	5				
3	安装快速接头公头	盖好井口	5	漏此项操作扣5分	5	5				
		将台虎钳搬至井口转盘上,位置尽量靠近转盘外侧	2	漏此项操作扣2分	2	2				

测井工（测井采集专业方向）

续表

序号	考试内容	评分要素	配分	评分标准	最大扣分	步长	检测结果	扣分	得分	备注
3	安装快速接头公头	将连接快速接头的锥孔短节夹在台虎钳上	2	此项操作错误扣2分	2	2				
		将分线盘套在锥孔短节上并用顶丝上紧使分线盘与锥孔短节形成一体	2	漏此项操作扣2分	2	2				
		在下井部分的电缆头一端，距头30~40cm的位置缠上2~3层黑胶布	3	此项操作错误扣3分	3	3				
		把电缆头从锥孔短节下孔向上穿过来，所包黑胶布位置在锥孔短节下平面处，不得进入锥孔短节中心孔内	2	此项操作错误扣2分	2	2				
		将电缆头外层钢丝一根一根地剥开，按顺序别在分线盘上	2	此项操作错误扣2分	2	2				
		将大号锥套进外层与内层钢丝之间，用电工钳向下顶紧大锥套	2	此项操作错误扣2分	2	2				
		在保证外层钢丝不重叠的情况下，用手锤和专用冲子将大锥套砸入锥孔短节的中心孔内	3	此项操作错误扣3分	3	3				
		砸紧后，大锥套上沿高出锥孔平面不应超过2mm	3	此项操作错误扣3分	3	3				
		用钢锯锯掉外层钢丝，然后用平板锉锉平钢丝断头	3	此项操作错误扣3分	3	3				
		将内层钢丝一根一根地剥开，按顺序别在分线盘上	2	漏此项操作扣2分	2	2				
		将小锥套套在电缆上，用电工钳向下顶紧小锥套	2	此项操作错误扣2分	2	2				
		在保证内层钢丝不重叠的情况下，用手锤和专用冲子将小锥套砸入大锥套内，砸紧后，小锥套上沿高出大锥套上沿应在1mm以内	3	漏此项操作扣3分	3	3				
		用钢锯沿小锥套上沿将内层钢丝及缆芯全部锯掉，并用平板锉锉平钢丝断头	4	此项操作错误扣4分	4	4				
		把蘑菇头拧到锥孔短节上并用小管钳上紧	3	漏此项操作扣3分	3	3				
		卸下分线盘，松开台虎钳，至此快接头公头安装完成	2	此项操作错误扣2分	2	2				
4	安装加重杆及快速接头主体	从与绞车连接的电缆一端，将两个加重杆及相应的上下引向头穿到电缆上	5	此项操作错误扣5分	5	5				
		将电缆头与锥孔短节连接，具体步骤同公头制作方法	5	此项操作错误扣5分	5	5				

续表

序号	考试内容	评分要素	配分	评分标准	最大扣分	步长	检测结果	扣分	得分	备注
4	安装加重杆及快速接头主体	将快速接头主体拧到锥孔短节上,并用小管钳上紧	3	此项操作错误扣3分	3	3				
		卸下分线盘,拧开台虎钳,取下已安装紧固的快速接头的母头,把台虎钳搬离井口转盘	2	此项操作错误扣2分	2	2				
		将下加重杆主体移至距快速接头母头上端30cm处	3	此项操作错误扣3分	3	3				
		在加重杆的两端,加重杆中心孔与电缆之间分别塞入两个半圆形锥形卡瓦,再将加重杆的上下引向头拧到加重杆的两端,两个半圆形锥形卡瓦必须对齐,上下引向头与加重杆的连接应用管钳上紧	3	此项操作错误扣3分	3	3				
		用同样的方法,在距下加重杆30cm左右的距离将上加重杆安装好	2	此项操作错误扣2分	2	2				
		做拉力试验,将快速接头上下两部分撞接在一起,慢起绞车拉紧电缆,使张力达到最大安全张力并保持5min,然后再下放电缆使T形电缆夹钳担坐在井口转盘上	5	此项操作错误扣5分	5	5				
		将各工具、设施归位	2	漏此项操作扣2分	2	2				
合计			100							

考评员: 核分员: 年 月 日

试题二十七 穿心解卡施工起下钻过程中的井口操作

一、考生准备

(1)考生准备齐全准考证件。
(2)考生准备考试用笔。

二、考场准备

1. 材料准备

名称	单位	数量	备注
考核试卷	套	1	

2. 场地、人员准备

(1)现场照明良好、清洁。
(2)考场有专业人员考核人员。

三、考核内容

(1) 本题分值 100 分。

(2) 考核时间 45min。

(3) 具体考核要求：

① 本题为笔试题，考生自备考试用笔。

② 计时从下达口令开始，到宣布退出考场结束。

③ 提前完成考核不加分，超时停止答卷。

(4) 操作程序说明：

① 考试前按考核题内容领取相应考核试卷。

② 填写试卷要求内容。

(5) 考试规定说明：

① 独立完成考核。

② 违规抄袭，取消考核资格。

③ 考试采用百分制，考试项目得分按组卷比例进行折算。

(6) 测量技能说明：

本试题要考核考生穿心解卡施工起下钻过程中的井口操作技能的掌握情况。

四、评分标准与配分表

序号	考试内容	评分要素	配分	评分标准	最大扣分	步长	检测结果	扣分	得分	备注
1	准备工作	指挥司钻上提游车，将鼠洞内的钻杆单根及捞筒组合起出，悬于井口上方，高度为引鞋底部距转盘面 1.5m 左右	1	此项操作错误扣 1 分	1	1				
		指挥测井绞车下放电缆，使快速接头母头从钻杆单根及打捞筒组合内穿过	1	此项操作错误扣 1 分	1	1				
		将从钻具和打捞筒组合中间穿过的快速接头母头与下部的公头连接	2	此项操作错误扣 2 分	2	2				
		指挥测井绞车上提电缆，待横杆夹钳离开井口 0.5m，停止上提。将横杆夹钳从电缆上卸下	2	此项操作错误扣 2 分	2	2				
		指挥井队司钻用大钩下放打捞筒组合和钻具，采用吊卡或卡瓦使钻具坐在井口上	1	此项操作错误扣 1 分	1	1				
		将垫盘插入电缆放于井眼中钻具头上（放入时应旋转垫盘使其卡在钻具的水眼内）	2	此项操作错误扣 2 分	2	2				
		指挥测井绞车下放电缆，使快速接头坐于垫盘上。继续下放电缆至能顺利脱开快速接头	2	此项操作错误扣 2 分	2	2				

续表

序号	考试内容	评分要素	配分	评分标准	最大扣分	步长	检测结果	扣分	得分	备注
1	准备工作	将快速接头脱开	2	此项操作错误扣2分	2	2				
		在测井绞车和马丁代克之间的电缆上,距滚筒150mm位置,及地滑轮的测井绞车一侧的电缆上,距地滑轮150mm位置,各扎一个明显记号,作为下放电缆时的停车位置,便于绞车操作人员和测井井口指挥人员观察	2	此项操作错误扣2分	2	2				
		指挥测井绞车上提电缆,将快速接头的母头和加重提到所下钻具的上方(提升时快速接头母头接近二层平台时应减速)	2	此项操作错误扣2分	2	2				
		由井架工将快速接头母头放入预下井的一柱钻杆的水眼内	1	此项操作错误扣1分	1	1				
		由司钻操作游动滑车,提起预下井的钻杆,内、外钳工应扶持钻杆。同时指挥绞车操作人员下放电缆,待上部快速接头母头露出后,能与下部快速接头公头连接为止(或下放至明显记号处)	2	此项操作错误扣2分	2	2				
		对接快速接头(每次快速接头连接后,旋转锁紧环将其锁紧),指挥上提电缆,使其张力超过正常张力5kN,取下垫盘。注意检查快速接头的连接部位和测井电缆的磨损情况	5	此项操作错误扣5分	5	5				
		由钻井队连接钻杆,下入井中,将钻具坐于转盘上	1	此项操作错误扣1分	1	1				
		重复以上操作步骤下放钻具直至卡点以上16~25m的位置,停止下钻,准备循环	2	此项操作错误扣2分	2	2				
2	循环钻井液	当打捞筒组合下到循环位置后,将钻具坐于转盘上。用循环垫放入工具将循环垫放入钻具水眼内(注意:一定要放正,千万不能歪斜)	3	此项操作错误扣3分	3	3				
		指挥绞车下放电缆,将快速接头公头坐于循环垫上,脱开快速接头(一定要坐在放正的循环垫的中间)	2	此项操作错误扣2分	2	2				
		接上方钻杆,用低排量循环钻井液,处理好井中钻井液,保护井筒。同时冲洗打捞器具内部,有助于打捞作业	2	此项操作错误扣2分	2	2				
		观察循环钻井液时活动钻具情况,下放和上提钻具幅度不宜过大	2	此项操作错误扣2分	2	2				

续表

序号	考试内容	评分要素	配分	评分标准	最大扣分	步长	检测结果	扣分	得分	备注
2	循环钻井液	循环结束卸下方钻杆后,将快速接头母头与公头对接,检查快速接头和电缆是否受损。指挥上提电缆使张力达到超过正常张力5kN。用放入循环垫的专用工具取出循环垫	2	此项操作错误扣2分	2	2				
		将垫盘插入电缆放于井眼中的钻具头上(放入时应旋转垫盘使其卡在钻具的水眼内)	2	此项操作错误扣2分	2	2				
		指挥测井绞车下放电缆,使快速接头坐于垫盘上。继续下放电缆至井口工能顺利脱开快速接头(此方法也适用于下钻过程中钻井液的循环)	2	此项操作错误扣2分	2	2				
3	打捞下井仪器	接上一柱钻杆,缓慢下放钻具,逐渐接近下井仪器打捞头。密切注意张力的变化,当张力上升到额定张力时指挥司钻停止下钻	2	此项操作错误扣2分	2	2				
		上提钻具3~5m,观察电缆张力是否减小;然后指挥上提电缆,张力恢复到正常张力,并且快速接头也相应提升3~5m,这样重复3~5次,可确认仪器已进入打捞筒	5	一项操作错误扣2分	5	1				
4	回收电缆	确认打捞筒抓住下井仪器后,由井队卸掉一柱钻杆	2	项操作错误扣2分	2	2				
		将横杆夹钳安装在电缆快速接头下面的电缆上	2	此项操作错误扣2分	2	2				
		将游动滑车与横杆夹钳固定后上提,逐渐增加拉力直到拉断电缆弱点,拉力下降后再上提2m,若拉力保持不变,证明弱点已被拉断。操作之前应进行安全检查,疏散钻台上的人员	5	一项操作错误扣2分	5	2				
		指挥下放游动滑车,将横杆夹钳从游动滑车及电缆上卸除(以上过程快速接头始终是连接的,游动滑车下放过程中,上部电缆逐渐绷起。若横杆夹钳位置过高,可适当下放一些电缆)	2	此项操作错误扣2分	2	2				
		指挥绞车上提电缆,将快速接头起至二层平台附近停车,在井内钻具头的上方电缆上安装横杆夹钳,绞车慢放电缆,使横杆夹钳坐在井内钻具头上	2	此项操作错误扣2分	2	2				
		继续下放电缆至满足铠接电缆的需要位置,切除快速接头和加重杆	2	此项操作错误扣2分	2	2				
		将测井电缆两端铠装在一起。铠接长度应大于6m,同时注意铠装方向,建议采用双铠	5	此项操作错误扣5分	5	5				

续表

序号	考试内容	评分要素	配分	评分标准	最大扣分	步长	检测结果	扣分	得分	备注
4	回收电缆	测井绞车慢起电缆,检查天、地滑轮和电缆处于正常的运行状态,拉直后卸掉横杆夹钳	2	此项操作错误扣2分	2	2				
		测井绞车慢速回收电缆。电缆铠接部位顺利通过天滑轮、地滑轮、马丁代克(可卸掉通过)且在滚筒上排列好后,方可用正常速度回收测井电缆	2	此项操作错误扣2分	2	2				
		在铠接电缆和回收电缆过程中钻井队可适当活动钻具以防粘卡	2	此项操作错误扣2分	2	2				
		当回收至测井电缆端头距井口200m时,绞车应减速慢起,当测井电缆端头距井口30~40m时,绞车停止上起电缆,防止电缆从天滑轮上自行坠落。测井工负责将电缆从钻具水眼内拉出来,并查看断点是否在弱点处	2	此项操作错误扣2分	2	2				
		将电缆头从井架滑板处下放至猫道上,从鱼雷处打开换上钢丝马笼头。做好起吊和拆卸仪器准备	2	此项操作错误扣2分	2	2				
5	回收测井仪器	测井电缆回收完毕,可起钻回收下井仪器。观察起钻要慢速、平稳,使用液压大钳卸扣	2	此项操作错误扣2分	2	2				
		打捞筒组合起出井口后,在引鞋下方的第一个仪器接头用仪器卡盘将仪器卡住,慢放游车使仪器卡盘坐在井口座筒上。将仪器从接头处卸开	2	此项操作错误扣2分	2	2				
		用测井绞车提升井内的仪器,按正常的仪器拆卸方法,将井内仪器全部起出后,把井口盖好	2	此项操作错误扣2分	2	2				
		若是放射性仪器串,先用游动滑车将整串仪器慢慢起到每一放源处,将放射源从仪器中卸除后,把仪器下入井内,再进行打捞筒组合及仪器的拆卸	2	此项操作错误扣2分	2	2				
		将打捞筒组合和钻具单根用游动滑车放入钻台的鼠洞。从引鞋部位开始,把打捞筒组合的每个接头用液压大钳卸松(卸松即可,不要卸掉)	2	此项操作错误扣2分	2	2				
		将打捞筒组合用钻井队的安全卡瓦卡住,坐于鼠洞上,卸掉上部的钻杆单根	2	此项操作错误扣2分	2	2				
		用井队的气动绞车将打捞筒组合甩到猫道上。将卸松的各连接部位卸开(可用链钳),旋出打捞筒内的仪器(马笼头)和卡瓦,采用专用工具将卡瓦从仪器(马笼头)上取下	2	此项操作错误扣2分	2	2				

续表

序号	考试内容	评分要素	配分	评分标准	最大扣分	步长	检测结果	扣分	得分	备注
5	回收测井仪器	由架子工用井队的气动绞车将天滑轮从井架上拆卸下来	2	此项操作错误扣2分	2	2				
		将测井电缆依次穿过天滑轮、地滑轮,收到绞车滚筒上	2	此项操作错误扣2分	2	2				
		回收测井仪器、打捞工具、井口设备及辅助工具	2	此项操作错误扣2分	2	2				
合计			100							

考评员: 　　　　　　　　　　　核分员: 　　　　　　　　　　　年　月　日

试题二十八　处理电缆打扭事故

一、考生准备

考生按要求穿戴齐全劳保用品。

二、考场准备

1. 设备、工具、材料准备

序号	名称	单位	数量	备注
1	测井绞车及电缆	台	1	
2	绞车张力系统	套	1	
3	测井井口装置	套	1	
4	T形电缆夹钳	把	1	
5	大活动扳手	把	2	
6	井口常用工具(螺丝刀、电工钳等)	套	1	
7	整形钳	把	2	
8	断缆钳	把	1	
9	细铅丝		适量	
10	黑胶布	卷	1	

2. 场地、人员准备

(1)考场可安排在专用考核场地或试验井场。
(2)照明良好,水、电及安全设施齐全。
(3)考场整洁规范,无干扰。

三、考核内容

(1)本题分值100分。

(2)考核时间20min。

(3)具体考核要求：

① 本题为实际操作题，考生需穿戴整齐劳保用品。

② 计时从下达口令开始，到宣布结束停止操作。

③ 提前完成操作不加分，超时停止操作。

④ 违章操作或发生事故停止操作。

⑤ 手工实施恢复打扭整形时，整形钳所夹位置应尽量靠近打扭部位。

⑥ 绞车增加拉力使打扭的电缆恢复原状时，应缓慢地增加拉力。

(4)操作程序说明：

① 进入考核场地，进行准备，准备时间为5min。

② 按考评员要求进行操作。

③ 操作完成，清理场地。

④ 退场。

(5)考试规定说明：

① 准备时间：5min。

② 准备时间不计入操作时间。

③ 正式操作时间：20min。

④ 考试采用百分制，考试项目得分按组卷比例进行折算。

(6)测量技能说明：

本试题主要考核考生处理电缆打扭事故技能的掌握情况。

四、评分标准与配分表

序号	考试内容	评分要素	配分	评分标准	最大扣分	步长	检测结果	扣分	得分	备注
1	准备工作	准备工具	5	漏此操作扣5分	5	5				
		使电缆处于不受力状态	10	此项操作错误扣10分	10	10				
2	处理电缆打扭事故	将两把整形钳(大力钳)夹在电缆打扭部位的两侧	20	此项操作错误扣20分	20	20				
		用力向电缆打扭方向的反方向转动两把整形钳，以使电缆打扭部位恢复原状	20	此项操作错误扣20分	20	20				
		基本恢复原状后，用整形钳在打扭部位的电缆上来回捋几遍，使电缆尽可能地恢复原状	15	此项操作错误扣15分	15	15				
		当手工不能恢复时，可利用绞车匀速缓慢加10~20kN的拉力，使电缆恢复原状，然后使用整形钳对其整形	10	此项操作错误扣10分	10	10				
		检查电缆通断绝缘情况	10	漏做此项扣10分	10	10				

续表

序号	考试内容	评分要素	配分	评分标准	最大扣分	步长	检测结果	扣分	得分	备注
3	收尾工作	操作完毕,所有工具、材料归位	5	漏做此项操作扣5分	5	5				
		清理现场	5	漏此项操作扣5分	5	5				
合计			100							

考评员：　　　　　　　　　　　核分员：　　　　　　　　　　年　月　日

试题二十九　处理电缆打结事故

一、考生准备

考生按要求穿戴齐全劳保用品。

二、考场准备

1. 设备、工具、材料准备

序号	名称	单位	数量	备注
1	测井绞车及电缆	套	1	
2	绞车张力系统	套	1	
3	测井井口装置	套	1	
4	T形电缆夹钳	把	2	
5	大活动扳手	把	2	
6	井口常用工具(螺丝刀、电工钳等)	套	1	
7	整形钳	把	2	
8	断缆钳	把	1	
9	细铅丝		适量	
10	黑胶布	卷	1	

2. 场地、人员准备

(1)考场可安排在专用考核场地或试验井场。
(2)照明良好,水、电及安全设施齐全。
(3)考场整洁规范,无干扰。

三、考核内容

(1)本题分值100分。
(2)考核时间30min。

（3）具体考核要求：

① 本题为实际操作题，考生需穿戴整齐劳保用品。

② 计时从下达口令开始，到宣布结束停止操作。

③ 提前完成操作不加分，超时停止操作。

④ 违章操作或发生事故停止操作。

⑤ 截断电缆上的大结时，T形电缆夹钳必须上紧。

⑥ 有较多电缆和井下仪器在裸眼井段时，铠接电缆过程中应用游动滑车活动井下的电缆和仪器，防止电缆、仪器粘卡，造成遇卡事故。

（4）操作程序说明：

① 进入考核场地，进行准备，准备时间为5min。

② 按考评员要求进行操作。

③ 操作完成，清理场地。

④ 退场。

（5）考试规定说明：

① 准备时间：5min。

② 准备时间不计入操作时间。

③ 正式操作时间：30min。

④ 考试采用百分制，考试项目得分按组卷比例进行折算。

（6）测量技能说明：

本试题主要考核考生处理电缆打结事故技能的掌握情况。

四、评分标准与配分表

序号	考试内容	评分要素	配分	评分标准	最大扣分	步长	检测结果	扣分	得分	备注
1	准备工作	准备工具、材料	5	漏此操作扣5分	5	5				
		将电缆结起出井口	5	此项操作错误扣5分	5	5				
2	电缆结的处理	在井口处用T形电缆夹钳固定电缆	10	此项操作错误扣10分	10	10				
		下放电缆使T形电缆夹钳担坐在井口转盘上，并检查是否夹紧电缆	5	此项操作错误扣5分	5	5				
		确认电缆夹紧后，放松电缆尽量将结解开	10	此项操作错误扣10分	10	10				
		若电缆结不能解开且不能通过滑轮，则用断线钳截掉电缆上的大结	10	此项操作错误扣10分	10	10				
		下放天滑轮，将钻台电缆拽到猫道上	10	此项操作错误扣10分	10	10				
		将T形电缆夹钳与游动滑车固定，起出井中20m电缆	10	此项操作错误扣10分	10	10				

续表

序号	考试内容	评分要素	配分	评分标准	最大扣分	步长	检测结果	扣分	得分	备注
2	电缆结的处理	用另一把T形电缆夹钳在井口固定电缆并确认固定无误	10	此项操作错误扣10分	10	10				
		下放游动滑车,将井口以上电缆放下钻台	5	此项操作错误扣5分	5	5				
		将两端电缆依据井况及井下电缆长度进行单层或双层铠接	10	此项操作错误扣10分	10	10				
3	收尾工作	操作完毕,收回电缆	5	漏做此项操作扣5分	5	5				
		清理现场,所有工具、材料归位	5	漏此项操作扣5分	5	5				
合计			100							

考评员：　　　　　　　　　核分员：　　　　　　　　　年　月　日

试题三十　现场处理电缆跳丝事故

一、考生准备

考生按要求穿戴齐全劳保用品

二、考场准备

1. 设备、工具、材料准备

序号	名称	单位	数量	备注
1	测井绞车	台	1	
2	电缆整形钳	把	2	
3	T形电缆夹钳	把	1	
4	通用工具	套	1	
5	薄钢片	片	适量	

2. 场地、人员准备

(1)专用考核场地或标准井井场。
(2)现场照明良好、清洁。
(3)考场有专业人员配合。

三、考核内容

(1)本题分值100分。
(2)考核时间20min。

(3)具体考核要求：

① 本题为实际操作题,考生需穿戴整齐劳保用品。

② 计时从下达口令开始,到宣布结束停止操作。

③ 提前完成操作不加分,超时停止操作。

④ 井口固定 T 形电缆夹钳时必须盖好井口。

⑤ 处理电缆外层断钢丝期间,电缆及测井仪器在裸眼内静止停留时间不得超过 3min。

⑥ 使用游动滑车活动电缆时,必须将 T 形电缆夹钳与游动滑车吊卡固定牢靠。

⑦ 当电缆同一位置外层断钢丝超过 3 根时,应对电缆断丝处进行铠装。待起出井口后对该电缆进行维修。

⑧ 工具、器材使用正确。

⑨ 违章操作或发生事故停止操作。

(4)操作程序说明：

① 进入考核场地,进行准备,准备时间为 5min。

② 按考评员要求进行操作。

③ 操作完成,清理场地。

④ 退场。

(5)考试规定说明：

① 准备时间:5min。

② 准备时间不计入操作时间。

③ 正式操作时间:20min。

④ 考试采用百分制,考试项目得分按组卷比例进行折算。

(6)测量技能说明：

本试题主要考核考生现场处理电缆跳丝事故技能的掌握情况。

四、评分标准与配分表

序号	考试内容	评分要素	配分	评分标准	最大扣分	步长	检测结果	扣分	得分	备注
1	准备工作	准备工具、材料	5	漏此项操作扣5分	5	5				
		将断丝的电缆起至绞车附近后停车	3	漏此项操作扣3分	3	3				
		盖好井口	10	漏此操作步骤扣10分	10	10				
2	固定电缆	将T形电缆夹钳横杆朝上立起	5	此项操作错误扣5分	5	5				
		将电缆穿进T形电缆夹钳的铜衬中间	3	此项操作错误扣3分	3	3				
		顺序循环,使用梅花扳手逐步加力紧固螺栓	5	此项操作错误扣5分	5	5				

续表

序号	考试内容	评分要素	配分	评分标准	最大扣分	步长	检测结果	扣分	得分	备注
2	固定电缆	螺栓紧固完成后,确认电缆不会向下移动	3	漏此项操作扣3分	3	3				
		下放电缆将T形电缆夹钳坐在井口上	5	此项操作错误扣5分	5	5				
		如果有很长的电缆和井下仪器串处在裸眼井段,应配合钻工放下天滑轮,使用游动滑车吊卡吊住T形电缆夹钳进行缓慢起下,以活动电缆,防止电缆和仪器串粘卡	2	此项操作错误扣2分	2	2				
3	处理断钢丝	操作绞车下放电缆,将断丝部位的电缆拽到猫路上	3	未进行此项操作扣3分	3	3				
		在钢丝跳丝处,把跳丝全部剪断	5	此项操作错误扣5分	5	5				
		在钢丝断头左右两侧各10cm处的电缆上打好整形钳	5	此项操作错误扣5分	5	5				
		用与电缆绕向相反的力转动两把整形钳,使电缆外层钢丝松开	10	此项操作错误扣10分	10	10				
		在断丝旁边的4根钢丝下穿入薄钢片,从另一侧4根钢丝下穿出,把断头压在钢片下	10	此项操作错误扣10分	10	10				
		用尖嘴钳把钢片拽平	5	此项操作错误扣5分	5	5				
		松开整形钳将电缆恢复原状	5	此项操作错误扣5分	5	5				
		用整形钳在压钢片处将电缆整平,同时把露在外面的多余钢片去掉	5	此项操作错误扣5分	5	5				
		对每个断丝采取同样的做法,压好钢片	3	此项操作错误扣3分	3	3				
4	收尾工作	上提电缆将其绷紧,卸掉T形电缆夹钳	5	此项操作错误扣5分	5	5				
		清理现场,材料、工具归位	3	漏此项操作扣3分	3	3				
合计			100							

考评员： 核分员： 年 月 日

试题三十一 单层铠装电缆

一、考生准备

考生按要求穿戴齐全劳保用品。

二、考场准备

1. 设备、工具、材料准备

序号	名称	单位	数量	备注
1	电缆	盘	1	
2	电缆断线钳	把	1	
3	一字螺丝刀	把	1	
4	整形钳	把	2	
5	黑胶布	卷	1	
6	细铅丝		适量	

2. 场地、人员准备

(1) 宽阔平地。

(2) 照明良好,光线充足,安全设施齐全。

(3) 考场有专业测井人员配合。

三、考核内容

(1) 本题分值100分。

(2) 考核时间15min。

(3) 具体考核要求：

① 本题为实际操作题,考生需穿戴整齐劳保用品。

② 计时从下达口令开始,到宣布结束停止操作。

③ 提前完成操作不加分,超时停止操作。

④ 违章操作或发生事故停止操作。

⑤ 单层铠装电缆时,必须将绞车端外层钢丝铠装到井口端电缆上。

⑥ 单层铠装电缆的铠装长度不应小于6m。

(4) 操作程序说明：

① 进入考核场地,进行准备,准备时间为10min。

② 按考评员要求进行操作。

③ 操作完成,清理场地。

④ 退场。

(5) 考试规定说明：

① 准备时间：10min。

② 准备时间不计入操作时间。

③ 正式操作时间：15min。

④ 考试采用百分制,考试项目得分按组卷比例进行折算。

(6) 测量技能说明：

本试题主要考核考生单层铠装电缆技能的掌握情况。

四、评分标准与配分表

序号	考试内容	评分要素	配分	评分标准	最大扣分	步长	检测结果	扣分	得分	备注
1	准备工作	准备电缆短节,电缆短节长度不小于6m,用黑胶布缠好短节两端,避免外层钢丝散开	5	此项操作错误扣5分	5	5				
		准备工具、材料	5	漏此操作扣5分	5	5				
2	单层铠装电缆	剪齐绞车端和井口端的电缆端部	5	此项操作错误扣5分	5	5				
		从井口端电缆端部往上量出6m位置进行标记	5	此项操作错误扣5分	5	5				
		从绞车端电缆端部剥出一个螺距左右的外层钢丝	10	此项操作错误扣10分	10	10				
		将剥出的外层钢丝铠装在井口端电缆的6m标记处	10	此项操作错误扣10分	10	10				否决项
				铠装电缆方向错误扣除本题前面得分,本题得0分		1				
		将电缆外层钢丝一直铠装到端部	10	此项操作错误扣10分	10	10				
		将绞车端内层电缆剪掉	10	此项操作错误扣10分	10	10				
		将井口端的电缆端部压在外层钢丝内	15	此项操作错误扣15分	15	15				
		在铠装的两个端部及中间位置各缠绕20cm黑胶布	10	此项操作错误扣10分	10	10				
		在黑胶布位置各缠铅丝15cm进行固定,15cm可分三段缠绕,每段10圈	10	此项操作错误扣10分	10	10				
3	收尾工作	清理场地,工具、材料归位	5	漏做此项操作扣5分	5	5				
合计			100							

考评员:　　　　　　　　　　　　核分员:　　　　　　　　　　　年　　月　　日

试题三十二　双层铠装电缆

一、考生准备

考生按要求穿戴齐全劳保用品。

二、考场准备

1. 设备、工具、材料准备

序号	名称	单位	数量	备注
1	电缆	盘	1	
2	电缆剪刀	把	1	
3	一字螺丝刀	把	1	
4	整形钳	把	2	
5	黑胶布	卷	1	
6	细铅丝		适量	

2. 场地、人员准备

(1) 宽阔平地。

(2) 照明良好,光线充足,安全设施齐全。

(3) 考场有专业测井人员配合。

三、考核内容

(1) 本题分值 100 分。

(2) 考核时间 15min。

(3) 具体考核要求:

① 本题为实际操作题,考生需穿戴整齐劳保用品。

② 计时从下达口令开始,到宣布结束停止操作。

③ 提前完成操作不加分,超时停止操作。

④ 违章操作或发生事故停止操作。

⑤ 双层铠装电缆方向正确。

⑥ 双层铠装电缆内层铠装长度不小于 3m,外层铠装长度不小于 4m。

(4) 操作程序说明:

① 进入考核场地,进行准备,准备时间为 10min。

② 按考评员要求进行操作。

③ 操作完成,清理场地。

④ 退场。

(5) 考试规定说明:

① 准备时间:10min。

② 准备时间不计入操作时间。

③ 正式操作时间:15min。

④ 考试采用百分制,考试项目得分按组卷比例进行折算。

(6) 测量技能说明:

本试题主要考核考生双层铠装电缆技能的掌握情况。

四、评分标准与配分表

序号	考试内容	评分要素	配分	评分标准	最大扣分	步长	检测结果	扣分	得分	备注
1	准备工作	准备电缆短节,电缆短节长度不小于5.5m,用黑胶布缠好短节两端,避免外层钢丝散开	5	此项操作错误扣5分	5	5				
		准备工具、材料	5	漏此操作扣5分	5	5				
2	双层铠装电缆	将电缆短节与绞车端电缆顺向并行,短节一端留出30cm左右	10	此项操作错误扣10分	10	10				
		剥出绞车端电缆外层钢丝一个螺距左右,将电缆外层钢丝铠装替到短节上,长度不超过短节,留出30~40cm	15	此项操作错误扣15分	15	15				
		将绞车端内层电缆剪掉2m	10	此项操作错误扣10分	10	10				
		将井口端电缆端部外层钢丝剥出一螺距左右,将外层钢丝铠装到绞车端电缆的内层钢丝上,多绕出1~2个螺距	15	此项操作错误扣15分	15	15				
		剪掉井口端电缆的内层电缆,用一字螺丝刀将电缆端部塞到绞车端电缆的外层中	15	此项操作错误扣15分	15	15				
		将短节上的电缆外层钢丝绕回到铠装电缆上,下端用黑胶布缠好	10	此项操作错误扣10分	10	10				
		在电缆铠装处两头和中间分别缠上铅丝15cm,15cm分三段缠绕,每段10圈	10	此项操作错误扣10分	10	10				
3	收尾工作	清理场地,工具、材料归位	5	漏做此项操作扣5分	5	5				
合计			100							

考评员:　　　　　　　　　　　核分员:　　　　　　　　　　　年　月　日

试题三十三　设置、校准便携式气体检测仪

一、考生准备

考生按要求穿戴齐全劳保用品。

二、考场准备

1. 设备、工具、材料准备

序号	名称	单位	数量	备注
1	便携式气体检测仪	具	1	

续表

序号	名称	单位	数量	备注
2	秒表	块	1	
3	清洁材料		若干	

2. 场地、人员准备

(1)专用考核场地或车场。

(2)现场照明良好、清洁。

(3)考场整洁规范,无干扰。

(4)考场有专业人员配合。

三、考核内容

1. 操作程序说明

(1)劳保用品穿戴及用具准备。

(2)便携式气体检测仪开机。

(3)报警测试及状态指示。

(4)进入设置。

(5)便携式气体检测仪零点校准。

(6)返回检测界面。

(7)关机,长按左键,仪器进入5s倒计时结束,完成关机。

(8)安全作业、文明生产。

2. 考核时间

(1)准备工作:2min。

(2)正式操作:10min。

(3)计时从正式操作开始,至考核时间结束,共计10min,每超时1min从总分中扣5分,超时3min停止操作。

四、评分标准与配分表

序号	考试内容	评分要素	配分	评分标准	最大扣分	步长	检测结果	扣分	得分	备注
1	准备工作	劳保用品、工具、材料准备	5	未穿戴劳保用品扣5分,劳保用品穿戴不齐扣2.5分	5	2.5				
2	开机	长按仪器正面左边按键,2~3s至屏幕闪亮后松开,仪器进入自检,约1min后进入正常检测界面	5	未用正确方式开机成功,扣5分	5	5				
3	报警测试及状态指示	按一下仪器正面右边按键,仪器出现声光报警	5	操作不正确此项不得分	5	5				
		正常检测界面,4种气体的即时浓度值会直接呈现,屏幕左上角显示"√"	5	操作不正确此项不得分	5	5				

测井工（测井采集专业方向）

续表

序号	考试内容	评分要素	配分	评分标准	最大扣分	步长	检测结果	扣分	得分	备注
4	进入设置	同时按住仪器正面左右2个键3s左右，出现输入密码界面，左键为移位键、右键为变数字键，密码为"0000"	20	未同时按住仪器正面左右2个键3s进入界面，扣10分	10	10				
				不会输入密码，扣10分	10	10				
5	零点校准	在设置界面的第一个项目"CALIB"中点击右键，再按左键5次，直至界面显示为"FRESHAIRCAL"，点击右键，进入新鲜空气标定界面	20	不能进入界面此项不得分	20	20				
		再点击一下右键，仪器进入调零倒计时，倒计时完成后显示为"PASS"即完成调零操作	20	未能完成此项不得分	20	20				
6	返回检测界面	按左键至"EXIT"后按右键，在多次按到"EXIT"点击右键后，仪器会回到正常检测界面	10	不能回到正常检测界面此项不得分	10	10				
7	关机	长按左键，仪器进入5s倒计时结束，完成关机	5	不能正常关机此项不得分	5	5				
8	安全生产及其他	安全作业、文明生产	5	损坏工具、元件一件扣5分	5	5				
				工具未归位从总分中扣3分	3	3				
				未清理现场从总分中扣3分	3	3				
		操作时间		每超时1min从总分中扣5分，超时3min停止操作，未完成部分不得分	15	5				
合计			100							

考评员：　　　　　　　　　　　核分员：　　　　　　　　　　　年　　月　　日

试题三十四　检查、使用全身式安全带

一、考生准备

考生按要求穿戴齐全劳保用品。

二、考场准备

1. 设备、工具、材料准备

序号	名称	单位	数量	备注
1	全身式安全带	条	1	

续表

序号	名称	单位	数量	备注
2	秒表	块	1	
3	清洁材料		若干	

2. 场地、人员准备

(1) 专用考核场地或车场。

(2) 现场照明良好、清洁。

(3) 考场整洁规范,无干扰。

(4) 考场有专业人员配合。

三、考核内容

1. 操作程序说明

(1) 劳保用品穿戴及用具准备。

(2) 检查安全带。

(3) 穿戴安全带。

(4) 调整安全带。

(5) 将安全带挂到适宜的位置。

(6) 安全作业、文明生产。

2. 考核时间

(1) 准备工作:5min。

(2) 正式操作:10min。

(3) 计时从正式操作开始,至考核时间结束,共计10min,每超时1min从总分中扣5分,超时3min停止操作。

四、评分标准与配分表

序号	考试内容	评分要素	配分	评分标准	最大扣分	步长	检测结果	扣分	得分	备注
1	准备工作	劳保用品、工具、材料准备	5	未穿戴劳保用品扣5分,劳保用品穿戴不齐扣3分	5	1				
2	检查安全带	观察安全带尼龙绳是否出现断丝和明显划痕,金属挂钩处有无可见裂纹,挂钩锁死装置是否完好可用	10	检查缺少一项扣3分	10	3				
		握住安全带背部衬垫的D型环扣,保证织带没有缠绕在一起	5	未检查扣5分	5	5				
3	按正确步骤穿戴安全带	将安全带滑过手臂至双肩,保证所有织带没有缠结、自由悬挂,肩带必须保持垂直,不要靠近身体中心	10	织带有缠结扣5分,肩带没有保持垂直扣5分	10	5				

测井工（测井采集专业方向）

续表

序号	考试内容	评分要素	配分	评分标准	最大扣分	步长	检测结果	扣分	得分	备注
3	按正确步骤穿戴安全带	抓住腿带,将它们与臀部两边的织带上的搭扣连接,将多余长度的织带穿入调整环中	10	搭扣连接不正确扣5分,未将多余长度的织带穿入调整环中扣5分	10	5				
		将胸带通过穿套式搭扣连接在一起,胸带必须在肩部以下15cm的地方,多余长度的织带穿入调整环中	15	搭扣连接不正确扣5分,胸带没有在肩部以下15cm的地方扣5分,未将多余长度的织带穿入调整环中扣5分	15	5				
4	调整安全带	背部:确保腿部织带的高度正好位于臀部的下方,背部D型环位于两肩胛骨之间	10	腿部织带的高度位置不对扣5分,背部D型环位置不对扣5分	10	5				
		腿部:试着做单腿前伸或半蹲,调整使得两侧腿部织带长度相同	5	腿部调整位置不对扣5分	5	5				
		胸部:胸部织带要交叉在胸部中间位置,并且大约离开胸骨底部3个手指宽的距离	10	胸部调整位置不对扣5分,离开胸骨底部距离不合适扣5分	10	5				
5	将安全带挂到适宜的位置	挂安全带的时候,要采取高挂低用的挂法,并防止摆动、碰撞,避开尖锐物体,不能接触明火	10	未采取高挂低用的挂法扣4分,注意事项少一项扣2分	10	2				
		选好挂的地方后,确保将金属锁扣锁死	5	未能完成此项不得分	5	5				
6	安全生产及其他	安全作业、文明生产	5	损坏工具、元件一件扣5分	5	5				
				工具未归位从总分中扣3分	3	3				
				未清理现场从总分中扣3分	3	3				
		操作时间		每超时1min从总分中扣5分,超时3min停止操作,未完成部分不得分	15	5				
合计			100							

考评员：　　　　　　　　　　　　　核分员：　　　　　　　　　　　年　月　日

试题三十五　识别施工区域风险

一、考生准备

考生按要求穿戴齐全劳保用品。

二、考场准备

1. 设备、工具、材料准备

序号	名称	单位	数量	备注
1	答题卡	张	若干	
2	计时器	块	1	

2. 场地、人员准备

(1) 专用考核场地或车场。

(2) 现场照明良好、清洁。

(3) 考场整洁规范，无干扰。

(4) 考场有专业人员配合。

三、考核内容

1. 操作程序说明

(1) 劳保用品穿戴及用具准备。

(2) 本题考核内容参照公司最新版本"测井工岗位 QHSE 作业指导书"。

(3) 施工区域设定。按照现场施工要求，由考官考前设定测井工施工区域。

(4) 设置现场施工风险点。按照现场施工要求，考官临时设置 10 处安全隐患点，由考生依次正确识别隐患与问题，并将识别出的隐患记录在答题卡上。安全隐患点上设置否决项，未能识别出来本题不得分。

2. 考核时间

(1) 准备工作：2min。

(2) 正式操作：20min。

(3) 计时从正式操作开始，至考核时间结束，共计 20min，未能识别出的不得分。

四、评分标准与配分表

序号	考试内容	评分要素	配分	评分标准	最大扣分	步长	检测结果	扣分	得分	备注
1	准备工作	劳保用品、工具、材料准备	5	未穿戴劳保用品扣5分，劳保用品穿戴不齐扣3分	5	1				

续表

序号	考试内容	评分要素	配分	评分标准	最大扣分	步长	检测结果	扣分	得分	备注
2	识别安全隐患	识别10处安全隐患,其中1处为否决项	95	每漏识别1处安全隐患扣10分,未识别出否决项安全隐患得零分	95	5				
合计			100							

考评员：　　　　　　　　　　　　核分员：　　　　　　　　　　年　月　日

试题三十六　排除测井工岗位属地隐患

一、考生准备

考生按要求穿戴齐全劳保用品。

二、考场准备

1. 设备、工具、材料准备

序号	名称	单位	数量	备注
1	答题卡	张	若干	
2	计时器	块	1	

2. 场地、人员准备

(1)专用考核场地或车场。
(2)现场照明良好、清洁。
(3)考场整洁规范,无干扰。
(4)考场有专业人员配合。

三、考核内容

1. 操作程序说明

(1)施工前属地隐患排除。
(2)仪器设备摆放及井口安装阶段隐患排除。
(3)下井仪器连接及测井施工阶段隐患排除。
(4)设备拆卸阶段隐患排除。
(5)施工后总结会内容。

2. 考核时间

(1)准备工作:5min。
(2)正式操作:20min。
(3)计时从正式操作开始,至考核时间结束,共计20min,未完成部分不得分。

四、评分标准与配分表

序号	考试内容	评分要素	配分	评分标准	最大扣分	步长	检测结果	扣分	得分	备注
1	准备工作	劳保用品、工具、材料准备	4	未穿戴劳保用品扣4分,劳保用品穿戴不齐扣2分	4	2				
2	施工前	确认劳保着装是否正确后进入施工现场	3	未确认不得分	3	3				
		检查现场是否有新增风险辨识	3	未检查不得分	3	3				
		确认是否在作业前安全会上充分了解施工井况信息	3	未确认不得分	3	3				
		检查作业环境是否符合施工要求,对不符合的事项是否及时整改或采取预防措施	3	未确认不得分	3	3				
3	仪器设备摆放及井口安装	确认是否与相关方进行告知风险	4	未确认不得分	4	4				
		确认是否明确逃生路线和紧急集合点	4	未确认不得分	4	4				
		检查是否设置警戒带,圈定施工现场,并按规定摆放专用警示标志牌	4	未检查不得分	4	4				
		检查天、地滑轮固定是否牢靠,承重设施是否有异常,销子是否采取了防退措施	4	未检查不得分	4	4				
		检查钻井队游动滑车、气动绞车是否刹死	4	未检查不得分	4	4				
		检查钻台紧急避险位置是否安全	4	未检查不得分	4	4				
		检查张力计是否安装在天滑轮上,固定是否牢靠	4	未检查不得分	4	4				
		检查井口工具、仪器摆放是否整齐,下井仪器放置确认无风险	2	未检查不得分	2	2				
		检查仪器顶丝等部件是否旋紧,扶正器是否固定牢固,软连调装锁具是否到位,是否每次起吊1支仪器	4	未检查不得分	4	4				
		检查马笼头安全保护套是否安装可靠	2	未检查不得分						
		检查滑轮防跳槽是否完善	2	未检查不得分						
		检查吊装仪器时是否使用专用吊装护帽或一次性浇铸护帽	2	未检查不得分	2	2				
4	下井仪器连接及测井施工	检查井口连接、拆卸仪器时是否盖好井口	4	未检查不得分	4	4				
		检查仪器密封圈是否完好,是否涂抹硅脂,仪器连接是否紧固	4	未检查不得分	4	4				

测井工（测井采集专业方向）

续表

序号	考试内容	评分要素	配分	评分标准	最大扣分	步长	检测结果	扣分	得分	备注
4	下井仪器连接及测井施工	检查马笼头下井前是否去掉鹅颈管	4	未检查不得分	4	4				
		检查是否负责指挥井口对零	4	未检查不得分	4	4				
		检查人员有无碰触运行电缆或运动部件的行为，有无进行无关生产流程工作的情况	4	未检查不得分	4	4				
		检查是否做好施工区域巡回检查和有毒有害气体检测，出现井口溢流等异常情况是否能正确处置	4	未检查不得分	4	4				
		检查是否按规定使用专用工具、正确连接井下仪器	4	未检查不得分	4	4				
		检查作业区域内有无无关人员进入或交叉作业	4	未检查不得分	4	4				
5	设备拆卸	检查设备拆卸过程是否存在野蛮操作行为	3	未检查不得分	3	3				
		检查现场产生的废弃物是否统一回收	3	未检查不得分	3	3				
6	施工后总结会	确认是否参加班后会并对会议要求进行落实	3	未确认不得分	3	3				
		确认是否总结风险管控情况，上报本岗位隐患排查结果	3	未确认不得分	3	3				
合计			100							

考评员： 核分员： 年 月 日

高级工操作技能试题

试题一　摆放测井绞车与拖橇

一、考生准备

(1) 考生准备齐全准考证件。
(2) 考生准备考试用笔。

二、考场准备

1. 材料准备

名称	单位	数量	备注
考核试卷	套	1	

2. 场地、人员准备

(1) 现场照明良好、清洁。
(2) 考场有专业考核人员。

三、考核内容

(1) 本题分值 100 分。
(2) 考核时间 45min。
(3) 具体考核要求：
① 本题为笔试题，考生自备考试用笔。
② 计时从下达口令开始，到宣布退出考场结束。
③ 提前完成考核不加分，超时停止答卷。
(4) 操作程序说明：
① 考试前按考核题内容领取相应考核试卷。
② 填写试卷要求内容。
(5) 考试规定说明：
① 独立完成考核。
② 违规抄袭，取消考核资格。
③ 考试采用百分制，考试项目得分按组卷比例进行折算。
(6) 测量技能说明：
本试题要考核考生摆放测井绞车、测井拖橇的基本技能掌握情况。

四、评分标准与配分表

序号	考试内容	评分要素	配分	评分标准	最大扣分	步长	检测结果	扣分	得分	备注
1	测井绞车的摆放	勘察井场地形,以电缆运行不受影响、便于施工为原则,选定绞车摆放位置,绞车或拖橇的位置应距离井口25~30m,场地平整。采油树吊装时,绞车距离井口应大于15m;无井架吊装时,绞车距离井口应大于15m。井架车摆在井口侧面	15	漏答一项扣5分	15	5				
		根据绞车摆放位置,站在司机前方可见处,指挥绞车在距离井口25~30m位置,距离井口最远不能超过50m,尾部朝向井口	10	漏答一项扣5分	10	5				
		找一井口的标志物(吊起的钻具、滑板等),分别在绞车前方两侧及中间位置观测、指挥,使绞车滚筒的垂直中心线对准井口。若因场地原因,不好观测指挥完全对正,也可在电缆下井后,观测滚筒两侧槽帮,指挥绞车移动,使井口、滑轮及绞车滚筒垂直中心线在一条直线上	15	漏答一项扣5分	15	5				
		绞车对正后,提示司机打正车轮方向	5	漏答扣5分	5	5				
		在绞车两后轮下打牢掩木,挂好安全链条。当从事超深井、复杂井测井或停车地面湿滑时,采用地锚或拖拉机在前方将绞车拉住加固	10	漏答一项扣5分	10	5				
2	测井拖橇的摆放与固定	勘察井场地形,以电缆运行不受影响、便于施工为原则,选定拖橇摆放位置	10	漏答一项扣5分	10	5				
		根据拖橇摆放位置,在吊车司机前方可见处,指挥吊车在距离井口25~30m处滚筒朝向井口位置吊放下拖橇	10	漏答扣10分	10	10				
		找一井口的标志物(吊起的钻具、滑板等),分别在拖橇前方两侧或中间位置观测、指挥,使拖橇滚筒的垂直中心线对准井口	15	漏答扣15分	15	15				
		使用地锚将拖橇固定于地面上或指挥专业人员在拖橇后侧打上固定点	10	漏答扣10分	10	10				
合计			100							

考评员:　　　　　　　　　　核分员:　　　　　　　　　　年　　月　　日

试题二　安装、拆卸无电缆存储式测井传感器

一、考生准备

(1)考生准备齐全准考证件。

(2)考生准备考试用笔。

二、考场准备

1. 材料准备

名称	单位	数量	备注
考核试卷	套	1	

2. 场地、人员准备

(1)专用考核场地或钻井井场。

(2)现场照明良好、清洁。

(3)考场有专业人员配合。

三、考核内容

(1)本题分值100分。

(2)考核时间45min。

(3)具体考核要求:

① 本题为笔试题,考生自备考试用笔。

② 计时从下达口令开始,到宣布退出考场结束。

③ 提前完成考核不加分,超时停止答卷。

(4)操作程序说明:

① 考试前按考核题内容领取相应考核试卷。

② 填写试卷要求内容。

(5)考试规定说明:

① 独立完成考核。

② 违规抄袭,取消考核资格。

③ 考试采用百分制,考试项目得分按组卷比例进行折算。

(6)测量技能说明:

本试题要考核考生安装、拆卸无电缆存储式测井传感器的技能掌握情况。

四、评分标准与配分表

序号	考试内容	评分要素	配分	评分标准	最大扣分	步长	检测结果	扣分	得分	备注
1	准备工作	将传感器及连接线放至井口安全位置	5	漏一件扣1分	5	1				
		准备专用和通用工具及材料	5	漏此项扣5分	5	5				
2	安装、拆卸深度传感器	确认滚筒动力切断、滚筒制动。在钻井相关人员的协助下,拆卸掉钻机滚筒侧面的护罩	5	此项操作错误扣5分	5	5				

续表

序号	考试内容	评分要素	配分	评分标准	最大扣分	步长	检测结果	扣分	得分	备注
2	安装、拆卸深度传感器	将深度传感器安装在滚筒的中心轴上,并用固定螺母进行固定。如果中心轴上有其他公司的深度传感器,可以在它的后面级联	5	此项操作错误扣5分	5	5				
		将连接线与传感器连线相接	5	此项错误扣5分	5	5				
		将连接线固定后安装好滚筒侧面的护罩	3	此项错误扣3分	3	3				
		测井完成,按安装的逆顺序拆卸深度传感器	5	此项错误扣5分	5	5				
		将安装传感器位置恢复至安装传感器之前的状态	5	漏做扣5分	5	5				
		收回传感器和连接线,拆卸下仪器车各传感器连接线,上好插头、插座护帽	2	此项操作错误扣2分	2	2				
		收回钩载传感器线、深度传感器线、压力传感器线,在滚筒上盘好,挂好锁链	2	漏做扣2分	2	2				
3	安装、拆卸压力传感器	在钻井技术人员的协助下,选择带有能够安装压力传感器盲孔且远离钻井泵的钻井液高压管线立管	5	此项操作错误扣5分	5	5				
		确认钻井泵已停泵,立管回水已放空	5	漏做扣5分	5	5				
		请钻井相关人员将所选择的高压立管盲孔丝堵卸掉,在压力传感器的螺纹上缠好生胶带,然后将其安装在盲孔上并固定拧紧	5	漏做一步扣2分	5	2				
		将传感器输出线与连接线相连接,由操作工程师确认信号正常	3	漏此项扣3分	3	3				
		将线头连接处缠好绝缘胶布并将连接线固定	3	此项操作错误扣3分	3	3				
		测井完成,按照安装的逆顺序拆卸压力传感器	5	此项操作错误扣5分	5	5				
		将安装传感器位置恢复至安装传感器之前的状态	3	此项操作错误扣3分	3	3				
		收回传感器和连接线,拆卸下仪器车各传感器的连接线,上好插头、插座护帽	3	此项操作错误扣3分	3	3				
4	安装、拆卸钩载传感器	将钩载传感器的管线部分注满液压油,若钻机使用酒精,需要与钻队保持一致	5	此项操作错误扣5分	5	5				
		确认游车静止不动,将钩载传感器安装在死绳端的液压输出端上,通过三通与其他传感器并联	5	此项操作错误扣5分	5	5				

续表

序号	考试内容	评分要素	配分	评分标准	最大扣分	步长	检测结果	扣分	得分	备注
4	安装、拆卸钩载传感器	将传感器输出线与连接线相连接,由操作工程师确认信号正常	3	此项操作错误扣3分	3	3				
		将线头连接处缠好绝缘胶布并将连接线固定	2	此项操作错误扣2分	2	2				
		测井完成,按照安装的逆顺序拆卸钩载传感器	5	此项操作错误扣3分	5	5				
		将安装传感器位置恢复至安装传感器之前的状态	3	此项操作错误扣3分	3	3				
		收回传感器和连接线,拆卸下仪器车各传感器连接线,上好插头、插座护帽	3	此项操作错误扣3分	3	3				
合计			100							

考评员： 核分员： 年　月　日

试题三　安装、拆卸无电缆存储式测井下井工具

一、考生准备

(1)考生按要求穿戴齐全劳保用品。
(2)考生准备齐全准考证件。

二、考场准备

1. 设备、工具、材料准备

序号	名称	单位	数量	备注
1	钻机	台	1	
2	深度传感器	个	1	
3	钩载传感器	个	1	
4	钻井液压力传感器	个	1	
5	传感器连接线	根	1	
6	存储式测井下井工具	套	1	
7	通用工具	套	1	
8	井口专用工具	套	1	
9	井口设施	套	1	
10	棉纱		适量	

2. 场地、人员准备

(1)专用考核场地或钻井井场。
(2)现场照明良好、清洁。
(3)考场有专业人员配合。

三、考核内容

(1)本题分值100分。

(2)考核时间15min。

(3)具体考核要求:

① 本题为实际操作题,考生需穿戴整齐劳保用品。

② 计时从下达口令开始,到宣布结束停止操作。

③ 提前完成操作不加分,超时停止操作。

④ 操作步骤清晰、有序。

⑤ 工具、器材使用正确。

⑥ 井口作业人员应有一人佩戴硫化氢报警仪,并且确保仪器完好,处于运行状态。上下钻台时,应走扶梯,抓牢扶手,不得从滑板上下钻台。

⑦ 严禁私自动用钻井设备(接气开关、大钩等),需要时与井队人员协调,由井队人员操作使用。

⑧ 吊升井口设备时,应由专人负责指挥。吊升前清理滑板通道,井口设备脱离猫路在滑板上吊升过程中,地面人员远离滑板下方,禁止从滑板下方通过。

⑨ 钻台作业人员禁止倚靠钻台护栏,应处于钻台安全位置,防止高处坠落或物体打击造成伤害。

⑩ 违章操作或发生事故停止操作。

(4)操作程序说明:

① 进入考核场地,进行准备,准备时间为5min。

② 按考评员要求进行操作。

③ 操作完成,清理场地。

④ 退场。

(5)考试规定说明:

① 准备时间:5min。

② 准备时间不计入操作时间。

③ 正式操作时间:15min。

④ 考试采用百分制,考试项目得分按组卷比例进行折算。

(6)测量技能说明:

本试题主要考核考生安装与拆卸无电缆存储式测井下井工具的技能掌握情况。

四、评分标准与配分表

序号	考试内容	评分要素	配分	评分标准	最大扣分	步长	检测结果	扣分	得分	备注
1	准备工作	将专用工具吊放至猫路	2	漏此项扣2分	2	2				
		准备井口专用工具	3	漏此项扣3分	3	3				

续表

序号	考试内容	评分要素	配分	评分标准	最大扣分	步长	检测结果	扣分	得分	备注
2	安装存储式测井专用下井工具	按下井仪器释放方式组装上悬挂器	5	漏此项扣5分	5	5				
		检查泄流孔护套安装是否正常，其规格、类型是否符合测井设计要求	5	一项漏检扣2分	5	1				
		使用专用提丝将下悬挂器的各短节吊到钻台上	5	此项操作错误扣5分	5	5				
		用链钳将下悬挂器的各节连接旋紧	5	此项操作错误扣5分	5	5				
		由钻井方将连接好的下悬挂器坐放于井口，用液压大钳以5MPa的工作压力分别将两个连接处打紧	5	此项操作错误扣5分	5	5				
		按有效容纳长度大于仪器落座后有效长度0.3~0.5m选择长度合适的加重钻杆数量和调整短节	5	此项操作错误扣5分	5	5				
		使用专用通径规对下井前的加重钻杆进行通径	5	此项操作错误扣5分	5	5				
		指挥钻井队按测井设计要求依次将调整短节及内径大于$\phi75mm$的加重钻杆连接下井	5	此项操作错误扣5分	5	5				
		连接上悬挂器并使用液压大钳以4.5MPa左右的压力进行紧固	10	此项操作错误扣10分	10	10				
3	拆卸存储式测井专用下井工具	测井完成上悬挂器起出井口后，用液压大钳将上悬挂器上节与上悬挂器下节卸松，然后用链钳卸掉上悬挂器上节。依次卸掉上悬挂器下节、配置的钻杆及自备钻杆	10	此项操作错误扣10分	10	10				
		利用专用工具拆卸掉释放器	5	漏做此项扣5分	5	5				
		利用经过拉力测试后的专用钢丝绳吊起主电池及下部仪器，离开下悬挂器约0.5m，拆掉井口卡盘	5	此项操作错误扣5分	5	5				
		利用游车缓慢吊起下悬挂器，直到主电池上接头从下悬挂器下端露出	5	此项操作错误扣5分	5	5				
		将井口组装台放在井口，用井口卡盘将主电池上接头卡牢，并坐在组装台上	5	此项操作错误扣5分	5	5				
		将下悬挂器放入鼠洞，取出钢丝绳	5	此项操作错误扣5分	5	5				
		将下悬挂器的上节和下节用液压大钳松扣后，提出鼠洞，用链钳卸开	5	漏做或做错一步扣5分	5	5				
4	收尾工作	将仪器和专用工具吊放下钻台	2	此项操作错误扣2分	2	2				

续表

序号	考试内容	评分要素	配分	评分标准	最大扣分	步长	检测结果	扣分	得分	备注
4	收尾工作	清理现场,设备、工具、材料归位	3	此项操作错误扣3分	3	3				
合计			100							

考评员：　　　　　　　　　　核分员：　　　　　　　　　　　　年　月　日

试题四　安装、拆卸欠平衡测井井口装置

一、考生准备

(1)考生准备齐全准考证件。
(2)考生准备考试用笔。

二、考场准备

1. 材料准备

名称	单位	数量	备注
考核试卷	套	1	

2. 场地、人员准备

(1)现场照明良好、清洁。
(2)考场有专业人员考核人员。

三、考核内容

(1)本题分值100分。
(2)考核时间45min。
(3)具体考核要求：
① 本题为笔试题,考生自备考试用笔。
② 计时从下达口令开始,到宣布退出考场结束。
③ 提前完成考核不加分,超时停止答卷。
(4)操作程序说明：
① 考试前按考核题内容领取相应考核试卷。
② 填写试卷要求内容。
(5)考试规定说明：
① 独立完成考核。
② 违规抄袭,取消考核资格。
③ 考试采用百分制,考试项目得分按组卷比例进行折算。

(6)测量技能说明:

本试题主要考核考生安装、拆卸欠平衡测井井口装置技能的掌握情况。

四、评分标准与配分表

序号	考试内容	评分要素	配分	评分标准	最大扣分	步长	检测结果	扣分	得分	备注
1	欠平衡井口装置的安装	关闭井口防喷器。将涂抹了润滑油的法兰盘钢圈放入转换法兰盘钢圈槽内,装上封井器,套上法兰盘固定螺栓,对称均匀用力将全部螺栓拧紧	5	漏答扣5分	5	5				
		将泄压阀、压力表和手动液压泵与电缆封井器相连接	5	漏答扣5分	5	5				
		在电缆封井器的上端口安装连接仪器防落器	5	漏答扣5分	5	5				
		按规程要求安装、固定测井滑轮。锁死游动滑车,提升天滑轮至合适位置	2	漏答扣2分	2	2				
		用规定的流管组装成电缆控制头	5	漏答扣5分	5	5				
		将电缆依次穿过地滑轮、天滑轮、电缆控制头,制作电缆连接器	3	漏答扣3分	3	3				
		在电缆控制头上连接手动液压泵、可调节流阀和注脂泵,连接时应将连接管内空气排尽	5	漏答扣5分	5	5				
		用吊索将电缆控制头吊在游动滑车吊卡两端并锁死	5	漏答扣5分	5	5				
		将电缆控制头与防喷管逐节组装成防喷管串并与电缆防喷器连接	5	漏答扣5分	5	5				
		电缆防喷装置安装完成后,开启注脂泵密封电缆控制头,通过旁通短节用气泵或压裂车向防喷管内注压进行压力试验	5	漏答扣5分	5	5				
		从钻台上的第一个防喷管接头处拆开防喷管	5	漏答扣5分	5	5				
		将测井仪器在鼠洞内组装成仪器串,再与穿过防喷管串的电缆连接器连接	5	漏答扣5分	5	5				
		将防喷管拉向鼠洞上方	5	漏答扣5分	5	5				
		上提电缆使整个仪器串进入容纳管内,然后停止上提电缆,并刹住手刹	3	漏答扣3分	3	3				
		将钻台面上的容纳管进行连接,仪器连接完毕	2	漏答扣2分	2	2				

续表

序号	考试内容	评分要素	配分	评分标准	最大扣分	步长	检测结果	扣分	得分	备注
2	平衡井口装置的拆卸	确认仪器串全部进入防喷管后,逐次关闭作业井的井口封井器、电缆封井器、注脂泵	3	漏答扣3分	3	3				
		关闭电缆防喷器下阀门,打开泄压阀,同时观察压力表的压力指示,当压力表的压力指示为零时,泄压完成	5	漏答扣5分	5	5				
		关闭所有阀门及泄压阀,下放1~2m的电缆	2	漏答扣2分	2	2				
		打开防喷管在钻台上的第一个接头,将防喷管连同仪器一起拉向鼠洞口上方	5	漏答扣5分	5	5				
		下放电缆,将仪器放在鼠洞内并用卡盘卡在电缆连接器下方	2	漏答扣2分	2	2				
		按顺序拆卸仪器串并下放到钻台下面	2	漏答扣2分	2	2				
		仪器拆卸完成后,将电缆连接器起进防喷管。开始从下至上拆卸容纳管	3	漏答扣3分	3	3				
		当防喷管剩2根时,将防喷管与电缆防喷器相连,拆卸电缆防喷器上的容纳管接头	3	漏答扣3分	3	3				
		启动游车,逐节拆下防喷管	2	漏答扣2分	2	2				
		防喷管拆完后,将电缆控制头上的管线一一拆下,然后将电缆控制头吊到钻台下面	3	漏答扣3分	3	3				
		将天、地滑轮吊到钻台下面	2	漏答扣2分	2	2				
		拆卸电缆防喷器,用气动绞车起吊防喷器,将防喷器放到井架旁边。然后用吊车将防喷器、防喷管、电缆控制头吊到运输车上并固定好	3	漏答扣3分	3	3				
合计			100							

考评员:　　　　　　　　　　　　核分员:　　　　　　　　　　　　年　月　日

试题五　检查、标定无电缆存储式测井深度系统

一、考生准备

(1)考生按要求穿戴齐全劳保用品。
(2)考生准备齐全准考证件。

二、考场准备

1. 设备、工具、材料准备

序号	名称	单位	数量	备注
1	钻机	台	1	
2	无电缆测井地面系统	台	1	
3	无电缆测井井口装置	套	1	
4	钢卷尺	套	1	

2. 场地、人员准备

(1)专用考核场地或钻井井场。

(2)现场照明良好、清洁。

(3)考场有专业人员配合。

三、考核内容

(1)本题分值100分。

(2)考核时间15min。

(3)具体考核要求:

① 本题为实际操作题,考生需穿戴整齐劳保用品。

② 计时从下达口令开始,到宣布结束停止操作。

③ 提前完成操作不加分,超时停止操作。

④ 操作步骤清晰、有序。

⑤ 工具、器材使用正确。

⑥ 在钻台上操作应严守安全操作规定,站位合理。

⑦ 井口作业人员应佩戴硫化氢报警仪,并且确保仪器完好,处于运行状态。

⑧ 严禁私自动用钻井设备(接气开关、大钩等),需要时与井队人员协调,由井队人员操作使用。

⑨ 钻台作业人员禁止倚靠钻台护栏,应处于钻台安全位置,防止高处坠落或物体打击造成伤害。

⑩ 深度标定期间监督相关方在二层平台上不得进行与测井无关的作业。

⑪ 深度标定时,应保证钢卷尺垂直不弯曲。

⑫ 违章操作或发生事故停止操作。

(4)操作程序说明:

① 进入考核场地,进行准备,准备时间为5min。

② 按考评员要求进行操作。

③ 操作完成,清理场地。

④ 退场。

测井工（测井采集专业方向）

（5）考试规定说明：

① 准备时间：5min。

② 准备时间不计入操作时间。

③ 正式操作时间：15min。

④ 考试采用百分制，考试项目得分按组卷比例进行折算。

四、评分标准与配分表

序号	考试内容	评分要素	配分	评分标准	最大扣分	步长	检测结果	扣分	得分	备注
1	准备工作	安装深度传感器	10	漏做扣10分	10	10				
2	检查无电缆存储式测井深度系统	检查深度传感器是否正常	5	漏做扣5分	5	5				
3	标定无电缆存储式测井深度系统	指挥司钻将游车下放至钻台面上，将钢卷尺一端连接固定在吊卡上	10	操作错误扣10分	10	10				
		通知操作工程师启动地面测井系统，在深度控制单元将测量软件对应的游车高度初始计数设置为固定值	5	操作错误扣5分	5	5				
		指挥司钻缓慢上提游车，当滚筒钢丝绳到达层间拐点处时，停止上提游车	10	操作错误扣10分	10	10				
		读出拐点处的游车高度，通报操作工程师	10	操作错误扣10分	10	10				
		确认操作工程师在地面系统深度控制单元的层系数标定窗口，将当前游车的测量高度和深度计数填入对应层的数据输入框中	5	操作错误扣5分	5	5				
		指挥司钻继续上提游车，当大绳分别到达滚筒两侧时，依次记录各层对应的游车高度和深度计数	15	操作错误扣15分	15	15				
		确认当游车上提至最大安全高度时，记录游车当前高度和深度计数，作为最后一层的深度刻度系数	10	漏此操作扣10分	10	10				
		当所有的深度数据测量完毕，完成深度层位系数和层位拐点数值标定，确认关闭深度标定窗口	5	漏此操作扣5分	5	5				
		确认新标定的刻度系数存入文件保存	5	漏此操作扣5分	5	5				
4	收尾工作	拆卸深度传感器	5	漏此操作扣5分	5	5				
		材料、工具归位	5	漏此操作扣5分	5	5				
合计			100							

考评员： 核分员： 年 月 日

试题六　检查、刻度、标定张力系统

一、考生准备

(1) 考生按要求穿戴齐全劳保用品。
(2) 考生准备齐全准考证件。

二、考场准备

1. 设备、工具、材料准备

序号	名称	单位	数量	备注
1	测井绞车	台	1	
2	张力校验台及附属设施	套	1	
3	张力计	个	1	
4	万用表	块	1	

2. 场地、人员准备

(1) 专用考核场地。
(2) 现场照明良好、清洁。
(3) 考场有专业人员配合。

三、考核内容

(1) 本题分值 100 分。
(2) 考核时间 20min。
(3) 具体考核要求：
① 本题为实际操作题，考生需穿戴整齐劳保用品。
② 计时从下达口令开始，到宣布结束停止操作。
③ 提前完成操作不加分，超时停止操作。
④ 操作步骤清晰、有序。
⑤ 工具、器材使用正确。
⑥ 违章操作或发生事故停止操作。
⑦ 加压前确认张力计和指重表、底座的连接销子连接牢固。
⑧ 进行深度、张力系统检查时，如需更换元件和备板要先断电。
⑨ 进行张力系统刻度及校验时，注意正确使用张力角度校正开关。
(4) 操作程序说明：
① 进入考核场地，进行准备，准备时间为 5min。
② 按考评员要求进行操作。
③ 操作完成，清理场地。

④ 退场。

(5) 考试规定说明：

① 准备时间：5min。

② 准备时间不计入操作时间。

③ 正式操作时间：20min。

④ 考试采用百分制，考试项目得分按组卷比例进行折算。

(6) 测量技能说明：

本试题主要考核考生检查、刻度、标定张力系统技能的掌握情况。

四、评分标准与配分表

序号	考试内容	评分要素	配分	评分标准	最大扣分	步长	检测结果	扣分	得分	备注
1	准备工作	检查张力计引线是否损伤	5	漏此项操作扣5分	5	5				
		用万用表测量张力计连接线到地面张力测量系统输入部分的阻值应小于0.5Ω	5	此项操作错误扣5分	5	5				
		检查张力计供电是否正常	5	此项操作错误扣5分	5	5				
		检查地面张力测量部分工作是否正常	5	此项操作错误扣5分	5	5				
		用万用表测量张力测量系统到显示部分的连接是否正常	5	此项操作错误扣5分	5	5				
		检查显示部分工作是否正常	5	此项操作错误扣5分	5	5				
		将张力计与校验台和千斤顶通过连接销进行连接	5	此项操作错误扣5分	5	5				
		将张力系数校正开关置于合适位置（当地面测量系统张力校正为角度校正时，校正角度选择为120°；当地面测量系统张力校正为系数校正时，校正系数选择为2），进行地面校验台检查	10	此项操作错误扣10分	10	10				
		当张力计不受力时，张力测量系统张力输出显示应为零	5	漏此项操作扣5分	5	5				
		分别给张力计施加10kN、20kN、30kN、40kN的力，张力显示值应与其基本一致，误差值应小于2%。若超差则应查找问题	5	此项操作错误扣5分	5	5				
2	测井张力系统的刻度标定	将张力计安装在张力校验台上	5	此项操作错误扣5分	5	5				
		接好张力计与地面系统的连线	5	此项操作错误扣5分	5	5				

续表

序号	考试内容	评分要素	配分	评分标准	最大扣分	步长	检测结果	扣分	得分	备注
2	测井张力系统的刻度标定	将计算机和绞车面板上的张力校正开关放到规定位置	5	此项操作错误扣5分	5	5				
		张力计的拉力处于零,调节张力测量的基值电位器,使得张力输出为零,张力指示为零	5	此项操作错误扣5分	5	5				
		使张力计拉力处于50kN,调节测量单元的调节电位器,使得计算机显示的测量张力为50kN	5	此项操作错误扣5分	5	5				
		将千斤顶泄压,使校验台拉力表指示为0kN,调节地面系统张力测量板A/D输出的调零电位器,使得计算机显示的测量张力为0kN	5	此项操作错误扣5分	5	5				
		重复以上步骤,直到满足要求后,调节绞车面板电位器,使绞车面板与计算机显示的测量张力一致	5	此项操作错误扣5分	5	5				
		使用千斤顶使校验台张力表分别指示为0kN、10kN、20kN、30kN、40kN、50kN,记录地面系统张力测量值并检查测量结果是否符合要求	5	此项操作错误扣5分	5	5				
3	收尾工作	电缆归位	3	漏此项操作扣3分	3	3				
		清理场地、工具材料归位	2	漏此项操作扣2分	2	2				
合计			100							

考评员: 　　　　　　　　　核分员: 　　　　　　　　　年　月　日

试题七　安装与调理电缆

一、考生准备

(1)考生按要求穿戴齐全劳保用品。
(2)考生准备齐全准考证件。

二、考场准备

1. 设备、工具、材料准备

序号	名称	单位	数量	备注
1	深度标准井	口	1	
2	测井绞车	台	1	
3	电缆安装装置	套	1	
4	井口通用工具	套	1	
5	专用电缆卡子	个	1	
6	电缆安装专用工具	套	1	

425

续表

序号	名称	单位	数量	备注
7	井口专用工具	套	1	
8	磁定位器		适量	
9	加重		适量	
10	黑胶布		适量	
11	细铅丝		适量	

2. 场地、人员准备

(1)考场可设在专用考核场地或深度记号井。

(2)照明良好,水、电及安全设施齐全。

(3)考场整洁规范,无干扰。

(4)考场有专业操作工程师配合。

三、考核内容

(1)本题分值100分。

(2)考核时间30min。

(3)具体考核要求:

① 本题为实际操作题,考生需穿戴整齐劳保用品。

② 计时从下达口令开始,到宣布结束停止操作。

③ 提前完成操作不加分,超时停止操作。

④ 操作步骤清晰、有序。

⑤ 工具、器材使用正确。

⑥ 对电缆绝缘检查后,应将缆芯与外层钢丝接触进行放电。

⑦ 安装电缆时拉力选择合适,拉力选择原则为:

(a)第一层电缆拉力为拉断力的10%~15%。

(b)第二层电缆拉力为拉断力的20%~25%。

(c)第三层至中部电缆拉力为拉断力的33%。

(d)中部至电缆头电缆拉力由拉断力的33%逐渐下降到零。

⑧ 调理电缆时,下放和上提时的张力比控制在1:1.25。

⑨ 违章操作或发生事故停止操作。

(4)操作程序说明:

① 进入考核场地,进行准备,准备时间为5min。

② 按考评员要求进行操作。

③ 操作完成,清理场地。

④ 退场。

(5)考试规定说明:

① 准备时间:5min。

② 准备时间不计入操作时间。

③ 正式操作时间:30min。
④ 考试采用百分制,考试项目得分按组卷比例进行折算。
(6)测量技能说明:
本试题主要考核考生安装与调整电缆技能的掌握情况。

四、评分标准与配分表

序号	考试内容	评分要素	配分	评分标准	最大扣分	步长	检测结果	扣分	得分	备注
1	准备工作	按考核通知单要求准备工具、材料	5	漏做此项扣5分	5	5				
2	安装电缆	摆放好绞车	5	此项操作错误扣5分	5	5				
		检查所要安装电缆的通断、绝缘是否正常	5	此项操作错误扣5分	5	5				
		将电缆绕到拖电缆的恒张力装置上	5	此项操作错误扣5分	5	5				
		将电缆头从绞车滚筒内侧的通信孔穿入,从滚筒外侧拉出	5	此项操作错误扣5分	5	5				
		留足连接滑环线的长度,将电缆的钢丝剥开剁断处用专用小电缆卡子固定,或直接将剥开的钢丝反向打结,用胶布、铅丝扎牢。回抽电缆,使小电缆卡子或制作的电缆疙瘩挡在滚筒侧孔外侧	10	漏做此项扣5分	10	10				
		使用角尺和粉笔,从入孔的中心点过滚筒芯到对面的法兰盘画一条线,这条线一直被画到两边的法兰盘上。在第二个拐点也标注一个同样的记号	5	此项操作错误扣5分	5	5				
		将固定拖电缆装置的手刹车放到适当位置,使电缆张力符合要求	5	此项操作错误扣5分	5	5				
		将拖电缆装置的计数器清零,记准所上电缆的长度	2	此项操作错误扣2分	2	2				
		慢速开动绞车绕电缆,第一圈一定要紧贴滚筒壁,绕回到起点之前要自然留出10~20cm的倒角	5	此项操作错误扣5分	5	5				
		第一层电缆不应出现明显缝隙,到滚筒另一端升入第二层的位置应与第一层的起点对应。不论是过了或是提前都不能上好电缆。如果进入第二层的位置不对则应进行调整,过了向另一侧挤、提前了要向同方向挤,如果还不能达到目的,应将电缆上掉,改变电缆拉力重新起电缆。若电缆拐点位置不合适,可以在滚筒慢慢旋转时,用工具把填充材料填到合适的位置,直到整圈电缆被盘入。在盘第一层的最后一圈前,必须确定在何处放置第二段填充材料。如果不需要增加圈数,第二段填充材料应该在0°~180°的位置或在第一段填充材料的相反位置。如果需要增加半圈,就应该在180°~360°的位置(使用工具让电缆和材料靠在一起)或直接放在第一段填充材料的相同位置	10	此项操作错误扣10分	10	10				

续表

序号	考试内容	评分要素	配分	评分标准	最大扣分	步长	检测结果	扣分	得分	备注
2	安装电缆	电缆安装完成后,再次检查电缆的通断和绝缘情况	5	此项操作错误扣5分	5	5				
		绕好电缆后将长度、型号、上电缆日期记到电缆记录本上	3	漏做此项扣3分	3	3				
3	调理电缆	将测井绞车按规定位置停好对正并打好掩木	2	此项操作错误扣2分	2	2				
		将电缆穿过井口滑轮	3	此项操作错误扣3分	3	3				
		将电缆连接器和磁定位及加重连接好	5	此项操作错误扣5分	5	5				
		将电缆放入井中,深度置零	5	此项操作错误扣5分	5	5				
		用慢速下放300m,上提50m,停住,借助磁定位观察电缆不转为止,再下放300m,上提50m,一直进行下去,重复3~5次,然后收回电缆	10	此项操作错误扣0分	10	10				
4	收尾工作	固定电缆	2	漏做此项扣2分	2	2				
		清理现场,工具、材料归位	3	漏做此项扣3分	3	3				
合计			100							

考评员：　　　　　　　　　　　　　核分员：　　　　　　　　　　　年　　月　　日

试题八　确定电缆断芯位置

一、考生准备

(1)考生按要求穿戴齐全劳保用品。
(2)考生准备齐全准考证件。

二、考场准备

1. 设备、工具、材料准备

序号	名称	单位	数量	备注
1	故障电缆	盘	1	
2	万用表	块	1	
3	兆欧表	块	1	
4	电容表	块	1	

续表

序号	名称	单位	数量	备注
5	井口通用工具	套	1	
6	棉纱		适量	

2. 场地、人员准备

(1) 考场可设在车场或工房。

(2) 照明良好,水、电及安全设施齐全。

(3) 考场整洁规范,无干扰。

(4) 考场有专业操作工程师配合。

三、考核内容

(1) 本题分值 100 分。

(2) 考核时间 15min。

(3) 具体考核要求:

① 本题为实际操作题,考生需穿戴整齐劳保用品。

② 计时从下达口令开始,到宣布结束停止操作。

③ 提前完成操作不加分,超时停止操作。

④ 操作步骤清晰、有序。

⑤ 工具、器材使用正确。

⑥ 违章操作或发生事故停止操作。

(4) 操作程序说明:

① 进入考核场地,进行准备,准备时间为 5min。

② 按考评员要求进行操作。

③ 操作完成,清理场地。

④ 退场。

(5) 考试规定说明:

① 准备时间:5min。

② 准备时间不计入操作时间。

③ 正式操作时间:15min。

④ 考试采用百分制,考试项目得分按组卷比例进行折算。

(6) 测量技能说明:

本试题主要考核考生确定电缆断芯位置技能的掌握情况。

四、评分标准与配分表

序号	考试内容	评分要素	配分	评分标准	最大扣分	步长	检测结果	扣分	得分	备注
1	准备工作	按考核通知单要求准备工具、材料	5	漏做此项扣 5 分	5	5				

续表

序号	考试内容	评分要素	配分	评分标准	最大扣分	步长	检测结果	扣分	得分	备注
2	判断断芯位置	剥开电缆两端的铠装钢丝,按顺序剥出缆芯的导电铜芯	5	此项操作错误扣5分	5	5				
		清洁缆芯两端测试连接点	5	漏检此项扣5分	5	5				
		用万用表测量各缆芯阻值,判断出故障缆芯	15	漏测一根缆芯扣5分	15	5				
		根据缆芯长度 L 选择合适的电容量挡位	10	此项操作错误扣10分	10	10				
		用电容表同一挡位分别测量断芯电缆两端对缆皮的电容值 C_1、C_2	20	一端测量错误扣10分	20	10				
		依据计算公式计算出电缆某一端到断点的长度 L_1	20	漏做此项扣20分	20	20				
		采用不同的电容测量法进行重复验证,确认断点位置判断无误	15	此项操作错误扣15分	15	15				
3	收尾工作	电缆、工具、材料归位	5	漏做此项扣5分	5	5				
合计			100							

试题九　确定电缆绝缘破坏位置

一、考生准备

(1)考生按要求穿戴齐全劳保用品。
(2)考生准备齐全准考证件。

二、考场准备

1. 设备、工具、材料准备

序号	名称	单位	数量	备注
1	故障电缆	盘	1	
2	万用表	块	1	
3	兆欧表	块	1	
4	井口通用工具	套	1	
5	棉纱		适量	

2. 场地、人员准备

(1)考场可设在车场或工房。
(2)照明良好,水、电及安全设施齐全。

(3)考场整洁规范,无干扰。

(4)考场有专业操作工程师配合。

三、考核内容

(1)本题分值100分。

(2)考核时间20min。

(3)具体考核要求:

① 本题为实际操作题,考生需穿戴整齐劳保用品。

② 计时从下达口令开始,到宣布结束停止操作。

③ 提前完成操作不加分,超时停止操作。

④ 操作步骤清晰、有序。

⑤ 电缆绝缘检查前,应确认电缆与地面仪器已经断开。

⑥ 电缆绝缘检查后,应将缆芯与外层钢丝接触进行放电。

⑦ 不要接触正在检查绝缘中的电缆缆芯。

⑧ 兆欧表使用应放在平稳地方,摇动手柄速度应均匀。

⑨ 兆欧表未停止转动前,勿触及测量设备或兆欧表接线桩。

⑩ 利用双端电容法检测电缆断芯位置时,缆芯应彻底断开,且断芯位置只有一处。

⑪ 利用万用表和兆欧表判断电流绝缘破坏位置,电缆缆芯不能断芯,绝缘应小于0.1MΩ。

⑫ 违章操作或发生事故停止操作。

(4)操作程序说明:

① 进入考核场地,进行准备,准备时间为5min。

② 按考评员要求进行操作。

③ 操作完成,清理场地。

④ 退场。

(5)考试规定说明:

① 准备时间:5min。

② 准备时间不计入操作时间。

③ 正式操作时间:20min。

④ 考试采用百分制,考试项目得分按组卷比例进行折算。

(6)测量技能说明:

本试题主要考核考生确定电缆绝缘破坏位置技能的掌握情况。

四、评分标准与配分表

序号	考试内容	评分要素	配分	评分标准	最大扣分	步长	检测结果	扣分	得分	备注
1	准备工作	按考核通知单要求准备工具、材料	5	漏做此项扣5分	5	5				

续表

序号	考试内容	评分要素	配分	评分标准	最大扣分	步长	检测结果	扣分	得分	备注
2	判断绝缘破坏位置	剥开电缆两端的铠装钢丝,按顺序剥出缆芯的导电铜芯	5	此项操作错误扣5分	5	5				
		清洁缆芯两端测试连接点	5	漏做此项扣5分	5	5				
		用兆欧表测量各缆芯绝缘,判断出故障缆芯	15	此项操作错误扣15分	15	15				
		将万用表置于电流测量挡,量程置于50μA或1mA毫安挡,接于被测电缆的两端	10	此项操作错误扣10分	10	10				
		将兆欧表一端接缆芯,另一端接缆皮。用均匀的速度摇动兆欧表,读出万用表显示的稳定电流值A_1	20	此项操作错误扣20分	20	20				
		将兆欧表接缆芯的一端换接到缆芯的另一端,万用表两表笔互换,同样均匀摇动兆欧表,读出万用表显示的稳定电流值A_2	20	漏做此项扣20分	20	20				
		依据判断电缆绝缘破坏位置的公式,计算出缆芯绝缘损坏的具体位置	15	此项操作错误扣15分	15	15				
3	收尾工作	电缆、工具、材料归位	5	漏做此项扣5分	5	5				
合计			100							

考评员： 核分员： 年 月 日

试题十　巡回检查测井绞车

一、考生准备

(1)考生按要求穿戴齐全劳保用品。
(2)考生准备齐全准考证件。

二、考场准备

1. 设备、工具、材料准备

名称	单位	数量	备注
通用工具	套	1	

2. 场地、人员准备
(1)专用考核场地。
(2)现场照明良好、清洁。
(3)考场有专业人员配合。

三、考核内容

(1) 本题分值 100 分。
(2) 考核时间 30min。
(3) 具体考核要求：
① 本题为实际操作题，考生需穿戴整齐劳保用品。
② 计时从下达口令开始，到宣布结束停止操作。
③ 提前完成操作不加分，超时停止操作。
④ 操作步骤清晰、有序。
⑤ 工具、器材使用正确。
⑥ 违章操作或发生事故停止操作。
⑦ 禁止在绞车运转时，对绞车转动系统进行维修、保养。
⑧ 检查保养绞车系统时，应远离火源，禁止在检查保养绞车期间违章动火或吸烟。
⑨ 禁止抛甩工具及设备。
⑩ 禁止在车库或相对密闭的空间长时间启动车辆进行绞车检修或保养。
⑪ 刹车带与制动毂间隙应保证在 1~2mm 的范围内，并在整个包角范围内间隙分布均匀。
⑫ 链条松紧度应为链条自动下垂 10~35mm。

(4) 操作程序说明：
① 进入考核场地，进行准备，准备时间为 10min。
② 按考评员要求进行操作。
③ 操作完成，清理场地。
④ 退场。

(5) 考试规定说明：
① 准备时间：10min。
② 准备时间不计入操作时间。
③ 正式操作时间：30min。
④ 考试采用百分制，考试项目得分按组卷比例进行折算。

(6) 测量技能说明：
本试题主要考核考生巡回检查测井绞车技能的掌握情况。

四、评分标准与配分表

序号	考试内容	评分要素	配分	评分标准	最大扣分	步长	检测结果	扣分	得分	备注
1	准备工作	准备合适的工具	3	漏做此项扣3分	3	3				
2	巡回检查绞车	检查发动机机油油面应在油尺的上下线之间，机油的黏度应符合标准	4	漏检此项扣4分	4	4				
		检查发动机机油压力表、电压表等配备仪表应齐全有效	2	漏检此项扣2分	2	2				

测井工（测井采集专业方向）

续表

序号	考试内容	评分要素	配分	评分标准	最大扣分	步长	检测结果	扣分	得分	备注
2	巡回检查绞车	检查各油管接头有无漏油、破裂	3	漏检此项扣3分	3	3				
		检查发动机冷却风轮有无损坏、松动	3	漏检此项扣3分	3	3				
		检查风罩各紧固螺栓是否紧固	5	漏检此项扣5分	5	5				
		检查发动机固定螺栓及减振胶垫有无松动及破裂	5	漏检此项扣5分	5	5				
		检查滚筒支撑轴承螺栓有无松动并按需要加注润滑脂	4	漏检此项扣4分	4	4				
		检查刹车带与滚筒制动毂间隙并给予调整	4	漏检此项扣4分	4	4				
		检查液压马达的固定螺栓是否松动，马达及液压管线、接头有无泄漏	3	漏检此项扣3分	3	3				
		检查三速箱固定螺栓、管线、接头有无松动及泄漏	3	漏检此项扣3分	3	3				
		检查链条的松紧度并按要求给予调整及润滑	4	漏检此项扣4分	4	4				
		检查排缆器助力缸的密封有无泄漏	3	漏检此项扣3分	3	3				
		检查发电机机油油面应在油尺的上下线之间，机油的黏度应符合标准	4	漏检此项扣4分	4	4				
		检查发电机机油压力表、电压表等配备仪表应齐全有效	2	漏检此项扣2分	2	2				
		检查发电机各油管接头有无漏油、破裂	4	漏检此项扣4分	4	4				
		检查发电机冷却风轮有无损坏、松动	4	漏检此项扣4分	4	4				
		检查发电机风罩各紧固螺栓是否紧固	4	漏检此项扣4分	4	4				
		检查发电机固定螺栓及减振胶垫有无松动及破裂	4	漏检此项扣4分	4	4				
		检查分动箱润滑油油面并按规定加注润滑油	4	漏检此项扣4分	4	4				
		检查分动箱固定是否牢固	4	漏检此项扣4分	4	4				
		检查液压泵固定是否牢固	4	漏检此项扣4分	4	4				
		检查传动轴的连接是否牢固	5	漏检此项扣5分	5	5				
		检查各液压管线有无破裂、渗漏	3	漏检此项扣3分	3	3				
		检查绞车操作室工作台上的各仪表开关是否齐全有效	2	漏检此项扣2分	2	2				
		检查手刹车手柄的手动调节是否灵活有效	4	漏检此项扣4分	4	4				
		检查排缆器的工作情况是否正常	4	漏检此项扣4分	4	4				
3	收尾工作	电缆、工具、材料归位	2	漏做此项扣2分	2	2				
合计			100							

考评员： 核分员： 年 月 日

试题十一　维护保养测井绞车传动系统

一、考生准备

(1)考生按要求穿戴齐全劳保用品。
(2)考生准备齐全准考证件。

二、考场准备

1. 设备、工具、材料准备

序号	名称	单位	数量	备注
1	测井绞车	台	1	
2	机油壶	个	1	
3	黄油枪	把	1	
4	润滑油		适量	
5	齿轮油		适量	
6	废油盆	个	1	
7	清水		适量	
8	井口通用工具	套	1	
9	棉纱		适量	

2. 场地、人员准备

(1)考场可设在车场或工房。
(2)照明良好,水、电及安全设施齐全。
(3)考场整洁规范,无干扰。
(4)考场有专业操作人员配合。

三、考核内容

(1)本题分值 100 分。
(2)考核时间 20min。
(3)具体考核要求:
① 本题为实际操作题,考生需穿戴整齐劳保用品。
② 计时从下达口令开始,到宣布结束停止操作。
③ 提前完成操作不加分,超时停止操作。
④ 工具、器材使用正确。
⑤ 禁止在绞车运转时对绞车转动系统进行维修、保养。
⑥ 检查保养绞车系统时应远离火源,禁止在检查保养绞车期间违章动火或吸烟。
⑦ 禁止抛甩工具及设备。

⑧ 绞车检护保养应在专用场地进行。

⑨ 刹车带与制动毂间隙应保证在 1~2mm 的范围内,并在整个包角范围内间隙分布均匀。

⑩ 链条松紧度应为链条自动下垂 10~35mm。

⑪ 滚筒支座轴承每工作 200h,应注入锂基润滑脂润滑。

⑫ 滚筒减速机齿轮油每 6 个月更换一次。

⑬ 违章操作或发生事故停止操作。

(4)操作程序说明:

① 进入考核场地,进行准备,准备时间为 5min。

② 按考评员要求进行操作。

③ 操作完成,清理场地。

④ 退场。

(5)考试规定说明:

① 准备时间:5min。

② 准备时间不计入操作时间。

③ 正式操作时间:20min。

④ 考试采用百分制,考试项目得分按组卷比例进行折算。

(6)测量技能说明:

本试题主要考核考生维护、保养测井绞车传动系统技能的掌握情况。

四、评分标准与配分表

序号	考试内容	评分要素	配分	评分标准	最大扣分	步长	检测结果	扣分	得分	备注
1	准备工作	准备合适的工具	5	漏此项扣5分	5	5				
2	维护保养绞车传动系统	清洁传动系统的各部件	5	漏此项扣5分	5	5				
		检查动力各部分有无漏油现象,有无异响。如有漏油,更换油封	10	漏检此项扣10分	10	10				
		检查润滑油油面是否在规定的位置,若润滑油油面低于规定位置,则加注润滑油	10	漏检此项扣10分	10	10				
		紧固液压泵固定螺栓	10	漏此项扣10分	10	10				
		紧固液压马达的固定螺栓	5	漏此项扣5分	5	5				
		紧固液压马达与绞车变速箱的连接螺栓	5	漏此项扣5分	5	5				
		紧固绞车变速箱的固定螺栓	5	漏此项扣5分	5	5				
		将取力传动轴注入润滑脂润滑,润滑脂应从接缝处溢出	10	漏此项扣10分	10	10				
		调整绞车变速箱与滚筒间的链条松紧	10	漏此项扣10分	10	10				

续表

序号	考试内容	评分要素	配分	评分标准	最大扣分	步长	检测结果	扣分	得分	备注
2	维护保养绞车传动系统	更换齿轮油	10	漏此项扣10分	10	10				
		检查滚筒轴承并加注润滑脂,无链条传动的应检查减速箱内的润滑油	10	漏此项扣10分	10	10				
3	收尾工作	清理现场,工具归位	5	漏此项扣5分	5	5				
合计			100							

考评员： 核分员： 年 月 日

试题十二　维护保养测井绞车液压系统

一、考生准备

(1)考生按要求穿戴齐全劳保用品。
(2)考生准备齐全准考证件。

二、考场准备

1. 设备、工具、材料准备

序号	名称	单位	数量	备注
1	测井绞车	台	1	
2	机油壶	个	1	
3	黄油枪	把	1	
4	液压油		适量	
5	液压油滤芯	个	1	
6	废油盆	个	1	
7	清水		适量	
8	通用工具	套	1	
9	棉纱		适量	

2. 场地、人员准备

(1)考场可设在车场或工房。
(2)照明良好,水、电及安全设施齐全。
(3)考场整洁规范,无干扰。
(4)考场有专业操作人员配合。

三、考核内容

(1)本题分值100分。

(2)考核时间 20min。

(3)具体考核要求：

① 本题为实际操作题，考生需穿戴整齐劳保用品。

② 计时从下达口令开始，到宣布结束停止操作。

③ 提前完成操作不加分，超时停止操作。

④ 禁止在绞车运转时，对绞车传动系统进行维修、保养。

⑤ 检查保养绞车系统时，应远离火源，禁止在检查保养绞车期间违章动火或吸烟。

⑥ 更换液压油及滤清器时，严禁油液落地。

⑦ 更换液压油需转动滚筒时，必须固定好电缆。

⑧ 绞车液压油及滤清器每工作 500h 或 12 个月应进行更换，以先到者为准。

⑨ 液压油的清洁度是延长液压泵系统寿命的关键所在，因此必须保证油液的清洁及质量。

⑩ 加油时必须经过滤器过滤。在每次更换液压油时，应更换液压油滤清器滤芯。

⑪ 每工作 500h 应检查液压油的质量，防止液压油变质，造成系统损坏。

⑫ 保证液压油位于油位计的中位以上，使用中要注意观察油箱内液面高度。

⑬ 工具、器材使用正确。

⑭ 违章操作或发生事故停止操作。

(4)操作程序说明：

① 进入考核场地，进行准备，准备时间为 5min。

② 按考评员要求进行操作。

③ 操作完成，清理场地。

④ 退场。

(5)考试规定说明：

① 准备时间：5min。

② 准备时间不计入操作时间。

③ 正式操作时间：20min。

④ 考试采用百分制，考试项目得分按组卷比例进行折算。

(6)测量技能说明：

本试题主要考核考生维护保养测井绞车液压系统技能的掌握情况。

四、评分标准与配分表

序号	考试内容	评分要素	配分	评分标准	最大扣分	步长	检测结果	扣分	得分	备注
1	准备工作	准备工具、材料	5	漏此操作步骤扣5分	5	5				
2	清洁与检查绞车液压系统	清洁液压系统各部件	5	漏此项操作扣5分	5	5				
		清洁液压油散热器外部的脏污，检查散热器有无渗漏现象	5	漏此项操作扣5分	5	5				

续表

序号	考试内容	评分要素	配分	评分标准	最大扣分	步长	检测结果	扣分	得分	备注
2	清洁与检查绞车液压系统	检查冷却风扇的工作是否正常	5	此项漏检扣5分	5	5				
		检查补油压力表、工作压力表、真空度表工作是否正常,有无渗油现象	5	此项漏检扣5分	5	5				
		检查扭矩阀、泄荷阀是否有效,有无渗油,必要时应更换O形圈	5	此项漏检扣5分	5	5				
		检查液压油箱有无渗漏,各连接管线、接头有无破裂、漏油。发现隐患及时采取措施进行排除	5	此项漏检扣5分	5	5				
		检查液压油油面,需要时加注液压油,保证液压油在油标尺一半以上	5	此项漏检扣5分	5	5				
3	更换液压油滤清器	放一个油桶在滤清器的下方	5	未进行此项操作扣5分	5	5				
		松开滤清器的固定螺栓	5	此项操作错误扣5分	5	5				
		卸下旧滤芯	5	此项操作错误扣5分	5	5				
		安装新滤芯	5	此项操作错误扣5分	5	5				
4	更换液压油	在油箱的下方放入油桶	5	未进行此项操作扣5分	5	5				
		打开油箱下部的泄油口,将液压油泄放到油桶内	5	此项操作错误扣5分	5	5				
		关闭泄油口,加入少量的干净液压油,运转液压泵,转动滚筒几分钟,停泵	10	此项操作错误扣10分	10	10				
		打开泄油口,将油箱内的油液排放干净	5	此项操作错误扣5分	5	5				
		关闭泄油口,加入正确牌号的新液压油至规定位置	10	此项操作错误扣10分	10	10				
5	收尾工作	清理现场,材料、工具归位	5	漏此操作步骤扣5分	5	5				
合计			100							

考评员：　　　　　　　　核分员：　　　　　　　　年　月　日

试题十三　检查、保养测井车载柴油发电机

一、考生准备

(1)考生按要求穿戴齐全劳保用品。

(2)考生准备齐全准考证件。

二、考场准备

1. 设备、工具、材料准备

序号	名称	单位	数量	备注
1	测井绞车	台	1	
2	空气滤清器	个	1	
3	机油滤清器	个	1	
4	燃油滤清器	个	1	
5	油盆	个	1	
6	机油		适量	
7	清水		适量	
8	通用工具	套	1	
9	棉纱		适量	

2. 场地、人员准备

(1)考场可设在车场或工房。
(2)照明良好,水、电及安全设施齐全。
(3)考场整洁规范,无干扰。
(4)考场有专业人员配合。

三、考核内容

(1)本题分值100分。
(2)考核时间30min。
(3)具体考核要求:
① 本题为实际操作题,考生需穿戴整齐劳保用品。
② 计时从下达口令开始,到宣布结束停止操作。
③ 提前完成操作不加分,超时停止操作。
④ 使用发电机时,应连接接地线。
⑤ 在发电机运转时,严禁对其进行维修。
⑥ 发电机在加注燃油时,先将发电机熄火,确认发动机和消声器都已冷却后再加注燃油,同时应注意勿加油过多,如果燃油从油箱漫出,应立即将其擦干净。
⑦ 加油时附近严禁烟火。
⑧ 液压发电机液压油及滤清器,每工作500h或12个月应更换一次,以先到者为准。
⑨ 柴油发电机每6个月更换一次机油和滤清器。
⑩ 柴油发电机空气滤清器每个月或50h清洁一次,以先到者为准。
⑪ 柴油发电机燃油滤清器每12个月或300h清洁一次,以先到者为准。
⑫ 在启动和关闭发电机前,应关闭地面系统供电开关。

⑬ 违章操作或发生事故停止操作。

(4) 操作程序说明:

① 进入考核场地,进行准备,准备时间为 5min。

② 按考评员要求进行操作。

③ 操作完成,清理场地。

④ 退场。

(5) 考试规定说明:

① 准备时间:5min。

② 准备时间不计入操作时间。

③ 正式操作时间:30min。

④ 考试采用百分制,考试项目得分按组卷比例进行折算。

(6) 测量技能说明:

本试题主要考核考生检查、保养测井车载柴油发电机技能的掌握情况。

四、评分标准与配分表

序号	考试内容	评分要素	配分	评分标准	最大扣分	步长	检测结果	扣分	得分	备注
1	准备工作	准备工具材料	5	漏此操作扣5分	5	5				
2	清洁与检查车载发电机	清洁发电机各部位	5	漏此项操作扣5分	5	5				
		紧固发电机各固定螺栓	5	漏此项操作扣5分	5	5				
		检查各连接线缆是否破损,连接是否可靠,若存在问题,应及时处理	5	此项漏检扣5分	5	5				
		检查各控制开关是否可靠,若发现问题,维修更换	5	此项漏检扣5分	5	5				
		检查并添加燃油	5	此项漏检扣5分	5	5				
		检查机油,必须使机油保持在油尺上油面标高"H"与"L"之间位置,若机油缺失,及时添加到规定量	5	此项漏检扣5分	5	5				
		检查电瓶液面高度,液面高度应保持在高于极板10mm	5	此项漏检扣5分	5	5				
		检查启动电路,调整离心开关接触间隙,检查进、排气门间隙是否符合规定要求	5	此项漏检扣5分	5	5				
		检查并补充防冻液	2	此项漏检扣2分	2	2				
3	更换空气滤清器滤芯	确认发电机处于停止状态	2	未进行此项操作扣2分	2	2				
		拧开固定空气滤清器的固定螺栓	3	此项操作错误扣3分	3	3				
		拆下空气滤清器	3	此项操作错误扣3分	3	3				

续表

序号	考试内容	评分要素	配分	评分标准	最大扣分	步长	检测结果	扣分	得分	备注
3	更换空气滤清器滤芯	安装新的空气滤清器,紧固固定螺栓	5	此项操作错误扣5分	5	5				
		启动发电机,空载运行,检查其工作是否正常	3	此项操作错误扣3分	3	3				
		关闭发电机	2	此项操作错误扣2分	2	2				
4	更换机油和机油滤清器	启动发电机,当油温达到工作温度时,停止发电机	3	未进行此项操作扣3分	3	3				
		在机油排放阀口放好接机油的容器	2	此项操作错误扣2分	2	2				
		打开机油排放阀,将发电机内的机油排尽	2	此项操作错误扣2分	2	2				
		在机油滤清器下方铺设棉纱等吸油材料	3	此项操作错误扣3分	3	3				
		使用工具将机油滤清器转松后,一只手托住滤清器,另一只手缓慢将滤清器旋下	5	此项操作错误扣5分	5	5				
		安装新滤清器,沿逆时针方向旋紧	5	此项操作错误扣5分	5	5				
		在机油加入口加入机油,到接近机油标尺刻度线时应缓慢分次加入,防止机油过量	5	此项操作错误扣5分	5	5				
		启动发电机,空载运行,检查其工作是否正常	3	此项操作错误扣3分	3	3				
		关闭发电机	2	此项操作错误扣2分	2	2				
5	收尾工作	清理现场、材料、工具归位	5	漏此操作步骤扣5分	5	5				
合计			100							

考评员：　　　　　　　　　　　核分员：　　　　　　　　　　年　　月　　日

试题十四　制作七芯电缆头

一、考生准备

(1)考生按要求穿戴齐全劳保用品。
(2)考生准备齐全准考证件。

二、考场准备

1. 设备、工具、材料准备

序号	名称	规格	单位	数量
1	4m左右长度的电缆	11.8mm	根	1
2	电缆头总成配件		套	1
3	公插针及配套的绝缘胶套			适量
4	专用工具		套	1
5	台虎钳		件	1
6	平板锉		把	1
7	钢锯		把	1
8	偏口钳		把	1
9	剪刀		把	1
10	剥线钳		把	1
11	夹线钳		把	1
12	万用表		块	1
13	兆欧表		块	1

2. 场地、人员准备

(1)专用考核场地或测井小队车库。

(2)现场照明良好、清洁。

(3)考场整洁规范,无干扰。

(4)考场有专业人员配合。

三、考核内容

(1)本题分值100分。

(2)考核时间20min。

(3)具体考核要求:

① 本题为实际操作题,考生需按要求穿戴劳保用品。

② 计时从下达口令开始,到宣布结束停止操作。

③ 提前完成操作不加分,超时停止操作。

④ 内外层钢丝在锥套之间排列整齐,不得叠压。

⑤ 制作完成后,内外锥套上边沿与锥筐上边沿的距离不得超过2mm。

⑥ 违章操作或发生事故停止操作。

(4)操作程序说明:

① 进入考核场地,进行准备,准备时间为10min。

② 按考评员要求进行操作。

③ 操作完成,清理场地。

④ 退场。

（5）考试规定说明：

① 准备时间：10min。

② 准备时间不计入操作时间。

③ 正式操作时间：20min。

④ 考试采用百分制，考试项目得分按组卷比例进行折算。

（6）测量技能说明：

本试题主要考核考生制作七芯电缆头技能的掌握情况。

四、评分标准与配分表

序号	考试内容	评分要素	配分	评分标准	最大扣分	步长	检测结果	扣分	得分	备注
1	准备工作	准备材料、工具	3	漏此项操作扣3分	3	3				
		检查电缆铠装层钢丝是否完好	2	漏此项操作扣2分	2	2				
		检查电缆缆芯通断绝缘是否完好	5	漏此操作扣5分	5	5				
2	制作电缆头	将支撑弹簧、隔离胶套、鱼雷外壳上部穿在电缆上	5	此项操作错误扣5分	5	5				
		从电缆头量出20cm，用塑料胶带做一个记号	3	漏此项操作扣3分	3	3				
		用两个半圆的电缆铠装层夹板夹在记号以下，将其固定在台虎钳上	3	漏此项操作扣3分	3	3				
		将锥形篮穿在电缆上，大头朝上直穿到电缆夹板上面	3	此项操作错误扣3分	3	3				
		将外层钢丝剥开成灯笼状	3	此项操作错误扣3分	3	3				
		套入锥套使其进入外层钢丝与内层钢丝之间	5	此项操作错误扣5分	5	5				
		用专用冲子将锥套打入锥形篮	5	此项操作错误扣5分	5	5				
		用手将24根外层钢丝均匀地排列于锥套与锥形篮之间	5	此项操作错误扣5分	5	5				
		用手锤和专用冲子将锥套砸紧，锥套的上沿高出锥形篮平面不应超过2mm	5	此项操作错误扣5分	5	5				
		用钢锯锯钢丝的外侧，然后折断外层钢丝	3	此项操作错误扣3分	3	3				
		用平板锉刀锉平钢丝尖头	2	此项操作错误扣3分	2	2				
		剥开内层钢丝成灯笼体状	3	此项操作错误扣3分	3	3				

续表

序号	考试内容	评分要素	配分	评分标准	最大扣分	步长	检测结果	扣分	得分	备注
2	制作电缆头	将内锥套穿在缆芯外面,内层钢丝的里面	3	此项操作错误扣3分	3	3				
		用与内锥套直径相当的专用冲子将内锥套砸入锥套,使内锥套上沿高出锥套上沿在2mm以内	5	此项操作错误扣5分	5	5				
		用钢锯将钢丝锯伤,然后用手折断钢丝	2	此项操作错误扣2分	2	2				
		用平板锉刀锉平钢丝尖头	2	此项操作错误扣3分	2	3				
		剥去缆芯的外包装布条	2	此项操作错误扣2分	2	2				
		去掉缆芯间的充填物	2	此项操作错误扣2分	2	2				
		用清洗剂将缆芯洗干净	2	此项操作错误扣2分	2	2				
		将缆芯用剪刀剪断、剪齐,留有6.5~7.5cm长	4	此项操作错误扣4分	4	4				
		将缆芯穿过ϕ6mm母绝缘胶套	4	此项操作错误扣4分	4	4				
		剥出缆芯铜丝,用夹线钳将插入ϕ6mm铜套的铜丝部分夹紧,将缆芯与铜套牢固连接	4	此项操作错误扣4分	4	4				
		完成最后的组装,上好定位顶丝	5	此项操作错误扣5分	5	5				
		检查七芯电缆头的通断绝缘	5	此项操作错误扣5分	5	5				
3	收尾工作	收回电缆头	2	漏此操作步骤扣2分	2	2				
		清理现场,工具、材料归位	3	漏此操作步骤扣3分	3	3				
合计			100							

考评员： 核分员： 年 月 日

试题十五 制作单芯电缆头

一、考生准备

(1)考生按要求穿戴齐全劳保用品。
(2)考生准备齐全准考证件。

二、考场准备

1. 设备、工具、材料准备

序号	名称	单位	数量	备注
1	2.5m 左右长度的电缆	根	1	
2	电缆头总成配件	套	1	
3	断线钳	把	1	
4	活动扳手	把	10	
5	偏口钳	把	1	
6	剥线钳	把	1	
7	管钳	把	2	
8	剪刀	把	1	
9	高压绝缘胶	卷	1	
10	塑料胶	卷	1	
11	万用表	块	1	
12	兆欧表	块	1	

2. 场地、人员准备

(1)专用考核场地或测井小队车库。

(2)现场照明良好、清洁。

(3)考场整洁规范,无干扰。

(4)考场有专业人员配合。

三、考核内容

(1)本题分值100分。

(2)考核时间20min。

(3)具体考核要求：

① 本题为实际操作题,考生需按要求穿戴劳保用品。

② 计时从下达口令开始,到宣布结束停止操作。

③ 提前完成操作不加分,超时停止操作。

④ 外层钢丝留9根,内层钢丝留3根并按要求均匀排列。

⑤ 3根留下的内层钢丝应分别与预留的锥体孔接近。

⑥ 留下的内、外层钢丝的断头不能超出锥体底部的外径。

⑦ 留下的内、外层钢丝的断头要钩住锥体。

⑧ 留下的内、外层钢丝要拉紧,并尽量贴近锥体两侧。

⑨ 留下的内、外层钢丝排列均匀、整齐、无弯曲。

⑩ 剪断的内层钢丝排列整齐,无变形,长度差小于2mm。

⑪ 剪断的外层钢丝排列整齐,无变形,长度差小于2mm。

⑫ 剪断的内层钢丝最短处距锥体面15mm（误差在±2mm以内）。

⑬ 剪断的外层钢丝最短处距锥体面10mm（误差在±2mm以内）。

⑭ 工具、器材使用正确。

⑮ 违章操作或发生事故停止操作。

（4）操作程序说明：

① 进入考核场地，进行准备，准备时间为10min。

② 按考评员要求进行操作。

③ 操作完成，清理场地。

④ 退场。

（5）考试规定说明：

① 准备时间：10min。

② 准备时间不计入操作时间。

③ 正式操作时间：20min。

④ 考试采用百分制，考试项目得分按组卷比例进行折算。

（6）测量技能说明：

本试题主要考核考生制作单芯电缆头技能的掌握情况。

四、评分标准与配分表

序号	考试内容	评分要素	配分	评分标准	最大扣分	步长	检测结果	扣分	得分	备注
1	准备工作	准备材料、工具	3	漏此项操作扣3分	3	3				
		检查电缆铠装层钢丝是否完好	2	漏此项操作扣2分	2	2				
		检查电缆缆芯通断绝缘是否完好	5	漏此项操作扣5分	5	5				
2	制作电缆头	把打捞帽密封圈套在打捞帽的密封槽里	5	此项操作错误扣5分	5	5				
		在打捞帽的密封面上均匀地抹上硅脂，和锥筐体连到一起	5	此项操作错误扣5分	5	5				
		把打捞帽和锥筐体套在8mm电缆上，用电缆夹具固定在台钳上，台钳上面留电缆40cm，在根部3cm缠上塑料胶带	5	此项操作错误扣5分	5	5				
		把锥体套在电缆上，用锥体敲几下缠好的胶带，看胶带是否向下移动，如移动则要重新缠胶带	5	此项操作错误扣5分	5	5				
		用小一字螺丝刀拨开电缆上的一根外层钢丝，拨到锥体处，用手把钢丝理直，从锥体的小孔穿过，用尖嘴钳夹住钢丝把钢丝拉直，把钢丝从锥体下部往上折一下，用斜口钳紧贴锥体下部把钢丝切断。按顺时针方向再拨开第二根钢丝和第三根钢丝，按上面步骤做完	10	此项操作错误扣10分	10	10				

续表

序号	考试内容	评分要素	配分	评分标准	最大扣分	步长	检测结果	扣分	得分	备注
2	制作电缆头	拨开第四根、第五根、第六根钢丝,在锥体上面留1cm切断	5	此项操作错误扣5分	5	5				
		按上述方法外层每插3根绞断3根	5	此项操作错误扣5分	5	5				
		做完外层钢丝后,开始做内层钢丝,顺着锥体上所留小孔上的内层钢丝根部向上理,找到这根钢丝的头拨开,用手理直后从锥体小孔穿过,拉直步骤同做外层第一根钢丝一样,内层每插1根绞断3根,然后留出1孔	10	此项操作错误扣10分	10	10				
		把剩下的内层钢丝一根根拨开,在锥体上面留1.5cm处切断,切完后检查一下穿入小孔的钢丝是否重叠在一块	5	此项操作错误扣5分	5	5				
		从锥体上部用米尺量出20cm的缆芯,用斜口钳切断,要剪一个斜坡,为了方便穿绝缘套,把绝缘套套在缆芯上,用斜口钳把刚才留的斜坡剪齐,用剥线钳在缆芯上留6mm剥掉外皮,露出里面的铜丝,由于单芯电缆缆芯太粗,母插头不能套在钢丝上,要把钢丝切断6根,把母插头套在铜丝上,用锁紧钳锁紧	10	此项操作错误扣10分	10	10				
		把锥体下面缠的塑料胶带去掉,把电缆从台钳上取下,把锥体拉进锥筐里,再检查一下钢丝是否有重叠,把铜垫片套在缆芯上,把密封圈套在本体两端的密封槽上,把缆芯从本体穿过,把本体用小管钳上紧在锥筐体上,上好防转螺栓	10	此项操作错误扣10分	10	10				
		用兆欧表和万用表检查触点的绝缘和通断情况	5	此项操作错误扣5分	5	5				
		用硅脂枪向电缆头里打满硅脂	3	此项操作错误扣3分	3	3				
		把护帽上在电缆头上	2	此项操作错误扣2分	2	2				
3	收尾工作	收回电缆头	2	漏此操作步骤扣2分	2	2				
		清理现场,工具、材料归位	3	漏此操作步骤扣3分	3	3				
合计			100							

考评员:　　　　　　　　　　　　　核分员:　　　　　　　　年　　月　　日

试题十六　组装快速鱼雷马笼头

一、考生准备

(1)考生按要求穿戴齐全劳保用品。
(2)考生准备齐全准考证件

二、考场准备

1. 设备、工具、材料准备

序号	名称	单位	数量	备注
1	马笼头堵头	个	1	
2	英制活接头	个	1	
3	马笼头主接头	个	1	
4	马笼头外壳	个	1	
5	防转套筒	个	1	
6	张力棒定位套、M4顶丝	个	1	
7	M10张力棒	个	1	
8	张力棒连接杆	个	1	
9	锁紧螺母		适量	
10	鱼雷外壳	个	1	
11	硅脂孔顶丝	个	1	
12	鱼雷顶丝	个	1	
13	28mm×2.65mm 密封圈	个		
14	鱼雷母头	个		
15	21.2mm×2.65mm 密封圈	个		
16	鱼雷护帽	个		
17	平衡胶套	个		
18	75mm×3.1mm 密封圈	个		
19	定位销	个		
20	228密封圈	个		
21	ϕ6mm胶套、铜套	个		
22	高温线	根		
23	ϕ6mm 瓷柱	个		
24	ϕ8mm 双密封瓷柱	个		
25	ϕ8mm 铜套、胶套	个		
26	28芯插头、卡簧	个		

续表

序号	名称	单位	数量	备注
27	高温焊锡丝	卷	1	
28	断线钳	把		
29	活动扳手	把		
30	偏口钳	把		
31	剥线钳	把		
32	管钳	把		
33	剪刀	把		
34	高压绝缘胶	卷		
35	塑料胶	卷		
36	万用表	块		
37	兆欧表	块		

2. 场地、人员准备

(1)专用考核场地或测井小队车库。

(2)现场照明良好、清洁。

(3)考场整洁规范,无干扰。

(4)考场有专业操作工程师配合。

三、考核内容

(1)本题分值100分。

(2)考核时间60min。

(3)具体考核要求:

① 本题为实际操作题,考生需按要求穿戴劳保用品。

② 计时从下达口令开始,到宣布结束停止操作。

③ 提前完成操作不加分,超时停止操作。

④ 对制作所使用的部件要先进行配试,检查合格后方可使用,特别是连接部件应不松不旷。

⑤ 引线接触电阻小于0.2Ω;马笼头通断电阻小于0.5Ω;引线对地绝缘电阻大于500MΩ。

⑥ 快速鱼雷组装后的抗拉强度大于100kN。

⑦ 应根据井深、井眼条件和电缆的强度等因素来选择拉力棒。

⑧ 违章操作或发生事故停止操作。

(4)操作程序说明:

① 进入考核场地,进行准备,准备时间为10min。

② 按考评员要求进行操作。

③ 操作完成,清理场地。

④ 退场。

（5）考试规定说明：

① 准备时间：10min。

② 准备时间不计入操作时间。

③ 正式操作时间：60min。

④ 考试采用百分制，考试项目得分按组卷比例进行折算。

（6）测量技能说明：

本试题主要考核考生组装快速鱼雷马笼头技能的掌握情况。

四、评分标准与配分表

序号	考试内容	评分要素	配分	评分标准	最大扣分	步长	检测结果	扣分	得分	备注
1	准备工作	准备材料、工具	3	漏此项操作扣3分	3	3				
2	马笼头主接头的组装	检查马笼头主接头的瓷柱插孔、螺纹及插孔的导角是否光滑，如不光滑，用细砂纸将其打磨光滑	2	此项操作错误扣2分	2	2				
		用万用表、兆欧表检查密封瓷柱的通断、绝缘情况，并检查瓷柱上的密封圈是否良好，否则将其更换	2	此项操作错误扣2分	2	2				
		选择8根高温线，长度为300mm，用电烙铁将其与密封瓷柱焊接牢固，焊接后用热缩管套在焊接处	2	此项操作错误扣2分	2	2				
		将8根高温线分别穿入8个密封插孔，孔内注入螺纹脂，用专用内六方套筒将每一个瓷柱上紧	2	此项操作错误扣2分	2	2				
		将1～7号缆芯和10号芯分别焊接在28芯插头的接线柱上	5	此项操作错误扣5分	5	5				
		将焊好的线用28芯插头稍微旋紧，然后对准键槽放入主接头内，上好卡簧	2	此项操作错误扣2分	2	2				
		装好后，检查主接头的通断、绝缘情况。通断阻值应小于0.2Ω，绝缘大于500MΩ	2	此项操作错误扣2分	2	2				
		将8号、9号芯的瓷柱孔用带密封圈的瓷柱安装在上面	2	此项操作错误扣2分	2	2				
		剪1根15cm长的高温线，一端套上ϕ8mm胶套并夹上ϕ8mm铜套，另一端夹一个内孔5mm的焊片作为地线	2	此项操作错误扣2分	2	2				
		在主接头上涂抹螺纹脂，上好活接头	2	此项操作错误扣2分	2	2				
		在主接头的另一端上好75mm×3.1mm的密封圈	2	此项操作错误扣2分	2	2				

续表

序号	考试内容	评分要素	配分	评分标准	最大扣分	步长	检测结果	扣分	得分	备注
3	快速鱼雷总成的组装	选择7根400mm长的高温线,一端穿入φ6mm胶套,另一端穿入φ8mm胶套	2	此项操作错误扣2分	2	2				
		在φ6mm胶套一端用夹线钳夹上φ6mm铜套,在φ8mm胶套一端用夹线钳夹上φ8mm铜套	2	此项操作错误扣2分	2	2				
		在铜套上抹上硅脂,将铜套拉入胶套	2	此项操作错误扣2分	2	2				
		将鱼雷母头的瓷柱孔处用砂纸打磨光滑,清洁干净,并上好螺纹脂	2	此项操作错误扣2分	2	2				
		用万用表、兆欧表检查φ6mm密封瓷柱的通断、绝缘情况,并检查瓷柱上的密封圈是否良好,否则将其更换	2	此项操作错误扣2分	2	2				
		将φ6mm瓷柱用专用内六方套筒上在鱼雷母头瓷柱插孔上	2	此项操作错误扣2分	2	2				
		将快速鱼雷母插头放入鱼雷壳内。将快速鱼雷母插头对准定位键,上好卡簧	2	此项操作错误扣2分	2	2				
		将快速鱼雷母头的下端上好28mm×2.65mm的密封圈,上端上好21.2mm×2.65mm的密封圈	2	此项操作错误扣2分	2	2				
		将7根导线φ6mm铜套的一端分别插在快速鱼雷φ6mm的瓷柱上	2	此项操作错误扣2分	2	2				
		将7根导线穿过鱼雷外壳,鱼雷母头上在鱼雷外壳上,对准顶丝孔上好带密封圈的鱼雷顶丝	2	此项操作错误扣2分	2	2				
		检查快速鱼雷总成组装好后的通断、绝缘情况,通断阻值应小于0.2Ω,绝缘大于500MΩ	2	此项操作错误扣2分	2	2				
4	快速鱼雷马笼头整体组装	将7根导线分别放入张力棒连接杆的线槽内,从张力棒的一端套上锁紧螺母	2	此项操作错误扣2分	2	2				
		将张力棒连接杆慢慢推入鱼雷壳,使定位槽对准鱼雷壳上的定位键	2	此项操作错误扣2分	2	2				
		将锁紧螺母滑近鱼雷外壳,用活动扳手上紧锁紧螺母,注意不要伤到7芯线	2	此项操作错误扣2分	2	2				
		将平衡胶套小的一端从张力棒连接杆端套在鱼雷壳上,并将平衡胶套翻过来	2	此项操作错误扣2分	2	2				
		将7根高温线弯到鱼雷壳一边,并用胶带绑在鱼雷壳上	2	此项操作错误扣2分	2	2				
		将拉力棒上在拉力棒连接杆上,把拉力棒定位套、防转套筒在拉力棒上	2	此项操作错误扣2分	2	2				

续表

序号	考试内容	评分要素	配分	评分标准	最大扣分	步长	检测结果	扣分	得分	备注
4	快速鱼雷马笼头整体组装	将拉力棒的另一端与主接头的拉力棒连接处进行连接,调整好主接头六方与拉力棒连接杆六方的角度	5	此项操作错误扣5分	5	5				
		将防转套筒套在主接头的六方上,并用M4螺栓将10芯焊片固定在拉力棒连接杆上	4	此项操作错误扣4分	4	4				
		将7根导线和地线分别插在1~7号芯和10号芯的瓷柱上	2	此项操作错误扣2分	2	2				
		插线顺序为:快速鱼雷母插头的一端,1号芯对准快速鱼雷母头键槽,顺时针方向为2~6号芯,中间插针为7号芯	2	此项操作错误扣2分	2	2				
		将带有铜套的胶套插在8号、9号芯上	2	此项操作错误扣2分	2	2				
		再次检查马笼头接线是否正确。然后将多余的线折叠,用尼龙线绑扎在防转套筒上	2	此项操作错误扣2分	2	2				
		将平衡胶套翻过来套在主接头的凹槽处,用铜丝或尼龙扎线在主接头和鱼雷壳的凹槽处扎紧	2	此项操作错误扣2分	2	2				
		用注射器将硅油从鱼雷壳注油孔处注满硅油,直至无气泡产生	2	此项操作错误扣2分	2	2				
		将带密封圈的鱼雷密封顶丝安装在注油孔处	2	此项操作错误扣2分	2	2				
		将主接头涂抹好螺纹脂和密封油,马笼头外壳套在鱼雷外壳上	2	此项操作错误扣2分	2	2				
		用钩扳手连接主接头和马笼头外壳	2	此项操作错误扣2分	2	2				
		在马笼头外壳的硅脂孔处注些硅脂,上紧硅脂孔螺栓	2	此项操作错误扣2分	2	2				
		上好鱼雷外壳护帽	2	此项操作错误扣2分	2	2				
		上好马笼头堵头	2	此项操作错误扣2分	2	2				
5	收尾工作	收回快速鱼雷马笼头	2	漏此操作步骤扣2分	2	2				
		清理现场,工具、材料归位	3	漏此操作步骤扣3分	3	3				
合计			100							

考评员:　　　　　　　　　　　　　核分员:　　　　　　　　　　　年　　月　　日

试题十七　维修、保养密度测井源

一、考生准备

（1）考生按要求穿戴齐全劳保用品。

（2）考生准备齐全准考证件。

二、考场准备

1. 设备、工具、材料准备

序号	名称	单位	数量	备注
1	伽马模拟源、源罐	套	1	
2	工作台	个	1	
3	台虎钳	个	2	
4	装源工具	套	1	
5	通用工具	套	1	
6	密度源盒	个	1	

2. 场地、人员准备

（1）专用考核场地或车场。

（2）现场照明良好、清洁。

（3）考场整洁规范，无干扰。

（4）考场有专业人员配合。

三、考核内容

（1）本题分值100分。

（2）考核时间5min。

（3）具体考核要求：

① 本题为实际操作题，考生需按要求穿戴劳保用品。

② 计时从下达口令开始，到宣布结束停止操作。

③ 提前完成操作不加分，超时停止操作。

④ 在进行放射源的维修、保养时，应穿戴放射性防护用品，佩戴个人计量牌。

⑤ 测井用放射源一般含剧毒物质，因此进行放射源的维修、保养时，应在安全可靠的场所进行，严禁徒手操作。

⑥ 维修放射源更换下来的部件，如螺栓、源壳、源座等必须及时交源库保管处理。

⑦ 对放射源进行修理时，注意不要伤害源的主体部分，以免发生放射源泄漏，造成恶性事故。

⑧ 工具、器材使用正确。
⑨ 违章操作或发生事故停止操作。

(4) 操作程序说明：

① 进入考核场地，进行准备，准备时间为 5min。
② 按考评员要求进行操作。
③ 操作完成，清理场地。
④ 退场。

(5) 考试规定说明：

① 准备时间：5min。
② 准备时间不计入操作时间。
③ 正式操作时间：5min。
④ 考试采用百分制，考试项目得分按组卷比例进行折算。

(6) 测量技能说明：

本试题主要考核考生维修、保养密度测井源技能的掌握情况。

四、评分标准与配分表

序号	考试内容	评分要素	配分	评分标准	最大扣分	步长	检测结果	扣分	得分	备注
1	准备工作	准备工具、材料	5	漏此项操作扣5分	5	5				
		穿戴劳保防护用品	5	漏此项操作扣5分	5	5				
		将密度源罐放至工作台附近	5	漏此项操作扣5分	5	5				
2	清洁检查密度源	打开源罐，用装源工具将源取出	5	此项操作错误扣5分	5	5				
		清洁源体表面	5	漏此项操作扣5分	5	5				
		检查源体机械结构是否锈蚀、变形，源头螺纹是否松动	10	此项漏检扣10分	10	10				
		紧固密封螺栓	10	漏此项操作扣10分	10	10				
3	更换密度源头	把新的源盒夹在台虎钳上	5	漏此项操作扣5分	5	5				
		用一字螺丝刀取下密封螺栓待用	5	此项操作错误扣5分	5	5				
		用装源工具从源罐中取出源，夹在另一台虎钳上	5	此项操作错误扣5分	5	5				
		用一字螺丝刀逆时针旋转松开密封螺栓，从源盒中取出裸源及屏蔽块	10	此项操作错误扣10分	10	10				
		把取出的屏蔽块和裸源装入新的源盒内	10	此项操作错误扣10分	10	10				
		用一字螺丝刀顺时针旋转拧紧密封螺栓	5	此项操作错误扣5分	5	5				
		把维修好的源总成放入源罐并上锁	5	漏此项操作扣5分	5	5				

续表

序号	考试内容	评分要素	配分	评分标准	最大扣分	步长	检测结果	扣分	得分	备注
4	收尾工作	源罐归位,旧源盒归还管理人员	5	未进行此项操作扣5分	5	5				
		清洁场地,工具归位	5	未进行此项操作扣5分	5	5				
合计			100							

考评员: 核分员: 年 月 日

试题十八 维修、保养中子测井源

一、考生准备

(1)考生按要求穿戴齐全劳保用品。
(2)考生准备齐全准考证件。

二、考场准备

1. 设备、工具、材料准备

序号	名称	单位	数量	备注
1	中子模拟源、源罐	个	套	
2	工作台	个	1	
3	台虎钳	个	2	
4	装源工具	套	1	
5	通用工具	套	1	
6	中子源头	个	1	
7	密封圈	个	1	

2. 场地、人员准备

(1)专用考核场地或车场。
(2)现场照明良好、清洁。
(3)考场整洁规范,无干扰。
(4)考场有专业人员配合。

三、考核内容

(1)本题分值100分。
(2)考核时间5min。
(3)具体考核要求:

① 本题为实际操作题,考生需穿戴整齐劳保用品。
② 计时从下达口令开始,到宣布结束停止操作。
③ 提前完成操作不加分,超时停止操作。
④ 在进行放射源的维修保养时,应穿戴放射性防护用品,佩戴个人计量牌。
⑤ 测井用放射源一般含剧毒物质,因此进行放射源的维修、保养时,应在安全可靠的场所进行,严禁徒手操作。
⑥ 维修放射源更换下来的部件,如螺栓、源壳、源座等必须及时交源库保管处理。
⑦ 对放射源进行修理时,注意不要伤害源的主体部分,以免发生放射源泄漏,造成恶性事故。
⑧ 违章操作或发生事故停止操作。

(4)操作程序说明:
① 进入考核场地,进行准备,准备时间为5min。
② 按考评员要求进行操作。
③ 操作完成,清理场地。
④ 退场。

(5)考试规定说明:
① 准备时间:5min。
② 准备时间不计入操作时间。
③ 正式操作时间:5min。
④ 考试采用百分制,考试项目得分按组卷比例进行折算。

(6)测量技能说明:
本试题主要考核考生维修、保养中子测井源技能的掌握情况。

四、评分标准与配分表

序号	考试内容	评分要素	配分	评分标准	最大扣分	步长	检测结果	扣分	得分	备注
1	准备工作	准备工具、材料	5	漏此项操作扣5分	5	5				
		穿戴劳保防护用品	5	漏此项操作扣5分	5	5				
		将中子源罐放至工作台附近	5	漏此项操作扣5分	5	5				
2	清洁检查中子源	打开源罐,用装源工具将源取出	5	此项操作错误扣5分	5	5				
		清洁源体表面	5	漏此项操作扣5分	5	5				
		检查源体机械结构是否锈蚀、变形,源头螺纹是否松动	5	此项漏检扣5分	5	5				
		将中子源源头固定在台虎钳上	5	此项操作错误扣5分	5	5				
		用活动扳手夹住源座顺时针旋转,将源头与源座紧固	5	此项操作错误扣5分	5	5				

续表

序号	考试内容	评分要素	配分	评分标准	最大扣分	步长	检测结果	扣分	得分	备注
2	清洁检查中子源	检查密封圈是否损坏,若损坏则进行更换	5	漏此项操作扣5分	5	5				
		用装源工具将源夹于台虎钳上,取下损坏的O形圈,安装好新的O形圈	10	此项操作错误扣10分	10	10				
3	更换中子源头	检查新源头并安装好密封圈	5	漏此项操作扣5分	5	5				
		将取出的源夹在台虎钳上	5	此项操作错误扣5分	5	5				
		用活动扳手夹住源头并逆时针旋转,将源头卸下	10	此项操作错误扣10分	10	10				
		将新源头和源体连接在一起,然后用活动扳手夹住顺时针旋转拧紧即可	10	此项操作错误扣10分	10	10				
		将中子源装入源罐	5	此项操作错误扣5分	5	5				
4	收尾工作	源罐归位,旧源头归还管理人员	5	未进行此项操作扣5分	5	5				
		清洁场地,工具归位	5	未进行此项操作扣5分	5	5				
合计			100							

考评员：　　　　　　　　　　　　核分员：　　　　　　　　　　　　年　　月　　日

试题十九　维修、保养中子伽马测井源

一、考生准备

（1）考生按要求穿戴齐全劳保用品。
（2）考生准备齐全准考证件。

二、考场准备

1. 设备、工具、材料准备

序号	名称	单位	数量	备注
1	中子伽马模拟源、源罐	个	套	
2	工作台	个	1	
3	台虎钳	个	2	
4	装源工具	套	1	
5	通用工具	套	1	
6	密封圈	个	1	

2. 场地、人员准备

(1)专用考核场地或车场。

(2)现场照明良好、清洁。

(3)考场整洁规范,无干扰。

(4)考场有专业人员配合。

三、考核内容

(1)本题分值100分。

(2)考核时间5min。

(3)具体考核要求:

① 本题为实际操作题,考生需穿戴整齐劳保用品。

② 计时从下达口令开始,到宣布结束停止操作。

③ 提前完成操作不加分,超时停止操作。

④ 在进行放射源的维修保养时,应穿戴放射性防护用品,佩戴个人计量牌。

⑤ 测井用放射源一般含剧毒物质,因此进行放射源的维修、保养时,应在安全可靠的场所进行,严禁徒手操作。

⑥ 维修放射源更换下来的部件,如螺栓、源壳、源座等必须及时交源库保管处理。

⑦ 对放射源进行修理时,注意不要伤害源的主体部分,以免发生放射源泄漏,造成恶性事故。

⑧ 违章操作或发生事故停止操作。

(4)操作程序说明:

① 进入考核场地,进行准备,准备时间为5min。

② 按考评员要求进行操作。

③ 操作完成,清理场地。

④ 退场。

(5)考试规定说明:

① 准备时间:5min。

② 准备时间不计入操作时间。

③ 正式操作时间:5min。

④ 考试采用百分制,考试项目得分按组卷比例进行折算。

(6)测量技能说明:

本试题主要考核考生维修、保养中子伽马测井源技能的掌握情况。

四、评分标准与配分表

序号	考试内容	评分要素	配分	评分标准	最大扣分	步长	检测结果	扣分	得分	备注
1	准备工作	准备工具、材料	5	漏此项操作扣5分	5	5				
		穿戴劳保防护用品	5	漏此项操作扣5分	5	5				

续表

序号	考试内容	评分要素	配分	评分标准	最大扣分	步长	检测结果	扣分	得分	备注
1	准备工作	将中子伽马源罐放至工作台附近	5	漏此项操作扣5分	5	5				
2	清洁检查中子伽马源	打开源罐,用装源工具将源取出	10	此项操作错误扣10分	10	10				
		清洁源体表面	5	漏此项操作扣5分	5	5				
		检查源体外观是否有锈蚀、变形	10	此项漏检扣10分	10	0				
		检查源头紧固螺栓与源座连接部是否有松动	10	此项漏检扣10分	10	10				
		用棉纱等物清洁源体并上油	5	漏此项操作扣5分	5	5				
3	保养维修中子伽马源	将源头夹于台虎钳上	5	此项操作错误扣5分	5	5				
		用一字螺栓刀拧下源头紧固螺栓,将其卸下并取下损坏的O形圈;上好新的O形圈	10	此项操作错误扣10分	10	10				
		用一字螺丝刀顺时针方向紧固底座螺栓	10	此项操作错误扣10分	10	10				
		用专用装源工具迅速将源放回源罐	10	此项操作错误扣10分	10	10				
4	收尾工作	源罐归位	5	未进行此项操作扣5分	5	5				
		清洁场地,工具归位	5	未进行此项操作扣5分	5	5				
合计			100							

考评员：　　　　　　　　　　　　核分员：　　　　　　　　　年　　月　　日

试题二十　维修、保养同位素释放器（电极弹射式释放器）

一、考生准备

(1)考生按要求穿戴齐全劳保用品。
(2)考生准备齐全准考证件。

二、考场准备

1. 设备、工具、材料准备

序号	名称	单位	数量	备注
1	同位素释放器	支	1	

续表

序号	名称	单位	数量	备注
2	管钳	把	2	
3	仪器架	个	2	
4	密封圈	个	2	
5	辐射检测仪	台	1	
6	棉纱		若干	
7	直流电源	个	1	
8	万用表	块	1	
9	小平口螺丝刀	把	1	
10	清水、水盆、带尖嘴水壶	套	1	
11	38mm 钩头扳手	把	1	
12	32~34mm 开口扳手	把	2	
13	棘爪卡钳	把	1	
14	活塞拉拔工具	把	1	
15	回收桶、沉淀池	套	1	
16	润滑油	桶	1	
17	铅防护服、护目镜	套	1	

2. 场地、人员准备

(1) 专用考核场地或车场。

(2) 现场照明良好、清洁。

(3) 考场整洁规范,无干扰。

(4) 考场有专业人员配合。

三、考核内容

1. 操作程序说明

(1) 作业准备。

(2) 工具清洗与检测。

(3) 同位素释放器驱动短节保养。

(4) 同位素释放器释放短节保养。

(5) 检查及收尾工作。

2. 考核时间

(1) 准备工作:5min。

(2) 正式操作:20min。

(3) 计时从正式操作开始,至考核结束,共计 20min,每超时 1min 从总分中扣 5 分,超时 3min 停止操作。

四、评分标准与配分表

序号	考试内容	评分要素	配分	评分标准	最大扣分	步长	检测结果	扣分	得分	备注
1	准备工作	准备工具与材料	5	漏此项操作扣5分	5	5				
		对释放器外表进行清洁	5	漏此项操作扣5分	5	5				
2	保养同位素释放器	用38mm钩头扳手与32mm开口扳手分别卡住点火接头储藏舱,旋转点火接头将点火接头与储藏舱分开,将点火接头拆除	15	一项操作错误扣5分	15	5				
		用32mm开口扳手卡住下接头,用手握住储藏舱外管,旋转下接头将下接头与储藏舱拆分开	10	此项操作错误扣10分	10	10				
		给顶杆接头与推放接头接触端面处套上密封圈,防止冲洗时水进入仪器。将顶杆接头旋入推放接头,将两端密封面处密封圈挤紧,将下活塞顶出	10	此项操作错误扣10分	10	10				
		打开储藏舱窗口,从窗口注入热水清洗同位素储藏舱,冲洗干净后,用放射性报警仪检测	10	此项操作错误扣10分	10	10				
		清洗完成后,对清洗池进行清洁,将工具洗干净并摆放整齐,收集清洗产生的垃圾及杂物,集中回收处理	10	此项操作错误扣10分	10	10				
		将清洗后的释放器擦干	5	此项操作错误扣5分	5	5				
		拆开释放器,检查各部件、密封圈、连接螺纹、通断绝缘是否完好,对损坏部件进行修理或更换	10	此项操作错误扣10分	10	10				
		给密封圈、螺纹、机械传动部位上油润滑,进行释放器组装	10	此项操作错误扣10分	10	10				
		安装药包点火,检查释放器工作是否正常	5	此项操作错误扣5分	5	5				
3	收尾工作	清理现场,仪器、工具归位	5	漏此项操作扣5分	5	5				
合计			100							

考评员: 核分员: 年 月 日

试题二十一 刻度补偿密度仪器

一、考生准备

(1)考生准备齐全准考证件。
(2)考生准备考试用笔。

二、考场准备

1. 材料准备

名称	单位	数量	备注
考核试卷	套	1	

2. 场地、人员准备

(1)现场照明良好、清洁。

(2)考场有专业人员考核人员。

三、考核内容

(1)本题分值 100 分。

(2)考核时间 45 分钟。

(3)具体考核要求：

① 本题为笔试题,考生自备考试用笔。

② 计时从下达口令开始,到宣布退出考场结束。

③ 提前完成考核不加分,超时停止答卷。

(4)操作程序说明：

① 考试前按考核题内容领取相应考核试卷。

② 填写试卷要求内容。

(5)考试规定说明：

① 独立完成考核。

② 违规抄袭,取消考核资格。

③ 考试采用百分制,考试项目得分按组卷比例进行折算。

(6)测量技能说明：

本试题要考核考生刻度补偿密度仪器的技能掌握情况。

四、评分标准与配分表

序号	考试内容	评分要素	配分	评分标准	最大扣分	步长	检测结果	扣分	得分	备注
1	准备工作	在仪器刻度区域设立危险区,摆放显著警示标识,对危险区域无关人员进行告知清理	2	漏一项操作扣1分	2	1				
		操作人员佩戴放射性剂量牌,装、卸放射源的操作人员应穿戴铅衣、铅眼镜进行操作;装源前对装源工具及源室进行检查、清洁,确保装源工具完好,严禁徒手操作	3	漏一项操作扣1分	3	1				
2	刻度装置的检查	清洁主刻度器的铝块、镁块表面及中间孔表面的灰尘	5	此项漏检扣5分	5	5				
		清洁钢片和镁片上的灰尘	5	此项漏检扣5分	5	5				

测井工（测井采集专业方向）

续表

序号	考试内容	评分要素	配分	评分标准	最大扣分	步长	检测结果	扣分	得分	备注
2	刻度装置的检查	检查主刻度器液压装置是否完好，检查完毕要将液压传输管接在镁块上	5	此项漏检扣5分	5	5				
		检查密度刻度专用小车是否完好	5	此项漏检扣5分	5	5				
3	补偿密度仪器的主刻度	将补偿密度仪器放于仪器刻度专用小车上	5	此项操作错误扣5分	5	5				
		将小车推到正对铝块、镁块中心孔的小车轨道上	5	此项操作错误扣5分	5	5				
		在滑板的圆头部位用白纱带将滑板系在滑板卧槽上，并清洁滑板表面	5	此项操作错误扣5分	5	5				
		转动仪器使仪器测量滑板的凸型面正朝地面	5	此项操作错误扣5分	5	5				
		将小车上的链卡卡死在仪器头的六方处	5	此项操作错误扣5分	5	5				
		启动液压装置，将仪器尾部支起一定的高度，以便于仪器进入镁块圆孔内	5	此项操作错误扣5分	5	5				
		按正确方法完成伽马源的安装工作	5	此项操作错误扣5分	5	5				
		推动小车让密度测量滑板进入镁块的源孔内，使滑板背面的小长方形平面的中心正对液压杆	5	此项操作错误扣5分	5	5				
		将支起仪器的液压杆的压力放松，再用另一个液压泵将仪器滑板压于镁刻度块上，使滑板的凸面与圆孔的凹面相吻合，即可开始进行镁块刻度	5	此项操作错误扣5分	5	5				
		随后按操作工程师的要求，依次完成在镁块中插入钢片、仪器推出镁块圆孔推进铝块圆孔和在铝块中插入镁片的操作，每次均要保证凸凹面吻合良好，操作工程师依次完成刻度操作，如果记录数据均正确即可完成补偿密度仪器的刻度	5	此项操作错误扣5分	5	5				
		主刻度完成后，仪器断电，将仪器从刻度桶内推出，完成卸源操作	5	此项操作错误扣5分	5	5				
4	补偿密度仪器的主校验	将补偿密度仪器放在高1m以上的木架上，使测量滑板朝向正上方	5	此项操作错误扣5分	5	5				
		将密度现场校验块放至密度滑板规定位置进行仪器主校验	5	此项操作错误扣5分	5	5				
5	收尾工作	主刻度和主校验全部完成后，进行仪器拆卸和刻度装置的清洁保养工作	5	漏此项操作扣5分	5	5				

续表

序号	考试内容	评分要素	配分	评分标准	最大扣分	步长	检测结果	扣分	得分	备注
5	收尾工作	拆卸好的仪器归位固定	2	漏此项操作扣2分	3	3				
		清理现场,仪器、工具归位	3	漏此项操作扣3分	3	3				
合计			100							

考评员:　　　　　　　　　核分员:　　　　　　　　　年　　月　　日

试题二十二　刻度补偿中子仪器

一、考生准备

(1)考生准备齐全准考证件。
(2)考生准备考试用笔。

二、考场准备

1. 材料准备

名称	单位	数量	备注
考核试卷	套	1	

2. 场地、人员准备

(1)现场照明良好、清洁。
(2)考场有专业考核人员。

三、考核内容

(1)本题分值100分。
(2)考核时间45min。
(3)具体考核要求:
① 本题为笔试题,考生自备考试用笔。
② 计时从下达口令开始,到宣布退出考场结束。
③ 提前完成考核不加分,超时停止答卷。
(4)操作程序说明:
① 考试前按考核题内容领取相应考核试卷。
② 填写试卷要求内容。
(5)考试规定说明:
① 独立完成考核。
② 违规抄袭,取消考核资格。
③ 考试采用百分制,考试项目得分按组卷比例进行折算。

(6)测量技能说明：

本试题要考核考生刻度补偿中子仪器的技能掌握情况。

四、评分标准与配分表

序号	考试内容	评分要素	配分	评分标准	最大扣分	步长	检测结果	扣分	得分	备注
1	准备工作	在仪器刻度区域设立危险区,摆放显著警示标识,对危险区域无关人员进行告知清场	2	漏一项操作扣1分	2	1				
		操作人员佩戴放射性剂量牌,装、卸放射源的操作人员应穿戴铅衣、铅眼镜进行操作;装源前对装源工具及源室进行检查、清洁,确保装源工具完好,严禁徒手操作	3	漏一项操作扣1分	3	1				
2	刻度装置的检查	清洁二级刻度器的中心管内及管壁上的灰尘,使其保持清洁畅通	5	此项漏检扣5分	5	5				
		检查减速棒是否干净、平滑,有无损伤和变形	5	此项漏检扣5分	5	5				
		清除二级刻度器3m范围内的杂物,保持其周围3m内无物体	5	此项漏检扣5分	5	5				
3	主刻度工作	将补偿中子仪器外壳和源室内外及螺纹擦拭干净	5	此项操作错误扣5分	5	5				
		将马笼头与仪器连接好,通电测试正常后关闭电源,把仪器插入二级刻度器中心管内,并使仪器尾部一段留在管外	5	此项操作错误扣5分	5	5				
		卸下仪器下端保护帽,上好专用堵头,然后给仪器装放射源	5	此项操作错误扣5分	5	5				
		装源后转动仪器,保持源室朝上	5	此项操作错误扣5分	5	5				
		从马笼头一端将仪器拽入中心管内	5	此项操作错误扣5分	5	5				
		安装好中心管塑料密封堵头	5	此项操作错误扣5分	5	5				
		将仪器向中心管内推进,使仪器底部进入中心管塑料密封堵头的V形槽内	5	此项操作错误扣5分	5	5				
		将两大两小减速棒插入刻度筒中心管与仪器之间的空隙中,要直接插到塑料密闭堵头,4支棒应平齐,操作工程师即可开始进行主刻度操作	5	此项操作错误扣5分	5	5				
		主刻度完成后,进行多点校验时,根据操作工程师的要求,拔插更换减速棒	5	此项操作错误扣5分	5	5				
		多点检验完成后,断电卸源,把源放置于远离刻度现场的地方,即可进行主校验工作	5	此项操作错误扣5分	5	5				

续表

序号	考试内容	评分要素	配分	评分标准	最大扣分	步长	检测结果	扣分	得分	备注
4	主校验工作	将仪器放在1.5m高的仪器架子上,且周围3m范围内无物体	5	此项操作错误扣5分	5	5				
		转动仪器,使源室短节与仪器外壳连接缝边的刻度器定位孔朝向正上方	5	此项操作错误扣5分	5	5				
		将补偿中子校验块(俗称冰块)的定位销对准定位孔,扣在仪器外壳上,冰块上的调整拉棒朝向仪器尾部,即可进行主校验	5	此项操作错误扣5分	5	5				
		主校验完毕,取下冰块	5	此项操作错误扣5分	5	5				
5	收尾工作	主刻度和主校验全部完成,进行仪器拆卸和刻度装置的清洁保养工作	5	漏此项操作扣5分	5	5				
		拆卸好的仪器归位固定	2	漏此项操作扣2分	2	2				
		清理现场,仪器、工具归位	3	漏此项操作扣3分	3	3				
合计			100							

考评员：　　　　　　　　　核分员：　　　　　　　　　年　　月　　日

试题二十三　标定自然伽马刻度器

一、考生准备

(1)考生按要求穿戴齐全劳保用品。
(2)考生准备齐全准考证件。

二、考场准备

1. 材料准备

名称	单位	数量	备注
考核试卷	套	1	

2. 场地、人员准备
(1)现场照明良好,清洁。
(2)考场有专业考核人员。

三、考核内容

(1)本题分值100分。
(2)考核时间45min。

(3)具体考核要求：

① 本题为笔试题，考生自备考试用笔。

② 计时从下达口令开始，到宣布退出考场结束。

③ 提前完成考核不加分，超时停止答卷。

(4)操作程序说明：

① 考试前按考核题内容领取相应考核试卷。

② 填写试卷要求内容。

(5)考试规定说明：

① 独立完成考核。

② 违规抄袭，取消考核资格。

③ 考试采用百分制，考试项目得分按组卷比例进行折算。

(6)测量技能说明：

本试题要考核考生标定自然伽马刻度器的技能掌握情况。

四、评分标准与配分表

序号	考试内容	评分要素	配分	评分标准	最大扣分	步长	检测结果	扣分	得分	备注
1	准备工作	擦拭仪器表面，保证仪器干净无泥污	5	漏此项操作扣5分	5	5				
		连接电缆与自然伽马刻度器	5	此项操作错误扣5分	5	5				
		检查、保养自然伽马刻度器	10	此项操作错误扣10分	10	10				
2	标定自然伽马刻度器	仪器经加电预热后，按操作工程师的指令操作桁吊，将其分别放入自然伽马低值和高值标准井的规定位置进行刻度	10	此项操作错误扣10分	10	10				
		将用标准井刻度后的仪器放至1m高的仪器架子上	5	此项操作错误扣5分	5	5				
		把自然伽马刻度器放至仪器上，将刻度线对准仪器刻度位置。然后按照操作工程师的指令左右移动刻度器，直至位置合适	10	此项操作错误扣10分	10	10				
		用记号笔标记出刻度器的刻度位置	10	此项操作错误扣10分	10	10				
3	校验自然伽马刻度器	按操作工程师的指令，安放自然伽马刻度器，对自然伽马仪器进行主刻度	10	此项操作错误扣10分	10	10				
		刻度完毕，按操作工程师的指令再分别将仪器用桁吊放入自然伽马低值和高值标准井的规定位置进行测量	10	此项操作错误扣10分	10	10				
		测量值与标准井标称值一致或测量误差满足技术指标要求时，拆卸仪器，完成对自然伽马刻度器的标定	5	此项操作错误扣5分	5	5				

续表

序号	考试内容	评分要素	配分	评分标准	最大扣分	步长	检测结果	扣分	得分	备注
4	收尾工作	进行仪器拆卸和刻度装置的清洁保养工作	10	此项操作错误扣10分	10	10				
		拆卸好的仪器归位固定	5	此项操作错误扣5分	5	5				
		清理现场,仪器、工具归位	5	漏此项操作扣5分	5	5				
合计			100							

考评员:　　　　　　　　　　　核分员:　　　　　　　　　年　　月　　日

试题二十四　使用、保养核测井仪器

一、考生准备

(1)考生按要求穿戴齐全劳保用品。
(2)考生准备齐全准考证件。

二、考场准备

1. 设备、工具、材料准备

序号	名称	单位	数量	备注
1	测井绞车	台	1	
2	自然伽马能谱仪器、补偿中子仪器、补偿密度仪器、遥测短节	支	各1	
3	井口通用工具	套	1	
4	仪器架	个	6	
5	专用钩扳手	把	2	
6	六方扳手	把	2	
7	硅脂	袋	1	
8	螺纹脂	瓶	1	
9	棉纱		适量	

2. 场地、人员准备

(1)考场可安排在专用考核场地或试验井场。
(2)照明良好,水、电及安全设施齐全。
(3)考场整洁规范,无干扰。

三、考核内容

(1)本题分值100分。

(2)考核时间30min。

(3)具体考核要求：

① 本题为实际操作题，考生需穿戴整齐劳保用品。

② 计时从下达口令开始，到宣布结束停止操作。

③ 提前完成操作不加分，超时停止操作。

④ 违章操作或发生事故停止操作。

⑤ 井口装卸中子源、伽马源时，井口、鼠洞及井口周围的其他孔洞必须封盖好，防止放射源及固定螺栓落入。

⑥ 伽马仪器校验时，其他放射源应远离仪器10m以上。

⑦ 进行装卸源操作时，仪器必须断电以防止探头被活化，同时无关人员应远离。

⑧ 补偿中子源室与仪器连接销子必须连接牢固。

⑨ 补偿密度推靠机械部分的各个销子必须连接完好。

⑩ 自然伽马能谱、补偿中子和补偿密度仪器内晶体、光电倍增管为易损贵重器件，应避免剧烈碰撞。

⑪ 核测井仪器外壳带磁后将对测量数值产生很大的影响，因此要定期检查仪器带磁情况，并将仪器电路抽出后进行消磁。

(4)操作程序说明：

① 进入考核场地，进行准备，准备时间为10min。

② 按考评员要求进行操作。

③ 操作完成，清理场地。

④ 退场。

(5)考试规定说明：

① 准备时间：10min。

② 准备时间不计入操作时间。

③ 正式操作时间：30min。

④ 考试采用百分制，考试项目得分按组卷比例进行折算。

(6)测量技能说明：

本试题主要考核考生使用、保养核测井仪器技能的掌握情况。

四、评分标准与配分表

序号	考试内容	评分要素	配分	评分标准	最大扣分	步长	检测结果	扣分	得分	备注
1	准备工作	准备通用工具与材料	2	漏此项操作扣2分	2	2				
		准备核测井仪器	3	漏此项操作扣3分	3	3				
2	仪器的检查	将仪器架子卸车放在井场猫路上	2	此项操作错误扣2分	2	2				

续表

序号	考试内容	评分要素	配分	评分标准	最大扣分	步长	检测结果	扣分	得分	备注
2	仪器的检查	从车上分别卸下补偿密度、补偿中子、自然伽马仪器,从远离井台滑板的猫路一端依次向滑板方向放到仪器架子上,仪器的头端对着滑板	2	一项操作错误扣1分	2	1				
		分别卸下自然伽马、补偿中子仪器两端及补偿密度仪器的护帽和活接头	2	此项操作错误扣2分	2	2				
		用万用表分别检查自然伽马能谱、补偿中子仪器贯通线的通断、绝缘是否良好	5	一项检查错误扣2分	5	1				
		逐一检查自然伽马能谱、补偿中子、补偿密度仪器的密封面和O形圈是否完好,如有问题则应更换仪器或O形圈。同时检查仪器连接插头是否松动变形,如有问题可及时更换	5	一项检查错误扣1分	5	1				
		分别检查补偿中子、补偿密度仪器源室的连接销及补偿密度仪器推靠机械部分各个连接部位的销钉,应无变形及损坏,如有损坏应立即更换,并涂防护油	5	漏检一项扣2分	5	1				
		检查补偿中子仪器源室内螺纹有无损伤	2	此项漏检扣2分	2	2				
		卸下补偿中子及密度仪器源室的固定螺栓,检查螺纹有无损伤	2	此项漏检扣2分	2	2				
		清洁补偿中子和补偿密度仪器源室,为装源做好准备	2	漏清一处扣1分	2	1				
		分别给自然伽马、补偿中子仪器两端和补偿密度仪器端部的螺纹和3个活接头内抹上螺纹脂,并将活接头拧到仪器头上	2	此项操作错误扣2分	2	2				
3	仪器的刻度	将仪器串在地面进行连接(包括遥测短节)	2	此项操作错误扣2分	2	2				
		按照标准要求,分别对仪器串进行测前刻度校验	2	此项操作错误扣2分	2	2				
		拆开仪器,吊至井口,按组合测井连接方法进行仪器连接	2	此项操作错误扣2分	2	2				
		将补偿中子偏心器装在补偿中子仪器上部的仪器上,为保证补偿中子仪器贴向井壁,安装时偏心器弹簧臂应与密度井径臂在同一侧,上紧顶丝固定牢固	5	此项操作错误扣5分	5	5				
		连接完毕,通知操作工程师给仪器串加电,检查仪器串是否工作正常	1	漏此项操作扣1分	1	1				
		仪器断电,进行装源操作	2	此项操作错误扣2分	2	2				

续表

序号	考试内容	评分要素	配分	评分标准	最大扣分	步长	检测结果	扣分	得分	备注
3	仪器的刻度	下放仪器进行重复曲线和正式曲线的采集	1	此项操作错误扣1分	1	1				
		测井资料采集完成后,断电,起出测井仪器,进行卸源操作	2	此项操作错误扣2分	2	2				
		井口拆卸仪器串,放下滑板后,配合操作工程师完成仪器串的测后刻度工作	2	此项操作错误扣2分	2	2				
4	仪器的保养	用棉纱将仪器串特别是仪器连接处的钻井液和油污擦洗干净	2	此项操作错误扣2分	2	2				
		彻底清洁补偿中子、补偿密度源室	2	此项操作错误扣2分	2	2				
		用钩扳手和大六方扳手分别逐一将连接仪器的活接头卸松,用干棉纱将自然伽马能谱、补偿中子、补偿密度仪器的两端和活接头螺纹上的钻井液、油污擦干净,同时检查密封面和O形圈,对有划痕的O形圈取下换新	5	漏一项操作扣1分	5	1				
		用万用表分别检查自然伽马、补偿中子仪器贯通线的通断、绝缘是否良好	3	此项操作错误扣3分	3	3				
		分别检查补偿中子、补偿密度仪器源室的连接销子,并检查补偿密度仪器推靠机械部分的各个连接部位的销子是否完好	5	漏检一项扣1分	5	1				
		推开密度滑板,上好仪器护帽	2	此项操作错误扣2分	2	2				
		彻底清洁仪器,尤其注意弹簧总成	2	漏此项操作扣2分	2	2				
		检查弹簧总成及推靠臂连接总成是否有破损、污物积压过多或锈蚀	5	漏此项操作扣5分	5	5				
		检查所有的轴销是否齐全、紧固,卡簧、卷销、开口销是否齐全完好	5	漏此项操作扣5分	5	5				
		检查滑板涂层是否完好,有无过量磨损	2	漏此项操作扣2分	2	2				
		检查源室、源固定螺栓是否清洁,螺纹是否完好,上油润滑	2	漏此项操作扣2分	2	2				
		检查源舱内螺纹的状况	2	漏此项操作扣2分	2	2				
		卸掉源螺栓,检查其螺纹情况	2	漏此项操作扣2分	2	2				
		检查完好后,给仪器两头的螺纹和活接头内的螺纹抹上螺纹脂	2	漏此项操作扣2分	2	2				
		上好活接头,戴好仪器两端的护帽	2	漏此项操作扣2分	2	2				
		维护保养完毕,将仪器装车固定好	2	漏此项操作扣2分	2	2				

续表

序号	考试内容	评分要素	配分	评分标准	最大扣分	步长	检测结果	扣分	得分	备注
5	收尾工作	将各工具、设施、材料归位	2	漏此项操作扣2分	2	2				
合计			100							

考评员：　　　　　　　　　　核分员：　　　　　　　　年　月　日

试题二十五　装配井壁取心器

一、考生准备

(1)考生按要求穿戴齐全劳保用品。
(2)考生准备齐全准考证件。

二、考场准备

1. 设备、工具、材料准备

序号	名称	单位	数量	备注
1	取心器	个	1	
2	选发器	个	1	
3	岩心筒	套	1	
4	钢丝绳套		适量	
5	药包		适量	
6	常用工具	套	1	
7	专用工具	套	1	
8	万用表	块	1	
9	兆欧表	块	1	
10	仪器架		适量	
11	螺纹脂	瓶	1	
12	棉纱		适量	

2. 场地、人员准备

(1)考场可安排在专用考核场地或试验井场。
(2)照明良好，水、电及安全设施齐全。
(3)考场整洁规范，无干扰。

三、考核内容

(1)本题分值100分。
(2)考核时间30min。
(3)具体考核要求：
① 本题为实际操作题，考生需穿戴整齐劳保用品。

② 计时从下达口令开始,到宣布结束停止操作。

③ 提前完成操作不加分,超时停止操作。

④ 违章操作或发生事故停止操作。

⑤ 根据井眼选择枪型,防止小井眼由于枪径大而卡死。

⑥ 在装枪前必须清擦和打磨枪孔,保证接触良好。

⑦ 选取和准备好岩心筒、钢丝绳,保证取心收获率及岩心质量。

⑧ 清洁岩心筒,特别是岩心筒上的油脂,防止给所取岩心造成假象。

⑨ 选取药包时,首先要弄清井下温度。选用温度等级时,应当留有余量。因为药盒的温度指标是 1h 的耐温上限,如果火药在井下时间过长,其效能将降低,甚至会发生自燃。

(4) 操作程序说明:

① 进入考核场地,进行准备,准备时间为 10min。

② 按考评员要求进行操作。

③ 操作完成,清理场地。

④ 退场。

(5) 考试规定说明:

① 准备时间:10min。

② 准备时间不计入操作时间。

③ 正式操作时间:30min。

④ 考试采用百分制,考试项目得分按组卷比例进行折算。

(6) 测量技能说明:

本试题主要考核考生装配井壁取心器技能的掌握情况。

四、评分标准与配分表

序号	考试内容	评分要素	配分	评分标准	最大扣分	步长	检测结果	扣分	得分	备注
1	准备工作	准备井壁取心器	3	漏此项操作扣3分	3	3				
		准备工具、材料	2	漏此项操作扣2分	2	2				
2	装配井壁取心器前的检查	确认井壁取心器的耐温、密封、耐压性能符合现场施工设计要求;各部分螺纹连接紧固,顶丝齐全无松动;取心器整体及弹道无变形	5	漏检一项扣1分	5	1				
		检查井壁取心器各插头、插座、插针应无松动损坏,各弹道药室触点与取心器上部插头通断阻值、线间绝缘电阻和对壳体绝缘电阻应达到技术指标要求	5	漏检一项扣1分	5	1				
		检查选发器各插头、插座、插针应无松动损坏,整体工作状态经校验装置检查应达到换挡灵活准确、选发可靠,点火及输出正常。检查完毕将其置于第一颗岩心筒选发状态	5	漏检一项扣1分	5	1				

续表

序号	考试内容	评分要素	配分	评分标准	最大扣分	步长	检测结果	扣分	得分	备注
2	装配井壁取心器前的检查	检查跟踪曲线测量仪器、需下井的加长短节及辅助工具性能、规格满足施工要求	5	漏检一项扣2分	5	1				
		将取心器放到设置的警戒区安全位置的专用架子上,对井壁取心器的药室触点及弹道台阶除锈	5	此项操作错误扣5分	5	5				
		检查岩心筒类型、钢丝绳长度符合施工方案要求;检查岩心筒螺纹配合应紧固,排液孔畅通,无损伤,无裂纹;钢丝绳无断丝及损伤,锁扣牢固	10	漏检一项扣2分	10	2				
		将固定岩心筒的钢丝绳按顺序穿入弹道旁的开孔内,并将其固定	5	此项操作错误扣5分	5	5				
		根据施工设计,选择井壁取心药包规格	5	此项操作错误扣5分	5	5				
		选择干燥地带设置危险区,并在危险区明显处设置"防电防爆""严禁烟火"的警戒标志	5	此项操作错误扣5分	5	5				
3	装配井壁取心器	打开保险箱,拿出药包,用专用欧姆表检查药包点火桥丝阻值,应在1~2Ω范围内,并依据项目要求的层位、颗数、深度表、井深结构及预计岩性合理选择药包,逐个放入药室内,使点火桥丝和药室触点接触良好,剩余药包放回保险箱,并将保险箱及时上锁	10	此项操作错误扣10分	10	10				
		将系好的岩心筒进行清洁后,套好O形圈,并抹上少许密封脂,用螺丝刀将密封螺栓拧松,按序号用手压入弹道内(严禁用手锤等铁器敲击),拧紧密封排气螺栓。若岩心筒不好压入弹道,可用塑料手锤或橡胶手锤向下打,直到岩心筒台阶到达枪孔侧平面	10	此项操作错误扣10分	10	10				
		用专用欧姆表检查井壁取心器上部插座各弹道阻值,应符合规定要求。如果在哪个挡位发现短路或电阻过大,应立即取出岩心筒检查药盒和点火线路,如有问题及时更换	10	此项操作错误扣10分	10	10				
		站在取心器的侧面,两手拇指和食指夹住钢丝绳距端头1/4处,向下翻,使钢丝绳盘成环状两圈,塞入纵槽槽中或用黑胶布等物捆绑且能保证岩心筒发射时能将其可靠带出,并注意使靠岩心筒的一头在外侧	10	此项操作错误扣10分	10	10				
4	收尾工作	将取心器归位	2	漏此项操作扣2分	2	2				
		清理现场,工具、材料归位	3	漏此项操作扣3分	3	3				
合计			100							

考评员: 核分员: 年 月 日

试题二十六　组装卡瓦打捞工具

一、考生准备

(1) 考生按要求穿戴齐全劳保用品。
(2) 考生准备齐全准考证件。

二、考场准备

1. 设备、工具、材料准备

序号	名称	单位	数量	备注
1	卡瓦打捞工具	套	1	
2	内外卡尺	把	1	
3	游标卡尺	把	1	
4	密封脂	盒	1	
5	棉纱		适量	
6	链钳	把	2	

2. 场地、人员准备

(1) 考场可安排在专用考核场地或试验井场。
(2) 照明良好,水、电及安全设施齐全。
(3) 考场整洁规范,无干扰。

三、考核内容

(1) 本题分值100分。
(2) 考核时间10min。
(3) 具体考核要求:
① 本题为实际操作题,考生需穿戴整齐劳保用品。
② 计时从下达口令开始,到宣布结束停止操作。
③ 提前完成操作不加分,超时停止操作。
④ 违章操作或发生事故停止操作。
⑤ 组装卡瓦打捞筒时,选择卡瓦内径应比落鱼外径小1~2mm。
⑥ 组装打捞筒时应按技术规范检查打捞筒各部件,有规格不符或外观检查有断裂、螺纹变形、壳体严重磨损情况,不允许使用。
(4) 操作程序说明:
① 进入考核场地,进行准备,准备时间为5min。
② 按考评员要求进行操作。
③ 操作完成,清理场地。

④ 退场。

（5）考试规定说明：

① 准备时间：5min。

② 准备时间不计入操作时间。

③ 正式操作时间：10min。

④ 考试采用百分制，考试项目得分按组卷比例进行折算。

（6）测量技能说明：

本试题主要考核考生组装卡瓦打捞工具技能的掌握情况。

四、评分标准与配分表

序号	考试内容	评分要素	配分	评分标准	最大扣分	步长	检测结果	扣分	得分	备注
1	检查卡瓦打捞工具	根据井眼直径和需要打捞的仪器外径选择卡瓦打捞筒和卡瓦	10	选择错误扣10分	10	10				
		按技术规范检查打捞筒各部件	5	漏此项操作扣5分	5	5				
		保养螺纹部分，涂抹密封脂	5	漏此项操作扣5分	5	5				
		将打捞筒本体引鞋端向上立于地面	5	漏此项操作扣5分	5	5				
		测量卡瓦尺寸，确认卡瓦尺寸与被打捞仪器尺寸相符	10	测量错误扣10分	10	10				
2	组装卡瓦打捞工具	将螺旋卡瓦装入打捞筒本体内，向左旋转卡瓦，使卡瓦锁舌落入打捞筒本体键槽内	15	此项操作错误扣15分	15	15				
		将卡瓦固定套的锁定舌朝下，对准打捞筒本体键槽插入，使卡瓦固定	15	此项操作错误扣15分	15	15				
		将引鞋与打捞筒本体连接	10	此项操作错误扣10分	10	10				
		将容纳管与打捞筒本体连接	10	此项操作错误扣10分	10	10				
		连接安全接头	10	漏做此项扣10分	10	10				
3	收尾工作	操作完毕，打捞工具归位	3	漏做此项扣3分	3	3				
		清理现场，所有工具、材料归位	2	漏此项操作扣2分	2	2				
合计			100							

考评员： 核分员： 年 月 日

试题二十七 组装三球打捞工具

一、考生准备

（1）考生按要求穿戴齐全劳保用品。

(2)考生准备齐全准考证件。

二、考场准备

1. 设备、工具、材料准备

序号	名称	单位	数量	备注
1	三打捞工具	套	1	
2	内外卡尺	把	1	
3	游标卡尺	把	1	
4	专用工具	套	1	
5	密封脂	盒	1	
6	棉纱		适量	
7	链钳	把	2	

2. 场地、人员准备

(1)考场可安排在专用考核场地或试验井场。
(2)照明良好,水、电及安全设施齐全。
(3)考场整洁规范,无干扰。

三、考核内容

(1)本题分值100分。
(2)考核时间10min。
(3)具体考核要求:
① 本题为实际操作题,考生需穿戴整齐劳保用品。
② 计时从下达口令开始,到宣布结束停止操作。
③ 提前完成操作不加分,超时停止操作。
④ 违章操作或发生事故停止操作。
⑤ 组装三球打捞筒时,应检查三个小球磨损是否严重,超出技术规范要求的禁止使用。
⑥ 组装打捞筒时应按技术规范检查打捞筒各部件,有规格不符或外观检查有断裂、螺纹变形、壳体严重磨损情况,不允许使用。
(4)操作程序说明:
① 进入考核场地,进行准备,准备时间为10min。
② 按考评员要求进行操作。
③ 操作完成,清理场地。
④ 退场。
(5)考试规定说明:
① 准备时间:5min。
② 准备时间不计入操作时间。
③ 正式操作时间:10min。

④ 考试采用百分制,考试项目得分按组卷比例进行折算。
(6)测量技能说明:
本试题主要考核考生组装三球打捞工具技能的掌握情况。

四、评分标准与配分表

序号	考试内容	评分要素	配分	评分标准	最大扣分	步长	检测结果	扣分	得分	备注
1	准备工作	根据井眼直径和需要打捞的仪器外径选择三球打捞筒	15	选择错误扣5分	15	15				
		按技术规范检查打捞筒各部件	5	漏此项操作扣5分	5	5				
		保养螺纹部分,涂抹密封脂	10	漏此项操作扣10分	10	10				
2	组装三球打捞工具	将打捞筒本体引鞋端向上立于地面	5	此项操作错误扣5分	5	5				
		用六方工具把3个标准小球及3个弹簧安装于三球容纳体内	15	此项操作错误扣15分	15	15				
		测量三球之间的长度并确认与被打捞仪器尺寸相符	15	此项操作错误扣15分	15	15				
		将引鞋与打捞筒本体连接	10	此项操作错误扣10分	10	10				
		将容纳管与打捞筒本体连接	10	此项操作错误扣10分	10	10				
		连接安全接头	10	漏做此项扣10分	10	10				
3	收尾工作	操作完毕,打捞工具归位	3	漏此项扣3分	3	3				
		清理现场,所有工具、材料归位	2	漏此项操作扣2分	2	2				
合计			100							

考评员:　　　　　　　　　　核分员:　　　　　　　　年　月　日

试题二十八　处理电缆跳槽事故

一、考生准备

(1)考生按要求穿戴齐全劳保用品。
(2)考生准备齐全准考证件。

二、考场准备

1. 设备、工具、材料准备

序号	名称	单位	数量	备注
1	钻机	台	1	

续表

序号	名称	单位	数量	备注
2	测井绞车	台	1	
4	T形电缆夹钳	把	1	
5	通用工具	套	1	
6	井口设备	套	1	
7	帆布	块	1	
8	电缆短节	m	3	
9	铅丝棒	个	1	
10	黑胶布	卷	1	

2. 场地、人员准备

(1) 钻井井场。

(2) 照明良好,光线充足,安全设施齐全。

(3) 考场有专业技术人员配合。

三、考核内容

(1) 本题分值 100 分。

(2) 考核时间 20min。

(3) 具体考核要求:

① 本题为实际操作题,考生需穿戴整齐劳保用品。

② 计时从下达口令开始,到宣布结束停止操作。

③ 提前完成操作不加分,超时停止操作。

④ 违章操作或发生事故停止操作。

⑤ 使用电缆夹钳在井口固定电缆时,必须盖好井口,防止落物。

⑥ 电缆夹钳固定电缆后,必须确认电缆固定牢靠。

⑦ 电缆跳槽后,绝对不能上提电缆。

⑧ 处理电缆跳槽问题后,必须对跳槽位置的电缆进行检查。若铠装层损坏,必须进行铠装。

(4) 操作程序说明:

① 进入考核场地,进行准备,准备时间为 10min。

② 按考评员要求进行操作。

③ 操作完成,清理场地。

④ 退场。

(5) 考试规定说明:

① 准备时间:10min。

② 准备时间不计入操作时间。

③ 正式操作时间:20min。

④ 考试采用百分制,考试项目得分按组卷比例进行折算。

(6)测量技能说明:

本试题主要考核考生处理电缆跳槽事故技能的掌握情况。

四、评分标准与配分表

序号	考试内容	评分要素	配分	评分标准	最大扣分	步长	检测结果	扣分	得分	备注
1	准备工作	准备工具、材料并放至井口位置	5	此项操作错误扣5分	5	5				
2	电缆跳槽的处理	盖好井口	10	漏此项操作扣10分	10	10				
		用T形电缆夹钳在井口固定电缆后进行确认	10	此项操作错误扣10分	10	10				
		指挥钻井司钻缓慢下放游动滑车,同时将下放的电缆拉到井场空旷处,防止打结	10	此项操作错误扣10分	10	10				
		将天滑轮从吊卡中取出放至井口附近	5	此项操作错误扣5分	5	5				
		卸掉滑轮防跳栏的固定螺母,取下防跳栏	10	此项操作错误扣10分	10	10				
		使用撬棒将电缆从滑轮夹板槽内取出,检查电缆正常后放入滑轮槽。若电缆铠装层损坏,需对其进行铠装	10	此项操作错误扣10分	10	10				
		安装并固定滑轮防跳栏	10	此项操作错误扣10分	10	10				
		安装天滑轮后上提至测井位置,同时操作绞车下放电缆	5	此项操作错误扣5分	5	5				
		天滑轮到达固定位置后,操作绞车上提电缆将电缆夹钳起出井口	5	此项操作错误扣5分	5	5				
		盖好井口,卸松电缆夹钳的固定螺栓,将电缆夹钳从电缆中取出	10	此项操作错误扣10分	10	10				
		清理井口附近,然后进行正常测井程序	5	此项操作错误扣5分	5	5				
3	收尾工作	天滑轮到达固定位置后,操作绞车上提电缆将电缆夹钳起出井口	5	此项操作错误扣5分	5	5				
合计			100							

考评员: 核分员: 年 月 日

试题二十九　处理钻具输送测井过程中的井喷事故

一、考生准备

(1)考生准备齐全准考证件。

(2)考生准备考试用笔。

二、考场准备

1. 材料准备

名称	单位	数量	备注
考核试卷	套	1	

2. 场地、人员准备

(1)现场照明良好、清洁。

(2)考场有专业考核人员。

三、考核内容

(1)本题分值100分。

(2)考核时间45min。

(3)具体考核要求:

① 本题为笔试题,考生自备考试用笔。

② 计时从下达口令开始,到宣布退出考场结束。

③ 提前完成考核不加分,超时停止答卷。

(4)操作程序说明:

① 考试前按考核题内容领取相应考核试卷。

② 填写试卷要求内容。

(5)考试规定说明:

① 独立完成考核。

② 违规抄袭,取消考核资格。

③ 考试采用百分制,考试项目得分按组卷比例进行折算。

(6)测量技能说明:

本试题要考核考生处理钻具输送测井过程中的井喷事故的技能掌握情况。

四、评分标准与配分表

序号	考试内容	评分要素	配分	评分标准	最大扣分	步长	检测结果	扣分	得分	备注
1	准备工作	接测井过程中发生井涌、井喷停止施工的指令后,立即准备好井控专用液压断线钳	10	漏此项操作扣10分	10	10				
		起钻过程中,指挥绞车上提电缆与起钻同步	5	漏此项操作扣5分	5	5				
2	井况允许起钻条件下的处理	待旁通起出井口后,卸开旁通处的电缆卡子和电缆夹板,指挥绞车拉开湿接头,高速上提电缆	20	漏一项操作扣5分	20	5				

续表

序号	考试内容	评分要素	配分	评分标准	最大扣分	步长	检测结果	扣分	得分	备注
2	井况允许起钻条件下的处理	在电缆湿接头接近旁通时,指挥绞车停止上提,拆掉旁通。然后指挥绞车快速起出电缆和湿接头	15	漏一项操作扣5分	15	5				
		把井口交于相关方处理	5	漏此项操作扣5分	5	5				
3	井况不允许起钻条件下的处理	立即用橡胶电缆卡子将电缆固定在钻杆上	10	漏此项操作扣10分	10	10				
		指挥绞车工放松电缆	5	漏此项操作扣5分	5	5				
		将井控专用电缆断线钳的断线头夹住电缆,按动液压手柄将电缆剪断	10	漏此项操作扣10分	10	10				
		通知钻井队可将带电缆的钻杆下入井中	5	漏此项操作扣5分	5	5				
		清理钻台电缆至不妨碍钻井施工位置	5	漏此项操作扣5分	5	5				
4	后续工作	配合井队连接防喷钻具后安全撤离井口	10	漏此项操作扣10分	10	10				
合计			100							

考评员：　　　　　　　　　　　核分员：　　　　　　　　　　　年　月　日

试题三十　环空测井电缆缠绕时转井口法解缠电缆

一、考生准备

(1)考生按要求穿戴齐全劳保用品。
(2)考生准备齐全准考证件。

二、考场准备

1. 设备、工具、材料准备

序号	名称	单位	数量	备注
1	测井绞车和电缆	套	1	
2	井口防喷装置	套	1	
3	断缆钳	把	1	
4	铁钩	个	1	
5	井口常用工具	套	1	
6	井口专用工具	套	1	

2. 场地、人员准备

(1)专用考核场地或采油井场。

(2)照明良好,光线充足,安全设施齐全。

(3)考场有专业技术人员配合。

三、考核内容

(1)本题分值100分。

(2)考核时间20min。

(3)具体考核要求:

① 本题为实际操作题,考生需穿戴整齐劳保用品。

② 计时从下达口令开始,到宣布结束停止操作。

③ 提前完成操作不加分,超时停止操作。

④ 违章操作或发生事故停止操作。

⑤ 环空测井电缆解缠时,必须有人拉着电缆,当仪器与偏心阀门在同一垂直方向时,电缆会突然下沉,易伤人,同时也会损坏电缆。

(4)操作程序说明:

① 进入考核场地,进行准备,准备时间为10min。

② 按考评员要求进行操作。

③ 操作完成,清理场地。

④ 退场。

(5)考试规定说明:

① 准备时间:10min。

② 准备时间不计入操作时间。

③ 正式操作时间:20min。

④ 考试采用百分制,考试项目得分按组卷比例进行折算。

(6)测量技能说明:

本试题主要考核考生环空测井电缆缠绕时转井口法解缠电缆技能的掌握情况。

四、评分标准与配分表

序号	考试内容	评分要素	配分	评分标准	最大扣分	步长	检测结果	扣分	得分	备注
1	准备工作	准备工具并放至井口位置	5	此项操作错误扣5分	5	5				
2	判断电缆绕向	将仪器提到距井口6m左右,从而保证解缠在第一根油管内进行	15	此项操作错误扣15分	15	15				
		拉紧电缆,使电缆头夹在油管、套管环形空间	15	此项操作错误扣15分	15	15				
		可以顺时针转动井口,若发现电缆缓缓外出,说明解缠处理方法正确;如发现电缆逐渐下沉,必须改变方向逆时针转动井口	30	此项操作错误扣30分	30	30				

续表

序号	考试内容	评分要素	配分	评分标准	最大扣分	步长	检测结果	扣分	得分	备注
3	旋转井口解缠	逐渐转动井口,使仪器和偏心阀门、电缆在同一垂直方向,达到解缠的目的	20	此项操作错误扣20分	20	20				
		把井口逆转到原来的位置,取出仪器	10	此项操作错误扣10分	10	10				
4	收尾工作	清理场地,工具、材料归位	5	漏做此项操作扣5分	5	5				
合计			100							

考评员： 核分员： 年 月 日

试题三十一 处理防喷管内电缆跳丝事故

一、考生准备

(1)考生按要求穿戴齐全劳保用品。
(2)考生准备齐全准考证件。

二、考场准备

1. 设备、工具、材料准备

序号	名称	单位	数量	备注
1	卡瓦打捞工具	套	1	
2	内外卡尺	把	1	
3	游标卡尺	把	1	
4	密封脂	盒	1	
5	棉纱		适量	
6	链钳	把	2	

2. 场地、人员准备

(1)专用考核场地或采油井场。
(2)照明良好,光线充足,安全设施齐全。
(3)考场有专业技术人员配合。

三、考核内容

(1)本题分值100分。
(2)考核时间20min。
(3)具体考核要求：
① 本题为实际操作题,考生需穿戴整齐劳保用品。

② 计时从下达口令开始,到宣布结束停止操作。

③ 提前完成操作不加分,超时停止操作。

④ 违章操作或发生事故停止操作。

(4) 操作程序说明：

① 进入考核场地,进行准备,准备时间为5min。

② 按考评员要求进行操作。

③ 操作完成,清理场地。

④ 退场。

(5) 考试规定说明：

① 准备时间：5min。

② 准备时间不计入操作时间。

③ 正式操作时间：20min。

④ 考试采用百分制,考试项目得分按组卷比例进行折算。

(6) 测量技能说明：

本试题主要考核考生处理防喷管内电缆跳丝事故技能的掌握情况。

四、评分标准与配分表

序号	考试内容	评分要素	配分	评分标准	最大扣分	步长	检测结果	扣分	得分	备注
1	准备工作	准备工具并放至井口位置	5	漏此项操作扣5分	5	5				
2	处理电缆跳丝事故	发现电缆在防喷管内外层钢丝有断丝时,应立即停车	5	此项操作错误扣5分	5	5				
		关闭封井器	10	漏此项操作扣10分	10	10				
		放掉防喷管内的压力	10	漏此项操作扣10分	10	10				
		操作绞车下放电缆,使电缆的长度足够处理跳丝使用	5	此项操作错误扣5分	5	5				
		扎开封井器上端活接头,用吊车吊起防喷管	5	此项操作错误扣5分	5	5				
		用钳子剪掉乱钢丝	10	此项操作错误扣10分	10	10				
		用整形钳和钢片压住断丝的两端	10	此项操作错误扣10分	10	10				
		坐好防喷管并关好防喷管上的放喷阀门	10	此项操作错误扣10分	10	10				
		打开封井器平衡阀,使防喷管内的压力与井内压力平衡	10	此项操作错误扣10分	10	10				
		关闭封井器平衡阀,绞车拉紧电缆	10	此项操作错误扣10分	10	10				

续表

序号	考试内容	评分要素	配分	评分标准	最大扣分	步长	检测结果	扣分	得分	备注
2	处理电缆跳丝事故	打开封井器,可上提电缆	5	此项操作错误扣5分	5	5				
3	收尾工作	清理场地、工具、材料归位	5	漏做此项操作扣5分	5	5				
合计			100							

考评员：　　　　　　　　　　　核分员：　　　　　　　　　　　年　　月　　日

试题三十二　处理带压测井电缆跳槽事故

一、考生准备

(1)考生按要求穿戴齐全劳保用品。
(2)考生准备齐全准考证件。

二、考场准备

1. 设备、工具、材料准备

序号	名称	单位	数量	备注
1	测井绞车和电缆	套	1	
2	井口防喷装置	套	1	
3	测井井口装置	套	1	
4	整形钳	把	1	
5	铅丝棒	个	1	
6	井口通用工具	套	1	
7	井口专用工具	套	1	
8	撬棒	个	适量	

2. 场地、人员准备

(1)专用考核场地或采油井场。
(2)照明良好,光线充足,安全设施齐全。
(3)考场有专业技术人员配合。

三、考核内容

(1)本题分值100分。
(2)考核时间20min。

(3) 具体考核要求：

① 本题为实际操作题，考生需穿戴整齐劳保用品。

② 计时从下达口令开始，到宣布结束停止操作。

③ 提前完成操作不加分，超时停止操作。

④ 违章操作或发生事故停止操作。

⑤ 处理电缆跳槽问题后，必须对跳槽位置的电缆进行检查。

(4) 操作程序说明：

① 进入考核场地，进行准备，准备时间为 5min。

② 按考评员要求进行操作。

③ 操作完成，清理场地。

④ 退场。

(5) 考试规定说明：

① 准备时间：5min。

② 准备时间不计入操作时间。

③ 正式操作时间：20min。

④ 考试采用百分制，考试项目得分按组卷比例进行折算。

(6) 测量技能说明：

本试题主要考核考生处理带压测井电缆跳槽事故技能的掌握情况。

四、评分标准与配分表

序号	考试内容	评分要素	配分	评分标准	最大扣分	步长	检测结果	扣分	得分	备注
1	准备工作	准备工具并放至井口位置	5	漏此项操作扣5分	5	5				
2	处理电缆跳槽事故	测井时，若电缆在井口滑轮跳槽，绞车应立即停车	10	此项操作错误扣10分	10	10				
		打紧手压泵，操作绞车下放电缆	15	此项操作错误扣15分	15	15				
		卸掉滑轮防跳栏的固定螺母，取下防跳栏	10	此项操作错误扣10分	10	10				
		使用撬棒将电缆从滑轮夹板槽内取出，检查电缆正常后放入滑轮槽。若电缆铠装层损坏，需对其进行重新铠装，停止测井	15	此项操作错误扣15分	15	15				
		安装并固定滑轮防跳栏	10	此项操作错误扣10分	10	10				
		安装天滑轮后上提至测井位置	10	此项操作错误扣10分	10	10				
		操作绞车拉紧电缆，松开手压泵	15	此项操作错误扣15分	15	15				

续表

序号	考试内容	评分要素	配分	评分标准	最大扣分	步长	检测结果	扣分	得分	备注
2	处理电缆跳槽事故	事故处理完毕,可继续下放或上提电缆	5	此项操作错误扣5分	5	5				
3	收尾工作	清理场地,工具、材料归位	5	漏做此项操作扣5分	5	5				
合计			100							

考评员： 核分员： 年 月 日

试题三十三 徒手心肺复苏

一、考生准备

(1)考生按要求穿戴齐全劳保用品。
(2)考生准备齐全准考证件。

二、考场准备

1. 设备、工具、材料准备

序号	名称	单位	数量	备注
1	心肺复苏假人	个	1	
2	一次性CPR屏障面膜（消毒面巾）	盒	1	

2. 场地、人员准备
(1)专用考核场地或采油井场。
(2)照明良好,光线充足,安全设施齐全。
(3)考场有专业技术人员配合。

三、考核内容

1. 操作程序说明
(1)准备工作。
(2)意识判断。
(3)颈动脉搏动判断。
(4)胸外心脏按压。
(5)口对口人工呼吸。
(6)循环操作,再次判断。
(7)整理用物。
(8)安全生产及其他。

2. 考核时间

（1）准备工作：2min。

（2）正式操作：10min。

（3）计时从正式操作开始，至考核结束，共计10min，每超时1min从总分中扣5分，超时3min停止操作。

四、评分标准与配分表

序号	考试内容	评分要素	配分	评分标准	最大扣分	步长	检测结果	扣分	得分	备注
1	准备工作	操作者用眼光从左到右，从上到下扫视，判断周围环境是否安全	2	不符合要求扣1分	1	1				
		操作者大声说"现场环境安全，我已做好自我保护"		不符合要求扣1分	1	1				
2	意识判断	操作者双膝跪于假人右侧，左膝平病人肩部（操作者双膝与双肩同宽）	6	不符合要求扣2分	2	2				
		双手轻拍病人双肩，嘴靠近病人左、右耳旁，同时呼叫"你怎么啦？"		一项不符合要求扣1分	2	1				
		确定意识丧失，大声说"病人无意识，准备心肺复苏操作。快来人啊！有人晕倒了，请这位同志帮忙拨打急救电话"		不符合要求扣2分	2	2				
3	颈动脉搏动判断	操作者右手食指和中指指腹沿患者下颌正中滑至气管喉结部位	6	不符合要求扣2分	2	2				
		操作者右手食指和中指指腹再平移向对侧滑动2~3cm，至胸锁乳突肌中段内侧处，判断颈动脉搏动		不符合要求扣2分	2	2				
		大声说"病人无呼吸，颈动脉无搏动，立即心肺复苏"		不符合要求扣2分	2	2				
4	胸外心脏按压	假人取水平卧位，放于硬板或地面上	30	不符合要求扣2分	2	2				
		解开病人衣扣，使其双手略外展，暴露胸部		不符合要求扣3分	3	3				
		右手中指食指并拢，沿肋缘滑至剑突上两横指（胸骨中下1/3处），左手掌根放在胸骨上，右手掌根放左手背上，右手五指扣住左手，左手五指上翘，双臂位于患者胸骨的正上方，双肘关节伸直		一项不符合要求扣1分	3	1				
		利用上身重量垂直下压，胸骨下陷5cm，迅速放松，掌根不离开胸骨，如按压与放松时间不同，按压频率应超过100~120次/min。每按压30次为一组		机器打分	20	10				
		按压的同时小声数数，"1组，1~24"，大声数"25、26、27、28、29、30"		一项不符合要求扣1分	2	1				

续表

序号	考试内容	评分要素	配分	评分标准	最大扣分	步长	检测结果	扣分	得分	备注
5	口对口人工呼吸	检查口腔,报告"口腔无异物,无活动性义齿"	30	不符合要求扣2分	2	2				
		压额抬颌,打开气道		不符合要求扣3分	3	3				
		一看(胸部有无起伏)、二听(耳朵贴近病人面部,听呼吸音)、三感觉(有无气流冲击面部),三步骤同时进行,无反应表示呼吸停止,大声说"无呼吸"		不符合要求扣5分	5	5				
		将一次性CPR训练屏障面膜盖在病人嘴上,左手捏紧病人鼻部,右手拇指、食指捏住病人下颌略向下拉,打开口。深吸一口气,包住病人嘴,吹气至胸廓隆起(吹气同时要观察胸廓),立即松开左手,让胸廓自然回弹(吹气2次)		机器打分	20	10				
6	循环操作,再次判断	重复胸外心脏按压与人工呼吸操作,完成5个循环,胸外心脏按压与人工呼吸次数比例为30:2,每组循环按压开始时未重新定位	20	机器打分	10	5				
		全部操作完成后,再次判断呼吸及颈动脉搏动,如已恢复,大声说"病人呼吸、心跳恢复,心肺复苏成功"		一项不符合要求扣5分	10	5				
7	整理用物	取下一次性CPR训练屏障面膜	6	不符合要求扣3分	3	3				
		操作者整理假人衣服		不符合要求扣3分	3	3				
8	安全生产及其他	安全作业、文明生产		违反安全操作规程,或出现操作动作继续下去可能发生人身事故或设备损坏事故的,1次从总分中扣10分,2次停止操作	20	10				
				工作结束后工具未归位或未清洁从总分中扣3分	3	3				
		操作时间		每超时1min从总分中扣5分,超时3min停止操作	15	5				
		备注		假人设置标准为:实战模式,正确率设置为90%,频率设置为120,时间设置为150s,组数为5;若参数设置低于规定标准,最终机器总得分减半。技术动作采用机器评分。心肺复苏总时间设置为150s,超过150s救不活,本题得零分;心肺复苏第4、5、6部分技术动作共50分采用机器打分;频率不对扣分:100~120次/min不扣分,低于100次/min扣5分,121~130次/min扣10分,超过130次/min扣20分;(50-扣分)×正确率为机器打分得分,其余分数裁判打分						
合计			100							

考评员: 　　　　　　　　　　核分员: 　　　　　　　　　　年　月　日

试题三十四　救治中暑人员

一、考生准备

(1)考生按要求穿戴齐全劳保用品。

(2)考生准备齐全准考证件。

二、考场准备

1. 设备、工具、材料准备

序号	名称	单位	数量	备注
1	心肺复苏假人	个	1	
2	水袋	个	1	
3	酒精	瓶	1	

2. 场地、人员准备

(1)专用考核场地或采油井场。

(2)照明良好,光线充足,安全设施齐全。

(3)考场有专业技术人员配合。

三、考核内容

1. 操作程序说明

(1)症状识别。

(2)现场处理。

(3)汇报、求助。

(4)安全生产及其他。

2. 考核时间

(1)准备工作:2min。

(2)正式操作:10min。

(3)计时从正式操作开始,至考核结束,共计10min,每超时1min从总分中扣5分,超时3min停止操作。

四、评分标准与配分表

序号	考试内容	评分要素	配分	评分标准	最大扣分	步长	检测结果	扣分	得分	备注
1	症状识别	在野外暴露场所高温施工时迅速识别人员头晕、恶心、冒虚汗等中暑前期现象	10	不符合要求扣10分	10	10				

续表

序号	考试内容	评分要素	配分	评分标准	最大扣分	步长	检测结果	扣分	得分	备注
2	现场处理	当有人员发生中暑时,发现人帮助中暑人员迅速脱离高温环境,用凉的湿毛巾敷前额和躯干	70	一项不符合要求扣10分	20	10				
		如有晕倒,将其迅速抬到环境凉爽通风处,解开衣扣和裤带,在中暑人员头部、腋下和大腿内侧等处放置水袋,用冷水、冰水或酒精擦身,同时用相应工具(如风扇)加速其周围空气流通		一项不符合要求扣10分	30	10				
		施救过程中必须用力对其按摩四肢,以防止周围血液循环停滞		不符合要求扣20分	20	20				
3	汇报、求助	发现员工中暑现象,及时向上级应急办公室汇报	20	不符合要求扣10分	10	10				
		视情况拨打120求援,请求救援时说明路线、地点		不符合要求扣10分	10	10				
4	安全生产及其他	安全作业、文明生产		违反安全操作规程,或出现操作动作继续下去可能发生人身事故或设备损坏事故的,1次从总分中扣10分,2次停止操作	20	10				
				工作结束后工具未归位或未清洁从总分中扣3分	3	3				
		操作时间		每超时1min从总分中扣5分,超时3min停止操作	15	5				
合计			100							

考评员:　　　　　　　　　　　核分员:　　　　　　　　　　年　月　日

试题三十五　编写安全经验分享材料

一、考生准备

(1)考生按要求穿戴齐全劳保用品。
(2)考生准备齐全准考证件。

二、考场准备

1. 设备、工具、材料准备

名称	单位	数量	备注
便携式计算机	台	1	

测井工（测井采集专业方向）

2. 场地、人员准备

(1) 专用考核场地或采油井场。

(2) 照明良好，光线充足，安全设施齐全。

(3) 考场有专业技术人员配合。

三、考核内容

1. 操作程序说明

(1) 准确性。

(2) 实用性。

(3) 生动性。

(4) 安全生产及其他。

2. 考核时间

(1) 准备工作：2min。

(2) 正式操作：15min。

(3) 计时从正式操作开始，至考核结束，共计15min，每超时1min从总分中扣5分，超时3min停止操作。

四、评分标准与配分表

序号	考试内容	评分要素	配分	评分标准	最大扣分	步长	检测结果	扣分	得分	备注
1	准确性	分享材料围绕一个明确的主题展开，内容与安全相关	20	一项不符合要求扣5分	10	5				
		分享的经验案例真实可信，经得起实践检验		一项不符合要求扣5分	10	5				
2	实用性	分享的经验案例有实际应用价值，能帮助参与者解决实际问题	60	一项不符合要求扣15分	30	15				
		讲述人能清晰、准确地表达自己的观点和经验，能让听众理解和接受		一项不符合要求扣15分	30	15				
3	生动性	讲述人能流畅地表达自己的观点和经验	20	不符合要求扣10分	10	10				
		讲述人能与听众进行有效互动		不符合要求扣10分	10	10				
4	安全生产及其他	安全作业、文明生产		违反安全操作规程，或出现操作动作继续下去可能发生人身事故或设备损坏事故的，1次从总分中扣10分，2次停止操作	20	10				
				工作结束后工具未归位或未清洁从总分中扣3分	3	3				

续表

序号	考试内容	评分要素	配分	评分标准	最大扣分	步长	检测结果	扣分	得分	备注
4	安全生产及其他	操作时间		每超时1min从总分中扣5分,超时3min停止操作	15	5				
合计			100							

考评员：　　　　　　　　　　　　核分员：　　　　　　　　　　　　年　月　日

试题三十六　简述隐患治理的流程

一、考生准备

(1)考生按要求穿戴齐全劳保用品。
(2)考生准备齐全准考证件。

二、考场准备

1. 设备、工具、材料准备

名称	单位	数量	备注
便携式计算机	台	1	

2. 场地、人员准备
(1)专用考核场地或采油井场。
(2)照明良好,光线充足,安全设施齐全。
(3)考场有专业技术人员配合。

三、考核内容

1. 操作程序及说明
(1)排查、评估。
(2)制定实施方案。
(3)整改跟踪。
(4)总结汇报。
(5)安全生产及其他。

2. 考核时间
(1)准备工作:2min。
(2)正式操作:15min。
(3)计时从正式操作开始,至考核结束,共计15min,每超时1min从总分中扣5分,超时3min停止操作。

四、评分标准与配分表

序号	考试内容	评分要素	配分	评分标准	最大扣分	步长	检测结果	扣分	得分	备注
1	排查、评估	对工作场所进行全面的安全隐患排查,找出可能存在的安全隐患	10	不符合要求扣5分	5	5				
		对排查出的安全隐患进行评估		不符合要求扣5分	5	5				
2	制定实施方案	根据隐患评估结果,制定出相应的治理方案,明确治理措施、责任人和时间节点	40	一项不符合要求扣10分	20	10				
		按照治理方案,组织实施隐患治理工作,确保整改措施得到落实		一项不符合要求扣10分	20	10				
3	整改跟踪	对隐患治理工作进行验收,确保隐患得到彻底消除	40	不符合要求扣20分	20	20				
		对已整改的隐患进行跟踪监控,确保整改效果持久有效		一项不符合要求扣10分	20	10				
4	总结汇报	对参与隐患治理的员工进行培训教育,增强其安全意识和技能水平	10	不符合要求扣5分	5	5				
		将隐患治理情况及时报送给相关部门和领导		不符合要求扣5分	5	5				
5	安全生产及其他	安全作业、文明生产		违反安全操作规程,或出现操作动作继续下去可能发生人身事故或设备损坏事故的,1次从总分中扣10分,2次停止操作	20	10				
				工作结束后工具未归位或未清洁从总分中扣3分	3	3				
		操作时间		每超时1min从总分中扣5分,超时3min停止操作	15	5				
合计			100							

考评员: 核分员: 年 月 日

技师操作技能试题

试题一　复杂井场条件下摆放绞车

一、考生准备

(1) 准备好准考证及相关证件。
(2) 穿戴好劳保用品。

二、考场准备

1. 设备、工具、材料准备

序号	名称	单位	数量	备注
1	测井绞车	台	1	
2	拖拉机	台	1	
3	拖车绳	根	1	
4	掩木	套	1	

2. 场地、人员准备

(1) 测井现场。
(2) 现场照明良好、清洁。
(3) 考场有专业人员配合。

三、考核内容

(1) 本题分值 100 分。
(2) 考核时间 30min。
(3) 具体考核要求：
① 本题为笔试题,考生自备考试用笔。
② 计时从下达口令开始,到宣布退出考场结束。
③ 提前完成考核不加分,超时停止答卷。
(4) 操作程序说明：
① 考试前按考核题内容领取相应考核试卷。
② 填写试卷要求内容。
(5) 考试规定说明：
① 独立完成考核。

② 违规抄袭,取消考核资格。
③ 考试采用百分制,考试项目得分按组卷比例进行折算。
(6)测试技能说明:
① 本试题要考核复杂井场条件下摆放绞车的工作流程。
② 本试题同时考核绞车摆放要点掌握情况。

四、评分标准与配分表

序号	考试内容	评分要素	配分	评分标准	最大扣分	步长	检测结果	扣分	得分	备注
1	小井场条件下绞车的摆放	检查井场情况,确认无法正面摆车	5	漏一项扣3分	5	1				
		观察钻台侧面,选择距离井口大于25m,且适宜摆车的场地	10	漏一项扣5分	10	5				
		从井口观察,选择井口与适宜摆车场地之间无障碍物的位置摆车。若无法避开排放的钻杆,请钻台人员重排钻杆	10	漏一项扣5分	10	5				
		请钻台工作人员清理钻台,并打掉有碍电缆运行的钻台护栏等障碍物	10	漏一项扣5分	10	5				
		安装井口,仪器下井,待电缆绷直后,指挥绞车司机移动绞车,使电缆滚筒中心对准地滑轮,保证滚筒轴线与地滑轮底部沟槽相垂直	10	漏一项扣5分	10	5				
		把测井车前轮打正,在测井车后轮下面打好掩木	5	漏一项扣3分	5	1				
2	泥泞井场条件下绞车的摆放	观察井场状况,在坡道前方25m外找一块相对较干、较硬的井场	10	漏一项扣5分	10	5				
		用拖拉机把测井车拖进选定区域,车头向外	10	漏一项扣5分	10	5				
		指挥拖拉机反复拖拉测井车,将绞车正对井口	10	漏一项扣5分	10	5				
		将测井车前轮打正,拉上刹车,打好掩木	10	漏一项扣4分	10	2				
		用拖拉机将拖车绳绷紧拽住测井车	10	漏此项扣10分	10	10				
合计			100							

考评员:　　　　　　　　　　　　　核分员:　　　　　　　　　　　年　　月　　日

试题二　吊装安放测井拖橇

一、考生准备

(1)准备好准考证及相关证件。

(2)准备好考试用笔。

二、考场准备

1. 设备、工具、材料准备

序号	名称	单位	数量	备注
1	测井拖橇	套	1	
2	吊车	台	1	
3	卡车	台	1	
4	警戒设施	套	1	

2. 场地、人员准备

(1)测井现场照明良好,安全设施齐全。

(2)考场有专业测井人员配合。

三、考核内容

(1)本题分值100分。

(2)考核时间30min。

(3)具体考核要求:

① 本题为笔试题,考生自备考试用笔。

② 计时从下达口令开始,到宣布退出考场结束。

③ 提前完成考核不加分,超时停止答卷。

(4)操作程序说明:

① 考试前按考核题内容领取相应考核试卷。

② 填写试卷要求内容。

(5)考试规定说明:

① 独立完成考核。

② 违规抄袭,取消考核资格。

③ 考试采用百分制,考试项目得分按组卷比例进行折算。

(6)测试技能说明:

① 本试题要考核吊装安放测井拖橇的工作流程。

② 本试题同时考核吊装技能掌握情况。

四、评分标准与配分表

序号	考试内容	评分要素	配分	评分标准	最大扣分	步长	检测结果	扣分	得分	备注
1	测井拖橇装车	将吊车、运输卡车停放在拖橇附近的吊装位置	5	漏此项扣5分	5	5				
		用警戒带圈定吊装警戒区域	5	漏此项扣5分	5	5				

续表

序号	考试内容	评分要素	配分	评分标准	最大扣分	步长	检测结果	扣分	得分	备注
1	测井拖橇装车	检查测井橇操作舱、工具房及其他橇装设备内活动物件已经固定牢靠	7	漏一项扣2分,全漏扣7分	7	1				
		检查吊具、索具及各橇装设备吊点完好	7	漏一项扣2分,全漏扣7分	7	1				
		将牵引绳安装在橇装设备上	5	漏此项扣5分	5	5				
		试吊橇装设备	7	漏此项扣7分	7	7				
		将橇装设备平稳吊放到运输车上	7	漏此项扣7分	7	7				
		用捆扎固定材料和工具将橇装设备固定在运输车上	7	漏此项扣7分	7	7				
		依次将其他橇装设备吊装到各运输车上并固定好	6	漏此项扣6分	6	6				
2	测井拖橇装船	到达码头后,持设备清单和相关方联系	6	漏此项扣6分	6	6				
		相关方指定设备放置区域并负责吊装到拖轮	6	漏此项扣6分	6	6				
		吊装完成后,按清单清点设备,并检查设备浮漂	7	漏一项扣3.5分	7	3				
3	测井拖橇上钻井平台	拉运测井拖橇的拖轮到达平台后,按清单清点设备	7	漏此项扣7分	7	7				
		移动拖轮到钻井平台吊机旁合适位置,保证吊机吊升设备时恰到好处	6	漏此项扣6分	6	6				
		吊机将拖船上的拖橇及其他测井设备依次平稳吊起,慢慢下放到专用地点	6	漏此项扣6分	6	6				
		吊装完成,按清单清点设备	6	漏此项扣6分	6	6				
合计			100							

考评员:　　　　　　　　　　　核分员:　　　　　　　　　　年　　月　　日

试题三　在海上钻采平台安装测井拖橇

一、考生准备

(1)准备好准考证及相关证件。

(2)准备好考试用笔。

二、考场准备

1. 设备、工具、材料准备

序号	名称	单位	数量	备注
1	测井拖橇	套	1	

续表

序号	名称	单位	数量	备注
2	平台吊机	台	1	
3	牵引绳	根	1	
4	倒链	条	1	

2. 场地、人员准备

(1)测井现场照明良好,安全设施齐全。

(2)考场有专业测井人员配合。

三、考核内容

(1)本题分值 100 分。

(2)考核时间 30min。

(3)具体考核要求:

① 本题为笔试题,考生自备考试用笔。

② 计时从下达口令开始,到宣布退出考场结束。

③ 提前完成考核不加分,超时停止答卷。

(4)操作程序说明:

① 考试前按考核题内容领取相应考核试卷。

② 填写试卷要求内容。

(5)考试规定说明:

① 独立完成考核。

② 违规抄袭,取消考核资格。

③ 考试采用百分制,考试项目得分按组卷比例进行折算。

(6)测量技能说明:

① 本试题主要考核在钻井船、采油平台或自升式钻井平台上安装测井拖橇的工作流程。

② 本试题同时考核拖橇组装要点掌握情况。

四、评分标准与配分表

序号	考试内容	评分要素	配分	评分标准	最大扣分	步长	检测结果	扣分	得分	备注
1	移动拖轮到位	提示水手将拖轮移动到钻井平台吊机旁合适位置,保证吊机吊升设备时恰到好处	10	漏此项扣10分	10	10				
2	吊放测井拖橇	监督水手用吊机将拖船上的测井橇平稳吊起,并慢慢下放到安装测井橇的专用地点	10	漏一项扣5分	10	5				
		提示水手,测井拖橇绞车舱朝井口方向	5	漏此项扣5分	5	5				

续表

序号	考试内容	评分要素	配分	评分标准	最大扣分	步长	检测结果	扣分	得分	备注
3	吊装电缆滚筒	吊起电缆滚筒,将其慢慢地安放在测井橇中的绞车位置上,用螺栓将滚筒与拖橇之间固定好	10	漏一项扣5分	10	5				
4	调整测井橇位置,使其对准井口	从测井橇操作舱看滚筒中间是否对准钻台上固定地滑轮的位置,如果对得不准,可吊起测井橇的前端后重新对正	10	漏一项扣5分	10	5				
5	安装滚筒运行及控制管线	安装绞车刹车液压管线和气管线	10	漏一项扣5分	10	5				
		安装绞车链条,并调整好松紧度,同时给链条上油	10	漏一项扣3分,全漏扣10分	10	1				
6	吊装发电机	将发电机吊到测井橇附近合适的位置	5	漏此项5分	5	5				
		连接发电机与测井橇间的电源线	5	漏此项5分	5	5				
		将发动机吊到测井橇附近合适的位置	5	漏此项5分	5	5				
		连接发电机与测井橇间的液压管线及气管线,并固定好螺栓	10	漏一项扣5分	10	5				
7	固定测井拖橇	请电焊工将测井橇底座与甲板上放置测井橇的底盘用角铁焊牢,要求能承受15tf以上的拉力且便于拆除,拆除时用气焊割开	10	漏一项扣5分	10	5				
合计			100							

考评员: 　　　　　　　　　　　　核分员: 　　　　　　　　　　　年　月　日

试题四　检查、维修马丁代克深度测量轮及深度编码器

一、考生准备

(1)准备好准考证及相关证件。
(2)穿戴好劳保用品。

二、考场准备

1. 设备、工具、材料准备

序号	名称	单位	数量	备注
1	测井车	台	1	
2	马丁代克	个	1	
3	常用工具	套	1	
4	卡尺	把	1	
5	卡簧钳	把	1	

2. 场地、人员准备

(1)测井现场,照明良好,安全设施齐全。

(2)考场有专业测井人员配合。

三、考核内容

(1)本题分值100分。

(2)考核时间30min。

(3)具体考核要求:

① 本题为实际操作题,考生需穿戴整齐劳保用品。

② 计时从下达口令开始,到宣布结束停止操作。

③ 提前完成操作不加分,超时停止操作。

④ 操作步骤清晰、有序。

⑤ 工具、器材使用正确。

⑥ 违章操作或发生事故停止操作。

(4)操作程序说明:

① 进入考核场地,进行准备,准备时间为5min。

② 按考评员要求进行操作。

③ 操作完成,清理场地。

④ 退场。

(5)考试规定说明:

① 准备时间:5min。

② 准备时间不计入操作时间。

③ 正式操作时间:30min。

④ 考试采用百分制,考试项目得分按组卷比例进行折算。

(6)测试技能说明:

本试题主要考核考生检查、维修马丁代克深度测量轮及深度编码器技能的掌握情况。

四、评分标准与配分表

序号	考试内容	评分要素	配分	评分标准	最大扣分	步长	检测结果	扣分	得分	备注
1	检查深度测量轮的磨损情况	用卡尺测量深度测量轮直径	6	不能用卡尺正确测量深度测量轮的直径扣6分	6	6				
		对比计数轮标准尺寸,若超出误差范围,说明深度测量轮磨损严重,需要更换	6	不能正确判断深度测量轮磨损状况扣6分	6	6				
2	更换深度测量轮	拆下深度测量轮轴套、挡板	5	拆卸错误扣5分	5	5				
		用卡簧钳取下深度测量轮固定卡簧	5	卡簧钳使用错误扣5分	5	5				

续表

序号	考试内容	评分要素	配分	评分标准	最大扣分	步长	检测结果	扣分	得分	备注
2	更换深度测量轮	取下深度测量轮	5	不能取下扣5分	5	5				
		把新深度测量轮装好	6	深度测量轮安装错误扣6分	6	6				
		上好卡簧	5	卡簧安装错误扣5分	5	5				
		安装深度测量轮挡板、轴套	6	深度测量轮挡板安装错误扣3分;深度测量轮轴套安装错误扣3分	6	3				
3	检查深度编码器	在深度测量轮上做一记号	6	未做标记扣6分	6	6				
		转动深度测量轮一定的圈数	6	转动圈数过少扣6分	6	6				
		根据深度测量轮的标准尺寸,计算此运行深度	6	深度计算错误6分	6	6				
		对比绞车面板显示的深度与深度测量轮运行的深度是否一致。如果对比一致,说明深度编码器良好。如果对比不一致,则需更换深度编码器	6	对比错误扣6分	6	6				
4	更换深度编码器	拆掉深度编码器架的固定螺栓	5	操作错误扣5分	5	5				
		用内六方卸下深度编码器与深度测量轮连接轴的固定螺栓	5	操作错误扣5分	5	5				
		轻轻取下深度编码器	6	深度编码器磕碰扣6分	6	6				
		安装新深度编码器	6	深度编码器磕碰扣6分	6	6				
		安装深度编码器与深度测量轮连接轴的固定螺栓	5	操作错误扣5分	5	5				
		安装深度编码器架的固定螺栓	5	操作错误扣5分	5	5				
合计			100							

考评员: 核分员: 年 月 日

试题五 检查、维修、校正常规测井深度系统

一、考生准备

(1)准备好准考证及相关证件。

(2)穿戴好劳保用品。

二、考场准备

1. 设备、工具、材料准备

序号	名称	单位	数量	备注
1	测井仪器车	台	1	
2	示波器	台	1	
3	万用表	块	1	
4	常用工具及棉纱等消耗物品	套	1	

2. 场地、人员准备

(1)测井现场,照明良好,安全设施齐全。
(2)考场有专业测井人员配合。

三、考核内容

(1)本题分值100分。
(2)考核时间30min。
(3)具体考核要求:
① 本题为实际操作题,考生需穿戴整齐劳保用品。
② 计时从下达口令开始,到宣布结束停止操作。
③ 提前完成操作不加分,超时停止操作。
④ 操作步骤清晰、有序。
⑤ 工具、器材使用正确。
⑥ 违章操作或发生事故停止操作。
(4)操作程序说明:
① 进入考核场地,进行准备,准备时间为5min。
② 按考评员要求进行操作。
③ 操作完成,清理场地。
④ 退场。
(5)考试规定说明:
① 准备时间:5min。
② 准备时间不计入操作时间。
③ 正式操作时间:30min。
④ 考试采用百分制,考试项目得分按组卷比例进行折算。
(6)测试技能说明:
本试题主要考核考生检查、维修和校正常规测井深度系统技能的掌握情况。

四、评分标准与配分表

序号	考试内容	评分要素	配分	评分标准	最大扣分	步长	检测结果	扣分	得分	备注
1	检查常规测井深度系统	检查编码器的固定轮轴及与计数轮轴的连接是否可靠,如有松旷应紧固	4	未检查或未紧固扣4分	4	4				
		检查编码器直流电源是否正常	5	检查过程操作错误扣5分	5	5				
		检查编码器有无脉冲信号输出	5	检查过程操作错误扣5分	5	5				
		用万用表检查编码器到地面深度系统之间连线的阻值应小于0.5Ω	4	检查过程操作错误扣4分	4	4				
		模拟检测深度系统工作是否正常	4	检查过程操作错误扣4分	4	4				
		检查深度处理部分到相应显示部分的连接是否正常	4	未检查或漏检扣4分	4	4				
		检查深度显示部分的工作是否正常	4	未检查或判断错误扣4分	4	4				
		转动计数轮一定的圈数(根据计数轮周长算出长度),检查深度显示是否一致	5	深度计算错误或未检查扣5分	5	5				
2	维修常规测井深度系统(无测井深度)	在配合操作工程师模拟检测地面深度系统正常的情况下,使用万用表重点检查深度测量装置的连接线通断是否良好,插头插座是否受潮及其接触是否良好	5	漏检一项扣2分,直至扣完	5	1				
		使用万用表测量深度编码器的电源是否正常,若有问题查找地面电源系统;若编码器电源正常,应检查地面系统至深度测量装置的连接线通断是否良好,与仪器车外壳的绝缘是否正常	5	检查错误一次扣2分,直至扣完	5	2				
		将所有连接线连接正常,转动深度测量轮,配合操作工程师用示波器探头检查地面系统深度信号入口处的方波脉冲是否正常,从而确定深度编码器是否损坏	5	检查或判断错误扣2分,直至扣完	5	1				
3	维修常规测井深度系统(深度误差超标)	检查深度测量轮周长与深度编码器是否匹配	4	未检或判断错误4分	4	4				
		检查深度测量轮是否夹紧电缆及电导轮是否损坏	5	未检查扣5分	5	5				
		检查深度轮夹紧电缆后是否打滑。若存在该问题,则应调整压紧弹簧至其不打滑为止	5	漏检或检查后未正确处理扣5分	5	5				

续表

序号	考试内容	评分要素	配分	评分标准	最大扣分	步长	检测结果	扣分	得分	备注
3	维修常规测井深度系统（深度误差超标）	在测井过程中若深度误差超标,应使用外卡尺或千分尺检查计数轮直径是否超标,若有问题则应更换计数轮。计数轮一般使用定位销或螺母固定,更换计数轮只需拔下定位销或卸下固定螺母,用符合标准的新计数轮替换并固定即可	4	检查或更换错误扣4分	4	4				
4	校正常规测井深度系统	将电缆连接磁性定位器下至井中,起下几次,释放电缆扭力	4	操作错误扣4分	4	4				
		设置深度系统轮校正系数为零	5	未设置或设置错扣5分	5	5				
		井口对零后下井	4	未对零下井扣4分	4	4				
		下至井底后上测,记录标准接箍对应深度	4	操作错误扣4分	4	4				
		将标准接箍的测量深度与标准深度对比,计算出误差值,并利用线性回归方法建立误差与标准深度之间的线性方程,获得2种参数之间的相关系数和本次电缆校正的轮校正系数,检查相关系数应大于0.9。若小于0.9,需查找问题并修复,然后重新测量计算	5	计算错误扣5分	5	5				
		加载轮校正系数,井口重新对零后下井	5	未加载校正系数或未对零扣5分	5	5				
		下至井底上测,重新记录每个标准磁性接箍深度,将测量深度与标准深度对比。对比误差应小于0.2/1000m,否则应重新求取轮校正系数,并重新验证	5	计算或对比错误扣5分	5	5				
合计			100							

考评员： 　　　　　　　　核分员： 　　　　　　　　年　月　日

试题六　检查、维修无电缆存储式测井深度系统

一、考生准备

(1)准备好准考证及相关证件。
(2)穿戴好劳保用品。

二、考场准备

1. 设备、工具、材料准备

序号	名称	单位	数量	备注
1	存储式测井地面系统	套	1	
2	编码器	个	1	

续表

序号	名称	单位	数量	备注
3	示波器	台	3	
4	万用表	块	1	
5	棉纱等消耗品		适量	

2. 场地、人员准备

(1)仪器维修室,照明良好,安全设施齐全。

(2)考场有专业测井人员配合。

三、考核内容

(1)本题分值100分。

(2)考核时间30min。

(3)具体考核要求:

① 本题为实际操作题,考生需穿戴整齐劳保用品。

② 计时从下达口令开始,到宣布结束停止操作。

③ 提前完成操作不加分,超时停止操作。

④ 操作步骤清晰、有序。

⑤ 工具、器材使用正确。

⑥ 违章操作或发生事故停止操作。

(4)操作程序说明:

① 进入考核场地,进行准备,准备时间为5min。

② 按考评员要求进行操作。

③ 操作完成,清理场地。

④ 退场。

(5)考试规定说明:

① 准备时间:5min。

② 准备时间不计入操作时间。

③ 正式操作时间:30min。

④ 考试采用百分制,考试项目得分按组卷比例进行折算。

(6)测试技能说明:

本试题主要考核考生检查、维修无电缆存储式测井深度系统技能的掌握情况。

四、评分标准与配分表

序号	考试内容	评分要素	配分	评分标准	最大扣分	步长	检测结果	扣分	得分	备注
1	检查无电缆存储式测井深度系统	检查编码器轴运转是否灵活,有无松旷	5	未检查扣5分	5	5				
		检查编码器直流电源是否正常	5	未检查或检查结果不正确扣5分	5	5				

续表

序号	考试内容	评分要素	配分	评分标准	最大扣分	步长	检测结果	扣分	得分	备注
1	检查无电缆存储式测井深度系统	检查编码器有无脉冲信号输出	5	未检查扣5分	5	5				
		用万用表检查编码器到地面深度处理系统之间连线的阻值应小于0.5Ω	5	未检查扣5分	5	5				
		检查深度处理部分到相应显示部分的连接是否正常	5	未检查或漏检扣5分	5	5				
		转动编码器一定的圈数,检查脉冲数与显示是否一致	5	转动圈数过少扣3分;未检查或检查错误扣5分	5	3				
		检查钩载传感器直流电源是否正常	5	未检查或检查错误扣5分	5	5				
		给钩载传感器打压,检查钩载传感器输出变化是否明显	5	未检查或检查错误扣5分	5	5				
2	检修无电缆存储式测井深度系统（无测井深度）	确认地面深度系统正常	5	未确认扣5分	5	5				
		检查深度测量装置插头插座是否受潮	5	未检查或检查错误扣5分	5	5				
		使用万用表检查深度测量装置的连接线通断是否良好	5	未检查或检查错误扣5分	5	5				
		检查深度测量装置插头插座是否接触良好	5	未检查或检查错误扣5分	5	5				
		使用万用表测量深度编码器的电源是否正常,若有问题,更换地面电源系统	5	未检查或检查错误扣5分	5	5				
		若深度编码器电源正常,将所有连接线连好	5	未连接扣5分	5	5				
		转动深度编码器,检查地面系统深度脉冲变化是否正常,若深度脉冲变化不正常,说明深度编码器损坏,更换深度编码器	5	未检查或检查错误扣5分	5	5				
3	检修无电缆存储式测井深度系统（钩载不能鉴别解卡/坐卡状态）	检查钩载传感器插头插座是否受潮	5	未检查或检查错误扣5分	5	5				
		使用万用表检查钩载传感器的连接线通断是否良好	5	未检查或检查错误扣5分	5	5				
		使用万用表检查钩载传感器插头插座是否接触良好	5	未检查或检查错误扣5分	5	5				
		使用万用表测量钩载传感器的电源是否正常,若有问题更换地面电源系统	5	未检查或检查错误扣5分	5	5				
		将钩载传感器的连接线插在地面钩载传感器的备用插座上,检查钩载信号是否正常。若信号正常,需要检修钩载传感器主测量电路;若钩载信号依然不正常,可以确定钩载传感器损坏	5	未检查或检查错误扣5分	5	5				
合计			100							

考评员： 核分员： 年 月 日

试题七　检查、维修测井设备的照明系统

一、考生准备

(1) 准备好准考证及相关证件。
(2) 穿戴好劳保用品。

二、考场准备

1. 设备、工具、材料准备

序号	名称	单位	数量	备注
1	测井车	台	1	
2	万用表	块	1	
3	兆欧表	块	1	
4	棉纱等消耗品		适量	

2. 场地、人员准备

(1) 测井车场,照明良好,安全设施齐全。
(2) 考场有专业测井人员配合。

三、考核内容

(1) 本题分值 100 分。
(2) 考核时间 30min。
(3) 具体考核要求:
① 本题为实际操作题,考生需穿戴整齐劳保用品。
② 计时从下达口令开始,到宣布结束停止操作。
③ 提前完成操作不加分,超时停止操作。
④ 操作步骤清晰、有序。
⑤ 工具、器材使用正确。
⑥ 违章操作或发生事故停止操作。
(4) 操作程序说明:
① 进入考核场地,进行准备,准备时间为 5min。
② 按考评员要求进行操作。
③ 操作完成,清理场地。
④ 退场。
(5) 考试规定说明:
① 准备时间:5min。
② 准备时间不计入操作时间。
③ 正式操作时间:30min。

④ 考试采用百分制,考试项目得分按组卷比例进行折算。

(6)测量技能说明:

本试题主要考核考生检查、维修测井设备照明系统技能的掌握情况。

四、评分标准与配分表

序号	考试内容	评分要素	配分	评分标准	最大扣分	步长	检测结果	扣分	得分	备注
1	检查测井设备照明系统的电源线、插头插座	检查测井设备照明系统的电源线和插头插座有无破损	6	漏检一项扣3分,直至扣完	6	3				
		检查测井设备照明系统的电源线和插头插座固定是否良好	6	漏检一项扣3分,直至扣完	6	3				
		更换破损的电源线和插头插座	6	没有全部更换扣6分	6	6				
		固定不牢靠的电源线和插头插座	6	没有全部检查固定扣6分	6	6				
2	检查照明系统电源线对车辆外壳的绝缘情况	用兆欧表检查照明系统电源线对车辆外壳的绝缘电阻(一般要求该绝缘电阻大于100MΩ)	6	未检或漏检扣6分	6	6				
		对绝缘电阻达不到要求的电源线查找原因并进行维修	6	有遗漏扣6分	6	6				
3	检查电源系统的熔断丝或熔断器	检查电源系统的熔断丝或熔断器是否符合要求	6	操作错误扣6分	6	6				
		更换不符合要求的熔断丝或熔断器	6	未检查扣6分	6	6				
4	测量电源插座电压	接通系统电源	6	原因未查明或未整改扣6分	6	6				
		用万用表测量电源插座电压是否与外引电源的电压一致	6	错漏扣6分	6	6				
		对有问题的电源插座应查明原因并进行整改	6	漏做扣6分	6	6				
5	检查漏电电压	接通系统电源	6	错漏扣6分	6	6				
		用万用表测量测井车辆外壳对大地的交流电压(一般情况下该值不应超过12V)	6	漏做扣6分	6	6				
		若漏电电压较高,可颠倒外引电源的极性后再进行测量	6	处理错误扣6分	6	6				
		若漏电电压仍然超过规定,查明原因后进行整改	6	处理错误扣6分	6	6				
6	检修灯具	打开照明开关,照明灯亮,若照明灯不亮,则应分别检查照明灯具和开关	10	漏检一处扣5分	10	5				
合计			100							

考评员: 核分员: 年 月 日

试题八 模拟检测测井地面系统

一、考生准备

(1)准备好准考证及相关证件。
(2)穿戴好劳保用品。

二、考场准备

1. 设备、工具、材料准备

序号	名称	单位	数量	备注
1	测井设备	套	1	
2	水平井工具	套	1	
3	井口设备	套	1	
4	专用工具	套	1	

2. 场地、人员准备

(1)测井施工现场。
(2)现场照明良好,安全设施齐全。
(3)考场有专业人员配合。

三、考核内容

(1)本题分值100分。
(2)考核时间30min。
(3)具体考核要求:
① 本题为实际操作题,考生需穿戴整齐劳保用品。
② 计时从下达口令开始,到宣布结束停止操作。
③ 提前完成操作不加分,超时停止操作。
④ 操作步骤清晰、有序。
⑤ 工具、器材使用正确。
⑥ 违章操作或发生事故停止操作。
(4)操作程序说明:
① 进入考核场地,进行准备,准备时间为5min。
② 按考评员要求进行操作。
③ 操作完成,清理场地。
④ 退场。
(5)考试规定说明:
① 准备时间:5min。

② 准备时间不计入操作时间。
③ 正式操作时间:30min。
④ 考试采用百分制,考试项目得分按组卷比例进行折算。
(6)测量技能说明:
本试题主要考核考生模拟检测测井地面系统技能的掌握情况。

四、评分标准与配分表

序号	考试内容	评分要素	配分	评分标准	最大扣分	步长	检测结果	扣分	得分	备注
1	地面系统加电	根据各测井地面的操作规程对地面系统进行加电	6	加电错误扣6分	6	6				
2	运行模拟检测程序	运行地面系统的模拟检测程序	6	错漏扣6分	6	6				
3	选择服务开关	将测井服务开关置于模拟检测位置	6	开关放置错误扣6分	6	6				
4	检查模拟道	将模拟源置于模拟道	6	模拟源选择错误扣6分	6	6				
		选择模拟道模拟检测程序	6	程序选择错误扣6分	6	6				
		检查信号值应在误差范围内	6	漏查或检查错扣6分	6	6				
		如果信号超出误差范围,应分别检查模拟源的模拟道、控制卡、主机与控制箱间的I/O连线(有无断开或接触不良)、主机与控制箱间的AD连线(有无断开或接触不良)、AD卡及模拟测量道	7	未查找出原因扣7分	7	7				
5	检查脉冲道	将模拟源置于脉冲道	6	模拟源选择错误扣6分	6	6				
		选择脉冲道模拟检测程序	6	程序选择错误扣6分	6	6				
		检查信号值应在误差范围内	6	漏查或检查错扣6分	6	6				
		如果信号超出误差范围,应分别检查模拟源的脉冲道、控制卡、主机与控制箱间的I/O连线(有无断开或接触不良)、脉冲卡、I/O卡计数器	7	未查找出原因扣7分	7	7				
6	检查PCM道	将模拟源置于PCM道	6	模拟源选择错误扣6分	6	6				
		选择PCM道模拟检测程序	6	程序选择错误扣6分	6	6				

续表

序号	考试内容	评分要素	配分	评分标准	最大扣分	步长	检测结果	扣分	得分	备注
6	检查PCM道	检查主机与模拟源通信情况	6	漏查或检查错误扣6分	6	6				
		如果出现通信连接不上或通信错误,应分别检查模拟源的PCM道、控制卡、主机与控制箱间的I/O连线(有无断开或接触不良)、PCM卡	7	未查找出原因扣7分	7	7				
7	所有模拟信号均出错的检查	如果检测模拟道、脉冲道、PCM道全不对,应分别检查主机测试程序、低压电源、模拟源、主机与控制箱间的I/O连线(有无断开或接触不良)、接口板、控制卡等	7	未查找出原因扣7分	7	7				
合计			100							

考评员: 　　　　　　　　　　　核分员: 　　　　　　　　　年　月　日

试题九　验收新电缆

一、考生准备

(1)准备好准考证及相关证件。

(2)准备好考试用笔。

二、考场准备

1. 设备、工具、材料准备

序号	名称	单位	数量	备注
1	兆欧表	块		
2	万用表	块		
3	常用工具	套		
4	井口工具	套		

2. 场地、人员准备

(1)电缆仓库。

(2)现场照明良好,安全设施齐全。

(3)考场有专业人员配合。

三、考核内容

(1)本题分值100分。

(2)考核时间30min。

(3)具体考核要求：

① 本题为实际操作题,考生需穿戴整齐劳保用品。

② 计时从下达口令开始,到宣布结束停止操作。

③ 提前完成操作不加分,超时停止操作。

④ 操作步骤清晰、有序。

⑤ 工具、器材使用正确。

⑥ 违章操作或发生事故停止操作。

(4)操作程序说明：

① 进入考核场地,进行准备,准备时间为5min。

② 按考评员要求进行操作。

③ 操作完成,清理场地。

④ 退场。

(5)考试规定说明：

① 准备时间:5min。

② 准备时间不计入操作时间。

③ 正式操作时间:30min。

④ 考试采用百分制,考试项目得分按组卷比例进行折算。

(6)测试技能说明：

本试题主要考核考生验收新电缆技能的掌握情况。

四、评分标准与配分表

序号	考试内容	评分要素	配分	评分标准	最大扣分	步长	检测结果	扣分	得分	备注
1	外包装、说明书及合格证检查	检查新电缆包装应完好无损	6	漏检扣6分	6	6				
		检查技术说明书、合格证齐全	6	漏检扣6分	6	6				
2	电缆外观检查	检查电缆外观,如发现有压扁及跳丝等现象,应及时查清原因及责任	6	漏检或原因不明扣6分	6	6				
		检测电缆外铠钢丝分布均匀,无松散情况	6	漏检扣6分	6	6				
		检测内外层钢丝直径应与出厂标识一致并符合测井需要	6	漏检扣6分	6	6				
3	检测电缆电性指标	检测缆芯之间及缆芯与缆皮之间绝缘情况,应在500MΩ以上,有明显的充放电过程	7	漏检或检查错误扣7分	7	7				
		检测缆芯电阻,应符合出厂要求	7	检查错误扣7分	7	7				
		测量缆芯的分布电容应符合出厂要求	7	检查错误扣7分	7	7				
		检测缆芯的对称性(抗干扰能力)应达到测井要求	7	检查错误扣7分	7	7				

续表

序号	考试内容	评分要素	配分	评分标准	最大扣分	步长	检测结果	扣分	得分	备注
4	截取电缆检测物理性能	缆芯钢丝间应有堵水剂	7	漏检或检查错误扣7分	7	7				
		单根缆芯线应有塑料绝缘层	7	漏检或检查错误扣7分	7	7				
		缆芯间加有高温半导体填充材料	7	漏检或检查错误扣7分	7	7				
		制作电缆头,在高温、高压装置内检测电缆的耐温、耐压性能,应符合出厂要求	7	漏检或检查错误扣7分	7	7				
		在拉力校验台上进行拉断力检测,应符合出厂要求	7	漏检或检查错误扣7分	7	7				
5	检测电缆长度	检测电缆的实际长度,应符合出厂要求	7	漏检或检查错误扣7分	7	7				
合计			100							

考评员：　　　　　　　　　核分员：　　　　　　　　　年　　月　　日

试题十　排除车载发电机电路系统故障

一、考场准备

序号	名称	单位	数量	备注
1	带车载柴油发电机的测井车	台	1	
2	随车工具	套	1	
3	万用表	块	1	

二、考生准备

序号	名称	单位	数量	备注
1	劳保用品	套	1	
2	准考证及相应证件	套	1	

三、考核内容

1. 操作程序说明

(1)劳保用品穿戴及用品准备。

(2)发动机不启动故障排除方法。

(3)启动马达运转但发动机不着车故障排除方法。

(4)发动机输出电压不稳定故障排除方法。
(5)输出电压过高故障排除方法。
(6)收尾工作。

2. 考核时间
(1)准备工作:5min。
(2)正式操作:30min。
(3)计时从正式操作开始,至考核结束,共计30min,每超时1min从总分中扣5分,超时3min停止操作。

四、评分标准与配分表

序号	考试内容	评分要素	配分	评分标准	最大扣分	步长	检测结果	扣分	得分	备注
1	劳保用品穿戴及用品准备	穿戴好工衣、工鞋、手套等劳保用品;选用随车工具、万用表等维修工具	10	劳保着装少一件扣3分,着装一处不符合要求扣3分	5	1				
				随车工具、万用表等工具、用具漏选一项扣3分	5	1				
2	发动机不启动故障排除	检查启动开关工作是否正常;检查电池电压。若电压太低则需对电池重新充电,直到充满;若电压值正常则需按图纸逐步检查电压信号是否被正确送到所有控制环节,如油门电磁阀和启动马达等;检查电控部分所有外连线是否存在问题,若存在问题应更换相应电控单元	24	未检查启动开关工作是否正常扣6分	6	6				
				未检查电池电压扣6分	6	6				
				控制环节电压信号每漏检一处扣3分	6	3				
				电控部分外连线每漏检一处扣3分	6	3				
3	启动马达运转但发动机不着车故障排除	寒冷地区发电机启动前预热发动机;检查燃油油位是否正常,油管是否正确连接;检查燃油输送系统是否被堵塞;检查空气滤清器是否被堵塞;检查发动机转速是否已达到或超出设定的正常启动转速;对于机械式调速系统发动机,检查油门电磁阀是否正确吸合;对于电子式调速系统发动机,检查EP电源是否正确接入及电压是否正常;对于电子式调速系统发动机,在启动马达运转时用电表测量MPU是否有正确的交流电压信号。若存在问题,应进行处理	26	寒冷地区发电机启动前未预热扣3分	3	3				
				燃油油位、油管连接每漏检一项扣3分	5	1				
				燃油输送系统堵塞检查每漏检一处扣3分	5	1				
				未检查空气滤清器是否堵塞扣4分	4	4				
				未检查发动机转速扣4分	4	4				
				未按对应调速系统检查扣5分	5	5				

续表

序号	考试内容	评分要素	配分	评分标准	最大扣分	步长	检测结果	扣分	得分	备注
4	发动机输出电压不稳定故障排除	检查发动机的转速是否稳定;检查稳定性的设置是否正确	15	未检查发动机的转速扣7分	7	7				
				未检查稳定性设置扣8分	8	8				
5	输出电压过高故障排除	检查发动机的转速是否过高;检查发动机所带负载是否为容性负载、功率因数超前	15	未检查发动机转速扣7分	7	7				
				未检查发动机所带负载扣8分	8	8				
6	收尾	物品用具归位;清扫场地	10	物品用具未归位扣5分	5	5				
				未清扫地扣5分	5	5				
合计			100							

考评员： 核分员： 年 月 日

试题十一　绞车链条的检查保养与现场断裂的维修

一、考场准备

序号	名称	单位	数量	备注
1	测井车	台	1	
2	随车工具	套	1	
3	万用表	块	1	

二、考生准备

序号	名称	单位	数量	备注
1	劳保用品	套	1	
2	准考证及相应证件	套	1	

三、考核内容

1. 操作程序说明

(1)劳保用品穿戴及用品准备。

(2)现场绞车故障时活动电缆的方法。

(3)绞车链瓣拆卸方法。

(4)绞车链条检查维修方法。

(5)收尾工作。

2. 考核时间

(1)准备工作:5min。

(2)正式操作:30min。

(3)计时从正式操作开始,至考核结束,共计30min,每超时1min从总分中扣5分,超时3min停止操作。

四、评分标准与配分表

序号	考试内容	评分要素	配分	评分标准	最大扣分	步长	检测结果	扣分	得分	备注
1	劳保用品穿戴及用品准备	穿戴好工衣、工鞋、手套等劳保用品;选用随车工具等维修工具	10	劳保着装少一件扣3分,着装一处不符合要求扣3分	5	1				
				未选用工具扣5分	5	5				
2	活动电缆	关闭绞车动力;在井口使用T形电缆夹钳固定电缆;下放天滑轮,利用游动滑车活动电缆	18	未关闭绞车动力或关闭绞车动力时操作错误扣6分	6	6				
				T形电缆夹钳固定电缆不牢扣6分	6	6				
				未下放天滑轮,利用游动滑车活动电缆扣6分	6	6				
3	拆卸断裂链瓣	拆下绞车链条护罩;拆下断裂链条的连接销,将断裂链瓣取下	12	未拆下绞车链条护罩扣6分	6	6				
				未将断裂链瓣取下扣6分	6	6				
4	检查维修链条	检查链条其他位置是否存在变形、开裂问题;检查链条长度是否满足要求,若不满足则应寻找同类型链瓣;将链条连接在一起,插入固定销并将其向上弯折;检查链条松紧度是否满足工作要求;检查链条的润滑状况并滴注链条油	30	未检查链条其他位置是否存在变形、开裂问题扣6分	6	6				
				未检查链条长度是否满足要求扣6分	6	6				
				操作错误扣6分	6	6				
				未检查链条松紧度是否满足工作要求扣6分	6	6				
				未检查链条的润滑状况并滴注链条油扣6分	6	6				
5	收尾	安装链条护罩,上好固定螺栓;清理现场,工具归位;上提天滑轮至测井位置;拆除电缆夹钳;启动绞车上提电缆	30	漏项或固定螺栓安装不正确扣6分	6	6				

续表

序号	考试内容	评分要素	配分	评分标准	最大扣分	步长	检测结果	扣分	得分	备注
5	收尾	安装链条护罩,上好固定螺栓;清理现场,工具归位;上提天滑轮至测井位置;拆除电缆夹钳;启动绞车上提电缆	30	未清理现场扣3分,工具未归位扣3分	6	3				
				上提天滑轮高度不合适扣6分	6	6				
				拆除电缆夹钳操作错误扣6分	6	6				
				未按测井要求上提电缆扣6分	6	6				
合计			100							

考评员：　　　　　　　　　核分员：　　　　　　　　　　年　月　日

试题十二　使用、保养阵列感应仪器

一、考场准备

1. 设备准备

序号	名称	单位	数量	备注
1	阵列感应仪器	套	1	
2	仪器架子	个	若干	
3	井口工具	套	1	
4	水泵	台	1	

2. 材料准备

序号	名称	单位	数量	备注
1	棉纱		若干	
2	清水	L	若干	
3	螺纹脂	罐	1	
4	硅脂	桶	1	

二、考生准备

序号	名称	单位	数量	备注
1	劳保用品	套	1	
2	准考证及相应证件	套	1	

三、考核内容

1. 操作程序说明

(1)劳保用品穿戴及用品准备。
(2)搬抬仪器。
(3)阵列感应仪器外观、机械及电气连接状况检查。
(4)阵列感应仪器测前工作情况检查。
(5)阵列感应仪器扶正器的安装。
(6)阵列感应仪器的下井测量。
(7)阵列感应仪器的测后检查保养。

2. 考核时间

(1)准备工作:5min。
(2)正式操作:30min。
(3)计时从正式操作开始,至考核结束,共计30min,每超时1min从总分中扣5分,超时3min停止操作。

四、评分标准与配分表

序号	考试内容	评分要素	配分	评分标准	最大扣分	步长	检测结果	扣分	得分	备注
1	劳保用品穿戴及用品准备	穿戴好工衣、工鞋、手套等劳保用品；选用井口专用工具1套	10	劳保着装少一件扣3分,着装一处不符合要求扣3分	5	1				
				工具漏选一项扣2分	5	1				
2	搬抬仪器	将专用仪器架子放在井场猫路上；将阵列感应仪器和通信短节放置在仪器架子上	8	未将专用仪器架子放在井场猫路上扣4分	4	4				
				阵列感应仪器和通信短节每漏一项扣2分	4	2				
3	检查仪器外观、机械及电气连接状况	卸下仪器上下护帽,检查密封面有无变形,O形密封圈有无损伤、老化,如有问题应及时更换,然后在其上抹上密封脂；检查活接头有无明显松旷,螺纹有无损伤,若无涂上螺纹脂；检查玻璃钢外壳有无破裂,皮囊是否漏油、缺油；检查仪器插头、插座有无松动及接触不好现象,若有问题及时处理	20	密封面检查、O形圈检查、更换损坏件、抹密封脂,每漏一项扣2分	5	1				
				活接头检查、螺纹检查、涂螺纹脂,每漏一项扣2分	5	1				
				玻璃钢外壳、皮囊检查,每漏一项扣3分	5	1				
				插头、插座检查处理,每漏一项扣3分	5	5				

续表

序号	考试内容	评分要素	配分	评分标准	最大扣分	步长	检测结果	扣分	得分	备注
4	测前检查仪器工作情况	一切检查正常后将阵列感应仪器与通信短节对接,用六方扳手卡住仪器六方处,使用钩扳手拧到头并上紧;用相同的方法将马笼头与通信短节连接;由操作工程师给井下仪器供电做电性及刻度检查	14	阵列感应仪器与通信短节未上紧扣4分	4	4				
				马笼头与通信短节未上紧扣4分	4	4				
				未做电性及刻度检查扣6分	6	6				
5	安装扶正器	给下井仪器电子线路两端和线圈系尾端安装扶正器	6	扶正器安装错误扣6分	6	6				
6	下井测量	启动绞车将仪器吊至井口下井,在仪器记录点与钻台面平齐位置,通知绞车工及地面仪器操作工程师进行深度对零;在测井上提电缆时,井口应安装好电缆刮泥器	9	未对零扣5分	5	5				
				未安装电缆刮泥器扣4分	4	4				
7	测后检查保养	测井完毕在仪器提出井口的过程中,若条件允许可用少量清水冲洗仪器上的钻井液,或用棉纱等擦去仪器上的脏物;下放电缆将下井仪器放置在猫路仪器架子上;卸下扶正器,用清水将仪器外壳洗净,用棉纱擦干;用六方扳手、钩扳手拆开仪器,将活接头卸下,用棉纱把螺纹上的钻井液擦干净并涂上螺纹脂。用气雾清洗剂清洗仪器插头、插座;检查O形密封圈,如有损坏及时更换,然后上好仪器护帽;检查仪器皮囊是否漏油	28	仪器提出井口的过程中未清洁扣4分	4	4				
				未放置在猫路仪器架子上扣4分	4	4				
				卸下扶正器后,未用清水将仪器外壳洗净,用棉纱擦干,每漏一项扣2分	4	2				
				活接头卸下后未清洁螺纹、涂上螺纹脂,每漏一项扣2分	4	2				
				未用气雾清洗剂清洗仪器插头、插座扣4分	4	4				
				O形密封圈检查、上护帽,每漏一项扣2分	4	2				
				未检查仪器皮囊是否漏油扣4分	4	4				
8	装车固定	将仪器装车并固定好	5	仪器装车未固定扣5分	5	5				
合计			100							

考评员:　　　　　　　　　　　　　　核分员:　　　　　　　　　　　年　　月　　日

试题十三　使用、保养阵列侧向仪器

一、考生准备

(1)准备好准考证及相关证件。
(2)准备好考试用笔。

二、考场准备

1. 设备、工具、材料准备

序号	名称	单位	数量	备注
1	测井设备	套	1	
2	井口设备	套	1	
3	专用工具	套	1	
4	棉纱、清洁剂、备料		适量	

2. 场地、人员准备

(1)测井现场,照明良好,安全设施齐全。
(2)考场有专业测井人员配合。

三、考核内容

(1)本题分值100分。
(2)考核时间30min。
(3)具体考核要求:
① 本题为笔试题,考生自备考试用笔。
② 计时从下达口令开始,到宣布退出考场结束。
③ 提前完成考核不加分,超时停止答卷。
(4)操作程序说明:
① 考试前按考核题内容领取相应考核试卷。
② 填写试卷要求内容。
(5)考试规定说明:
① 独立完成考核。
② 违规抄袭,取消考核资格。
③ 考试采用百分制,考试项目得分按组卷比例进行折算。
(6)测试技能说明:
① 本试题要考核使用、保养阵列侧向仪器的工作流程。
② 本试题同时考核仪器现场保养的技能掌握情况。

四、评分标准与配分表

序号	考试内容	评分要素	配分	评分标准	最大扣分	步长	检测结果	扣分	得分	备注
1	搬抬仪器	将阵列侧向仪器加长电极、通信短节、阵列侧向仪器绝缘短节、阵列侧向仪器电子线路、阵列侧向仪器电极系放置于猫路仪器架上	4	漏一项扣2分,最多扣4分	4	2				
2	检查仪器连接头及外观	卸下仪器上下护帽,检查O形圈是否有损伤、老化,如有问题应及时更换,同时检查密封面有无变形	4	漏一项扣2分,最多扣4分	4	2				
		检查活接头有无明显松旷,螺纹是否有损伤并在其上涂上螺纹脂	4	漏一项扣2分,最多扣4分	4	2				
		检查电极系外壳有无破裂,电极环是否完好,电极系皮囊是否漏油	4	漏一项扣2分,最多扣4分	4	2				
		检查仪器上下接头的插头、插座有无松动、变形	4	漏一项扣2分,最多扣4分	4	2				
3	通断绝缘检查	检查电极系同名电极之间的导通阻值应小于0.1Ω,各电极对外壳的绝缘应大于1MΩ	4	漏一项扣2分,最多扣4分	4	2				
		检查马笼头加长电极长度应不小于26m,马笼头10号芯对外壳的绝缘符合要求	4	漏一项扣2分,最多扣4分	4	2				
4	通电检查	使用六方扳手、钩扳手按自下而上的顺序将阵列侧向仪器电极系、阵列侧向仪器电子线路、阵列侧向仪器绝缘短节、通信短节、阵列侧向仪器加长电极、马笼头连接在一起并砸紧	4	漏一项扣2分,最多扣4分	4	2				
		配合操作工程师对井下仪器进行电性检查及刻度	4	漏此项扣4分	4	4				
5	安装扶正器	在电极系两端的玻璃钢体上分别安装扶正器	4	漏此项扣4分	4	4				
6	下井测量	用六方扳手、钩扳手等专用工具拆开仪器及马笼头,上好护帽	4	漏此项扣4分	4	4				
		按自下而上的顺序逐节将仪器吊至井口(阵列侧向仪器底部应连接专用空筒或配重),在井口座筒上将下井仪器连接好。仪器吊升时应使用吊环将马笼头与仪器连接	4	漏一项扣2分,最多扣4分;出错扣4分	4	2				
		指挥绞车工及操作工程师在仪器串的记录点处对零	4	漏一项扣2分,最多扣4分	4	2				
		当测井或上提电缆时,井口工应安装好电缆刮泥器	4	漏此项扣4分	4	4				

续表

序号	考试内容	评分要素	配分	评分标准	最大扣分	步长	检测结果	扣分	得分	备注
6	下井测量	仪器上提至井口 50m 时去掉刮泥器	4	漏此项扣 4 分	4	4				
		仪器提出井口的过程中,若条件允许可用少量清水冲洗仪器上的钻井液或用棉纱等物擦去仪器上的脏物	4	漏此项扣 4 分	4	4				
7	拆卸并保养仪器	在井口将仪器用卡盘卡住放于座筒上,逐节拆开并擦去钻井液,上好护帽	4	漏此项扣 4 分	4	4				
		将每节仪器用吊环与马笼头连接,下放电缆将仪器放置在猫路仪器架上	4	漏此项扣 4 分	4	4				
		卸掉扶正器,用清水将仪器外壳洗净,用棉纱擦干	4	漏一项扣 2 分,最多扣 4 分	4	2				
		卸下仪器护帽及活接头,用棉纱把螺纹上的钻井液擦干净并涂上螺纹脂	4	漏一项扣 2 分,最多扣 4 分	4	2				
		检查 O 形圈,如有损伤及时更换	5	漏此项扣 5 分	5	5				
		用气雾清洗剂清洗仪器的插头插座,然后上好仪器护帽	5	漏此项扣 5 分	5	5				
		检查电极系皮囊是否漏油,电极环有无损伤	5	漏一项扣 2 分,最多扣 5 分	5	2				
8	仪器装车	将下井仪器装车并固定好	5	漏此项扣 4 分	5	5				
合计			100							

考评员:　　　　　　　　　　　　核分员:　　　　　　　　年　　月　　日

试题十四　使用、保养氧活化仪器

一、考生准备

(1)准备好准考证及相关证件。
(2)准备好考试用笔。

二、考场准备

1. 设备、工具、材料准备

序号	名称	单位	数量	备注
1	测井设备	套	1	
2	井口设备	套	1	
3	专用工具	套	1	
4	棉纱、清洁剂、备料		适量	

2. 场地、人员准备

(1)测井现场,照明良好,安全设施齐全。

(2)考场有专业测井人员配合。

三、考核内容

(1)本题分值100分。

(2)考核时间30min。

(3)具体考核要求:

① 本题为笔试题,考生自备考试用笔。

② 计时从下达口令开始,到宣布退出考场结束。

③ 提前完成考核不加分,超时停止答卷。

(4)操作程序说明:

① 考试前按考核题内容领取相应考核试卷。

② 填写试卷要求内容。

(5)考试规定说明:

① 独立完成考核。

② 违规抄袭,取消考核资格。

③ 考试采用百分制,考试项目得分按组卷比例进行折算。

(6)测量技能说明:

① 本试题要考核使用、保养氧活化仪器的工作流程。

② 本试题同时考核仪器现场保养的技能掌握情况。

四、评分标准与配分表

序号	考试内容	评分要素	配分	评分标准	最大扣分	步长	检测结果	扣分	得分	备注
1	搬抬仪器	测井车摆放完毕,将仪器架卸车放在井场	4	漏此项扣4分	4	4				
		根据测井方案组合,将加重、磁定位仪器、遥测短节、采集短节、中子发生器放在仪器架上	5	漏一项扣2分,最多扣5分;错误扣5分	5	1				
2	连接检查仪器	按组合方案连接仪器,连接处用小管钳和专用钩扳手上紧,不要留缝隙	5	漏一项扣3分,最多扣5分	5	1				
		配合操作工程师通电检查	4	漏此项扣4分	4	4				
3	下井测量	起吊仪器,将仪器放入防喷管,将防喷管堵头安装好,以防起吊时仪器滑出防喷管入井	5	漏一项扣3分,最多扣5分	5	1				
		安装井口防喷装置	4	漏此项扣4分	4	4				
		慢慢打开总阀门,直至总阀门完全打开	5	漏此项扣5分	5	5				
		缓慢下放仪器	4	漏此项扣4分	4	4				

续表

序号	考试内容	评分要素	配分	评分标准	最大扣分	步长	检测结果	扣分	得分	备注
3	下井测量	录取测井曲线	4	漏此项扣4分	4	4				
		将仪器上提到距井口10m处停车	5	漏此项扣5分	5	5				
		用人力将仪器拉入防喷管内	5	漏此项扣5分	5	5				
		关井口的注水阀门和总阀门	5	漏此项扣5分	5	5				
		将测试防喷装置从井口拆下,取出仪器	5	漏此项扣5分	5	5				
		恢复原井口防喷装置	5	漏此项扣5分	5	5				
		打开总阀门和注水阀门	5	漏此项扣5分	5	5				
4	现场保养	将下井仪器放置在猫路仪器架上	5	漏此项扣5分	5	5				
		将仪器外壳及接头处用棉纱擦干净,同时检查密封面和O形圈,对有划痕的O形圈取下换新	5	漏一项扣3分,最多扣5分	5	1				
		用气雾清洗剂清洗仪器插头插座	5	漏此项扣5分	5	5				
		用万用表分别检查各短节贯通线的通断、绝缘是否良好	5	漏一项扣3分,最多扣5分	5	1				
		检查完好后,给仪器两端的螺纹抹上螺纹防护油,戴好仪器两头的护帽	5	漏一项扣3分,最多扣5分	5	1				
5	仪器装车	将仪器各短节装车固定好	5	漏此项扣5分	5	5				
合计			100							

考评员：　　　　　　　　　　　　核分员：　　　　　　　　　　　　　年　　月　　日

试题十五　检查常规下井仪器的电气性能

一、考生准备

（1）准备好准考证及相关证件。
（2）穿戴好劳保用品。

二、考场准备

1. 设备、工具、材料准备

序号	名称	单位	数量	备注
1	待检查仪器	支	1	
2	测试面板	套	1	
3	万用表	块	1	
4	兆欧表	块	1	
5	井口专用工具	套	1	

2. 场地、人员准备

(1)测井仪修工房。

(2)现场照明良好,安全设施齐全。

(3)考场有专业人员配合。

三、考核内容

(1)本题分值100分。

(2)考核时间30min。

(3)具体考核要求:

① 本题为实际操作题,考生需穿戴整齐劳保用品。

② 计时从下达口令开始,到宣布结束停止操作。

③ 提前完成操作不加分,超时停止操作。

④ 操作步骤清晰、有序。

⑤ 工具、器材使用正确。

⑥ 违章操作或发生事故停止操作。

(4)操作程序说明:

① 进入考核场地,进行准备,准备时间为5min。

② 按考评员要求进行操作。

③ 操作完成,清理场地。

④ 退场。

(5)考试规定说明:

① 准备时间:5min。

② 准备时间不计入操作时间。

③ 正式操作时间:30min。

④ 考试采用百分制,考试项目得分按组卷比例进行折算。

(6)测试技能说明:

本试题主要考核考生检查常规下井仪器的电气性能技能的掌握情况。

四、评分标准与配分表

序号	考试内容	评分要素	配分	评分标准	最大扣分	步长	检测结果	扣分	得分	备注
1	仪器供电前的检查	进行一般外观检查并确认仪器没有大的损坏	5	漏检扣5分	5	5				
		确认电源电压、频率和专用测试面板的电源相符后,将测试面板接入外引电源	5	没有确认电源扣5分	5	5				
		检查专用测试面板或地面系统各开关、旋钮位置是否在安全位置,否则调至安全位置	5	漏检一项扣3分,最多扣5分	5	1				
		将专用测试面板与下井仪器相连	5	连接错误扣5分	5	5				

续表

序号	考试内容	评分要素	配分	评分标准	最大扣分	步长	检测结果	扣分	得分	备注
2	打开电源,给下井仪器供电	快速调节下井电压至下井仪器工作状态	5	未快速调节下井电压至下井仪器工作状态扣5分	5	5				
		观察下井电压、电流,慢慢调节供至额定数值	5	电压、电流供错扣5分	5	5				
		如果下井仪器电压、电流出现异常,应停止供电,检查供电线路接线情况或维修下井仪器电子线路	5	未及时发现异常扣5分	5	5				
3	检查放射性仪器内刻度	将专用工作源放在探测器处	6	操作错误扣6分	6	6				
		记录放射性脉冲计数	5	操作错误扣5分	5	5				
		对于放射性仪器,检测放射性脉冲计数是否符合额定误差容限。如不符合,则应检查维修电子线路、高压线路、光电倍增管、晶体、He—3管、分频器、信号放大等电路	6	未对比检查扣6分	6	6				
4	检查下井仪器推靠器	断开井下仪器下井电源	5	未断扣5分	5	5				
		使专用测试面板置于推靠状态	6	未调整至推靠状态扣6分	6	6				
		给推靠马达供电,控制推靠开关	5	供电错误扣5分	5	5				
		检查推靠张开工作状态,运转应良好,在张开到极限位置时应自动断电,否则应停止张开,检查维修微动开关、丝杠等推靠装置	6	漏检一项扣3分,最多扣6分	6	3				
		给推靠马达供电,控制推靠开关	5	供电错误扣5分	5	5				
		检查推靠收拢工作状态,运转应良好,在收拢到极限位置时应自动断电,否则应停止收拢,检查维修微动开关、丝杠等推靠装置	6	判断或处置错误扣6分	6	6				
5	检查测井下井仪器贯通线的通断和绝缘情况	用万用表测量直通线电阻,并记录	5	漏测一项扣3分,最多扣5分	5	1				
		使用500型兆欧表测试直通线绝缘电阻,并记录	5	漏测一项扣5分,最多扣5分	5	5				
		检查记录的电阻值和绝缘电阻值,两端电阻应小于0.1Ω,绝缘电阻应大于200MΩ,否则应对接线头走线进行维修、清洁、烘干	5	未对比检查扣5分	5	5				
合计			100							

考评员：　　　　　　　　　　　核分员：　　　　　　　　　　年　　月　　日

试题十六 检查电法类仪器的电气性能

一、考生准备

(1)准备好准考证及相关证件。
(2)穿戴好劳保用品。

二、考场准备

1. 设备、工具、材料准备

序号	名称	单位	数量	备注
1	待检查仪器	支	1	
2	测试面板	套	1	
3	万用表	块	1	
4	兆欧表	块	1	
5	井口专用工具	套	1	

2. 场地、人员准备

(1)测井仪修工房。
(2)现场照明良好,安全设施齐全。
(3)考场有专业人员配合。

三、考核内容

(1)本题分值100分。
(2)考核时间30min。
(3)具体考核要求:
① 本题为实际操作题,考生需穿戴整齐劳保用品。
② 计时从下达口令开始,到宣布结束停止操作。
③ 提前完成操作不加分,超时停止操作。
④ 操作步骤清晰、有序。
⑤ 工具、器材使用正确。
⑥ 违章操作或发生事故停止操作。
(4)操作程序说明:
① 进入考核场地,进行准备,准备时间为5min。
② 按考评员要求进行操作。
③ 操作完成,清理场地。
④ 退场。

(5)考试规定说明：

① 准备时间：5min。

② 准备时间不计入操作时间。

③ 正式操作时间：30min。

④ 考试采用百分制，考试项目得分按组卷比例进行折算。

(6)测试技能说明：

本试题主要考核考生检查电法类仪器的电气性能技能的掌握情况。

四、评分标准与配分表

序号	考试内容	评分要素	配分	评分标准	最大扣分	步长	检测结果	扣分	得分	备注
1	仪器供电前的检查	进行一般外观检查并确认仪器没有大的损坏	6	漏检扣6分	6	6				
		确认电源电压、频率和专用测试面板的电源相符后，将测试面板接入外引电源	7	没有确认电源扣7分	7	7				
		检查专用测试面板或地面系统各开关、旋钮位置是否在安全位置，否则调至安全位置	7	漏检一项扣3分，最多扣7分	7	1				
		将专用测试面板与下井仪器相连	6	连接错误扣6分	6	6				
2	打开电源，给下井仪器供电	快速调节下井电压至下井仪器工作状态	7	未快速调节下井电压至下井仪器工作状态扣7分	7	7				
		观察下井电压、电流，慢慢调节供至额定数值	7	电压、电流供错扣7分	7	7				
		如果下井仪器电压、电流出现异常，应停止供电，检查供电线路接线情况或维修下井仪器电子线路	7	未及时发现异常扣7分	7	7				
3	检查电法仪器内刻度	操作专用测试面板(或地面测试系统)，将下井仪器置于零挡	7	操作错误扣7分	7	7				
		读取下井仪器零挡信号	6	操作错误扣6分	6	6				
		操作专用测试面板(或地面测试系统)，将下井仪器置于刻度挡	7	操作错误扣7分	7	7				
		读取下井仪器刻度挡信号	6	操作错误扣6分	6	6				
		检查下井仪器零挡、刻度挡信号是否符合额定误差容限，否则对下井仪器进行电路测试和调整	7	未检查扣7分	7	7				
4	检查测井下井仪器贯通线的通断和绝缘情况	用万用表测量直通线电阻，并记录	7	漏测一项扣3分，最多扣7分	7	1				
		使用500型兆欧表测试直通线绝缘电阻，并记录	7	漏测一项扣7分，最多扣7分	7	7				

续表

序号	考试内容	评分要素	配分	评分标准	最大扣分	步长	检测结果	扣分	得分	备注
4	检查测井下井仪器贯通线的通断和绝缘情况	检查记录的电阻值和绝缘电阻值,两端电阻应小于0.1Ω,绝缘电阻应大于200MΩ,否则应对接线头走线进行维修、清洁、烘干	6	未对比检查扣6分	6	6				
合计			100							

考评员： 核分员： 年 月 日

试题十七 检查带推靠电法仪器的电气性能

一、考生准备

(1)准备好准考证及相关证件。
(2)穿戴好劳保用品。

二、考场准备

1. 设备、工具、材料准备

序号	名称	单位	数量	备注
1	待检查仪器	支	1	
2	测试面板	套	1	
3	万用表	块	1	
4	兆欧表	块	1	
5	井口专用工具	套	1	

2. 场地、人员准备

(1)测井仪修工房。
(2)现场照明良好,安全设施齐全。
(3)考场有专业人员配合。

三、考核内容

(1)本题分值100分。
(2)考核时间30min。
(3)具体考核要求：
① 本题为实际操作题,考生需穿戴整齐劳保用品。
② 计时从下达口令开始,到宣布结束停止操作。
③ 提前完成操作不加分,超时停止操作。
④ 操作步骤清晰、有序。

⑤ 工具、器材使用正确。

⑥ 违章操作或发生事故停止操作。

(4)操作程序说明：

① 进入考核场地,进行准备,准备时间为 5min。

② 按考评员要求进行操作。

③ 操作完成,清理场地。

④ 退场。

(5)考试规定说明：

① 准备时间:5min。

② 准备时间不计入操作时间。

③ 正式操作时间:30min。

④ 考试采用百分制,考试项目得分按组卷比例进行折算。

(6)测试技能说明：

本试题主要考核考生检查带推靠电法仪器的电气性能技能的掌握情况。

四、评分标准与配分表

序号	考试内容	评分要素	配分	评分标准	最大扣分	步长	检测结果	扣分	得分	备注
1	仪器供电前的检查	进行一般外观检查并确认仪器没有大的损坏	4	漏检扣4分	4	4				
		确认电源电压、频率和专用测试面板的电源相符后,将测试面板接入外引电源	5	没有确认电源扣5分	5	5				
		检查专用测试面板或地面系统各开关、旋钮位置是否在安全位置,否则调至安全位置	5	漏检一项扣3分,最多扣5分	5	1				
		将专用测试面板与下井仪器相连	4	连接错误扣4分	4	4				
2	打开电源,给下井仪器供电	快速调节下井电压至下井仪器工作状态	5	未快速调节下井电压至下井仪器工作状态扣5分	5	5				
		观察下井电压、电流,慢慢调节供至额定数值	5	电压、电流供错扣5分	5	5				
		如果下井仪器电压、电流出现异常,应停止供电,检查供电线路接线情况或维修下井仪器电子线路	5	未及时发现异常扣5分	5	5				
3	检查电法仪器内刻度	操作专用测试面板(或地面测试系统),将下井仪器置于零挡	5	操作错误扣5分	5	5				
		读取下井仪器零挡信号	4	操作错误扣4分	4	4				
		操作专用测试面板(或地面测试系统),将下井仪器置于刻度挡	5	操作错误扣5分	5	5				

续表

序号	考试内容	评分要素	配分	评分标准	最大扣分	步长	检测结果	扣分	得分	备注
3	检查电法仪器内刻度	读取下井仪器刻度挡信号	4	操作错误扣4分	4	4				
		检查下井仪器零挡、刻度挡信号是否符合额定误差容限,否则对下井仪器进行电路测试和调整	5	未检查扣5分	5	5				
4	检查下井仪器推靠器	断开井下仪器下井电源	4	未断电扣4分	4	4				
		使专用测试面板置于推靠状态	5	未调整至推靠状态扣5分	5	5				
		给推靠马达供电,控制推靠开关	5	供电错误扣5分	5	5				
		检查推靠张开工作状态,运转应良好,在张开到极限位置时应自动断电,否则应停止张开,检查维修微动开关、丝杠等推靠装置	5	漏检一项扣3分,最多扣5分	5	1				
		给推靠马达供电,控制推靠开关	5	供电错误扣5分	5	5				
		检查推靠收拢工作状态,运转应良好,在收拢到极限位置时应自动断电,否则应停止收拢,检查维修微动开关、丝杠等推靠装置	5	判断或处置错误扣5分	5	5				
5	检查下井仪器贯通线的通断和绝缘情况	用万用表测量直通线电阻,并记录	5	漏测一项扣3分,最多扣5分	5	1				
		使用500型兆欧表测试直通线绝缘电阻,并记录	5	漏测一项扣5分,最多扣5分	5	5				
		检查记录的电阻值和绝缘电阻值,两端电阻应小于0.1Ω,绝缘电阻应大于200MΩ,否则应对接线头走线进行维修、清洁、烘干	5	未对比检查扣5分	5	5				
合计			100							

考评员：　　　　　　　　　　　核分员：　　　　　　　　　　　年　　月　　日

试题十八　检查更换微球极板

一、考生准备

(1)准备好准考证及相关证件。
(2)穿戴好劳保用品。

二、考场准备

1. 设备、工具、材料准备

序号	名称	单位	数量	备注
1	待检修仪器	支	1	

续表

序号	名称	单位	数量	备注
2	检测面板	个	1	
3	常用工具	套	1	
4	井口工具	套		

2. 场地、人员准备

(1)仪修工房。

(2)现场照明良好,安全设施齐全。

(3)考场有专业人员配合。

三、考核内容

(1)本题分值100分。

(2)考核时间30min。

(3)具体考核要求:

① 本题为实际操作题,考生需穿戴整齐劳保用品。

② 计时从下达口令开始,到宣布结束停止操作。

③ 提前完成操作不加分,超时停止操作。

④ 操作步骤清晰、有序。

⑤ 工具、器材使用正确。

⑥ 违章操作或发生事故停止操作。

(4)操作程序说明:

① 进入考核场地,进行准备,准备时间为5min。

② 按考评员要求进行操作。

③ 操作完成,清理场地。

④ 退场。

(5)考试规定说明:

① 准备时间:5min。

② 准备时间不计入操作时间。

③ 正式操作时间:30min。

④ 考试采用百分制,考试项目得分按组卷比例进行折算。

(6)测试技能说明:

本试题主要考核考生检查更换微球极板技能的掌握情况。

四、评分标准与配分表

序号	考试内容	评分要素	配分	评分标准	最大扣分	步长	检测结果	扣分	得分	备注
1	检查微球极板	将仪器清洗干净,晾干,用面板将推靠打开	7	操作错误扣7分	7	7				

续表

序号	考试内容	评分要素	配分	评分标准	最大扣分	步长	检测结果	扣分	得分	备注
1	检查微球极板	检查极板外观有无破损或是否磨损严重,若有破损或磨损严重,则需更换极板	7	漏检或处置错误扣7分	7	7				
2	更换微球极板	拧开密封舱上的螺钉,打开密封舱盖板	7	操作错误扣7分	7	7				
		取出密封舱内的硅脂,拨掉胶套、铜套,断开连接线	8	操作错误扣8分	8	8				
		拧开极板副臂上的压线板,露出导线	8	操作错误扣8分	8	8				
		用万用表检查极板线与电极通断是否良好	8	漏检或检查错误扣8分	8	8				
		用1000V的兆欧表对微球极板的5根电极线分别检查绝缘情况,判断微球极板和连接导线是否有问题	8	漏检或判断错误扣8分	8	8				
		如有问题,检查压线板两端的导线是否有破损。如有破损,则要对插针式微球极板更换导线	8	处置错误扣8分	8	8				
		包扎好压线极板内的导线,再用1000V的兆欧表检查绝缘情况,若绝缘电阻小于100MΩ,则更换好的微球极板	8	漏检或判断错误扣8分	8	8				
		将铜套、胶套对应插在密封舱内的插针上	8	操作错误扣8分	8	8				
		将密封舱抹满硅脂,盖上密封舱盖板,上紧螺栓	8	操作错误扣8分	8	8				
		将极板导线装在极板副臂上,上好压线板,上紧螺栓	8	操作错误扣8分	8	8				
		活动推靠臂,检查露出的导线是否受挤压	7	操作错误扣7分	7	7				
合计			100							

考评员: 核分员: 年 月 日

试题十九　现场组装钻具输送测井工具

一、考生准备

（1）准备好准考证及相关证件。
（2）准备好考试用笔。

二、考场准备

1. 设备、工具、材料准备

序号	名称	单位	数量	备注
1	钻具输送工具	套	1	
2	万用表、兆欧表	块	各1	
3	井口专用工具	套	1	
4	棉纱等耗材		适量	

2. 场地、人员准备

(1)测井施工现场。

(2)现场照明良好,安全设施齐全。

(3)考场有专业人员配合。

三、考核内容

(1)本题分值100分。

(2)考核时间30min。

(3)具体考核要求:

① 本题为实际操作题,考生需穿戴整齐劳保用品。

② 计时从下达口令开始,到宣布结束停止操作。

③ 提前完成操作不加分,超时停止操作。

④ 操作步骤清晰、有序。

⑤ 工具、器材使用正确。

⑥ 违章操作或发生事故停止操作。

(4)操作程序说明:

① 进入考核场地,进行准备,准备时间为5min。

② 按考评员要求进行操作。

③ 操作完成,清理场地。

④ 退场。

(5)考试规定说明:

① 准备时间:5min。

② 准备时间不计入操作时间。

③ 正式操作时间:30min。

④ 考试采用百分制,考试项目得分按组卷比例进行折算。

(6)测试技能说明:

本试题主要考核考生现场组装钻具输送测井工具技能的掌握情况。

四、评分标准与配分表

序号	考试内容	评分要素	配分	评分标准	最大扣分	步长	检测结果	扣分	得分	备注
1	组装泵下枪总成	连接好下井仪器,开始下钻后,刹掉电缆鱼雷,在电缆头上依次穿入密封总成各个部件	5	穿错扣3分,最多扣5分	5	1				
		然后电缆自旁通短节侧孔穿入,从旁通短节底部引出,把密封总成各部件固定在旁通短节侧孔内	5	穿错或漏项扣3分,最多扣5分	5	1				
		在电缆头上做水平井测井专用鱼雷	5	鱼雷制作不合格扣5分	5	5				
		将做好的鱼雷固定在泵下枪内,电缆缆芯通过鱼雷与湿接头母头插针对号连接	5	操作错误、插针未对号连接扣5分	5	5				
		用密封硅脂涂抹插针连接处,将湿接头母头固定在泵下枪内	5	密封脂涂抹错误或湿接头母头未固定扣5分	5	5				
		按湿接头对接处井斜角的大小选择接入相应数量的加重杆和扶正器、柔性加重杆	5	加重杆和扶正器、柔性加重杆选择错误扣5分	5	5				
2	制作电缆头	将锥体外壳套到电缆上,锥体口朝向电缆末端	4	锥体外壳套错扣4分	4	4				
		将黄铜锥体套到电缆上,扁圆面朝向电缆末端	4	黄铜锥体套错扣4分	4	4				
		以平均间隔选定一定数量的外层钢丝,控制电缆头拉开力在3000lbf	4	隔选钢丝错误扣4分	4	4				
		用手钳子夹住一根选定的钢丝,将这根钢丝从黄铜锥体的扁平面向下弯,通过黄铜锥体另一端的小孔引出来	4	操作错误扣4分	4	4				
		通过小孔使劲拉钢丝,然后直接将钢丝向外弯曲,并在根部切断它	5	操作错误扣4分	5	5				
		对于其他选定的钢丝重复上面两步骤	5	操作错误扣4分	5	5				
		在离电缆末端17in(430mm)处将其他多余钢丝切断	5	操作错误扣4分	5	5				
		对于内层钢丝重复上面四步骤,并使用与外层相同数目的钢丝	5	操作错误扣4分	5	5				
		将电缆头拉进锥体外壳内,将垫圈自电缆头末端穿入,垫圈与电缆末端要留有14~16in(350mm)的长度	5	操作错误扣4分	5	5				
		做电缆头母插针	4	母插针虚接或松动扣4分	4	4				

续表

序号	考试内容	评分要素	配分	评分标准	最大扣分	步长	检测结果	扣分	得分	备注
3	电缆卡子的固定和电缆的导向	湿接头对接完成后,指挥井队将旁通短节提出井口,卸掉方钻杆	5	指挥错误扣5分	5	5				
		安装旁通盖板将电缆锁紧或用剪切螺栓将电缆夹固定在旁通短节固定槽内并锁紧电缆,放松电缆确定电缆无滑动	5	指挥错误扣5分	5	5				
		在旁通盖板或电缆夹顶部的电缆上做记号。钻台上的工作人员撤到安全区域,启动绞车缓慢上提并拉直电缆,施加8890N(2000lbf)的拉力并至少保持1min。观察记号与旁通盖板或电缆夹之间有无相对滑动,无变化说明电缆固定程度能够满足测井要求,有变化要找出原因,直到电缆固定牢靠	5	安装错误或未锁紧扣5分	5	5				
		绞车工放松电缆,钻井队在旁通短节顶端接一柱输送工具,将旁通短节下放到井口以下2m处。井口工用橡胶扶正器固定电缆后再下放输送工具2m。钻井队协助井口工固定导向滑轮,确保电缆安全运行	5	操作错误扣5分	5	5				
		用小滑轮将电缆经由井口电缆导向装置拉向输送工具与表层套管间隙较大的一侧,并将导向滑轮用绳套固定。绞车工启动测井绞车,调整好测井绞车扭矩,将电缆拉紧,并在电缆上保持6668N(1500lbf)的拉力	5	操作错误扣5分	5	5				
合计			100							

考评员: 　　　　　　　　　　核分员: 　　　　　　　　　年　　月　　日

试题二十　确定钻具输送测井旁通安装位置和对接深度

一、考生准备

(1)准备好准考证及相关证件。
(2)准备好考试用笔。

二、考场准备

1. 设备、工具、材料准备

序号	名称	单位	数量	备注
1	测井设备	套	1	

续表

序号	名称	单位	数量	备注
2	钻具输送设备	套	1	
3	笔、纸	套	1	
4	测井通知单	份	1	

2. 场地、人员准备

(1)测井现场,照明良好,安全设施齐全。

(2)考场有专业测井人员配合。

三、考核内容

(1)本题分值100分。

(2)考核时间30min。

(3)具体考核要求:

① 本题为笔试题,考生自备考试用笔。

② 计时从下达口令开始,到宣布退出考场结束。

③ 提前完成考核不加分,超时停止答卷。

(4)操作程序说明:

① 考试前按考核题内容领取相应考核试卷。

② 填写试卷要求内容。

(5)考试规定说明:

① 独立完成考核。

② 违规抄袭,取消考核资格。

③ 考试采用百分制,考试项目得分按组卷比例进行折算。

(6)测试技能说明:

① 本试题要考核确定钻具输送测井旁通安装位置和对接深度技能的掌握情况。

② 本试题同时考核测井资料拼接要点。

四、评分标准与配分表

序号	考试内容	评分要素	配分	评分标准	最大扣分	步长	检测结果	扣分	得分	备注
1	确定需要钻具输送测井的测量井段	确认测井项目、测量井段、井身结构及井眼轨迹信息	12	信息确认每漏一项扣4分,直至扣完	12	4				
		按电缆测井方式,从遇阻位置开始,录取上部井段测井资料	12	漏项扣12分	12	12				
		根据拼接要求确定钻具输送测量段上部深度	12	确定错误扣12分	12	12				
		根据钻具输送安全要求确定钻具输送测量段下部深度;井深−5m	12	确定错误扣12分	12	12				

续表

序号	考试内容	评分要素	配分	评分标准	最大扣分	步长	检测结果	扣分	得分	备注
2	确定旁通安装深度	若测量井段小于套管下深,在(井深－套管下深)~(井深－测量井段)深度之间井斜角靠近40°~50°处安装旁通短节	13	判断错误扣13分	13	13				
		若测量井段大于套管下深,根据旁通短节不出套管的原则,旁通安装在(井深－套管下深)深度以上井斜角靠近40°~50°的位置	13	判断错误扣13分	13	13				
3	确定湿接头对接位置	若测量井段小于套管下深,在(井深－套管下深)~(井深－测量井段)深度之间井斜角靠近40°~50°处进行湿接头对接	13	判断错误扣13分	13	3				
		若测量井段大于套管下深,在(井深－套管下深)深度以上井斜角靠近40°~50°进行湿接头对接	13	判断错误扣13分	13	13				
合计			100							

考评员：　　　　　　　　　　　　　核分员：　　　　　　　　　　　年　　月　　日

试题二十一　确定欠平衡测井仪器串结构并判断仪器全部进入容纳管的方法

一、考生准备

(1)准备好准考证及相关证件。
(2)准备好考试用笔。

二、考场准备

1. 设备、工具、材料准备

序号	名称	单位	数量	备注
1	测井设备	套	1	
2	欠平衡测井设备	套	1	
3	笔、纸		适量	

2. 场地、人员准备

(1)测井现场,照明良好,安全设施齐全。
(2)考场有专业测井人员配合。

三、考核内容

(1)本题分值100分。

（2）考核时间 30min。

（3）具体考核要求：

① 本题为笔试题,考生自备考试用笔。

② 计时从下达口令开始,到宣布退出考场结束。

③ 提前完成考核不加分,超时停止答卷。

（4）操作程序说明：

① 考试前按考核题内容领取相应考核试卷。

② 填写试卷要求内容。

（5）考试规定说明：

① 独立完成考核。

② 违规抄袭,取消考核资格。

③ 考试采用百分制,考试项目得分按组卷比例进行折算。

（6）测试技能说明：

本试题要考核考生确定欠平衡测井仪器串结构并判断仪器是否全部进入容纳管技能的掌握情况

四、评分标准与配分表

序号	考试内容	评分要素	配分	评分标准	最大扣分	步长	检测结果	扣分	得分	备注
1	确定欠平衡测井仪器串结构	根据游车安全高度、天滑轮占用高度和电缆控制头长度确定防喷管长度	4	确定错误扣4分	4	4				
		防喷管内预留1m的仪器空间余量,确定最大下井仪器串长度为(防喷管长度−1)m	4	最大下井仪器串长度计算错误扣4分	4	4				
		根据测井项目计算仪器串组合长度	4	计算仪器串组合长度错误扣4分	4	4				
		若仪器串组合长度大于最大下井仪器串长度,可以将测井项目分两趟或三趟测井	4	处置错误扣4分	4	4				
2	仪器防落器开关手柄判定法	测井仪器距离井口200m时,观察记录仪器防落器手柄位置	3	漏项扣3分	3	3				
		当仪器串顶部通过仪器防落器时,观察记录仪器防落器手柄位置(开关手柄自动移向打开位置)	3	漏项扣3分	3	3				
		当仪器串底部通过仪器防落器后,观察记录仪器防落器手柄位置(开关手柄自动恢复到关闭位置)	3	漏项扣3分	3	3				
		根据仪器串进防喷管时仪器防落器手柄位置的变化判断仪器是否已完全进入防喷管内	3	漏项扣3分	3	3				

续表

序号	考试内容	评分要素	配分	评分标准	最大扣分	步长	检测结果	扣分	得分	备注
3	自然伽马仪测量判定法	仪器上提至距井口约50m时,把自然伽马刻度器放在电缆封井器处	4	漏项扣4分	4	4				
		缓慢上提仪器串并观察自然伽马曲线,当出现高峰值时,表明自然伽马仪正处在自然伽马刻度器位置,记录此深度	4	漏项扣4分	4	4				
		继续缓慢上提仪器串,当上提高度大于自然伽马仪记录点至仪器串底部距离时,则可判定仪器串已全部进入防喷管内	4	漏项扣4分	4	4				
4	放射性射线探测判定法	仪器串带有放射源时,可将射线探测器放置在电缆封井器处	4	漏项扣4分	4	4				
		射线探测器放置计数最高位置即是仪器放射源位置	4	漏项扣4分	4	4				
		根据放射源位置及仪器尾长判断仪器是否已进入防喷管	4	漏项扣4分	4	4				
5	磁性记号判定法	在仪器串完全进入防喷管前的2m、5m和10m处做3个特殊磁性记号,仪器串上提过程中探测磁性记号,确定仪器是否进入防喷管	12	漏一项扣4分,最多扣12分	12	4				
6	深度系统指示判定法	直接观察地面仪器深度系统指示的深度进行判定	12	回答错误扣12分	12	12				
7	绞车滚筒电缆位置判定法	仪器下井前,绞车工记清楚电缆盘绕的层数与表层电缆的圈数,则可大致推算出仪器所处位置	12	回答错误扣12分	12	12				
8	张力判定法	绞车缓慢上提仪器,若地面、井下张力计的张力从逐渐减小突然变为增大,表明仪器串已提升至防喷管顶部遇阻,绞车应立即停车,再适当回放电缆一定长度,则可判定仪器串是否完全进入防喷管。此方法要注意防止拉断电缆头弱点,风险较大	12	漏一项扣4分,最多扣12分	12	4				
合计			100							

考评员: 　　　　　　　　　　　核分员: 　　　　　　　　　　年　　月　　日

试题二十二　依据测井遇阻原因现场采取相应措施解决测井遇阻问题

一、考生准备

(1)准备好准考证及相关证件。
(2)准备好考试用笔。

二、考场准备

1. 设备、工具、材料准备

名称	单位	数量	备注
测井设备及仪器	套	1	

2. 场地、人员准备

(1)测井施工现场。

(2)看图台。

(3)现场照明良好。

三、考核内容

(1)本题分值100分。

(2)考核时间30min。

(3)具体考核要求:

① 本题为笔试题,考生自备考试用笔。

② 计时从下达口令开始,到宣布退出考场结束。

③ 提前完成考核不加分,超时停止答卷。

(4)操作程序说明:

① 考试前按考核题内容领取相应考核试卷。

② 填写试卷要求内容。

(5)考试规定说明:

① 独立完成考核。

② 违规抄袭,取消考核资格。

③ 考试采用百分制,考试项目得分按组卷比例进行折算。

(6)测试技能说明:

本试题要考核考生依据测井遇阻原因现场采取相应措施解决测井遇阻问题技能的掌握情况。

四、评分标准与配分表

序号	考试内容	评分要素	配分	评分标准	最大扣分	步长	检测结果	扣分	得分	备注
1	缩径或井壁坍塌造成的遇阻	通知井队作遇阻处理	10	漏项扣10分	10	10				
		建议井队下钻划眼并循环处理钻井液	10	漏项扣10分	10	10				
2	井身结构引起遇阻	加长仪器组合、加重仪器组合	20	漏项扣20分	20	20				
3	虚滤饼所造成的遇阻	调整钻井液性能	7	漏项扣7分	7	7				
		满眼通井去掉虚滤饼	7	漏项扣7分	7	7				
		加长和加重仪器串	6	漏项扣6分	6	6				

续表

序号	考试内容	评分要素	配分	评分标准	最大扣分	步长	检测结果	扣分	得分	备注
4	仪器组合不当造成的遇阻	变更仪器组合	5	漏项扣5分	5	5				
		改变扶正器在仪器上的位置	5	漏项扣5分	5	5				
		改变扶正器的大小	5	漏项扣5分	5	5				
		增减扶正器的个数	5	漏项扣5分	5	5				
5	综合因素引起的仪器遇阻	在最下端的仪器下面连接用于排除遇阻用的导向器	10	漏项扣10分	10	10				
		增加加重的长度或重量	10	漏项扣10分	10	10				
合计			100							

考评员：　　　　　　　　　　　核分员：　　　　　　　　　　　　　　年　　月　　日

试题二十三　计算测井遇卡时电缆的最大提升张力

一、考生准备

(1)准备好准考证及相关证件。
(2)准备好考试用笔。

二、考场准备

1. 设备、工具、材料准备

序号	名称	单位	数量	备注
1	测井仪器和设备	套	1	
2	笔	支	1	
3	纸	张	1	

2. 场地、人员准备
(1)测井现场。
(2)目标井通知单或生产任务书。
(3)现场照明良好。

三、考核内容

(1)本题分值100分。
(2)考核时间30min。
(3)具体考核要求：
① 本题为笔试题，考生自备考试用笔。
② 计时从下达口令开始，到宣布退出考场结束。

③ 提前完成考核不加分,超时停止答卷。

(4)操作程序说明:

① 考试前按考核题内容领取相应考核试卷。

② 填写试卷要求内容。

(5)考试规定说明:

① 独立完成考核。

② 违规抄袭,取消考核资格。

③ 考试采用百分制,考试项目得分按组卷比例进行折算。

(6)测试技能说明:

本试题要考核考生计算测井遇卡时电缆的最大提升张力技能的掌握情况。

四、评分标准与配分表

序号	考试内容	评分要素	配分	评分标准	最大扣分	步长	检测结果	扣分	得分	备注
1	校准张力	测井前校准张力计	10	漏项扣10分	10	10				
		设置好张力角度	10	漏项扣10分	10	10				
		核实入井拉力棒额定拉力	10	漏项扣10分	10	10				
2	刻度缆头张力	仪器入井后灌满钻井液	10	漏项扣10分	10	10				
		刻度缆头张力	10	漏项扣10分	10	10				
		检查缆头张力与入井仪器在钻井液中的重量一致	10	漏项扣10分	10	10				
3	求取参数	记录仪器全部进入钻井液时的电缆张力 F_3	10	漏项扣10分	10	10				
		仪器到底后正常测井,记录测井正常时的上提拉力 F_1	10	漏项扣10分	10	10				
		计算入井拉力棒现场允许最大拉力 F_2(为额定值的75%)	10	漏项扣10分	10	10				
4	计算最大安全拉力	将 F_1、F_2、F_3 带入公式:$F=F_1+F_2-F_3$,计算最大安全拉力 F	10	漏项扣10分	10	10				
合计			100							

考评员:　　　　　　　　　　核分员:　　　　　　　　　年　　月　　日

试题二十四　依据电缆拉伸量计算卡点深度

一、考生准备

(1)准备好准考证及相关证件。

(2)准备好考试用笔。

二、考场准备

1. 设备、工具、材料准备

序号	名称	单位	数量	备注
1	测井仪器和设备	套	1	
2	笔	支	1	
3	纸	张	1	

2. 场地、人员准备

(1) 测井现场。

(2) 目标井基本数据。

(3) 现场照明良好。

三、考核内容

(1) 本题分值 100 分。

(2) 考核时间 30min。

(3) 具体考核要求：

① 本题为笔试题，考生自备考试用笔。

② 计时从下达口令开始，到宣布退出考场结束。

③ 提前完成考核不加分，超时停止答卷。

(4) 操作程序说明：

① 考试前按考核题内容领取相应考核试卷。

② 填写试卷要求内容。

(5) 考试规定说明：

① 独立完成考核。

② 违规抄袭，取消考核资格。

③ 考试采用百分制，考试项目得分按组卷比例进行折算。

(6) 测试技能说明：

本试题要考核考生依据电缆拉伸量计算卡点深度技能的掌握情况。

四、评分标准与配分表

序号	考试内容	评分要素	配分	评分标准	最大扣分	步长	检测结果	扣分	得分	备注
1	扎基准张力记号	使电缆处于正常张力水平	10	漏项扣10分	10	10				
		在转盘水平面处的电缆上用塑料胶带做好记号	10	漏一项扣5分，最多扣10分	10	5				

续表

序号	考试内容	评分要素	配分	评分标准	最大扣分	步长	检测结果	扣分	得分	备注
2	测量第一个500kgf差分张力伸长量	启动绞车低速挡,慢慢上提电缆,使其张力增加500kgf	10	漏一项扣5分,最多扣10分	10	5				
		在转盘处的电缆上再做上记号	10	漏项扣10分	10	10				
		测量出电缆上2个记号之间的距离	10	漏项扣10分	10	10				
3	测量第二个500kgf差分张力伸长量	上提电缆使其张力再增加500kgf	10	漏项扣10分	10	10				
		在转盘处的电缆上再做一个记号	10	漏项扣10分	10	10				
		测量出最后所做记号与相邻记号之间的距离	10	漏项扣10分	10	10				
4	检查电缆随张力线性变化情况	检查电缆两组记号之间的距离是否相等	10	漏项扣10分	10	10				
5	计算卡点深度	若两组记号之间的距离相等,利用测定结果和卡点计算公式求出卡点深度	10	漏项扣10分	10	10				
合计			100							

考评员: 　　　　　　　　　　核分员: 　　　　　　　　　　年　　月　　日

试题二十五　处理测井遇卡问题

一、考生准备

(1)准备好准考证及相关证件。
(2)准备好考试用笔。

二、考场准备

1. 设备、工具、材料准备

序号	名称	单位	数量	备注
1	测井设备和仪器	套	1	
2	笔	支	1	
3	纸		适量	

2. 场地、人员准备

(1)测井现场。
(2)测井通知单或任务书。
(3)现场照明良好。

三、考核内容

(1)本题分值100分。

(2) 考核时间 30min。
(3) 具体考核要求：
① 本题为笔试题，考生自备考试用笔。
② 计时从下达口令开始，到宣布退出考场结束。
③ 提前完成考核不加分，超时停止答卷。
(4) 操作程序说明：
① 考试前按考核题内容领取相应考核试卷。
② 填写试卷要求内容。
(5) 考试规定说明：
① 独立完成考核。
② 违规抄袭，取消考核资格。
③ 考试采用百分制，考试项目得分按组卷比例进行折算。
(6) 测试技能说明：
本试题要考核考生处理测井遇卡问题技能的掌握情况。

四、评分标准与配分表

序号	考试内容	评分要素	配分	评分标准	最大扣分	步长	检测结果	扣分	得分	备注
1	套管鞋卡	当测井项目已测完，上提仪器至套管鞋处，发现张力突然增大时，应立即采取应急停车措施，并逐个检查各部位的安全情况	2	漏项扣2分	2	2				
		在确认各部位正常后，慢慢下放电缆，如果张力逐渐恢复时悬重，说明此种遇卡属于套管鞋卡	3	漏一项扣2分，最多扣3分	3	1				
		对于套管较浅的井，可通过上下反复活动电缆以及在井口人为活动电缆的方法，使套管不至于紧贴套管鞋而自动解卡	3	漏一项扣2分，最多扣3分	3	1				
		对于套管较深的井，一般情况下，可通过上下反复活动电缆解卡	3	漏项扣3分	3	3				
		特殊情况下不能解卡时，可采用旁通式解卡	3	漏项扣3分	3	3				
2	井眼缩径卡或"砂桥"卡	当净拉力增加到一定程度不能解卡时，停车收回推靠	2	漏项扣2分	2	2				
		慢慢下放电缆，当张力恢复到测时悬重时，观察仪器是否也随之下放	2	漏项扣2分	2	2				
		逐渐加大上提拉力（仍小于安全拉力），观察电缆活动情况	2	漏项扣2分	2	2				
		使用这种方法反复上拉仪器，直到把仪器拉出达到解卡目的	3	漏项扣3分	3	3				

续表

序号	考试内容	评分要素	配分	评分标准	最大扣分	步长	检测结果	扣分	得分	备注
2	井眼缩径卡或"砂桥"卡	如果多次努力没有进展,最后用最大安全拉力(测时悬浮重+弱点拉断力×75%)。提拉2次以上仍不能解卡时,应提议采用穿心解卡	3	漏项扣3分	3	3				
3	仪器在井底遇卡	收回推靠	4	漏项扣4分	4	4				
		用最大安全拉力提升,绷紧	4	漏项扣4分	4	4				
		若绷一段时间还不能解卡,可提议采用穿心解卡	5	漏项扣5分	5	5				
4	推靠臂失灵遇卡	可直接升到安全拉力	6	漏项扣6分	6	6				
		如不能解卡,可提议采用穿心解卡	6	漏项扣6分	6	6				
5	电缆或仪器吸附卡	直接提升到安全拉力,等候穿心解卡	12	漏项扣12分	12	12				
6	井壁垮塌造成的仪器遇卡	当净拉力增加到一定程度不能解卡时,停车收回推靠	3	漏项扣3分	3	3				
		上下反复提拉仪器	3	漏项扣3分	3	3				
		经过上下反复提拉仍然不能解卡,用最大安全拉力提拉两次以上	4	漏项扣4分	4	4				
		若仍不能解卡,可提议进行穿心解卡	3	漏项扣3分	3	3				
7	键槽卡	收回仪器推靠	6	漏项扣6分	6	6				
		拉到最大安全拉力,等待穿心解卡	6	漏项扣6分	6	6				
8	电缆打结卡	比较仪器到达井底时地面所显示的深度与实际井深,确定电缆打结程度	4	漏项扣4分	4	4				
		电缆打结不严重时,可用穿心法解卡	4	漏项扣4分	4	4				
		若电缆打结非常严重,直接提拉电缆,使电缆从弱点处断开,然后用打捞设备将仪器捞上来	4	漏项扣4分	4	4				
合计			100							

考评员: 核分员: 年 月 日

试题二十六 选配电缆打捞工具

一、考生准备

(1)准备好准考证及相关证件。
(2)穿戴好劳保用品。

二、考场准备

1. 设备、工具、材料准备

序号	名称	单位	数量	备注
1	电缆打捞工具	套	1	
2	卡尺	把	1	

2. 场地、人员准备

(1)测井现场。

(2)现场照明良好。

三、考核内容

(1)本题分值100分。

(2)考核时间30min。

(3)具体考核要求：

① 本题为实际操作题，考生需穿戴整齐劳保用品。

② 计时从下达口令开始，到宣布结束停止操作。

③ 提前完成操作不加分，超时停止操作。

④ 操作步骤清晰、有序。

⑤ 工具、器材使用正确。

⑥ 违章操作或发生事故停止操作。

(4)操作程序说明：

① 进入考核场地，进行准备，准备时间为5min。

② 按考评员要求进行操作。

③ 操作完成，清理场地。

④ 退场。

(5)考试规定说明：

① 准备时间：5min。

② 准备时间不计入操作时间。

③ 正式操作时间：30min。

④ 考试采用百分制，考试项目得分按组卷比例进行折算。

(6)测试技能说明：

本试题主要考核考生选配电缆打捞工具技能的掌握情况。

四、评分标准与配分表

序号	考试内容	评分要素	配分	评分标准	最大扣分	步长	检测结果	扣分	得分	备注
1	确定井下落井电缆位置	用电法测井落实井下落井电缆位置	14	落井电缆位置计算错误扣14分	14	14				

续表

序号	考试内容	评分要素	配分	评分标准	最大扣分	步长	检测结果	扣分	得分	备注
2	收集下井钻具信息	收集钻具尺寸、扣型信息	14	信息每缺一项扣7分,直至扣完	14	14				
3	测量电缆直径	用卡尺测量电缆直径	14	测量错误扣14分	14	14				
4	确定电缆打捞工具组合	按规程选择电缆打捞工具组合:钻杆+安全接头+1根钻杆+捞绳器	15	工具每选错一项扣5分,直至扣完	15	5				
5	确定下井打捞工具	根据钻具尺寸、扣型选择相应规格的安全接头	14	工具尺寸或扣型错误扣14分	14	14				
		根据钻具尺寸、扣型选择相应规格捞绳器	14	工具尺寸或扣型错误扣14分	14	14				
		检查捞绳器的最大外径与套管内径的最大间隙应小于电缆直径	15	工具尺寸或扣型错误扣15分	15	15				
合计			100							

考评员：　　　　　　　　　　　　核分员：　　　　　　　　　　　　　　　年　月　日

试题二十七　选配仪器设备落井打捞工具

一、考生准备

(1)准备好准考证及相关证件。

(2)准备好考试用笔。

二、考场准备

1. 设备、工具、材料准备

序号	名称	单位	数量	备注
1	仪器打捞工具	套	1	
2	卡尺	把	1	

2. 场地、人员准备

(1)测井现场。

(2)现场照明良好。

三、考核内容

(1)本题分值100分。

(2)考核时间30min。

(3)具体考核要求：

① 本题为实际操作题,考生需穿戴整齐劳保用品。

② 计时从下达口令开始,到宣布结束停止操作。
③ 提前完成操作不加分,超时停止操作。
④ 操作步骤清晰、有序。
⑤ 工具、器材使用正确。
⑥ 违章操作或发生事故停止操作。

(4)操作程序说明:
① 进入考核场地,进行准备,准备时间为5min。
② 按考评员要求进行操作。
③ 操作完成,清理场地。
④ 退场。

(5)考试规定说明:
① 准备时间:5min。
② 准备时间不计入操作时间。
③ 正式操作时间:30min。
④ 考试采用百分制,考试项目得分按组卷比例进行折算。

(6)测试技能说明:
本试题主要考核考生选配仪器设备落井打捞工具技能的掌握情况。

四、评分标准与配分表

序号	考试内容	评分要素	配分	评分标准	最大扣分	步长	检测结果	扣分	得分	备注
1	信息留存	到井场后,收集井身、井眼轨迹及井况信息	9	缺一项扣6分,最多扣9分	9	3				
		仪器下井前,记录下井仪器串组合顺序、各仪器外径、扶正器安装位置和尺寸、辅助测井工具安装位置和尺寸	10	缺一项扣5分,最多扣10分	10	5				
2	井况判断	仪器落井后,根据已测测井资料、施工时间、钻井液、地质信息和收集的井况信息判断井身质量情况	11	判断错误扣11分	11	11				
3	确定下井打捞工具组合	井身质量好,不易发生捞后卡钻情况:打捞筒+下击器+钻具	10	漏一项扣5分,直至扣完	10	5				
		井下情况不明,可能出现捞后卡钻的情况:打捞筒+安全接头+下击器+上击器+钻铤+钻具	10	漏一项扣5分,直至扣完	10	5				
4	确定打捞工具	根据落鱼尺寸选用适当捞筒,配相应尺寸的一种卡瓦和密封填料等	10	选配不当扣10分	10	10				
		视井身变化和井径选定引鞋或加大引鞋,或壁钩	10	选配不当扣10分	10	10				
		确定落鱼的抓捞部位,是否需要连接加长短节	10	选配不当扣10分	10	10				

续表

序号	考试内容	评分要素	配分	评分标准	最大扣分	步长	检测结果	扣分	得分	备注
4	确定打捞工具	卡瓦公称打捞内径一般应小于鱼顶打捞部位外径1~3mm	10	选配不当扣10分	10	10				
		根据实际情况,当需要增大网捞面积时,可选择使用加大引鞋;当鱼顶偏倚井壁时,可选择使用壁钩;当打捞部位距鱼顶较远时,可选择使用加长短节	10	选配不当扣10分	10	10				
合计			100							

考评员:　　　　　　　　　　　　核分员:　　　　　　　　　　　年　月　日

试题二十八　现场检查测井原始资料质量

一、考生准备

(1)准备好准考证及相关证件。
(2)穿戴好劳保用品。

二、考场准备

1. 设备、工具、材料准备

序号	名称	单位	数量	备注
1	资料台	套	1	
2	笔	支	1	
3	纸	张	1	
4	邻井资料	套	1	

2. 场地、人员准备

(1)测井施工现场。
(2)现场照明良好,安全设施齐全。
(3)考场有专业人员配合。

三、考核内容

(1)本题分值100分。
(2)考核时间30min。
(3)具体考核要求:
① 本题为实际操作题,考生需穿戴整齐劳保用品。
② 计时从下达口令开始,到宣布结束停止操作。
③ 提前完成操作不加分,超时停止操作。

④ 操作步骤清晰、有序。
⑤ 工具、器材使用正确。
⑥ 违章操作或发生事故停止操作。

(4)操作程序说明：
① 进入考核场地,进行准备,准备时间为5min。
② 按考评员要求进行操作。
③ 操作完成,清理场地。
④ 退场。

(5)考试规定说明：
① 准备时间:5min。
② 准备时间不计入操作时间。
③ 正式操作时间:30min。
④ 考试采用百分制,考试项目得分按组卷比例进行折算。

(6)测试技能说明：
本试题主要考核考生在现场检查测井原始资料质量技能的掌握情况。

四、评分标准与配分表

序号	考试内容	评分要素	配分	评分标准	最大扣分	步长	检测结果	扣分	得分	备注
1	图头检查	图头数据齐全、准确	5	错误数据未检出扣5分	5	5				
		曲线及线型安排合理	5	未发现不合理曲线及线型安排扣5分	5	5				
		测井仪器刻度在有效期限内,刻度误差符合技术要求	6	刻度超期或刻度超差未检出扣6分	6	6				
2	图面检查	图面整洁、清晰,曲线布局合理,曲线交叉处清楚可辨	3	未发现不合理布局扣3分	3	3				
		曲线线条宽度小于0.5mm,格线清楚。遇阻曲线稳定、平滑(不包括放射性曲线)	3	漏检一项扣2分,最多扣3分	3	1				
		各种曲线测量值应分别与地区岩性规律吻合。不出现与井下条件无关的零值、负值或畸变	3	漏检一项扣2分,最多扣3分	3	1				
		同次测井曲线补接时,上下部曲线重复测量井段应大于25m,不同次测井曲线补接时,上下部曲线重复测量井段应小于25m	3	漏检一项扣2分,最多扣3分	3	1				
		裸眼井测井各种曲线从井底遇阻位置开始测量,距井底深度误差小于15m或符合地质要求大于50m	3	漏检一项扣2分,最多扣3分	3	1				

续表

序号	考试内容	评分要素	配分	评分标准	最大扣分	步长	检测结果	扣分	得分	备注
2	图面检查	重复曲线应首先在测量井段上部测量,其井段长度不小于50m(碳氧比测井重复井段长度不小于10m),与主曲线对比,其误差在允许范围内	3	漏检一项扣2分,最多扣3分	3	1				
		曲线图必须记录张力曲线、测速标记或测速曲线	3	漏检一项扣2分,最多扣3分	3	1				
		国产数控测井深度记号齐全准确、清晰可辨,深度比例为1:200的曲线不得连续缺失2个记号;1:500的曲线不得连续缺失3个记号(井底和套管鞋附近不得缺失记号)	3	漏检一项扣2分,最多扣3分	3	1				
3	测井数据检查	野外数字记录与原图记录一致	10	漏检或检验错误扣10分	10	10				
4	测井深度检查	电缆每20m或25m做一个深度记号,每500m做一个特殊记号	5	漏检扣5分	5	5				
		在钻井液密度差别不大的情况下,同一口井不同次测量或不同电缆的同次测量,其深度误差不超过0.05%	5	漏检扣5分	5	5				
		测井曲线确定的表层套管深度与套管实际下深允许误差为0.5m,与技术套管的深度误差不大于0.1%	5	漏检扣5分	5	5				
5	测速检查	测速均匀,各种测井仪器的测量速度不超过规定的测量速度值。几种仪器组合测量时,采用最低测量速度仪器的测速	15	漏检扣15分	15	15				
6	单项资料检查	检查单项原始测井资料质量符合各单项质量要求	20	漏检扣20分	20	20				
合计			100							

考评员:　　　　　　　　　　　核分员:　　　　　　　　　　　年　月　日

试题二十九　解释连斜、井径、声波变密度工程测井资料

一、考生准备

(1)准备好准考证及相关证件。
(2)穿戴好劳保用品。

二、考场准备

1. 设备、工具、材料准备

序号	名称	单位	数量	备注
1	资料台	套	1	

续表

序号	名称	单位	数量	备注
2	笔	支	1	
3	纸	张	1	
4	邻井资料	套	1	

2. 场地、人员准备

(1)测井施工现场。

(2)现场照明良好,安全设施齐全。

(3)考场有专业人员配合。

三、考核内容

(1)本题分值100分。

(2)考核时间30min。

(3)具体考核要求：

① 本题为实际操作题,考生需穿戴整齐劳保用品。

② 计时从下达口令开始,到宣布结束停止操作。

③ 提前完成操作不加分,超时停止操作。

④ 操作步骤清晰、有序。

⑤ 工具、器材使用正确。

⑥ 违章操作或发生事故停止操作。

(4)操作程序说明：

① 进入考核场地,进行准备,准备时间为5min。

② 按考评员要求进行操作。

③ 操作完成,清理场地。

④ 退场。

(5)考试规定说明：

① 准备时间:5min。

② 准备时间不计入操作时间。

③ 正式操作时间:30min。

④ 考试采用百分制,考试项目得分按组卷比例进行折算。

(6)测试技能说明：

本试题主要考核考生现场解释连斜、井径、声波变密度工程测井资料技能的掌握情况。

四、评分标准与配分表

序号	考试内容	评分要素	配分	评分标准	最大扣分	步长	检测结果	扣分	得分	备注
1	连斜测井解释	现场按每25m间隔或按钻井工程要求读取井斜、方位数据	6	数据读取错误或间隔选择错误扣6分	6	6				

测井工（测井采集专业方向）

续表

序号	考试内容	评分要素	配分	评分标准	最大扣分	步长	检测结果	扣分	得分	备注
1	连斜测井解释	计算真方位、垂直深度、闭合方位、闭合距离、狗腿度	6	每算错一项扣3分，最多扣6分	6	3				
		绘制三图一表，即水平位移投影图、垂直位移投影图、井眼轨迹图和井斜数据表	6	漏绘或错绘一项扣3分，直至扣完	6	3				
2	井径曲线解释	现场按每100m间隔或按钻井工程要求读取井径平均值	4	数据读取错误或间隔选择错误扣4分	4	4				
		将井径数值换算成现场需要的单位	4	换算错误扣4分	4	4				
		根据井径曲线识别缩径、扩径井段	4	识别错误扣4分	4	4				
		利用双井径曲线指出椭圆井眼的位置	4	椭圆井眼识别错误扣4分	4	4				
		求取固井段平均井径，估算固井水泥量	4	平均井径或水泥量计算错误扣4分	4	4				
3	微井径测井解释	检查射孔质量:已射孔层位微井径曲线数值扩大，未射孔层位微井径曲线平直无变化	4	判断错误扣4分	4	4				
		检查套管接箍:在套管接箍处，由于螺纹未上满，或套管接头部分有刀角，使部分井径增大，在微井径曲线上应有明显正异常显示	4	判断错误扣4分	4	4				
		检查套管大面积蚀瘪:套管内壁有大面积蚀瘪时，其内径必然增大，因此在微井径曲线上会出现正异常	4	判断错误扣4分	4	4				
		检查套管裂缝:套管严重破裂后，孔与孔之间连通，形成大的纵向裂缝，在微井径曲线上将出现大的正异常	4	判断错误扣4分	4	4				
4	多臂井径测井解释	检查套管:当多臂井径测量的最大半径小于套管内径的标称半径时，可能是套管积蜡。如果多臂井径测量的最大半径大于套管内径的标称半径，而最小半径小于套管内径的标称半径，则可能是套管变形	6	判断错误扣6分	6	6				
		检查射孔层位:在射孔层位处，多臂井径数值增大；在射孔层段上，多臂井径数值减小；在未射孔层段内，多臂井径曲线平直多臂井径与套管内径的标称半径数值相等	6	判断错误扣6分	6	6				
		检查套管蚀洞及大面积腐蚀或磨损:当套管蚀洞及大面积腐蚀或磨损时，多臂井径的最小半径基本等于套管标称内半径，最大半径明显大于标称内半径	6	判断错误扣6分	6	6				

续表

序号	考试内容	评分要素	配分	评分标准	最大扣分	步长	检测结果	扣分	得分	备注
5	声幅测井解释	纯钻井液带的解释:纯钻井液带(自套管)CBL曲线幅度在90%~100%	4	解释错误扣4分	4	4				
		水泥与钻井液混合带的确定:纯钻井液带以下,声幅曲线数值逐渐降低,直到胶结良好处(实际水泥返高处),该井段即为水泥与钻井液混合带	4	确定错误扣4分	4	4				
		分段原则:以CBL半幅点划分解释段顶底界面,当CBL分段不明显时,结合VDL进行分段	4	分段错误扣4分	4	4				
		自由套管:声幅相对值大于40%,套管波强,地层波无或弱	2	解释错误扣2分	2	2				
		第一界面胶结差,第二界面胶结差:声幅相对值大于40%,套管波强,地层波无	2	解释错误扣2分	2	2				
		第一界面胶结中等,第二界面胶结差:声幅相对值在20%~40%,套管波中强,地层波弱或无	2	解释错误扣2分	2	2				
		第一界面胶结中等,第二界面胶结中等:声幅相对值在20%~40%,套管波中强,地层波中强	2	解释错误扣2分	2	2				
		第一界面胶结中等,第二界面胶结好:声幅相对值在20%~40%,套管波中强,地层波强	2	解释错误扣2分	2	2				
		第一界面胶结好,第二界面胶结差:声幅相对值小于20%,套管波中弱,地层波弱或无	2	解释错误扣2分	2	2				
		第一界面胶结好,第二界面胶结中等:声幅相对值小于20%,套管波弱,地层波中弱	2	解释错误扣2分	2	2				
		第一界面胶结好,第二界面胶结好:声幅相对值小于20%,套管波弱,地层波强	2	解释错误扣2分	2	2				
合计			100							

考评员:　　　　　　　　　　　核分员:　　　　　　　　　　　年　　月　　日

试题三十　依据测井资料确定油顶底界面

一、考生准备

(1)准备好准考证及相关证件。

(2)穿戴好劳保用品。

二、考场准备

1. 设备、工具、材料准备

序号	名称	单位	数量	备注
1	测井设备	套	1	
2	打捞工具	套	1	
3	井口设备	套	1	
4	专用工具	套	1	

2. 场地、人员准备

(1)测井施工现场。

(2)现场照明良好,安全设施齐全、清洁。

(3)现场有专业人员配合。

三、考核内容

(1)本题分值100分。

(2)考核时间30min。

(3)具体考核要求:

① 本题为实际操作题,考生需穿戴整齐劳保用品。

② 计时从下达口令开始,到宣布结束停止操作。

③ 提前完成操作不加分,超时停止操作。

④ 操作步骤清晰、有序。

⑤ 工具、器材使用正确。

⑥ 违章操作或发生事故停止操作。

(4)操作程序说明:

① 进入考核场地,进行准备,准备时间为5min。

② 按考评员要求进行操作。

③ 操作完成,清理场地。

④ 退场。

(5)考试规定说明:

① 准备时间:5min。

② 准备时间不计入操作时间。

③ 正式操作时间:30min。

④ 考试采用百分制,考试项目得分按组卷比例进行折算。

(6)测试技能说明:

本试题主要考核考生依据测井资料确定油顶底界面技能的掌握情况。

四、评分标准与配分表

序号	考试内容	评分要素	配分	评分标准	最大扣分	步长	检测结果	扣分	得分	备注
1	相关信息收集	详细阅读工作井的钻井地质设计,了解目的层位的深度及岩性	5	对地质设计和目的位不了解扣5分	5	5				
		收集地质录井、气测的岩性描述及油气显示资料	5	收集信息漏一项扣3分,最多扣5分	5	5				
2	测井曲线深度对齐	测井曲线与钻井工程深度(如表层套管、技术套管下深和测时井深等)相对应	10	没进行深度对应扣10分	10	10				
		以0.45m(或1m)底部梯度电阻率曲线或深探测电阻率曲线为深度基准曲线,以每次组合下井带测的自然伽马曲线做参考,将所有曲线深度对齐	10	曲线间深度不齐扣10分	10	10				
3	确定标准水层	参考地质录井、气测录井油气显示描述情况及邻井资料,确定标准水层。标准水层的确定标准:厚度较大,录井、气测均无油气显示,电阻率数值相对较低,声波时差与邻井相近,自然电位异常幅度较大,自然伽马数值相对较低,井径曲线平直无扩径	30	确定的标准水层与标准每不符一项扣10分,最多扣30分	30	10				
4	确定油气层和可能油气层	确定油气层和可能油气层。参考地质录井、气测录井油气显示描述情况及邻井资料,凡电阻率较高(高于标准水层1.5~2倍,薄层可适当放宽条件)、声波时差与标准水层相近的层,均应作为油气层或可能油气层来考虑	30	确定的标准水层与标准不符一项扣10分,最多扣30分	30	10				
5	确定油层顶底	确定最顶部和最底部油气层或可能油气层的深度作为工作井油气层的顶底	10	确定油层顶底错误扣10分	10	10				
合计			100							

考评员:　　　　　　　　　　　核分员:　　　　　　　　　　年　月　日

试题三十一　编制常规测井施工设计

一、考生准备

(1)准备好准考证及相关证件。
(2)穿戴好劳保用品。

二、考场准备

1. 设备、工具、材料准备

序号	名称	单位	数量	备注
1	计算机	台	1	
2	地质及工程设计	份	1	
3	邻井信息	份	1	

2. 场地、人员准备

(1)计算机室。

(2)考场有专业人员配合。

三、考核内容

(1)本题分值100分。

(2)考核时间30min。

(3)具体考核要求：

① 本题为实际操作题,考生需穿戴整齐劳保用品。

② 计时从下达口令开始,到宣布结束停止操作。

③ 提前完成操作不加分,超时停止操作。

④ 操作步骤清晰、有序。

⑤ 工具、器材使用正确。

⑥ 违章操作或发生事故停止操作。

(4)操作程序说明：

① 进入考核场地,进行准备,准备时间为5min。

② 按考评员要求进行操作。

③ 操作完成,清理场地。

④ 退场。

(5)考试规定说明：

① 准备时间:5min。

② 准备时间不计入操作时间。

③ 正式操作时间:30min。

④ 考试采用百分制,考试项目得分按组卷比例进行折算。

(6)测试技能说明：

本试题主要考核考生编制常规测井施工设计技能的掌握情况。

四、评分标准与配分表

序号	考试内容	评分要素	配分	评分标准	最大扣分	步长	检测结果	扣分	得分	备注
1	基本井况信息	基本井况信息:井别、井型、井位坐标、设计井身,包括斜深和垂深、钻井目的层位、钻探目的与完钻原则、完井方法、地质分层数值、井身结构(主要内容应包括钻井程序、钻头程序、套管程序、水泥返高等)、井斜数据(主要内容应包括造斜始点深度、造斜终点深度、稳斜井段深度、降斜点深度及井底各位置的井斜角度、方位角度、位移长度)	6	每漏失一项扣1分,直至扣完	6	1				

续表

序号	考试内容	评分要素	配分	评分标准	最大扣分	步长	检测结果	扣分	得分	备注
2	测井项目	主要内容应包括测井队类别、测井项目、测量井段、曲线深度比例、井壁取心深度及取心数量	5	每漏失一项扣2分,直至扣完	5	1				
3	测井序列及仪器组合	主要内容应包括每个仪器串仪器及工具的连接顺序及下井次序	6	漏失一项扣3分、连接顺序错扣3分、下井次序错扣3分,最多扣6分	6	3				
4	生产准备保证措施	测井所使用设备、工具及备件的检查保养要求	2	每漏失一项扣1分,直至扣完	2	1				
		测井所需材料的检查与领取要求	2	每漏失一项扣1分,直至扣完	2	1				
		供该项目专用测井仪器的准备、地面配接、刻度检查要求	2	每漏失一项扣1分,直至扣完	2	1				
		适合该井况的打捞工具及钻具输送测井专用工具的准备要求	2	每漏失一项扣1分,直至扣完	2	1				
		测井施工环境及条件的要求	2	每漏失一项扣1分,直至扣完	2	1				
		对钻井液的要求等	2	每漏失一项扣1分,直至扣完	2	1				
5	现场施工保证措施	测井时间的通知方式及到井时间的要求	2	每漏失一项扣1分,直至扣完	2	1				
		对现场测井协作会与测井班前会的要求	2	每漏失一项扣1分,直至扣完	2	1				
		到井场的生产准备要求	2	每漏失一项扣1分,直至扣完	2	1				
		对仪器的连接、检查、刻度要求	2	每漏失一项扣1分,直至扣完	2	1				
		对仪器下井速度的要求	2	每漏失一项扣1分,直至扣完	2	1				
		测井过程中对操作工程师的要求	2	每漏失一项扣1分,直至扣完	2	1				
		电缆测井遇阻遇卡的技术解决措施	2	每漏失一项扣1分,直至扣完	2	1				
		若进行钻具输送测井,还应包括对钻杆弯曲度的要求	2	每漏失一项扣1分,直至扣完	2	1				
		对下井钻杆水眼内径的要求	2	每漏失一项扣1分,直至扣完	2	1				

续表

序号	考试内容	评分要素	配分	评分标准	最大扣分	步长	检测结果	扣分	得分	备注
5	现场施工保证措施	测井前使用合适通径规对所有下井钻杆水眼进行检查清垢的要求	2	每漏失一项扣1分,直至扣完	2	1				
		测井下放钻杆速度的要求	2	每漏失一项扣1分,直至扣完	2	1				
		钻具遇阻控制井下仪器承受压力的要求等	2	每漏失一项扣1分,直至扣完	2	1				
6	测井资料质量保证措施	对测井仪器性能的要求	3	每漏失一项扣2分,直至扣完	3	1				
		对现场操作工程师技术素质及操作技能的要求	3	每漏失一项扣2分,直至扣完	3	1				
		对操作工程师及资料验收解释人员研究邻井资料、掌握地区地层规律的要求	3	每漏失一项扣2分,直至扣完	3	1				
		针对各仪器的特点,结合井眼状况加装额定规格的扶正器、间隙器、偏心器等辅助工具的要求等	3	每漏失一项扣1分,直至扣完	3	1				
7	HSE措施	施工人员进行施工现场防火、防有毒气体中毒及突发事故应急措施的培训要求	2	每漏失一项扣1分,直至扣完	2	1				
		施工人员现场防火要求	2	每漏失一项扣1分,直至扣完	2	1				
		施工人员劳保用品穿戴要求	2	每漏失一项扣1分,直至扣完	2	1				
		施工人员持证上岗和坐岗要求	2	每漏失一项扣1分,直至扣完	2	1				
		保证施工人员健康的工作条件要求	2	每漏失一项扣1分,直至扣完	2	1				
		对施工人员的卫生要求	2	每漏失一项扣1分,直至扣完	2	1				
		现场施工的环保要求等,对于井况复杂的高压井,同时还应制定防喷措施与应急计划	2	每漏失一项扣1分,直至扣完	2	1				
8	测井防喷措施	所有施工人员,测井前要进行施工现场防喷、防火应急措施的培训	1	漏一项扣1分	1	1				
		测井施工人员严禁将火种带入井场,施工车辆、设备按规定做好防火工作(例如车辆及柴油机排气管要戴防火帽等)	1	漏一项扣1分	1	1				
		测井施工前,必须对处理井喷事故的专用工具进行检查和保养	1	漏一项扣1分	1	1				

续表

序号	考试内容	评分要素	配分	评分标准	最大扣分	步长	检测结果	扣分	得分	备注
8	测井防喷措施	测井施工人员进入施工现场后,首先必须熟悉各岗位逃生路线	1	漏一项扣1分	1	1				
		测井施工前,应首先向驻井监理、井队工程技术人员了解井况、高压层位置,并在班前会上向每一位施工人员交代清楚	1	漏一项扣1分	1	1				
		测井车辆的摆放位置应尽量远离井口,靠近撤离通道	1	漏一项扣1分	1	1				
		放射源及下井仪器的摆放位置在符合安全施工要求的情况下应尽量靠近撤离通道	1	漏一项扣1分	1	1				
		测井施工中必须严格执行施工技术规程和保证措施,提前做好防喷准备,同时各岗位人员必须持证在岗操作或坐岗,严禁发生脱岗现象	1	漏一项扣1分	1	1				
		测井施工中,钻井队应有专人观察钻井液回路,如有溢流现象,及时通报测井指挥人员。测井施工人员必须在井口值班,发现问题及时汇报	1	漏一项扣1分	1	1				
		仪器下放至高压层200m前和上提至高压层50m前,应降速至2000m/h以下	1	漏一项扣1分	1	1				
		为确保施工安全,测井施工期间井队及时向井中灌注钻井液	1	漏一项扣1分	1	1				
		测井前,井队应调整好钻井液性能,确保测井期间不发生井涌现象。同时应测算出油气上窜速度,保证测井在允许的时间范围内进行	1	漏一项扣1分	1	1				
		测井仪器组合应尽量简单,同时严格进行测前准备,确保测井仪器的成功率和测井实效	1	漏一项扣1分	1	1				
9	测井时井喷应急工作计划	应急抢险原则:以抢救职工生命为第一位,按照先救人的原则,以最小的环境代价,对物资设备进行抢救。在人员与物资设备险情并发时,要以抢救人员为重,有可能发生二次事故时,做到抢救人员和控制险情并行	1	漏一项扣1分	1	1				
		测井施工队伍的应急指挥原则:项目负责人应为应急指挥第一责任人,施工队长为应急指挥第二责任人,以下分别为安全员、操作工程师等。如第一责任人在事故中受伤,则由第二责任人负责指挥,以此类推。所有测井施工人员必须听从责任人指挥,参加抢险救助工作或逃生	1	漏一项扣1分	1	1				

续表

序号	考试内容	评分要素	配分	评分标准	最大扣分	步长	检测结果	扣分	得分	备注
9	测井时井喷应急工作计划	在测井过程中如井涌严重,有引发井喷迹象,应在井队关闭防喷装置准备工作的同时,由操作工程师收拢井下仪器的推靠臂并给仪器断电,同时由绞车工先慢速上提电缆,待仪器上提避开井喷段后,再快速上提电缆	1	漏一项扣1分	1	1				
		若井队确定井喷在即需立即关闭井口,应采取压井措施,测井仪器来不及起出井口,则应当机立断,用断线钳切断电缆,撤出地面设备及危险品	1	漏一项扣1分	1	1				
		发生井喷后,应在井场有关负责人的统一指挥下进行防喷抢险和撤退工作	1	漏一项扣1分	1	1				
		测井施工人员在井喷失效时,应立即携带测井原始资料、危险品沿逆风方向顺逃生路线快速撤离井场	1	漏一项扣1分	1	1				
		发生井喷后,要做好安全防火工作,施工小队要切断所有电源,在保证安全的前提下将测井车辆、设备迅速撤离现场	1	漏一项扣1分	1	1				
		发生井喷后,施工小队应立即通知公司指挥调度部门,以便公司组织人员施救,配合甲方控制井喷	1	漏一项扣1分	1	1				
合计			100							

考评员：　　　　　　　　　　核分员：　　　　　　　　　　　　　年　　月　　日

试题三十二　编写相关技术论文

一、考生准备

(1)准备好准考证及相关证件。
(2)穿戴好劳保用品。

二、考场准备

1. 设备、工具、材料准备

名称	单位	数量	备注
计算机	台	1	

2. 场地、人员准备

(1)计算机室。
(2)考场有专业人员配合。

三、考核内容

(1) 本题分值100分。

(2) 考核时间30min。

(3) 具体考核要求：

① 本题为实际操作题，考生需穿戴整齐劳保用品。

② 计时从下达口令开始，到宣布结束停止操作。

③ 提前完成操作不加分，超时停止操作。

④ 操作步骤清晰、有序。

⑤ 工具、器材使用正确。

⑥ 违章操作或发生事故停止操作。

(4) 操作程序说明：

① 进入考核场地，进行准备，准备时间为5min。

② 按考评员要求进行操作。

③ 操作完成，清理场地。

④ 退场。

(5) 考试规定说明：

① 准备时间：5min。

② 准备时间不计入操作时间。

③ 正式操作时间：30min。

④ 考试采用百分制，考试项目得分按组卷比例进行折算。

(6) 测试技能说明：

本试题主要考核考生编写相关技术论文技能的掌握情况。

四、评分标准与配分表

序号	考试内容	评分要素	配分	评分标准	最大扣分	步长	检测结果	扣分	得分	备注
1	选题	围绕质量、安全、效益等几个方面，从生产实践中选择课题	5	与要求不符扣5分	5	5				
		在解决新问题的过程中，从既有理论与新的发现中选择课题	5	与要求不符扣5分	5	5				
		将新技术与实际应用相结合，在推广应用新成果中选择课题	5	与要求不符扣5分	5	5				
		收集、研究各种技术信息，通过归纳、分析和对比，结合自己的实践经验，从各种技术信息中选择研究的课题	5	与要求不符扣5分	5	5				
2	收集资料	围绕选题，大量收集相关的资料，资料的数量应足够	5	与要求不符扣5分	5	5				

续表

序号	考试内容	评分要素	配分	评分标准	最大扣分	步长	检测结果	扣分	得分	备注
2	收集资料	资料来源可以是相关期刊、教科书等，也可以是学术专著及网上的论文	5	与要求不符扣5分	5	5				
		收集的资料原则上应是近三年的资料	5	与要求不符扣5分	5	5				
3	撰写论文提纲	撰写论文提纲	15	缺失扣15分	15	15				
4	按照规范的格式撰写初稿	按照规范的格式撰写初稿	30	缺失扣30分；不规范扣10分	30	10				
5	修改论文	修改论文初稿	20	缺失扣20分	20	20				
合计			100							

考评员： 　　　　　　　　核分员： 　　　　　　　　年　月　日

试题三十三　制作培训课件

一、考生准备

(1)准备好准考证及相关证件。

(2)穿戴好劳保用品。

二、考场准备

1. 设备、工具、材料准备

名称	单位	数量	备注
计算机	台	1	

2. 场地、人员准备

(1)计算机室。

(2)考场有专业人员配合。

三、考核内容

(1)本题分值100分。

(2)考核时间30min。

(3)具体考核要求：

① 本题为实际操作题，考生需穿戴整齐劳保用品。

② 计时从下达口令开始，到宣布结束停止操作。

③ 提前完成操作不加分，超时停止操作。

④ 操作步骤清晰、有序。

⑤ 工具、器材使用正确。
⑥ 违章操作或发生事故停止操作。
(4)操作程序说明:
① 进入考核场地,进行准备,准备时间为5min。
② 按考评员要求进行操作。
③ 操作完成,清理场地。
④ 退场。
(5)考试规定说明:
① 准备时间:5min。
② 准备时间不计入操作时间。
③ 正式操作时间:30min。
④ 考试采用百分制,考试项目得分按组卷比例进行折算。
(6)测试技能说明:
本试题主要考核考生制作培训课件技能的掌握情况。

四、评分标准与配分表

序号	考试内容	评分要素	配分	评分标准	最大扣分	步长	检测结果	扣分	得分	备注
1	确定题目和内容	根据培训要求确定要授课的题目及内容	15	不符合培训要求扣15分	15	15				
2	确定教学模式	分析学员特征,结合培训要求确定教学目标,根据学员特征选择教学模式和需要用到的多媒体形式	15	没有针对性扣15分	15	15				
3	制作培训课件	选择多媒体制作软件,设计课件封面,确定教学单元层次结构	9	缺失一项扣3分,直至扣完	9	3				
		按照教学内容和教学设计的思路及要求编写脚本	9	与内容不符扣9分	9	9				
		根据教学需要和教学内容准备文本(文字、数字)、图像(图画、照片)、动画(二维、三维)、声音(解说、配乐)、视频(动画、视频)等多媒体素材	9	素材不充分扣9分	9	9				
		根据实际情况选定多媒体编辑工具,利用编辑工具将各种数据进行整合,制作多媒体课件	9	课件整合不充分扣9分	9	9				
		调试运行多媒体课件以确保程序无误	9	未调试扣9分	9	9				
4	审核、修改、成型	组织人员检查课件的教学单元设计、教学设计、教学目标等是否达到了要求,对课件信息的呈现、交互性、教学过程控制、素材管理和在线帮助进行评估试用与评价。发现错误和不足,修改课件,使课件能与实际教学要求相符合	13	未使用或评估扣13分	13	13				

续表

序号	考试内容	评分要素	配分	评分标准	最大扣分	步长	检测结果	扣分	得分	备注
4	审核、修改、成型	试用课件,暴露其内在的不足,进一步完善和修改,直至定型	12	未试用或完善扣12分	12	12				
合计			100							

考评员：　　　　　　　　　　核分员：　　　　　　　　　　年　　月　　日

试题三十四　编写井控应急处置方案

一、考场准备

1. 设备准备

序号	名称	单位	数量	备注
1	计算机	台	1	
2	考卷	张	若干	

2. 材料准备

名称	单位	数量	备注
秒表(计时器)	块	1	

二、考生准备

序号	名称	单位	数量	备注
1	劳保用品	套	1	
2	准考证及相应证件	套	1	

三、考核内容

1. 操作程序说明

(1)井喷事故分级。

(2)井喷事故预报。

(3)常规测井应急处置。

(4)生产测井应急处置。

(5)硫化氢泄漏应急管理。

2. 考核时间

(1)准备工作:5min。

(2)正式操作:60min。

(3)计时从正式操作开始,至考核结束,共计60min,超时即停止,未完成部分不得分。

四、评分标准与配分表

序号	考试内容	评分要素	配分	评分标准	最大扣分	步长	检测结果	扣分	得分	备注
1	井喷事故分级	Ⅰ级井喷事故是指发生井喷、油气爆炸、着火或井喷失控,造成H_2S等有毒有害气体溢散和窜入地下矿产采掘坑道或者发生井喷,并伴有油气爆炸、着火,严重危及现场作业人员和作业现场周边居民生命财产安全	4	缺此项扣4分	4	4				
		Ⅱ级井喷事故是指含有超标有毒有害气体的油(气)井或者油气井发生井喷,在12h内仍未建立井筒压力平衡,企业自身难以在短时间内完成事故处理	4	缺此项扣4分	4	4				
		Ⅲ级井喷事故是指油气井发生井喷,能够在12h内建立井筒压力平衡,企业自身可以在短时间内完成事故处理	4	缺此项扣4分	4	4				
2	井喷事故预报	发生Ⅰ级和Ⅱ级井喷事故在启动分公司应急预案的同时,项目部应在15min内报送分公司井控应急指挥办公室,分公司2h内报至公司应急指挥中心办公室	2	缺此项扣2分	2	2				
		发生Ⅲ级井喷事故在启动分公司应急预案的同时,事故项目部应在30min内报送分公司井控应急指挥办公室,在12h内报至公司应急指挥中心办公室	2	缺此项扣2分	2	2				
3	常规测井应急处置	出现溢流、井涌情况时,发现人通报协作方当班司钻,同时报告作业队长,作业队长立即向分公司应急办公室报告	4	缺此项扣4分	4	4				
		作业队服从协作方现场应急指挥,配合做好下一步处置措施: (1)使用井控电缆悬挂器固定电缆,井队下钻。 (2)切断电缆或起出仪器。 (3)井口组长协助押源人员及时将放射源转移回源舱	4	缺一项扣2分	4	2				
		测井作业出现井喷,听到警报信号后: (1)绞车工制动绞车。 (2)操作工程师关闭UPS电源、熄灭仪器车发电机。 (3)仪器车司机关闭发动机及外接电源。 (4)工程车司机切断工程车外接电源,以人员逃生为主。 (5)作业队长组织作业队所有人员撤离到协作方紧急集合点,并向协作方报告施工(重点强调放射源情况)、人员撤离情况及现有应急物资,作业队服从协作方现场应急指挥	20	缺一项扣4分	20	4				

测井工（测井采集专业方向）

续表

序号	考试内容	评分要素	配分	评分标准	最大扣分	步长	检测结果	扣分	得分	备注
3	常规测井应急处置	作业队长根据进展情况实时向分公司应急办公室汇报	4	缺此项扣4分	4	4				
4	生产测井应急处置	生产测井出现刺漏时： (1)若发生在压力防喷盒，井口组长用手压油泵或者加大注脂量进行控制。 (2)防喷管连接处出现刺漏，作业队长根据情况，安排井口组长关闭电缆防喷器或绞车工迅速将井下仪器起至防喷管内，由井口组长关闭测试阀门，释放防喷管内压力后，进行整改，再进行施工	8	缺一项扣4分	8	4				
		生产测井时若发生较大的泄漏、井喷，发现人报告作业队长： (1)注水井，由井口组长关闭注水阀门。 (2)注气井，操作工程师熄灭仪器车发电机，仪器车司机熄灭发动机及断开外接电源，工程车司机切断工程车外接电源，作业队长立即联系甲方停止注入	8	缺一项扣4分	8	4				
		(1)确定井喷为不易控制时，作业队长征得甲方监督同意后，安排井口组长直接关闭测试阀门，切断电缆。 (2)如果带放射源作业，井口组长协助押源人员及时将放射源转移到源舱，同时迅速将所有设备转移至安全地带，作业队长向分公司应急办公室报告情况	8	缺一项扣4分	8	4				
		确定井喷为无法控制时，按预定路线逃生，作业队长清点人数，实时向分公司应急办公室汇报进展情况并及时与甲方单位取得联系请求支援	4	缺此项扣4分	4	4				
5	硫化氢泄漏应急管理	H_2S泄漏一级报警阈限值为15mg/m^3（10ppm），达到此浓度时，立即通知司钻、甲方监督及协作方值班干部，同时进行声光报警，提示现场作业人员H_2S的浓度超过阈限值，带班干部组织作业队所有人员确认防护用具，做好逃生准备，继续作业，同时向分公司应急办公室报告	4	缺此项扣4分	4	4				
		H_2S泄漏二级报警阈限值为30mg/m^3（20ppm），达到此浓度时： (1)立即通知司钻、甲方监督及协作方值班干部发出二级报警信号。 (2)现场作业人员佩戴正压式空气呼吸器，停止作业，关闭仪器，切断所有外接电源。 (3)所有人员向上风高处的安全区域撤离	8	缺一项扣4分	8	4				

续表

序号	考试内容	评分要素	配分	评分标准	最大扣分	步长	检测结果	扣分	得分	备注
5	硫化氢泄漏应急管理	如发生 H_2S 中毒,应迅速将中毒人员安置在安全区域,解开其衣扣,保持呼吸道通畅,必要时进行心肺复苏等现场急救,同时拨打120急救电话或送医	4	缺此项扣4分	4	4				
		返回危险区域抢险人员必须穿戴正压式空气呼吸器	4	缺此项扣4分	4	4				
		作业队服从协作方现场应急指挥,作业队长根据现场情况,实时向分公司应急办公室汇报	4	缺此项扣4分	4	4				
合计			100							

考评员：　　　　　　　　　　核分员：　　　　　　　　　　　　年　　月　　日

试题三十五　布置测井标准化作业现场

一、考场准备

1. 设备准备

序号	名称	单位	数量	备注
1	计算机	台	1	
2	考卷	张	若干	

2. 材料准备

名称	单位	数量	备注
秒表(计时器)	块	1	

二、考生准备

序号	名称	单位	数量	备注
1	劳保用品	套	1	
2	准考证及相应证件	套	1	

三、考核内容

1. 操作程序说明

(1)现场劳保着装。

(2)现场勘查、施工条件确认。

(3)施工前安全会。

测井工（测井采集专业方向）

(4) 现场车辆摆放。

(5) 设置施工区域。

(6) 现场布线要求。

2. 考核时间

(1) 准备工作：5min。

(2) 正式操作：60min。

(3) 计时从正式操作开始，至考核结束，共计60min，超时即停止，未完成部分不得分。

四、评分标准与配分表

序号	考试内容	评分要素	配分	评分标准	最大扣分	步长	检测结果	扣分	得分	备注
1	现场劳保着装	进入井场，全体员工规范劳保着装	5	每少一项扣1分，直至扣完	5	1				
		放射性测井，测井队人员应佩戴个人辐射剂量计，放置在工衣左侧胸袋中	5	缺此项扣5分	5	5				
2	现场勘查、施工条件确认	井场空间满足测井车辆摆放要求	2	缺此项扣2分	2	2				
		夜间施工，井场照明良好	2	缺此项扣2分	2	2				
		钻台面应整洁干净，无钻井液、油污和陷脚的缝洞，井口至坡道应通畅无障碍物	4	缺失一项扣1分，直至扣完	4	1				
		钻台坡道上无钻杆、钻铤以及其他妨碍测井仪器提升(或下放)的钻具	2	缺此项扣2分	2	2				
		在可能含 H_2S 等有毒有害气体井作业时，先进行有毒有害气体检测，检测值不大于 $15mg/m^3$ 方可正常施工	5	缺此项扣5分	5	5				
		参加相关方现场协调会，告知施工中的风险，明确双方责任、协作要求、井场紧急集合点、井队紧急信号、井队联系方式等，与相关方签订测井施工风险告知书	10	缺失一项扣2分，直至扣完	10	2				
3	施工前安全会	现场勘查结束，队长组织召开施工前安全会	2	缺此项扣2分	2	2				
		会议内容应包括但不限于以下内容： (1) 介绍井况、施工方案。 (2) 根据现场勘查结果，告知现场新增风险和主要风险，将相应的控制措施落实到各岗。 (3) 告知紧急集合点和与协作方的应急联络方式和信号等	10	缺失一项扣2分	10	2				
4	现场车辆摆放	条件允许，绞车摆放距井口25m以上，生产测井绞车距井口15m以上，3500m以上深井绞车距井口应大于30m	6	缺一项扣2分	6	2				

续表

序号	考试内容	评分要素	配分	评分标准	最大扣分	步长	检测结果	扣分	得分	备注
4	现场车辆摆放	测井绞车摆好后前轮回正,拉紧手刹,将行车挡切换至绞车挡	2	缺此项扣2分	2	2				
		测井绞车后轮打好掩木,后轮处如有冰雪泥泞,必须清理干净	2	缺此项扣2分	2	2				
		工程车摆放在井场合理位置,易于驶出井场、车头向外	2	缺此项扣2分	2	2				
		生产测井吊车停放在采油树侧面,支撑腿不能妨碍电缆、地滑轮及采油装置的正常运行,吊车上方应无高压线	4	缺一项扣1分	4	1				
		吊车摆放处地面承载力、与周围建筑物安全距离符合要求。支腿处用垫木垫平地面,确保吊车保持平稳,无下陷	4	缺一项扣2分	4	2				
5	设置施工区域	设置施工警戒区域,防止无关人员进入,测井队人员未经许可也不许进入相关方施工区域	2	缺此项扣2分	2	2				
		根据测井项目,正确设置"当心电离辐射"、"当心爆炸"等警示牌	2	缺此项扣2分	2	2				
		在可能含 H_2S 等有毒有害气体井作业时,将正压式空气呼吸器放置在上风口并便于紧急穿戴的地方	2	缺此项扣2分	2	2				
		设置气体检测仪报警参数(一级报警值 15mg/m³;二级报警值 30mg/m³),井口组长随身佩戴并始终保持开机状态	3	缺一项扣1分	3	1				
6	现场布线要求	井场连接外接电源或启动发电机前应先接好地线	2	缺此项扣2分	2	2				
		使用接地棒方式接地,接地棒埋深不小20cm,地面干燥时应采取浇水或其他减阻措施确保接地良好	3	缺一项扣3分	3	3				
		使用接地夹方式接地,连接前应先对接地体连接处的锈蚀进行处理,确保接地夹与接地体连接紧密、牢固,有良好的导电性能	2	缺此项扣2分	2	2				
		按照临时用电安全管理要求,凡属临时用电范畴内的井场外接电源必须向井队申请《临时用电许可证》,审批后的作业许可证粘贴在测井车舱内	5	缺此项扣5分	5	5				
		绕线盘上电源线全部放下,电源线经过门、窗走线时,必须采取防护、防止挤压的措施(如穿管、固定门窗等)	2	缺此项扣2分	2	2				
		外接电源应在井队指定地点,由井队专业电工接电源,接电前必须先断电	5	缺此项扣5分	5	5				

续表

序号	考试内容	评分要素	配分	评分标准	最大扣分	步长	检测结果	扣分	得分	备注
6	现场布线要求	现场各种地面引线布排合理,应尽量避免存在高温、振动、腐蚀、积水及机械损伤等风险的位置,穿越井场车道处应采取防碾压措施(如地面开槽或加保护盖板)	5	缺一项扣1分	5	1				
合计			100							

考评员:　　　　　　　　　核分员:　　　　　　　　　年　月　日

试题三十六　编制机械伤害处置预案

一、考场准备

1. 设备准备

名称	单位	数量	备注
计算机	台	1	

2. 材料准备

名称	单位	数量	备注
秒表	块	1	

二、考生准备

序号	名称	单位	数量	备注
1	劳保用品	套	1	
2	准考证及相应证件	套	1	

三、考核内容

1. 操作程序说明

(1) 事故风险描述。

(2) 应急工作职责。

(3) 应急处置。

(4) 现场注意事项。

2. 考核时间

(1) 准备工作:5min。

(2) 正式操作:60min。

(3) 计时从正式操作开始,至考核结束,共计60min,超时即停止,未完成部分不得分。

四、评分标准与配分表

序号	考试内容	评分要素	配分	评分标准	最大扣分	步长	检测结果	扣分	得分	备注
1	事故风险描述	危险性分析： (1)发生机械伤害事故,轻者可使人受伤、致残,重者可使人当场死亡。 (2)机械设备防护设施不全造成的绞、碾、碰、割、戳、切等伤害。 (3)机械设备摆放不当,安全操作距离不足导致的挤伤、压伤等。 (4)机械设备缺陷处理不及时,带病运行造成的机械伤害。 (5)人员操作行为不当而导致的肢体或身体被打击、夹伤等伤害。 (6)其他行为性违章、装置性违章和管理性违章的事故隐患	15	每少分析一条扣3分,直至扣完	15	3				
		发生事故的条件： (1)机械设备传动部位没有防护罩、保险、限位、信号等装置。 (2)设备设施、工具、附件有缺陷。 (3)设备维护、保养不到位,机械设备带病运转。 (4)生产作业环境缺陷,设备安装布局不合理,安全通道不畅通等。 (5)作业人员个人防护用品、工具缺少或存在缺陷。 (6)作业人员操作失误,忽视安全,忽视警告。 (7)作业人员野蛮操作,导致机器设备安全装置失效或失灵。 (8)作业人员手工代替工具操作或冒险进入危险场所、区域。 (9)作业人员进入危险区域进行检查、安装、调试。 (10)作业人员忽视使用或佩戴劳保用品。 (11)其他行为性、装置性和管理性违章行为	15	每少一个条件扣2分,直至扣完	15	1				
		事故发生的区域、地点和装置： (1)使用机械设备的场所。 (2)机械设备声音异常。 (3)运行设备突然停止或又突然运行。 (4)作业人员马虎大意、违章操作	10	每少一条扣3分	10	1				
2	应急工作职责	成立机械伤害事故应急领导小组：由分公司(处级)分管安全领导担任组长,质量安全环保部经理担任副组长,成员由质量安全环保部、生产技术部、办公室、人力资源部、财务资产部、党群工作部等部门人员组成	4	应急小组成员不符合标准扣2分	4	2				
		领导小组组长、副组长及成员的岗位职责	6	应急小组岗位职责不全、不清晰,每个岗位扣2分,直至扣完	6	2				

测井工（测井采集专业方向）

续表

序号	考试内容	评分要素	配分	评分标准	最大扣分	步长	检测结果	扣分	得分	备注
3	应急处置	应急处置程序： (1)发现有人受伤后，必须立即停止运转的机械，向周围人员呼救，同时通知直接领导，以及拨打120等急救电话。报警时，应注意说明受伤者的受伤部位和受伤情况，发生事件的区域或场所，以便让救护人员事先做好急救的准备。 (2)作业队在组织进行应急抢救的同时，应立即上报本公司安全管理委员会，启动应急预案和现场处置方案，最大限度地减少人员伤害和财产损失	10	应急处置程序缺失一项扣5分；描述不清晰、不全面扣5分	10	5				
		现场应急处置措施： (1)由现场人员进行简单包扎、止血等措施，防止受伤人员流血过多造成死亡事故发生，及时送往医院救治。 (2)发生断手、断指等严重情况时，对伤者伤口要进行包扎止血、止痛、进行半握拳状的功能固定。对断手、断指应用消毒或清洁敷料包好，在周围放冰块，迅速随伤者送医院抢救。 (3)肢体卷入设备内，必须立即切断电源，如果肢体仍被卡在设备内，不可用倒转设备的方法取出肢体，妥善的方法是拆除设备部件，无法拆除时拨打当地119请求救援。 (4)发生头皮撕裂伤应采取止痛及其他对症措施；用生理盐水冲洗有伤部位，用消毒大纱布块、消毒棉花紧紧包扎，压迫止血，送医院进一步治疗。 (5)受伤人员出现肢体骨折时，应尽量保持受伤的体位，由医务人员对伤肢进行固定，并在其指导下采用正确的方式进行抬运，防止伤情进一步加重。 (6)受伤人员出现呼吸、心跳停止症状后，必须立即进行胸外心脏按压或人工呼吸。 (7)在做好事故紧急救助的同时，应注意保护事故现场，对相关信息和证据进行收集和整理，做好事故调查工作	30	现场应急处置措施缺失一项扣5分；描述不清晰、不全面扣5分	30	5				
4	现场注意事项	(1)发现有人卡在设备中时，不可惊慌失措，应找熟知设备的员工帮助救援。 (2)施救的人员最好为经过卫生部门培训或懂医学的人员。 (3)如事故发生在夜间，应迅速解决临时照明，以利于抢救，并避免扩大事故	10	缺少一项扣5分	10	5				
合计			100							

考评员： 核分员： 年 月 日

试题三十七　编制触电事故处置预案

一、考场准备

1. 设备准备

名称	单位	数量	备注
计算机	台	1	

2. 材料准备

名称	单位	数量	备注
秒表	块	1	

二、考生准备

序号	名称	单位	数量	备注
1	劳保用品	套	1	
2	准考证及相应证件	套	1	

三、考核内容

1. 操作程序的规定及说明

(1) 事故风险描述。

(2) 应急工作职责。

(3) 现场应急处置。

(4) 现场注意事项。

2. 考核时间

(1) 准备工作:5min。

(2) 正式操作:60min。

(3) 计时从正式操作开始,至考核结束,共计60min,超时即停止,未完成部分不得分。

四、评分标准与配分表

序号	考试内容	评分要素	配分	评分标准	最大扣分	步长	检测结果	扣分	得分	备注
1	事故风险描述	危险性分析:用电设施本身故障或者人员失误等都有可能导致触电事故的发生	4	缺此项扣4分,描述不完整扣2分	4	2				
		事故类型:触电事故可分为电击事故和电伤事故	4	每少一个扣2分	4	2				

续表

序号	考试内容	评分要素	配分	评分标准	最大扣分	步长	检测结果	扣分	得分	备注
1	事故风险描述	事故发生的区域、地点和装置:公司厂区、办公区、宿舍及作业现场,凡有电气设备、设施的地点,电气线路维修作业等	4	每少一个扣1分	4	1				
		事故可能发生的季节和造成的危害程度: (1)触电事故可能发生在一年四季当中,以第二、第三季度事故较多,6~9月最集中。 (2)当流经人体电流大于10mA时,人体将会产生危险的病理生理效应,并随着电流的增大、时间的增长将会产生心室纤维性颤动,以致人体窒息,在瞬间或在3min内就夺去人的生命。当人体触电时,人体与带电体接触部分发生电弧灼伤、电烙印,这些伤害会给人体留下伤痕,严重时也可能置人于死地	8	缺少发生的季节描述扣2分;缺少危害程度描述扣6分;描述不完整扣2分	8	2				
		事故可能发生的前兆: (1)绝缘破损或绝缘性能下降。 (2)人员直接触及带电体。 (3)电气线路短路。 (4)漏电保护装置失效。 (5)无保护接地(零),或接地电阻达不到规定要求	10	缺一项扣2分	10	2				
2	应急工作职责	成立触电事故应急领导小组: 分公司(处级)分管安全的领导担任组长,质量安全环保部经理担任副组长,成员由质量安全环保部、生产技术部、办公室、人力资源部、财务资产部、党群工作部等部门人员组成	4	应急小组成员不符合要求一处扣2分	4	2				
		领导小组组长、副组长及成员的岗位职责	6	岗位职责描述不完整扣2分,直至扣完	6	2				
3	现场应急处置	应急处置程序: (1)当发生触电事故时,第一发现人应立即断电,通知熟悉触电急救知识的人员,迅速报告直属部门领导,部门领导迅速上报应急领导小组。 (2)启动应急处置预案后,当事故不能有效处置,或者有扩大、发展趋势,分公司(处级)应急小组组长启动Ⅱ级响应。 (3)事故现场危害消除后,分公司(处级)应急小组组长宣布事故应急救援工作结束,并转入现场恢复、清查等工作	15	应急处置程序缺失一项扣5分;描述不清晰、不全面扣5分	15	5				

续表

序号	考试内容	评分要素	配分	评分标准	最大扣分	步长	检测结果	扣分	得分	备注
3	现场应急处置	现场应急处置措施： (1)发现有人触电,立即大声呼喊,发出示警。 (2)周边人员立即拉下开关或拔除插头断开电源。若无法切断电源,应用绝缘工具剪断电线,若无绝缘电具,则用竹子或木板将电源拨离,然后拉拽触电者的腰带,使触电者脱离电源。 (3)尽快判断伤者伤势,如神志清醒,应使其就地仰面平躺,解除其领扣和松开腰带,保持气道畅通。 (4)如触电者失去知觉,呼吸和心跳均停止,应立即采取心肺复苏术或口对口人工呼吸法进行急救。 (5)抢救同时拨打120求救	30	现场应急处置措施缺失一项扣6分；描述不清晰、不全面扣6分	30	6				
4	现场注意事项	(1)救护人不可直接用手或其他金属物或潮湿的物件作为救护工具,而必须使用绝缘工具。 (2)防止触电者脱离电源后可能的摔伤,特别是在高处触电的情况下,应考虑防摔措施。 (3)如事故发生在夜间,应迅速解决临时照明,以利于抢救,并避免扩大事故	6	缺失一项扣2分	6	2				
		现场抢救触电者应遵循的原则： (1)迅速：争分夺秒让触电者脱离电源。 (2)就地：必须在现场附近就地抢救,病人有意识后再就近送医院抢救。 (3)准确：心肺复苏和口对口人工呼吸的动作必须准确。 (4)坚持：只要有百万分之一的希望就要尽百分之百的努力抢救	9	缺失一项扣3分	9	3				
合计			100							

考评员：　　　　　　　　　　　　核分员：　　　　　　　　　　　　年　　月　　日

试题三十八　编制车载发电机着火事故预案

一、考场准备

1. 设备准备

序号	名称	单位	数量	备注
1	计算机	台	1	
2	考卷	张	若干	

2. 材料准备

名称	单位	数量	备注
秒表(计时器)	块	1	

二、考生准备

序号	名称	单位	数量	备注
1	劳保用品	套	1	
2	准考证及相应证件	套	1	

三、考核内容

1. 操作程序说明

(1)事故风险描述。

(2)应急工作职责。

(3)现场应急处置。

(4)现场注意事项。

2. 考核时间

(1)准备工作:5min。

(2)正式操作:60min。

(3)计时从正式操作开始,至考核结束,共计60min,超时即停止,未完成部分不得分。

四、评分标准与配分表

序号	考试内容	评分要素	配分	评分标准	最大扣分	步长	检测结果	扣分	得分	备注
1	事故风险描述	危险性分析: (1)发电机不能正常运行,中舱设备不能正常工作。 (2)引发次生火灾,造成测井车、仪器设备损失损伤。 (3)造成人员烧伤伤害。 (4)救援不及时或错误,可能引起燃油爆燃	8	缺一项扣2分,描述不完整扣2分	8	2				
		事故类型: 柴油发电机着火,引发油类、电气类火灾	4	缺一项扣2分	4	2				
		事故发生的区域、地点和装置: 测井仪器车、测井工程车车载发电机机舱、油箱	4	每少一个扣2分	4	2				
		事故可能发生的季节和造成的原因: (1)夏季高温季节。 (2)降温风扇运行不良	4	缺一项扣2分	4	2				

操作技能试题

续表

序号	考试内容	评分要素	配分	评分标准	最大扣分	步长	检测结果	扣分	得分	备注
1	事故风险描述	事故可能发生前兆： (1)发电机机舱温度过高。 (2)发电机降温风扇运转不正常。 (3)发电机运转转速不稳,发出异响。 (4)发电机电源输出线路短路	8	缺一项扣2分	8	2				
2	应急工作职责	成立火灾事故应急领导小组,依次分为分公司(处)级、项目部(科)级、作业队(班组)级。由火灾事故应急领导小组(处级)派出成立现场工作组	6	应急小组不符合要求一处扣2分	6	2				
		组长、副组长及成员的岗位职责： 现场工作组负责现场应急抢险指挥,执行应急领导小组指令,组织做好事故处置过程与相关企业、地方政府、公安、消防、医院和媒体的协调工作,协助事故单位开展应急协调、处置工作	6	岗位职责描述不完整扣2分,直至扣完	6	2				
3	现场应急处置	应急处置程序： (1)发现火情后,现场发现者应立即向当班组长、现场负责人及应急办公室报告,现场当班人员立即采取措施防止事故扩大。 (2)应急办公室接到事故报告后,必须立即启动相关处置方案。 (3)在应急处置过程中,要及时续报有关情况	15	应急处置程序缺失一项扣5分；描述不清晰、不全面扣5分	15	5				
		现场应急处置措施： (1)迅速查明燃烧范围、燃烧物品及其周围物品的品名和主要危险特性、火势蔓延的主要途径、燃烧的物质及燃烧产物是否有毒。 (2)相关人员立即给发电机熄火,切断发电机供电开关或关掉用电设施,若不能熄火立即断开发电机供油。 (3)正确选择最适合的灭火剂和灭火方法,针对柴油发电机适合使用干粉或二氧化碳灭火器。 (4)对有可能发生包装容器爆炸、爆裂、喷溅等特别危险需紧急撤退的情况,应急人员应及时撤退。 (5)火灾扑灭后,仍然要派人监护现场,消灭余火	25	现场应急处置措施缺失一项扣5分。 描述不清晰、不全面扣5分	25	5				

583

续表

序号	考试内容	评分要素	配分	评分标准	最大扣分	步长	检测结果	扣分	得分	备注
44	现场注意事项	(1)火灾处置人员必须佩戴防毒面具。严禁救援人员在没有采取防护措施的情况下盲目施救。 (2)重要个人防护器具应专人保管，正常维护，确保能随时使用。 (3)如事故发生在夜间，应迅速解决临时照明，以利于抢救，并避免扩大事故。 (4)应急救援时，应安排2人以上为一组，相互监护，确保人员安全。 (5)正确使用抢险救援器材，电气火灾发生时严禁使用导电灭火剂(如水、泡沫灭火器等)扑救。 (6)事故现场的作业人员应尽快有组织地进行疏散，当班班长设置警戒区防止无关人员进入。 (7)如事故扩大，导致次生、衍生事故不能控制时，应发出警报，现场指挥应立即组织人员撤离危险区域。 (8)受伤人员根据伤势程度在现场进行简单的处理后，应立即送往医院进行救治。 (9)事故应急处置结束后，应注意保护好现场，积极配合有关部门的调查处理工作，并做好受伤人员的善后处理	20	缺失一项扣3分	20	1				
合计			100							

考评员： 核分员： 年 月 日

高级技师操作技能试题

试题一　维修、保养绞车液压系统

一、考生准备

(1)劳保用品穿戴整齐。
(2)正确使用工具,操作熟练、有序,配合默契。
(3)防止井下落物。

二、考场准备

1. 设备、工具、材料准备

序号	名称	单位	数量	备注
1	计算机	台	1	
2	笔	支	1	
3	纸		适量	

2. 场地、人员准备

(1)计算机室。
(2)现场照明良好。

三、考核内容

(1)准备时间:5min。
(2)准备时间不计入操作时间。
(3)正式操作时间:30min。
(4)正确使用所需工具。
(5)计时从考评员下达口令开始至全部操作完成结束。
(6)违章操作或发生事故停止操作

四、评分标准与配分表

序号	考试内容	评分要素	配分	评分标准	最大扣分	步长	检测结果	扣分	得分	备注
1	液压油过滤器检查	检查滤油器污染指示器	10	漏检扣10分	10	10				

续表

序号	考试内容	评分要素	配分	评分标准	最大扣分	步长	检测结果	扣分	得分	备注
1	液压油过滤器检查	当指示器指示超范围或报警时,清洗或更换滤油器滤芯	10	做错扣10分	10	10				
		排放油箱中的凝结物	10	做错扣10分	10	10				
		更换液压油。加油时必须经过滤油器过滤	10	做错扣10分	10	5				
2	油箱内油面高度检查	油位在油标范围内	10	漏检扣10分	10	10				
3	软管和接头检查维修	软管和接头无破损、无漏油	10	漏检一处扣5分	10	5				
4	散热器、散热片检查	检查散热片是否清洁,清洗散热片。保持散热机的正常工作	10	未清洁扣10分	10	5				
5	使用中检查保养	不要让马达长时间高速运转	10	做错扣10分	10	10				
		不要让油泵长时间在小偏角下运转	10	做错扣10分	10	10				
		扭矩阀不要关死,不能让其发出噪声	10	做错扣10分	10	10				
合计			100							

考评员：　　　　　　　　　　核分员：　　　　　　　　　　年　月　日

试题二　使用、保养声电成像仪器

一、考生准备

(1)劳保用品穿戴整齐。
(2)正确使用工具,操作熟练、有序,配合默契。
(3)防止井下落物。

二、考场准备

1. 设备、工具、材料准备

序号	名称	单位	数量	备注
1	测井仪器车(含电缆、马笼头)	台	1	
2	安装好的井口装置	套	1	
3	所用井下仪器	套	1	
4	井口专用工具和设备	套	1	
5	井口常用工具	套	1	
6	水桶	个	1	
7	棉纱等消耗品		适量	

2. 场地、人员准备

(1)测井现场,照明良好,安全设施齐全。

(2)考场有专业测井人员配合。

三、考核内容

(1)准备时间:5min。

(2)准备时间不计入操作时间。

(3)正式操作时间:30min。

(4)计时从考评员下达口令开始至全部操作完成结束。

(5)提前完成不加分,每超时1min,从总分中扣除5分,超时5min停止操作。

(6)违章操作或发生事故停止操作。

四、评分标准与配分表

序号	考试内容	评分要素	配分	评分标准	最大扣分	步长	检测结果	扣分	得分	备注
1	仪器连接前的检查和清洁	清洁马笼头、仪器	5	清洁不到位,每漏一处扣1分,扣完本项分为止	5	1				
		检查马笼头通断、绝缘情况	5	检查错误或漏检扣5分	5	5				
		检查马笼头、仪器头的插针、插孔	5	漏检或发现问题未调整扣5分	5	5				
		检查马笼头、仪器连接部位螺纹	5	漏检或发现问题未调整扣5分	5	5				
		检查马笼头、仪器密封面、密封圈	5	漏检或发现问题未调整扣5分	5	5				
2	加装、拆卸扶正器	根据井眼尺寸,正确加装尺寸大小适中的橡胶扶正器,使用后正确拆卸	10	扶正器尺寸不正确扣5分;安装位置错误扣5分	10	5				
		正确加装和拆卸灯笼体扶正器	5	安装或拆卸错误扣5分	5	5				
3	仪器的连接和下井	使用专用工具连接仪器	5	工具选择错误或使用不当扣5分	5	5				
		按仪器串的顺序,先下后上与有关人员配合完成仪器串的井口连接	10	仪器连接顺序错误扣5分;仪器连接后未紧固扣5分;配合发生错误扣5分;最多扣10分	10	5				
		指挥绞车工,对零后,仪器串下井	10	指挥手势错误扣5分;未对零扣5分;最多扣10分	10	5				

续表

序号	考试内容	评分要素	配分	评分标准	最大扣分	步长	检测结果	扣分	得分	备注
4	仪器的拆卸	使用专用工具拆卸仪器	5	选择工具错误扣5分；工具使用不当扣5分；最多扣5分	5	5				
		按仪器串的顺序，从上至下与有关人员配合完成仪器串的井口拆卸	10	马笼头未与仪器串先拆开扣5分；配合发生错误扣5分；最多扣10分	10	5				
5	检查与保养	用水将仪器冲洗干净，用棉纱清洁螺纹、活接头	10	仪器未冲洗扣5分；接头未清洁扣5分；最多扣5分	10	5				
		检查、保养马笼头和仪器头的插针、插孔、活接头、螺纹以及密封圈、密封面等	10	检查、保养不到位，每漏一处扣5分，扣完本项分为止	10	5				
合计			100							

考评员：　　　　　　　　　　　核分员：　　　　　　　　　　　年　　月　　日

试题三　使用、保养核磁仪器

一、考生准备

（1）劳保用品穿戴整齐。
（2）正确使用工具，操作熟练、有序，配合默契。
（3）防止井下落物。

二、考场准备

1. 设备、工具、材料准备

序号	名称	单位	数量	备注
1	测井仪器车(含电缆、马笼头)	台	1	
2	安装好的井口装置	套	1	
3	所用井下仪器	套	1	
4	井口专用工具和设备	套	1	
5	井口常用工具	套	1	
6	扶正器	个	6	
7	棉纱等消耗物品		适量	

2. 场地、人员准备

(1)测井现场,照明良好,安全设施齐全。
(2)考场有专业测井人员配合。

三、考核内容

(1)准备时间:5min。
(2)准备时间不计入操作时间。
(3)正式操作时间:30min。
(4)计时从考评员下达口令开始至全部操作完成结束。
(5)违章操作或发生事故停止操作。

四、评分标准与配分表

序号	考试内容	评分要素	配分	评分标准	最大扣分	步长	检测结果	扣分	得分	备注
1	仪器连接前的检查和清洁	清洁马笼头、仪器	5	清洁不到位,每漏一处扣1分,扣完本项分为止	5	1				
		检查马笼头通断、绝缘情况	5	检查错误或漏检扣5分	5	5				
		检查马笼头、仪器头的插针、插孔	5	漏检或发现问题未调整扣5分	5	5				
		检查马笼头、仪器连接部位螺纹	5	漏检或发现问题未调整扣5分	5	5				
		检查马笼头、仪器密封面、密封圈	5	漏检或发现问题未调整扣5分	5	5				
2	仪器下井前的检查和校验	在猫路上按正确顺序连接井下仪器	5	不能正确连接仪器扣5分	5	5				
		安装校验器,配合操作工程师进行测前校验	5	不能协助完成测前校验扣5分	5	5				
		完成后,正确拆卸仪器,为井口连接下井做准备	5	不能正确拆卸仪器扣5分	5	5				
3	加装、拆卸扶正器、钻井液排除器、保护套	正确加装、拆卸尺寸大小适中的胶皮、胶木、灯笼体扶正器	10	扶正器尺寸不正确扣5分;安装位置错误扣5分;不能正确安装、拆卸扣5分;最多扣10分	10	5				
		正确加装、拆卸钻井液排除器、保护套	10	钻井液排除器、保护套不能正确装、卸各扣5分	10	5				

续表

序号	考试内容	评分要素	配分	评分标准	最大扣分	步长	检测结果	扣分	得分	备注
4	仪器的连接和下井	使用专用工具连接仪器	5	选择工具错误扣5分;工具使用不当扣5分	5	5				
		按仪器串的顺序,先下后上与有关人员配合完成仪器串的井口连接	5	仪器连接顺序错误扣5分;仪器连接后未紧固扣5分;配合发生错误扣5分;最多扣5分	5	5				
		指挥绞车工,对零后,仪器串下井	5	指挥手势错误扣5分;未对零扣5分;最多扣5分	5	5				
5	仪器的拆卸	使用专用工具拆卸仪器	5	选择工具错误扣5分;工具使用不当扣5分;最多扣5分	5	5				
		按仪器串的顺序,从上至下与有关人员配合完成仪器串的井口拆卸	5	马笼头未与仪器串先拆开扣5分;配合发生错误扣5分;最多扣5分	5	5				
		仪器检查保养完毕,以相反的顺序组装仪器,配合操作工程师收回井径臂	5	操作错误扣5分	5	5				
6	检查、保养	用水将仪器冲洗干净,用棉纱清洁螺纹、活接头	5	仪器未冲洗扣5分;接头未清洁扣5分;最多扣5分	5	5				
		检查、保养马笼头和仪器头的插针、插孔、活接头、螺纹以及密封圈、密封面等	5	检查、保养不到位,每漏一处扣5分,扣完本项分为止	5	5				
合计			100							

考评员:　　　　　　　　　　　核分员:　　　　　　　　　　　年　月　日

试题四　使用、保养多臂井径成像测井仪

一、考生准备

(1)劳保用品穿戴整齐。
(2)正确使用工具,操作熟练、有序,配合默契。
(3)防止井下落物。

二、考场准备

1. 设备、工具、材料准备

序号	名称	单位	数量	备注
1	测井仪器车(含电缆、马笼头)	台	1	
2	安装好的井口装置	套	1	
3	所用井下仪器	套	1	
4	井口专用工具和设备	套	1	
5	井口常用工具及棉纱等消耗物品	套	1	

2. 场地、人员准备

(1)测井现场,照明良好,安全设施齐全。
(2)考场有专业测井人员配合。

三、考核内容

(1)准备时间:5min。
(2)准备时间不计入操作时间。
(3)正式操作时间:30min。
(4)计时从考评员下达口令开始至全部操作完成结束。
(5)违章操作或发生事故停止操作。

四、评分标准与配分表

序号	考试内容	评分要素	配分	评分标准	最大扣分	步长	检测结果	扣分	得分	备注
1	仪器下井前的检查、刻度	将仪器架子摆放在井场宽阔处,将仪器卸车放在仪器支架上	5	操作错误扣5分	5	5				
		进行仪器的外观和机械检查	5	操作错误扣5分	5	5				
		取下仪器护帽,用棉纱清洁螺纹和密封部分,检查O形圈是否完好,然后给螺纹部分涂上螺纹脂,密封部位涂上密封脂	10	每做错一处扣5分	10	5				
		将下井仪器串各仪器及配重、扶正器等按顺序相连接,然后与电缆头对接旋入,配合操作工程师完成供电检查工作	5	不能正确连接仪器扣5分	5	5				
		安装不同尺寸的井径刻度器,配合操作工程师进行测前刻度	5	不能协助完成井径刻度扣5分	5	5				
		配合操作工程师完成井斜刻度	5	不能正确完成扣5分	5	5				

续表

序号	考试内容	评分要素	配分	评分标准	最大扣分	步长	检测结果	扣分	得分	备注
2	仪器下井	用管钳将仪器连接螺纹拧紧	5	未紧固仪器扣5分	5	5				
		指挥绞车工缓慢上提电缆,使仪器串垂直对准井口	5	操作错误扣5分	5	5				
		指挥绞车工深度对零后,缓慢下放仪器串至测量井段	5	操作错误扣5分	5	5				
3	仪器的拆卸	测量完毕通知操作工程师给仪器串断电后,拆卸仪器串	5	未断电扣5分	5	5				
		使用专用工具拆卸仪器	5	操作错误扣5分	5	5				
		先拆开马笼头,再按仪器串的顺序,与配合人员完成仪器串的拆卸	5	操作错误扣5分	5	5				
4	检查与保养	用棉纱将仪器串特别是井径臂以及仪器连接处的油污擦洗干净	5	仪器外表未清洁扣3分;接头未清洁扣3分;最多扣5分	5	3				
		张开井径臂,用卡簧钳卸下固定绝缘芯卡簧,用钩扳手卸下上端连接头	5	操作错误扣5分	5	5				
		卸下下端半圆形连接器,用钩扳手卸松仪器中间的锁定环,打开仪器外壳	5	操作错误扣5分	5	5				
		用尖嘴钳将传感器连动杆从井径臂上卸下,传感器连动杆不要用力拉出,以免损坏传感器	10	操作错误或传感器损坏扣10分	10	10				
		检查传动轴动O形密封圈、密封面是否完好	5	操作错误扣5分	5	5				
		仪器检查保养完毕,以相反的顺序组装仪器,配合操作工程师收回井径臂	5	操作错误扣5分	5	5				
合计			100							

考评员：　　　　　　　　　　　核分员：　　　　　　　　　　　年　　月　　日

试题五　使用、保养存储式测井仪器电源系统

一、考生准备

(1)劳保用品穿戴整齐。
(2)正确使用工具,操作熟练、有序,配合默契

二、考场准备

1. 设备、工具、材料准备

序号	名称	规格	单位	数量	备注
1	存储式供电短节		支	1	

续表

序号	名称	规格	单位	数量	备注
2	释放器		支	1	
3	锂电池组		组	3	
4	专用工具		套	1	
5	电烙铁	35W	个	1	
6	工作台		个	1	
7	棉纱等消耗品			适量	

2. 场地、人员准备

(1)仪器维修室,照明良好,安全设施齐全。

(2)考场有专业测井人员配合。

三、考核内容

(1)准备时间:5min。

(2)准备时间不计入操作时间。

(3)正式操作时间:50min。

(4)计时从考评员下达口令开始至全部操作完成结束。

(5)违章操作或发生事故停止操作。

四、评分标准与配分表

序号	考试内容	评分要素	配分	评分标准	最大扣分	步长	检测结果	扣分	得分	备注
1	供电短节负载能力测试	剩余容量的计算	2	计算错误扣2分	2	2				
		电池短节测试	3	检查错误或漏检扣3分	3	3				
2	供电短节的连接	供电短节必须直接装配在释放器的下部其他仪器的上方	5	不能正确连接仪器扣5分	5	5				
3	锂电池供电短节的拆卸	取下电池短节上部的护帽,拆下插座的固定卡簧,用合适的螺栓扭进插座的螺栓孔中将插座轻轻拔出	5	操作错误扣5分	5	5				
		用钩扳手将上部接头拆下,取出电池短节骨架上部的调整垫片	5	操作错误扣5分	5	5				
		用T形起拨器螺杆顺时针扭进电池骨架顶端的起拨螺栓孔中,将电池骨架整体拔出	5	操作错误扣5分	5	5				
4	电池组的拆卸	将电池骨架上端接线端子板靠近电池组一端的固封胶撕开	5	操作错误扣5分	5	5				
		将焊接在端子上的引线——从接线端子上焊下并将引线头包裹好使其不外露,确保不要将3个电池引线焊头与接地端子相碰	5	操作错误扣5分	5	5				

测井工（测井采集专业方向）

续表

序号	考试内容	评分要素	配分	评分标准	最大扣分	步长	检测结果	扣分	得分	备注
4	电池组的拆卸	将电池骨架下端与承压块连接的连线断开	5	操作错误扣5分	5	5				
		将电池组之间的连接线拆开，松开电池组紧固件，将电池组从骨架上取下，拆下电池组两端的铝合金堵头	5	操作错误扣5分	5	5				
5	锂电池组的更换	使用三组新电池，将电池组的正负极引线及贯通线从拆下待用的铝合金堵头中心孔中穿出，电源引线用两层高温热缩管包好，将堵头装在电池组的上下两端并扭紧堵头固定螺栓	5	操作错误扣5分	5	5				
		将电池组正极朝向电池骨架上端接线端子板的方向依次排放在电池组骨架上，将最上一组电池的正极引线和最下一组电池的负极引线及适量的贯通线从上下电池紧固件的中心孔中穿出，多余的引线截短后用	5	操作错误扣5分	5	5				
		留取适当的引线长度，将后两组电池的正极通过贯通线级联，分别连接引至上部接线端子板处	5	操作错误扣5分	5	5				
		将每组电池的负极通过贯通线并接后一端引至上部接线端子板处，另一端接下部承压块引脚	5	操作错误扣5分	5	5				
		将接线端子板端子经贯通线与下承压块引脚相连	5	操作错误扣5分	5	5				
		将电池组之间的级联线焊接头用两层高温热缩管包裹好并用高温胶带就近固定在电池组半圆支架的侧壁处	5	操作错误扣5分	5	5				
		将三组电池正极引线截取适当的长度分别焊接在接线端子板的三端子上，将电池负极引线焊接在接地端子上	5	操作错误扣5分	5	5				
		测量上端插座直流电压，下部插头应有21V直流电压，如不正常应检测保险电阻及保护二极管等是否完好，贯通线连接是否正常	5	操作错误扣5分	5	5				
		将电池骨架连同插座及上部接头一起推入电池短节外壳，按顺时针方向缓缓转动电池骨架，找到定位孔后用力将电池骨架推到底，取出起拨器，装上调整垫片，装上上部接头并紧固，将插座推入并卡上固定卡簧。再次测量输出电压，一切正常后装上上下护帽	5	操作错误扣5分	5	5				
6	电池短节的检查、保养	清洁电池短节外表、连接螺纹	2	未清洁每一项扣1分	2	1				

续表

序号	考试内容	评分要素	配分	评分标准	最大扣分	步长	检测结果	扣分	得分	备注
6	电池短节的检查、保养	检查、保养连接头的插针、插孔、螺纹以及密封圈和密封面等	5	检查、保养不到位,每漏一处扣2分,扣完本项分为止	5	5				
		检查电压值	3	未做或做错扣3分	3	3				
合计			100							

考评员：　　　　　　　　　　　核分员：　　　　　　　　　　　年　月　日

试题六　使用、保养存储式测井仪器释放器

一、考生准备

(1)劳保用品穿戴整齐。

(2)正确使用工具,操作熟练、有序,配合默契。

(3)防止井下落物。

二、考场准备

1. 设备、工具、材料准备

序号	名称	单位	数量	备注
1	数控释放器	支	1	
2	上下悬挂器	支	各1	
3	专用工具	套	1	
4	棉纱等消耗品		适量	

2. 场地、人员准备

(1)测井现场,照明良好,安全设施齐全。

(2)考场有专业测井人员配合。

三、考核内容

(1)准备时间:5min。

(2)准备时间不计入操作时间。

(3)正式操作时间:30min。

(4)计时从考评员下达口令开始至全部操作完成结束。

(5)违章操作或发生事故停止操作。

四、评分标准与配分表

序号	考试内容	评分要素	配分	评分标准	最大扣分	步长	检测结果	扣分	得分	备注
1	数控释放器下井前的检查	下井前,仔细检查释放器的密封圈、悬挂销和外观,不能有损伤、变形、冲蚀	10	少检查一处扣5分	10	5				
		用连接线将数控释放器和数据读取盒连接好	10	不会连接扣10分	10	10				
		将连接线上的开关拨到"推"及"马达供电"位置,打开数据读取盒的电源,释放器正常供电电压为21V,电流为0.2A左右,悬挂键到位后电流增大到1.5A左右,此时立即关闭电源	10	开关错误扣5分;电流控制错误扣5分	10	5				
		下悬挂器上、下部分之间的连接:弹簧座与弹簧组装好放进下悬挂器的下部,然后用固定螺栓固定在悬挂器里。然后安装下悬挂器的上部。悬挂器螺栓到悬挂器平扣的空间余量不少于120mm	10	开关错误扣5分;电流控制错误扣5分	10	5				
2	数控释放器悬挂器组的连接	在井口进行下悬挂器的上部、下部连接;先用链钳把螺纹上到合适的程度,再用液压大钳上紧,上扣扭矩应控制在4.5~5MPa	10	直接用液压大钳上扣扣5分;未上紧扣5分;上扣扭矩错误扣5分;最多扣10分	10	5				
		下悬挂器上、下部分之间的连接:弹簧座与弹簧组装好放进下悬挂器的下部,然后用固定螺栓固定在悬挂器里。然后安装下悬挂器的上部。悬挂器螺栓到悬挂器平扣的空间余量不少于120mm	10	操作错误扣5分;余量不清楚扣5份	10	5				
		把组装好的弹簧放进上悬挂器的下部,将释放器放进上悬挂器之后把销钉固定垫片放入,4个销钉槽对准悬挂器的4个钉	10	操作错误扣10分	10	10				
		井口组装上悬挂器的上下部,连接前对弹簧座平端进行检查	10	未检查扣10分	10	10				
3	数控释放器的保养	清洁仪器外壳,清洁接头,护帽;清洗压力传感器导通孔通道	10	少清洁一项扣3分	10	3				
		检查接头,护帽螺纹,外壳是否有损伤并修复,检查所有的定位键和定位销是否损伤、松动;检查密封圈,确保完好无损,力传感器导通孔通道充填满硅脂或丝网	10	少做一项扣3分	10	3				
合计			100							

考评员:　　　　　　　　　　核分员:　　　　　　　　　　年　月　日

试题七 使用、保养多扇区水泥胶结测井仪

一、考场准备

1. 设备准备

序号	名称	单位	数量	备注
1	操作计算机	台	1	
2	操作面板	台	1	
3	仪器支架	个	4	
4	秒表(计时器)	块	1	

2. 材料准备

序号	名称	单位	数量	备注
1	带橡胶插头软连接线	根	2	
2	硅脂	桶	1	
3	密封圈	个	2	
4	棉纱		若干	
5	碳素笔	支	1	
6	A4纸	张	若干	

二、考生准备

序号	名称	单位	数量	备注
1	劳保用品	套	1	
2	准考证及相应证件	套	1	

三、考核内容

1. 操作程序说明

(1)自由套管刻度。

(2)RBT 一级保养知识。

(3)RBT 机械保养知识。

(4)RBT 测井后注意事项。

2. 考核时间

(1)准备工作:10min。

(2)正式操作:40min。

(3)计时从正式操作开始,至考核结束,共计 40min,超时即停止,未完成部分不得分。

四、评分标准与配分表

序号	考试内容	评分要素	配分	评分标准	最大扣分	步长	检测结果	扣分	得分	备注
1	作业准备	准备所需工具	2	漏做扣2分	2	2				
		准备符合仪器的配套设备	5	漏做扣5分	5	5				
2	自由套管刻度	(1)将仪器下放至自由套管的深度附近后,慢速移动,当DisplayWave窗口中出现最大的波形时,停止移动。 (2)系统操作人员在软件的在"仪器"栏选择"仪器参数",输入所测油井的套管尺寸。 (3)放大 DisplayWave 窗口,调节每个波形窗口的首波到达时间测量门控和首波幅度测量门控,套好首波。 (4)点击测井软件主窗口中的"仪器"栏,选择"刻度"下的FreeCaseCailb。 (5)点击"套管信号刻度"窗口中的"刻度"按钮,待刻度进度条运行完毕后,点击"保存"按钮,然后点击保存并关闭该窗口,就完成了对RBT12径向声波水泥胶结测井仪器的自由套管刻度工作	25	漏检查一项扣5分	25	5				口述此过程
3	一级保养	(1)彻底清洁清洗仪器,检查仪器外观是否有损坏迹象。 (2)检查上下接口螺纹有无损伤。 (3)检查上下接头密封圈有无损伤,更换掉受损的密封圈。 (4)检查外露螺钉、紧定螺钉有无损坏、缺失或松动,如有,则需做相应的安装和打紧处理	20	漏检查一项扣5分	20	5				
4	机械保养	(1)检查线路部分,看有无螺钉松动、连线夹伤、焊点脱落等。 (2)仔细检查所有O形密封圈、螺钉有无损坏,更换受损件,更换所有与井液接触的O形密封圈。 (3)检查电路板、3′接收晶体部分、5′接收晶体部分、软管组件Ⅰ、软管组件Ⅱ、软管组件Ⅲ及易损件有无损坏,更换受损件	18	漏检查一项扣6分	18	6				
5	测井后注意事项	(1)拆卸前对仪器串进行仔细擦洗。特别是声系部分,确保在拆卸时井液不会流入电器连接头中。 (2)确保在拆卸过程中没有液体进入仪器上、下接头内的电插件中。如有,必须将声波水泥胶结测井仪擦干净,随后立即安装堵头、护帽,保护螺纹及密封面。 (3)拆卸完成后应及时将保护管安装在发射探头处。	30	漏检查一项扣3分	30	3				

续表

序号	考试内容	评分要素	配分	评分标准	最大扣分	步长	检测结果	扣分	得分	备注
5	测井后注意事项	(4)测井完成后应及时清理平衡活塞部位(建议用高压水枪清理),并用硅油或硅脂润滑,确保活塞运动顺畅,防止活塞处有污物导致活塞生锈滑动不畅,在下次测井时不能起到平衡仪器内外压力的作用而使得声耦合管被压破,影响正常测井。若无法清理干净需拆掉声波外管,对平衡活塞部位进行彻底清洗。 (5)拆卸时尽可能将仪器串水平放置	30	漏检查一项扣3分	30	3				
合计			100							

考评员： 核分员： 年 月 日

试题八 组织、协调、指挥钻具输送测井施工

一、考生准备

(1)劳保用品穿戴整齐。
(2)操作步骤清晰、有序。
(3)工具、器材使用正确。

二、考场准备

1. 设备、工具、材料准备

序号	名称	单位	数量	备注
1	测井设备	套	1	
2	水平井工具	套	1	
3	井口设备	套	1	
4	专用工具	套	1	

2. 场地、人员准备

(1)测井施工现场。
(2)现场照明良好,安全设施齐全。
(3)考场有专业人员配合。

三、考核内容

(1)准备时间:5min。
(2)准备时间不计入操作时间。
(3)正式操作时间:60min。

(4)正确使用所需工具。

(5)计时从考评员下达口令开始至全部操作完成结束。

(6)违章操作或发生事故停止操作。

四、评分标准与配分表

序号	考试内容	评分要素	配分	评分标准	最大扣分	步长	检测结果	扣分	得分	备注
1	井队下钻将仪器串下到预定深度	指派专人在井口值班,按照输送工具设计顺序对下钻全程进行监督	2	做错扣2分	2	2				
		旁通短节以下的所有输送工具在下井前,应由钻井队用大于泵下枪外径2mm的通径规进行通径	2	做错扣2分	2	2				
		起下钻时,应将游动滑车大钩和井口方转盘锁死以避免钻具转动,下钻前应清洁螺纹,螺纹脂应涂抹在外螺纹上	3	做错扣3分	3	3				
		起下钻速度应均匀,套管中应控制在15m/min以内,裸眼中应控制在9m/min以内,不得溜钻、顿钻,遇阻力不应大于20kN	3	做错扣3分	3	3				
		钻井队按输送工具设计起下钻,并对所下输送工具进行编号计数,按照编号下钻	2	做错扣2分	2	2				
2	制作安装泵下枪总成	电缆末端依次穿入密封总成各个部件,将电缆自旁通短节侧孔穿入,从旁通短节底部引出,然后把密封总成各个部件固定在旁通短节侧孔内	3	做错扣3分	3	3				
		在电缆上制作钻具输送测井专用接头,将电缆缆芯与湿接头母头对号连接,在插针处涂抹密封脂,连接好泵下枪,检查通断绝缘情况	3	做错扣3分	3	3				
		检查锁紧装置是否完好	2	做错扣2分	2	2				
3	湿接头对接	指挥钻井队人员连接方钻杆,用4~5MPa的泵压循环钻井液一周以上。循环钻井液时必须将过滤网放入钻具水眼内,循环结束后,取出滤网	3	做错扣3分	3	3				
		指挥钻井队人员操纵起吊设备将旁通短节吊至井口上方15m处,指挥绞车工操作绞车将泵下枪吊起悬停在井口上方,对零下放电缆,泵下枪下入钻具水眼100m后,指挥钻井队将旁通短节慢慢放下并安装在井内钻具上	3	做错扣3分	3	3				
		调整钻机转盘,使旁通电缆出口与天滑轮电缆方向一致,以不磨电缆为准,完成后绞车以60~90m/min的速度继续下放电缆	3	做错扣3分	3	3				

续表

序号	考试内容	评分要素	配分	评分标准	最大扣分	步长	检测结果	扣分	得分	备注
3	湿接头对接	泵下枪离湿接头公头150m时停止下放电缆,紧固旁通短节的电缆密封装置,指挥司钻将旁通短节下入井口以下5m处,开泵对接	3	做错扣3分	3	3				
		对接遇阻后电缆多下放15~20m,验证对接位置深度,指挥操作工程师检查仪器是否对接成功	3	做错扣3分	3	3				
		指挥操作工程师检查仪器性能	2	做错扣2分	2	2				
		指挥钻井队向水眼内补充钻井液	2	做错扣2分	2	2				
4	电缆夹板的固定和电缆的导向	卸掉方钻杆,绞车工向钻杆内放入一定数量的电缆,安装旁通盖板将电缆锁紧	3	做错扣3分	3	3				
		指挥绞车工缓慢上提并拉直电缆,施加2000lbf拉力保持1min,检验旁通盖板是否锁紧	3	做错扣3分	3	3				
		指挥操作人员在旁通上方的钻具上安装电缆保护卡子	2	做错扣2分	2	2				
		安装井口电缆保护装置	2	做错扣2分	2	2				
		指挥操作人员安装井口侧向导轮	2	做错扣2分	2	2				
		指挥绞车工调节扭矩保证电缆上有1500lbf左右的净拉力	2	做错扣2分	2	2				
5	下放测井	指挥操作工程师预置好测井深度,进入下放测井状态,绞车工调节好扭矩和张力,协同一致后,通知司钻下放输送工具	3	做错扣3分	3	3				
		指挥司钻以符合测井要求的速度控制输送工具匀速下放,监视井口张力显示器,注意仪器运行情况	3	做错扣3分	3	3				
		绞车工根据输送工具下放情况,实时调整电缆张力,操作工程师注意仪器工作状态	3	做错扣3分	3	3				
		下钻到距井底15m时慢速下放,距井底3~5m时停止下放。操作工程师停止记录	3	做错扣3分	3	3				
6	上提测井	上提测井前,操作工程师预置井底深度,同时打开推靠器,给仪器供电,操作系统进入上提测井状态,通知司钻上提输送工具	3	做错扣3分	3	3				
		司钻以符合测井要求的速度平稳上提输送工具,绞车工调整绞车速度使电缆与输送工具保持最佳同步运行状态。同时旁通短节以上电缆有足够张力保证电缆处于绷紧状态	3	做错扣3分	3	3				

续表

序号	考试内容	评分要素	配分	评分标准	最大扣分	步长	检测结果	扣分	得分	备注
6	上提测井	指挥人员负责与绞车的通信联系,观察张力表,井口操作人防止液压大钳或吊卡损伤电缆。防止井下落物	3	做错扣3分	3	3				
		上提测井坐吊卡时,钻具下滑不应超过25cm	2	做错扣2分	2	2				
		上提测量最后一个立柱时,指挥司钻慢速上提钻具,当测至旁通短节离井口2~3m时,指挥司钻停止上提钻具,绞车同步停止上提电缆,操作工程师停止上提测井,将井下仪器推靠器收回	3	做错扣3分	3	3				
7	拆卸旁通短节	井口工卸掉电缆导向滑轮,司钻上提输送工具将旁通短节提出钻台面。井口工将电缆卡子卸掉	3	做错扣3分	3	3				
		绞车工操作绞车逐渐增大拉力拉开泵下枪,以60~90m/min的速度上提电缆,当泵下枪离旁通短节100m时停车	3	做错扣3分	3	3				
		指挥钻井人员卸掉旁通短节并用起吊设备起离井口15~20m,绞车工以小于20m/min的速度上提电缆取出泵下枪	3	做错扣3分	3	3				
		将旁通短节和泵下枪放到地面猫路上,拆卸旁通短节和泵下枪	2	做错扣2分	2	2				
8	起钻	井队起钻并按规定速度上提,严禁转动转盘,将仪器串起出井口	2	做错扣2分	2	2				
		钻井队负责将悬挂在井架上的天滑轮拆除	2	做错扣2分	2	2				
		重新制作电缆头,连接马笼头	2	做错扣2分	2	2				
9	施工收尾	依次拆卸输送工具和井下连接仪器总成	2	做错扣2分	2	2				
		将井下仪器及设备按照要求装车固定	2	做错扣2分	2	2				
合计			100							

考评员： 核分员： 年 月 日

试题九 组织、协调、指挥欠平衡测井施工

一、考生准备

（1）劳保用品穿戴整齐。
（2）操作步骤清晰、有序。

(3)工具、器材使用正确。

二、考场准备

1. 设备、工具、材料准备

序号	名称	单位	数量	备注
1	测井设备	套	1	
2	水平井工具	套	1	
3	井口设备	套	1	
4	专用工具	套	1	

2. 场地、人员准备

(1)测井施工现场。
(2)现场照明良好,安全设施齐全。
(3)考场有专业人员配合。

三、考核内容

(1)准备时间:5min。
(2)准备时间不计入操作时间。
(3)正式操作时间:30min。
(4)正确使用所需工具。
(5)计时从考评员下达口令开始至全部操作完成结束。
(6)违章操作或发生事故停止操作。

四、评分标准与配分表

序号	考试内容	评分要素	配分	评分标准	最大扣分	步长	检测结果	扣分	得分	备注
1	安装井口	将电缆防喷器与钻井防喷器相连接。注意电缆防喷器泄压阀的方向应背离施工现场的方向	2	操作错误扣2分	2	2				
		将天、地滑轮吊到钻台上,固定地滑轮链条,用猫头吊起地滑轮	2	操作错误扣2分	2	2				
		用游动滑车吊起天滑轮,并将2根吊套固定在吊卡上	2	操作错误扣2分	2	2				
		将防喷盒与2根容纳管相连,并将马笼头拉进容纳管内	2	操作错误扣2分	2	2				
		将吊套的一端固定在第一根容纳管的夹子上,用猫头将其吊到钻台上	2	操作错误扣2分	2	2				
		连接防喷盒上的液压管线、注脂管线、溢流管线至手压泵及注脂泵。溢流管线要准备收污桶	4	操作错误扣4分	4	4				

测井工（测井采集专业方向）

续表

序号	考试内容	评分要素	配分	评分标准	最大扣分	步长	检测结果	扣分	得分	备注
1	安装井口	上提天滑轮时,始终保持进入防喷盒的电缆的清洁	2	操作错误扣2分	2	2				
		连接容纳管至17~20m,然后将容纳管与电缆防喷器连接	3	操作错误扣3分	3	3				
		从钻台上的第一个容纳管接头处拆开容纳管	3	操作错误扣3分	3	3				
2	连接井口仪器	在鼠洞里进行仪器连接,装放射源	3	操作错误扣3分	3	3				
		仪器组合完成后,下放电缆,将马笼头与仪器串连接	3	操作错误扣3分	3	3				
		将容纳管拉向鼠洞上方	3	操作错误扣3分	3	3				
		上提电缆使整个仪器串进入容纳管内,然后停止上提电缆,将绞车刹车刹死	3	操作错误扣3分	3	3				
		将钻台面上的容纳管进行连接,仪器连接完毕	3	操作错误扣3分	3	3				
3	井控操作	井口安装完毕,操作员按仪器记录点的位置到钻台面的高度进行深度预置,绞车工在绞车滚筒上记录电缆的位置	3	操作错误扣3分	3	3				
		将电缆防喷器阀门关紧,安装好压力表	3	操作错误扣3分	3	3				
		观察井队压力表的压力指示。根据井内压力的大小,将手压泵的压力控制在电缆能起下但不溢脂,注脂泵的压力控制在略高于井下压力并注脂	3	操作错误扣3分	3	3				
		通知井队打开井队防喷器开关,打开电缆防喷器的第一道阀门,然后再打开第二道阀门,观察防喷器工作是否正常。一切正常方可进行下一步作业	3	操作错误扣3分	3	3				
		所有阀门都打开后,井口人员指挥绞车慢慢下放电缆	2	操作错误扣2分	2	2				
		仪器的下放速度可根据井内压力的大小及注脂泵压力的大小进行调节,也可根据张力(井下)的显示改变下放速度	3	操作错误扣3分	3	3				
		下井仪器在井内运行时,井口工必须随时观察电缆状况,如电缆有跳丝、断丝、变形等现象,必须立即停车并采取措施	3	操作错误扣3分	3	3				
		仪器下井过程要根据井内压力变化随时调整手压泵、注脂泵泵压,使防喷盒密封良好,严防井液从防喷盒内喷出	3	操作错误扣3分	3	3				
4	测井操作	仪器测井完成后,上提时一定要注意上提速度,防止抽汲现象发生造成井内压力增大,发生失控。上提电缆时,应防止绞车后舱被密封脂污染,用污油盆或其他物品接住密封脂	3	操作错误扣3分	3	3				

续表

序号	考试内容	评分要素	配分	评分标准	最大扣分	步长	检测结果	扣分	得分	备注
4	测井操作	上提仪器距井口100m时,绞车必须减速,同时调节绞车扭矩控制系统,使张力控制在1000lbf时绞车打滑	3	操作错误扣3分	3	3				
		确认仪器完全进入容纳管,在电缆防喷器处放上伽马刻度架,根据伽马记录点到仪器底部的长度计算出仪器是否全部进入容纳管,同时根据滚筒的记号位置进一步观察并确定电缆的位置和仪器在容纳管时在滚筒边上所做的标记。当仪器通过防喷器时,与拉力控制一起确定仪器是否全部进入容纳管	3	操作错误扣3分	3	3				
		仪器进入容纳管后,首先关闭井队防喷器	2	操作错误扣2分	2	2				
		关闭电缆防喷器下阀门,打开泄压阀,关闭注脂泵,同时观察压力表的压力指示,当压力表的压力指示为零时,泄压完成。泄压时,必须注意防喷、防火、防爆、防污染	3	操作错误扣3分	3	3				
		关闭所有阀门以及泄压阀,下放1~2m的电缆	3	操作错误扣3分	3	3				
		打开容纳管在钻台上的第一个接头,将容纳管连同仪器一起拉向鼠洞口上方	3	操作错误扣3分	3	3				
		下放电缆,将仪器放在鼠洞内用卡盘卡在马笼头下方,卸下马笼头	3	操作错误扣3分	3	3				
		将仪器一支支卸下放到钻台下面	2	操作错误扣2分	2	2				
5	拆除井口设备	测井仪器拆卸完成后,将马笼头起进容纳管。开始从下至上拆卸容纳管	2	操作错误扣2分	2	2				
		当容纳管剩2根时,将容纳管与电缆防喷器上的容纳管相连,拆卸电缆防喷器上的容纳管接头	2	操作错误扣2分	2	2				
		启动游车,逐节拆下容纳管	2	操作错误扣2分	2	2				
		容纳管拆完后,将防喷盒上的管线一一拆下,然后将防喷盒吊到钻台下面	2	操作错误扣2分	2	2				
		将天、地滑轮吊到井台下面	2	操作错误扣2分	2	2				
		拆卸电缆防喷器,用猫头起吊电缆防喷器,将电缆防喷器放到井架旁边。然后用吊车将电缆防喷器、容纳管、防喷盒吊到运输车上,并固定好	3	操作错误扣3分	3	3				
		检查并锁好仪器车、源舱门	2	操作错误扣2分	2	2				
合计			100							

考评员: 　　　　　　　　　核分员: 　　　　　　　　　年　　月　　日

试题十　组织、协调、指挥存储式测井施工

一、考生准备

(1)劳保用品穿戴整齐。
(2)操作步骤清晰、有序。
(3)工具、器材使用正确。

二、考场准备

1. 设备、工具、材料准备

序号	名称	单位	数量	备注
1	测井设备	套	1	
2	存储式工具	套	1	
3	井口设备	套	1	
4	专用工具	套	1	

2. 场地、人员准备

(1)测井施工现场。
(2)现场照明良好,安全设施齐全。
(3)考场有专业人员配合。

三、考核内容

(1)准备时间:5min。
(2)准备时间不计入操作时间。
(3)正式操作时间:40min。
(4)正确使用所需工具。
(5)计时从考评员下达口令开始至全部操作完成结束。
(6)违章操作或发生事故停止操作。

四、评分标准与配分表

序号	考试内容	评分要素	配分	评分标准	最大扣分	步长	检测结果	扣分	得分	备注
1	摆车作业	仪器车停在井口的上风口方向并且能够使钻台方便连接3个传感器(深度、钩载、张力)的地方	2	操作错误扣2分	2	2				
2	卸车作业	接好车辆接地线,专业人员连接井场电源	2	操作错误扣2分	2	2				

续表

序号	考试内容	评分要素	配分	评分标准	最大扣分	步长	检测结果	扣分	得分	备注
2	卸车作业	指挥吊车司机将悬挂器、钻具调整短节从车上吊卸到井场猫道上,吊装作业前确定设备固定、锁牢	3	操作错误扣3分	3	3				
		将组合仪器卡盘、座筒等设备工具有序地摆到井场猫道上	2	操作错误扣2分	2	2				
3	检查仪器	按下井顺序连接仪器串;安装连接各仪器的外刻度器	3	操作错误扣3分	3	3				
		检查测试记录主电池的工作电压和工作电流	2	操作错误扣2分	2	2				
		进行下井仪器的检查与测前刻度,读出下井仪器的检查刻度数据,确认仪器工作正常	2	操作错误扣2分	2	2				
		删除各仪器中的无用数据	2	操作错误扣2分	2	2				
4	设置释放器参数	检查释放器机械性能、电气性能完好,工作正常	3	操作错误扣3分	3	3				
		用地面系统主机对释放器进行授时	2	操作错误扣2分	2	2				
		设置释放器参数,按照公式 $p_0 = (\rho H_0)/100-3$ 预置仪器深度压力阈值	2	操作错误扣2分	2	2				
5	安装传感器	深度传感器安装在滚筒的中心轴上,并固定	2	操作错误扣2分	2	2				
		压力传感器安装在钻井液高压管线立管上	2	操作错误扣2分	2	2				
		钩载传感器安装在死绳端的液压输出端上	2	操作错误扣2分	2	2				
6	安装井口	安装下悬挂器组	2	操作错误扣2分	2	2				
		按自下而上的顺序组装钻具和专用工具,有效容纳长度大于仪器落座后有效长度0.3~0.5m,上扣气压为4.5~5MPa	3	操作错误扣3分	3	3				
		按仪器下井顺序将仪器依次提升至井口,然后用专用卡盘卡好落座于上悬挂器下节上进行连接	2	操作错误扣2分	2	2				
		连接主电池短节,用万用表测量主电池的工作电压和工作电流	3	操作错误扣3分	3	3				
		连接并检查释放器各项指标符合要求	2	操作错误扣2分	2	2				
7	安装放射源	按照相关放射源装卸作业规程安装伽马源和中子源	2	操作错误扣2分	2	2				
8	安放释放器	按照相关要求将释放器安装到上悬挂器下节,检查上悬挂器上节与所使用的释放器是否匹配	3	操作错误扣3分	3	3				

测井工（测井采集专业方向）

续表

序号	考试内容	评分要素	配分	评分标准	最大扣分	步长	检测结果	扣分	得分	备注
8	安放释放器	用链钳将上悬挂器上节与上悬挂器下节连接并旋紧，再用液压大钳以4.5~5MPa的压力进行紧固	3	操作错误扣3分	3	3				
		连接钻具下钻	2	操作错误扣2分	2	2				
9	深度标定	按照标定要求进行深度标定	2	操作错误扣2分	2	2				
10	下放钻具	按照钻具表上的组合顺序及相关要求下钻具	2	操作错误扣2分	2	2				
		下钻平稳，速度小于15m/min，禁止顿钻、溜钻	3	操作错误扣3分	3	3				
11	仪器释放	根据不同释放器释放要求进行释放	2	操作错误扣2分	2	2				
		记录释放前压力信号	2	操作错误扣2分	2	2				
		记录释放后压力对比信号，确认仪器释放成功	2	操作错误扣2分	2	2				
12	起钻测井	确认仪器释放成功后，往水眼中注入一定量的加重钻井液	2	操作错误扣2分	2	2				
		钻井队以小于6m/min的速度匀速起钻	2	操作错误扣2分	2	2				
		钻井队上提钻具过程中，应操作平稳，不能顿钻、溜钻，禁止钻具下放	3	操作错误扣3分	3	3				
13	拆卸井口	用液压大钳将上悬挂器上节与上悬挂器下节卸松，然后用链钳卸掉上悬挂器上节。依次卸掉上悬挂器下节、配置的钻杆及自备钻杆调长短节	3	操作错误扣3分	3	3				
		按照要求拆卸释放器	2	操作错误扣2分	2	2				
		利用起吊设备吊起仪器，按相关放射源安装操作规程拆卸伽马源和中子源	2	操作错误扣2分	2	2				
		按顺序拆卸仪器	2	操作错误扣2分	2	2				
		按照测前仪器检查校验的步骤进行测后仪器检查校验	2	操作错误扣2分	2	2				
		用数据读取盒将每支仪器数据读出，并将读取出的数据进行检查	3	操作错误扣3分	3	3				
		按照传感器安装顺序依次拆除3个传感器	3	操作错误扣3分	3	3				
14	装车收尾	将悬挂器等专用工具按要求装车	2	操作错误扣2分	2	2				
		将仪器、井口工具、井口材料装车固定，定置摆放	2	操作错误扣2分	2	2				

续表

序号	考试内容	评分要素	配分	评分标准	最大扣分	步长	检测结果	扣分	得分	备注
14	装车收尾	检查放射源并装车,开启防盗报警装置	4	操作错误扣4分	4	4				
		清理现场垃圾	2	操作错误扣2分	2	2				
合计			100							

考评员： 核分员： 年 月 日

试题十一　组织、协调、指挥穿心解卡施工

一、考生准备

(1)劳保用品穿戴整齐。
(2)操作步骤清晰、有序。
(3)工具、器材使用正确。

二、考场准备

1. 设备、工具、材料准备

序号	名称	单位	数量	备注
1	测井设备	套	1	
2	打捞工具	套	1	
3	井口设备	套	1	
4	专用工具	套	1	

2. 场地、人员准备

(1)测井施工现场。
(2)现场照明良好,安全设施齐全。
(3)考场有专业人员配合。

三、考核内容

(1)准备时间:5min。
(2)准备时间不计入操作时间。
(3)正式操作时间:30min。
(4)正确使用所需工具。
(5)计时从考评员下达口令开始至全部操作完成结束。
(6)违章操作或发生事故停止操作。

四、评分标准与配分表

序号	考试内容	评分要素	配分	评分标准	最大扣分	步长	检测结果	扣分	得分	备注
1	召开安全协作会议	参加人员:地质、钻井、测井、甲方监督等有关人员	2	少一项扣1分,最多扣2分	2	2				
		信息交流:钻井井况信息,测井井下仪器信息,电缆、卡点信息等	2	少一项扣1分,最多扣2分	2	2				
		各个岗位职责(司钻、井架工、内外钳工)	2	少一项扣1分,最多扣2分	2	2				
		注意事项(劳保用品穿戴、下钻速度、机械伤害)	2	少一项扣1分,最多扣2分	2	2				
2	选配井下打捞工具	根据井眼确定打捞筒;根据井下仪器的结构、类型确定打捞筒	3	选错扣3分	3	3				
		选择相关打捞工具:T形电缆夹钳、C形挡板、循环挡板(指出是哪一种)、张力系统、通信系统、加重及固定块、钢丝绳及U形环、快速接头公头和母头	3	选错或缺少一项工具扣1分,最多扣3分	3	3				
3	固定测井电缆	电缆的井口张力设定为被卡前的正常张力附加1500~2000lbf	2	做错扣2分	2	2				
		在井口打好T形电缆夹钳后做好记号下放电缆,以3min内电缆无下滑为合格	2	做错扣2分	2	2				
4	安装井口	安装天滑轮:天滑轮应尽量悬挂在游车的正上方横梁上,悬挂处承重能力不小于20t,保证不磨损电缆和天滑轮,应将钢丝绳(链条)在横梁上缠绕不少于一圈	3	做错扣3分	3	3				
		安装地滑轮:位置应当外移,加大井口与地滑轮之间的距离,不妨碍起下钻,对地面面板进行系数设置	2	做错扣2分	2	2				
5	制作快速接头	钢丝分布均匀、无重叠、根部无鼓胀	2	做错扣2分	2	2				
6	组装打捞工具	将螺旋卡瓦按逆时针方向旋转,使卡瓦锁舌落入打捞筒	2	做错扣2分	2	2				
		将卡瓦固定套的锁定舌朝下,对准打捞筒本体的键槽插入,使卡瓦固定	2	做错扣2分	2	2				
		连接引鞋与打捞筒本体,并用加力杆插入引鞋四周侧孔内将螺纹上紧	2	做错扣2分	2	2				
		将变径衬管旋入打捞筒本体内并拧紧	2	做错扣2分	2	2				
		安装打捞筒短节。先用管钳拧紧,再用钻井队液压大钳上紧	2	做错扣2分	2	2				
		将井下打捞工具连接在钻具上	2	做错扣2分	2	2				

续表

序号	考试内容	评分要素	配分	评分标准	最大扣分	步长	检测结果	扣分	得分	备注
7	系统检查	钻井队将转盘卡销制动	2	做错扣2分	2	2				
		检查全部连接部位螺纹是否上紧,地滑轮及其链条是否安装正确	2	做错扣2分	2	2				
		系统检查快速接头所有连接部位和固定部件,确保牢固可靠。将快速接头公头和母头进行对接	3	做错扣3分	3	3				
		用绞车上提电缆,拉到正常张力之后,在上下绳帽盒护帽附近的电缆上作上记号。检查、校准井口张力表,使之与绞车面板上的张力表读数一致	3	做错扣3分	3	3				
		将快速接头公头和母头进行对接,绞车张力达到比正常张力大1000lbf并保持5min,检查快速接头所有连接部位和固定部件,确保牢固可靠,钻台人员应处在安全位置	3	做错扣3分	3	3				
		检查记号是否滑动,电缆记号无滑动则拉力检验合格,卸松螺纹断开公头和母头	3	做错扣3分	3	3				
8	下放打捞工具	下放电缆,用C形挡板将快速接头的公头卡在钻杆顶端,放松电缆后,将母头置于水平状态后向前滑动,将母头与公头分离	3	做错扣3分	3	3				
		绞车上提电缆,使快速接头的母头到达二层平台附近,快接近时应减速	2	做错扣2分	2	2				
		井架工将母头放入预下井的一柱钻具的水眼内	2	做错扣2分	2	2				
		司钻操作游动滑车,提起预下井的钻杆,同时绞车下放电缆,直到快速接头的母头露出,能够与公头对接	2	做错扣2分	2	2				
		将母头置于水平状态,公头进入母头后向后滑动,将公头扶持为垂直状态,上提电缆使张力超过正常张力1500lbf	3	做错扣3分	3	3				
		下放钻具,坐在井口,下放电缆,用C形挡板将快速接头的公头卡在钻杆顶端	3	做错扣3分	3	3				
		上提电缆至穿心高度,由井架工对第二根立柱进行穿心,上提游车将第二根立柱提到井口处,下放电缆至井口公头处,使公头和母头对接。适量上提电缆后,摘掉C形挡板,进行立柱之间的对接	3	做错扣3分	3	3				

续表

序号	考试内容	评分要素	配分	评分标准	最大扣分	步长	检测结果	扣分	得分	备注
9	循环钻井液	出套管鞋前,捕捉仪器前(距离鱼头16~25m)必须循环钻井液	2	做错扣2分	2	2				
		打捞循环工序过程中,安全并正确安放井口循环挡板	2	做错扣2分	2	2				
10	捕捞及验证井下仪器	下放钻具,直到电缆张力增加为止(500~1000lbf)	3	做错扣3分	3	3				
		将钻具上提3m,观察电缆张力。张力下降,说明可能抓住井下落物	3	做错扣3分	3	3				
		张力未下降,继续下放打捞筒,直至抓住落物	2	做错扣2分	2	2				
		利用钻具法、电缆法、计算法、循环法验证落物捞获	3	缺1条内容扣1分,最多扣3分	3	1				
11	拉断弱点提出电缆	将T形电缆夹钳安装在电缆快速接头下面的电缆上。疏散钻台人员后,用游车上提电缆夹钳。逐渐增加拉力,当拉力下降后继续上提2m,若拉力不变,证明弱点已被拉断	3	做错扣3分	3	3				
		电缆弱点拉断后,下放游车,使电缆夹钳坐在井口,切除快速接头和加重杆,对两端电缆快速铠装,铠装长度大于6m	3	做错扣3分	3	3				
		使用绞车回收电缆,并在电缆出井口后查看断点	2	做错扣2分	2	2				
		锁住转盘和大钩,井队慢速平稳起钻。禁止循环钻井液,防止落鱼再次落井	2	做错扣2分	2	2				
12	起钻回收落鱼	落鱼出井后,先盖好井口。对带有放射源的仪器,在仪器起出井口前,应按行业标准中的有关规定操作,卸除放射源后再进行其他作业	2	做错扣2分	2	2				
		仪器全部回收完后,再分离打捞筒和鱼头	2	做错扣2分	2	2				
合计			100							

考评员:　　　　　　　　　　核分员:　　　　　　　　　　年　月　日

试题十二　组织、协调、指挥落井电缆打捞施工

一、考生准备

(1)劳保用品穿戴整齐。

(2)操作步骤清晰、有序。
(3)工具、器材使用正确。

二、考场准备

1. 设备、工具、材料准备

序号	名称	单位	数量	备注
1	打捞矛	支	1	
2	长卷尺	把	1	
3	测井设备	套	1	

2. 场地、人员准备

(1)测井施工现场。
(2)现场照明良好,安全设施齐全。
(3)考场有专业人员配合。

三、考核内容

(1)准备时间:5min。
(2)准备时间不计入操作时间。
(3)正式操作时间:30min。
(4)正确使用所需工具。
(5)计时从考评员下达口令开始至全部操作完成结束。
(6)违章操作或发生事故停止操作。

四、评分标准与配分表

序号	考试内容	评分要素	配分	评分标准	最大扣分	步长	检测结果	扣分	得分	备注
1	摸鱼顶	使用专用测井仪器确定落井电缆鱼顶位置	10	未按要求操作扣10分	10	10				
2	选择打捞工具	根据套管内径或钻头直径选择内捞矛或外捞矛(使用内捞矛,其外径与套管内径或井眼直径的间隙不得大于电缆直径。使用外捞矛,挡绳帽的外径与套管内径或井眼直径的间隙不得大于电缆直径)	10	选择错误扣10分	10	10				
		检查打捞矛及辅助设施完好无损	10	未按要求操作扣10分	10	10				
3	下打捞矛打捞	下打捞矛到鱼头以下50m开始打捞,转动打捞矛2~3圈后上提一个立柱的距离	10	未按要求操作扣10分	10	10				
		无任何显示,可再多下入一个立柱,再转动2~3圈后上提一个立柱的距离重复试探	10	未按要求操作扣10分	10	10				

续表

序号	考试内容	评分要素	配分	评分标准	最大扣分	步长	检测结果	扣分	得分	备注
3	下打捞矛打捞	未带挡绳器打捞矛最多不许超过鱼头位置100m	10	未按要求操作扣10分	10	10				
		带挡绳器打捞矛最多不许超过鱼头位置200m,不管有无显示必须起钻	10	未按要求操作扣10分	10	10				
4	起钻	起钻应平稳,不允许转动钻具,不允许转动转盘	10	未按要求操作扣10分	10	10				
5	丈量捞获电缆的长度	经过第一次打捞,如捞上电缆,应丈量其长度,估算井下电缆头的深度	10	未按要求操作扣10分	10	10				
		起一立柱的距离,检查井下情况。最大下入深度不得超过前一次深度200m	10	未按要求操作扣10分	10	10				
合计			100							

考评员： 核分员： 年 月 日

试题十三 组织、协调、指挥落井仪器打捞施工

一、考生准备

(1)劳保用品穿戴整齐。

(2)操作步骤清晰、有序。

(3)工具、器材使用正确。

二、考场准备

1. 设备、工具、材料准备

序号	名称	单位	数量	备注
1	打捞筒组合	套	1	
2	仪器组合	套	1	
3	井口专用工具	套	1	

2. 场地、人员准备

(1)测井施工现场。

(2)现场照明良好,安全设施齐全。

(3)考场有专业人员配合。

三、考核内容

(1)准备时间:5min。

(2)准备时间不计入操作时间。
(3)正式操作时间:30min。
(4)正确使用所需工具。
(5)计时从考评员下达口令开始至全部操作完成结束。
(6)违章操作或发生事故停止操作。

四、评分标准与配分表

序号	考试内容	评分要素	配分	评分标准	最大扣分	步长	检测结果	扣分	得分	备注
1	选择打捞工具	根据井下仪器组合结构和外形尺寸选择合适的打捞筒组合	10	选择错误扣10分	10	10				
2	计算3个方入	下钻前计算好碰顶方入、铣鞋方入和打捞方入	10	3个方入不清楚扣10	10	10				
3	连接打捞工具	将打捞工具连接在捞柱上,井口连接不得损坏打捞工具	10	打捞筒损坏扣10分	10	10				
4	下放打捞工具	将打捞工具下井,下到距鱼顶2~3m位置,开泵循环,冲洗鱼顶周围的沉积物	10	未按要求操作扣10分	10	10				
5	打捞落鱼	停泵,顺时针间断转动并缓慢下放钻具,试探鱼顶	5	未按要求操作扣5分	5	5				
		根据打捞方入及打捞钻具悬重变化,判断打捞工具碰触鱼顶打捞部位后,停止转动并加施1~2tf的钻压,使落鱼进入打捞工具	5	未按要求操作扣5分	5	5				
		缓慢上提钻具,根据悬重变化判断是否捞获。未捞获时,可重复上述步骤	5	未按要求操作扣5分	5	5				
		将落鱼提离井底0.5~0.8m,猛刹车2~3次,证明落鱼卡牢即可正常起钻	5	未按要求操作扣5分	5	5				
6	起钻	捞上落鱼后,起钻拆卸立柱时不能用转盘卸扣	10	未按要求操作扣10分	10	10				
		起钻时出现遇卡现象,钻具提拉负荷不能超过该井钻具悬重加仪器串弱点的拉力,应在小于该吨位的拉力下,平稳地上下活动钻具	10	未按要求操作扣10分	10	10				
7	拆卸落鱼	当落鱼起出井口后不应在井口释放,更不能在井口压松可退式打捞筒,有可能时可在钻台上压松落鱼	10	未按要求操作扣10分	10	10				
		从落鱼上退出打捞筒,先卡住落鱼,用链钳卡住打捞筒,顺时针转动即可	10	未按要求操作扣10分	10	10				
合计			100							

考评员:　　　　　　　　　　　核分员:　　　　　　　　　　年　月　日

试题十四　核磁共振测井过程中的质量控制

一、考生准备

(1) 熟知各参数、曲线控制要求。
(2) 操作步骤清晰、有序。

二、考场准备

1. 设备、工具、材料准备

序号	名称	单位	数量	备注
1	核磁共振测井地面系统	套	1	
2	核磁共振测井井下仪器	串	1	
3	测井绞车(含电缆、马笼头)	台	1	
4	发电机	台	1	
5	安装完好的井口装置	套	1	

2. 场地、人员准备

(1) 测井现场,照明良好,安全设施齐全。
(2) 考场有专业测井人员配合。

三、考核内容

(1) 准备时间:5min。
(2) 准备时间不计入操作时间。
(3) 正式操作时间:30min。
(4) 计时从考评员下达口令开始至全部操作完成结束。
(5) 提前完成不加分,每超时 1min,从总分中扣除 5 分,超时 5min 停止操作。
(6) 违章操作或发生事故停止操作。

四、评分标准与配分表

序号	考试内容	评分要素	配分	评分标准	最大扣分	步长	检测结果	扣分	得分	备注
1	核磁探头的选取	若钻头尺寸为 8.5in 以上,则选择 6in 探头;若钻头尺寸为 6in,则选择 4.5in 探头	5	选错扣 5 分	5	5				
2	刻度校验检查	在车间应进行刻度箱检查(100%孔隙度),检查结果误差应在 2%以内;校验时,振铃与偏置应接近同一个值,如果它们之间超过 5 个单位,则说明校验或电路有问题	10	刻度误差错误扣 5 分;校验误差错误扣 5 分	10	5				

续表

序号	考试内容	评分要素	配分	评分标准	最大扣分	步长	检测结果	扣分	得分	备注
3	扫频检查	寻找幅度最大的频率,E_0 最大时对应的 B_1 即是 90°脉冲,确定测量时仪器中心工作频率	10	不能找出最大频率扣10分;方法错误扣10分;最多扣10分	10	10				
4	测井参数的选取	工作频率:在目的层段的高孔段进行频率扫描来确定工作频率	5	选择错误扣5分	5	5				
		回波间隔 T_E:对于标准 T2 测井方式及 ΔTW 测井方式,T_E 选 1.2ms;对于 ΔTE 测井方式,T_E 选 2.4ms 或 3.6ms	5	选择错误扣5分	5	3				
		等待时间 T_W:在目的层段选择含流体、低泥质含量的高孔段进行,两次测量 MPHI(核磁共振测井有效孔隙度)比值不大于 0.95 时,选择短的 T_W 值作为等待时间	5	选择错误扣5分	5	5				
		回波数:根据等式 T_W = 2SWACT − (#Echos×T_E)来确定回波数(#Echos)	5	选择错误扣5分	5	5				
		测井速度:根据仪器尺寸、观测模式、增益的大小和累加次数等来确定测井速度	5	选择错误扣5分	5	2				
5	测量过程参数监测	回波串拟合指数(CHI)应小于 2	5	超出控制要求扣5分	5	5				
		增益(GAIN)与测速(SPEED)的关系应满足测井速度表的要求	5	超出控制要求扣5分	5	5				
		增益(GAIN)曲线应平滑且无噪声干扰,增益应随钻井液电阻率及井径的变化而变化	5	超出控制要求扣5分	5	5				
		噪声(NOISE)应保持在 20dB 以内且平滑	5	超出控制要求扣5分	5	5				
6	曲线质量监测	孔隙充满液体的较纯砂岩地层:核磁有效孔隙度近似等于密度/中子交会孔隙度	5	未监测扣5分	5	5				
		泥质砂岩地层:核磁有效孔隙度应小于或等于密度孔隙度	5	未监测扣5分	5	5				
		泥岩层:核磁有效孔隙度应低于密度孔隙度	5	未监测扣5分	5	5				
		较纯砂岩气层:核磁有效孔隙度应近似等于中子孔隙度	5	未监测扣5分	5	5				
		泥质砂岩气层:核磁有效孔隙度应低于中子孔隙度,同时气体的快横向弛豫将导致束缚流体体积增加	5	未监测扣5分	5	5				

续表

序号	考试内容	评分要素	配分	评分标准	最大扣分	步长	检测结果	扣分	得分	备注
6	曲线质量监测	在孔隙度接近零的地层和无裂缝存在的泥岩层中,核磁有效孔隙度的基值应小于1.5个孔隙度单位	5	未监测扣5分	5	5				
合计			100							

考评员：　　　　　　　　　核分员：　　　　　　　　　年　　月　　日

试题十五　钻具输送测井深度控制

一、考生准备

(1)劳保用品穿戴整齐。
(2)操作步骤清晰、有序。

二、考场准备

1. 设备、工具、材料准备

序号	名称	单位	数量	备注
1	下井仪器串	套	1	
2	钻具序列表	份	1	
3	钢笔	支	1	
4	水平井工具	套	1	

2. 场地、人员准备

(1)测井现场,照明良好,安全设施齐全。
(2)考场有专业测井人员配合。

三、考核内容

(1)准备时间:5min。
(2)准备时间不计入操作时间。
(3)正式操作时间:30min。
(4)计时从考评员下达口令开始至全部操作完成结束。
(5)违章操作或发生事故停止操作。

四、评分标准与配分表

序号	考试内容	评分要素	配分	评分标准	最大扣分	步长	检测结果	扣分	得分	备注
1	湿接头对接前的深度控制	计算测井仪器串的准确长度及连入钻杆的水平井工具长度	10	计算错误扣10分	10	10				

续表

序号	考试内容	评分要素	配分	评分标准	最大扣分	步长	检测结果	扣分	得分	备注
1	湿接头对接前的深度控制	钻井技术人员需要重新排列钻具序列,加入测井仪器及水平井工具	10	钻具序列表中无测井仪器工具序列扣10分	10	10				
		监督钻工按照重新排列的钻具序列表下钻	10	未按照钻具序列表下钻扣10分	10	10				
		对接前进一步确认钻具下入深度是按照测井队要求执行	10	未核实深度扣10分	10	10				
2	湿接头对接成功后的深度控制	核对泵下枪遇阻深度是否与钻具下入深度一致	10	未核对深度扣10	10	10				
		检查仪器数值是否与电缆测井该深度数值一致	10	未检验数值扣10分	10	10				
		安装电缆锁紧夹板,试验拉力2000lbf左右保持1min,电缆无松动	10	未检验拉力扣10分	10	10				
3	测井过程中深度控制	保持电缆上有一定的张力,随着旁通短节的下放(上提),电缆张力应该增大(减小)	10	张力调节不正确扣10分	10	10				
		在每下(起)一柱时,应将深度标注在钻具序列表上,并根据误差及时调整作用在锁紧夹板处的张力大小	10	未标注钻具序列深度扣10分	10	10				
		检验每柱测井深度是否与下入井内的钻具深度一致	10	未检验每柱测量长度扣10分	10	10				
合计			100							

考评员：　　　　　　　　核分员：　　　　　　　　　　年　月　日

试题十六　定性解释砂泥岩地层测井资料

一、考生准备

(1)参数选择准确。
(2)计算方法正确,解释结论可靠。

二、考场准备

1. 设备、工具、材料准备

序号	名称	单位	数量	备注
1	透明尺	把	1	
2	钢笔	支	1	
3	铅笔	支	1	

续表

序号	名称	单位	数量	备注
4	橡皮	块	1	
5	计算器	个	1	
6	邻井资料	套	1	

2. 场地、人员准备

(1)测井施工现场。

(2)看图台。

(3)现场照明良好。

三、考核内容

(1)准备时间:5min。

(2)准备时间不计入操作时间。

(3)正式操作时间:20min。

(4)计时从考评员下达口令开始至全部操作完成结束。

(5)提前完成不加分,每超时1min,从总分中扣除5分,超时5min停止操作。

(6)违章操作或发生事故停止操作。

四、评分标准与配分表

序号	考试内容	评分要素	配分	评分标准	最大扣分	步长	检测结果	扣分	得分	备注
1	划分砂泥岩剖面中的渗透层	利用自然伽马曲线划分渗透层	10	不会划分扣10分;少划分一层扣5分	10	5				
		利用自然电位曲线划分渗透层	10	不会划分扣10分;少划分一层扣5分	10	5				
		利用微电极曲线划分渗透层	10	不会划分扣10分;少划分一层扣5分	10	5				
2	定性判断油、气、水层	应用电阻率资料划分油水层	10	不会划分扣10分;少划分一层扣5分	10	5				
		应用邻井资料曲线对比划分油水层	10	不会划分扣10分;少划分一层扣5分	10	5				
		应用声波时差曲线判别气层	10	不会划分扣10分;少划分一层扣5分	10	5				
		应用补偿中子—密度测井曲线交会判别气层	10	不会划分扣10分;少划分一层扣5分	10	5				
3	计算孔隙度	利用声波测井资料依据公式 $\phi = (\Delta t - \Delta t_{ma})/(\Delta t_f - \Delta t_{ma}) \times CP$ 计算地层孔隙度	10	不能正确使用公式扣5分;计算结果不正确扣5分	10	5				

续表

序号	考试内容	评分要素	配分	评分标准	最大扣分	步长	检测结果	扣分	得分	备注
4	计算地层水电阻率	选取标准水层,利用 $R_w = (R_0 \times \phi_m)/a$ 计算地层水电阻率	10	不能正确使用公式扣5分;计算结果错误扣5分	10	5				
5	计算含油气饱和度	利用阿尔奇公式 $S_o = 100\% - [(a \times b \times R_w)/(R_t \times \phi_m)]^{1/n} \times 100\%$ 计算地层含油气饱和度	10	不能正确使用公式扣5分;计算结果不正确扣5分	10	5				
合计			100							

考评员: 　　　　　　　　核分员: 　　　　　　　　　　　年　月　日

试题十七　编制××井钻具输送测井施工设计

一、考生准备

(1)数据收集齐全、准确。
(2)正确使用计算公式。
(3)对接位置计算准确。

二、考场准备

1. 设备、工具、材料准备

序号	名称	单位	数量	备注
1	计算机	台	1	
2	笔	支	1	
3	纸		适量	

2. 场地、人员准备

(1)计算机室。
(2)目标井通知单或生产任务书。
(3)现场照明良好。

三、考核内容

(1)准备时间:5min。
(2)准备时间不计入操作时间。
(3)正式操作时间:60min。
(4)计时从考评员下达口令开始至全部操作完成结束。
(5)建立以考生准考证号命名的文件夹、建立 Word 文档(包含页面设置、字体格式设置、段落格式设置、文件保存等内容)。

测井工（测井采集专业方向）

(6) 违章操作或发生事故停止操作。

四、评分标准与配分表

序号	考试内容	评分要素	配分	评分标准	最大扣分	步长	检测结果	扣分	得分	备注
1	基础数据	施工井基础数据、钻井数据	5	缺失井号、井型各扣2分；缺失井身结构数据或井身结构数据错误扣2分；缺失井斜表或主要井斜数据扣2分；缺失钻井液数据扣2分	5	2				
		测量项目	5	测量项目或测量井段错误扣5分	5	5				
2	工具的选择	钻具输送专用工具的选择	5	缺失钻具输送测井专用工具的类型、规格中的一项扣3分，扣完为止	5	3				
		对作业现场应具备条件的要求	5	缺失对测井现场具备条件的要求中的一条扣3分，扣完为止	5	3				
3	生产准备工作要求	确定仪器串结构	5	不确定各下井仪器及辅助工具的拼接顺序扣5分	5	5				
		常规电缆测井与钻具输送测井井段要求	5	不确定常规电缆测井与钻具输送测井测量井段扣5分	5	5				
		确定对接位置	5	不确定对接位置或对接位置确定错误扣5分	5	5				
		钻具输送专用工具检查要求要求	5	每缺失一个钻具输送专用工具检查要求扣2分，扣完为止	5	2				
		测井设备的检查要求	5	深度系统、绞车系统、通信系统的检查要求每缺失一项扣3分	5	3				
4	现场作业流程与技术要求	作业协调会要求	5	内容每少一项扣2分，扣完5分为止	5	2				
		井口安装要求	5	每少一项扣2分，扣完5分为止	5	2				

续表

序号	考试内容	评分要素	配分	评分标准	最大扣分	步长	检测结果	扣分	得分	备注
4	现场作业流程与技术要求	仪器串的连接与检查要求	5	每缺失一项扣2分,扣完5分为止	5	2				
		将仪器输送到对接位置要求	5	每缺失一条扣2分,扣完5分为止	5	2				
		安装泵下枪总成要求	5	每缺失一项扣2分,扣完5分为止	5	2				
		湿接头对接要求	5	每缺失一项扣2分,扣完5分为止	5	2				
		电缆卡子的固定和电缆的导向要求	5	每缺失一项扣2分,扣完5分为止	5	2				
		下放、上提测量要求	5	每缺失一项扣2分,扣完5分为止	5	2				
		拆卸旁通短节要求	5	每缺失一项扣2分,扣完5分为止	5	2				
		收尾施工要求	5	每缺失一项扣2分,扣完5分为止	5	2				
5	HSE 要求	HSE 措施(含井控措施)	5	HSE 要求与措施每缺少一项扣2分,扣完5分为止	5	2				
合计			100							

考评员：　　　　　　　　　　　　核分员：　　　　　　　　　　　　年　月　日

试题十八　编制××井存储式测井施工设计

一、考生准备

(1)数据收集齐全、准确。
(2)正确使用计算公式。

二、考场准备

1. 设备、工具、材料准备

序号	名称	单位	数量	备注
1	计算机	台	1	
2	笔	支	1	
3	纸	张	适量	

2. 场地、人员准备

(1) 计算机室。

(2) 目标井基本数据。

(3) 现场照明良好。

三、考核内容

(1) 准备时间:5min。

(2) 准备时间不计入操作时间。

(3) 正式操作时间:60min。

(4) 计时从考评员下达口令开始至全部操作完成结束。

(5) 建立以考生准考证号命名的文件夹、建立 Word 文档(包含页面设置、字体格式设置、段落格式设置、文件保存等内容)。

(6) 违章操作或发生事故停止操作。

四、评分标准与配分表

序号	考试内容	评分要素	配分	评分标准	最大扣分	步长	检测结果	扣分	得分	备注
1	基础数据	施工井基础数据、钻井数据	5	缺失井号、井型各扣1分;缺失井身结构数据或井身结构数据错误扣1分;缺失井斜表或主要井斜数据扣1分;缺失钻井液数据扣1分	5	1				
		钻井情况	5	未明确起下钻阻卡处置信息扣5分;未明确在井底做20min静止粘卡试验扣5分	5	5				
2	作业条件	钻井设备要求	5	缺失对钻井设备要求中的一条扣1分,扣完为止	5	1				
		钻具组合要求	5	缺失对钻具组合要求中的一条扣1分,扣完为止	5	1				
		传感器配接要求	5	缺失对传感器配接要求中的一条扣1分,扣完为止	5	1				
3	测井项目及仪器连接顺序	测量项目	5	测量项目或测量井段错误扣5分	5	5				
		仪器连接顺序	5	仪器连接顺序错误扣5分	5	5				

续表

序号	考试内容	评分要素	配分	评分标准	最大扣分	步长	检测结果	扣分	得分	备注
4	工具准备及检查要求	选择下井工具类型	5	不能确定各下井工具类型扣5分	5	5				
		工具检查要求	10	每缺失一条存储式测井专用工具的检查要求扣2分,扣完为止	10	2				
5	技术措施	释放方式	5	释放方式选择错误扣5分;释放位置至井底距离错误扣5分	5	5				
		参数选定及辅助配置	5	参数选定错误一项扣5分;辅助配置错误扣5分	5	5				
6	作业过程控制要求	传感器安装、拆卸要求	5	每缺失一项扣1分,扣完5分为止	5	1				
		井口安装、拆卸要求	5	每缺失一项扣1分,扣完5分为止	5	1				
		放射源装卸要求	5	每缺失一项扣1分,扣完5分为止	5	1				
		下钻要求	5	每缺失一项扣1分,扣完5分为止	5	1				
		仪器释放要求	5	每缺失一项扣1分,扣完5分为止	5	1				
		起钻测井要求	5	每缺失一项扣1分,扣完5分为止	5	1				
		仪器工具拆卸要求	5	每缺失一项扣1分,扣完5分为止	5	1				
7	HSE要求	HSE措施(含井控措施)	5	HSE要求与措施每缺少一项扣1分,扣完5分为止	5	1				
合计			100							

考评员:　　　　　　　　　　核分员:　　　　　　　　　　年　　月　　日

试题十九　编制 MRIL-P 型核磁共振测井测前设计

一、考生准备

(1)数据收集齐全、准确。

(2)正确使用计算公式。

(3)参数计算准确。

二、考场准备

1. 设备、工具、材料准备

序号	名称	单位	数量	备注
1	计算机	台	1	
2	笔	支	1	
3	纸	张	适量	

2. 场地、人员准备

(1)计算机室。

(2)邻井、目标井数据。

(3)现场照明良好。

三、考核内容

(1)准备时间:5min。

(2)准备时间不计入操作时间。

(3)正式操作时间:60min。

(4)计时从考评员下达口令开始至全部操作完成结束。

(5)建立以考生准考证号命名的文件夹、建立 Word 文档(包含页面设置、字体格式设置、段落格式设置、文件保存等内容)。

(6)违章操作或发生事故停止操作。

四、评分标准与配分表

序号	考试内容	评分要素	配分	评分标准	最大扣分	步长	检测结果	扣分	得分	备注
1	基础数据	施工井基础数据、钻井数据	10	缺失井号、井型各扣5分;缺失井身结构数据或井身结构数据错误扣5分;缺失井斜表或主要井斜数据扣5分;缺失钻井液数据扣5分	10	5				
		测量项目及相关要求	10	测量项目、测量井段错误扣5分	10	5				
2	仪器组合	仪器组合顺序	10	仪器组合错误扣10分	10	10				
		技术保证措施	10	缺失一条扣5分	10	5				

续表

序号	考试内容	评分要素	配分	评分标准	最大扣分	步长	检测结果	扣分	得分	备注
3	参数选择	选择标准 T2 测井时,应保证 $T_W \geq 3T_1$,$N_E \geq T_{2max}/(3T_E)$	10	每错一个参数扣5分;测量方式选择不正确扣10分	10	5				
		选择双 TW 测井,必须确定 T_{WL},T_{WS},T_E 和 N_E,$T_{WS} = aT_{1W} \geq 3T_{1W}$,$T_{WL} = bT_{WS} \geq 3T_{1max}$	10	每错一个参数扣5分;测量方式选择不正确扣10分	10	5				
		选择双 TE 测井,应确定 T_{EL},T_{ES},T_W 和 N_{ES},使油、气、水三相的 T_2 峰值在 T_2 分布谱上尽量分开	10	每错一个参数扣5分;测量方式选择不正确扣10分	10	5				
		选择双 TW 双 TE 测井,必须确定 T_{WL},T_{WS},T_{EL},T_{ES} 和 N_E	10	每错一个参数扣5分;测量方式选择不正确扣10分	10	5				
4	复杂情况处理	施工遇卡处置办法	10	施工遇卡处置办法缺失扣10分	10	10				
5	QHSE 要求	测井资料质量要求、HSE 措施(含井控措施)	10	测井资料质量要求缺失扣 5 分;HSE 要求与措施每缺少一项扣2分,扣完5分为止	10	2				
合计			100							

考评员： 核分员： 年 月 日

试题二十 编制××培训方案

一、考生准备

(1)页面设置符合要求。
(2)设定固定字体格式。
(3)表格设计合理。

二、考场准备

1. 设备、工具、材料准备

序号	名称	单位	数量	备注
1	计算机	台	1	
2	笔	支	1	
3	纸	张	适量	

2. 场地、人员准备

(1)计算机室。

(2)现场照明良好。

三、考核内容

(1)准备时间:5min。

(2)准备时间不计入操作时间。

(3)正式操作时间:20min。

(4)计时从考评员下达口令开始至全部操作完成结束。

(5)建立以考生准考证号命名的文件夹、建立 Word 文档。

(6)违章操作或发生事故停止操作。

四、评分标准与配分表

序号	考试内容	评分要素	配分	评分标准	最大扣分	步长	检测结果	扣分	得分	备注
1	培训班名称	明确培训班名称	10	缺失扣10分	10	10				
2	办班地点	明确办班地点	10	缺失扣10分	10	10				
3	培训对象	明确培训对象	10	缺失扣10分	10	10				
4	培训时间	明确培训时间	10	缺失扣10分	10	10				
5	培训目标	明确培训目标	10	缺失或不符合课程要求扣10分	10	10				
6	课时分配	课时分配正确	10	缺失扣10分	10	10				
		培训讲师姓名明确	10	缺失扣10分	10	10				
		具体地点明确	10	缺失扣10分	10	10				
		培训方法(教授、技能、演示)	10	缺失扣10分	10	10				
		主要内容明确	10	缺失扣10分	10	10				
合计			100							

考评员:　　　　　　　　　　　核分员:　　　　　　　　　　　年　　月　　日

试题二十一　编制××内容培训教案

一、考生准备

(1)页面设置符合要求。

(2)设定固定字体格式。

(3)表格设计合理。

二、考场准备

1. 设备、工具、材料准备

序号	名称	单位	数量	备注
1	计算机	台	1	

续表

序号	名称	单位	数量	备注
2	笔	支	1	
3	纸	张	适量	

2. 场地、人员准备

(1)计算机室。

(2)现场照明良好。

三、考核内容

(1)准备时间:5min。

(2)准备时间不计入操作时间。

(3)正式操作时间:30min。

(4)计时从考评员下达口令开始至全部操作完成结束。

(5)建立以考生准考证号的命名的文件夹、建立 Word 文档。

(6)违章操作或发生事故停止操作。

四、评分标准与配分表

序号	考试内容	评分要素	配分	评分标准	最大扣分	步长	检测结果	扣分	得分	备注
1	课程名称	明确课程名称	5	缺失扣5分	5	5				
2	授课教师	明确授课教师姓名	5	缺失扣5分	5	5				
3	授课对象	明确授课对象	10	缺失扣10分	10	10				
4	授课时间	明确授课时间	10	缺失扣10分	10	10				
5	授课题目	明确授课题目	10	缺失或不符合课程要求扣10分	10	10				
6	教学目的	明确教学目的	10	缺失扣10分	10	10				
7	教学重点和难点	明确教学重点和难点	10	缺失扣10分	10	10				
8	教学内容	教学内容齐全、准确	10	缺失扣10分	10	10				
9	时间分配	明确课时分配时间	10	缺失扣10分	10	10				
10	基本概念	基本概念清楚、明确	10	缺失扣10分	10	10				
11	课后小结	符合课程要求	10	缺失扣10分	10	10				
合计			100							

考评员: 　　　　　　　　　　　核分员: 　　　　　　　　　年　　月　　日

试题二十二 编制注入剖面(欠平衡)测井施工设计

一、考场准备

1. 设备准备

序号	名称	单位	数量	备注
1	操作计算机	台	1	
2	注入剖面施工通知单	份	1	
3	秒表(计时器)	块	1	

2. 材料准备

序号	名称	单位	数量	备注
1	碳素笔	支	1	
2	A4纸	张	1	

二、考生准备

序号	名称	单位	数量	备注
1	劳保用品	套	1	
2	准考证及相应证件	套	1	

三、考核内容

1. 操作程序说明

(1)基本井况数据的收集与准备。

(2)测井项目和仪器组合的设计。

(3)施工准备和施工保障能力设计。

(4)测井时应急处置要求。

2. 考核时间

(1)准备工作:5min。

(2)正式操作:60min。

(3)计时从正式操作开始,至考核结束,共计60min,超时即停止,未完成部分不得分。

四、评分标准与配分表

序号	考试内容	评分要素	配分	评分标准	最大扣分	步长	检测结果	扣分	得分	备注
1	基本井况	基本井况信息:井号、井别、设计井身(包括斜深和垂深、射孔层段、射孔层位、完井方法、地质分层数值)	5	每漏失一项扣0.5分	5	0.5				

续表

序号	考试内容	评分要素	配分	评分标准	最大扣分	步长	检测结果	扣分	得分	备注
1	基本井况	井身结构主要内容应包括:油管程序、套管程序、水泥返高、井下封隔器、配水器、预置工作筒/斜尖	5	每漏失一项扣0.5分	5	0.5				
		井口数据:井口压力、注入方式、注入量、地层压力、测试阀门型号、采油树阀门检查程序	5	每漏失一项扣0.5分	5	0.5				
2	测井项目	主要内容应包括测井队名称、测井项目、测量井段、预约测井施工时间、测试目的等	3	每漏失一项扣1分	3	1				
3	测井序列及仪器组合	主要内容应包括五参数仪器组合顺序及工具的下井顺序、防喷管连接长度及防掉器和BOP的安装位置	5	漏失或顺序及次序错误扣5分	5	5				
4	测井施工准备和保障措施	生产准备保证措施,主要内容应包括: (1)测井所使用设备、工具及备件的检查保养要求。 (2)测井所需材料的检查与领取要求。 (3)供该项目专用测井仪器的准备、地面配接、刻度检查要求。 (4)适合该井况的打捞工具及甲方需配合设备的准备要求。 (5)测井施工环境及条件的要求。 (6)对井液及注入排量、压力的要求等	18	每漏失一项扣3分	18	3				
		现场施工保障措施,主要内容应包括: (1)测井时间的通知方式及到井时间的要求。 (2)对测井班前会的要求。 (3)到井场的生产准备要求。 (4)对仪器下井速度的要求。 (5)测井过程中对操作工程师的要求。 (6)测井遇阻遇卡的技术解决措施。 (7)对井口防喷设备的密封的要求。 (8)对下井管柱最小内径的要求。 (9)测井前使用合适通径规对井下管柱通井的要求。 (10)测井前后对仪器进出防喷管、经过防掉器的要求。 (11)仪器遇阻解卡所用电缆最大安全拉力要求等	11	漏检查一项扣1分	11	1				
		生产带压测井时测井资料质量保证措施,主要内容应包括: (1)对测井仪器性能的要求。 (2)对操作工程师及资料验收解释人员研究地质资料、掌握地区地层规律的要求。 (3)针对各仪器的特点,结合井筒状况加装额定规格的扶正器等辅助工具的要求等	3	每漏失一项扣1分	3	1				

测井工（测井采集专业方向）

续表

序号	考试内容	评分要素	配分	评分标准	最大扣分	步长	检测结果	扣分	得分	备注
4	测井施工准备和保障措施	HSE措施，主要内容应包括： (1)施工人员进行施工现场防火、防有毒气体中毒及突发事故应急措施的培训要求。 (2)施工人员现场防火要求。 (3)施工人员劳保用品穿戴要求。 (4)施工人员持证上岗和坐岗要求。 (5)保证施工人员健康的工作条件要求。 (6)对施工人员的疫情防控要求。 (7)明确现场使用密封脂时防漏、防渗及含油废物的清洁化处置措施。 (8)涉及放射性物品时，执行相关要求	10	每漏失一项扣1分	10	1				
		测井防喷措施，主要内容应包括： (1)所有施工人员，测井前要进行施工现场防喷应急措施的培训。 (2)测井施工人员严禁将火种带入井场，施工车辆、设备按规定做好防火工作(例如车辆及发电机排气管要带防火帽等)。 (3)测井施工前，必须对处理井喷事故的专用工具进行检查和保养。 (4)测井施工人员进入施工现场后，首先必须熟悉各岗位逃生路线。 (5)测井施工前，生产测井了解是否进行酸洗作业，并在班前会上向每一位施工人员交代清楚。 (6)测井施工车辆按照要求摆放，其他车辆远离井口的上风口位置摆放。 (7)防喷设备连接井口完成后进行试压工作。 (8)测井施工中必须严格执行施工技术规程和保证措施，提前做好防喷准备。 (9)测井施工中，现场作业应有井口工坐岗，观察电缆在高压控制头及天滑轮处运行情况。测井施工人员必须在井口值班，发现问题及时汇报。 (10)为确保施工安全，现场作业应和监护人员共同确定采油树功能正常。 (11)测井前，现场作业应与甲方沟通注水压力及排量，保证测井期间注水正常	10	每漏失一项扣1分	10	1				
5	测井时应急处置要求	应急抢险原则：以抢救员工生命为第一位，按照先救人的原则，以最小的环境代价，对物资设备进行抢救。有可能发生二次事故时，做到抢救人员和控制险情并行	2	错误扣2分	2	2				

续表

序号	考试内容	评分要素	配分	评分标准	最大扣分	步长	检测结果	扣分	得分	备注
5	测井时应急处置要求	测井施工队伍的应急指挥原则:项目负责人应为应急指挥第一责任人,施工队长为应急指挥第二责任人,以下分别为安全员、操作工程师等。如第一责任人在事故中受伤,则由第二责任人负责指挥,依此类推。所有测井施工人员必须听从责任人指挥,参加抢险救助工作或逃生	2	错误扣2分	2	2				
		生产测井过程中如防喷控制头漏失严重,有引发井液喷出污染井场迹象,应立即加大注脂量控制溢流的同时,由操作工程师给仪器断电,同时由绞车工快速上提电缆并双人观察防喷设备,发现异常立即处理	2	错误扣2分	2	2				
		测井过程中若喷出井液含有油气、有害气体,井下仪器来不及起出井口,则应当机立断,用断线钳(BOP)切断电缆,立即关闭井口,撤出地面设备及危险品	2	错误扣2分	2	2				
		发生井喷后,应在井场有关负责人的统一指挥下进行防喷抢险和撤退工作	2	错误扣2分	2	2				
		测井施工人员在井喷失控时,具备条件的,应立即带测井原始资料、危险品沿逆风方向顺逃生路线快速撤离井场	2	错误扣2分	2	2				
		发生井喷后,要做好安全防火工作,施工小队要切断所有电源,在保证安全的前提下将测井车辆、设备迅速撤离现场	2	错误扣2分	2	2				
		发生井喷后,施工小队应立即通知上级指挥部门,配合甲方控制井喷	1	错误扣1分	1	1				
5	考核时限	在规定时间内完成,要求层次分明,重点突出、版面简洁、格式整齐	10	到考核规定时间停止操作,未完成者扣5分;版面混乱、格式不一扣5分	10	5				
合计			100							

考评员: 　　　　　　　　　　　核分员: 　　　　　　　　　年　　月　　日

试题二十三　编制水平井产出剖面测井施工设计

一、考场准备

1. 设备准备

序号	名称	单位	数量	备注
1	操作计算机	台	1	

续表

序号	名称	单位	数量	备注
2	水平井产出剖面施工通知单	份	1	
3	秒表(计时器)	块	1	

2. 材料准备

序号	名称	单位	数量	备注
1	碳素笔	支	1	
2	A4纸	张	1	

二、考生准备

序号	名称	单位	数量	备注
1	劳保用品	套	1	
2	准考证及相应证件	套	1	

三、考核内容

1. 操作程序说明

(1)基本井况数据的收集与准备。

(2)水平井产出剖面测井项目和仪器组合的设计。

(3)水平井产出剖面施工准备和施工保障能力设计。

(4)水平井产出剖面测井应急处置要求。

2. 考核时间

(1)准备工作:5min。

(2)正式操作:60min。

(3)计时从正式操作开始,至考核结束,共计60min,超时即停止,未完成部分不得分。

四、评分标准与配分表

序号	考试内容	评分要素	配分	评分标准	最大扣分	步长	检测结果	扣分	得分	备注
1	基本信息	基本井况信息: 井号、井别、设计井身(包括斜深和垂深、射孔层段、射孔层位、日产液、地质分层数值、试油数据)	4	每漏失一项扣0.5分	4	0.5				
		井身结构主要内容应包括: 套管程序、套补距、固井情况、短套位置、油层附近接箍位置、井斜数据表	4	每漏失一项扣0.5分	4	0.5				
		辅助数据: 井口压力、地层压力、泵深、沉没度、冲程、冲次	3	每漏失一项扣0.5分	3	0.5				

续表

序号	考试内容	评分要素	配分	评分标准	最大扣分	步长	检测结果	扣分	得分	备注
2	测井项目	主要内容应包括： 测井队名称、配合方(修井队)信息、测井项目、测量井段、预约测井施工时间、测试目的等	5	每漏失一项扣1分	5	1				
3	测井序列及仪器组合	主要内容应包括： 五参数仪器组合顺序,爬行器的规格型号与连接顺序,设计启动爬行点	5	漏失或顺序及次序错误扣5分；爬行器设计不正确扣5分	5	5				
4	测井前施工准备	测井队生产准备保障措施,主要内容应包括： (1)测井所使用设备、工具及备件的检查保养要求。 (2)测井所需材料的检查与领取要求。 (3)供该项目专用测井仪器的准备、地面配接、刻度检查要求。 (4)井斜资料、原始综合图、施工设计等文件的准备。 (5)根据施工条件对吊车的选择要求	10	每漏失一项扣2分	10	2				
		配合方施工准备保障,主要内容应包括： (1)通井和磨钻等特殊处理情况。 (2)洗井返液情况。 (3)施工场地和施工环境准备情况。 (4)抽油泵及采油管柱准备情况。 (5)现场作业环保措施准备情况	5	漏检查一项扣1分	5	1				
5	测井过程保障措施	作业队现场施工保障措施,主要内容应包括： (1)测井时间的通知方式及到井时间的要求。 (2)对测井班前会的要求。 (3)到井场的生产准备要求。 (4)对偏心井口坐封与电缆安全处置程序要求。 (5)对仪器下井和爬行器速度的要求。 (6)测井过程中对操作工程师的要求。 (7)测井遇阻遇卡的技术解决措施。 (8)仪器遇阻解卡所用电缆最大安全拉力要求等	16	漏检查一项扣2分	16	2				
		修井队现场施工保障措施,主要内容应包括： (1)对起下钻具时井口防喷设备的安装与操作要求。 (2)对下井管柱速度的要求。 (3)对仪器遇阻遇卡后的协助处理要求。 (4)偏心井口坐封和拆除的安全操作要求	4	每漏失一项扣1分	4	1				

测井工（测井采集专业方向）

续表

序号	考试内容	评分要素	配分	评分标准	最大扣分	步长	检测结果	扣分	得分	备注
5	测井过程保障措施	测井资料质量保障措施，主要内容应包括： (1)对测井仪器性能的要求。 (2)对操作工程师及资料验收解释人员研究地质资料、掌握地区地层规律的要求。 (3)针对各仪器的特点，结合井筒状况加装额定规格的扶正器等辅助工具的要求等	6	每漏失一项扣2分	6	2				
		HSE 措施，主要内容应包括： (1)施工人员进行施工现场防火、防有毒气体中毒及突发事故应急措施的培训要求。 (2)施工人员现场防火要求。 (3)施工人员劳保用品穿戴要求。 (4)施工人员持证上岗和坐岗要求。 (5)保证施工人员健康的工作条件要求。 (6)明确现场溢流控制及含油废物的清洁化处置措施。 (7)防机械伤害、高空落物等伤害的措施	5	每漏失一项扣1分	5	1				
		测井防喷措施，主要内容应包括： (1)所有施工人员，测前要进行施工现场防喷应急措施的培训。 (2)测井施工人员严禁将火种带入井场，施工车辆、设备按规定做好防火工作(例如车辆及发电机排气管要带防火帽等)。 (3)测井施工前，必须对处理井喷事故的专用工具进行检查和保养。 (4)测井施工人员进入施工现场后，首先必须熟悉各岗位逃生路线。 (5)测井施工前，生产测井人员了解是否进行酸洗和钻磨作业，并在班前会上向每一位施工人员交代清楚。 (6)测井施工车辆按照要求摆放，其他车辆远离井口的上风口位置摆放。 (7)起下管严格使用密封胶芯，电缆下至位置后，偏心井口偏心孔必须进行密封处置。 (8)测井施工中必须严格执行施工技术规程和保证措施，提前做好防喷准备。 (9)施工过程中要严格观察井口溢流情况，如有套返，应及时停止施工，采取防喷措施	8	每漏失一项扣1分	8	1				
6	测井时应急处置要求	应急抢险原则：以抢救员工生命为第一位，按照先救人原则，以最小的环境代价，对物资设备进行抢救。有可能发生二次事故时，做到抢救人员和控制险情并行	2	错误扣2分	2	2				

续表

序号	考试内容	评分要素	配分	评分标准	最大扣分	步长	检测结果	扣分	得分	备注
6	测井时应急处置要求	测井施工队伍的应急指挥原则:项目负责人应为应急指挥第一责任人,施工队长为应急指挥第二责任人,以下分别为安全员、操作工程师等。如第一责任人在事故中受伤,则由第二责任人负责指挥,依此类推。所有测井施工人员必须听从责任人指挥,参加抢险救助工作或逃生	2	错误扣2分	2	2				
		测井过程中如井口溢流严重,有引发井液喷出污染井场迹象,应立即停止绞车,由操作工程师给仪器断电,同时配合修井队按照井控处置方案进行处置	2	错误扣2分	2	2				
		测井过程中若喷出井液含有油气、有害气体,井下仪器来不及起出井口,则应当机立断,用断线钳切断电缆,使用环形防喷器立即关闭井口,撤出地面设备	2	错误扣2分	2	2				
		发生井喷后,应在井场有关负责人的统一指挥下进行防喷抢险和撤退工作	2	错误扣2分	2	2				
		测井施工人员在井喷失控时,具备条件的,应立即带测井原始资料,沿逆风方向逃生路线快速撤离井场	2	错误扣2分	2	2				
		发生井喷后,要做好安全防火工作,施工小队要切断所有电源,在保证安全的前提下将测井车辆、设备迅速撤离现场	2	错误扣2分	2	2				
		发生井喷后,施工小队应立即通知上级指挥部门,配合甲方控制井喷	1	错误扣1分	1	1				
7	考核时限	在规定时间内完成,要求层次分明、重点突出、版面简洁、格式整齐	10	到考核规定时间停止操作,未完成者扣5分;版面混乱、格式不一扣5分	10	5				
合计			100							

考评员: 核分员: 年 月 日

试题二十四 编制测井找漏工艺施工设计

一、考场准备

1. 设备准备

序号	名称	单位	数量	备注
1	操作计算机	台	1	

续表

序号	名称	单位	数量	备注
2	测井找漏施工通知单	份	1	
3	秒表(计时器)	块	1	

2. 材料准备

序号	名称	单位	数量	备注
1	碳素笔	支	1	
2	A4纸	张	1	

二、考生准备

序号	名称	单位	数量	备注
1	劳保用品	套	1	
2	准考证及相应证件	套	1	

三、考核内容

1. 操作程序说明

(1)实施测井找漏工艺的目的井基本情况。

(2)测井找漏工艺设计和仪器组合的设计。

(3)测井找漏工艺准备和施工保障能力设计。

(4)测井时应急处置要求。

2. 考核时间

(1)准备工作:5min。

(2)正式操作:60min。

(3)计时从正式操作开始,至考核结束,共计60min,超时即停止,未完成部分不得分。

四、评分标准与配分

序号	考试内容	评分要素	配分	评分标准	最大扣分	步长	检测结果	扣分	得分	备注
1	目的井基本情况	基本井况信息:说明目的井找漏前的准备措施,并详细描述	4	漏项不得分,信息收集不完整扣2分	4	2				
		施工目的:根据前期获得目的井的信息,为进一步探明××段—××段漏失原因和准确的漏失点	3	漏项不得分,施工目的描述不完整扣1分	3	1				
2	测井工艺设计	主要内容应包括:测井队名称、配合方(修井队)信息、测井项目(工艺方法)、测量井段、预约测井施工时间、测试目的等	10	每漏失一项扣1分,找漏的方法未说明扣5分	5	1				

续表

序号	考试内容	评分要素	配分	评分标准	最大扣分	步长	检测结果	扣分	得分	备注
3	测井序列及仪器组合	仪器组合：自然伽马仪器，压力、磁定位、持气率、流体密度、持水、井温、流量等测量仪器，多臂井径、磁壁厚等仪器，根据测井方法选择合理的仪器	5	少选一个扣1分，井温仪器、流量计、自然伽马或磁定位仪器未选择，直接扣5分	5	1				
		仪器组合连接：根据选择的仪器，正确设计仪器连接串，根据仪器串设计防喷设备及连接顺序。如需要爬行器，需要特殊说明	10	少设计1项扣2分，防喷设备和仪器串设计不合理扣5分	5	2				
4	测井前准备措施	测井队生产准备保障措施，主要内容应包括： (1)测井所使用设备、工具及备件的检查保养要求。 (2)测井所需材料的检查与领取要求。 (3)供该项目专用测井仪器的准备、地面配接、刻度检查要求。 (4)原始综合图、施工设计、地质方案及施工简况等文件的准备。 (5)根据施工条件对吊车的选择要求。 (6)防喷设备的原则要求	6	每漏失一项扣1分	6	1				
		配合方施工准备保障，主要内容应包括： (1)地质方案及施工简况总结文件。 (2)泵车及相匹配的泵入管线。 (3)施工所需排量的泵车、泵入流体的罐车。 (4)现场作业环保措施准备情况	4	漏设计一项扣1分	5	1				
5	测井过程施工保障措施	作业队现场施工保障措施，主要内容应包括： (1)测井时间的通知方式及到井时间的要求。 (2)对测井班前会的要求。 (3)到井场的生产准备要求	3	漏设计一项扣1分	3	1				
		修井队现场施工保障措施，主要内容应包括： (1)对施工井口与测井防喷设备匹配要求。 (2)对泵入过程流量和泵压要求。 (3)井内工况的要求	3	漏设计一项扣1分	3	1				

续表

序号	考试内容	评分要素	配分	评分标准	最大扣分	步长	检测结果	扣分	得分	备注
5	测井过程施工保障措施	多参数找漏施工流程： (1)静态测量:将仪器串下入表层套管脚以下50m处,分别以不同速度上测三条流量曲线,选取流量响应稳定的曲线对应的速度 v_1 为后续测井的速度,记录此条曲线涡轮流量计的平均转数 A。 (2)动态测量:将仪器继续下放至表层套管脚以下50m,钻井队通过环空向井筒以固定排量 Q 注入钻井液,等泵压稳定后,以速度 v_1 上提测井,记录此时的流量计平均涡轮转数 B。 (3)漏点定位:将测井仪器下至疑似漏失井段中部,以 Q 排量稳定向井筒注入钻井液,待注入泵压平稳后,以 v_1 速度上提仪器,观察并记录流量计涡轮转数 C;如果涡轮转数 $C≈A$,则说明漏点在疑似漏失井段上部,持续上提测量,直至涡轮转数出现明显异常变化点,结合井温和压力测井曲线在涡轮变化异常点处可判识为漏点;如果涡轮转数 $C≈B$,则说明漏点在疑似漏失井段下部,停止钻井液注入,下放仪器至漏失井段下部,重复漏点定位步骤,直至判识漏点。 (4)漏失点验证测试:将测井仪器下放至漏点以下50m,以固定排量 Q 注入钻井液,以三种不同速度上提测井,测量段约100m,观察涡轮流量计变化是否显示为漏失。 (5)如套管井需要多臂井径和磁壁厚检测准确漏点和漏点形态,按照多臂井径测井要求设计。	20	少设计1项扣2分,设计步骤不符合逻辑或无效果,扣10分	10	2				
		测井资料质量保障措施,主要内容应包括: (1)对测井仪器性能的要求。 (2)操作工程师数据解释:判断漏点个数、漏失量及漏失层位	4	每漏失一项扣2分	4	2				
		HSE措施,主要内容应包括: (1)施工人员进行施工现场防火、防有毒气体中毒及突发事故应急措施的培训要求。 (2)施工人员现场防火要求。 (3)施工人员劳保用品穿戴要求。 (4)施工人员持证上岗和坐岗要求。 (5)保证施工人员健康的工作条件要求。 (6)明确现场溢流控制及含油废物的清洁化处置措施。 (7)井控风险的防控措施	3	每漏失一项扣0.5分	3	0.5				

续表

序号	考试内容	评分要素	配分	评分标准	最大扣分	步长	检测结果	扣分	得分	备注
6	测井时应急处置要求	应急抢险原则:以抢救员工生命为第一位,按照先救人原则,以最小的环境代价,对物资设备进行抢救。有可能发生二次事故时,做到抢救人员和控制险情并行	2	错误扣2分	2	2				
		测井施工队伍的应急指挥原则:项目负责人应为应急指挥第一责任人,施工队长为应急指挥第二责任人,以下分别为安全员、操作工程师等。如第一责任人在事故中受伤,则由第二责任人负责指挥,依此类推。所有测井施工人员必须听从责任人指挥,参加抢险救助工作或逃生	2	错误扣2分	2	2				
		测井过程中如井口溢流严重或防喷设备失效,有引发井液喷出污染井场迹象,应立即停止绞车,由操作工程师给仪器断电,同时配合井队按照井控处置方案进行处置	2	错误扣2分	2	2				
		测井过程中若喷出井液含有油气、有害气体,井下仪器来不及起出井口,则应当机立断,用断线钳切断电缆,立即关闭井口,撤出地面设备	2	错误扣2分	2	2				
		发生井喷后,应在井场有关负责人的统一指挥下进行防喷抢险和撤退工作	2	错误扣2分	2	2				
		测井施工人员在井喷失控时,在具备条件时,应立即带测井原始资料,沿逆风方向逃生路线快速撤离井场	2	错误扣2分	2	2				
		发生井喷后,要做好安全防火工作,施工小队要切断所有电源,在保证安全的前提下将测井车辆、设备迅速撤离现场	2	错误扣2分	2	2				
		发生井喷后,施工小队应立即通知上级指挥部门,配合甲方控制井喷	1	错误扣1分	1	1				
7	考核时限	在规定时间内完成,要求层次分明、重点突出、版面简洁、格式整齐	10	到考核规定时间停止操作,未完成者扣5分;版面混乱、格式不一扣5分	10	5				
合计			100							

考评员: 核分员: 年 月 日

试题二十五　编写××科研项目技术论文

一、考场准备

1. 设备准备

序号	名称	单位	数量	备注
1	计算机	台	1	
2	秒表	块	1	

2. 材料准备

序号	名称	规格	单位	数量	备注
1	试卷		套	1	
2	碳素笔		支	1	
3	白纸	A4	张	若干	

二、考生准备

序号	名称	单位	数量	备注
1	劳保用品	套	1	
2	准考证及相应证件	套	1	

三、考核内容

1. 操作程序说明

科研项目技术论文题目、作者及其联系方式、摘要、关键词、引言、正文、结论、致谢、参考文献等各部分内容的要求和编写方法。

2. 考核时间

(1)准备工作:5min。

(2)正式操作:60min。

(3)计时从正式操作开始,至考核结束,共计60min,超时即停止,未完成部分不得分。

四、评分标准与配分表

序号	考试内容	评分要素	配分	评分标准	最大扣分	步长	检测结果	扣分	得分	备注
1	论文题目	(1)题目要准确得体。能够反映论文内容,不能太大,也不能太小,要准确地把研究的对象、问题概括出来。 (2)题目要简短精练。不管是论文或者课题,名称都不能太长,能不要的字尽量不要。 (3)直接明了,能反映文章内容及特色,可尽量将表达核心内容的主题词放在开头。 (4)用作国际交流,应有外文(多用英文)题名,外文题名一般不宜超过10个实词	7	题目不能够反映论文内容扣1分;题目太大扣1分;题目太小扣1分;题目对研究对象、问题概括不准确扣1分	2	1				
				题目不够简短精练扣2分	2	2				
				不能直接明了反映文章内容及特色扣2分	2	2				
				用作国际交流,如果没有外文(多用英文)题名,或外文题名过于冗长扣1分	1	1				
2	作者及其联系方式	(1)只限于选定研究课题、制定研究方案的人,直接参加全部或主要部分研究工作并做出主要贡献的人以及参加论文撰写并能对内容负责的人。 (2)数人共同完成论文,应按贡献大小排列名次,而不是按职位高低排列。 (3)第一作者单位应与文章后面提交的个人简介相一致,分清作者、单位、单位地址、邮编、通信方式(电话、电子邮箱)等	3	包含与课题研究或论文撰写无关的人员扣1分	1	1				
				论文作者未按贡献大小顺序排列扣1分	1	1				
				列出的联系方式非第一作者扣1分	1	1				
3	摘要	(1)摘要是对论文内容不加评论和注释的简短陈述,是一篇有依据有结论的短文。 (2)摘要用第三人称写法,应客观充分表述论文内容,强调创新之处;结构严谨,不分段落;尽量避免引用文献;采用法定计量单位和符号,避免使用图表,不要简单地重复题名中已有的信息	5	包含评论或注释扣1分;陈述冗长扣1分;不包含结论或依据扣1分	2	1				
				非第三人称写法扣1分;未客观充分表述论文内容,强调创新之处扣1分;结构不严谨,分段撰写扣1分;引用文献扣1分;未采用法定计量单位和符号扣1分;使用图表扣1分;简单地重复题名中已有的信息扣1分	3	1				

测井工（测井采集专业方向）

续表

序号	考试内容	评分要素	配分	评分标准	最大扣分	步长	检测结果	扣分	得分	备注
4	关键词	(1)关键词是指用以表示论文主题内容的规范名词或术语(或词组)。 (2)为使读者了解全文涉及的主要内容,便于计算机检索,一般为3~8个词。 (3)关键词的选取应正确有序,从论文题目或摘要中选取能代表论文主题内容的有关词或词组作为关键词,这些词最好与正式出版的主题词表或词典提供的规范词一致	5	不能表示论文主题内容每出现一个扣1分;非规范名词或术语(或词组)扣1分	2	1				
				少于3个或多于8个均扣1分	1	1				
				非来自题目或摘要,每出现一个扣1分	2	1				
5	引言	(1)引言是论文的开场白,是正文主要内容的简要说明。 (2)引言的内容包括课题研究的理由、目的、背景、学科(课题)状态、理论依据和实验基础,预期的结果及其在相关领域里的地位、作用和意义,简明扼要地交代本研究工作的来龙去脉。 (3)引言的作用是给读者一些预备知识,引起读者的阅读兴趣。编写时最好开门见山,抓住中心,生动而有吸引力,文字要少而精,250字左右即可	15	不够简要扣2分;不能说明正文的主要内容扣3分	5	2				
				引言内容每缺一项扣1分	5	1				
				未抓住中心扣3分;不够生动,没有吸引力扣1分;表述冗长扣1分	5	1				
6	正文	(1)正文的内容包括课题研究的对象、研究的方法和手段、理论(公式)的推导和论证、逻辑的论述等,以及相关的原因、定理、研究的结果、实际应用程度和应用效果等。 (2)正文可由数个层段组成,层段的形式可用级别标题分出。 (3)使用公认通用的方法以及引用他人的方法,不必全部照抄,只要简单说明来源并在文中用角码注明出处,在文后给出参考文献即可。如对他人的方法做了实质性改进,重点写出改进部分,并说明改进理由即可。对文献报道过,但并非大家熟知的方法,应简单加以介绍并用角码注明出处。对自主创新方法,要详细具体介绍,以便他人重复	40	正文缺少课题研究的对象扣5分;缺少研究方法和手段扣5分;缺少理论(公式)的推导、论证或逻辑的论述扣5分;缺少相关的原因、定理或研究的结果扣5分;缺少实际应用程度和应用效果扣5分	15	5				
				正文层次结构不清晰扣5分	5	5				
				使用公认通用的方法以及引用他人的方法,全部照抄,且未简单说明来源并在文中用角码注明出处扣5分;对他人的方法做了实质性改进,未重点写出改进部分扣3分,未说明改进理由扣2分;对文献报道过,但并非大家熟知的方法,未简单加以介绍并用角码注明出处扣5分;对自主创新方法,未详细具体介绍扣5分	20	1				

续表

序号	考试内容	评分要素	配分	评分标准	最大扣分	步长	检测结果	扣分	得分	备注
7	结论	(1)结论是最终和总体的结论,不是正文中各段小结的简单重复。 (2)结论应准确、完整、明确、精炼。 (3)课题结果说明了什么问题,得出了什么规律,解决了什么理论的或实际的问题;对他人有关本问题的看法做了哪些验证,一致的或不一致的;做了哪些修改、补充、发展、证实、肯定或否定;课题的不足之处,或遗留未解决的问题,以及解决这些问题的可能的关键点和今后的研究方向等	15	结论与最终和总体的结论不符扣5分	5	5				
				结论不够准确、完整、明确、精炼,每项扣2分,直至扣完	5	5				
				每缺一项扣1分	5	1				
8	致谢	在研究过程中,凡是对论文或研究提供过重要指导和帮助的都应当在论文的结尾处书面致谢,以表示尊重他人劳动,感谢他们的帮助	5	缺该项扣5分;对贡献或帮助者每少一人扣2分	5	2				
9	参考文献	(1)参考文献是论文的一个重要组成部分。 (2)参考文献引用是否正确,书写格式是否符合标准,已成为考核论文质量的一项指标。 (3)论文中凡是引用他人的文章、数据、材料和论点等,均应按照其在文中出现的先后顺序,标明顺序码在论文最后依次列出出处;这些依次列出的参考文献还应在文中的相应位置处以角码的形式——标出	5	缺少参考文献部分扣1分	1	1				
				参考文献引用不正确或书写格式不符合标准,每出现一次扣1分	2	1				
				论文中凡是引用他人的文章、数据、材料和论点等,未按照其在文中出现的先后顺序,标明顺序码并在论文最后依次列出出处扣1分;这些依次列出的参考文献未在文中的相应位置处以角码的形式——标出扣1分	2	1				
合计			100							

考评员:　　　　　　　　　　　核分员:　　　　　　　　　　年　　月　　日

试题二十六　编制受限空间作业方案

一、考场准备

1. 设备准备

序号	名称	单位	数量	备注
1	计算机	台	1	

续表

序号	名称	单位	数量	备注
2	秒表	块	1	

2. 材料准备

序号	名称	单位	数量	备注
1	碳素笔	支	1	
2	清洁材料		若干	

二、考生准备

序号	名称	单位	数量	备注
1	劳保用品	套	1	
2	准考证及相应证件	套	1	

三、考核内容

1. 操作程序说明

(1)受限空间作业施工准备。

(2)受限空间作业时事故预防措施。

(3)受限空间作业施工。

2. 考核时间

(1)准备工作:5min。

(2)正式操作:60min。

(3)计时从正式操作开始,至考核结束,共计60min,超时即停止,未完成部分不得分。

四、评分标准与配分表

序号	考试内容	评分要素	配分	评分标准	最大扣分	步长	检测结果	扣分	得分	备注
1	受限空间作业施工准备	资质准备:作业人员应当按照进入受限空间作业许可证的要求进行作业	5	缺此项扣5分	5	5				
		技术准备:作业前安全会主要是作业队长对操作人员进行详细的技术交底和安全风险识别,熟悉施工的工艺流程、施工要求、安全技术等	10	缺一项扣2分	10	2				
		危害因素识别: (1)作业人员未按规定穿戴个人防护用品。 (2)未将运转设备的动力源和电源断开,或未对动力源或电源进行上锁挂签。 (3)进入受限空间前未检测氧气或有毒有害气体浓度	15	缺一项扣5分	15	5				

续表

序号	考试内容	评分要素	配分	评分标准	最大扣分	步长	检测结果	扣分	得分	备注
1	受限空间作业施工准备	作业准备： (1)可采取清空、清扫(如冲洗、蒸煮、洗涤和漂洗)、中和危害物、置换等方式对受限空间进行清理、清洗。 (2)编制隔离核查清单,隔离相关能源和物料的外部来源,上锁挂牌并测试,按清单内容逐项核查隔离措施。 (3)对可能缺氧、富氧,或存在有毒有害气体、易燃易爆气体、粉尘等的受限空间,作业前应进行检测,合格后方可进入。进入受限空间作业的时间距气体检测时间不应超过30min。超过30min仍未开始作业的,应当重新进行检测	15	缺一项扣5分	15	5				
2	受限空间作业事故预防措施	事故预防措施： (1)作业前受限空间作业安全知识培训。 (2)作业人员必须持证上岗。 (3)进入受限空间作业前应按照作业许可证或安全工作方案的要求进行气体检测,作业过程中应进行气体监测,合格后方可作业。 (4)作业人员在进入受限空间作业期间应采取适宜的安全防护措施,必要时应佩戴有效的个人防护装备。 (5)发生紧急情况时,严禁盲目施救。救援人员应经过培训,具备与作业风险相适应的救援能力,确保在正确穿戴个人防护装备和使用救援装备的前提下实施救援	25	缺一项扣5分	25	5				
3	受限空间作业施工	(1)进入受限空间作业应指定专人监护,不得在无监护人的情况下作业;作业人员和监护人员应当相互明确联络方式并始终保持有效沟通;进入特别狭小空间时,作业人员应当系安全可靠的保护绳,并利用保护绳与监护人员进行沟通。 (2)受限空间内的温度应当控制在不对作业人员产生危害的安全范围内。 (3)受限空间内应当保持通风,保证空气流通和人员呼吸需要,可采取自然通风或强制通风,严禁向受限空间内通纯氧。 (4)受限空间内应当有足够的照明,使用符合安全电压和防爆要求的照明灯具;手持电动工具等应当有漏电保护装置;所有电气线路绝缘良好。 (5)进入受限空间作业应当采取防坠落或滑跌的安全措施。 (6)对受限空间内阻碍人员移动、对作业人员可能造成危害或影响救援的设备应当采取固定措施,必要时移出受限空间。	30	缺一项扣3分	30	3				

续表

序号	考试内容	评分要素	配分	评分标准	最大扣分	步长	检测结果	扣分	得分	备注
3	受限空间作业施工	(7)进入受限空间作业期间,应当根据作业许可证或安全工作方案中规定的频次进行气体检测,并记录检测时间和结果,结果不合格时应立即停止作业。气体检测应当优先选择连续检测方式,若采用间断性检测,间隔不应超过2h。 (8)携带进入受限空间作业的工具、材料要登记,作业结束后应当清点,以防遗留在受限空间内。 (9)进入受限空间作业期间,作业人员应当安排轮换作业或休息。每次进、出受限空间的人员都要清点和登记。 (10)如果进入受限空间作业中断超过30min,继续作业前,作业人员、作业监护人应当重新确认安全条件。作业中断过程中,应对受限空间采取必要的警示或隔离措施,防止人员误入。 (11)作业完成后及时回收归放剩余物料、工具,清理人员通道,将垃圾回收到垃圾桶	30	缺一项扣3分	30	3				
合计			100							

考评员：　　　　　　　　　　　　核分员：　　　　　　　　　　　年　　月　　日

试题二十七　编制高处作业方案

一、考场准备

1. 设备准备

序号	名称	单位	数量	备注
1	计算机	台	1	
2	秒表	块	1	

2. 材料准备

序号	名称	单位	数量	备注
1	试卷	张	若干	
2	碳素笔	支	1	

二、考生准备

序号	名称	单位	数量	备注
1	劳保用品	套	1	
2	准考证及相应证件	套	1	

三、考核内容

1. 操作程序说明

(1)高处作业施工准备。

(2)高处作业时事故预防措施。

(3)高处作业施工。

2. 考核时间

(1)准备工作:5min。

(2)正式操作:60min。

(3)计时从正式操作开始,至考核结束,共计60min,超时即停止,未完成部分不得分。

四、评分标准与配分表

序号	考试内容	评分要素	配分	评分标准	最大扣分	步长	检测结果	扣分	得分	备注
1	高处作业施工准备	资质准备:办理高处作业施工许可证,无有效的高处作业许可证严禁高处作业	4	缺一项扣4分	4	4				
		作业前安全会:作业队长对操作人员进行详细的技术交底和安全风险识别,熟悉施工的工艺流程、施工要求、安全技术等	8	缺一项扣2分	8	2				
		危害因素识别: (1)患有心脏病、高血压等职业禁忌证,以及年老体弱、疲劳过度、视力不佳等的人员从事高处作业。 (2)高处作业人员未按规定穿戴个人防护用品。 (3)高处作业人员随身携带的手工具未系安全绳或抛掷工具。 (4)夜间高处作业未配备充足的照明。 (5)攀登器材质量不合格。 (6)在6级以上大风和雷电、暴雨、大雾等恶劣天气情况下进行高处作业。 (7)冬季开展高处作业时未做好防冻、防寒、防滑工作	28	缺一项扣4分	28	4				
2	高处作业事故预防措施	(1)作业前开展高处作业安全知识培训。 (2)作业人员必须持证上岗。 (3)作业班组长对安全防护用具(安全帽、安全带、安全网)检查验收,合格后方可作业。 (4)作业人员身体健康合格,患有职业病的人员禁止高处作业。 (5)作业人员检查所用的登高工具和安全用具(安全帽、安全带、梯子、脚扣等)必须安全可靠,严禁冒险作业。 (6)天气状况恶劣(6级以上大风、大雨或雷电等)停止作业。 (7)高处作业区地面要划出禁区,用隔离带围起,并挂上警示牌。 (8)高处作业时需配备专人进行安全巡查及警戒,对作业全过程进行监控	24	缺一项扣3分	24	3				

续表

序号	考试内容	评分要素	配分	评分标准	最大扣分	步长	检测结果	扣分	得分	备注
3	高处作业施工	(1)作业人员应按规定正确穿戴个人防护装备，并正确使用登高器具和设备。 (2)作业人员应按规定佩戴与作业内容相适应的安全带。安全带应高挂低用，不得系挂在移动、不牢固的物件上或有尖锐棱角的部位，系挂后应检查安全带扣环是否扣牢。 (3)作业人员应沿着通道、梯子等指定的路线上下，并采取有效的安全措施。作业点下方应设安全警戒区，应有明显警戒标志，并设专人监护。 (4)高处作业禁止投掷工具、材料和杂物等，工具应采取防坠落措施，作业人员上下时手中不得持物。所用材料应堆放平稳，不妨碍通行和装卸。 (5)梯子使用前应检查结构是否牢固。禁止在吊架上架设梯子，禁止踏在梯子顶端工作。同一架梯子只允许一个人在上面工作，不准带人移动梯子。 (6)禁止在不牢固的结构物上进行作业，作业人员禁止在平台、孔洞边缘、通道或安全网内等高处作业处休息。 (7)高处作业与其他作业交叉进行时，应按指定的路线上下，不得上下垂直作业。如果需要垂直作业时，应采取可靠的隔离措施。 (8)高处作业应与架空电线保持安全距离。夜间高处作业应有充足的照明。高处作业人员应与地面保持联系，根据现场需要配备必要的联络工具，并指定专人负责联系。 (9)作业完成后及时回收归放剩余物料、工具，清理人员通道，将垃圾回收到垃圾桶	36	缺一项扣4分	36	4				
合计			100							

考评员：　　　　　　　　　　核分员：　　　　　　　　　　　　　　　年　月　日

试题二十八　编制动火作业方案

一、考场准备

1. 设备准备

序号	名称	单位	数量	备注
1	计算机	台	1	
2	秒表	块	1	

2. 材料准备

序号	名称	单位	数量	备注
1	试卷	张	若干	
2	碳素笔	支	1	

二、考生准备

序号	名称	单位	数量	备注
1	劳保用品	套	1	
2	准考证及相应证件	套	1	

三、考核内容

1. 操作程序说明

(1)动火作业施工准备。

(2)动火作业时事故预防措施。

(3)动火作业施工。

2. 考核时间

(1)准备工作:5min。

(2)正式操作:60min。

(3)计时从正式操作开始,至考核结束,共计60min,超时即停止,未完成部分不得分。

四、评分标准与配分表

序号	考试内容	评分要素	配分	评分标准	最大扣分	步长	检测结果	扣分	得分	备注
1	动火作业施工准备	资质准备: 办理动火作业施工许可证,动火作业许可证只限在同类介质、同一设备(管线)、指定的区域内使用,严禁与动火作业许可证内容不符的动火,未办理动火作业许可证严禁动火	5	缺此项扣5分	5	5				
		作业前安全会: 作业队长对操作人员进行详细的技术交底和安全风险识别,熟悉施工的工艺流程、施工要求、安全技术等	6	缺一项扣3分	6	3				
		危害因素识别: (1)作业人员未佩戴个人防护用品。 (2)当人员、工艺、设备或环境安全条件变化时,以及现场不具备安全作业条件时,未停止作业。 (3)作业人员在动火点的下风向作业。 (4)动火作业过程中无监护人进行现场监护。 (5)未清理动火现场周围的易燃物品。	24	缺一项扣3分	24	3				

续表

序号	考试内容	评分要素	配分	评分标准	最大扣分	步长	检测结果	扣分	得分	备注
1	动火作业施工准备	(6)进入受限空间动火前,未对受限空间进行气体检测,未配备检测仪和正压式空气呼吸器。 (7)高处动火作业人员未使用阻燃安全带。 (8)电、气焊工具有缺陷,气瓶间距不足或放置不当	24	缺一项扣3分	24	3				
2	动火作业事故预防措施	(1)作业前开展动火作业安全知识培训。 (2)动火作业前,参加工作前安全分析,清楚动火作业安全风险和安全措施。 (3)服从作业监护人和属地监督的监管;作业监护人不在现场时,不得动火作业。 (4)发现异常情况有权停止作业,并立即报告;有权拒绝违章指挥和强令冒险作业。 (5)处于运行状态的生产作业区域和罐区内,凡是可不动火的一律不动火,凡是能拆移下来的动火部件必须拆移到安全场所。 (6)必须在带有易燃易爆、有毒有害介质的容器、设备和管线上动火时,制定有效的安全工作方案及应急预案,采取可行的风险控制措施,达到安全动火条件后方可动火。 (7)遇有6级及以上大风应当停止一切室外动火作业。 (8)与动火点相连的管线应当切断物料来源,采取有效的隔离、封堵或拆除措施,并彻底吹扫、清洗或置换;距动火点15m区域内的漏斗、排水口、井口、排气管、地沟等应当封盖严实。 (9)动火作业区域应当设置灭火器材和警戒带,严禁与动火作业无关的人员或车辆进入作业区域。必要时,作业现场应当配备消防车及医疗救护设备和设施。 (10)应当对作业区域或动火点可燃气体浓度进行检测,合格后方可动火。动火时间距气体检测时间不应超过30min。超过30min仍未开始动火作业的,应当重新进行检测。使用便携式可燃气体报警仪或其他类似手段进行分析时,被测的可燃气体或可燃液体蒸气浓度应小于其与空气混合爆炸下限(LEL)的10%,且应使用2台设备进行对比检测。 (11)动火作业前应当清除距动火点5m范围之内的可燃物质或用阻燃物品隔离,半径15m内不准有其他可燃物泄漏和暴露,距动火点30m内不准有液态烃或低闪点油品泄漏	33	缺一项扣3分	33	3				

续表

序号	考试内容	评分要素	配分	评分标准	最大扣分	步长	检测结果	扣分	得分	备注
3	动火作业施工	(1)动火作业人员应当在动火点的上风向作业。必要时,采取隔离措施控制火花飞溅。 (2)动火作业过程中,应当根据动火作业许可证或安全工作方案中规定的气体检测时间和频次进行检测,间隔不应超过2h,记录检测时间和检测结果,结果不合格时应立即停止作业。在有毒有害气体场所的动火作业,应当进行连续气体检测。 (3)动火作业过程中,作业监护人应当对动火作业实施全过程现场监护,一处动火点至少有一人进行监护,严禁无监护人动火。 (4)用气焊(割)动火作业时,氧气瓶与乙炔气瓶的间隔不小于5m,两者与动火作业地点距离不得小于10m。在受限空间内实施焊割作业时,气瓶应当放置在受限空间外面;使用电焊时,电焊工具应当完好,电焊机外壳须接地。 (5)如果动火作业中断超过30min,继续动火作业前,作业人员、作业监护人应当重新确认安全条件。 (6)高处动火作业使用的安全带、救生索等防护装备应当采用防火阻燃的材料,需要时使用自动锁定连接;高处动火应当采取防止火花溅落的措施。 (7)在受限空间进行动火作业前应当将受限空间内部的物料除净,易燃易爆、有毒有害物料必须进行吹扫和置换,打开通风口或人孔,并采取空气对流或采用机械强制通风换气;作业前应当检测氧含量、易燃易爆气体和有毒有害气体浓度,合格后方可进行动火作业。 (8)动火作业结束后,负责清理作业现场,确保现场无安全隐患	32	缺一项扣4分	32	4				
合计			100							

考评员:　　　　　　　　　　核分员:　　　　　　　　　　年　　月　　日

附 录

附录一 初级工理论知识认定要素细目表

行为领域	代码	认定范围（重要程度比例）	认定比重	代码	认定点	重要程度	备注
基础知识 A 40%	A	钻井工艺概述（03：00：00）	2%	001	钻井与油气井的概念	X	
				002	井身结构与钻井工艺	X	
				003	钻井工程技术术语	X	
	B	钻井主要设备与钻具（05：02：01）	3%	001	钻井主要设备概述	Y	
				002	钻井起升与旋转系统	Y	
				003	钻井液循环系统	X	
				004	驱动与传动系统	X	
				005	控制系统与底座	Z	
				006	井控设备	X	
				007	钻柱的组成	X	
				008	钻头与井口工具	X	
	C	测井基本原理（03：00：00）	3%	001	测井概述	X	
				002	测井工作原理	X	上岗要求
				003	测井所用设备	X	上岗要求
	D	测井方法的分类与测井任务（06：01：01）	5%	001	测井方法的分类	Y	
				002	测井的基本任务	X	上岗要求
				003	测井系列	Z	
				004	勘探测井	X	
				005	勘探测井服务内容	X	上岗要求
				006	生产测井	X	
				007	生产测井服务内容	X	上岗要求
				008	影响测井质量的因素	X	
	E	井控基本知识（19：03：01）	8%	001	井控的概念	X	上岗要求
				002	井控相关概念	X	上岗要求
				003	井喷失控的原因	X	上岗要求
				004	井喷失控的危害与井控的理念	X	上岗要求
				005	压力与静液压力的概念和单位	X	
				006	压力梯度的概念与压力表示方法	X	
				007	地层压力的概念	X	
				008	上覆岩层压力的概念	Y	
				009	破裂压力的概念	X	

测井工（测井采集专业方向）

续表

行为领域	代码	认定范围 （重要程度比例）	认定比重	代码	认定点	重要程度	备注
基础知识 A 40%	E	井控基本知识 （19：03：01）	8%	010	井底压力与压差	X	上岗要求
				011	激动压力和抽汲压力	Y	
				012	泵压与液压	X	上岗要求
				013	地层压力和异常地层压力形成的机理	Y	
				014	检测地层压力的方法	Z	
				015	井涌的主要原因	X	上岗要求
				016	井涌检测方法	X	上岗要求
				017	关井的概念	X	上岗要求
				018	关井的原则	X	
				019	井控装备的概念	X	上岗要求
				020	防喷器的类型和功能	X	
				021	节流和压井管汇的主要功能	X	
				022	测井井控装置与测井作业井控救援原则	X	上岗要求
				023	测井作业时发生井喷事故的处理方法	X	上岗要求
	F	硫化氢及相关安全知识 （09：02：01）	3%	001	硫化氢的物理化学性质	X	上岗要求
				002	硫化氢气体的浓度指标	X	
				003	硫化氢对人体的危害	X	上岗要求
				004	含硫化氢井测井施工前的准备工作	X	上岗要求
				005	正确监测含硫油气井的做法	X	
				006	施工现场硫化氢泄漏的应急程序	Y	上岗要求
				007	硫化氢中毒后的早期抢救方法	X	上岗要求
				008	硫化氢中毒后的一般护理知识	X	
				009	氢脆现象	Y	上岗要求
				010	硫化氢对金属材料腐蚀的表现	X	
				011	硫化氢对金属腐蚀破坏的影响因素	X	
				012	硫化氢对非金属材料的破坏作用	Z	
	G	测井用放射源基础知识 （18：00：00）	5%	001	原子和原子核	X	
				002	核素和同位素	X	
				003	放射性和放射性核素	X	
				004	核射线及其性质	X	
				005	放射源	X	上岗要求
				006	密封源的主要性质	X	上岗要求
				007	放射源的分类	X	上岗要求
				008	测井用放射源的种类	X	上岗要求
				009	放射损伤	X	上岗要求

附　录

续表

行为领域	代码	认定范围（重要程度比例）	认定比重	代码	认定点	重要程度	备注
基础知识 A 40%	G	测井用放射源基础知识（18∶00∶00）	5%	010	辐射的生物效应	X	上岗要求
				011	放射性射线的防护原则	X	上岗要求
				012	放射性辐射防护的剂量限制	X	上岗要求
				013	距离防护常识	X	上岗要求
				014	时间防护常识	X	上岗要求
				015	屏蔽防护常识	X	上岗要求
				016	开放型同位素的防护原则与手段	X	上岗要求
				017	对从事放射性作业人员的要求	X	上岗要求
				018	使用和运输放射源的安全注意事项	X	上岗要求
	H	测井用火工品基础知识（07∶03∶01）	2%	001	炸药及其特性	X	
				002	爆炸及其要素	X	
				003	炸药的分类	X	
				004	起爆药与猛炸药	Y	
				005	火药与烟火剂	Y	
				006	炸药的主要技术指标	Z	
				007	火工品及其危险特性	X	上岗要求
				008	火工品危险的预防工作	X	上岗要求
				009	测井用火工品器材的种类	Y	
				010	火工品使用安全注意事项	X	上岗要求
				011	火工品的运输管理规定	X	上岗要求
	I	消防基本知识（07∶01∶00）	2%	001	火灾及其分类	Y	
				002	燃烧	X	
				003	燃烧热的传递	X	
				004	燃烧的产物及燃烧类型	X	
				005	电气防火	X	上岗要求
				006	燃烧产物对人体的伤害	X	上岗要求
				007	火场逃生方法与注意事项	X	上岗要求
				008	灭火的基本原理及灭火器的分类	X	上岗要求
	J	安全用电常识（04∶01∶01）	2%	001	电的危害与触电	Y	
				002	电气事故的类别与安全电压	X	
				003	绝缘	X	
				004	漏电保护与接地	X	
				005	安全用电要求	X	上岗要求
				006	触电急救方法	Z	

659

测井工（测井采集专业方向）

续表

行为领域	代码	认定范围（重要程度比例）	认定比重	代码	认定点	重要程度	备注
基础知识 A 40%	K	测井作业安全基础知识（12:01:01）	3%	001	石油测井相关安全术语	X	上岗要求
				002	测井作业的风险	X	上岗要求
				003	测井作业风险消减措施	X	上岗要求
				004	测井安全管理的一般要求	X	上岗要求
				005	测井作业人员资质资格要求	X	上岗要求
				006	安全检查的要求和内容	Z	
				007	交通安全要求	X	上岗要求
				008	测井作业人员安全要求	Y	
				009	测井生产准备和吊装安全要求	X	上岗要求
				010	测井作业条件	X	上岗要求
				011	常规测井作业要求	X	
				012	复杂井测井要求	X	
				013	放射源的领取、运输和使用要求	X	上岗要求
				014	火工品的领取、运输和使用要求	X	上岗要求
	L	现场急救操作（04:01:01）	2%	001	心肺复苏方法	X	
				002	心肺复苏方法的选择要求	Z	
				003	创伤止血方法	X	
				004	外伤包扎方法	Y	
				005	交通事故救护方法	X	
				006	野外求救信号	X	
专业知识 B 60%	A	安装、拆卸井口设备（23:05:00）	10%	001	井口作业安全要求	X	上岗要求
				002	井口天地滑轮的作用	X	
				003	井口天地滑轮的结构	X	
				004	井口天地滑轮的性能及主要配件	Y	
				005	测井过程中井口滑轮的受力分析方法	X	
				006	井口天地滑轮的固定要求	X	上岗要求
				007	井口滑轮的安装、拆卸注意事项	X	上岗要求
				008	井口张力计的作用	X	
				009	井口张力计的工作原理	X	
				010	井口张力计的受力分析方法	X	
				011	井口张力计的安装与拆卸方法	Y	
				012	井口张力计的使用注意事项	X	上岗要求
				013	深度记号器的作用	X	
				014	深度记号器的测量原理	X	
				015	深度记号幅度的影响因素	X	

附　录

续表

行为领域	代码	认定范围（重要程度比例）	认定比重	代码	认定点	重要程度	备注
专业知识 B 60%	A	安装、拆卸井口设备（23∶05∶00）	10%	016	刮泥器的作用及结构	X	上岗要求
				017	刮泥器的使用注意事项	X	上岗要求
				018	深度测量系统的作用	X	上岗要求
				019	深度测量系统的组成	X	
				020	马丁代克的功能	X	
				021	马丁代克的结构	Y	
				022	马丁代克的测量原理	X	
				023	马丁代克深度编码器的结构	Y	
				024	马丁代克的安装与拆卸方法	X	上岗要求
				025	马丁代克的使用要求	X	上岗要求
				026	吊索具检查与使用注意事项	X	新增认定点
				027	无线张力计的安装、拆卸方法与使用注意事项	X	新增认定点
				028	采油树的结构及各阀门的作用	Y	新增认定点
	B	使用、维护电缆（10∶03∶00）	10%	001	测井电缆的功能	X	上岗要求
				002	测井对电缆的要求	X	上岗要求
				003	测井电缆的分类	Y	
				004	测井电缆的结构	X	
				005	测井电缆的机械性能指标	X	
				006	测井电缆的电气性能指标	X	上岗要求
				007	测井电缆的使用要求	X	上岗要求
				008	测井电缆的维护保养内容	X	上岗要求
				009	测井电缆的常规检查内容	X	上岗要求
				010	万用表的功能与测量原理	Y	
				011	万用表的使用方法	X	上岗要求
				012	兆欧表的功能与测量原理	Y	
				013	兆欧表的使用方法	X	上岗要求
	C	检查、保养电缆连接器及马笼头电极系（11∶04∶00）	5%	001	电缆与下井仪器的连接方法	X	
				002	电缆连接器的结构与分类	X	
				003	电缆连接器及马笼头的用途	Y	
				004	电缆连接器的检查、保养内容	X	上岗要求
				005	电缆连接器的检查、保养方法	X	上岗要求
				006	电缆连接器的维护保养要求	X	上岗要求
				007	电极系的概念及功能	Y	
				008	电极系的分类	Y	

661

测井工（测井采集专业方向）

续表

行为领域	代码	认定范围（重要程度比例）	认定比重	代码	认定点	重要程度	备注
专业知识 B 60%	C	检查、保养电缆连接器及马笼头电极系（11：04：00）	5%	009	马笼头电极系的结构组成	X	
				010	马笼头电极系的用途	X	
				011	马笼头电极系的检查、保养内容	X	
				012	马笼头电极系的检查、保养方法	X	上岗要求
				013	马笼头电极系的安全质量要求	X	上岗要求
				014	铜锥套连接器的结构及用途	X	新增认定点
				015	测试用钢丝连接器的结构及用途	Y	新增认定点
	D	操作测井液压绞车（08：03：00）	3%	001	液压传动的概念	X	
				002	测井液压绞车与拖橇	Y	
				003	测井液压绞车系统的组成	X	
				004	绞车传动系统的功能与组成	X	
				005	滚筒与控制系统的功能与组成	X	
				006	测井液压绞车面板的功能	X	
				007	测井液压绞车的工作原理	X	
				008	测井液压绞车的基本要求	Y	
				009	测井液压绞车操作基本知识	Y	
				010	测井液压绞车的操作方法	X	
				011	测井液压绞车操作技术要求与注意事项	X	
	E	装卸、连接、保养下井仪器（10：01：01）	7%	001	下井仪器固定的目的	X	
				002	常见下井仪器的固定方法	Z	
				003	密封的概念及分类	X	上岗要求
				004	常见的密封件及其特征	X	
				005	O形密封圈及其标记方式	X	
				006	接触电阻的成因	X	
				007	接触电阻对测井的影响	X	
				008	接触电阻变化的部位及维护方法	X	
				009	下井仪器与工具的连接和拆卸方法	X	上岗要求
				010	生产测井的概念及相关仪器	X	上岗要求
				011	下井仪器的保养内容与方法	X	
				012	密封面的检查方法	Y	新增认定点
	F	刻度测井仪器（09：02：00）	5%	001	测井刻度的概念	X	
				002	测井刻度的目的	X	
				003	测井刻度装置	Y	
				004	井径刻度及其注意事项	X	上岗要求
				005	自然伽马刻度器的用途及结构	X	

续表

行为领域	代码	认定范围(重要程度比例)	认定比重	代码	认定点	重要程度	备注
专业知识 B 60%	F	刻度测井仪器 (09:02:00)	5%	006	自然伽马刻度流程及注意事项	X	上岗要求
				007	补偿中子现场刻度器的用途及结构	X	
				008	补偿中子现场校验流程及注意事项	X	上岗要求
				009	密度现场刻度器的用途及结构	X	
				010	密度现场校验流程及注意事项	X	
				011	多臂井径成像测井仪刻度基本知识	Y	新增认定点
	G	装卸放射源 (12:00:00)	5%	001	核测井方法的分类	X	
				002	密度测井源及其防护要求	X	上岗要求
				003	密度装源工具及其检查要求	X	上岗要求
				004	补偿中子测井源及其防护要求	X	上岗要求
				005	补偿中子装源工具及其检查要求	X	上岗要求
				006	装卸密度源的方法	X	上岗要求
				007	流体密度测井和流体密度源的装卸方法	X	上岗要求
				008	装卸补偿中子源的方法	X	上岗要求
				009	装卸中子伽马源的方法	X	上岗要求
				010	装卸放射源的注意事项	X	上岗要求
				011	装卸同位素释放器的方法及注意事项	X	新增认定点
				012	同位素放射源的使用防护要求	X	新增认定点
	H	穿戴劳保用品 (02:02:00)	1%	001	劳保用品的种类与穿戴要求	X	上岗要求
				002	安全帽	Y	
				003	防静电工服及放射性防护服	Y	
				004	全身式安全带的检查与使用方法	X	上岗要求,新增认定点
	I	检查、保养手提式干粉灭火器 (01:01:00)	1%	001	干粉灭火器及其灭火原理	Y	
				002	手提式干粉灭火器的结构及检查、保养内容	X	上岗要求
	J	佩戴正压式空气呼吸器 (03:00:00)	3%	001	正压呼吸式空气器的结构组成与工作原理	X	
				002	正压式空气呼吸器使用前的检查内容	X	上岗要求
				003	正压式空气呼吸器的佩戴方法	X	上岗要求
	K	使用有毒有害气体检测仪 (02:00:00)	2%	001	有毒有害气体检测仪与X-γ辐射仪	X	
				002	有毒有害气体检测仪的检查、使用方法	X	上岗要求
	L	使用T形电缆夹钳 (02:00:00)	2%	001	T形电缆夹钳的结构与检查方法	X	
				002	T形电缆夹钳的使用方法	X	上岗要求
	M	处理测井遇阻、遇卡 (03:00:00)	4%	001	测井遇阻、遇卡的基本概念、原因及解决方法	X	
				002	测井遇阻、遇卡的判别方法	X	
				003	测井遇阻、遇卡的处理方法	X	

测井工（测井采集专业方向）

续表

行为领域	代码	认定范围（重要程度比例）	认定比重	代码	认定点	重要程度	备注
专业知识 B 60%	N	高处作业、风险识别及应急处置（00：06：00）	2%	001	风险消除方法	Y	新增认定点
				002	风险识别方法	Y	新增认定点
				003	中暑的处置方法	Y	新增认定点
				004	外伤的类型及处置方法	Y	新增认定点
				005	高处作业的分级及注意事项	Y	新增认定点
				006	属地隐患的分类	Y	新增认定点

注：X—核心要素；Y——般要素；Z—辅助要素。

附录二 初级工操作技能认定要素细目表

行为领域	代码	认定范围	认定比重	代码	认定点	重要程度	备注
操作技能 A 100%	A	测井设备的使用	40%	001	安装与拆卸勘探测井井口滑轮	X	笔试
				002	安装与拆卸勘探测井井口设施	X	
				003	检查测井电缆	X	
				004	检查、保养电缆连接器	X	
				005	检查、保养马笼头电极系	X	
				006	操作测井绞车起下电缆	Y	
				007	检查、保养深度记号接收器	X	
				008	操作采油树各阀门实现正、反注流程	Y	
	B	测井仪器的使用	40%	001	连接与拆卸勘探测井仪器	X	
				002	连接与拆卸生产测井仪器	X	
				003	检查与保养常规下井仪器	X	
				004	安放勘探测井井径刻度器	X	
				005	安放生产测井多臂井径刻度器	Y	
				006	安放自然伽马刻度器	X	
				007	安放补偿中子现场刻度器	X	
				008	安放补偿密度现场刻度器	X	
				009	装卸补偿密度测井源	X	
				010	装卸补偿中子测井源	X	
				011	装卸中子伽马测井源	X	
				012	装卸流体密度测井源	Y	
				013	装卸同位素释放器	X	
	C	特殊测井工艺施工	15%	001	检查、保养、使用T形电缆夹钳	X	
				002	操作测井绞车判断、处理测井遇阻	X	笔试
				003	操作测井绞车判断、处理测井遇卡	X	笔试
	D	安全生产	5%	001	检查、保养手提式干粉灭火器	Y	
				002	使用手提式干粉灭火器	X	
				003	检查、保养正压式空气呼吸器	X	
				004	佩戴正压式空气呼吸器	X	
				005	检查、使用有毒有害气体检测仪及放射性检测仪	X	
				006	识别井口作业隐患风险及控制措施	X	

注:X—核心要素;Y——般要素;Z—辅助要素。

附录三 中级工理论知识认定要素细目表

行为领域	代码	认定范围（重要程度比例）	认定比重	代码	认定点	重要程度	备注
基础知识 A 25%	A	直流电路基础知识（11:01:02）	10%	001	直流电与直流电路	X	
				002	电路的基本组成	X	
				003	电路的状态	X	
				004	电路的电流、电位、电压与电动势	X	
				005	电阻与电导	X	
				006	电功和电功率	X	
				007	欧姆定律	X	
				008	串联电路	X	
				009	并联电路	X	
				010	基尔霍夫定律的相关概念	Y	
				011	基尔霍夫电流定律	Z	
				012	基尔霍夫电压定律	Z	
				013	直流电桥与电桥的平衡条件	X	
				014	直流电桥电路的应用	X	
	B	正弦交流电基础知识（08:01:00）	5%	001	交流电的概念	X	
				002	正弦交流电的频率和周期	X	
				003	正弦交流电的初相位和相位差	X	
				004	正弦交流电的参数及其关系	X	
				005	正弦交流电参数的应用	X	
				006	三相交流电的概念	X	
				007	三相四线制的概念	X	
				008	相电压与线电压的关系	X	
				009	三相负载的连接方式	Y	
	C	常用电气元件概述（24:07:02）	10%	001	电阻与电阻器	X	
				002	电阻的串联	X	
				003	电阻的并联	X	
				004	电容器及容量	X	
				005	电容器的特点与应用	X	
				006	电容器的串联与并联	X	
				007	纯电容电路与容抗	X	
				008	电感器与电感量	Y	

续表

行为领域	代码	认定范围（重要程度比例）	认定比重	代码	认定点	重要程度	备注
基础知识A 25%	C	常用电气元件概述（24：07：02）	10%	009	电感器的特点与应用	Y	
				010	纯电感电路与感抗	X	
				011	变压器的结构	X	
				012	变压器的原理与应用	X	
				013	变压器的主要特征参数	Y	
				014	继电器的概念与作用	X	
				015	继电器的分类	Y	
				016	电磁继电器的结构组成	X	
				017	电磁继电器的工作原理	X	
				018	电磁继电器的控制作用	X	
				019	电磁继电器的主要技术参数	Y	
				020	继电器的选用要求	Y	
				021	继电器的测试方法	Z	
				022	电机的概念与分类	X	
				023	电机的工作原理	X	
				024	直流电机的结构组成	X	
				025	传感器的概念及结构组成	X	
				026	传感器的分类	X	
				027	传感器的静态与动态特性	Y	
				028	电阻应变式传感器	X	
				029	压阻式传感器	X	
				030	热电阻传感器	X	
				031	温度传感器	X	
				032	光敏传感器	Z	
				033	传感器的主要作用	X	
专业知识B 75%	A	安装、拆卸井口设备（13：02：00）	4%	001	生产测井的分类	X	
				002	带压生产测井施工流程	X	
				003	不带压生产测井井口装置的安装流程	Y	
				004	带压生产测井井口装置的安装流程	X	
				005	电缆防喷装置的用途与结构组成	X	
				006	电缆防喷装置的工作原理	X	
				007	注脂泵的功能与结构组成	X	
				008	井口防喷装置的安装、拆卸流程和技术要求	Y	
				009	电缆悬挂器的功能与结构组成	X	
				010	电缆悬挂器的安装与拆卸流程	X	

测井工（测井采集专业方向）

续表

行为领域	代码	认定范围（重要程度比例）	认定比重	代码	认定点	重要程度	备注
专业知识 B 75%	A	安装、拆卸井口设备（13:02:00）	4%	011	钻具输送测井的概念和用途	X	
				012	钻具输送测井工艺	X	
				013	钻具输送测井井口装置的安装方法	X	
				014	穿心解卡工艺及其使用条件	X	
				015	穿心解卡施工井口装置的安装方法	X	
	B	维修、保养井口设备（12:02:00）	4%	001	井口滑轮的装配结构	X	
				002	井口滑轮的维修、保养方法	X	
				003	集流环的功能与结构组成	X	
				004	集流环的维修、保养流程及技术要求	X	
				005	马丁代克深度测量系统的工作原理	X	
				006	马丁代克深度测量系统的故障原因	Y	
				007	测井张力测量系统的组成与设置方法	X	
				008	张力测量系统的故障原因	Y	
				009	电缆防喷装置的组成与分类	X	
				010	电缆防喷装置各组成部分的主要作用	X	
				011	注脂装置的作用	X	
				012	注脂装置的组成与工作流程	X	
				013	电缆防喷装置的检查与保养内容	X	
				014	航空插头的结构及功能	X	新增认定点
	C	使用、维护电缆（12:01:00）	5%	001	电缆使用要求	X	
				002	电缆使用记录要求	X	
				003	电缆检查要求	X	
				004	标定电缆深度记号的作用与方法	X	
				005	自动丈量电缆的原理	Y	
				006	手工做电缆记号的方法	X	
				007	电缆消磁器的工作原理与使用方法	X	
				008	电缆铠装层的性能要求	X	
				009	电缆抗拉强度的影响因素	X	
				010	电缆铠装层损坏的原因	X	
				011	电缆铠装层损坏的识别方法	X	
				012	测井电缆对铠装层钢丝的技术要求	X	
				013	电缆跳丝的处理方法	X	
	D	检查、保养、制作各种井口用线及地面电极（05:01:00）	2%	001	井口用线的主要作用	X	
				002	手工焊接基本知识	X	
				003	焊接方法与焊点	Y	

续表

行为领域	代码	认定范围 (重要程度比例)	认定比重	代码	认定点	重要程度	备注
专业知识 B 75%	D	检查、保养、制作各种井口用线及地面电极 (05:01:00)	2%	004	焊接井口用线流程	X	
				005	地面电极的用途与电极材料的选择要求	X	
				006	地面电极的制作方法	X	
	E	操作测井绞车 (09:01:00)	2%	001	复杂井况及其绞车操作注意事项	X	
				002	测井绞车操作的一般要求	X	
				003	测井绞车操作前的检查内容	X	
				004	复杂井况下测井绞车的操作方法	X	
				005	钻具输送测井测井绞车操作要求及测井绞车准备工作	X	
				006	钻具输送测井测井绞车常见问题原因、分析方法	Y	
				007	钻具输送测井仪器对接时测井绞车操作流程	X	
				008	钻具输送测井下放测量时测井绞车操作流程	X	
				009	钻具输送测井上提测量时测井绞车操作流程	X	
				010	钻具输送测井测井绞车操作注意事项	X	
	F	维护、保养测井绞车 (05:01:00)	2%	001	测井绞车日常维护内容	Y	
				002	测井绞车定期维护内容	X	
				003	液压油及其要求	X	
				004	润滑油	X	
				005	润滑脂	X	
				006	测井绞车的定期维护保养内容	X	
	G	操作测井车载发电机 (03:01:00)	2%	001	车载发电机的概念和分类	X	
				002	车载发电机控制开关和仪表的作用	Y	
				003	车载发电机启动和关闭的注意事项	X	
				004	车载发电机的操作方法	X	
	H	维护保养测井车载发电机 (02:01:00)	2%	001	柴油发电机的工作原理	Y	
				002	柴油发电机的维护保养内容	X	
				003	车载发电机的维护保养流程和技术要求	X	
	I	使用、维护保养测井仪器 (61:14:02)	30%	001	测井仪器组合的连接与拆卸方法	X	
				002	测井仪器的井口连接与拆卸要求	X	
				003	存储式测井的概念及优势	Y	
				004	存储式测井工艺	X	
				005	存储式测井系统的组成	X	
				006	存储式测井仪器的连接与拆卸方法	X	
				007	测井辅助装置的种类	X	

测井工（测井采集专业方向）

续表

行为领域	代码	认定范围（重要程度比例）	认定比重	代码	认定点	重要程度	备注
专业知识 B 75%	I	使用、维护保养测井仪器（61∶14∶02）	30%	008	测井辅助装置的用途	X	
				009	测井辅助装置的安装方法	X	
				010	自然电位测井的原理	X	
				011	自然电位的成因	Z	
				012	自然电位测井仪器	X	
				013	自然电位测井曲线的用途	X	
				014	视电阻率测井的物理基础	X	
				015	普通视电阻率测井的原理	Y	
				016	普通视电阻率测井仪器	X	
				017	普通视电阻率测井曲线的用途	X	
				018	微电极测井仪的结构与工作原理	Y	
				019	微电极测井曲线的特点与用途	X	
				020	感应测井的原理	X	
				021	双感应测井仪器的结构组成	X	
				022	双感应测井曲线及其用途	X	
				023	侧向测井的概念	Y	
				024	双侧向测井的原理	X	
				025	双侧向测井仪器的结构组成	X	
				026	双侧向测井曲线及其用途	X	
				027	微侧向测井的原理	Z	
				028	微侧向测井曲线的用途	Y	
				029	微球测井的原理	X	
				030	微球测井仪的结构	X	
				031	微球测井曲线的用途	X	
				032	微柱测井的原理	Y	
				033	微柱测井仪器的结构组成	Y	
				034	微柱测井曲线及其用途	X	
				035	井径测井仪的结构与工作原理	X	
				036	井径测井曲线的特点与用途	X	
				037	井身参数相关概念	X	
				038	连续测斜仪器的结构组成	Y	
				039	连续测斜仪器的工作原理	X	
				040	连续测斜测井资料的用途	X	
				041	微电极测井仪的使用与维护保养方法	X	
				042	双感应八侧向测井仪的使用与维护保养方法	X	

续表

行为领域	代码	认定范围（重要程度比例）	认定比重	代码	认定点	重要程度	备注
专业知识 B 75%	I	使用、维护保养测井仪器（61∶14∶02）	30%	043	双侧向测井仪的使用与维护保养方法	X	
				044	微侧向、微球测井仪的使用与维护保养方法	X	
				045	井径测井仪的使用与维护保养方法	X	
				046	连续测斜仪的使用与维护保养方法	X	
				047	电极刻度盒的结构及作用	X	
				048	双感应八侧向刻度器的结构及作用	Y	
				049	双侧向刻度器	Y	
				050	双感应八侧向仪器刻度流程	X	
				051	固井与固井工艺	X	
				052	固井质量检测相关术语	X	
				053	声波变密度测井相关概念	X	
				054	声波变密度测井的原理	X	
				055	声波变密度测井仪的结构与工作原理	X	
				056	声波变密度测井曲线及其用途	X	
				057	磁定位测井	X	
				058	自然伽马测井的原理	X	
				059	自然伽马测井仪的结构与原理	X	
				060	自然伽马测井曲线的特点与用途	X	
				061	中子伽马测井的原理	X	
				062	中子伽马测井仪的结构及工作原理	Y	
				063	中子伽马测井曲线的用途	Y	
				064	声、放、磁测井仪器的使用与维护方法	X	
				065	注入剖面测井的概念	X	
				066	注水管柱的种类及结构	X	
				067	注入剖面示踪测井方法与井温测井方法	X	
				068	注入剖面流量测井方法	X	
				069	注入剖面氧活化测井方法	X	
				070	产出剖面测井的作用与方法	X	
				071	产出剖面流体密度测井方法与持水率测井方法	X	
				072	产出剖面压力测井方法	X	
				073	多臂井径成像测井的目的与原理	X	
				074	多臂井径成像测井仪的结构与保养内容	X	
				075	MID-K电磁探伤成像测井仪的基本原理	Y	

测井工（测井采集专业方向）

续表

行为领域	代码	认定范围 (重要程度比例)	认定比重	代码	认定点	重要程度	备注
专业知识 B 75%	I	使用、维护保养测井仪器 (61:14:02)	30%	076	MID-K电磁探伤成像测井仪的结构与测量原理(操作规程)	Y	新增认定点
				077	MTT成像测井仪的结构及原理	X	新增认定点
	J	钻具输送测井施工 (11:00:00)	5%	001	湿接头式钻具输送测井专用工具	X	
				002	湿接头式钻具输送测井辅助工具	X	
				003	钻具输送测井专用工具的检查、保养方法	X	
				004	泵下枪总成的组成	X	
				005	湿接头的对接方式	X	
				006	泵下枪总成的安装连接方法	X	
				007	钻具输送测井工艺流程	X	
				008	下钻输送仪器串至对接位置的操作方法	X	
				009	湿接头对接操作方法	X	
				010	电缆夹板固定与电缆导向操作方法	X	
				011	下放上提测井操作方法	X	
	K	处理现场测井复杂情况与工程事故 (17:00:00)	7%	001	穿心解卡工艺及其特点	X	
				002	穿心解卡的相关术语与定义	X	
				003	快速接头的结构组成与作用	X	
				004	快速接头公头的安装方法	X	
				005	快速接头主体的安装方法	X	
				006	下打捞筒的操作方法	X	
				007	打捞仪器的操作方法	X	
				008	穿心解卡下放钻具时井口的操作方法	X	
				009	穿心解卡循环钻井液时井口的操作方法	X	
				010	穿心解卡回收电缆的操作方法	X	
				011	穿心解卡回收仪器的操作方法	X	
				012	穿心解卡的技术要求与注意事项	X	
				013	电缆打扭、打结的概念和原因	X	
				014	铠装电缆的概念和作用	X	
				015	电缆打扭、打结的处理方法	X	
				016	单层铠装电缆的方法	X	
				017	双层铠装电缆的方法	X	
	L	安全操作 (03:01:00)	6%	001	心肺复苏操作要点	X	新增认定点
				002	便携式气体检测仪的使用方法	X	新增认定点
				003	带压作业的操作注意事项	Y	新增认定点
				004	X-γ射线检测仪的检查、使用方法	X	新增认定点

续表

行为领域	代码	认定范围 (重要程度比例)	认定比重	代码	认定点	重要程度	备注
专业知识 B 75%	M	风险辨识 (00:03:00)	4%	001	风险识别及风险防控流程	Y	新增认定点
				002	隐患排除的工作程序	Y	新增认定点
				003	风险分级防控与隐患排查治理规定	Y	新增认定点

注:X—核心要素;Y——般要素;Z—辅助要素。

附录四　中级工操作技能认定要素细目表

行为领域	代码	认定范围	认定比重	代码	认定点	重要程度	备注
操作技能 A 100%	A	测井设备的使用	40%	001	安装、拆卸生产测井井口装置	X	笔试
				002	安装、拆卸井口防喷装置	X	笔试
				003	安装、拆卸井口电缆悬挂器	X	
				004	安装、拆卸钻具输送测井井口装置	X	笔试
				005	维修、保养测井井口滑轮	Y	
				006	维修、保养集流环	X	
				007	检查、保养马丁代克	X	
				008	维修马丁代克无深度故障	X	
				009	防喷控制头与封井器的常规检查保养	X	
				010	注脂泵与防落器的常规检查保养	X	
				011	标定电缆磁性记号的井口操作	Y	
				012	识别电缆铠装层的损坏程度	X	
				013	制作自然电位测井地面电极	X	
				014	操作测井绞车进行钻具输送测井	Y	
				015	测井液压绞车的常规保养	Y	
				016	启动、关闭测井车载(奥南)发电机	X	
				017	检查、保养测井车载柴油发电机	X	
				018	检查、焊接航空插头	X	
	B	测井仪器的使用	35%	001	连接、拆卸常规测井仪器串	X	
				002	连接、拆卸无电缆存储式测井仪器串	X	
				003	安装补偿中子测井仪器偏心器和密度测井仪器姿态保持器	X	
				004	检查、保养 MIT+MTT 仪器、滚轮扶正器	X	
				005	检查、连接注入剖面与产出剖面测井仪器	X	
				006	检查钻具输送测井专用工具	X	
				007	安装连接钻具输送测井泵下枪总成	X	
	C	特殊测井工艺施工	20%	001	制作安装穿心解卡快速接头	X	
				002	穿心解卡施工起下钻过程中的井口操作	X	笔试
				003	处理电缆打扭事故	X	
				004	处理电缆打结事故	X	
				005	现场处理电缆跳丝事故	X	

续表

行为领域	代码	认定范围	认定比重	代码	认定点	重要程度	备注
操作技能 A 100%	C	特殊测井工艺施工	20%	006	单层铠装电缆	X	
				007	双层铠装电缆	X	
	D	安全生产	5%	001	设置、校准便携式气体检测仪	X	
				002	检查、使用全身式安全带	X	
				003	识别施工区域风险	X	
				004	排除测井工岗位属地隐患	X	

注:X—核心要素;Y——般要素;Z—辅助要素。

附录五　高级工理论知识认定要素细目表

行为领域	代码	认定范围（重要程度比例）	认定比重	代码	认定点	重要程度	备注
基础知识 A 15%	A	钻井液基础知识（13：03：02）	10%	001	钻井液概述	X	
				002	钻井液的组成	X	
				003	钻井液的类型	Z	JD
				004	水基钻井液	X	
				005	油基钻井液	Y	
				006	气体及泡沫钻井液	Z	
				007	钻井液的功能	X	JD
				008	钻井液的选用要求	Y	
				009	钻井液的密度	X	
				010	钻井液的黏度	X	
				011	钻井液的切力	X	
				012	钻井液的滤失与滤饼	X	JD
				013	钻井液的固相含量	X	JD
				014	钻井液的pH值	Y	
				015	钻井液的矿化度	X	
				016	钻井液的常见反应与流型	X	JD
				017	钻井液在测井中的用途	X	JD
				018	测井施工对钻井液的要求	X	JD
	B	录井基础知识（07：03：01）	5%	001	录井基本概念	X	
				002	综合录井	Y	
				003	录井的功能	X	JD
				004	钻时录井	Y	
				005	钻井液录井	X	
				006	岩屑录井	X	JD
				007	荧光录井	Y	
				008	岩心录井	Z	
				009	井壁取心录井	X	
				010	气测录井	X	
				011	录井与测井的关系	X	

续表

行为领域	代码	认定范围（重要程度比例）	认定比重	代码	认定点	重要程度	备注
专业知识 B 85%	A	安装、拆卸井口设备（17∶00∶00）	5%	001	测井绞车与拖橇的摆放要求	X	
				002	测井拖橇	X	
				003	测井绞车的摆放方法	X	JD
				004	拖橇的陆地摆放方法	X	
				005	存储式测井井口装置	X	
				006	存储式测井下井工具	X	
				007	安装、拆卸存储式测井深度传感器的方法	X	
				008	安装、拆卸存储式测井压力传感器的方法	X	
				009	安装、拆卸存储式测井钩载传感器的方法	X	
				010	安装、拆卸存储式测井专用工具的方法	X	
				011	欠平衡钻井概述	X	
				012	欠平衡测井概述	X	
				013	欠平衡测井井口装置的用途及组成	X	
				014	欠平衡测井井口装置各部分的作用	X	
				015	欠平衡测井井口装置的安装方法	X	
				016	欠平衡测井井口装置的拆卸方法	X	
				017	欠平衡测井井口装置的安装、拆卸技术要求	X	
	B	测井生产准备（04∶02∶01）	2%	001	测井生产准备概述	X	
				002	测井生产准备内容	Y	
				003	常用井口设备的检查与保养方法	X	
				004	电缆连接器的检查与保养方法	X	
				005	电源线的选用要求与绝缘电阻的测量要求	Y	
				006	熔断丝的选用要求	Z	
				007	常用电气设备的检查方法	X	
	C	检查及刻度测井辅助系统（12∶02∶00）	5%	001	马丁代克深度系统	X	
				002	马丁代克深度系统的工作流程与电缆磁记号测量系统	X	JD
				003	测井电缆对深度测量精度的影响因素	Y	JS
				004	深度系统对深度测量精度的影响因素	X	JS
				005	测井深度系统的检查方法	X	JS
				006	马丁代克深度系统的检查内容	X	
				007	无电缆存储式测井深度系统的组成	X	
				008	无电缆存储式测井深度系统的工作原理	X	JD
				009	无电缆存储式测井深度系统的标定方法	X	
				010	测井张力系统的组成	X	

677

测井工（测井采集专业方向）

续表

行为领域	代码	认定范围（重要程度比例）	认定比重	代码	认定点	重要程度	备注
专业知识 B 85%	C	检查及刻度测井辅助系统（12∶02∶00）	5%	011	测井张力系统的刻度与标定	X	
				012	张力校验设备的组成与技术要求	Y	
				013	测井张力系统的检查方法	X	
				014	测井张力系统的刻度方法	X	
	D	安装、检查及维修测井电缆（06∶01∶01）	5%	001	电缆的安装要求与方法	X	
				002	电缆的调理要求与方法	X	
				003	电缆断芯的检查方法	X	JD，JS
				004	电缆绝缘破坏位置的检查方法	X	JD
				005	电缆叉接概述	Y	
				006	叉接电缆的方法	X	
				007	叉接电缆接头强度的计算方法	Z	
				008	叉接电缆的技术要求	X	
	E	操作测井绞车（03∶01∶01）	3%	001	测井绞车面板的功能与参数	Y	
				002	触摸屏的基本原理与分类	Z	
				003	测井绞车的巡回检查要点	X	
				004	拖橇的巡回检查要点	X	
				005	测井绞车的巡回检查流程	X	
	F	维护保养测井绞车（09∶00∶00）	4%	001	测井绞车传动系统的工作流程	X	JD
				002	测井绞车传动系统的技术保养内容	X	
				003	液压传动的基本原理	X	
				004	液压系统的主要组件	X	
				005	液压泵	X	
				006	液压马达	X	
				007	液压控制阀	X	
				008	测井绞车液压系统的技术保养内容	X	JD
				009	测井绞车液压系统保养的技术要求	X	
	G	维护保养测井车载发电机（01∶01∶01）	2%	001	测井车载发电机的技术保养内容	Y	
				002	测井车载发电机的技术保养方法	X	
				003	测井车载发电机的维护保养周期	Z	
	H	制作电缆连接器与马笼头电极系（10∶02∶00）	5%	001	电缆快速接头概述	X	JD
				002	电缆快速接头的技术要求	X	
				003	电缆连接器概述	X	JD
				004	电缆连接器的技术指标	X	
				005	七芯电缆头的制作方法	X	
				006	单芯电缆头的制作方法	X	

续表

行为领域	代码	认定范围（重要程度比例）	认定比重	代码	认定点	重要程度	备注
专业知识 B 85%	H	制作电缆连接器与马笼头电极系（10∶02∶00）	5%	007	钢丝马笼头的制作方法	X	
				008	快速鱼雷马笼头的组装方法	X	
				009	测井电极系概述	Y	
				010	电极系马笼头的制作方法	X	
				011	侧向加长电极马笼头的制作方法	Y	
				012	制作马笼头的技术要求	X	
	I	维修、保养放射源及同位素释放器（08∶02∶01）	5%	001	测井用放射源选用的一般要求	Y	
				002	测井用放射源密封性的检测方法	Z	
				003	测井中子源的组成与结构	X	
				004	测井伽马源概述	X	
				005	2Ci 伽马源的结构	X	
				006	放射源的维修、保养要求	X	JD
				007	中子测井源的维修、保养方法与要求	X	
				008	中子伽马测井源的维修、保养方法与要求	X	
				009	密度测井源的维修、保养方法与要求	X	
				010	同位素释放器概述	Y	新增认定点
				011	同位素释放器的维修、保养方法	X	新增认定点
	J	刻度测井仪器（08∶02∶00）	5%	001	测井刻度概述	X	JD
				002	测井仪器的刻度要求	X	
				003	补偿中子刻度装置	X	
				004	密度刻度装置	X	
				005	补偿中子仪器的车间刻度方法	X	
				006	补偿密度仪器的车间刻度方法与要求	X	
				007	岩性密度仪器的车间刻度方法与要求	X	
				008	量值传递概述	Y	
				009	自然伽马刻度器的量值传递方法	Y	
				010	自然伽马刻度器量值传递的技术要求	X	
	K	使用、维护保养测井仪器（23∶03∶00）	15%	001	声波测井概述	X	
				002	声波测井的基本概念与测量原理	X	JD
				003	常规声波仪器的结构组成	X	
				004	声波仪器的测量原理	X	
				005	声波测井资料的用途	X	JD
				006	声波测井仪器的使用、维护保养方法	X	
				007	核测井概述	X	
				008	中子测井的物理基础	Y	

测井工（测井采集专业方向）

续表

行为领域	代码	认定范围（重要程度比例）	认定比重	代码	认定点	重要程度	备注
专业知识 B 85%	K	使用、维护保养测井仪器（23∶03∶00）	15%	009	密度测井的物理基础	Y	
				010	自然伽马能谱测井的原理	X	
				011	自然伽马能谱测井仪器的结构组成	X	
				012	自然伽马能谱测井资料的用途	X	
				013	补偿中子测井的原理	X	JD
				014	补偿中子测井仪器的结构组成	X	
				015	补偿中子测井资料及其用途	X	JD
				016	密度测井的原理	X	JD
				017	岩性密度测井的原理	X	
				018	补偿密度测井仪器的结构组成	X	
				019	补偿密度测井仪器的工作原理	X	
				020	补偿密度测井曲线及其用途	X	JD
				021	岩性密度测井仪器的结构与测井曲线的用途	X	
				022	核测井仪器的使用、维护保养方法	X	
				023	测井牵引器概述	Y	
				024	测井牵引器的结构组成与功能	X	
				025	测井牵引器的维护保养方法	X	
				026	测井牵引器的使用要求	X	
	L	使用、维护保养井壁取心器（13∶05∶00）	4%	001	井壁取心概述	Y	
				002	撞击式井壁取心的工作原理	X	
				003	撞击式井壁取心器的结构组成	X	
				004	选发器	Y	
				005	岩心筒与钢丝绳	X	
				006	取心药包	X	
				007	井壁取心设备的检查、保养内容	X	
				008	选发器的检查、保养内容	Y	
				009	井壁取心施工方案的内容	X	
				010	井壁取心的安全质量要求	X	
				011	井壁取心器的装配方法	X	
				012	井壁取心器的连接、拆卸方法	X	
				013	井壁取心器的维护保养方法	X	
				014	钻进式井壁取心器的工作原理	X	
				015	钻进式井壁取心器的结构组成	Y	
				016	取心探头的组成与功能	Y	
				017	钻进式井壁取心器的检查与保养方法	X	
				018	钻进式井壁取心器的连接、拆卸方法	X	

续表

行为领域	代码	认定范围（重要程度比例）	认定比重	代码	认定点	重要程度	备注
专业知识 B 85%	M	使用、维护保养电缆桥塞（07:02:01）	2%	001	封隔器与桥塞	Y	
				002	电缆桥塞及其用途	X	
				003	电缆下桥塞设备的组成与作用	X	
				004	电缆下桥塞工具的结构组成	X	
				005	电缆桥塞的组成与工作原理	Z	
				006	电缆下桥塞的施工工序与要求	X	
				007	桥塞工具的拆卸与保养方法	X	
				008	磁性定位器的工作原理	Y	
				009	磁性定位器的结构组成	X	
				010	磁性定位器的维护保养方法	X	
	N	穿心解卡施工（08:04:00）	5%	001	穿心打捞工作程序	X	JD
				002	篮式卡瓦打捞工具	X	
				003	分瓣式卡瓦打捞筒	Y	
				004	三球打捞筒	X	
				005	穿心解卡循环钻井液的要求	X	
				006	卡瓦打捞工具的组装方法	X	
				007	三球打捞筒的组装方法	X	
				008	钻具和打捞工具的连接方法	X	
				009	穿心解卡循环钻井液的操作方法	X	
				010	旁通式解卡方法	Y	
				011	旁通式打捞筒的结构组成与工作原理	Y	
				012	旁通式解卡操作流程	Y	
	O	处理现场作业复杂工程问题（06:00:00）	3%	001	绞车紧急故障的井口应急处置方法	X	
				002	电缆跳槽的原因与处置方法	X	JD
				003	电缆在滚筒上坍塌、松乱的原因与处置方法	X	
				004	仪器在井底附近时绞车动力故障的井口应急处理流程	X	
				005	电缆跳槽的处置流程	X	
				006	电缆在滚筒上松乱的处置流程	X	
	P	处理测井过程井涌、井喷事故（04:00:00）	2%	001	裸眼测井过程中防止井涌、井喷事故的方法	X	JD
				002	钻具输送测井过程中井喷事故的应急处置方法	X	
				003	电缆测井关井操作程序	X	
				004	钻具输送测井过程中井喷事故的井口操作流程	X	

测井工（测井采集专业方向）

续表

行为领域	代码	认定范围（重要程度比例）	认定比重	代码	认定点	重要程度	备注
专业知识 B 85%	Q	处理生产测井工程事故（10:01:00）	3%	001	环空测井方法	X	
				002	生产测井偏心井口的结构	Y	
				003	环空缠绕及其原因	X	
				004	环空测井防缠措施	X	
				005	环空测井电缆缠绕的解缠方法	X	JD
				006	生产测井井喷事故的应急处置方法	X	
				007	环空测井电缆缠绕的解缠操作流程	X	
				008	生产测井遇卡的处理方法	X	
				009	生产测井防喷管内电缆跳丝的处理方法	X	
				010	带压作业电缆跳槽事故的处理方法	X	
				011	生产测井井喷事故的处理方法	X	
	R	安全操作（04:01:00）	5%	001	辅助心肺复苏的操作流程	X	新增认定点
				002	气体检测仪的设置及使用方法	X	新增认定点
				003	有毒、有害及可燃气体的类型及爆炸极限	X	新增认定点
				004	带压作业的操作规程及安全规范	X	新增认定点
				005	射线检测仪的原理及操作要求	Y	新增认定点
	S	风险识别与防控（03:02:00）	5%	001	事件、事故的分类分级	X	新增认定点
				002	"四新"管理细则	Y	新增认定点
				003	风险消除与防控措施的制定	X	新增认定点
				004	隐患治理的流程	X	新增认定点
				005	安全经验分享材料的编写标准	Y	新增认定点

注：X—核心要素；Y—一般要素；Z—辅助要素。

附录六 高级工操作技能认定要素细目表

行为领域	代码	认定范围	认定比重	代码	认定点	重要程度	备注
操作技能 A 100%	A	测井设备的使用	40%	001	摆放测井绞车与拖橇	X	笔试
				002	安装、拆卸无电缆存储式测井传感器	X	
				003	安装、拆卸无电缆存储式测井下井工具	X	
				004	安装、拆卸无电缆欠平衡测井井口装置	Y	笔试
				005	检查、标定无电缆存储式测井深度系统	X	
				006	检查、刻度、标定张力系统	X	
				007	安装与调理电缆	X	
				008	确定电缆断芯位置	X	
				009	确定电缆绝缘破坏位置	X	
				010	巡回检查测井绞车	Y	
				011	维护保养测井绞车传动系统	X	
				012	维护保养测井绞车液压系统	X	
				013	检查、保养测井车载柴油发电机	X	
	B	测井仪器的使用	30%	001	制作七芯电缆头	X	
				002	制作单芯电缆头	X	
				003	组装快速鱼雷马笼头	X	
				004	维修、保养密度测井源	X	
				005	维修、保养中子测井源	X	
				006	维修、保养中子伽马测井源	X	
				007	维修、保养同位素释放器（电极弹射式释放器）	X	
				008	刻度补偿密度仪器	X	笔试
				009	刻度补偿中子仪器	X	笔试
				010	标定自然伽马刻度器	Y	笔试
				011	使用、保养核测井仪器	X	
	C	特殊测井工艺施工	25%	012	装配井壁取心器	X	
				001	组装卡瓦打捞工具	X	
				002	组装三球打捞工具	X	
				003	处置电缆跳槽事故	X	
				004	处理钻具输送测井过程中的井喷事故	X	笔试
				005	环空电缆缠绕时转井口法解缠电缆	X	

测井工（测井采集专业方向）

续表

行为领域	代码	认定范围	认定比重	代码	认定点	重要程度	备注
操作技能 A 100%	C	特殊测井工艺施工	25%	006	处置防喷管内电缆跳丝事故	X	
				007	处置带压测井电缆跳槽事故	X	
	D	安全生产	5%	001	徒手心肺复苏	X	
				002	救治中暑人员	X	
				003	编写安全经验分享材料	X	
				004	简述隐患治理的流程	X	

注：X—核心要素；Y——一般要素；Z—辅助要素。

附录七 技师理论知识认定要素细目表

行为领域	代码	认定范围（重要程度比例）	认定比重	代码	认定点	重要程度	备注
基础知识 A 15%	A	模拟电子技术基础（17：03：02）	8%	001	半导体及其特点	X	
				002	本征半导体与掺杂半导体	X	
				003	PN 结	X	
				004	二极管的结构与特性	X	
				005	二极管的类型与参数	Y	
				006	二极管极性的判别方法	X	JD
				007	二极管整流电路	X	
				008	稳压管与可控硅	X	
				009	滤波电路	X	JD
				010	晶体三极管	X	
				011	场效应管	Z	
				012	放大电路及其主要性能指标	X	
				013	放大电路的基本类型	X	JD
				014	多级放大电路	X	
				015	集成电路及其分类	Y	
				016	运算放大器的功能与结构组成	X	
				017	集成运算放大器的主要参数	X	
				018	集成运算放大器的应用基础	X	JS
				019	信号的运算与处理电路	X	JS
				020	有源滤波器	X	
				021	信号发生器	Z	
				022	比较器	Y	
	B	机械制图基础知识（05：00：00）	3%	001	机械制图基本概念	X	
				002	视图	X	JD
				003	尺寸标注基本规则和要素	X	
				004	螺纹	X	
				005	零件图	X	JD
	C	石油天然气基础知识（05：01：00）	4%	001	石油的化学成分及物理性质	X	JD
				002	天然气的化学成分及物理性质	X	
				003	油田水的组成及物理性质	X	
				004	油气藏	X	JD

测井工（测井采集专业方向）

续表

行为领域	代码	认定范围（重要程度比例）	认定比重	代码	认定点	重要程度	备注
基础知识 A 15%	C	石油天然气基础知识（05∶01∶00）	4%	005	储层	X	JD
				006	生油层和盖层	Y	
专业知识 B 85%	A	安装、摆放测井绞车及拖橇（05∶01∶01）	6%	001	测井拖橇在海上钻采平台上的安装方法	X	
				002	吊具和索具	X	
				003	吊具、索具的受力分析方法	Z	JD
				004	吊点的选择方法	X	
				005	物体的绑扎方法	X	
				006	司索指挥信号	X	
				007	复杂井场条件下测井绞车的摆放方法	Y	JD
	B	检查、维修深度测量装置（08∶00∶00）	8%	001	马丁代克的结构	X	
				002	马丁代克深度传送系统的工作原理	X	
				003	深度编码器的维修方法	X	JS
				004	游标卡尺的使用方法	X	JD
				005	千分尺的使用方法	X	
				006	内、外卡钳的使用方法	X	
				007	电缆测井深度系统信号流程	X	JD
				008	存储式测井深度信号流程	X	
	C	检查、维修测井地面设备供电系统（04∶01∶00）	4%	001	测井地面照明系统的组成与维修方法	X	
				002	测井地面供电系统的组成与维修方法	X	
				003	不间断电源的组成	Y	
				004	不间断电源的工作原理	X	JD
				005	不间断电源的使用与维修方法	X	
	D	模拟测试测井地面系统（01∶01∶01）	2%	001	测井地面系统的结构及原理	Y	
				002	测井地面系统的模拟检测要点	Z	JD
				003	测井地面系统的维护方法	X	JD
	E	选用、验收测井电缆（04∶00∶00）	3%	001	电缆选用的技术要求	X	JD
				002	测井电缆性能检测的主要内容	X	JD
				003	测井电缆验收的主要内容	X	
				004	测井电缆管理的主要内容	X	JD
	F	检查、维修测井车载发电机（03∶01∶00）	2%	001	车载发电机电路的组成及工作原理	X	
				002	车载发电机油路的组成及工作原理	X	
				003	四冲程柴油机的工作循环	X	JD
				004	四冲程汽油机的工作循环	Y	

续表

行为领域	代码	认定范围(重要程度比例)	认定比重	代码	认定点	重要程度	备注
专业知识 B 85%	G	检查、维修测井绞车系统(02:02:00)	3%	001	测井绞车液压管线与刹车装置	Y	
				002	液压测井绞车的动力传递系统	X	JD
				003	测井绞车的传动链条	X	JD
				004	测井绞车的附属设备	Y	
	H	使用、维护保养测井仪器(21:05:01)	20%	001	阵列感应测井的基本原理	X	JD
				002	阵列感应测井仪器的结构组成	Y	
				003	阵列感应测井仪器的使用注意事项	X	JD
				004	阵列感应测井仪器的刻度方法	Y	
				005	阵列感应测井资料的用途	X	JD
				006	阵列侧向测井的基本原理	X	
				007	阵列侧向测井仪器的结构组成	Y	
				008	阵列侧向测井仪器的使用注意事项	X	
				009	阵列侧向测井资料的用途	X	JD
				010	元素俘获测井的基本原理	X	JD
				011	元素俘获测井仪器的结构组成	Y	JD
				012	元素俘获测井仪器的使用注意事项	X	
				013	元素俘获测井资料的用途	X	
				014	声波测井基本概念	X	
				015	阵列声波测井的基本原理	X	
				016	阵列声波测井仪器的结构组成	X	JD
				017	阵列声波测井仪器的使用注意事项	X	
				018	阵列声波测井资料的用途	X	
				019	碳氧比测井的基本原理	X	JD
				020	碳氧比测井仪器的结构组成	Z	
				021	碳氧比测井仪器的刻度方法	X	
				022	碳氧比测井仪器的使用注意事项	X	
				023	碳氧比测井资料的用途	X	JD
				024	氧活化测井的基本原理	X	JD
				025	氧活化测井仪器的结构组成	Y	
				026	氧活化测井仪器的使用注意事项	X	
				027	氧活化测井资料的用途	X	JD
	I	检查测井仪器的机械及电气性能(02:00:00)	2%	001	常用测井仪器外观和机械性能的检查内容与方法	X	
				002	常用测井仪器电气性能的检查内容与方法	X	JD

测井工（测井采集专业方向）

续表

行为领域	代码	认定范围（重要程度比例）	认定比重	代码	认定点	重要程度	备注
专业知识 B 85%	J	维修测井仪器（04：03：01）	5%	001	测井仪器推靠器的结构	Y	
				002	测井仪器的现场检修流程	X	
				003	常规测井仪器的维修方法	X	
				004	常规测井仪器的维修要求	Y	
				005	微球形聚焦测井仪极板的结构	X	
				006	微电极测井仪极板的结构	X	
				007	井径微电极测井仪器的维修方法	Y	
				008	测井仪器的维修注意事项	Z	
	K	特殊测井工艺施工（07：00：00）	5%	001	钻具输送测井工具的结构及原理	X	JD
				002	钻具输送测井专用工具的检查要求	X	JD
				003	钻具输送测井的施工方法	X	JD
				004	欠平衡测井技术规范	X	JD
				005	判断仪器进入容纳管的方法	X	JD
				006	欠平衡测井应配备的安全设施	X	
				007	欠平衡测井仪器串的确定依据	X	JD
	L	处理现场测井复杂情况与工程事故（09：01：00）	7%	001	测井遇阻原因分析方法	X	JD
				002	测井遇阻的处理方法	X	JD
				003	测井遇卡原因分析方法	X	JD
				004	测井遇卡时电缆最大提升张力的计算方法	X	JS
				005	测井遇卡的卡点判定方法	X	
				006	处理测井遇卡的技术要求和注意事项	X	JD
				007	电缆打捞工具的结构组成	Y	
				008	落井电缆的打捞方法	X	JD
				009	测井仪器打捞工具的结构组成	X	
				010	落井仪器的打捞方法	X	
	M	测井原始资料质量控制与解释（03：01：00）	3%	001	测井原始资料质量要求	X	JD，JS
				002	测井质量控制方法	X	
				003	测井资料解释方法	X	
				004	依据测井资料确定油层顶底界面的原则	Y	JD
	N	技术管理与培训（05：02：01）	5%	001	测井施工设计程序	X	
				002	测井主要 HSE 设施及关键部件	X	
				003	技术论文的编写格式	Y	
				004	培训的基本认知	Z	
				005	制定培训计划的要求	X	
				006	课程设计方法	X	

续表

行为领域	代码	认定范围（重要程度比例）	认定比重	代码	认定点	重要程度	备注
专业知识 B 85%	N	技术管理与培训 （05∶02∶01）	5%	007	课件制作流程	X	JD
				008	常见的教学方法	Y	JD
	O	安全操作 （02∶00∶00）	5%	001	事故现场情况判断、撤离路线及疏散方式	X	新增认定点
				002	标准化施工区域的布置方法及要求	X	新增认定点
	P	风险辨识与防控 （04∶00∶00）	5%	001	安全预案的编制要求	X	新增认定点
				002	机械伤害的防范措施及处置方法	X	新增认定点
				003	触电的防范措施及处置方法	X	新增认定点
				004	火灾的防范措施及处置方法	X	新增认定点

注：X—核心要素；Y——般要素；Z—辅助要素。

附录八　技师操作技能认定要素细目表

行为领域	代码	认定范围	认定比重	代码	认定点	重要程度	备注
操作技能 A 100%	A	测井设备的使用	20%	001	复杂井场条件下摆放绞车	X	
				002	吊装安放测井拖橇	X	
				003	在海上钻采平台上安装测井拖橇	X	
				004	检查、维修马丁代克深度测量轮及深度编码器	X	
				005	检查、维修、校正常规测井深度系统	X	
				006	检查、维修无电缆存储式测井深度系统	X	
				007	检查、维修测井设备的照明系统	X	
				008	模拟检测测井地面系统	Y	
				009	验收新电缆	X	
				010	排除车载发电机电路系统故障	Y	
				011	绞车链条的检查保养与现场断裂的维修	Y	
	B	测井仪器的使用	25%	001	使用、保养阵列感应仪器	X	
				002	使用、保养阵列侧向仪器	Y	
				003	使用、保养氧活化仪器	X	
				004	检查常规下井仪器的电气性能	X	
				005	检查更换微球极板	X	
	C	特殊测井工艺施工	30%	001	现场组装钻具输送测井工具	X	
				002	确定钻具输送测井旁通安装位置和对接深度	X	
				003	确定欠平衡测井仪器串结构并判断仪器全部进入容纳管的方法	X	
				004	依据测井遇阻原因现场采取相应措施解决测井遇阻问题	Y	
				005	计算测井遇卡时电缆的最大提升张力	X	
				006	依据电缆拉伸量计算卡点深度	X	
				007	处理测井遇卡问题	X	
				008	选配电缆打捞工具	X	
				009	选配仪器设备落井打捞工具	Y	
	D	测井原始资料质量控制与解释及技术管理与培训	20%	001	现场检查测井原始资料质量	X	
				002	解释连斜、井径、声波变密度工程测井资料	X	
				003	依据测井资料确定油层顶底界面	X	

续表

行为领域	代码	认定范围	认定比重	代码	认定点	重要程度	备注
操作技能 A 100%	D	测井原始资料质量控制与解释及技术管理与培训	20%	004	编制常规测井施工设计	X	
				005	编写相关技术论文	X	
				006	制作培训课件	X	
	E	安全生产	5%	001	编写井控应急处置方案	X	
				002	布置测井标准化作业现场	X	
				003	编制机械伤害处置预案	X	
				004	编制触电事故处置预案	X	
				005	编制车载发电机着火事故预案	X	JD

注：X—核心要素；Y—一般要素；Z—辅助要素。

附录九 高级技师理论知识认定要素细目表

行为领域	代码	认定范围（重要程度比例）	认定比重	代码	认定点	重要程度	备注
基础知识 A 15%	A	数字电子技术基础（08:04:03）	6%	001	数字信号和数字电路	X	JD
				002	晶体管的开关特性	Y	JD
				003	逻辑代数及其应用	Y	JD
				004	逻辑门电路	X	JD
				005	触发器	Z	
				006	脉冲信号与脉冲电路	X	
				007	RC 电路	X	JD
				008	微分电路	X	
				009	积分电路	X	JS
				010	单稳态触发器	Z	JD
				011	施密特触发器	Z	JD
				012	自激振荡电路	Y	JD
				013	正弦波振荡电路	Y	
				014	石英晶体振荡电路	X	
				015	模/数(数/模)转换电路	X	
	B	数据采集与传输（05:04:01）	6%	001	数据采集系统	X	
				002	测量放大器与采样保持电路	X	
				003	A/D 转换器	X	
				004	微弱信号的概念与检测方法	Y	
				005	噪声及其抑制方法	Y	
				006	接地的基本原则	X	
				007	信息的传输与调制方法	X	
				008	同步与差错控制方法	Y	
				009	脉冲编码调制方法	Z	JD
				010	组合测井系统	Y	
	C	页岩与页岩气地球物理评价方法（04:01:00）	3%	001	页岩与页岩气	X	
				002	页岩有机化学特征	X	
				003	页岩有机质丰度评价方法	Y	
				004	页岩气的测井评价方法与应用	X	JD
				005	页岩的体积压裂技术	X	

续表

行为领域	代码	认定范围（重要程度比例）	认定比重	代码	认定点	重要程度	备注
专业知识 B 85%	A	检查、维修测井设备（04：01：01）	4%	001	数控测井地面系统的特点	X	
				002	数控测井系统的硬件结构	Y	JD
				003	数控测井系统的工作原理	Z	
				004	成像测井系统的构成	X	JD
				005	成像测井系统的地面信号流程	X	
				006	测井系统的故障排除方法	X	
	B	检查、维修测井绞车系统（04：00：00）	3%	001	液压传动的优缺点	X	JD
				002	绞车液压系统的工作原理	X	
				003	液压油的技术要求	X	JD
				004	绞车液压系统的维修、保养内容	X	
	C	使用、维护保养测井仪器（18：01：01）	12%	001	井周声波成像测井的原理和仪器的结构	X	
				002	井周声波成像测井的主要影响因素	X	JD
				003	微电阻率扫描成像测井仪的原理	X	
				004	声电成像测井的用途	X	JD
				005	声电成像测井的现场使用方法	X	
				006	声电成像测井的技术要求	X	
				007	声电成像测井仪的使用注意事项	X	
				008	声电成像测井仪的检查、维护保养方法和内容	X	
				009	核磁共振测井的基本原理	X	
				010	核磁共振信号的测量方法	X	
				011	核磁共振测井的模式	X	JD
				012	核磁共振测井储层评价的物理基础	X	
				013	核磁共振测井仪器的种类	Y	JD
				014	MRIL-P型核磁共振测井仪的特点	X	
				015	核磁共振测井仪的使用注意事项	Z	
				016	多扇区水泥胶结测井资料的解释方法	X	JD
				017	多扇区水泥胶结测井仪的测量原理	X	
				018	多臂井径成像测井的原理	X	JD
				019	多臂井径成像测井的作用	X	
				020	40臂井径成像测井仪的优缺点	X	
	D	检查存储式测井仪（08：00：00）	4%	001	存储式测井仪器电源系统的检查、保养内容	X	
				002	存储式测井仪器释放器的检查、保养内容	X	JD
				003	存储式测井仪器整体连接的检查方法	X	
				004	存储式测井方位井斜测量部分的检查方法	X	

测井工（测井采集专业方向）

续表

行为领域	代码	认定范围（重要程度比例）	认定比重	代码	认定点	重要程度	备注
专业知识 B 85%	D	检查存储式测井仪（08：00：00）	4%	005	存储式测井自然伽马测量部分的检查方法	X	
				006	存储式测井阵列声波测井仪的检查方法	X	
				007	存储式测井双侧向测井仪的检查方法	X	
				008	存储式测井补偿中子岩性密度测井仪的检查方法	X	
	E	钻具输送测井施工（08：01：00）	4%	001	水平井的类型	Y	JD
				002	钻具输送测井的定义及常见工艺	X	
				003	湿接头式钻具输送测井常用工具	X	JD
				004	钻具输送测井作业现场应具备的条件	X	
				005	钻具输送测井现场协调会	X	
				006	确定湿接头对接预定深度及输送钻具数量的方法	X	
				007	钻具输送测井施工过程	X	
				008	钻具输送测井复杂情况的处理方法	X	
				009	钻具输送测井技术要求和注意事项	X	新增认定点
	F	欠平衡测井施工（07：01：01）	4%	001	欠平衡钻井的概念	Z	
				002	欠平衡测井的概念	Y	JD
				003	欠平衡测井工具	X	JD
				004	欠平衡测井作业现场应具备的条件	X	
				005	欠平衡测井的测前安全会议	X	
				006	欠平衡测井的相关工作	X	
				007	欠平衡测井的现场施工过程	X	
				008	欠平衡测井确定仪器进入防喷管的方法	X	JD
				009	欠平衡测井技术要求和注意事项	X	新增认定点
	G	存储式测井施工（05：01：00）	4%	001	存储式测井系统的组成	Y	
				002	存储式测井施工对井况的要求	X	
				003	存储式测井施工对钻井队设备设施的要求	X	
				004	存储式测井前的信息沟通与交流内容	X	
				005	存储式测井的施工过程	X	
				006	存储式测井施工中复杂问题的解决方法	X	
	H	复杂井测井施工（04：01：00）	4%	001	复杂井的概念	Y	
				002	测井遇阻的主要原因及处理方法	X	JD
				003	测井仪器遇卡的原因	X	
				004	减少测井施工遇阻、遇卡的整体措施	X	JD
				005	复杂井测井施工辅助下井工具	X	

续表

行为领域	代码	认定范围（重要程度比例）	认定比重	代码	认定点	重要程度	备注
专业知识 B 85%	I	穿心解卡施工 (05:00:00)	4%	001	穿心打捞工具	X	
				002	穿心解卡作业的准备内容	X	
				003	穿心解卡前的协调要点	X	JD
				004	穿心解卡的施工步骤	X	
				005	穿心解卡过程中特殊情况的处理方法	X	
	J	处理电缆或仪器落井事故 (05:00:00)	4%	001	井下落物打捞工具	X	
				002	测井打捞工具	X	
				003	测井电缆的打捞方法	X	
				004	测井仪器的打捞方法	X	
				005	放射源的打捞方法	X	
	K	处理工程事故 (05:00:00)	4%	001	测井工程事故发生的原因	X	
				002	测井工程事故的预防措施	X	
				003	测井卡点深度的计算方法	X	JS
				004	测井仪器落井事故的原因	X	
				005	电缆打扭、跳槽事故的原因	X	JD
	L	阵列及成像仪器测井资料的质量控制 (05:01:00)	4%	001	测井现场的质量控制因素	X	JD
				002	阵列感应测井资料的质量控制方法	X	
				003	阵列侧向测井资料的质量控制方法	Y	
				004	阵列声波测井资料的质量控制方法	X	JD
				005	声电成像测井资料的质量控制方法	X	
				006	核磁共振测井资料的质量控制方法	X	
	M	钻具输送测井资料的质量控制 (04:01:00)	3%	001	钻具输送测井原始资料的质量控制方法	Y	
				002	湿接头对接前的深度控制方法	X	
				003	湿接头对接成功后的深度控制方法	X	
				004	测井过程中的深度控制方法	X	
				005	贴靠井壁测井资料的质量控制方法	X	
	N	欠平衡测井资料的质量控制 (02:01:01)	3%	001	欠平衡测井项目的影响因素	Z	
				002	井口装置对欠平衡测井的影响	X	
				003	欠平衡钻井和平衡钻井测井响应的比较方法	Y	
				004	原油及天然气介质条件下的测井响应	X	
	O	存储式测井资料的质量控制 (03:01:00)	3%	001	存储式测井深度的质量控制方法	X	JD
				002	存储式测井原始资料的质量要求	Y	
				003	存储式测井数据的记录要求	X	
				004	存储式测井单项资料的质量要求	X	

测井工（测井采集专业方向）

续表

行为领域	代码	认定范围（重要程度比例）	认定比重	代码	认定点	重要程度	备注
专业知识 B 85%	P	现场测井资料的解释（05:01:00）	4%	001	储层的概念	X	
				002	储层的分类	X	JD
				003	储层的基本参数	X	
				004	储层的钻井液侵入特性	X	
				005	定性评价油、气、水层的方法	Y	JD
				006	砂泥岩地层和碳酸盐岩储层测井资料的快速直观解释方法	X	JS
	Q	编制施工设计（04:02:00）	4%	001	复杂井施工设计的编制方法	X	
				002	钻具输送测井施工设计的编制方法	X	
				003	欠平衡测井施工设计的编制方法	Y	
				004	存储式测井施工设计的编制方法	X	
				005	解卡打捞施工设计的编制方法	X	
				006	核磁共振测井施工设计的编制方法	Y	
	R	完成生产科研任务（02:00:00）	2%	001	科研课题立项的编制方法	X	
				002	技术论文的组成	X	
	S	完成安全、技术培训（02:01:00）	2%	001	编写培训方案的基本要求	X	
				002	编写教材、教案的基本要求	X	
				003	成人学习规律与教学设计要求	Y	
	T	安全操作（01:02:00）	4%	001	受限空间作业方案的编制内容及要求	Y	新增认定点
				002	高处作业方案的编制内容及要求	X	新增认定点
				003	动火作业方案的编制内容及要求	Y	新增认定点
	U	风险识别与防控（02:01:00）	4%	001	危险作业管理的风险类别、作业要求	X	新增认定点
				002	应急演练的组织程序及要求	Y	新增认定点
				003	测井井控操作规范	X	新增认定点

注：X—核心要素；Y——般要素；Z—辅助要素。

附录十 高级技师操作技能认定要素细目表

行为领域	代码	认定范围	认定比重	代码	认定点	重要程度	备注
操作技能 A 100%	A	测井仪器和设备的使用	35%	001	维修、保养绞车液压系统	Y	
				002	使用、保养声电成像仪器	X	
				003	使用、保养核磁仪器	X	
				004	使用、保养多臂井径成像测井仪	X	
				005	使用、保养存储式测井仪器电源系统	X	
				006	使用、保养存储式测井仪器释放器	X	
				007	使用、保养多扇区水泥胶结测井仪	X	
	B	特殊测井工艺施工	35%	001	组织、协调、指挥钻具输送测井施工	X	
				002	组织、协调、指挥欠平衡测井施工	Y	
				003	组织、协调、指挥存储式测井施工	X	
				004	组织、协调、指挥穿心解卡施工	X	
				005	组织、协调、指挥落井电缆打捞施工	X	
				006	组织、协调、指挥落井仪器打捞施工	X	
	C	测井原始资料质量控制与解释及技术管理与培训	25%	001	核磁共振测井过程中的质量控制	X	
				002	钻具输送测井深度控制	X	
				003	定性解释砂泥岩地层测井资料	X	
				004	编制××井钻具输送测井施工设计	X	
				005	编制××井存储式测井施工设计	X	
				006	编制 MRIL-P 型核磁共振测井测前设计	X	
				007	编制××培训方案	Y	
				008	编制××内容培训教案	Y	
				009	编制注入剖面(欠平衡)测井施工设计	X	
				010	编制水平井产出剖面测井施工设计	X	
				011	编制测井找漏工艺施工设计	X	
				012	编写××科研项目技术论文	X	
	D	安全生产	5%	001	编制受限空间作业方案	X	
				002	编制高处作业方案	X	
				003	编制动火作业方案	X	

注:X—核心要素;Y—一般要素;Z—辅助要素。

附录十一 操作技能考核内容层次结构表

级别	操作技能						合计
	测井设备的使用	测井仪器的使用	特殊测井工艺施工	测井原始资料质量控制与解释	技术管理与培训	安全生产	
初级工	40分 10~40min	40分 10~25min	15分 10~30min			5分 10~20min	100分 40~115min
中级工	40分 5~45min	35分 10~20min	20分 15~45min			5分 10~25min	100分 40~135min
高级工	40分 15~45min	30分 5~60min	25分 10~45min			5分 5~15min	100分 35~165min
技师	20分 30~60min	25分 30~40min	30分 20~60min	20分 60~80min		5分 15~60min	100分 155~300min
高级技师	35分 30~50min	35分 30~60min		25分 40~120min		5分 20~60min	100分 120~290min

参 考 文 献

[1] 中国石油天然气集团有限公司人事部. 测井工:上册. 青岛:中国石油大学出版社,2020.
[2] 中国石油天然气集团有限公司人事部. 测井工:下册. 青岛:中国石油大学出版社,2020.